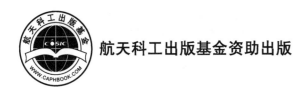
航天科工出版基金资助出版

里德堡原子

Rydberg Atoms

〔英〕T. F. 加拉格尔(T. F. Gallagher)　著

李贵兰　高红卫　鲁耀兵　译

科学出版社

北　京

图字：01-2024-2471

内 容 简 介

近年来，里德堡原子一直是物理学研究的一个热点，成为研究若干量子力学问题的理想实验平台。本书全面地描述了里德堡原子的物理性质，通过剖析里德堡原子在各种物理条件下的行为，突出了其显著特性。

本书首先从简要的历史回顾开始，介绍里德堡原子的基本特性、制备方式及探测方法。随后，讨论里德堡原子相关的黑体辐射效应对其的影响、静电场中的光激发、脉冲电场的电离过程、高磁场中的里德堡光谱，以及微波激发和微波电离等现象。此外，本书还详细研究了里德堡原子与中性原子、分子、带电粒子和其他里德堡原子之间的碰撞过程。本书提出了多通道量子亏损理论的高效方法，并用该方法描述里德堡态的自电离、谱系间相互作用和双里德堡态。

除了对里德堡原子的基本性质进行清晰的介绍外，本书还对这一广泛领域中的实验和理论研究进行了综述。因此，无论是对于物理学或物理化学领域的研究生，还是对于已有一定研究基础的学者，本书都极具参考价值。

图书在版编目(CIP)数据

里德堡原子 /（英）T. F. 加拉格尔（T. F. Gallagher）著；李贵兰，高红卫，鲁耀兵译.
北京：科学出版社，2025.1. -- ISBN 978-7-03-079944-9

Ⅰ. O562

中国国家版本馆 CIP 数据核字第 20246YH345 号

责任编辑：许　健　赵朋媛 / 责任校对：谭宏宇
责任印制：黄晓鸣 / 封面设计：殷　靓

斜 学 出 版 社 出版
北京东黄城根北街 16 号
邮政编码：100717
http://www.sciencep.com

南京展望文化发展有限公司排版
苏州市越洋印刷有限公司印刷
科学出版社发行　各地新华书店经销

*

2025 年 1 月第 一 版　开本：787×1092　1/16
2025 年 1 月第一次印刷　印张：24 1/4
字数：600 000

定价：200.00 元
（如有印装质量问题，我社负责调换）

译者序

近年来,人们研究发现里德堡原子系统具有阻塞效应、长程相互作用、光速减慢、对外界电场敏感等新奇的性质,在量子计算、量子通信与量子探测三个领域有着越来越重要的应用前景,有关里德堡原子的研究也成为热点。*Rydberg Atoms* 这本书是人们学习里德堡原子相关知识的经典书籍,我们将其翻译成中文,让读者更加方便地获取有关里德堡原子的相关基础理论内容,推广基于里德堡原子的量子信息技术基础知识,提高大众对量子信息科学的了解与认识。

本书作者 T. F. Gallagher 教授在里德堡原子研究领域具有深厚的积淀,全书从基本的概念入手,详细阐述了各种基本理论分析方法,并用实验手段来分析里德堡原子的物理性质,在书中为里德堡原子提供了较为全面详尽的描述。作者在书中融入了多年的教学与研究实践经验,并且注重理论与实际相结合。

全书共分为 23 个章节,依次为引言、里德堡原子波函数、里德堡原子的制备、振子强度和寿命、黑体辐射、电场、脉冲场电离、电场中的光激发、磁场、微波激发与电离、与中性原子分子的碰撞、谱线位移和展宽、带电粒子碰撞、共振里德堡-里德堡碰撞、辐射碰撞、碱金属里德堡态光谱、碱土金属原子的射频谱、氦的束缚里德堡态、自电离里德堡态、量子亏损理论、自电离里德堡态的光谱、束缚态能系间的相互作用和双里德堡态。

参加本书翻译工作的有李贵兰、高红卫、鲁耀兵、蔡良、钟山、李立航、秦国卿、郝赫、杜石桥、洪玄淼、马骏超、寇军、黄媛媛、史展、吴同。全书由李贵兰统稿,并完成全书的审校工作。此外,在本书的翻译工作中,得到了中国科学院精密测量科学与技术创新研究院刘红平老师、山西大学张临杰老师、中国科学技术大学丁冬生老师等多位专家的帮助,在此深表感谢。

需要说明的是,本书译者在翻译过程中秉承认真、严谨的科学态度,力求在忠于原著的基础上表达出内容的真实准确性及语言的高度逻辑性,但由于译者的时间和经验限制,翻译中难免会出现未尽和疏漏之处,敬请广大同行读者批评指正。

原书序

      作者撰写这本书的目的,旨在为里德堡原子的众多特性提供一个统一的描述。本书主要针对那些对原子或者分子的里德堡态性质感兴趣的研究生和研究人员。在很多方面,本书与 R. F. Stebbings 和 F. B. Dunning 于十多年前编纂的优秀著作《原子和分子的里德堡态》有着相似之处。然而,本书的不同之处在于其涵盖的主题更为广泛,且由作者独立完成。作者着重于阐述基本的物理概念,因此本书并不拘泥于严谨的理论推导,也没有过多强调实验细节。

      由于本书篇幅及个人精力的限制,作者仅选择了那些普遍受到关注及作者较为熟悉的主题进行阐述。因此,本书并未涵盖其他作者可能会涉及的一些重要议题,如分子的里德堡态和腔量子电动力学等。

      最后必须承认,因为有众多人士的共同努力,这本书才得以出版,对此作者感到非常荣幸。首先,感谢斯坦福国际研究院分子物理实验室(原斯坦福研究所)同事们给予的大力帮助。他们对初步进行的实验充满信心,坚信这将发展成为一个富有成效的研究项目,并在这一过程中帮助作者完善了成为物理学家所需的学术素养。此外,弗吉尼亚大学的同事们也持续为作者提供了宝贵的批评意见,并在作者撰写本书过程中给予鼓励。

      在理解里德堡原子方面,作者的合作者们贡献良多。作者衷心地感谢 L. A. Bloomfield、W. E. Cooke、S. A. Edelstein、F. Gounand、R. M. Hill、R. Kachru、R. R. Jones、D. J. Larson、D. C. Lorents、L. Nootdam、P. Pillet、K. A. Safinya、W. Sandner 和 R. C. Stoneman 等的付出。此外,也非常感谢作者的学生、博士后研究员和访问学者们的真知灼见。他们的贡献对本书的完成起到了至关重要的作用。

      作者还要感谢 Tammie Shifflett、Bessie Truzy、Warrick Liu 和 Sibyl Hale 对手稿的细心录入,同时也很荣幸能够得到剑桥大学出版社 James Deeny、Rufus Neal 和 Philip Meyler 的鼓励。最后,作者要特别感谢母亲 Margaret Gallagher 的温柔敦促和妻子 Betty 的耐心陪伴,她们在本书的完成中扮演了重要的角色。

T.F. Gallagher

1993 年 11 月于弗吉尼亚州 夏洛茨维尔

目　录

第 1 章　引言 ……………………………………………………………… 1
　　参考文献 ………………………………………………………………… 7

第 2 章　里德堡原子波函数 ……………………………………………… 9
　　参考文献 ……………………………………………………………… 23

第 3 章　里德堡原子的制备 …………………………………………… 24
　3.1　里德堡态的激发 …………………………………………………… 24
　3.2　原子-电子碰撞 ……………………………………………………… 25
　3.3　电荷交换 …………………………………………………………… 27
　3.4　光激发 ……………………………………………………………… 28
　3.5　碰撞-光激发 ………………………………………………………… 31
　　参考文献 ……………………………………………………………… 32

第 4 章　振子强度和寿命 ………………………………………………… 33
　4.1　振子强度 …………………………………………………………… 33
　4.2　辐射寿命 …………………………………………………………… 38
　　参考文献 ……………………………………………………………… 42

第 5 章　黑体辐射 ………………………………………………………… 43
　5.1　黑体辐射 …………………………………………………………… 43
　5.2　黑体诱导跃迁 ……………………………………………………… 45
　5.3　黑体辐射能级位移 ………………………………………………… 47
　5.4　初步验证 …………………………………………………………… 48
　5.5　温度相关性测量 …………………………………………………… 50
　5.6　跃迁速率的抑制和增强 …………………………………………… 51
　5.7　能级偏移 …………………………………………………………… 53
　5.8　实验表现和用途 …………………………………………………… 53
　5.9　远红外探测 ………………………………………………………… 55
　　参考文献 ……………………………………………………………… 55

第 6 章　电场 ··· 58

6.1　氢 ·· 58

6.2　场电离 ·· 69

6.3　非氢原子 ·· 72

6.4　非氢原子的电离 ·· 77

参考文献 ·· 82

第 7 章　脉冲场电离 ··· 84

7.1　氢 ·· 84

7.2　非氢原子 ·· 85

7.3　自旋轨道效应 ·· 92

参考文献 ·· 95

第 8 章　电场中的光激发 ··· 96

8.1　氢原子光谱 ·· 96

8.2　非氢原子光谱 ·· 106

参考文献 ·· 111

第 9 章　磁场 ··· 113

9.1　抗磁性 ·· 113

9.2　准朗道共振 ·· 117

9.3　准经典轨道 ·· 120

参考文献 ·· 125

第 10 章　微波激发与电离 ·· 127

10.1　非氢原子的微波电离 ·· 128

10.2　微波多光子跃迁 ·· 131

10.3　氢 ··· 141

10.4　圆极化场电离 ·· 147

参考文献 ·· 149

第 11 章　与中性原子分子的碰撞 ······································ 151

11.1　物理图像 ·· 151

11.2　理论 ·· 153

11.3　实验方法 ·· 159

11.4　碰撞中的角动量混合 ·· 161

11.5　电场对 l 混合的影响 ·· 164

11.6　分子引起的 l 混合 ·· 165

11.7　精细结构改变的碰撞 ·· 166

11.8　稀有气体导致 n 改变的碰撞 ··· 166

11.9　碱金属原子导致 n 改变的碰撞 ······································ 169

11.10　分子导致 n 变化的碰撞 ··· 170

11.11　电子吸附 ··· 177

11.12　缔合电离 ··· 182

11.13　潘宁电离 ··· 185

11.14　离子-扰动粒子碰撞 ·· 185

11.15　快速碰撞 ··· 186

参考文献 ·· 187

第 12 章　谱线位移和展宽 ··· 191

12.1　理论描述 ·· 191

12.2　实验方法 ·· 194

12.3　位移和展宽的测量 ·· 196

参考文献 ·· 203

第 13 章　带电粒子碰撞 ··· 205

13.1　与离子碰撞导致的态变化 ··· 205

13.2　钠原子 $nd \rightarrow nl$ 态跃迁 ·· 206

13.3　钠原子 ns 态和 np 态的去布居 ······································ 208

13.4　理论描述 ·· 208

13.5　电子损失 ·· 210

13.6　电荷交换 ·· 212

13.7　电子碰撞 ·· 216

参考文献 ·· 217

第 14 章　共振里德堡-里德堡碰撞 ·· 219

14.1　两态理论 ·· 222

14.2　箱势相互作用强度近似 ··· 223

14.3　精确的共振近似 ··· 224

14.4　数值计算 ·· 225

14.5　内碰撞干涉 ··· 226

14.6　散射截面的计算 ··· 227

14.7　实验方法 ·· 228

14.8　n 比例定律 ··· 228

14.9　速度 v 和电场 E 对方向的依赖性及碰撞内干涉 ···················· 230

14.10　碰撞共振的速度依赖性 ·· 231

14.11　变换极限的碰撞 ·· 234
参考文献 ·· 234

第 15 章　辐射碰撞 ·· 236
15.1　辐射碰撞的初步实验研究 ·· 238
15.2　理论描述 ·· 240
15.3　强场高频区域 ·· 240
15.4　与弱场区域之间的联系 ·· 245
15.5　低频区域 ·· 245
15.6　中频区域 ·· 246
参考文献 ·· 253

第 16 章　碱金属里德堡态光谱 ·· 254
16.1　光学测量 ·· 255
16.2　射频共振 ·· 256
16.3　离子实极化 ·· 259
16.4　精细结构能量间隔 ·· 264
16.5　量子拍频和能级交叉 ··· 265
参考文献 ·· 270

第 17 章　碱土金属原子的射频谱 ·· 272
17.1　核极化中能系微扰和非绝热效应的理论描述 ······································ 272
17.2　实验方法 ·· 278
17.3　低角动量态和能系微扰 ·· 280
17.4　非绝热核极化 ·· 281
参考文献 ·· 284

第 18 章　氦的束缚里德堡态 ·· 285
18.1　理论描述 ·· 285
18.2　实验方法 ·· 288
18.3　量子亏损和精细结构 ··· 292
参考文献 ·· 293

第 19 章　自电离里德堡态 ·· 295
19.1　自电离里德堡态的基本概念 ·· 295
19.2　实验方法 ·· 298
19.3　自电离速率的实验观察 ·· 304

19.4 电子光谱 ···························· 306

参考文献 ····························· 307

第 20 章 量子亏损理论 ····················· 310

20.1 量子亏损理论 ························ 310

20.2 量子亏损面的几何解释 ··················· 315

20.3 归一化 ··························· 316

20.4 能量约束 ·························· 317

20.5 量子亏损理论的可选 R 矩阵形式 ·············· 317

20.6 量子亏损理论的作用 ···················· 320

参考文献 ····························· 320

第 21 章 自电离里德堡态的光谱 ················· 322

21.1 伴随振荡 ·························· 327

21.2 自电离能系相互作用 ···················· 330

21.3 实验光谱与 R 矩阵计算结果的比较 ············· 335

参考文献 ····························· 338

第 22 章 束缚态能系间的相互作用 ··············· 339

22.1 微扰里德堡能系 ······················ 339

22.2 微扰态的性质 ······················· 342

22.3 跨越电离极限的光激发连续性 ················ 344

23.4 强制自电离 ························· 345

参考文献 ····························· 347

第 23 章 双里德堡态 ······················ 348

23.1 氦原子的双激发态 ····················· 348

23.2 理论描述 ·························· 352

23.3 激光激发 ·························· 361

23.4 电子关联的实验观测 ···················· 363

参考文献 ····························· 370

索 引 ····························· 372

第 1 章

引 言

里德堡原子(Rydberg atom),即处于高主量子数 n 状态的原子(译者注:一般认为 $n \geqslant 10$),具有诸多引人注目的特性。尽管对里德堡原子的深入研究始于 20 世纪 70 年代,但自定量的原子光谱学诞生以来,里德堡原子就在原子物理中占据重要地位。美国物理学家 White 于 20 世纪 30 年代首次详细阐述了里德堡原子在原子光谱学早期研究中的地位[1]。

里德堡原子的首次研究,出现在 1885 年氢原子的巴尔默谱线系中,在巴尔默谱线系公式中,氢原子光谱对应的可见光波段的波长由式(1.1)给出:

$$\lambda = \frac{bn^2}{n^2 - 4} \tag{1.1}$$

其中,$b = 3\,645.6\,\text{Å}$。现在,我们认识到,式(1.1)实际上描述了氢原子从 $n = 2$ 能级跃迁到更高激发态的巴尔默谱线系的波长。

虽然氢原子是首个通过定量方式进行阐述的原子,但其他原子在揭示原子光谱学奥秘的过程中起到了至关重要的作用。例如,英国化学与光谱学家 Liveing,以及英国化学与物理学家 Dewar[2]观察到钠的光谱线可以被清晰地划分为不同的谱线系,这一发现至关重要。具体来说,通过弧光实验,他们观察到了钠原子 $n\text{s} \to 3\text{p}$ 和 $n\text{d} \to 3\text{p}$ 的发射谱线。在 9s 和 8d 能级,他们都能够观察到由于 3p 能级的精细结构劈裂而形成的双重态。但是对于 10s 和 9d 能级,他们无法观察到 3p 能级的双重态。值得注意的是,$n\text{s} \to 3\text{p}$ 跃迁表现为窄而尖锐的光谱,而 $n\text{d} \to 3\text{p}$ 跃迁则表现为相对弥散的光谱。虽然没能依据观察到的跃迁建立对应波长之间的关联,但他们认识到尖锐和弥散的两种谱线分别属于两个相关的谱线系列,这无疑是一个重大发现。

正如我们今天所理解的那样,钠原子同一主量子数 n 下的 d 态与具有更高角动量的其他态几乎简并,因此 d 态里德堡谱线系的跃迁谱线显得较为弥散。这些简并态很有可能因气压而导致进一步展宽。Liveing 和 Dewar 指出,钾原子的光谱中,s 和 d 谱线系并没有显著的区别,两者都"或多或少地表现出弥散谱线"。现在,对于钠原子和钾原子之间的差异,我们认识到其原因在于钾原子的 s 和 d 的里德堡态在能量上远离钾原子同样主量子数 n 的高角动量态。

针对镁、锌和镉的光谱,英国化学家 Hartley 的研究工作取得了关键性的进展。他不仅仅依赖实验测得了波长,更是第一个认识到跃迁频率重要性的人[1, 3]。Hartley 观察到,无论跃迁的波长如何变化,多重态的谱系劈裂总是具有相同的波数分裂。波数 v 是真空中波长的倒数,这种认识的重要性不言而喻,如果我们用波数而不是波长来描述观测到的

谱线,那么巴尔默公式就会自然而然地改写为新的形式:

$$v = \left(\frac{1}{4b}\right)\left(\frac{1}{4} - \frac{1}{n^2}\right) \tag{1.2}$$

显然,上述公式反映了氢原子 $n = 2$ 能级和高激发态之间的能量差异。

继 Living 和 Dewar 之后,瑞典物理和数学家 Rydberg 开始将其他原子的光谱,特别是碱金属原子的光谱,划分为锐线系、主线系和漫线系[4]。每个线系都有一个共同的下能级和一系列的 ns、np 或 nd 能级,这三种能级分别作为锐线系、主线系和漫线系的上能级。Rydberg 发现,同一线系内的波数之间存在关联,观测到的跃迁谱线的波数可以表示为[1, 4]

$$v_{\mathrm{s}} = v_{\infty\mathrm{s}} - \frac{Ry}{(n - \delta_{\mathrm{s}})^2}$$

$$v_{\mathrm{p}} = v_{\infty\mathrm{p}} - \frac{Ry}{(n - \delta_{\mathrm{p}})^2}$$

$$v_{\mathrm{d}} = v_{\infty\mathrm{d}} - \frac{Ry}{(n - \delta_{\mathrm{d}})^2} \tag{1.3}$$

其中,常数 $v_{\infty\mathrm{s}}$、$v_{\infty\mathrm{p}}$ 和 $v_{\infty\mathrm{d}}$ 与 δ_{s}、δ_{p} 和 δ_{d} 分别是锐线系、主线系和漫线系的波数极限及对应的量子亏损。Ry 是一个通用常数,不仅可以描述同一原子不同线系间的跃迁波数,也能适用于不同原子自身不同能级之间的跃迁波数,因此将常数 Ry 命名为里德堡常数。波数的定义是空气中波长的倒数,Rydberg[4] 通过总结实验数据将常数 Ry 的值定为 109 721.6 cm^{-1}。认识到里德堡常数的普适性是 Rydberg 的两大主要成就之一,其另一个成就则是发现了原子所有谱线间的关联。特别是,他发现 $v_{\infty\mathrm{s}}$ 和 $v_{\infty\mathrm{d}}$ 在实验误差允许的范围内可视为相等。例如,对于钠原子的 3p$_{3/2}$ 和 3p$_{1/2}$ 线系,他分别给出了 $v_{\infty\mathrm{s}}$ 值为 24 485.9 cm^{-1} 和 24 500.5 cm^{-1},其对应的 $v_{\infty\mathrm{d}}$ 值分别为 24 481.8 cm^{-1} 和 24 496.4 cm^{-1}。此外,他观测到 $v_{\infty\mathrm{p}} - v_{\infty\mathrm{s}}$ 的值等于主线系中第一谱线(能级最低谱线)的波数。他推测,应该还存在其他谱线系,这些谱线系并不具有主线系的能级最低谱线,而是具有其他谱线。基于这个推断,他得出了连接不同谱线系间跃迁谱线波数的一般表达式。例如,s 和 p 线系间跃迁谱线的波数由式(1.4)给出[4]:

$$\pm v = \frac{Ry}{(m - \delta_{\mathrm{s}})^2} - \frac{Ry}{(n - \delta_{\mathrm{p}})^2} \tag{1.4}$$

其中,"+"号和 n 为常数时表述了 s 态的锐线系;"−"号和 m 为常数时表述了 p 态的主线系。如果考虑特殊情况 $\delta_{\mathrm{s}} = \delta_{\mathrm{p}} = 0$ 和 $m = 2$,则可以得到氢原子从 $n = 2$ 能级开始的跃迁谱线对应的巴尔默公式。

利用早期原子光谱的相关成果,可以构建出钠原子的能级图,如图 1.1 所示。从这幅图中,可以明显地看出,主线系和锐线系最大的波数差值是 3s→3p 跃迁的波数。同样明显的是,对于具有较高主量子数 n 的里德堡态,其能级接近谱线系的极限位置。

　　1913 年,玻尔提出了氢原子模型,至此,高主量子数 n 的物理意义才变得清晰起来[1]。尽管玻尔原子模型并非完美无缺,但它确实展现了里德堡原子的一些引人入胜的特性。玻尔原子模型的物理基础是:单电子在围绕离子实的圆形轨道上进行经典运动。在目前广泛接受的经典物理模型中,玻尔增加了两个概念:① 角动量以 $\hbar$ 的整数倍进行量化,$\hbar$ 等于普朗克常数除以 2π;② 沿轨道运动的电子并不以经典方式连续辐射,而是仅在能量确定的能态之间跃迁时产生辐射。其中,第一个概念是理论假设,而第二个概念是基于观测到的实验现象而提出的。

　　玻尔理论模型总结如下:在半径为 r 的圆形轨道上,一个电荷量为 $-e$、质量为 m 的电子围绕着一个质量无限大、电荷量为 Ze 的正电荷进行匀速圆周运动,且遵循牛顿定律[5],可以描述如下:

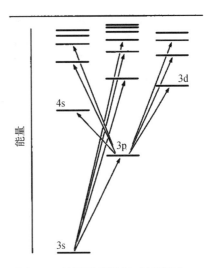

图 1.1　钠原子能级图,展示了 3p-ns 锐线系、3s-np 主线系和 3p-nd 漫线系的跃迁

$$\frac{mv^2}{r} = \frac{kZe^2}{r^2} \tag{1.5}$$

其中,$k = 1/4\pi\varepsilon_0$,ε_0 是自由空间的介电常数。根据玻尔提出的角动量量子化要求,得出:

$$mvr = n\hbar \tag{1.6}$$

结合式(1.5)和式(1.6),即可得到电子的轨道运动半径 r 的表达式:

$$r = \frac{n^2\hbar^2}{Ze^2mk} \tag{1.7}$$

从式(1.7)可以看出,轨道半径的大小正比于主量子数 n 的平方。因此,主量子数 n 较大的态具有非常大的轨道半径,能态总能量 W 为电子的动能和势能之和:

$$W = \frac{mv^2}{2} - \frac{kZe^2}{r} = \frac{-k^2Z^2e^4m}{2n^2\hbar^2} \tag{1.8}$$

这里,总能量 W 是负值,即电子被束缚在质子周围,束缚能随 $1/n^2$ 的减小而减小。从而,允许的跃迁频率则由能级间的能量差值决定,如下所示:

$$W_2 - W_1 = \frac{k^2Z^2e^4m}{2\hbar^2}\left(\frac{1}{n_1^2} - \frac{1}{n_2^2}\right) \tag{1.9}$$

将式(1.9)与里德堡公式的一般形式[译者注:式(1.4)中不考虑量子亏损即为一般形式]进行比较,可以得到里德堡常数表达式为

$$Ry = \frac{k^2Z^2e^4m}{2\hbar^2} \tag{1.10}$$

回顾历史,玻尔原子模型最重要的贡献在于将原子光谱中的里德堡常数与电子的质量和电荷量联系在一起。按照现在的观点来看,玻尔原子模型不仅在物理上定义了里德堡原子,而且揭示了里德堡原子独特的物理特性。对于高主量子数 n 态,即里德堡态,价电子的束缚能随 $1/n^2$ 的减小而减小,轨道半径随 n^2 的增大而增大。换言之,里德堡原子的价电子处于一个轨道半径较大、束缚能较小的轨道上。虽然实验上已经研究了主量子数远超过 100 的里德堡原子,但研究主量子数相对较低($n=10$)的里德堡态,并将其与基态原子进行比较,这项工作仍具有启示意义。以氢原子为例,其基态束缚能为 1 个里德堡常数 Ry,即 13.6 eV(译者注:第 2 章中给出原子单位制,将处于基态的氢原子的所有相关参数定义为 1,即此处利用了 $\hbar=1$),其轨道半径为 $1a_0$,其几何截面为 a_0^2。 与之相比,$n=10$ 里德堡态的束缚能为 $0.01Ry$,其轨道半径为 $100a_0$,其几何截面为 $10^4 a_0$。 图 1.2 展示了 $n=10$ 的里德堡原子和 $n=1$ 的基态原子之间玻尔轨道的差异。$n=10$ 里德堡态束缚能与其热运动能量相当,并且对应的几何截面比其基态气体原子热运动碰撞截面大几个数量级。

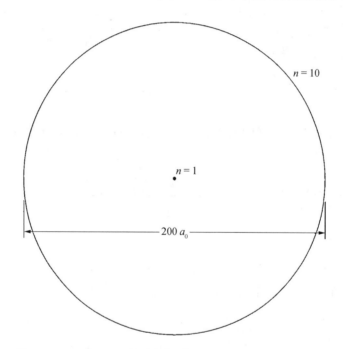

图 1.2　$n=1$ 和 $n=10$ 的玻尔轨道对比。中间的实心黑圆圈是 $n=1$ 对应的轨道,其半径为 $1a_0$,$n=10$ 对应的轨道半径为 $100a_0$,其中 $1a_0=0.53$ Å

玻尔原子理论一经提出,里德堡原子所具有的独特性质就凸显出来。然而,直到 20 世纪 70 年代,人们才开始对里德堡原子进行更广泛的研究,其原因主要有两点:① 当时最紧迫的问题不是接近谱线系极限的原子性质,而是量子理论的发展;② 当时缺乏高效产生里德堡原子的方法,导致无法进行现在这种程度的细致研究。尽管如此,当时还是利用了最精密的研究工具——高分辨率吸收光谱,第一次在实验中揭示了里德堡原子的新奇特性。通过实验观测劈裂、频移和展宽等光谱的精细细节,得以了解很多关于里德堡态原子的信息。

第一个需要探索的特性是里德堡原子对外部电场的响应机理,即斯塔克效应。正如早期对巴尔默线系的研究所示[6, 7],基态原子在高达 10^6 V/cm 的电场中几乎不受电场的影响,但里德堡原子在相对较弱的电场作用下就会受到扰动,甚至发生电离。巴尔默谱线的劈裂表现出随电场强度近似线性的变化,而里德堡态的原子则容易出现电离,其谱线劈裂将在某个明确的电场值处消失。

虽然玻尔原子模型无法帮助我们理解巴尔默谱线的劈裂现象,但可以借助该原子模型计算某个态发生电离所需的电场。如图 1.3 所示,考虑在 z 方向上存在电场的情况下,氢原子的原子核位于原点,其电子受到的电场势沿 z 轴的变化由式(1.11)给出:

$$V = - \frac{k}{|z|} + Ez \tag{1.11}$$

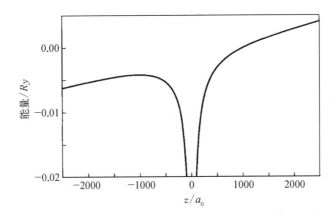

图 1.3 在 5.14 kV/cm 的电场中,库仑-斯塔克势沿着 z 轴方向的变化

只有能量低于电势局部最大值($z = -1\,000a_0$)的电子才能被经典束缚(译者注:自然原子的核外电子都在 $z = -1\,000a_0$ 右侧势阱内)。在真实的三维电势中,局部最大值($z = -1\,000a_0$)是一个鞍点(译者注:势能沿着外电场-z 方向为最大值,沿着垂直 z 方向为最小值),能量高于鞍点电势的电子将被场电离。鞍点的电势由式(1.12)给出:

$$V_s = - 2\sqrt{kE} \tag{1.12}$$

假设鞍点能量等于里德堡态的能量 $-Ry/n^2$,可以得到主量子数 n 态发生电离所需电场的大小为

$$E_c = \frac{Ry^2}{4kn^4} \tag{1.13}$$

这个公式通常以原子单位制出现,因此可以表示为

$$E_c = 1/16n^4 \tag{1.14}$$

下一章将介绍原子单位制。尽管是在不考虑隧穿和电场引起能级变化的条件下推导

出的式(1.13),但它仍然是一个很有用的公式,它几乎完全适用于所有的非氢原子。

与基态原子相比,里德堡原子的尺寸大很多,其几何截面随 n^4 的增加而增加,因此早期有关里德堡原子的实验,都集中在里德堡原子这一特性。其中,意大利物理学家 Amaldi 和美国物理学家 Segre 进行了一项经典实验,观察在高压稀有气体环境下里德堡态钾原子的高主量子数之间的能级移动[8](译者注:该能级移动是由于里德堡原子的大散射截面引起的)。具体而言,他们观测到添加稀有气体原子导致 4s→np 吸收线发生移动。当时预期会发生的情况如下:里德堡能级电子和 K$^+$ 离子之间不是真空的,而是充满了可极化的电介质,即稀有气体原子,因此将会观察到谱线红移。然而,实验结果却出现了意想不到的情况:虽然在氩气和氙气的压力环境中观测到了红移现象,然而在氖气的压力环境中却观测到了蓝移现象,这一现象结果与前面假设的介电模型完全不符合。在实验结束不久后,费米解释说,谱线的移动主要来自稀有气体环境下里德堡能级电子的短程散射,而不是由于预期的介电效应[9]。这个实验可能是此类实验中第一个与预期结果截然相反的。

由于里德堡原子的尺寸较大,里德堡原子也表现出显著的抗磁能级移动。由于引起抗磁能级移动的塞曼效应和帕邢-巴克效应与角动量成正比,这些效应在光学激发的低角量子数 l 里德堡态中并不显著。另外,抗磁能级移动取决于轨道面积(正比于 n^4),因此在低主量子数 n 的条件下,很难观测到抗磁能级移动,然而在高主量子数 n 的条件下,抗磁能级移动变得十分明显。美国物理学家 Jenkins 和 Segre 利用劳伦斯·伯克利实验室回旋加速器产生的 27 kG 磁场,首先观察到了钾原子吸收光谱中的抗磁能级移动[10]。磁场引起的能级移动首先使得不同的 l 态混叠,然后使得不同的 n 态混叠,这种现象随着主量子数 n 的增加而更趋明显。相比 Jenkins 和 Segre 的首次实验,仅过去 20 年的相关实验已经取得了实质性进展。然而令人意想不到的是,里德堡原子在磁场中特性的研究作为最早的里德堡原子领域的一项课题,在 50 年后仍然是一个活跃的研究课题。

随着时间推移,人们对于里德堡原子研究的兴趣一度呈现减弱趋势,直到关于里德堡原子的研究在实际物理系统中可能发挥重要的作用,尤其是里德堡原子在天体物理中扮演着重要角色[11]。射电天文学家探测到的射电复合线,正是辐射复合产生的里德堡态之间的跃迁发射。2.4 GHz 这一频率区间对于无线电信号的搜索尤为有利,因为这一频率对应于 $n=109\sim108$ 的跃迁。在物质密度非常低的星际空间中发现里德堡原子并不意外,因此里德堡原子在天体物理学和实验室的等离子体中的重要作用也日渐显现[12, 13]。能量较低的电子与离子通过辐射复合形成里德堡原子,而能量较高的电子与离子发生双电子复合,通常将电子捕获到自电离的里德堡态,随后再经过辐射衰变到束缚里德堡态。此外,等离子体中的微观电场在经典电离极限附近导致该处的里德堡线系消失,如式(1.4)所述。如何精准地确定里德堡线系的截止波长至关重要,因为这决定了等离子体的热力学特性[12]。

可调谐染料激光器的问世,无疑为里德堡原子研究兴趣的复兴做出了巨大贡献[14, 15]。凭借可调谐染料激光器和一些非常简单的设备,可以将大量原子激发到单一的、明确定义的里德堡态,这项技术可帮助人们非常深入地研究里德堡态的诸多特性。在低激发态中,那些我们熟悉的许多特性,如辐射寿命、能级间隔和碰撞散射截面,都得到了系统性的测量。虽然这些测量结果大多数情况下与对低能态的预期相符,但更引人入胜的是对里德堡原子独特属性的探索。里德堡原子的电场效应是一个很好的例子。虽然很久以前就已经在光谱研究中观察到电场对里德堡原子的各种效应，并且在某些情况下给出了理论解释，但因为没有迫切的需求，所以并没有对里德堡原子的这些电场效应系统地进行解释梳理。电场不仅对里德堡原子产生巨大影响，而且还提供了检测和操纵里德堡原子的新手段。为了充分利用这些技术，需要对静态和动态电场的效应进行系统研究。

由于里德堡原子独特的性质，很多在其他物理系统中无法进行的实验成为可能，这无疑是里德堡原子最吸引人之处，其中一个例子是原子与辐射场的相互作用。在辐射场强度逼近最低极限的条件下（译者注：真空场起伏），里德堡原子是一个理想系统，用于研究原子与真空的相互作用，特别是与谐振腔产生的结构化真空之间的相互作用，典型代表是单原子微波激射器[16]和双光子微波激射器[17]。里德堡原子之所以适合此类研究，得益于以下两个特性：第一，里德堡原子跃迁的特征频率较低，波长也相应较大，这使得构建共振或近共振谐振腔变得相对简单；第二，尽管跃迁频率很低，但里德堡原子的偶极矩却非常大，因此里德堡原子具有可观测的辐射衰减速率。在强场极限条件下，激光技术的进步使得原子能够处于强辐射场中，其场强甚至可与库仑场相媲美。这是一个既有实际应用价值又有基础研究意义的领域[18-20]。显然，任何实际应用都将涉及强激光场作用下的基态原子和分子，而微波场中的里德堡原子是对强辐射场中的原子特性进行定量研究的理想系统[21]。

到目前为止，上述讨论的都是只有一个里德堡能级电子的原子性质。然而，双电子里德堡原子是有两个高度激发电子的原子，这两个电子的运动之间表现出显著的相关性，因此双电子里德堡原子具有与普通里德堡原子不同的性质[22]。虽然已经对双电子里德堡原子进行了一些实验，但这些研究只触及了表面现象，这类奇异原子所隐藏的众多性质仍有待我们去发掘。

参考文献

1. H. E. White, *Introduction to Atomic Spectra* (McGraw-Hill, New York, 1934).

2. G. D. Liveing and J. Dewar, *Proc. Roy. Soc. Lond.* **29**, 398(1879).

3. W. N. Hartley, *J. Chem. Soc.* **43**, 390(1883).

4. J. R. Rydberg, *Phil. Mag.* 5th Ser. **29**, 331(1890).

5. H. Semat and J. R. Albright, *Introduction to Atomic and Nuclear Physics* (Holt, Rinehart, and Winston, New York, 1972).

6. H. A. Bethe and E. A. Salpeter, *Quantum Mechanics of One and Two Electron Atoms* (Academic Press, New York, 1957).

7. H. Rausch v. Traubenberg, Z. *Phys.* **54**, 307(1929).

8. E. Amaldi and E. Segre, *Nuovo Cimento* **11**, 145(1934).

9. E. Fermi, *Nuovo Cimento* **11**, 157(1934).

10. F. A. Jenkins and E. Segre, *Phys. Rev.* **55**, 59(1939).

11. A. Dalgarno, in *Rydberg States of Atoms and Molecules*, eds. R. F. Stebbings and F. B. Dunning (Cambridge University Press, Cambridge, 1983).

12. D. G. Hummer and D. Mihalis, *Astrophys. J.* **331**, 794, (1988).

13. V. L. Jacobs, J. Davis, and P. C. Kepple, *Phys. Rev. Lett.* **37**, 1390, (1976).

14. P. P. Sorokin and J. R. Lankard, *IBM3. Res. Dev.* **10**, 162, (1966).

15. T. W. Hansch, *Appl. Opt.* **11**, 895, (1972).

16. D. Meschede, H. Walther, and G. Miiller, *Phys. Rev. Lett.* **54**, 551, (1985).

17. M. Brune, J. M. Raimond, P. Goy, L. Davidovitch, and S. Haroche, *Phys. Rev. Lett.* **59**, 1899, (1987).

18. A. L'Huillier, L. A. Lompre, G. Mainfray, and C. Manus, *Phys. Rev. Lett.* **48**, 1814, (1982).

19. T. S. Luk, H. Pommer, K. Boyer, M. Shahidi, H. Egger, and C. K. Rhodes, *Phys. Rev. Lett.* **51**, 110, (1983).

20. R. R. Freeman, P. H. Bucksbaum, H. Milchberg, S. Darack, D. Schumacher, and M. E. Geusic, *Phys. Rev. Lett.* **59**, 1092, (1987).

21. J. E. Bayfield and P. M. Koch, *Phys. Rev. Lett.* **33**, 258, (1974).

22. U. Fano, *Rep. Prog. Phys.* **46**, 97(1983).

Chapter 2
第2章

里德堡原子波函数

利用波函数,可以对里德堡原子的性质进行计算和描述。在本章中,采用量子亏损理论的方法来建立电子在库仑势中的波函数。这种方法可以应用于任何具有单个价电子的里德堡原子,包括作为特例的氢原子。实际上,氢原子是一个尤为重要的特例。众所周知,氢原子波函数的解析性质已得到广泛了解,对于获得各类问题的解析解具有极大的实用价值。而在后续的讨论中,我们还将介绍用于构造精确库仑波函数的数值方法。最后,本章将给出如何利用波函数描述里德堡原子性质的标度定律。

如图 2.1 所示,氢原子和钠原子的里德堡态本质上是相似的。唯一的区别在于虽然钠离子总的核电荷数是 1,但是由电荷数为+11 的原子核和 10 个电子组成,其具有一定的体积尺度。当里德堡电子远离钠离子实时,只对净电荷敏感。此时,里德堡能级的电子大部分时间都停留在其经典的外部转折点附近,此处钠原子和氢原子的差异很小,因此,可以预期所有的里德堡原子的性质都是相似的。另外,当里德堡电子靠近钠离子实时,钠离子实内部的精确电荷分布开始发挥作用。特别是,里德堡能级电子不仅可以极化钠离子实,还可以穿透钠离子实,而这种极化和穿透作用都将改变钠原子的类氢里德堡态的波函数和能量。

在经典玻尔圆形轨道模型中,如果我们考虑高轨道角动量态的钠原子和氢原子,那么两者之间的差异可以忽略不计,因为钠原子的最外层电子永远不会足够接近钠离子实,以至于钠离子其实可以被认为是一个点电荷。另外,如果最外层电子处于一个高度椭圆的低轨道角动量 l 态,在每次椭圆轨道运动中,里德堡能级电子都会靠近离子实,此时钠原子和氢原子之间存在着显著的差异。事实上,在钠原子的高轨道角动量 l 态和低轨道角动量 l 态之间,存在着明显的差异。最明显的差异是由于离子实的极化和穿透,低 l 态的价电子的能量会被抑制,低于同一主量子数的氢原子。当钠原子的里德堡电子穿透内部 10 个电子形成的电子云时,它将暴露在未被屏蔽的+11 个核电荷中,其受到的束缚能增加,此时可等效的认为其总能量降低。与之类似,钠离子实的极化会导致里德堡态能量降低。在图 2.2 中,展示了氢原子和钠原子的能级。正如预期的那样,同

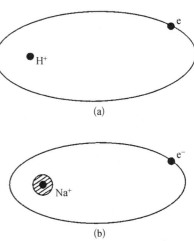

图 2.1 氢原子(a)和钠原子(b)的里德堡态。在氢原子中,电子围绕质子运动。在钠原子中,最外层电子围绕着+11 个核电荷和 10 个内层电子运动。在高轨道角动量 l 态下,钠原子与氢原子的行为相似。但在低轨道角动量 l 态下,钠原子的最外层电子将穿透并且极化钠离子的内层电子

一主量子数的氢原子和高 l 态的钠原子的能级简并,但钠原子的低 l 态的能量却有所降低[1]。相应能量的具体数值由式(2.1)给出:

$$W = \frac{-Ry}{(n-\delta_l)^2} \tag{2.1}$$

其中,δ_l 是一系列轨道角动量 l 态的量子亏损值,其根据实验观察经验得到。钠原子的低 l 态能量低于氢原子的值,这是两者之间最明显的区别。这种能量差异是由波函数的变化引起的,而波函数的变化也会导致其他诸多差异。

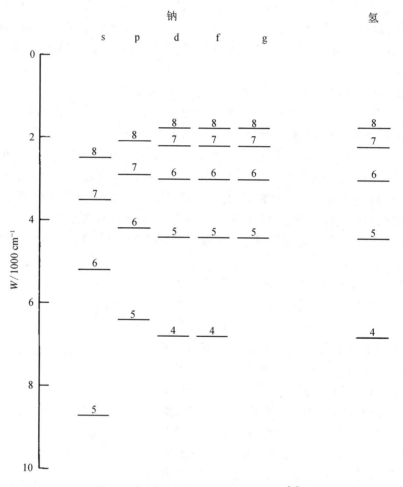

图2.2 氢原子和钠原子对应的能级图[1]

研究原子性质的过程中,引入原子单位制会给计算带来很大方便。在原子单位制中,将处于基态的氢原子的所有相关参数定义为1,从而简化了计算过程。表 2.1[2] 给出了一些常用的原子单位,而 Bethe 和 Salpeter 则给出了一份更详尽的清单[2]。本书中的所有计算均使用原子单位制,另外也会转换为其他单位制,以方便与实验结果进行比较。

表 2.1 部分原子单位

参量	原 子 单 位	定 义
质量	电子质量	9.1×10^{-28} g
电荷	元电荷 e	1.6×10^{-19} C
能量	2 倍的氢原子电离势能	27.2 eV
长度	第一玻尔轨道半径 a_0	0.529 Å
速度	第一玻尔轨道的速度	2.19×10^8 cm/s
电场	第一玻尔轨道处的电场	5.14×10^9 V/cm

在构建里德堡原子的波函数时,首先从氢原子的薛定谔方程入手。按照原子单位制,薛定谔方程可以表示为

$$\left(-\frac{\nabla^2}{2} - \frac{1}{r} \right) \psi = W\psi \tag{2.2}$$

其中,r 是电子到质子的距离,考虑简化,假设 r 为无限大,W 是里德堡原子的能量。除非另有说明,否则将仅考虑电子远离带+1 电荷离子实的中性原子。在球坐标系中:

$$\nabla^2 = \frac{\partial}{\partial r^2} + \frac{2}{r}\frac{\partial}{\partial r} + \frac{1}{r^2 \sin\theta}\frac{\partial}{\partial \theta}\left(\sin\theta \frac{\partial}{\partial \theta} \right) + \frac{1}{r^2 \sin^2\theta}\frac{\partial^2}{\partial \phi^2} \tag{2.3}$$

其中,θ 和 ϕ 分别对应为与 z 轴之间的夹角和方位角,如图 2.3 所示。

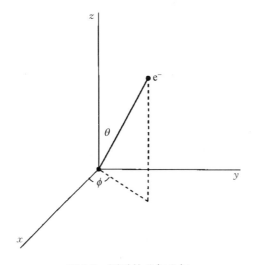

图 2.3 原子的几何坐标

假设方程 (2.2) 中的 ψ 可以写成径向函数和角函数的乘积,即 $\psi = Y(\theta, \phi)R(r)$,则式 (2.2) 变为

$$\left[\frac{\partial^2 R}{\partial r^2} + \frac{2}{r}\frac{\partial R}{\partial r} + 2\left(W + \frac{1}{r}\right)\right]Y + \left[\frac{1}{r^2\sin\theta}\frac{\partial}{\partial\theta}\left(\sin\theta\frac{\partial Y}{\partial\theta}\right) + \frac{1}{r^2\sin^2\theta}\frac{\partial^2 Y}{\partial^2\phi}\right]R = 0 \tag{2.4}$$

式(2.4)两边同时除以 Ry/r^2，可以得到：

$$\frac{r^2}{R}\left[\frac{\partial^2 R}{\partial r^2} + \frac{2}{r}\frac{\partial R}{\partial r} + 2\left(W + \frac{1}{r}\right)R\right] + \frac{1}{Y}\left[\frac{1}{\sin\theta}\frac{\partial}{\partial\theta}\left(\sin\theta\frac{\partial Y}{\partial\theta}\right) + \frac{1}{\sin^2\theta}\frac{\partial^2 Y}{\partial^2\phi}\right] = 0 \tag{2.5}$$

式(2.5)中等号左边的两项仅取决于 R 和 Y，且彼此独立，因此其值必定分别等于 $\pm\lambda$，其中 λ 是一个常数。

如果进一步假设可以将角向函数 $Y(\theta,\phi)$ 写成 $Y(\theta,\phi) = \Theta(\theta)\Phi(\phi)$，则角向方程为

$$\frac{1}{\sin\theta}\frac{\partial}{\partial\theta}\left(\sin\theta\frac{\partial\Theta}{\partial\theta}\right)\Phi + \frac{\Theta}{\sin^2\theta}\frac{\partial^2\Phi}{\partial^2\phi} = -\lambda\Phi\Theta \tag{2.6}$$

式(2.6)的解是归一化的球谐函数[2]：

$$\Theta(\theta)\Phi(\phi) = Y_{lm}(\theta,\phi) = \sqrt{\frac{(l-m)!}{(l+m)!}\frac{2l+1}{4\pi}}P_l^m\cos\theta e^{im\phi} \tag{2.7}$$

其中，$P_l^m(x)$ 是未归一化的关联勒让德多项式，l 是零或正整数，m 是 $-l \sim l$ 的整数，$\lambda = l(l+1)$。球谐函数满足归一化条件：

$$\int_0^1\sin\theta d\theta\int_0^{2\pi}d\phi Y_{lm}^*(\theta,\phi)Y_{lm}(\theta,\phi) = 1 \tag{2.8}$$

表 2.2 中列举了前几阶球谐函数，分别对应 s 态、p 态和 d 态。值得注意的是，在定义关联勒让德多项式时，某些研究人员引入了因子 $[-1]^m$，使得在球谐函数中产生了相应的差别[2]。表现为在 θ 坐标中有 $l-m$ 个节点，在 ϕ 坐标中没有节点。

表 2.2　s 态、p 态和 d 态对应的归一化球谐函数[2]

$$Y_{00} = \frac{1}{\sqrt{4\pi}}$$

$$Y_{10} = \sqrt{\frac{3}{4\pi}}\cos\theta$$

$$Y_{1\pm1} = \pm\sqrt{\frac{3}{8\pi}}\sin\theta e^{\pm i\phi}$$

$$Y_{20} = \sqrt{\frac{5}{4\pi}}\left(\frac{3}{2}\cos^2\theta - \frac{1}{2}\right)$$

$$Y_{2\pm1} = \pm\sqrt{\frac{15}{8\pi}}\sin\theta\cos\theta e^{\pm i\phi}$$

$$Y_{2\pm2} = \pm\sqrt{\frac{15}{32\pi}}\sin^2\theta e^{\pm i2\phi}$$

角向方程中要求 $\lambda = l(l+1)$，且 l 是正整数(译者注：l 可以为 0，对应 s 态)，将 λ 值代入径向方程[式(2.5)]，则式(2.5)可以写为

$$\frac{\partial^2 R}{\partial r^2} + \frac{2}{r}\frac{\partial R}{\partial r} + \left[2W + \frac{2}{r} - \frac{l(l+1)}{r^2}\right]R = 0 \tag{2.9}$$

引入 $\rho(r)$，其值可根据 $R(r) = \rho(r)/r$ [3] 确定，将其代入后，径向方程转换成库仑问题的标准形式。通过这种替换，式(2.9)可以写为

$$\frac{\partial^2 \rho}{\partial r^2} + \left[2W + \frac{2}{r} - \frac{l(l+1)}{r^2}\right]\rho = 0 \tag{2.10}$$

式(2.10)方括号中的各项在图 2.4 中得到了直观的展示：$2/r$ 代表 2 倍的电子所受库仑势，$[l(l+1)]/r^2$ 代表 2 倍的离心势能，$2W$ 则代表 2 倍的总能量。括号内的总和是 $2T$，其中 T 是电子的径向动能。在经典允许区域内(译者注：能量为正)，$T > 0$。式(2.10)有两个独立的振荡解，类似于正弦函数和余弦函数。另外，在经典禁闭区域，$T < 0$，式(2.10)的解是增大和减小的指数函数。

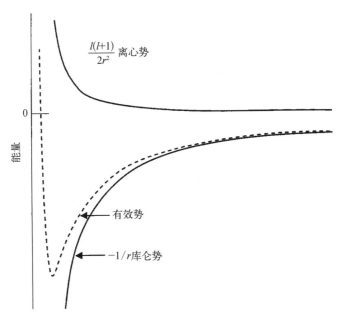

图 2.4　库仑势和离心势(实线)，两者相加得到有效的径向电势(虚线)，具有角动量 l 的电子在其中运动

式(2.10)是一个二阶微分方程，因此有两个独立的解。在这个问题中，最常用的两个解分别可以表示为[4]

$$\rho(r) = f(W, l, r) \tag{2.11a}$$

$$\rho(r) = g(W, l, r) \tag{2.11b}$$

f 函数和 g 函数通常被称为规则和不规则库仑函数[4, 5]，在经典允许区域内，f 函数和 g 函

数是具有 90°相位差的实数振荡函数。而在经典禁闭区域内,这两个函数则是增大或减小的指数函数。

为了得到在 $r \to 0$ 和 $r \to \infty$ 条件下依然成立的径向方程解,无论是 $W > 0$ 还是 $W < 0$,f 和 g 函数的具体形式在 $r \to 0$ 条件下为

$$f(W, l, r) \propto r^{l+1} \tag{2.12a}$$

$$g(W, l, r) \propto r^{-l} \tag{2.12b}$$

从图 2.4 中可以明显看出,r 较小,T 非常大时,除了具有非常高的角动量,其行为受能量的影响并不显著。当 $W < 0$ 时,引入有效量子数 v,其值可通过 $W = -1/2v^2$ 确定。当 $r \to \infty$ 时,f 函数和 g 函数可以用递增的指数函数 $u(v, l, r)$ 和递减的指数函数 $v(v, l, r)$ 来表示。当 $r \to \infty$ 时,$u \to \infty$,$v \to 0$。此时,f 和 g 可以表示为[4]

$$f \to u(v, l, r)\sin(\pi v) - v(v, l, r)\mathrm{e}^{\mathrm{i}\pi v} \tag{2.13a}$$

$$g \to -u(v, l, r)\cos(\pi v) + v(v, l, r)\mathrm{e}^{\mathrm{i}\pi(v+1/2)} \tag{2.13b}$$

当 $W > 0$,$r \to \infty$ 时,f 和 g 可以用振荡函数表示:

$$f \to (2/k\pi)^{1/2}\sin\left[kr - \pi l/2 + \frac{1}{k}\ln(2kr) + \sigma_l\right] \tag{2.14a}$$

$$g \to (2/k\pi)^{1/2}\cos\left[kr - \pi l/2 + \frac{1}{k}\ln(2kr) + \sigma_l\right] \tag{2.14b}$$

其中,$k = (2W)^{1/2}$;σ_l 是库仑相位,且满足 $\sigma_l = \arg \Gamma(l + 1 - \mathrm{i}/k)$。

为了得到氢原子束缚态边界条件下的解,在 $W < 0$ 时,考虑 $r = 0$ 和 $r = \infty$ 的边界条件。具体而言,当 $r \to 0$ 时,ψ 是有限值,而当 $r \to \infty$ 时,$\psi \to 0$。从式(2.12)可以看出,在 $r = 0$ 的边界条件下,只有 f 函数是可以成立的。当 $r \to \infty$ 时,则会导致 $\psi \to 0$,因此方程的解正如渐近形式所表明的 f 函数那样,这一结果等价于 $\sin(\pi v)$ 的值为 0,此时 v 是整数。将式(2.7)中的径向函数 f 和角向函数 Y 相乘,即可得到氢原子的束缚态波函数:

$$\psi_{nlm}(\theta, \phi, r) = \frac{Y_{lm}(\theta, \phi)f(W, l, r)}{r} \tag{2.15}$$

其中,假设径向函数为归一化函数,其归一化过程在后续讨论。由于 $W = -1/2v^2$,且 v 必须是正整数 n,可以得到允许能量的熟悉表达式:

$$W = -\frac{1}{2n^2} \tag{2.16}$$

如果采用传统的幂级数来求解径向方程[2],那么 $R(r)$ 在数学上允许存在的两个解的主导项将分别与 r^l 和 r^{-l-1} 成正比。而不规则库仑函数 r^{-l-1} 这个解在原点是发散的,不满足 $r = 0$ 的边界条件,因此将其舍弃。在 $r \to \infty$ 边界条件下,级数必须收敛,这反过来又要求 $W = -1/2n^2$,其中 n 是正整数。幂级数解还表明,径向函数 $R_{nl}(r)$ 有 $n-l$ 个节点。如果在 $r \approx 0$ 时选择 $R_{nl}(r) \propto r^l$ 的解,那么随着 n 或者 l 变化为 $n+1$ 或 $l+1$,波函数的外叶也

会改变符号。

　　上述基于库仑波的氢原子处理方法,可以很容易地推广到具有球离子实的单价电子原子的波函数构建。采用这种方法,即量子亏损理论[5],能够有效地构建价电子位于离子核心之外的波函数。回顾前述的钠原子和氢原子之间的区别,即氢原子中质子的点电荷被钠原子中一定大小的离子实所取代。当价电子远离钠离子实时,价电子所处的势能与氢原子中质子所产生的库仑势相差无几。然而,当价电子处于较小的轨道半径时,最外层的价电子可以穿透钠离子实的 10 个电子所形成的电子云,钠离子实的势能比库仑势更深。由于钠离子实是球对称的,并且假设其位置固定不变,价电子所感受到的有效势 $V_{\mathrm{Na}}(r)$ 也是球对称的,并且只取决于 r。当式(2.2)中的库仑势 $-1/r$ 替换为 $V_{\mathrm{Na}}(r)$ 时,式(2.2)仍可分离处理,对应的角向方程[式(2.6)]和它的解[式(2.7)]都保持不变。因此,钠原子的波函数与式(2.15)的氢原子对应的波函数在结构上相似,不同之处体现在径向函数上。

　　在图 2.5 中,以示意图的形式展示了氢原子库仑势 $-1/r$ 和作用于钠原子中里德堡电子的有效势能 $V_{\mathrm{Na}}(r)$。在小半径 r 处,钠原子中的价电子势能较小,导致价电子的动能增加,并使其径向振荡的波长相较于氢原子减小。在钠原子中,所有径向波函数的节点都比在氢原子中靠近原点,这一特性从图 2.6 中也可以看出。当电子半径大于钠离子实的半径,即 $r > r_0$ 时,钠原子的势能等于库仑势。因此,在这个区域内,钠原子的波函数与氢原子的波函数相比,仅仅是相位上有所偏移。这种径向相移的大小,实际上是由钠原子和氢原子中能量为 W 的电子从 $r=0$ 到 r_0 处动量差的积分所决定的。对于 s 态的电子,钠原子相对于氢原子的相位差 τ 可以写为

$$\tau = \int_0^{r_0} \left\{ \left[W - V_{\mathrm{Na}}(r) \right]^{1/2} - \left[W + \frac{1}{r} \right]^{\frac{1}{2}} \right\} \sqrt{2} \, \mathrm{d}r \tag{2.17}$$

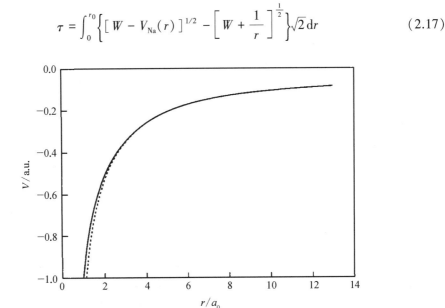

图 2.5　氢原子库仑势(用实线表示)和钠原子的有效单电子势 $V_{\mathrm{Na}}(r)$(用虚线表示)示意图,两者只在 r 较小时不同[1]

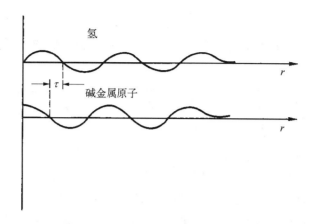

图 2.6 氢原子和碱金属原子的波函数。碱金属原子由于具有较低的势能,引起了相位移动 τ,导致碱金属原子在低轨道角动量状态(即低 l 态)下的能量相对于氢原子有所下降[1]

其中,式(2.17)第一个方括号内的项是钠原子和氢原子中电子的动能,如果将 $V_{Na}(r)$ 替换为 $-1/r - V_d(r)$,其中 V_d 是钠原子和氢原子的有效势之差,并考虑到在 $r < r_0$ 条件下的动能很大,以至于 $1/r \gg W$ 和 $V_d(r)$。可以将式(2.17)展开并保留一阶项,得到:

$$\tau = \int_0^{r_0} V_d(r) \left(\frac{r}{2} \right)^{1/2} dr \tag{2.18}$$

从式(2.18)可以看出来,只要 $|W| \ll 1/r_0$,那么径向相移 τ 就与能量 W 无关。据此,假设相对于氢原子径向波的相移为 τ,意味着在 $r > r_0$ 条件下,氢原子波函数[式(2.15)]中的纯 f 波应用于钠原子时变为 $f(W, l, r)\cos \tau - g(W, l, r)\sin \tau$,对应的束缚态径向波函数由式(2.19)给出:

$$\rho(r) = f(W, l, r)\cos \tau - g(W, l, r)\sin \tau \tag{2.19}$$

由此可知,氢原子波函数在原点时其值有限的边界条件,已经被钠原子新的边界条件所取代。新的边界条件为:当 $r > r_0$ 时,波函数相对于氢原子的波函数有 τ 的相移。这个新的边界条件要求在 $r > r_0$ 的区域内同时考虑 g 函数及规则 f 函数。需要注意的是,生成的波函数仅适用于 $r > r_0$ 的区域。对于 $r < r_0$ 的区域,如图 2.6 所示,它在 $r = r_0$ 处产生了一个相对于氢原子中的相移 τ,关于钠原子势能的其他特性并不清楚。在 $r \to \infty$ 时,$\psi \to 0$ 等价于要求 $u(v, l, r)$ 的系数为零,从而导致:

$$\cos \tau \sin(\pi v) + \sin \tau \cos(\pi v) = 0 \tag{2.20}$$

或者 $\sin(\pi v + \tau) = 0$。因此,$\pi v + \tau$ 必须是 π 的整数倍,即 $v = n - \tau/\pi$,其中 n 是整数。钠原子角动量为 l 态的有效量子数 v 与整数项之间差 τ/π,这个差异即为量子亏损 δ_l。由于 τ 与能量 W 彼此独立,因此可以认为相同 l 态对应的量子亏损 δ_l 是一个常数。在 r 较小时,较高 l 态的离心势 $l(l+1)/2r^2$ 的存在(译者注:大离心势会形成电子向内穿越的势垒)导致电子出现的概率极低,对应的量子亏损更小,是一个常数。在 $r \to \infty$ 时,非氢原子径向波函数服从与氢原子同样的边界条件,其径向波函数在 r 较大时与氢原子的波函数类似,但对应的能量是不同的。

用式(2.19)的径向函数代替式(2.15)中的径向函数 f,对于 $r > r_0$ 的非氢原子,存在以下关系式:

$$\psi(\theta, \phi, r) = \frac{Y_{lm}(\theta, \phi, r)\left[f(W, l, r)\cos(\pi\delta_l) - g(W, l, r)\sin(\pi\delta_l)\right]}{r} \quad (2.21a)$$

其允许存在的能量为

$$W = -\frac{1}{2(n - \delta_l)^2} \quad (2.21b)$$

其中,n 是整数。需要注意的是,在构建式(2.21a)中的波函数时,并没有考虑到离子实的极化效应。极化势的范围很大,因而不可能定义一个 r_0,使得当 $r > r_0$ 时仅存在库仑势。

波函数的一个重要性质是归一化,而到目前为止并没有对库仑径向波函数进行归一化处理。根据 Merzbacher 的方法,可以找到一个近似的 WKB(译者注:即 Wenzel - Kramers - Brillouin)径向波函数,其在经典允许区内与实际情况高度吻合,其表达式如下[6]:

$$\rho(r) = \frac{N\sin\int_{r_i}^{r} k\mathrm{d}r'}{\sqrt{k}} \quad (2.22)$$

其中,N 是一个归一化常数;r_i 是经典内转折点(译者注:见图 2.4);$k = \sqrt{2T}$,是 2 倍动能的平方根。式(2.22)反映这样一个事实:在电子运动较慢时,$\sqrt{k}$ 较小,波函数的振动幅度 $\rho(r)$ 较大。在内部和外部转折点之间的经典允许区域内,即 r_i 和 r_o 之间:

$$k = \sqrt{2W + \frac{2}{r} - \frac{l(l + 1)}{r^2}} \quad (2.23)$$

利用式(2.22)的波函数,可以获得近似归一化的束缚里德堡态下,具体来说,需要满足以下条件:

$$\int_0^{2\pi}\int_0^{\pi}\int_{r_i}^{r_o}\psi \cdot \psi r^2\mathrm{d}r\sin\theta\mathrm{d}\theta\mathrm{d}\phi = 1 \quad (2.24)$$

其中,

$$r_{i, o} = n^2 \pm n\sqrt{n^2 - l(l + 1)} \quad (2.25)$$

式(2.25)中的加号和减号分别对应于 r_o 和 r_i。由于波函数的角向部分已经归一化处理,则式(2.24)简化为

$$\int_{r_i}^{r_o}\rho^2(r)\mathrm{d}r = 1 \quad (2.26)$$

式(2.26)可以写为

$$N^2 \int_{r_i}^{r_o} \frac{\sin^2 \int_{r_1}^{r} k \mathrm{d}r' \mathrm{d}r}{\sqrt{2W + \dfrac{2}{r} - \dfrac{l(l+1)}{r^2}}} = 1 \tag{2.27}$$

可以将 $\sin^2 \int_{r_1}^{r} k \mathrm{d}r'$ 近似地用平均值 $1/2$ 代替,从而降低上述对 r 的积分难度,可得

$$N^2 = \frac{2}{\pi n^3} \tag{2.28a}$$

或者:

$$N = \sqrt{\frac{2}{\pi n^3}} \tag{2.28b}$$

即归一化常数以 $1/n^{3/2}$ 的形式逐渐减小。在 r 很小的区域(译者注:在 $r > r_0$ 以外的区域),波函数对于能量的依赖即反映为上述的归一化常数。

当 $W > 0$ 时,里德堡原子不再处于束缚状态,而是处于连续态。在建立连续态的波函数时,$r \to \infty$ 的边界条件不存在,只有 $r \to 0$ 的边界条件依然存在。对于氢原子,$r = 0$ 的边界条件将 g 函数排除,此时只有 f 函数,因此:

$$\rho(W, l, r) = f(W, l, r) \tag{2.29}$$

对于钠原子或者其他任意原子,氢原子中的边界条件 $r \to 0$ 被以下要求所取代:在 $r \geqslant r_0$ 的区域,非氢原子波函数相对于库仑波函数有一个 τ 的相移,即

$$\rho(W, l, r) = f(W, l, r) \cos \tau - g(W, l, r) \sin \tau \tag{2.30}$$

如式 (2.14) 所示,当 $r \to \infty$ 时,波函数将表现为振荡的正弦和余弦函数。r 较小时,连续态和束缚态的波函数在功能上几乎相同,两者只在归一化方式上有区别。对于连续态的波函数,可以延伸到 $r = \infty$,此时波函数不能像束缚态波函数那样直接进行归一化。因此,将采取对每个单位能量的连续态波函数进行归一化的方式,这只是众多归一化方法中的一种,稍后将讨论选择这种方式的理由。如果再次利用波函数角向分量已经归一化这一事实,那么连续态的归一化要求如下[2]:

$$\int_0^\infty \rho_W^*(r) \mathrm{d}r \int_{W - \Delta W}^{W + \Delta W} \rho_{W'}(r) \mathrm{d}W' = 1 \tag{2.31}$$

对于每个单位波数的归一化,可以容易得到其归一化积分如下[2]:

$$\int_0^\infty \rho_k^*(r) \mathrm{d}r \int_{k - \Delta k}^{k + \Delta k} \rho_{k'}(r) \mathrm{d}k' = 1 \tag{2.32}$$

归一化积分中,来自 $r \to \infty$ 的部分占据主导,其中 k 是一个常数。为了实现归一化,利用式 (2.21) 给出的连续波的 WKB 形式。如果考虑积分中占据主要地位的部分来自 r 值较大的区域,而在该区域 k 与 r 无关,可以将式 (2.32) 表示为

$$N_k^2 \int_0^\infty \frac{\sin(kr)}{\sqrt{k}} \mathrm{d}r \int_{k-\Delta k}^{k+\Delta k} \frac{\sin(k'r)}{\sqrt{k'}} \mathrm{d}k' = 1 \tag{2.33}$$

其中,将每个单位波数中的归一化波函数写为

$$\rho_k(r) = N_k \frac{\sin(kr)}{\sqrt{k}} \tag{2.34}$$

其中, N_k 是待定的归一化常数。每个单位能量的相同归一化波函数为

$$\rho_W(r) = N_W \frac{\sin(kr)}{\sqrt{k}} \tag{2.35}$$

式(2.33)的积分简化为

$$N_k^2 \cdot \frac{\pi}{2k} = 1 \tag{2.36}$$

能量和波数的归一化常数通过导数 $\mathrm{d}W/\mathrm{d}k$ 联系在一起[2],即

$$N_k^2 = N_W^2 \frac{\mathrm{d}W}{\mathrm{d}k} = N_W^2 \, k \tag{2.37}$$

利用式(2.36)和式(2.37),计算 N_W,得到每个单位能量的归一化波函数,即

$$\rho_W(r) = \sqrt{\frac{2}{\pi k}} \sin \int_{r_i}^r k \mathrm{d}r' \tag{2.38}$$

注意到,这个波函数与束缚态边界条件下的波函数之间存在一个 $n^{-3/2}$ 的系数差异。实质上,该系数是将每个单位能量的归一化转换为单态下的归一化而得到的。归一化积分的转换需要考虑系数 $\mathrm{d}W/\mathrm{d}n = \mathrm{d}(-1/2n^2)/\mathrm{d}n = n^{-3}$。因此:

$$N_n^2 = N_W^2 \left(\frac{\mathrm{d}W}{\mathrm{d}n} \right) = N_W^2 n^{-3} \tag{2.39}$$

里德堡原子的许多特性都取决于 $r > r_0$ 区域的波函数,在这个区域,势场是一个简单的库仑势,因此,可以非常容易使用 Numerov 方法计算该区域的波函数,该方法可以应用如下形式的方程[7]:

$$\frac{\mathrm{d}^2 Y}{\mathrm{d}x^2} = g(x) Y(x) \tag{2.40}$$

假设 x 以步进 h 增大,则 Numerov 方法的基本方程为[7]

$$[1 - T(x+h)] Y(x+h) + [1 - T(x-h)] Y(x-h) = [2 + 10T(x)] Y(x) + O(h^6) \tag{2.41}$$

其中, $T(x) = h^2 g(x)/12$。由于其他项已知,如果忽略高阶项 h^6 并确定 $Y(x)$ 和 $Y(x-h)$,则可以计算得到 $Y(x+h)$。

Zimmerman 等[8]从式(2.9)入手计算了束缚态的径向函数和矩阵元。为了去掉一阶导数,过程中作了如下替换,即

$$x = \ln(r) \tag{2.42a}$$

和

$$Y(x) = R\sqrt{r} \tag{2.42b}$$

从而得到一个与式(2.40)形式相同的径向方程,即

$$g(x) = 2e^{2x}\left(-\frac{1}{r} - W\right) + \left(l + \frac{1}{2}\right)^2 \tag{2.43}$$

除了将径向方程转换为 Numerov 形式外,通过上述转换,还将其适用范围转换到更符合径向函数振荡频率的范围。对于束缚态函数,波函数的波长随着 r 的增加而增加,而取代它的 $x = \ln(r)$ 使得每个波瓣的点数更接近于常数。

从经典禁闭区 $r > 2n^2$ 开始,逐渐将 r 减小到 $r \approx 0$。采用这种方式,是因为在 $r \to \infty$ 时,库仑方程的物理解是一个指数衰减的函数。r 的连续值由 $r_j = r_s e^{-jh}$ 给出,其中 r_s 是起始半径[通常 $r_s = 2n(n + 15)$];h 是对数转换后的步长,通常选为 0.01;系数 j 随着 r 的减小而增大。从式(2.41)可以看出来,需要指定两个相邻点的 Y 值,分别对应 $j = 0$ 和 1。当 $r = r_s$ 时,波函数比经典转折点处的值小 10^{10},因此 $j = 0$ 时,可以估计 $Y(0)$ 为 10^{-10};当 $j = 1$ 时,$Y(h)$ 的值必定大于 $Y(0)$,从而近似地表现为指数衰减。库仑方程的正交非物理解在 $r \to \infty$ 时发散,因此当将 r 减小到 $r = 0$ 时,错误的解会呈指数衰减。波函数的计算,可以很快到达内部转折点或者离子实的半径,以先到者为准。波函数计算必须在该点处停止,因为在停止点处,对于所有的非零量子亏损,波函数的 g 部分将逐渐表现出在较小 r 区域的行为,即 $r^{-l(l+1)}$ 开始发散。上述过程中产生了一个未归一化的波函数,其归一化积分由式(2.44)给出[8]:

$$N^2 = \int_0^\infty r^2 R^2(r)\, \mathrm{d}r = \sum_k Y_k^2 r_k^2 \tag{2.44}$$

利用这种归一化积分,可以将 $Y(x)$ 转换回 $R(r)$,从而得到归一化的波函数,或者得到两个束缚态波函数的矩阵元。上述描述的 Numerov 方法假设最外层的波瓣是正的,从而给出 n-l 状态下的波函数,按照通常约定,r 较小处的函数形式与 n 无关,但即使符号与此相反,波函数仍然成立。

要计算两个波函数之间关于 r^σ 的矩阵元,如 $\langle 1 | r^\sigma | 2 \rangle$,可以通过同时对两个径向波函数执行 Numerov 操作。这一过程必须从两个波函数的较高能量处选择合适的起点开始。具体而言,假设 |1> 态具有更高的能量,我们需要累加归一化积分 $N_1^2 = \sum Y_{1k}^2 r_k^2$,直到到达第二个波函数对应的适当起点。此时,开始累加第二个归一化积分 $N_2^2 = \sum Y_{2k}^2 r_k^2$ 和矩阵元 $R_{12}^\sigma = \sum Y_{1k} Y_{2k} r_k^{2+\sigma}$。因此,矩阵元可以由式(2.45)给出[8]:

$$\langle 1 \mid r^{\sigma} \mid 2 \rangle = \frac{R_{12}^{\sigma}}{N_1 N_2} = \frac{\sum Y_{1k} Y_{2k} r_k^{2+\sigma}}{\left(\sum Y_{1k}^2 r_k^2 \right)^{1/2} \left(\sum Y_{2k}^2 r_k^2 \right)^{1/2}} \tag{2.45}$$

Bhatti 等[9] 提出了另一种在物理上更为吸引人的方法,以计算束缚态的波函数[9]。在经典允许区域,电子的动能约为 $1/r$,因此波函数的波长随 $\sqrt{r}$ 变化。如果以 $x = \sqrt{r}$ 作为替换,并且 x 以统一步长 h 进行递增,则波函数的每个波瓣中具有大致相同的步数。按照如下公式进行替换:

$$x = \sqrt{r} \tag{2.46a}$$

$$Y(x) = r^{3/4} R(r) \tag{2.46b}$$

可以得到以下形式的径向方程:

$$\left[-\frac{\mathrm{d}^2}{\mathrm{d}x^2} - 8Wx^2 + \frac{\left(2l + \frac{1}{2}\right)\left(2l + \frac{3}{2}\right)}{x^2} \right] Y(x) = 8Y(x) \tag{2.47}$$

在这种情况下,$g(x)$ 可由式(2.48)得出:

$$g(x) = -8 - 8Wx^2 + \frac{\left(2l + \frac{1}{2}\right)\left(2l + \frac{3}{2}\right)}{x^2} \tag{2.48}$$

通过上述解,可以看出径向波函数的每个波瓣中几乎具有相同数量的步长点。

使用上述的任意一种方法,都可以容易地计算束缚态的波函数和束缚态-束缚态之间的矩阵元。但是,有时需要得到连续函数,却无法按照上述方式进行计算。当 $r \to \infty$ 时,在物理上显著可见的是 f 函数和 g 函数的线性组合(例如:$f\cos \tau - g\sin \tau$)不会出现指数衰减,相比氢原子的 f 函数,存在一个具有相位偏移为 τ 的正弦变化的波函数。因此,计算这些波函数的最简单的方法是从原点开始,用正比于 r^{l+1} 的规则函数 f 的近似值来进行计算,直到库仑势与动能相比可以忽略不计的点。在这个点上,波函数变成一个振幅恒定的正弦波。通过在原点引入一个 τ 的相移,可以在较大 r 区域得到所需的库仑波,然后随着 r 逐渐减小到零,库仑波在数值上可以传播到较小的 r 区域[10]。通过将正弦波幅度设为 $\sqrt{\pi/2k}$,可以将波函数进行归一化。具体而言,从径向方程 ρ [式(2.10)] 开始,已经是 Numerov 形式。对于式(2.40)而言,当 $r \to \infty$ 时,其 Numerov 数值替换同样保证了每个波瓣上具有相同点数,具体如下:

$$x = r \tag{2.49a}$$

$$Y(x) = \rho \tag{2.49b}$$

因此可以得到:

$$g(x) = -\left[2W + \frac{2}{r} - l(l+1) \right] \tag{2.50}$$

利用上面描述的方法,可以计算束缚态和连续态的波函数,以及 $\sigma \geqslant 0$ 时 r^σ 对应的矩阵元。这些波函数通常称为库仑波函数,计算得到的性质也是以库仑近似的方法获得的。此外,可以计算得到氢原子中 r 的负幂次方的矩阵元。然而,对于除氢原子以外的其他情况,不能准确地计算出 r 的负幂次方的矩阵元,因为 r 的负幂次方矩阵元在 r 接近于 0 时权重很大,导致计算的结果依赖于在求和式(2.45)中截取的半径值。

从计算得到的波函数中,可以推断出里德堡原子的一些性质。首先,可以估算 r^σ 的期望值,其中 σ 是正整数或负整数。$\sigma > 0$ 时,r^σ 的期望值主要由外转折点的位置决定,即 $r = 2n^2$。由于电子绝大部分时间都在这个位置附近,对于 $\sigma > 0$ 的情况,对 r^σ 的期望值较为准确的估算为

$$\langle r^\sigma \rangle \sim n^{2\sigma} \tag{2.51}$$

如果对 $\sigma < -1$ 时 r 的负幂次方感兴趣,那么在 r 较小时,其性质对波函数尤为重要。此时,量子亏损的精确值至关重要。然而,在 r 较小时,对于 $n \gg l$ 的情况,能量或 v 只依赖于归一化,因此:

$$\langle r^{-\sigma} \rangle \propto n^{-3} \tag{2.52}$$

虽然 r 的负幂次方的期望值随 n^{-3} 减小是显而易见的,但其精确值却不易求得。为了今后的使用,在表 2.3 中给出了已通过解析方法确定的氢原子的 $\langle r^\sigma \rangle$ 期望值[2, 11]。

表 2.3　氢原子的 $\langle r^\sigma \rangle$ 期望值[2, 11]

$$\langle r \rangle = \frac{1}{2}\left[3n^2 - l(l+1) \right]$$

$$\langle r^2 \rangle = \frac{n^2}{2}\left[5n^2 + 1 - 3l(l+1) \right]$$

$$\langle 1/r \rangle = 1/n^2$$

$$\langle 1/r^2 \rangle = \frac{1}{n^3(l+1/2)}$$

$$\langle 1/r^3 \rangle = \frac{1}{n^3(l+1)(l+1/2)l}$$

$$\langle 1/r^4 \rangle = \frac{3n^2 - l(l+1)}{2n^5(l+3/2)(l+1)(l+1/2)l(l-1/2)}$$

$$\langle 1/r^6 \rangle = \frac{35n^4 - 5n^2\left[6l(l+1)-5\right] + 3(l+2)(l+1)(l-1)}{8n^7(l+5/2)(l+2)(l+3/2)(l+1)(l+1/2)l(l-1/2)(l-1)(l-3/2)}$$

通过采用径向矩阵元和能级间隔组合的方法,可以推导出里德堡原子众多性质的 n 标度定律。例如,里德堡原子的极化率与电偶极子的矩阵元的平方和除以能量的值成正比,并且受到附近几个能级的影响。相邻能级之间的偶极矩阵元随轨道半径变化,即与 n^2 成正比,而能量差则正比于 n^{-3},从而导致极化率正比于 n^7。类似的推导也适用于推导里

德堡原子其他性质的标度定律。表 2.4 是一些代表性的标度定律的简短列表,展示出里德堡原子与基态原子显著不同的性质。

表 2.4　里德堡原子的性质[1]

性　　质	和 n 的关系	Na(10d)
束缚能	n^{-2}	0.14 eV
相邻 n 态间的能量	n^{-3}	0.023 eV
轨道半径	n^2	$147a_0$
几何截面积	n^4	$68\,000a_0^2$
偶极距 $<nd\|er\|nf>$	n^2	$143ea_0$
极化率	n^7	$0.21\ \mathrm{MHz \cdot cm^2/V^2}$
辐射寿命	n^3	$1.0\ \mu s$
精细能级间距	n^{-3}	-92 MHz

参考文献

1. T. F. Gallagher, *Rep. Prog. Phys.* **51**, 143(1988).

2. H. A. Bethe and E. A. Salpeter, *Quantum Mechanics of One and Two Electron Atoms* (Academic Press, New York, 1957).

3. M. Abromowitz and LA. Stegun, *Handbook of Mathematical Functions* (Dover, New York 1972).

4. U. Fano *Phys. Rev. A* **2**, 353(1970).

5. M. J. Seaton, *Rep. Prog. Phys.* **46**, 167(1983).

6. E. Merzbacher, *Quantum Mechanics* (Wiley, New York, 1961).

7. J. M. Blatt, *J. Comput. Phys.* **1**, 382(1967).

8. M. L. Zimmerman, M. G. Littman, M. M. Kash, and D. Kleppner, *Phys. Rev. A* **20**, 2251(1979).

9. S. A. Bhatti, C. L. Cromer, and W. E. Cooke, *Phys. Rev. A* **24**, 161(1981).

10. W. P. Spencer, A. G. Vaidyanathan, D. Kleppner, and T. W. Ducas, *Phys. Rev. A* **26**, 1490(1982).

11. B. Edlen, in *Handbuch der Physik* (Springer-Verlag, Berlin, 1964).

第 3 章

里德堡原子的制备

最初通过吸收光谱的方法来研究里德堡原子,目前这一技术仍然是一种通用的有效研究手段。例如,Garton 和 Tomkins 利用吸收光谱首次观察到了准朗道共振[1]。此外,还有多种方法可以将电子泵浦到激发态,其中利用染料激光器将电子激发到激发态是优先运用的一种方法,通过这种方法得到处于激发态原子的吸收光谱[2-4]。然而,目前大多数有关里德堡原子的工作都是基于里德堡原子本身性质的检测。一般可以采用两种方式对里德堡原子进行检测。第一种方式通过光激发里德堡原子,随后里德堡原子会辐射性地衰减到低能级态,并发出可见荧光,使用光电倍增管可以很容易地对这种荧光进行检测。第二种方式则基于里德堡原子的价电子处于一个大而弱的束缚轨道上,因此通过碰撞电离或者场电离,原子将很容易出现电离,可以很容易地检测到电离产生的离子或者电子。

3.1 里德堡态的激发

里德堡原子可以通过原子间电荷交换、原子原子电子碰撞和光激发等方式产生,碰撞和光激发也是目前常用的两种技术,这些过程表达如下:

$$A^+ + B \rightarrow Anl + B^+ \tag{3.1a}$$

$$e^- + A \rightarrow Anl + e^- \tag{3.1b}$$

$$h\nu + A \rightarrow Anl \tag{3.1c}$$

另外,还可以同时运用碰撞和光激发两种技术。尽管目前已经证明了碰撞和光激发相结合的方式是非常有效的,暂时只分别考虑式(3.1)中 3 个公式对应的上述三种产生里德堡原子的过程。电荷交换用于将离子束转换为快速的里德堡原子束,这种技术主要由 Koch 进行了描述[5]。通过原子电子碰撞或基态原子数的光激发,可以制备里德堡原子的热原子束,Ramsey 对此进行了许多相关论述[6]。在气室中制备热里德堡原子同样是可行的。玻璃或者石英腔适用于容纳惰性气体或者低密度(约 10^{-5} Torr①)的碱金属原子,类似于 Happer[7] 描述的光学泵浦气室,这种气室经常用于荧光实验。为了容纳更高密度(约 1 Torr)的碱原子或者碱土原子,通常使用 Vidal 和 Copper 所描述的热管炉[8]。

对于式(3.1)所描述的三个物理过程,其散射截面都正比于 n^{-3},这一点很容易理解。以原子电子碰撞激发氢原子为例,当一个能量为 W_0 的电子撞击一个基态的氢原子时,使得氢原子从基态跃迁到激发态,此时总横散射截面为 $\sigma_1(W_0)$。在激发之后,氢原子的最

① 1 Torr ≈ 133.3 MPa。

终状态是一个被激发的氦原子或者一个氦离子和一个自由电子。上述结果的概率可以表示为 $d\sigma_1(W_0)/dW$，其中 W 是从氦原子中射出的电子的能量。$W < 0$ 对应"射出"的电子保持在氦原子的束缚状态，而 $W > 0$ 对应氦原子的电离。一般来说，$d\sigma_1/dW$ 是一个关于 W 的平滑函数。更重要的是，在 $W > 0$ 和 $W < 0$ 之间并没有本质的区别。碰撞过程发生在电子与氦离子实的距离小于 $10\ \text{Å}$ 时，在这个距离上，自由电子和里德堡电子的动能几乎没有区别。因此，微分横散射截面 $d\sigma_1/dW$ 可以很平滑地从 $W > 0$ 过渡到 $W < 0$。

一般情况下，σ_1 取决于入射电子的能量 W_0。然而，当 W_0 是一个固定值时，有充分理由假设 $d\sigma_1(W_0)/dW$ 是一个常数，此时 $W \approx 0$ 且存在以下关系：

$$\frac{d\sigma_1(W_0)}{dW} = \sigma_1'(W_0) \tag{3.2}$$

低于极限时，$W < 0$，能量不再是连续变量，此时写出每个主量子数对应的散射截面更有帮助：

$$\sigma(n,\ W_0) = \frac{d\sigma_1(W_0)}{dn} = \frac{d\sigma_1(W_0)}{dW}\frac{dW}{dn} = \frac{\sigma_1'(W_0)}{n^3} \tag{3.3}$$

表明里德堡态的制备时的散射截面是与 n^{-3} 正相关的。

另一种理解与 n 相关性的方式如下。在碰撞之前，氦原子结构紧凑，其半径约为 $1\ \text{Å}$。碰撞后，里德堡电子立即进入较大的轨道，其在原点的概率密度与主量子数的立方成反比。因此，在激发里德堡态的过程中，将初始状态投影到最终状态时，其散射截面是依赖于 n^{-3} 的也就不足为奇了。

类似的情况适用于电荷交换和光激发两种过程，其结果是基本一致的：产生里德堡原子的散射截面在低于电离散射截面的极限下保持连续，最终导致了激发时散射截面对 n^{-3} 的依赖性。

3.2　原子–电子碰撞

利用如图 3.1 所示的设备，Schiavone 等测量了通过原子电子碰撞在稀有气体中产生里德堡态的散射截面[9, 10]。在气压为 10^{-5} Torr 的稀有气体中，通过脉冲电子束的原子–电子碰撞效应形成稀有气体的里德堡态。随后，一部分形成的里德堡原子向着探测器移动，探测器利用 $12\ \text{kV/cm}$ 的电离场将这些原子电离，并检测由此产生的离子。抵达探测器的里德堡态原子的分布受以下几个过程的影响：从基态激发，电子束碰撞带来的量子数 l 的变化，里德堡原子从电子束碰撞激发至抵达探测器过程中的辐射衰变等。为了得到激发散射截面，他们首先通过改变图 3.1 中所示的分析板上的电压，以测量抵达探测器的里德堡原子的数量和电离场的关系。然后，基于一系列假设，将观察到的里德堡原子信号作为电离场的函数转换为 n 的分布。这些假设包括：激发散射截面与 n^3 成反比；辐射寿命可以表示为 $\tau_1 n^3$，其中 τ_1 是常数。电离发生在经典电场处，可以表示为

$$E = 1/16n^4 \tag{3.4}$$

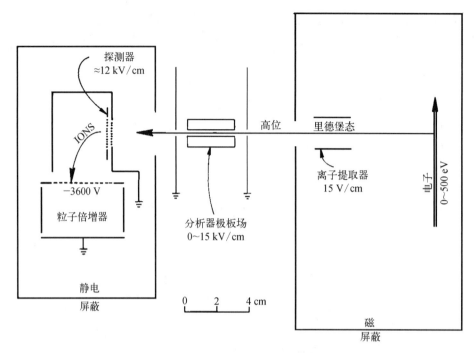

图 3.1 稀有气体原子电子束激发装置[9]

利用上述假设,通过拟合得到的数据,他们可以确定通过能量为 W_0 的电子激发主量子数为 n 的里德堡态对应的激发散射截面 $\sigma(n, W_0)$,最终得到了如表 3.1 所示的稀有气体原子的激发散射截面 $\sigma_1'(W_0)$[10],这里的 $\sigma_1'(W_0)$ 和 Schiavone 等所描述的 $\sigma^{ex}(n=1, E)$ 相对应。对于例如 $\sigma_1'(W_0) = 1$ Å 的典型值,其对应的主量子数为 $n = 20$ 的散射截面 $\sigma(20, W_0)$ 是 1.25×10^{-4} Å^2。

表 3.1 当电子能量取位于散射截面峰值处的值和 **100 eV** 时,
稀有气体原子里德堡态的电子撞击散射截面[10]

稀有气体	电子能量 W_0/eV	$\sigma_1'(W_0)$/Å^2
He	70	0.77
He	100	0.67
Ne	60	0.63
Ne	100	0.61
Ar	28	6.5
Ar	100	1.5
Kr	20	4.0
Kr	100	2.0
Xe	20	10.0
Xe	100	4.6

Schiavone 等[10]指出,原子电子碰撞激发的一个有趣之处在于电子在其中扮演了双重角色,第一个角色是将基态的原子激发到里德堡态,第二个角色是将最初激发至低 l 态的原子重新分配到所有 l 态中,包括寿命较长的高 l 态。高 l 态产生后,可以用来检测寿命通常不足以支撑达到探测器的 n 态。由原子电子碰撞带来的 l 态散射截面的改变可以达到约 10^6 Å^2,以至于只有在低电流下,观测到的信号才能以非线性的方式依赖于电子电流。在较高的电子电流下,混合后的 l 态的饱和程度高,以至于信号是随着电子电流线性变化的。Wing 和 MacAdam[11]在一系列的实验中利用原子电子碰撞激发,通过无线电频率光谱测量法来测量氢原子的里德堡态的 Δl 间隔。观察到的一系列的布居数差异表明:在这些实验中,原子电子碰撞并没有在里德堡态辐射衰变的时间尺度上产生热力学布居分布。

综上所述,原子电子碰撞激发里德堡态的优点是相对简单和方法通用,几乎在所有可能的里德堡态上都能被激发,所以该方法的缺点是效率低且没有选择性。

3.3　电荷交换

Riviere 和 Sweetman[12]利用氢离子和氦离子与各种目标气体进行电荷交换,首次实现产生快速里德堡原子束。Bayfield 和 Koch[13]在最初研究里德堡原子微波电离的实验中所使用的系统如图 3.2 所示,用于产生快速里德堡氢原子束。来自离子源的 10 keV 质子通过一个充满氙原子的电荷交换池,其中一些质子被转化为快速里德堡原子。

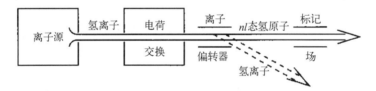

图 3.2　Bayfield 和 Koch[13]提出的快速原子束方法。能量大约为 10 keV 的氢离子通过一个电荷交换池,形成一束快速的氢里德堡原子。在电荷交换池的下游,离子偏离原子束,利用方波调制电离场选择出一系列 n 态

入射能量为 W_0 的离子决定了电荷交换所生成的态分布,可以描述为 $\mathrm{d}\sigma_L(W_0)/\mathrm{d}W$,其中 W 是产生的中性里德堡原子的电子能量,而 $\sigma_L(W_0)$ 是总的电子损耗散射截面。如同式(3.3)所示,可以将布居到特定 n 态的电荷交换散射截面写为

$$\sigma_{CE}(n, W_0) = \frac{\sigma'_L(W_0)}{n^3} \tag{3.5}$$

其中,$\sigma'_L(W_0) = \mathrm{d}\sigma_L(W_0)/\mathrm{d}W|_{W=0}$。

在表 3.2 中,列出了具有代表性的 $\sigma'_L(W_0)$ 的值[14-16]。在电荷交换池中,与气体发生碰撞的入射离子中,只有很小的一部分会保持在任何特定的里德堡态。具体来说,当 $n = 10$ 时,这一部分的比例 $<10^{-3}$;而当 $n = 30$ 时,这部分的比例 $<10^{-4}$。如果电荷交换气体的数密度为 N,电荷交换池的长度为 L,那么理论上电荷交换池可以基于比例 $NL\sigma_L \approx 1$ 进行

工作,这样入射的离子束中几乎所有的离子都会进行电荷交换。然而,实际上通常不可能使用这么厚的电荷交换池,因为电荷交换池会将快速中性原子散射到足够大的角度,从而导致它们从入射束中逸出。由于原子束外散射原子的散射截面约为 1 Å², 交换池的密度和长度的乘积必须要足够小,以确保产生的里德堡原子不会被散射出束外。

表 3.2   质子在几个目标蒸汽池中进行电荷交换的散射截面数值

蒸汽目标	入射能量/keV	$\sigma'_L(W_0)$ /Å²
Xe[a]	20	10
Kr[a]	20	9
Ar[a]	20	4
Ar[b]	30	3.3
He[a]	20	0.4
He[c]	60	0.6
H₂[c]	60	1.1
N₂[c]	60	2.5
CO₂[c]	60	3.8

a 参考文献[14];b 参考文献[15];c 参考文献[16]。

在电荷交换池中,通过电荷交换产生的里德堡态,可能因后续与目标气体的碰撞而重新布居。在电荷交换碰撞中,由于低 l 态的波函数与基态波函数在原点重叠,低 l 态的波函数更有可能被填充。在热碰撞中,已经观察到 l 态和 m 态在交换碰撞中的散射截面是很大的[17, 18]。对氙原子而言,当 $n = 20$ 时,其散射截面可达 10^5 Å²,这远大于 σ_L,所以有效的电荷交换很可能伴随着填充高 l 态和 m 态的碰撞。相比之下,改变 n 的热能量散射截面比改变 l 的截面要小,其典型值约为 10 Å²。由于几乎所有的 n 态都被填充,在 n 态上的进一步重新分布没有产生明显的影响。

总而言之,通过电荷交换产生 nlm 状态的分布,这一想法是合理的,此时在每个 n 态中的布居数正比于 n^{-3}。这样的布居分布必须以某种方式进行筛选,才能在实验中发挥作用。Bayfield 和 Koch 采用的方法是一个不错的选择[13],如图 3.2 所示。里德堡原子穿过两块平板,两块板之间产生一个调制的电场,通过场电离来选择 n 态的原子。电离一个主量子数为 n 的态所需的场由类似于式(3.4)给出。如果电场在 E_1 和 E_2 之间来回切换,且 $E_2 < E_1$,那么处于主量子数 $n > n_1$ 或 n_2 态的原子将会被电离。在这种情况下,得到的 $E = E_1$ 和 $E = E_2$ 之间的信号差异必然是由于 $n_1 \leqslant n \leqslant n_2$ 内的原子造成的。 Bayfield 和 Koch 使用了在 28.5~41.0 V/cm 切换的电场,最终选择出 $63 \leqslant n \leqslant 69$ 的里德堡原子,首次实现了微波电离实验[13]。

3.4   光激发

光激发和碰撞激发存在本质上的差异:在光激发过程中,目标原子会吸收激发光子。

因此,通过控制吸收光子的能量,可以精确地控制所产生的里德堡态。而在碰撞激发过程中,仅仅控制入射电子的能量并不能决定所产生的里德堡态的能量,这是因为没有办法控制入射电子和被激发到里德堡态的电子之间的能量分配。

尽管光激发与碰撞激发存在上述差异,但两者之间仍有一个相似之处,即它们的散射截面都依赖于 n^{-3}。这个散射截面实际上是光致电离散射截面从极限以上($W > 0$)到极限以下($W < 0$)的延续。图 3.3 描述的钠 $3p_{3/2}$ 态向 ns 态和 nd 态激发的光谱证实了这一点[19]。尽管电子在前一种情况下出现光致电离,而在后一种情况下激发为束缚的里德堡状态,但无论是在电离极限之上还是之下,信号或散射截面都呈现出相同的特性。只有当 $n < 40$ 时,仪器的分辨率才足以在光谱中观测到里德堡系列,对于 $n < 30$,ns 和 nd 的里德堡态都可以被清楚地分辨,而且信号强度随着 n 的减小而增加。描述光激发的一个有效方法是控制 σ_{P1},σ_{P1} 为电离极限 $W = 0$ 附近的光激发散射截面。在该极限之上,光电离散射散射截面由 σ_{P1} 给出。在极限以下,散射截面对一系列整数 n 取平均值后等于 σ_{P1}。激发一个可分辨里德堡态的散射截面 σ_n 可通过式(3.6)求出:

$$\sigma(n) = \frac{\sigma_{P1}}{\Delta W n^3} \tag{3.6}$$

其中,ΔW 是激发的能量分辨率。激发里德堡态的散射截面是能量区间 Δn 与实验能量分辨率两者的比值乘以光致电离散射截面。

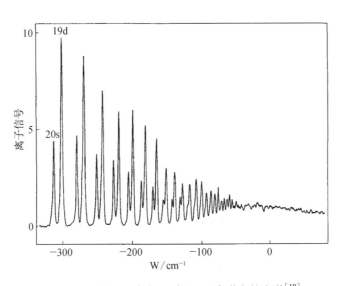

图 3.3　从钠 $3p_{3/2}$ 态向 ns 态和 nd 态激发的光谱[19]

在大多数光激发过程中,分辨率往往受到多普勒效应或光源有限线宽的影响。多普勒效应导致的典型频率宽度是 1 GHz,而光源的线宽介于 1 kHz~30 GHz 不等。假设这些宽度都比辐射宽度大,表 3.3 中给出了氢原子、碱金属原子、碱土金属原子基态的光致电离散射截面[20]。

表 3.3　光致电离在阈值（$W=0$）时的散射截面[20]

原　子	波长/Å	$\sigma_{P1}/10^{-18}$ cm^2
H	912	6.3
Li	2 299	1.8
Na	2 412	0.125
K	2 856	0.007
Rb	2 968	0.10
Cs	3 184	0.20
Mg	1 621	1.18
Ca	2 028	0.45
Sr	2 177	3.6

最广泛使用的光激发里德堡原子的方法,是使用 N_2 或者 Nd∶YAG 激光器泵浦的脉冲染料激光。利用该方法可直接产生激光脉冲能量为 100 μJ、脉冲宽度为 5 ns,展宽为 1 cm^{-1} 的激光脉冲,这样的一个激光脉冲包含 3×10^{14} 个光子。如果上述光束准直成横截面为 10^{-2} cm^2 的激光光束,则它的光通量为 10^{16} cm^{-2}。在 $n = 20$ 时,里德堡原子间的能级间距 Δn 约为 28 cm^{-1}。在分辨率为 1 cm^{-1} 的条件下,根据式(3.6)计算出的散射截面是光致电离的散射截面的 28 倍。若用 10^{-18} cm^2 作为光致电离散射截面的值,那么可以发现在光通量为 10^{16} cm^{-2} 的光束照射下,有 10% 的概率将原子激发到 $n = 20$ 的里德堡态。

利用脉冲染料激光器激发里德堡原子的一个典型示例如图 3.4 所示,其中分两步将热束中的钠原子激发到里德堡态:第一步,利用黄色染料激光将钠原子从 3s 基态激发到 3p 态;第二步,利用蓝色激光将钠原子从 3p 态激发到 ns 态或 nd 态[21]。

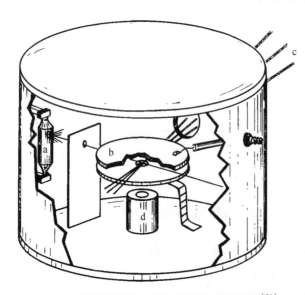

图 3.4　用于研究碱金属原子里德堡态的装置[21]
a:原子束源;b:电极板;c:脉冲激光束;d:电子倍增器

相较于脉冲激光,利用连续波（CW）激光进行激发,可以更高效率地激发里德堡原子。例如,1 MHz 线宽的单模激光器的分辨率比上述脉冲激光高 3×10^4 倍。因此,对于单光子激发,如果激发可以避免多普勒展宽效应,那么受分辨率限制的散射截面可以提升 3×10^4 倍。例如,Zollars 等的实验就采用这种激发方式[22],他们利用倍频的连续波染料激光器将一束铷基态原子激发为 np 态;另一个例子是 Fabre 等[23]利用连续波染料激光器和半导体激光器将钠原子激发到 nf 态。

3.5　碰撞-光激发

对于碱金属原子和碱土金属原子,纯光激发是可行的。然而,对于大多数其他原子,从基态到任何其他态的跃迁所需要的光激发波长太短,因此不太实用。为了产生此类原子的里德堡态,碰撞激发和光激发相结合的方式十分有效。一个典型的例子是 Stebbings 等[24]对氙原子进行的里德堡态激发。如图 3.5 所示,一束热氙原子首先通过原子电子碰撞受到激发,其中相当一部分激发后的原子处于亚稳态。在电子激发的下游,处于亚稳态的原子再通过脉冲染料激光而被激发到里德堡态。

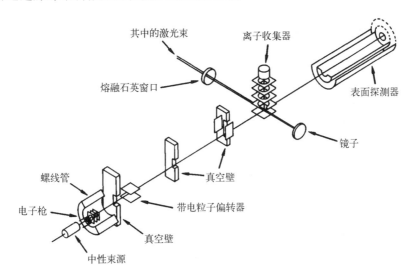

图 3.5　首先利用原子电子碰撞激发氙原子到亚稳态,然后利用激光将其激发到里德堡态的示意图[24]

在气室实验中,亚稳态原子也可用作激光激发的初始状态。Devos[25]等利用脉冲放电的平稳余辉中的亚稳态氖原子作为初始状态,通过脉冲激光激发到高能级 np 态。通过观测具有时间和波长分辨的荧光光谱,他们得以确定 np 状态下的碰撞速率常数。值得一提的是,在某些情况下,无须对里德堡原子进行选择性检测,例如,Camus 等对钡里德堡原子进行了光电流光谱分析[26]:他们利用光激发将原子从放电中产生的亚稳态能级激发到高能级的里德堡态;随后,里德堡原子发生碰撞电离,由此产生的离子和电子改变了放电电流,这是识别里德堡态激发的一个易于检测的信号。

在快速原子束中,光激发被证明是最有效的手段。由于快速原子束的强度较低,但却是连续的,因此常采用连续波激光器进行激发。可以利用斯塔克效应或多普勒频移对快速原子束进行频率微调。通过改变激光束和快速原子束的夹角,或通过改变快速原子束的速度,可以实现不同的多普勒频移。一个早期的例子是使用氩激光器的紫外线来驱动亚稳态的氢原子的 2s 态向 $40 < n < 55$ 的 np 态跃迁[27]。在这种情况下,通过调整快速原子束的速度,可以精确地调整不同的 np 态进入共振状态。

最常用的技术是使用工作在 $9.6\ \mu m$ 和 $10.6\ \mu m$ 两个波段的二氧化碳激光器,每个波段都大约都有 20 条输出谱线,间隔为 $1.3\ cm^{-1}$。这些谱线与 $n = 10 \sim 30$ 的跃迁频率相匹配,从而能够有效地选择性布居 n 约为 30 的单态。基本思路如下:首先通过电荷交换填充快速原子束的里德堡能级,然后通过电离除去所有 $n > 10$ 态的原子,最后利用二氧化碳激光重新选定布居 $n \approx 30$ 的能级。这种方法或其变通方法(使用第二台二氧化碳激光来驱动 $n = 7 \sim 10$ 的跃迁[28]),已经成为基于快速原子束来研究里德堡原子的标准方法。

参考文献

1. W. R. S. Garton and F. S. Tomkins, *Astrophys. J.* **158**, 839(1969).

2. D. J. Bradley, P. Ewart, J. V. Nicholas, and J. R. D. Shaw, *J. Phys B* **6**, 1594, (1973).

3. J. R. Rubbmark, S. A. Borgstrom, and K. Bockasten, J *Phys. B* **10**, 421(1977).

4. E. Amaldi and E. Segre, *Nuovo Cimento* **11**, 145(1943).

5. P. M. Koch, in *Rydberg States of Atoms and Molecules*, eds R. F. Stebbings and F. B. Dunning(Cambridge University. Press, Cambridge, 1983).

6. N. F. Ramsey, *Molecular Beams* (Oxford University Press, London, 1956).

7. W. Happer, *Rev. Mod. Phys.* 44, 169(1972).

8. C. R. Vidal and J. Cooper, *J. Appl. Phys.* **40**, 3370(1969).

9. J. A. Schiavone, D. E. Donohue, D. R. Herrick, and R. S. Freund, *Phys. Rev. A* **16**, 48(1977).

10. J. A. Schiavone, S. M. Tarr, and R. S. Freund, *Phys. Rev. A* **20**, 71(1979).

11. W. A. Wing and K. B. MacAdam, in *Progress in Atomic Spectroscopy A*, eds W. Hanle and H. Kleinpoppen (Plenum, New York, 1978).

12. A. C. Riviere and D. S. Sweetman, *in Atomic Collision Processes*, ed. M. R. C. McDowell (North Holland, Amsterdam, 1964).

13. J. E. Bayfield and P. M. Koch, *Phys. Rev. Lett.* **33**, 258(1974).

14. R. F. King and C. J. Latimer, *J. Phys B* **12**, 1477(1979).

15. J. E. Bayfield, G. A. Khayrallah, and P. M. Koch, *Phys. Rev. A* **9**, 209(1974).

16. R. N. *W* in, B. Kikiani, V. A. Oparin, E. S. Solov'ev, and N. V. Fedorenko, *Sov. Phys. JETP.* **20**, 835 (1965). [*J. Exptl. Theor. Phys. USSR* **47**, 1235(1964)].

17. R. Kachru, T. F. Gallagher, F. Gounand, K. A. Safinya, and W. Sandner, *Phys. Rev. A* **27**, 795(1983).

18. M. Hugon, F. Gounand, P. R. Fournier, and J. Berlande, *J. Phys B* **12**, 2707(1979).

19. W. R. Anderson, Q. Sun, and M. J. Renn private communication.

20. G. V. Marr, *Photoionization Processes in Gases* (Academic Press, New York, 1967).

21. D. Kleppner, M. G. Littman, and M. L. Zimmerman, in *Rydberg States of Atoms and Molecules*, eds R. F. Stebbings and F. B. Dunning (Cambridge University Press, Cambridge,1983).

22. B. G. Zollars, C. Higgs, F. Lu, C. W. Walter, L. G. Gray, K. A. Smith, F. B. Dunning, and R. F. Stebbings, *Phys. Rev. A* **32**, 3330(1985).

23. C. Fabre, Y. Kaluzny, R. Calabrese, L. Jun, P. Goy, and S. Haroche, *J. Phys. B* **17**, 3217(1984).

24. R. F. Stebbings, C. J. Latimer, W. P. West, F. B. Dunning, and T. B. Cook, *Phys. Rev. A* **12**, 1453(1975).

25. F. Devos, J. Boulmer and J. F. Delpech, *J. Phys.* (*Paris*) **40**, 215(1979).

26. P. Camus, M. Dieulin, and C. Morillon, *J. Phys. Lett.* (*Paris*) **40**, L513(1979).

27. J. E. Bayfield, L. D. Gardner, and P. M. Koch, *Phys. Rev. Lett.* **39**, 76(1977).

28. P. M. Koch and D. R. Mariani, *J. Phys. B* **13**, L645(1980).25.

| # 振子强度和寿命

在第 3 章中,我们简要地讨论了里德堡原子的光激发,并特别关注了在电离极限条件下散射截面的连续性。在本章中,我们将进一步详细地对光激发进行讨论。尽管氢原子和碱金属原子在总体上表现出相似的特性,但是在光吸收截面和辐射衰减速率方面却存在着巨大的差异。这些差异源于由非零量子亏损产生的径向矩阵元的变化。氢原子的辐射特性是众所周知的,而碱原子的辐射特性则要用量子亏损理论来进行计算。

4.1 振子强度

为了更便捷地描述跃迁的强度,可以采用振子强度这一概念。从 nlm 能级到 $n'l'm'$ 能级的振子强度 $f_{n'l'm', nlm}$ 定义为[1]

$$f_{n'l'm', nlm} = 2 \frac{m}{\hbar} \omega_{n'l', nl} | \langle n'l'm' | x | nlm \rangle |^2 \tag{4.1}$$

其中, $\omega_{n'l', nl} = (W_{n'l'} - W_{nl})/\hbar$。在式(4.1)中同样可以使用 y 或 z 的矩阵元,但不论使用哪个, $f_{n'l'm', nlm}$ 都会依赖于 m。由于自由空间中原子的辐射衰变显然不取决于 m,引入不依赖于 m 的平均振子强度 $\overline{f}_{n'l', nl}$ 就显得尤为重要,不依赖于 m 的平均振子强度可以写成[1]:

$$\overline{f}_{n'l', nl} = \frac{2}{3} \omega_{n'l', nl} \frac{l_{\max}}{2l + 1} | \langle n'l' | r | nl \rangle |^2 \tag{4.2}$$

其中, $l_{\max}$ 是 l 和 l' 中的较大者。如果交换 l 和 l' 的位置,那么经过简单的推导就可以得到:

$$\overline{f}_{n'l', nl} = - \frac{2l' + 1}{2l + 1} \overline{f}_{nl, n'l'} \tag{4.3}$$

振子强度的实用性在一定程度上源于它能满足多个求和规则。托马斯-赖歇-库恩(Thomas – Reiche – Kuhn)求和规则就是其中之一,可以表示为[1]

$$\sum_{n'l'm} f_{n'l'm', nlm} = Z \tag{4.4}$$

其中, Z 是原子的电子数,上述求和范围隐含地包括了所有允许跃迁的连续态。当上述求和应用到钠原子时,上述公式为 $\sum f_{n'l'm', nlm} = 11$。不过式(4.4)不能单独体现外层电子跃迁的振子强度。然而,对于中心势中的单个电子,存在一些更为实用的求和规则,可以表示为[1]

$$\sum_{n'} \overline{f}_{n'l-1, nl} = -\frac{1}{3} \frac{l(2l-1)}{2l+1} \tag{4.5}$$

和

$$\sum_{n'} \overline{f}_{n'l+1, nl} = \frac{1}{3} \frac{(l+1)(2l+3)}{2l+1} \tag{4.6}$$

从中可以清楚地看出：

$$\sum_{n'l'} \overline{f}_{n'l', nl} = 1 \tag{4.7}$$

其中，$l' = l \pm 1$。式(4.5)~式(4.7)适用于钠的价电子跃迁等情况，特别是在那些钠离子实跃迁不重要的光谱区域。由于钠离子的最低激发态能量位于钠离子的基态之上约 25 eV，以及钠原子的基态之上约 30 eV，式(4.5)~式(4.7)可以用来描述由小于 10 eV 能量的光子所引起的钠价电子的跃迁。

振子强度引人注目的特性在于其无量纲并且总和为 1。因此，确定一个振子强度后，通常就足以充分展示振子强度的整体分布。可以看到，非零量子亏损的影响，使得碱原子的振子强度在氢原子振子强度的基础上进行重新分配。如果回到式(4.5)和式(4.6)，可以看到，振子强度最强的 $l \to l-1$ 跃迁是到低能级的跃迁，而最强的 $l \to l+1$ 跃迁则是到更高能级的跃迁。

最后，引入爱因斯坦系数 $A_{n'l', nl}$，定义为从 nl 态自发辐射衰减到更低的 $n'l'$ 态的自发衰减速率，具体表示为[1]

$$A_{n'l', nl} = \frac{4e^2 \omega_{nl, n'l}^3}{3\hbar c^3} \frac{l_{\max}}{2l+1} |\langle n'l' | r | nl \rangle|^2 \tag{4.8}$$

从平均振子强度的角度考虑，可以将系数 A 写成：

$$A_{n'l', nl} = \frac{-2e^2 \omega_{n'l', nl}^2}{\hbar c^3} \overline{f}_{n'l', nl} \tag{4.9}$$

其中，负号的出现是因为 $\overline{f}_{n'l', nl} < 0$ 这一事实。nl 态的辐射寿命 τ_{nl} 是总的辐射衰减速率的倒数，通过对所有较低的 $n'l'$ 态的 $A_{n'l', nl}$ 进行求和处理，可以得到：

$$\tau_{nl} = \left[\sum_{n'l'} A_{n'l', nl} \right]^{-1} \tag{4.10}$$

从式(4.8)可以发现系数 A 的值中包含了 ω^3 因子，因此，这意味着具有最高频率的跃迁对辐射衰减速率的影响最大，即其主导了衰减率对 n 的整体性依赖。

对于所有的 nl 里德堡态，除了 s 态之外，最高频率衰减是到最低 $l-1$ 态的跃迁。而对于一个 s 态，则是跃迁到最低的 p 态。无论在哪种情况下，对于高 nl 态，随着 $n \to \infty$，最高频率跃迁的频率都接近于一个常数。因此，由于高主量子数 n 的极限影响，系数 A 的值只取决于里德堡态和低态之间的径向矩阵元。只有里德堡态的波函数和低能态的波函数在空间上重叠的部分,才会对式(4.8)中的矩阵元产生贡献,由于里德堡波函数的归一化,式(4.8)中的径向矩阵元的平方呈现出 n^{-3} 的变化规律,相应的表达式如下:

$$\tau_{nl} \propto n^3 \tag{4.11}$$

对于 $l \approx n$ 态,上述推论不再适用。对于 $l = n - 1$ 态,唯一允许的跃迁是到 $n' = n - 1$ 态和 $l' = n - 2$ 态。在这种情况下,跃迁频率不再是常数,而由 $1/n^3$ 决定。再考虑 ω 三次方的影响,频率对衰减速率贡献的比例因子为 n^{-9}。然而,这个比例因子受到 n 态和 $n-1$ 态径向矩阵元代表原子大小这一因素的抵消。由于 $\langle n - 1\, n - 2 \mid r \mid n\, n - 1 \rangle \sim n^2$,最高的 l 态的寿命随着 n^5 的变化而变化,即

$$\tau_{nl = n-1} \propto n^5 \tag{4.12}$$

相同 n 态对应的 lm 态的统计混合对应的平均寿命[1, 2]由式(4.13)给出:

$$\bar{\tau}_n \propto n^{4, 5} \tag{4.13}$$

最后,将振子强度的定义扩展到电离极限以上,这样做非常有效,即

$$\frac{\mathrm{d}\bar{f}_{\varepsilon'l',\, nl}}{\mathrm{d}W} = \frac{2}{3}\omega_{\varepsilon'l',\, nl} \frac{l_{\max}}{2l + 1} \mid \langle \varepsilon l' \mid r \mid nl \rangle \mid^2 \tag{4.14}$$

其中,连续态波函数已按单位能量进行了归一化。

从 nl 态的 m 能级到连续态 $\varepsilon'l'$ 的混合统计的光电离散射截面由式(4.15)给出:

$$\sigma = \frac{2\pi^2}{c} \cdot \frac{\mathrm{d}\bar{f}_{\varepsilon'l',\, nl}}{c\mathrm{d}W} \tag{4.15}$$

考察氢原子和碱金属原子的振子强度和寿命对 n 和 l 的依赖性,这是一项非常有趣的研究。首先,如图 4.1 所示,利用 Fano 和 Cooper 的方法绘制了氢原子 1s→np 跃迁的振子强度图[3]。在电离极限以上,$\mathrm{d}\bar{f}/\mathrm{d}W$ 可以直接绘制。在电离极限之下,到 np 态的振子强度可以绘制成一个 $\bar{f}_{np,\,1s}$ 的矩形区域,该区域从 $W = -1/2(n - 1/2)^2$ 到 $W = -1/2(n + 1/2)^2$,即该区域的宽度约为 $1/n^3$,高度约为 $\bar{f}_{np,\,1s}n^3$,对应的中心能量为 $W = -1/2n^2$。每个区域的面积对应于激发到一个 np 态的振荡强度。通过这种绘图方式,可以清晰地看到:每单位能量的振子强度从束缚态区域平滑过渡到连续态区域。从图 4.1 还可以看出,在极限处,振子强度是缓慢变化的,这正如我们预期的那样,因为原点附近的 np 态波函数是归一化的,所以 $\bar{f}_{np,\,1s} \propto n^{-3}$。此外,图 4.1 和直接计算都表明,振子强度的相当一部分(大约一半)位于电离极限之上。

在氢原子的激发态中,其寿命表现出可预测的变化规律。对于给定 n 值的态,p 态的衰减最快,其次是按照 d, f, g, s, h,…态的顺序衰减[4]。撇开 s 态不考虑,每个 nl 系列的主要衰减机制是跃迁到最低的 $nl' - 1$ 态。这种跃迁的频率大小取决于 l,因此观测到的寿命按照 l 进行排序。由于较低的 p 态的径向矩阵元很小,ns 态具有较长的寿命。对于氢原子的高 ns 态,径向波函数的前两个波瓣与 2p 态波函数重叠,因此它们的贡献可在一定程度上可相互抵消。相比之下,nd 态只有径向波函数的最内层一个波瓣与 2p 态的径向

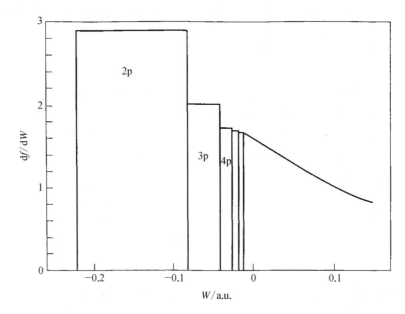

图 4.1 氢原子从 1s 态激发到 p 态的振子强度分布。在电离极限以下,每个块的面积对应于从 1s 态激发到 np 态的平均振子强度

波函数重叠,由于离心势的作用,在 2p 波函数所在位置,nd 态波函数比 ns 态波函数具有更大的振幅,这保证了 nd 态原子在径向运动中的动能更小。一般来说,相比 n 伴随着 $l+1$ 带来的矩阵元的减少幅度,n 伴随着 $l-1$ 带来的矩阵元的减少幅度更大。因此,除了 ns 态以外,所有态主要通过 $\Delta l = -1$ 进行的跃迁而发生衰减[1, 4]。

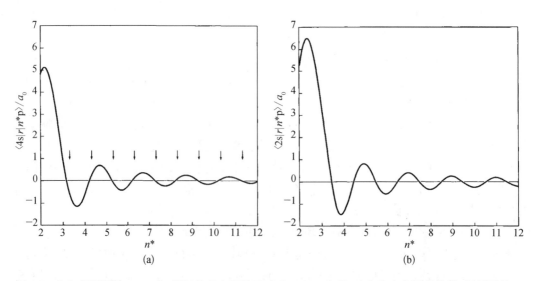

图 4.2 (a)钾原子中 4s$\rightarrow n^*$p 跃迁的径向矩阵元 $\langle n^*p|r|4s\rangle$ 以 n^* 作为自变量的曲线,钾原子的 4s 态的量子亏损为 2.23,高能级 p 态的量子亏损为 1.71,因此 np 态位于箭头所指的位置,靠近矩阵元过零点的位置;(b)氢原子中 2s$\rightarrow n^*$p 跃迁的径向矩阵元以 n^* 作为自变量的曲线。值得注意的是,矩阵元中最大的振幅发生在 n^* 取整数时

接下来考虑碱原子。考虑钾原子中与氢原子基态激发类似的 4s→np 跃迁。事实上，钾原子中的情况和氢原子相比完全不同，如图 4.2(a) 所示，图中展示了钾原子中径向矩阵元 $\langle n^*p \mid r \mid 4s \rangle$ 以 n^* 作为自变量的曲线。钾原子的 4s 态的量子亏损为 2.23，高能级 p 态的量子亏损为 1.71，因此 $n^* = 0.29$（mod1 表示按模去掉整数部分的量子亏损）。在图 4.2 中，展示了 np 态的位置。很明显，4s→4p 的跃迁具有很大的矩阵元，但跃迁到更高 n 态的矩阵元落在了交叉零点附近，因此非常小。类似的氢原子的 2s 态和 np 态的矩阵元在图 4.2(b) 中进行展示。氢原子 2s 态的结合能更小，因此氢原子的 $\langle 2p \mid r \mid 2s \rangle$ 矩阵元比钾原子的 4s-np 矩阵元更大。同时，2s 态和更高的 np 态的矩阵元都远离零交叉点，因此其矩阵元比钾原子的 $\langle np \mid r \mid 4s \rangle$ 矩阵元更大。

如果将图 4.2 所示的矩阵元进行平方，再乘以 $2\omega/3$ 转换成振子强度，发现在氢原子中，2s-2p 的简并使得其振子强度为零，所有的振子强度必须来自 $n \geqslant 3$ 的 2s→np 跃迁和 2s→εp 跃迁。另外，在钾原子中，因为 4p 态位于 4s 态和电离极限中间一半的位置，4s→4p 跃迁对应于一个重要的振子强度，事实上，它对应的振子强度几乎为 1，几乎贡献了钾原子中所有的 4s→4p 跃迁的振子强度。图 4.3 中，展示了钾原子的 $\mathrm{d}\bar{f}/\mathrm{d}W$。连续谱对应的束缚态的振子强度超过极限值 0.03 a.u.（取自 Marr 和 Creek 的研究）[5, 6]。最小值附近的 $\mathrm{d}\bar{f}/\mathrm{d}W$ 值刚好高于极限值（取自 Sandner 等的相对测量值）[7]，并以 Marr 和 Creek 给出的束缚态振子强度归一化[5]。钾原子中 $\mathrm{d}\bar{f}/\mathrm{d}W$ 的变化范围很大，因此图 4.3 被绘制成对数尺度。如图 4.3 所示，$\mathrm{d}\bar{f}/\mathrm{d}W$ 在整个束缚光谱中呈下降趋势，并在电离极限之上达到最小值，这个最小值通常称为 Cooper 最小值，在除 Li 之外的所有碱原子的连续谱中都可以找到。

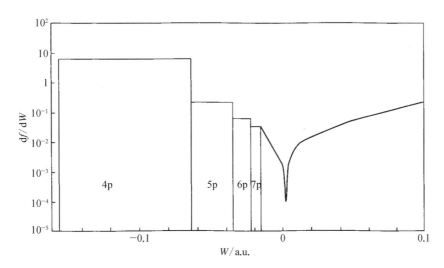

图 4.3 钾原子中 4s 态到 np 态和 εp 连续态对应的振子强度分布。值得注意的是，和图 4.1 中的线性坐标不同，其纵坐标采用了对数刻度。与氢原子相比，钾原子到高 np 态的振子强度要小得多，甚至相差几个数量级

理解上述最小值起源的最佳途径，是考虑一个无自旋的钾原子。在一个无自旋的钾原子中，其 4s-np 径向矩阵元随着能量的增加而减小，正如图 4.3 所示。np 态的径向矩阵元随着能量的增加而减少，这是因为束缚态 np 或者连续态 εp 的波函数的节点会随着能

量的增加而逐渐靠近。换句话说，$4s \to np$ 或者 $4s \to \varepsilon p$ 跃迁的径向矩阵元是一个固定函数 $r^3 R_{4s}(r)$ 和波长随着能量减少的函数 $R_{np}(r)$ 或 $R_{sp}(r)$ 的乘积的积分。一般而言，所产生的积分作为能量的函数围绕着零点进行振荡。在钾原子中，第一次符号的变化发生在刚好超过电离极限时，使得 $\overline{df}/dW = 0$ 和光电离截面消失。在忽略了自旋之后，可预测得到一个零散射截面，而不是图 4.3 中出现一个非零最小值。出现最小值时的能量由基态和 εp 态波函数的径向相位决定。在钠、钾、铷和铯原子中，对应的相位差约为 $\pi/2$，这是因为基态和 np 态的量子亏损相差 $1/2$。因此，在这些原子中，Cooper 最小值出现在电离极限以上附近的连续态中。在锂原子中，基态的量子亏损和 np 态的量子亏损相差 $1/4$，因此 $\overline{df}/dW$ 的最小值出现在电离极限以下。

如图 4.3 所示，该散射截面实际上并没有变为零，而是减小到一个非零的最小值。正如 Seaton 指出的那样[8]，当考虑自旋轨道相互作用时，存在两个 εp 态的连续波，$\varepsilon p_{1/2}$ 和 $\varepsilon p_{3/2}$ 对应于束缚态 $np_{3/2}$ 和 $np_{3/2}$ 能级系列不同的量子亏损，因此在径向相位上有略微不同。由于具有不同的相位，$\varepsilon p_{1/2}$ 和 $\varepsilon p_{3/2}$ 对应的径向矩阵元过零点处的能量略有不同。这些连续的通道中每一个都拥有自己独立的振子强度，因此对应的总散射截面永远不会是零。最小值出现的位置是基态和 np 激发态之间的量子亏损差值的函数，而最小的散射截面和最小宽度则正比于 np 能级精细结构的分裂宽度或 $np_{1/2}$ 和 $np_{3/2}$ 之间的量子亏损差值。因此，和钠原子相比，铯原子的最小散射截面和 Cooper 最小值的宽度都在不断增加。

由于径向相位存在差异，从基态到 $np_{1/2}$ 和 $np_{3/2}$ 态的径向矩阵元不同，相应的振子强度和跃迁强度之比不是角度系数所预测的 $1:2$[8]。其中，铯原子体系的偏差最大，其 $6s_{1/2}$-$\varepsilon p_{1/2}$ 矩阵元在电离极限之上消失为 0[9]。因此，在电离极限之下，可以观测到最大的强度比[10-13]。例如，在 $n = 30$ 时，Raimond 等测量到的强度比为 $1:1\,170$[13]，这一测量结果与 Norcross[14] 预测的结果相符。Norcross 预测，在 $n = \infty$ 时，对应的强度比大约是 $1:12\,000$。虽然钾原子中的 Cooper 最小值比铯原子中的最小值更接近电离极限，但在钾原子中，$4s$-$\varepsilon p_{1/2}$ 和 $4s$-$\varepsilon p_{3/2}$ 的矩阵元在几乎相同的能量下过零点，因此在束缚态下最大的 $np_{1/2}:np_{3/2}$ 强度比值仅为 $1:4$[15]。

4.2 辐射寿命

和氢原子相比，碱金属原子的低 l 态吸收截面和寿命情况存在显著不同，最明显的例子是碱金属原子的 np 态。在氢原子中，np 态具有非常短的辐射寿命，但是在碱金属原子中，它们到基态的振子强度很小，所以其具有非常长的寿命。例如，如图 4.1 和图 4.3 所示，从基态到高 np 态（$n \approx 10$），氢原子和碱金属原子之间的振子强度相差了约 100 倍。当考虑频率的平方比值为 16 时，导致钾原子中 $np \to 4s$ 的爱因斯坦系数 A 比氢原子中 $np \to 1s$ 的相应系数小了约 $1\,000$ 倍。实际上钾原子的 np 态寿命并没有氢原子 np 态寿命的 $1\,000$ 倍那么长，这是因为在总衰变率中，衰变到基态以外的其他状态也起着重要的作用。

关于锂原子[16]、钠原子[17-21]、钾原子[22]、铷原子[23-25] 和铯原子[26-28] 许多激发态的辐射寿命，研究者们已经采用多种技术进行了测量，其中最常见的技术是时间分辨激光诱导荧光技术,测量通常是在气室中进行的,如图 4.4 所示。在所有的情况下,经过对黑体辐射造成的衰减进行修正后,观测到的寿命都与库仑近似计算得到的值保持一致[29]。在下一章中将展示,如果一个态在 0 K 时的寿命是 τ,那么在有限温度 T 下,其寿命由式(4.16)给出[24, 30]:

$$\frac{1}{\tau^T} = \frac{1}{\tau} + \frac{1}{\tau^{bb}} \tag{4.16}$$

其中,$1/\tau^{bb}$ 是黑体辐射引入的衰变速率。

目前已经对铷原子[23-25]和钠原子[17-21]的辐射寿命进行了系统测量。对于这两种原子 s 态、p 态、d 态和 f 态的寿命都进行了测量。下面以钠原子的辐射寿命作为一个代表性的例子进行介绍。对于钠原子 $n < 15$ 的 s 态、p 态、d 态和 f 态,利用如图 4.4 所示的时间和波长分辨的激光诱导荧光

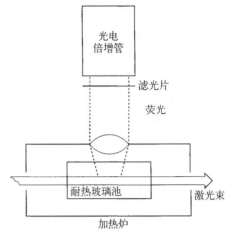

图 4.4 激光诱导荧光测量寿命的典型装置示意图。单束(或多束)脉冲激光穿过含有碱金属蒸气的加热玻璃气室,在右侧进行时间和波长分辨的荧光检测

技术进行测量。派热克斯玻璃气室中的钠原子气压为 10^{-6} Torr,此时首先将钠原子从基态激发到 3p 态,随后利用两个持续时间为 5 ns 的脉冲染料激光将其激发到 ns 态或者 nd 态。对于 ns 态和 nd 态的寿命,利用光电倍增管时间分辨测量 $ns \rightarrow np$ 或 $nd \rightarrow 3p$ 跃迁所辐射的荧光,可以较为容易地测量[17, 18]。尽管这些荧光衰变的波长与第二个激发激光的波长相同,但这些荧光衰变具有很大的分支比,因此仍可以很容易地进行检测。对于快速衰变的低能态,其荧光通常比散射激光更为显著;而对于缓慢衰变的高能态,可以在激光脉冲通过后,再开启光电倍增管门控。钠原子的 np 态具有较长的寿命,可以通过激发快速衰减的 nd 态进行观察,因为在初始的 nd 态电子中,约有 10% 会跃迁至寿命更长的 np 态[19]。$4p \rightarrow 3s$ 可时间分辨的荧光可以直接探测到,但是对于更高的 np 态,$np \rightarrow 3s$ 态的荧光波长太短,因而无法通过玻璃气室。与之相反,$ns \rightarrow 3p$ 可时间分辨的荧光,即 $np \rightarrow ns \rightarrow 3p$ 连续衰变的第二步,则可以被观测到。被观测信号的长时长短反映了 np 态的寿命,其值远远长于 ns 态或 nd 态的寿命。最后,对于钠原子的 nf 态系列的寿命,利用谐振的微波场来平衡 nd 态和 nf 态之间的载流子数目,可以进行测量[20]。通过观测 nf 态与 nd 态的时间分辨光谱,可以发现其衰减速率几乎无法与只有 nd 态时的衰减速率相区分,说明 nf 态的寿命与 nd 态的寿命几乎相同。如果 nf 态的寿命远大于 nd 态的寿命,那么这个方法将对 nf 态的寿命不敏感。

对于主量子数小于 15 的态,上述荧光测量方法的效果很好,对于更高的主量子数态,效果就不那么理想了,原因有三:第一,荧光信号的振幅会随着主量子数的增加以 n^{-6} 的速度减小;第二,原子高能态的寿命较长,因此原子会从视场中穿出;第三,黑体辐射会显著地改变原子的寿命[8]。Spencer 等采用时间延迟的方法来测量钠原子 ns 态和 nd 态的寿命[21],以此规避上述问题。他们将准直良好的钠原子束通过一个冷却到 30 K 的相互作用区域,原子被两束与原子束共线的脉冲染料激光激发,激光波长被调谐到对应 $3s \rightarrow 3p$

和 3p→ns 或 3p→nd 跃迁所需的波长。在激光激发后的可变时间内,对相互作用区域的原子施加脉冲电离场,并对由此产生的离子进行检测。在激光脉冲和电离场脉冲之间离开相互作用区域的原子成为被激光激发的原子。使用这种方法,Spencer 等可以在 25 μs 的延迟时间内进行测量,这一时间内原子移动了 2 cm。值得注意的是,如果相互作用区域被冷却,那么对电离场脉冲的唯一要求是其强度要足以电离有关的里德堡态。如果发生明显的黑体再分布,就像 300 K 时出现的情况,则必须更加谨慎地选择电离脉冲,相关内容如第 5 章所述。

在图 4.5 中,在对数坐标中展示了测量得到的钠原子的 ns 态、np 态、nd 态和 nf 态的寿命与 n^{*3} 的关系。图中,横坐标按照 3 的倍数标度,所以对 n^{*3} 的依赖关系体现为一条 45° 的直线。如图 4.5 所示,这种 n^{*3} 的依赖关系可以由式(4.11)获得。$n \leqslant 15$ 时,各态的寿命都是在 425 K 的原子气室中对原子进行荧光检测得到的。对于除 np 态之外的所有态,黑体辐射的影响可以忽略不计。对于 np 态,还展示了 Theodosiou 计算得到的 0 K 时对应的理论值。对于 7p 态,测量得到的值比 0 K 时 Theodosiou 的计算值低了 30%,但和

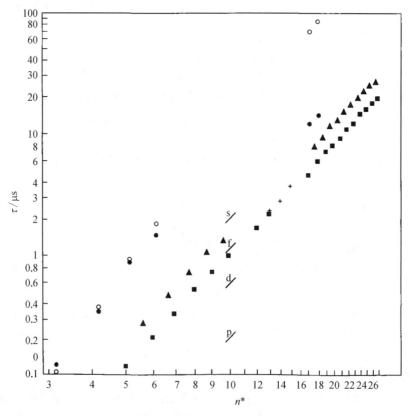

图 4.5 钠原子的辐射寿命与 n^* 的关系[14, 18-22, 30]。图中分别展示了 ns 态(用实心三角 ▲ 表示)、np 态(用线段—表示)、nd 态(用实心方块 ■ 表示)和 nf 态(用加号+表示)的实验值。$n=15$ 以下时,各态的寿命通过荧光技术进行测量,对应的温度约为 400 K。$n > 15$ 时,各态的寿命通过场电离进行测量。其中,ns 态和 nd 态对应的温度是 30 K,np 态对应的温度为 300 K。理论上,0 K 时 np 态的寿命以图中所示的空心圆表示。由于黑体辐射的影响,在高 n 态下,理论值远高于实际测量值。最后,氢原子对应的寿命由线段(—)表示

425 K 时 Theodosiou 计算的理论值相吻合[29]。对于 $n > 15$ 的态,其寿命通过场电离进行测量。ns 态和 nd 态的值由 Spencer 等[21]在 30 K 时测得,并且和使用荧光检测在较低 n 态下获得的值的外推具有相当好的一致性。然而,对于 300 K 下测量得到的 18p 态和 19p 态的寿命,由于黑体辐射降低了寿命,其值远远低于用荧光检测在较低 np 态下 n^3 的外推[30]。

在图 4.5 中还以 45° 的斜短线展示了氢原子 $n = 10$ 时所对应的 ns 态、np 态、nd 态和 nf 系列能态的寿命。钠原子 np 态和 nd 态的寿命分别比相应的氢原子的寿命长了 50 倍和 2 倍,而钠原子在 ns 态下的寿命比氢原子缩短了 30%。钠原子和氢原子 nf 态的寿命相同,这并不令人惊讶,因为钠原子的 nf 态和其主要跃迁至的 nd 态都具有近乎零的量子亏损。

正如 Theodosiou[29]所表明的那样,碱金属原子里德堡态的寿命可以进行准确的计算,Theodosiou 在观测到的寿命和计算值之间进行了全面的比较。从这项工作中也可以看出,式(4.16)中的黑体辐射校正对于高能态是很重要的。考虑到这两点,利用计算得到的 0 K 时的寿命来拟合得到碱金属原子的寿命,最紧凑且一致性最好的方式是利用以下形式[31]:

$$\tau = \tau_0 (n^*)^\alpha \tag{4.17}$$

表 4.1 中列出了 τ_0 和 α 的具体值。如表 4.1 所示,所有 α 的值都在 3 附近,这和式(4.11)的预期一致。最大的差异发生在锂原子和钾原子的 np 态系列,其 Cooper 最小值最接近电离极限。同样明显的是,np 态的寿命是最长的,正如式(4.1)和式(4.2)所预测的。在使用表 4.1 时,需要注意的是,对于高 n 态,其黑体辐射衰变与 l 无关,因此寿命最长态的寿命受黑体辐射的影响最大[32]。

表 4.1　碱金属原子的寿命参数

原子种类	寿命参数	s 态	p 态	d 态	f 态
Li[a]	τ_0 (ns)	1.39	5.69	0.59	0.96
	a	2.80	2.78	2.92	3.06
Na[b]	τ_0 (ns)	1.38	8.35	0.96	1.13
	a	3.00	3.11	2.99	2.96
K[b]	τ_0 (ns)	1.32	6.78	5.94	0.83
	a	3.00	2.78	2.82	2.95
Rb[b]	τ_0 (ns)	1.43	2.76	2.09	0.76
	a	2.94	3.02	2.85	2.95
Cs[b]	τ_0 (ns)	1.43	4.42	0.96	0.69
	a	2.96	2.94	2.93	2.94

a. 根据文献[29]计算得到;b. 来自文献[31]。

参考文献

1. H. A. Bethe and E. A. Salpeter, *Quantum Mechanics of One and Two Electron Atoms* (Academic Press, New York, 1957).

2. E. S. Chang, *Phys. Rev. A* **31**, 495(1985).

3. U. Fano and J. W. Cooper, *Rev. Mod. Phys.* **40**, 441(1968).

4. A. Lindgard and S. E. Nielsen, *Atomic Data and Nuclear Data Tables* **19**, 533(1977).

5. G. V. Marr and D. M. Creek, *Proc. Phys. Soc.* (*London*) *A* **304**, 233(1968).

6. G. V. Marr and D. M. Creek, *Proc. Roy. Soc.* (*London*) *A* **304**, 233(1968).

7. W. Sandner, T. F. Gallagher, K. A. Safinya, and F. Gounand, *Phys. Rev. A* **23**, 2732(1981).

8. M. J. Seaton, *Proc. Roy. Soc.* (*London*) *A* **208**, 408(1951).

9. G. Baum, M. S. Lubell, and W. Raith, *Phys. Rev. A* **5**, 1073(1972).

10. R. J. Exton, J. Quant, *Spectrosc. Radiat. Transfer* **16**, 309(1975).

11. G. Pichler, J. Quant, *Spectrosc. Radiat. Transfer* **16**, 147(1975).

12. C. J. Lorenzen and K. Niemax, *J. Phys. B* **11**, L723(1978).

13. J. M. Raimond, M. Gross, C. Fabre, S. Haroche and H. H. Stroke, *J. Phys. B* **11**, L765(1978).

14. D. W. Norcross, *Phys. Rev. A* **20**, 1285(1979).

15. C. M. Huang and C. W. Wang, *Phys. Rev. Lett.* **46**, 1195(1981).

16. W. Hansen, *Phys. B.* **16**, 933(1983).

17. D. Kaiser, *Phys. Lett.* **51A**, 375(1975).

18. T. F. Gallagher, S. A. Edelstein and R. M. Hill, *Phys. Rev. A* **11**, 1504(1975).

19. T. F. Gallagher, S. A. Edelstein and R. M. Hill, *Phys. Rev. A* **14**, 2360(1976).

20. T. F. Gallagher, W. E. Cooke, and S. A. Edelstein, *Phys. Rev. A* **17**, 904(1978).

21. W. P. Spencer, A. G. Vaidyanathan, D. Kleppner, and T. W. Ducas, *Phys. Rev. A* **24**, 2513(1981).

22. T. F. Gallagher and W. E. Cooke, *Phys. Rev. A* **20**, 670(1980).

23. F. Gounand, P. R. Fournier, J. Cuvellier, and J. Berlande, *Phys. Lett.* **59A**, 23(1976).

24. F. Gounand, M. Hugon, and P. R. Fournier, *J. Phys.* (*Paris*) **41**, 119(1980).

25. M. Hugon, F. Gounand, and P. R. Fournier, *Phys. B* **11**, L605(1978).

26. H. Lundberg and S. Svanberg, *Phys. Lett.* **56A**, 31(1976).

27. K. Marek and K. Niemax, *J. Phys. B* **9**, L483(1976).

28. J. S. Deech, R. Luypaert, L. R. Pendrill, and G. S. Series, *J. Phys. B* **10**, L137(1977).

29. C. E. Theodosiou, *Phys. Rev. A* **30**, 2881(1984).

30. T. F. Gallagher and W. E. Cooke, *Phys. Rev. Lett.* **42**, 835(1979).

31. F. Gounand, *J. Phys.* (*Paris*) **40**, 457(1979).

32. W. E. Cooke and T. F. Gallagher, *Phys. Rev. A* **21**, 588(1980).

第 5 章 | 黑体辐射

除非在非常高的温度下,否则处在基态以上不小于 4 eV 能级的里德堡态不会被热辐射激发布居。因此,在处理里德堡原子问题时,通常假设热效应可以忽略不计。然而,即使在室温下,里德堡原子也会受到黑体辐射的强烈影响。这种热辐射产生的巨大影响来自两方面:首先,里德堡能级之间的能量间隔 ΔW 很小,因此在 300 K 时,会出现 $\Delta W < kT$ 的情况;其次,里德堡态之间的偶极跃迁矩阵元很大,这给原子与热辐射场提供了极佳的耦合效果。里德堡原子和热辐射场之间强耦合的结果是,黑体辐射诱导的偶极跃迁使得布居从初态(例如通过激光激发制备)迅速地扩散到附近其他的能态[1-3]。在实验上,很容易观察到里德堡态布居数的重新分布和辐射衰减速率的增加。上述提到的影响中,尽管能级布居的改变是热辐射场对里德堡原子最为明显的影响,但是热辐射场还会使其里德堡原子增加少许能量,例如,在 300 K 时,里德堡原子能量将增加 2 kHz。尽管上述两种情况下的里德堡原子辐射强度有很大不同,但这种效应与高能激光实验中电离极限的有质动力势偏移效应相同。

5.1 黑体辐射

描述黑体辐射最常用的方式,是利用普朗克辐射定律来描述能量密度或电场的平方 $\rho(\nu)$。具体如下[4]:

$$\rho(\nu)\,\mathrm{d}\nu = \frac{8\pi h\nu^3}{c^3(\mathrm{e}^{h\nu/kT} - 1)} \qquad (5.1)$$

其中,k 为玻尔兹曼常数;h 为普朗克常数;ν 为黑体辐射频率;T 为温度。

图 5.1 展示的是 300 K 时 $\rho(\nu)$ 和 ν 的关系,其中下横坐标为频率,上横坐标是波数。一个原子基态的典型光学跃迁频率为 $\nu = 3 \times 10^{14}$ Hz,而两个里德堡态之间的跃迁频率 $\nu \approx 3 \times 10^{11}$ Hz。因此,从图 5.1 中可以明显看出,对于基态原子,黑体辐射表现为一个缓慢变化、近乎静态的场;而对于里德堡原子,黑体辐射则表现为一个快速变化的场。

式(5.1)和图 5.1 是黑体辐射最常用的表示形式,但这对于计算包含相邻能级之间跃迁的里德堡原子的黑体辐射效应却并非最实用的。为了计算这

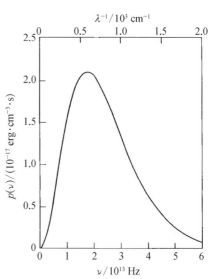

图 5.1 300 K 时,能量密度 $\rho(\nu)$ 作为频率 ν 的函数[5]

些跃迁速率,更为实用的表示形式是通过辐射场中每个模式的光子数来表示辐射场,如每个模式的光子占据数 $\bar{n}$。 光子占据数 $\bar{n}$ 由式(5.2)给出[4]:

$$\bar{n} = \frac{1}{\mathrm{e}^{h\nu/kT} - 1} \tag{5.2}$$

在低频条件下, $h\nu \ll kT$,式(5.2)简化为

$$\bar{n} \approx \frac{kT}{h\nu} \tag{5.3}$$

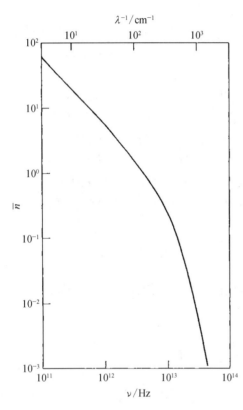

图 5.2 300 K 时,光子占据数 $\bar{n}$ 作为频率 ν 的函数[5]

图 5.2 显示了 $T = 300$ K 时 $\bar{n}$ 对 ν 的依赖关系,同样以频率(Hz)和波数(cm^{-1})作为横坐标。值得一提的是,在 300 K 时, $kT/h \approx 6\times10^{12}$ Hz 或 $kT/hc \approx 200$ cm^{-1}。 此时在图 5.2 中可以很明显地发现这一特点,即当 $\lambda^{-1} \approx 200$ cm^{-1} 时, $\bar{n} = 1$。

导致自发辐射的真空波动由 $\bar{n} = 1/2$ 给出,因此当频率大于 $kT/h\bar{n}$ 时,其中 $\bar{n} \ll 1$,黑体辐射不会产生显著效应。对于一个跃迁在约 10^4 cm^{-1} 的基态原子,黑体诱导跃迁并不重要,因为 $\bar{n} \ll 1$。 然而对于在约 10 cm^{-1} 状态下跃迁的里德堡态,此时 $\bar{n}$ 约为 10,黑体诱导的跃迁速率可以比自发辐射速率高出一个数量级,因此黑体辐射的效应十分显著。

式(5.1)~式(5.3)是黑体辐射的常见表达形式。为了与本书中通用的原子单位保持一致,并简化里德堡原子对辐射响应的计算,重新用原子单位来表述式(5.1)~式(5.3)[5]。

式(5.1)重新表述为

$$\rho(\omega)\mathrm{d}\omega = \frac{2\alpha^3 \omega^3 \mathrm{d}\omega}{\pi(\mathrm{e}^{\omega/kT} - 1)} \tag{5.4}$$

其中, α 为精细结构常数; ω 为原子单位制中的能量。同样,可以将式(5.2)重新表述为

$$\bar{n} = \frac{1}{\mathrm{e}^{\omega/kT} - 1} \tag{5.5}$$

当 $\omega \ll kT$ 时,式(5.3)重新表述为

$$\bar{n} \approx \frac{kT}{\omega} \tag{5.6}$$

现在考虑由黑体辐射引起的吸收和受激辐射跃迁速率,并将这些速率与自发辐射速

率进行比较。这一比较为我们提供了一个合理的参考,用于评估黑体辐射诱导的跃迁对里德堡原子的影响[6]。

5.2　黑体诱导跃迁

如前面的章节所述,用爱因斯坦系数 $A_{n'l', nl}$ 表示 nl 态到低能态 $n'l'$ 的自发衰减速率[7]。在存在热辐射的情况下,受激发射速率 $K_{n'l', nl}$ 仅为自发衰减速率的 $\bar{n}$ 倍,具体可以表示为

$$K_{n'l', nl} = \bar{n} A_{n'l', nl} \tag{5.7}$$

其中,$\bar{n}$ 可以由频率 $\omega_{n'l', nl}$ 间接计算得出。式(5.7)则可以很容易用平均振子强度重新表述出来:

$$K_{n'l', nl} = - 2\bar{n}\alpha^3 \omega_{n'l', nl}^2 \overline{f}_{n'l', nl} \tag{5.8}$$

其中,α 为精细结构常数;$\omega_{n'l', nl}$ 为能级差 $W_{n'l'} - W_{nl}$。因此:

$$\overline{f}_{n'l', nl} = \frac{2}{3}\omega_{n'l', nl} \frac{l_{\max}}{2l + 1} |\langle n'l' | r | nl \rangle|^2 \tag{5.9}$$

其中,$l_{\max}$ 是 l 和 l' 中的较大者。

当处于 nl 态的原子吸收黑体辐射发射的光子跃迁到更高的 $n'l'$ 态时,受激发射率和吸收率由式(5.10)给出:

$$K_{n'l', nl} = 2\bar{n}\alpha^3 \omega_{n'l', nl}^2 | \overline{f}_{n'l', nl} | \tag{5.10}$$

由于 $\bar{n}$ 随频率变化,$K_{n'l', nl}$ 的频率依赖性与 $A_{n'l', nl}$ 的频率依赖性存在显著差异,而且这两个过程倾向于不同的终态。这一特点在图 5.3 中得到了直观的展示:当 $T = 300$ K 时,钠原子在 18s 态下的 $A_{n'p, 18s}$、$K_{n'p, 18s}$ 与 n' 呈现图中所示的关系。如图 5.3 所示,黑体辐射倾向于向邻近态的跃迁,而自发辐射更倾向于向最低能态跃迁。

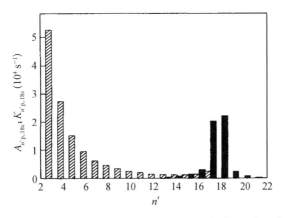

图 5.3　展示了以 n' 作为自变量时,18s 态到低能态 n'p 态的自发辐射速率,$A_{n'p, 18s}$(用斜线阴影框表示),以及 300 K 黑体从 18s 态到高能态和低能态 n'p 的跃迁率 $K_{n'p, 18s}$(用黑色实心方框表示)[5]

除了驱动原子向离散能态跃迁，黑体辐射还可以导致里德堡原子发生光电离。其光致电离率 $1/\tau_{nl}^P$ 由式 (5.11) 给出[8]：

$$\frac{1}{\tau_{nl}^P} = \frac{2\pi}{3} \int_{1/2n^2}^{\infty} \left\{ \frac{l}{2l+1} \mid \langle nl \mid r \mid \varepsilon l - 1 \rangle \mid^2 + \frac{(l+1)}{2l+1} \mid \langle nl \mid r \mid \varepsilon l + 1 \rangle \mid^2 \right\} \rho(\omega) \mathrm{d}\omega$$

(5.11)

这些矩阵元是初态 nl 与 $l-1$ 和 $l+1$ 连续态之间关于 r 的径向矩阵元，式 (5.11) 是以每单位能量进行归一化的。

之前描述的对可能终态的自发辐射速率求和以获得总自发衰减速率，与这一方法类似，可以对黑体辐射跃迁率进行求和，以计算总的黑体辐射诱导的衰率 $1/\tau_{nl}^{bb}$。具体公式如下：

$$\frac{1}{\tau_{nl}^{bb}} = 2\alpha^3 \sum_{n'} \bar{n} \omega_{n'l',nl}^2 \mid f_{n'l',nl} \mid + \frac{1}{\tau_{nl}^P}$$

(5.12)

总的衰减速率 $1/\tau_{nl}^T$ 由式 (5.13) 给出：

$$\frac{1}{\tau_{nl}^T} = \frac{1}{\tau_{nl}} + \frac{1}{\tau_{nl}^{bb}}$$

(5.13)

从图 5.3 可以明显看出，对黑体辐射衰减速率贡献最大的跃迁是那些到附近能态的跃迁，即满足条件 $\mid \omega_{n'l',nl} \mid < kT$ 的跃迁。在这种情况下，可以用等式 (5.6) 代替 $\bar{n}$，并将 $1/\tau_{nl}^{bb}$ 写成：

$$\frac{1}{\tau_{nl}^{bb}} = 2\alpha^3 kT \sum_{n'} \omega_{n'l',nl} \bar{f}_{n'l',nl}$$

(5.14)

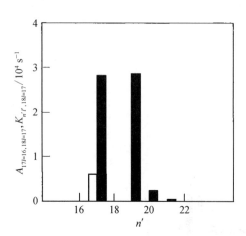

图 5.4 以 n' 作为横坐标时，$n=18$、$l=17$ 态到 $n=17$，$l=16$ 态的自发辐射速率 $A_{17l=16,18l=17}$（用□表示）及 $n=18$、$l=17$ 态到 $n'l'$ ($l'=l\pm1$) 态的 300 K 黑体辐射速率 $K_{n'l',18l=17}$（用■表示）[5]

式 (5.14) 中对 n' 的求和隐含地包括了连续态。对于单电子原子，可以使用以下求和规则[7]：

$$\sum \omega_{n'l',nl} \bar{f}_{n'l',nl} = \frac{2}{3n^2}$$

(5.15)

因此，式 (5.14) 可以写成：

$$\frac{1}{\tau_{nl}^{bb}} = \frac{4\alpha^3 kT}{3n^2}$$

(5.16)

对于 $T=300$ K，当 $n>15$ 时，式 (5.16) 的准确度可以到 30%，随着 n 的增加，式 (5.16) 的近似度越来越好。更重要的是它显现出两个有趣的特征。首先，总的黑体辐射速率 $1/\tau_{nl}^{bb}$ 不取决于 l，而只与 n 有关。由于自发辐射衰减速率随着 l 增加而迅速减小[9]，因此对于高 l 态，黑体诱导的衰减速率通常远大于自发辐射率。这一点在图 5.4

中得到了直观展示,图中显示了 $n = 18$、$l = 17$ 态的自发辐射率,以及黑体辐射和吸收速率。与 18s 态($1/\tau^{bb} \sim 0.2/\tau$)不同,$n = 18$、$l = 17$ 态的黑体辐射速率是其自发衰减速率的 10 倍。其次,由于黑体辐射衰减速率服从 $1/n^2$ 的变化规律,很明显,即使对于低 l 态,只要 n 足够高,黑体辐射率也将超过自发辐射率,后者服从 $1/n^3$ 的变化规律。即使 $n = 20$,黑体辐射率至少是所有 l 态自发辐射率的 20%,在许多实验中,黑体辐射是重新布居的重要原因。

5.3　黑体辐射能级位移

黑体光谱中,只有与原子跃迁频率相匹配的那一部分才会引发跃迁,导致重新布居。相比之下,黑体辐射的所有能量都有助于能移。能移是一个二阶交流斯塔克能移,对于态 n 的位移,ΔW_b 由式(5.17)给出[10]:

$$\Delta W_{nl} = \sum_{n'l'} \int_0^\infty \frac{|\langle n'l' | r | nl \rangle|^2 E_{\omega_b}^2 \omega_{nl, n'l'}}{2(\omega_{nl, n'l'}^2 - \omega_b^2)} \mathrm{d}\omega_b \tag{5.17}$$

其中,E_{ω_b} 是频率 ω_b 下带宽为 $\mathrm{d}\omega_b$ 时的电场。由于 $E_{\omega_b}^2$ 与能量密度成正比,参考图 5.2 可以看出,在室温下黑体辐射能量密度的峰值位于 500 cm^{-1} 附近,远远高于 n 约为 20 强跃迁的波数 20 cm^{-1}。事实上,对于里德堡态原子,强跃迁的频率通常比黑体辐射的频率低得多,即 $\omega_{nl, n'l'} \ll \omega_b$,在这种情况下,可以忽略式(5.17)分母中的 $\omega_{nl, n'l'}$,并将 ΔW_{nl} 改写为

$$\Delta W_{nl} = \left(\sum_{n'l'} \overline{f}_{n'l', nl} \right) \left(\int_0^\infty \frac{E_{\omega_b}^2 \mathrm{d}\omega_b}{4\omega_b^2} \right) \tag{5.18}$$

利用振子强度之和规则[7]:

$$\sum_{n'l'} \overline{f}_{n'l', nl} = 1 \tag{5.19}$$

对式(5.18)中的 ω_b 进行积分,则式(5.18)可以写为

$$\Delta W_{nl} = \frac{\pi}{3} \alpha^3 (kT)^2 \tag{5.20}$$

$T = 300$ K 时,对于 $n > 15$,式(5.20)准确度约为 10%。式(5.20)表明,所有里德堡态经历相同的能级或频率位移,在 300 K 时频率位移为+2.2 kHz。式(5.20)对应于振荡电场中自由电子的能级位移。如果只考虑式(5.19)的振子强度和,并将其应用于角频率为 ω_b 的单色场,即 $\int_0^\infty E_b^2 \mathrm{d}\omega_b = E^2$,那么这个关系将变得更加清晰。在这种情况下,式(5.18)可以写成:

$$\Delta W_{nl} = \frac{E^2}{4\omega^2} \tag{5.21}$$

这代表场 $E\cos(\omega t)$ 中自由电子的平均动能。自由电子和里德堡态电子的能级位移相等,这一点并不令人惊讶,因为在比电子轨道频率更高的黑体辐射场作用下,其物理效应是在电子的轨道运动上叠加快速($\approx \omega_b$)摆动,这种摆动的能量与较低的电子轨道速度无关。

与里德堡态跃迁频率相比,黑体辐射能级的频率大多较高,但与低能态跃迁频率相比,黑体辐射能级的频率要低一些。具体来说,$\omega_{nl,\,n'l'} \gg \omega_b$,并且对于低能态,可以忽略式(5.18)中的分母 ω_b。在这种情况下,斯塔克位移等于静电场产生的位移,并可以表示为

$$\Delta W_{nl} = \sum_{n'l'} -\frac{\overline{f}_{n'l',\,nl}}{\omega_{n'l',\,nl}^2} \int_0^\infty \frac{E_{\omega_b}^2 \mathrm{d}\omega_b}{4} \tag{5.22}$$

对于单电子里德堡原子,可以利用类氢求和规则[11]:

$$\sum_{n'l'} \frac{\overline{f}_{n'l',\,nl}}{\omega_{n'l',\,nl}^2} = \frac{9}{2} \tag{5.23}$$

那么,式(5.22)可以写成:

$$\Delta W_{nl} = -\int \frac{9}{8} E_{\omega_b}^2 \mathrm{d}\omega_b = -\frac{3}{5}(\alpha\pi)^3 (kT)^4 \tag{5.24}$$

式(5.24)的计算结果表明:在 300 K 时,位移为 -0.036 Hz,这在所有实际应用中可忽略不计。

最后必须注意,对于某些态来说,存在 $\omega_{n'l',\,nl} \approx \omega_b$,在这种情况下,上述两种近似方法都不成立,并且必须像 Farley 和 Wing 那样直接计算式(5.17)[12]。在 300 K 下,n 约为 8 时,存在 $\omega_{nl,\,(n+1)l'} \approx \omega_b$。

如果专注于 $n > 15$ 的里德堡态,此时式(5.20)是有效的,那么很明显,所有里德堡态和电离极限的能量都会向上移动,其移动幅度与温度平方成正比。如果原子暴露在满足相同频率标准的单色辐射场中,里德堡态能量和电离极限按照式(5.21)发生移动,这通常称为有质动力能量位移[13]。

在这一章中,假设里德堡原子为单电子原子。例如,在碱土原子的微扰里德堡能级系列中,里德堡态可以具有混合价-里德堡特性。在这种状态下,黑体效应会减小,其减小程度取决于与分数阶里德堡特性相等的因子[14]。

5.4 初步验证

通过对氙原子和钠原子的里德堡态进行实验观察,人们开始关注室温下黑体辐射对里德堡原子的影响[1-3]。然而,Pimbert 早些时候就注意到了更高温度对里德堡原子的影响[15]。他开展了两种实验,测量布居数的再分配和衰减速率的增加。虽然这两种效应都

可能由碰撞引起,但是这种可能性在实验中被系统地排除了。在氙原子实验中,亚稳态原子束被脉冲激光激发到 26f 态,在热辐射下的暴露时长分别为 1.5 μs、7.5 μs 和 15.5 μs,然后向原子施加斜坡场。该过程产生的场电离信号如图 5.5[1] 所示。对于每个时滞 (1.5 μs、7.5 μs 和 15.5 μs),场电离光谱中都有一个明显的峰值序列,这些峰值被赋予了所示的 n 值。在较长的时滞下,$n > 26$ 峰值的强度增加,这与热辐射暴露时间逐渐延长的预期一致。此外,由于黑体辐射诱导的跃迁是偶极子跃迁,预期的终态只有 d 态和 g 态。场电离光谱中每个 n 值都会出现一个尖峰,这与热辐射只布居在一两个而不是所有的 l 态是相吻合的[1]。如果热辐射布居所有的态,那么图 5.5 中就不会出现此类峰值。

在另一个类似的实验中,初始布居被置于钠原子 18s 态,跃迁后的布居处于更高的 p 态,这与偶极跃迁的预期相吻合。此外,部分原子在 5 μs 之后经历了跃迁到更高的 p 态,其比例与按照 300 K 黑体辐射诱导的跃迁计算值高度吻合,如表 5.1 所示[2]。

表 5.1 钠原子 18s 态初始布居 5 μs 之后在更高 np 态布居的计算值和观测值对比[2]

最终态	计算值	观测值
18p	4.2%	5.0%
19p, 20p	1.6%	1.6%
>20p, εp	1.0%	1.2%
总 计	6.8%	7.8%

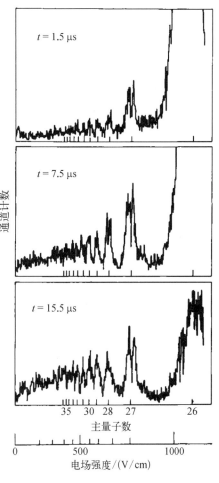

图 5.5 激光脉冲将氙原子激发到 26f 态后在不同热辐射时间下对应的场电离光谱,显示黑体辐射诱导跃迁到更高能级[1]

另一个初步实验是观察到 300 K 黑体辐射导致的衰减速率的增加,如式(5.13)所示[3]。钠原子 18s 态的衰减速率在 300 K 时与在 0 K 时相差约 20%,这一差异还不足以确保仅凭 300 K 下的测量值就完全令人信服。另外,$n \approx 20$ 的钠原子的 np 态具有长寿命[16, 17],即使仅在 300 K 下进行测量,也为令人信服的实验提供了合理的解决方案。钠原子在 17p 态和 18p 态下的寿命的测量方法如下:激发原子束中的钠原子到 17p 态和 18p 态,然后观察激光脉冲作用后这些态的布居数随时间的变化。实验结果如表 5.2 所示,这清楚地表明,实验观测值与用黑体辐射计算的寿命值相吻合,但与 0 K 时的寿命值却大相径庭。

表 5.2　**Na 17p 态和 18p 态的寿命**[a]

能　态	$\tau/\mu s$	$\tau^{bb}/\mu s$	τ^T(计算值)$/\mu s$	τ^T(实验值)$/\mu s$
17p	48.4[b]	22.7	15.5	$11.4^{+5.6}_{-1.4}$
18p	58.4[b]	25.6	17.9	$13.9^{+8.8}_{-2.9}$

a 见文献[3];b 见文献[17]。

5.5　温度相关性测量

在最初的 300 K 实验之后,接下来的黑体辐射测量都是在不同的温度下进行的。第一次测量是由 Koch 等在高温下进行的[18],而随后的测量则是在低于室温的条件下进行的,这种测量的核心挑战在于准确掌握原子所处的环境温度。通常情况下,原子被置于一个冷却至 6~300 K 的封闭空间中,使其免受真空腔壁上 300 K 热辐射的影响。然而在所创建的区域中,仅仅保证原子周围 90% 的区域是冷空间并不足够,因为在远红外波长下,许多材料及几乎所有金属表面都是极好的反射体。因此,即使只有 10% 的开口通向外界热环境,也足以显著提升封闭空间内原子的温度。

为了确保原子所处的温度接近所围区域的温度,研究者采用了两种方法。Hildebrandt 等在腔体内部衬上镀铜的石墨纤维,并且验证了这是吸收远红外辐射的有效方法[19]。而 Spencer 等则采用了另一种方法[20]:用玻璃覆盖激光束传播的孔径,因为玻璃在远红外波长下是不透明的;并且用细密的 70 μm 网状物覆盖了原子束传播的孔径,该网状物阻挡了 $\lambda > 140\ \mu m$ 的所有辐射。

相关研究者在 90 K 和 300 K 下进行了与前述类似的氙原子实验。具体而言,在脉冲激光对 nf 态进行布居转移之后,研究者测量了较高 nd 态和 ng 态布居的时间依赖性[19]。

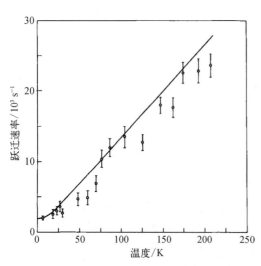

观察到的布居时间依赖性与理论模型相吻合,从而得出了从初始激发态到最终态的辐射跃迁速率。不出所料,随着温度从 300 K 降低到 90 K,不仅整体辐射跃迁减少,而且向最高激发态的跃迁大多也急剧减少,这一结论与光子占据数对频率和温度的依赖性的预期一致。例如,氙原子从 25f 态到 26d 态、g 态的跃迁概率减小为 1/3;而 25f 态到 27d 态、g 态的跃迁概率减小为 1/5。

Spencer 等将钠原子激发到了 19s 态,并在激光激发原子后 2~32 μs 的时间内观察到了 19s 态、19p 态和 18p 态布居数之和,从而确定了从 19s 态到 18p 态和 19p 态的辐射跃迁速率之和[20]。测量是在 6~210 K 的温度范围内进行的,结果如图 5.6 所示,观测到

图 5.6　钠原子 19s 态到 18p 态和 19p 态的跃迁速率与温度关系的实验和理论数据,实线表示在无可调参数下的计算结果[20]

的跃迁速率与计算所得的理论速率非常一致。在 0 K 时,跃迁速率完全是由于自发的 19s→18p 跃迁决定,而随着温度升高,热辐射跃迁至 18p 态和 19p 态的贡献逐渐增大。值得注意的是,在 30 K 以上时,跃迁速率随着 T 呈线性增加,这与式(5.16)所预期的一样。这种线性增长只发生在 30 K 以上,因为只有在 30 K 以上时,这两个跃迁的 $kT > \omega$。

虽然钠原子从 19s 态到 18p 态、19p 态的跃迁速率很好地验证了式(5.16)在 $\omega < kT$ 区域的有效性,但由黑体辐射导致 $n \approx 20$ 的里德堡原子的光致电离才是对 $\omega \sim kT$ 区域有效性的检验,而这正是 Spencer 等研究的重点[21]。具体而言,针对 90~300 K 的温度范围,他们测量了由热辐射导致的钠原子 17d 态的光致电离的相对速率。实验通过激发钠原子 17d 态,使光致电离发生持续 500 ns(比 17d 态的寿命缩短 10 倍),然后通过施加一个较小的 8 V/cm 场脉冲来收集光离子。经过验证,这种微弱的场几乎不会对黑体辐射激发的束缚态产生场电离效应。当相对速率归一化为 300 K 下计算得到的速率时,发现实验结果与理论计算非常吻合。

由于 17d 态被能量超过 kT 的 380 cm^{-1} 束缚,光致电离速率随温度迅速变化,在 90 K 和 300 K 之间的变化幅度约为 100 倍,如图 5.7 所示。图 5.7 所示的光电离速率对温度的快速、接近指数的依赖关系与图 5.6 所示的从 19s 态的到 19p 态的、18p 态的跃迁速率对温度的线性依赖关系形成对比。

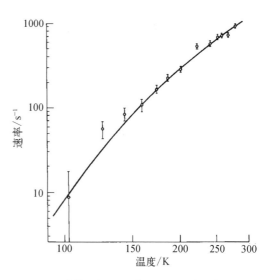

图 5.7　对数坐标系下钠原子 17d 态黑体诱导的光电离速率与温度的关系。实线表示计算值,点为归一化到 300 K 下的实验值

5.6　跃迁速率的抑制和增强

前面已经介绍了自由空间中黑体辐射的影响。在封闭的腔体中,辐射仅限于腔体允许的模式。本质上,所有的热辐射都被限制于腔体模式内,从而将模式频率处的辐射强度相对于自由空间值提高 Q 倍[22]。Q 是腔的品质因子,即模式的频率除以其半高宽(full width at half maximum, FWHM),即 $Q = \nu/\Delta\nu$。类似地,当热辐射频率在两个腔体模式之间时,辐射强度会显著降低。在谐振腔模式下,辐射跃迁速率按系数 Q 成倍增加,而在远离谐振腔的情况下,跃迁速率则受到抑制。正如 Kleppner 所指出的,长波跃迁的里德堡原子为研究这些概念提供了一个近乎理想的系统[23]。

Vaidyanathan 等首次在实验中完成了这一概念的验证,他们在相距 0.337 cm 的两个平行板之间将钠原子激发到 nd 态[24]。这些板之间的区域,可以阻止极化方向平行于平板表面且波长大于 0.674 cm 的辐射传播,即这些辐射在两个平行板之间不存在。换句话说,频率小于截止频率 $\nu_c = 1.48$ cm^{-1} 的辐射无法传播。极化方向与表面垂直的辐射可以在平行板之间自由传播。零静电场下,29d~30p 能级间隔正好低于 1.48 cm^{-1}。但是,施加微弱的静电场会增加能级间隔,当静电场强度达到 2.4 V/cm 时,能级间隔恰好为 1.48 cm^{-1}。因此,当静电场从 0 增加到 2.4 V/cm 以上时,从 29d 到 30p 的跃迁频率从截止点以下变为截止点以上,黑体辐射跃迁率也会相应增加。

在实验中,环境温度冷却到 180 K,钠原子被两个激光器从基态激发到 nd 态,对于 29d→30p 跃迁,此时 $\bar{n} = 86$。钠原子首先在热辐射下暴露 20 μs,之后将其暴露于场电离脉冲中,以选择性地电离处于 $(n+1)$p 态的原子。图 5.8 中展示了在 0~5 V/cm,当 28d 和 29d 态随着静电场的变化而被激发时得到的结果。如图 5.8 所示,29d - 30p 能级间隔通过该静电场范围内平行板的截止频率进行调谐。相应地,当静电场将 29d - 30p 能级间隔调谐到超过截止频率时,30p 态布居迅速增加。相比之下,28d - 29p 能级间隔总是超过截止频率,并且随着场的调谐,29p 态布居没有出现急剧增加。

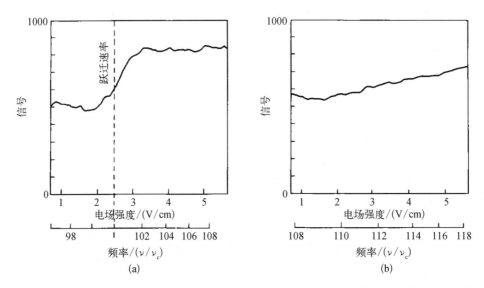

图 5.8 对于 29d→30p(a)和 28d→29p(b)跃迁,位于平行导电板之间钠原子黑体辐射跃迁信号表现为吸收频率的函数。截止频率为 $\nu_c = 1/2d = 1.48$ cm^{-1},其中 d 为平板间距。$\nu = \nu_c$ 时(a) 跃迁速率增加是因为平行于平板极化的辐射"开启"[24]

正如黑体跃迁可以被抑制一样,也可以通过调谐到腔共振来增强黑体跃迁。Raimond 等[25]让一束被激发到 30s$_{1/2}$ 态的热钠原子束通过一个 300 K 的法布里-珀罗腔,这个共振频率为 134 GHz 的腔可以调谐到 30s$_{1/2}$ - 30p$_{1/2}$,然后检测由场电离所产生的下游原子。当腔调谐到非共振时,5% 的原子发生了 30s$_{1/2}$ - 30p$_{1/2}$ 跃迁,但当调谐到共振时,新增 5% 的原子发生了跃迁,这与计算值一致[25]。

在任何低角动量状态下,辐射衰减速率通常受到低能态高频跃迁的影响,因此不可能使用毫米波腔完全控制衰减速率。对于 $l = m = n - 1$ 圆态,唯一的衰减是到 $n-1$ 能级的远红外跃迁,Hulet 等观察到该能级的衰减受到抑制[26]。他们通过脉冲激光激发和快速绝热通道技术,成功制备了处于 $n = 22$, $l = m = 21$ 圆态的铯原子束[27]。然后这些圆态的原子束穿过一对宽 6.4 cm、长 12.7 cm、间距为 230.1 μm 的平板,并且温度保持在 6 K。在 0 K 温度下的辐射寿命为 460 μs,原子通过极板到达探测器的渡越时间大致等于速度分布峰值处的寿命。

在没有静电场的情况下，$n = 22$，$l = 21 \rightarrow n = 21$，$l = 20$ 的跃迁波长 λ 为 $450\ \mu m$，并且 $\lambda = 0.98(2d)$，其中 d 为板间距。然而，使用平板施加静电场，可以连续地将能级间隔减少 4%，将跃迁波长增加到 $1.02(2d)$。换句话说，通过改变调谐场，可以把跃迁波长从低于截止点增加到高于截止点。此时值得再次强调的是，在静态场中，$l = 21$，$m = 21$，$n = 22$ 圆态必须与极化方向平行于场板的辐射场相互作用，才能衰减到 $n = 21$，$l = m = 20$ 圆态。极化方向垂直于平板的辐射不能引起这种跃迁。当波长大于截止波长，即 $\lambda > 2d$ 时，辐射衰减被抑制，即 $\tau_{cav} = \infty$；但当波长小于截止波长，即 $\lambda < 2d$ 时，辐射衰减率增加 50%[26]。

研究者们记录了处于圆态原子的飞行时间谱，表现为极板间距和施加调谐场的函数，并根据这些光谱确定了衰减速率。研究者测量并计算了三种条件下的衰减速率。首先，将平板间距增加 30 倍，以观察自由空间衰减。他们观察到的寿命为 $450(\pm 10)\ \mu s$，与计算出的 6 K 下的 $451\ \mu s$ 非常一致。当极板间距恢复到 $230.1\ \mu m$ 时，设置电场从截止波长以下调谐到截止波长以上，并测量衰减率。在低电场下，$\lambda < 2d$，测得的衰减率比自由空间中的数值大 50%，误差在 5% 以内。当电场增加，满足 $\lambda > 2d$ 时，检测到的原子数增加至原来的 2 倍，衰减率非常接近于零，与自由空间衰减速率相比，误差同样在 5% 以内。

5.7　能级偏移

如果里德堡态是纯里德堡态，即不含价态混合的态，那么这些里德堡态在热辐射场中都有相同的正能量位移。要测量这种位移，需要仔细测量长寿命、低能级原子态的跃迁。利用基态和 Rydberg 态之间的无多普勒双光子光谱，Holberg 和 Hall 测量了铷原子暴露在 $350 \sim 1\,000$ K 温度热源下的能移[28]。在他们的实验中，铷原子束通过折叠光学腔的两个臂，因此原子与光辐射场发生两次相互作用，形成 Ramsey 干涉图样，该方法的一个优点是 Ramsey 干涉图样位于 $5s \rightarrow ns$ 跃迁的无光场位置，因此不受激光束移动的影响。Ramsey 干涉条纹中心宽度为 40 kHz，与光学腔两臂之间原子的渡越时间成反比。来自热黑体源的辐射聚焦在原子束与两束激光的交叉点之间。加热后的黑体辐射源在原子束和激光束交叉点处所占的立体角很小，因此其作用效率仅大约相当于同等温度下完全封闭环境的 10%。来自加热黑体源的辐射被截断，并在有热辐射和无热辐射的情况下观察 Ramsey 图样中心边缘的位置。尽管光源产生位移的效率降低，但在 876 K 时观察到高达 1.4 kHz 的蓝移。蓝移随着温度的升高而增加，这与式（5.20）所预测的结果相符，虽然结果没有提供严格的测试，但它们显然与等式（5.20）一致。

黑体能移的影响并不局限于里德堡原子，还改变了原子钟跃迁的频率。Itano 等的研究表明，当温度从 0 K 上升到 300 K 时，铯原子 9 GHz 基态超精细能级间隔（这是秒的定义基础）增加了 $1/10^{14}$[29]。

5.8　实验表现和用途

正如我们已经指出的，黑体辐射的存在总是会降低里德堡态的寿命，许多系统中都已证实了这一现象[3, 30−32]。然而，更为重要的是，黑体辐射还会导致原子布居向邻近态的转移，这一效应在进行测量时必须加以考虑。为了说明这一点，考虑使用选择性场电离来测量里德堡态在 300 K 下的寿命，这是一种简单直观的测量方法[6]。根据计算，钠原子的 18s 态在 0 K 时的辐射寿命为 6.37 μs，但在 300 K 的黑体辐射影响下，其寿命缩短至 4.87 μs。在 $t=0$ 时，钠原子被激发到 18s 态，随后在不同时间点，通过施加足够高的电场脉冲来轻易电离处于 18s 态的原子，从而确定该态上剩余的原子布居。该测量得出的寿命为 7.8 μs，比 0 K 辐射下的寿命还要长。问题的关键在于，该场还把所有黑体辐射跃迁形成的长寿命 np 态（$n \geqslant 17$）电离。只有当单独检测到来自高能态的信号时，才有可能校正观察到的 18s 态对应的信号，以确定长寿命 np 态的存在。最终测量值为 4.78 μs，与计算值 4.87 μs 非常吻合，尽管这种吻合可能具有一定的偶然性。

如表 5.2 所示，在 300 K 时，17p 和 18p 的黑体衰减速率约为 $5×10^4\ s^{-1}$，这个数值看似尚可接受。然而，在密度稍大的样品中，热辐射可以触发超辐射，导致原本布居的能级在 10 ns 内消失[33, 34]。为了确保在两个能级之间出现超辐射（粗略地说，类似于在没有反射镜的情况下产生激光效果），一个必要条件是增益 G 沿样品的长度方向达到 1，这一条件可表示为[33]

$$G = NL\sigma \geqslant 1 \tag{5.25}$$

其中，N 是上能级和下能级的布居密度差；L 是样品的长度；σ 是光学散射截面，并由式 (5.26) 给出[35]：

$$\sigma = \frac{g_l \lambda^2 A_{ul}}{8\pi g_u \Delta} \tag{5.26}$$

其中，g_l 和 g_u 是上下两个态的简并度；A_{ul} 是跃迁的爱因斯坦系数；Δ 是跃迁的线宽，其主要贡献通常来自辐射和多普勒展宽。由于里德堡态之间跃迁的波长数值较大，对于 $10^{-3}\ cm^{-1}$ 下的 100 个原子，即使在原子密度很低的情况下，上述超辐射增益条件也很容易满足。然而，仅仅存在足够的增益并不能确保超辐射出现。还需要一些初始光子来触发超辐射，并且由于里德堡态之间的长波跃迁的自发跃迁速率较低，自发辐射不太可能触发这些超辐射。然而，无处不在的黑体辐射则很容易触发超辐射。

Gounand 等利用黑体辐射触发了超辐射级联，有效地填充了那些通常无法利用光激发而得到的里德堡态[34]。在气室实验中，他们观察到铷原子中里德堡态的布居经历了几个非常快速的超辐射级联，然后转移到低能级布居。布居转移的时间比简单的辐射衰减所能达到的时间要短得多[34]。图 5.9 显示了 12s 态初始布居后铷原子在不同里德堡态下的布居。正常辐射衰减需要 3 μs 才能布居 7F 态，但当发生超辐射级联时，如图 5.9 所示，这一过程只需要 20 ns。

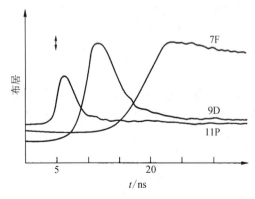

图 5.9 12s 态初始布居后发生快速超辐射级联的铷原子里德堡态布居的时间依赖性[24]

Stoneman 和 Gallagher 利用黑体辐射,对电场中钾原子 ns 态和 $n-2$ 斯塔克多重态之间的回避交叉进行了精确测量[36],这些测量在第 6 章中进行详细阐述。

5.9　远红外探测

里德堡原子的一个有趣的潜在应用是作为远红外(或微波)探测器,这一想法最初由 Kleppner 和 Ducas 首次提出[37]。该装置的基本原理是,利用激光将目标体中的里德堡原子制备到同一态,即 A 态。将该目标体暴露在远红外频率为 ω_{AB} 的辐射中,这一频率与原子从 A 态跃迁到高能态 B 态的频率相等。如果目标体中 A 态的原子密度足够高,以至于目标体的光学厚度相对于频率为 ω_{AB} 的辐射来说是大的,那么在这个频率上的光子将被完全吸收,因此原子将跃迁到 B 态。原子的跃迁可以通过两种方式中的任何一种来检测:第一种是 B 态原子的选择性场电离,而不是 A 态原子的选择性场电离;第二种是检测 B 态原子而不是 A 态原子的光学荧光[38]。无论采用哪种方式,每个入射光子都被转换成离子和电子或可见光子,这些产物都可以很容易被检测到。研究者们还探讨了从这两种方式衍生出的其他方式[2, 39-41]。

对于光学探测,B 态是在 A 态之上还是之下并不重要。如果 B 态位于 A 态之下,那么可以采用另一种方法,即触发超辐射的方法,Goy 等已经仔细研究了这项技术[42]。要检测相同频率 ω_{AB} 的辐射,需要一定光学厚度的原子目标体,其处于较高的 A 态,在冷却环境中,这些原子不会形成超辐射,由于自发辐射太慢而无法启动超辐射过程。然而,频率为 ω_{AB} 的入射光子会触发超辐射雪崩效应,只需一个入射光子就可以触发约 10^4 的出射光子,意味着保持 10^4 的原子在 B 态,这使得检测变得非常简单。如表 5.3 所示,这种方法的灵敏度与前面描述的更直接方法的灵敏度相当。

表 5.3　里德堡原子实验中的远红外探测灵敏度

方　　法	源	波数/cm^{-1}	噪声等效功率/ $[W/(cm^2 \cdot Hz^{1/2})]$
吸收[a],场电离	300 K 黑体	22	10^{-14}
吸收[b],场电离	黑体辐射	20	5×10^{-15}
吸收[c],场电离	可调温黑体辐射	3.3	10^{-17}
诱导出的[d]超放射现象	克里斯特管谐波辐射	3.6	3×10^{-17}

a 来自文献[2];b 来自文献[41];c 来自文献[40];d 来自文献[42]。

当里德堡原子被用于探测波长短至 2.34 μm 的红外辐射,其用作远红外辐射探测器的效率是最高的,在表 5.3 中给出了里德堡原子探测远红外辐射的测量灵敏度。

参考文献

1. E. J. Beiting, G. F. Hildebrandt, F. G. Kellert, G. W. Foltz, K. A. Smith, F. B. Dunning, and R. F.

Stebbings, *J. Chem. Phys.* **70**, 3551(1979).

2. T. F. Gallagher and W. E. Cooke, *Appl. Phys. Lett.* **34**, 369(1979).

3. T. F. Gallagher and W. E. Cooke, *Phys. Rev. Lett.* **42**, 835(1979).

4. R. Loudon, *The Quantum Theory of Light* (Oxford University Press, London, 1973).

5. T. F. Gallagher, in *Rydberg States of Atoms and Molecules*, eds. R. F. Stebbings and F. B. Dunning (Cambridge University Press, Cambridge, 1983).

6. W. E. Cooke and T. F. Gallagher, *Phys. Rev. A* **21**, 588(1980).

7. H. A. Bethe and E. A. Salpeter, *Quantum Mechanics of One-and-Two-electron Atoms* (Academic Press, New York, 1957).

8. U. Fano and A. R. P. Rau, *Atomic Collisions and Spectra* (Academic Press, New York, 1986).

9. A. Lindgard, and S. A. Nielsen, *Atomic Data and Nucl. Data Tables* **19**, 534(1977).

10. C. H. Townes and A. L. Schawlow, *Microwave Spectroscopy* (McGraw-Hill, New York, 1955).

11. U. Fano and J. W. Cooper, *Rev. Mod. Phys.* **40**, 441(1968).

12. J. W. Farley and W. H. Wing, *Phys. Rev. A* **23**, 2397(1981).

13. H. G. Muller, A. Tip, and M. J. van der Wiel, *J. Phys. B* **16**, L679(1983).

14. T. F. Gallagher, W. Sandner K. A. Safinya, and W. E. Cooke, *Phys. Rev. A* **23**, 2065(1981).

15. M. Pimbert, *J. Phys.* (*Paris*) **33**, 331(1972).

16. T. F. Gallagher, S. A. Edelstein, and R. M. Hill, *Phys. Rev. A* **14**, 2360(1976).

17. F. Gounand, *J. Phys.* (*Paris*) **40**, 457(1979).

18. P. R. Koch, H. Hieronymus, A. F. J. van Raan, and W. Raith, *Phys. Lett.* **75A**, 273(1980).

19. G. F. Hildebrandt, E. J. Beiting, C. Higgs, G. J. Hatton, K. A. Smith, F. B. Dunning, and R. F. Stebbings, *Phys. Rev. A* **23**, 2978(1981).

20. W. P. Spencer, A. G. Vaidyanathan, D. Kleppner, and T. W. Ducas, *Phys. Rev. A* **25**, 380(1982).

21. W. P. Spencer, A. G. Vaidyanathan, D. Kleppner, and T. W. Ducas, *Phys. Rev. A* **26**, 1490(1982).

22. E. M. Purcell, *Phys. Rev.* **69**, 681(1946).

23. D. Kleppner, *Phys. Rev. Lett.* **47**, 233(1981).

24. A. G. Vaidyanathan, W. P. Spencer, and D. Kleppner, *Phys. Rev. Lett.* **47**, 1592(1981).

25. J. M. Raimond, P. Goy, M. Gross, C. Fabre, and S. Haroche, *Phys. Rev. Lett.* **49**, 117(1982).

26. R. G. Hulet, E. S. Hilfer and D. Kleppner, *Phys. Rev. Lett.* **55**, 2137(1985).

27. R. G. Hulet and D. Kleppner, *Phys. Rev. Lett.* **51**, 1430(1983).

28. L. Holberg and J. L. Hall, *Phys. Rev. Lett.* **53**, 230(1984).

29. W. M. Itano, L. L. Lewis, and D. J. Wineland, *Phys. Rev. A* **25**, 1233(1982).

30. F. Gounand, P. R. Fournier, J. Cuvellier, and J. Berlande, *Phys. Lett.* **59A**, 23(1976).

31. T. F. Gallagher and W. E. Cooke, *Phys. Rev. A* **20**, 670(1979).

32. K. Bhatia, P. Grafstrom, C. Levinson, H. Lundberg, L. Nilsson, and S. Svanberg, *Z. Phys. A* **303**, 1 (1981).

33. M. Gross, P. Goy, C. Fabre, S. Haroche, and J. M. Raimond, *Phys. Rev. Lett.* **43** 343(1979).

34. F. Gounand, M. Hugon, P. R. Fournier, and J. Berlande, *J. Phys. B* **12**, 547(1979).

35. A. G. C. Mitchell and M. W. Zemansky, *Resonance Radiation and Excited Atoms* (Cambridge University Press, New York, 1971).

36. R. C. Stoneman and T. F. Gallagher, *Phys. Rev. Lett.* **55**, 2567(1985).

37. D. Kleppner and T. W. Ducas, *Bull. Am. Phys. Soc.* **21**, 600(1976).

38. R. M. Hill, and T. F. Gallagher, US Patent 4, 024, 396(1977).

39. J. A. Gelbwachs, C. F. Klein, and J. E. Wessel, *IEEE J. Quant Electronics* **QE - 14**, 77(1978).

40. H. Figger, G. Leuchs, R. Straubinger, and H. Walther, *Opt. Comm.* **33**, 37(1980).

41. T. W. Ducas, W. P. Spencer, A. G. Vaidyanathan, W. H. Hamilton, and D. Kleppner, *Appl. Phys. Lett.* **35**, 382(1979).

42. P. Goy, L. Moi, M. Gross, J. M. Raimond, C. Fabre, and S. Haroche, *Phys. Rev. A* **27**, 2065(1983).

Chapter 6
第6章 | 电 场

电场对里德堡原子的影响,称为斯塔克效应,为我们提供了一个有趣的研究范例。斯塔克效应展示了在 r 较小的情况下,如果势场在外电场的影响下偏离了库仑势能,一个原子的行为会受到显著改变的机理,例如,这种情况下,碱金属原子的行为就不再是简单的类氢原子的行为。考虑到场效应基本上是长程效应,所以这种差异令人颇为惊讶,而这种差异本身就足以使斯塔克效应成为值得研究的对象。此外,除了其内在的研究价值外,斯塔克效应在里德堡原子的研究中还具有极其重要的实际应用价值。

6.1 氢

本节首先考虑氢原子在静电场中的行为,其中忽略了电子的自旋。我们从熟悉的零场 nlm 角动量本征态开始分析,之所以采用这种熟悉的概念,是为了使斯塔克效应的重要特征更易于定性理解。如果外加电场 E 指向沿 z 方向,则电子感受到的电势由式(6.1)给出:

$$V = -\frac{1}{r} + Ez \tag{6.1}$$

利用零场 nlm 态,可以计算斯塔克效应对零场哈密顿量的微扰矩阵元 $\langle nlm \mid Ez \mid n'l'm' \rangle$。选择 z 轴作为角动量量子化轴,并在球坐标系中表示矩阵元,即有如下形式:

$$\langle nlm \mid Ez \mid n'l'm' \rangle = E \langle nlm \mid r\cos\theta \mid n'l'm' \rangle \tag{6.2}$$

从球谐函数角向方程的性质可知,如果 $m' = m$ 并且 $l' = l \pm 1$,那么 Ez 矩阵元取值不为零。电场最明显的作用是消除了特定主量子数 n 对应的 lm 能态的简并度。如果忽略与其他 n 能态的电偶极耦合,那么哈密顿量矩阵的所有对角元及形如 $\langle l \mid Ez \mid l \pm 1 \rangle$ 的非对角元都具有相同的因子,即 $-1/2n^2$,并正比于 E。如果减去共有的能量值 $-1/2n^2$,那么所有矩阵元就都会与 E 成正比。因此,将哈密顿量矩阵对角化得到的本征值都必然与 E 成正比,即本征值以 $\lambda_i E$ 的形式给出。换句话说,氢原子会表现出线性的斯塔克能移。由于所有本征值均与 E 成正比,本征矢就与 E 无关,因此斯塔克能态是具有相同 n 值和 m 值的零场 l 能态的线性组合,与场强无关。斯塔克能态具有线性斯塔克能移,这一事实意味着它们具有永久的电偶极矩。具有正斯塔克能移的斯塔克能态,其电子会定位在原子的高场区;而具有负斯塔克能移的斯塔克能态,其电子会定位在原子的低场区。

因为 m 是一个好量子数,所以每一组 m 能态都是相互独立的。我们首先考虑圆态,即 $|m|=n-1$ 的能态。它们没有其他的 m 值和 n 值相同的能态,因而也就不存在一阶斯塔克能移。然而,存在两个满足 $m=n-2$ 的能态,它们表现出很小的线性斯塔克能移。由于径向矩阵元较小,斯塔克能移并不显著[1],其微扰矩阵元如式(6.3)所示:

$$\langle nl \mid r \mid nl+1 \rangle = \frac{-3n\sqrt{n^2-l^2}}{2} \tag{6.3}$$

考虑到当 $r \to 0$ 时,径向波函数 $R_{nl}(r)$ 正比于 $+r^l$,因此式(6.3)中应有负号。另外,$m=0$ 能态也包括 l 值较小的能态,这些能态有着较大的径向矩阵元,而极端的 $m=0$ 能态的斯塔克能移约为 $\pm 3n^2 E/2$。

处理斯塔克效应最直接的方法是使用抛物线坐标,因为在抛物线坐标系中,即使存在电场,问题仍然是可分离的[1-3]。抛物线坐标是根据更为人所熟悉的笛卡儿坐标和球面坐标定义的,如下所示:

$$\begin{cases} \xi = r+z = r(1+\cos\theta) \\ \eta = r-z = r(1-\cos\theta) \\ \phi = \tan^{-1} y/x \end{cases} \tag{6.4}$$

和

$$\begin{cases} x = \sqrt{\xi\eta}\cos\phi \\ y = \sqrt{\xi\eta}\sin\phi \\ z = (\xi-\eta)/2 \\ r = (\xi+\eta)/2 \end{cases} \tag{6.5}$$

常数 ξ 或者 η 的等值面是绕 z 轴旋转的抛物面。从表达式[式(6.4)]中不难得到,$\xi=0$ 对应于 $-z$ 轴,$\xi=\infty$ 对应于 $r \to \infty$ 且 $\theta \neq 0$ 的曲面。相应地,$\eta=0$ 对应于 $+z$ 轴,$\eta \to \infty$ 对应于 $r \to \infty$ 且 $\theta \neq 0$ 的曲面。当电场指向 z 方向时,电子所在势场对应于式(6.1),电子会逃逸到 $\eta=\infty$ 曲面。也就是说,电子沿 ξ 方向的运动是受束缚的,但沿 η 方向的运动则不受束缚。

在抛物线坐标系中,考虑一个围绕单电荷离子运动的电子,z 轴方向的外电场会使其处于式(6.1)所示势场中,通过薛定谔方程[式(6.5)]可以写成如下表达式[1-3]:

$$\left[-\frac{\nabla^2}{2} - \frac{2}{\xi+\eta} + \frac{E(\xi-\eta)}{2} \right] \psi = W\psi \tag{6.6}$$

其中,W 代表能量。

$$\nabla^2 = \frac{4}{\xi+\eta}\frac{\partial}{\partial\xi}\left(\xi\frac{\partial}{\partial\xi}\right) + \frac{4}{\xi+\eta}\frac{\partial}{\partial\eta}\left(\eta\frac{\partial}{\partial\eta}\right) + \frac{1}{\xi\eta}\frac{\partial^2}{\partial\phi^2}$$

假定方程的解可以表示为如下乘积形式[1-3]:

$$\Psi(\xi, \eta, \phi) = u_1(\xi)u_2(\eta)e^{im\phi} \tag{6.7}$$

其中,m 取值为整数或零,将式(6.7)代入式(6.6),就可以得到关于 $u_1(\xi)$ 和 $u_2(\eta)$ 的两个独立方程:

$$\frac{\mathrm{d}}{\mathrm{d}\xi}\left(\xi \frac{\mathrm{d}u_1}{\mathrm{d}\xi}\right) + \left(\frac{W\xi}{2} + Z_1 - \frac{m^2}{4\xi} - \frac{E\xi^2}{4}\right) u_1 = 0 \tag{6.8a}$$

$$\frac{\mathrm{d}}{\mathrm{d}\eta}\left(\eta \frac{\mathrm{d}u_2}{\mathrm{d}\eta}\right) + \left(\frac{W\eta}{2} + Z_2 - \frac{m^2}{4\eta} + \frac{E\eta^2}{4}\right) u_2 = 0 \tag{6.8b}$$

从式(6.8a)和式(6.8b)中不难看出,m 的符号并不重要,$\pm m$ 的波函数是简并的,这在一个具有柱对称性的问题中是很常见的。在式(6.8a)和式(6.8b)中,分离常数 Z_1 和 Z_2 存在下述关系[1, 2]:

$$Z_1 + Z_2 = 1 \tag{6.9}$$

Z_1 和 Z_2 可以看作在 ξ 和 η 坐标系中束缚了电子的正电荷。经过后面的讨论,这一点很快就会变得更加清晰。值得注意的是,式(6.8a)和式(6.8b)之间存在两点区别,一是式(6.8a)和式(6.8b)中电场的符号相反,二是 Z_1 和 Z_2 可能取到不同的数值。

确定电场中氢原子能级能量的经典方法,是在抛物线坐标系下求解零场问题,然后利用微扰理论计算场的影响。通过求解式(6.8a)和式(6.8b)得到的零场抛物线波函数,除了含有量子数 n 和 $|m|$ 之外,还含有抛物线量子数 n_1 和 n_2,它们都是非负的整数[1]。n_1 和 n_2 分别是 u_1 和 u_2 波函数中的节点数,与 n 和 $|m|$ 具有如下关系:

$$n = n_1 + n_2 + |m| + 1 \tag{6.10}$$

此外,n_1 和 n_2 还与等效电荷 Z_1 和 Z_2 具有如下关系:

$$Z_1 = \frac{1}{n}\left(n_1 + \frac{|m| + 1}{2}\right) \tag{6.11a}$$

$$Z_2 = \frac{1}{n}\left(n_2 + \frac{|m| + 1}{2}\right) \tag{6.11b}$$

得到的波函数通过相关的拉盖尔多项式给出,利用拉盖尔多项式在较大自变量的近似形式,可以写出一个近似的、非归一化的波函数[1]:

$$\psi_{nn_1n_2m} \propto \mathrm{e}^{im\phi} \xi^{n_1+|m|/2} \eta^{n_2+|m|/2} \mathrm{e}^{-(\xi+\eta)/2n} \tag{6.12}$$

利用式(6.12)的模方和式(6.4)中给出的抛物线坐标的定义,推导出球坐标系中电子概率分布的表达式[1]:

$$|\psi_{nn_1n_2m}|^2 = r^{2n-2}(1 + \cos\theta)^{2n_1+|m|}(1 - \cos\theta)^{2n_2+|m|}\mathrm{e}^{-2r/n} \tag{6.13}$$

从式(6.13)可以明显看出,满足 $n_1 - n_2 \approx n$ 的波函数主要分布在 z 轴的正方向,而满足 $n_2 - n_1 \approx n$ 的波函数主要分布在 z 轴的负方向。类似地,满足 $n_1 - n_2 \approx 0$ 的波函数则主要分布在 $z = 0$ 平面附近。图 6.1 中展示了 $n = 8$, $m = 0$, $n_1 - n_2 = -7 \sim 7$ 的波函数,可以清晰看出电

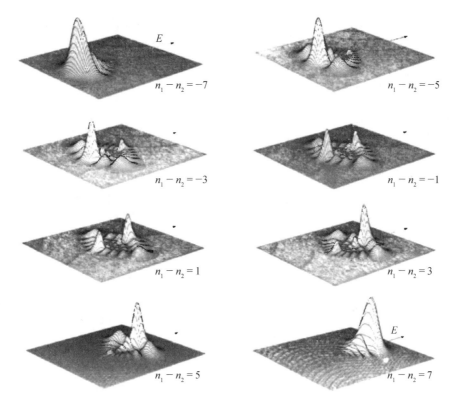

图 6.1 氢原子"抛物线"形本征态电荷分布：$n=8$，$m=0$，$n_1-n_2=-7\sim7$。偶极矩使得一阶斯塔克效应更显著[4]

荷分布沿场方向的极化现象[4]。仔细观察还可以发现，分布函数的节点位于抛物线上。利用零场波函数，可以计算出一阶能量为[1]

$$W_{nn_1n_2m} = \frac{-1}{2n^2} + \frac{3}{2}E(n_1-n_2)n \qquad (6.14)$$

表面上看来，一阶能量与 m 无关，但实际上，由于存在 $n_1+n_2+m+1=n$ 的约束条件，一阶能量存在着隐含的 m 依赖。对于 $m=0$ 的情况，n_1-n_2 的取值可以是 $n-1$，$n-3$，…，$-n+1$，而对于 $m=1$ 的情况，该取值则是 $n-2$，$n-4$，…，$-n+2$。也就是说，偶数 m 和奇数 m 所对应的能级是交替排列的。此外，对于给定的量子数 n 和 m，有 $n-|m|$ 个斯塔克能级。特别值得注意的是，当能态处于圆态时，由于 $|m|=n-1$，$n_1=n_2=0$，此时一阶斯塔克能移为 0，这一点正如人们早已经发现的那样。

考虑主量子数 n 所对应的非对角矩阵元，就可以计算斯塔克效应的二阶和更高阶贡献。如果计算保留到二阶效应，则能量表达式如下所示[1]：

$$W_{nn_1n_2m} = \frac{-1}{2n^2} + \frac{3En}{2}(n_1-n_2) - \frac{E^2}{16}n^4\left[17n^2 - 3(n_1-n_2)^2 - 9m^2 + 19\right] \qquad (6.15)$$

正如振子强度求和规则所预示的那样，二阶斯塔克能移总是导致能量降低[5]。此外，二阶能移也打破了 m 简并，这一点同样重要。当然，斯塔克能移可以计算到更高阶[6, 7]，

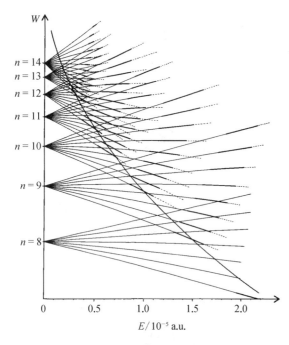

图 6.2 氢原子 $|m|=1$ 能态的斯塔克能级结构和场电离特性。零电场流形（译者注：分支的数量）特征取决于主量子数 n。准离散态寿命 $\tau > 10^{-6}$ s（实线）、电场展宽能态寿命范围为 5×10^{-10} s $< \tau < 5 \times 10^{-6}$ s（粗线）、场电离态寿命 $\tau < 5 \times 10^{-10}$ s（虚线）。电场展宽的斯塔克能态仅在大致满足 $W > W_c$ 的条件下才会出现。鞍点极限 $W_c = -2\sqrt{E}$ 在图中用加粗曲线表示[3]

但对于许多应用来说，考虑一阶和二阶能移已经足够精确。图 6.2 清楚地展示了这一点，图中显示了在 $0 \sim 2 \times 10^{-5}$ a. u.（$0 \sim 10^5$ V/cm）的电场中，主量子数 $n=8 \sim 14$ 且 $|m|=1$ 的氢原子能级。图 6.2 突显了氢原子中关于斯塔克效应的几个重要特点。首先，从零场到显著发生电离的电场值范围内，能级呈现出明显的线性斯塔克能移，如图 6.2 中的虚线所示。只有当从侧面看能级图时，能级才表现出明显的弯曲。第二，相邻 n 能级的斯塔克能级相互交叉；不存在耦合，至少在目前的分辨率下是不存在的。最后，红移，或者说向低能方向移动的斯塔克能态，在接近经典电离极限就会发生电离；但蓝移，或者说向高能方向移动的斯塔克能态只有在更高的场中才会电离。

如图 6.2 所示，斯塔克能移在大多数情况下呈现出线性特征，仅仅在图中所示的最高电场区域出现例外。并且，对于许多应用而言，表达式（6.14）的一阶能量已经足够精确。但是，即使是像式（6.15）中那样保留到二阶能量，也不足以与电场中能级的精确测量结果相媲美。例如，Koch[8] 利用 10 μm R24 和 P24 型 CO_2 激光线，在 2.514 kV/cm 和 0.689 kV/cm 的电场中，分别观察到快速氢原子束的 $(10, 8, 0, 1) \rightarrow (25, 21, 2, 1)$ 和 $(10, 0, 9, 0) \rightarrow (30, 0, 29, 0)$ 跃迁。这里的能态表达式中，括号内的参数依次为 $(n, n_1, n_2, |m|)$。从 Koch 的实验结果可以明显看出，$(30, 0, 29, 0)$ 红移态的能量是通过微扰理论精确计算得到的，大约计算到 10 阶。相比之下，$(25, 21, 2, 1)$ 蓝移态始终无法达到同样的精度，事实上，微扰理论的结果并不收敛，而是围绕实验结果振荡，振荡的最小振幅大约出现在 10 阶[8]。

虽然图 6.2 的分辨率不是很高，但它仍然揭示出了第二个重要特点：n 和 $n+1$ 能级存在交叉。考虑 $m=0$ 的极端条件，红移和蓝移能态的斯塔克能移约为 $\pm 3n^2 E/2$，再考虑到 n 和 $n+1$ 能态的能量间隔为 $1/n^3$，这就意味着使 n 与 $n+1$ 能态产生交叉的电场值为

$$E = 1/3n^5 \tag{6.16}$$

这个电场值与英格利斯-特勒（Inglis–Teller）极限有关，在该极限下，等离子体中的斯塔克展宽导致相邻的 n 能级变得无法分辨[9]。值得注意的是，尽管红移 $n+1$ 能态和蓝移 n 能态正好具有相同的 m，但它们仍能出现交叉，实际上这是因为采用抛物线坐标对角化

了龙格-愣次(Runge – Lenz)矢量,而该矢量在彼此交叉的两个态上具有不同的本征值。在零场条件下,氢原子的 Runge – Lenz 矢量和角动量都是守恒的,Park[10] 利用了这一特性,巧妙地证明了抛物线坐标下 nn_1n_2m 态和球形坐标下 nlm 态之间的转换系数实际上就是一个克莱布希-高登(Clebsch – Gordon)系数。如果将斯塔克态 $|nn_1n_2m\rangle$ 展开为

$$| nn_1n_2m\rangle = \sum_l | nlm\rangle\langle nlm | nn_1n_2m\rangle \tag{6.17}$$

那么转换系数就可以通过以下的维格纳(Wigner)3J 符号形式给出:

$$\langle nn_1n_2m | nlm\rangle = (-1)^{(1-n+m+n_1-n_2)/2+l} \times \sqrt{2l+1}\begin{pmatrix} \dfrac{n-1}{2} & \dfrac{n-1}{2} & l \\ \dfrac{m+n_1-n_2}{2} & \dfrac{m-n_1+n_2}{2} & -m \end{pmatrix} \tag{6.18}$$

Englefield 给出了式(6.18)的一个等价形式[11]。对于式(6.18)的转换系数,可以找到许多相位取值[10-13],这些取值取决于球面态和抛物线态所设置的相位约定。在式(6.18)中,对于球函数,选择的相位是 r^l,而不是 $(-r)^l$,这取决于 Bethe 和 Salpeter 的原点特性和球谐函数。表 2.2 给出了球谐函数的几个例子。假设抛物函数在原点处具有 $(\xi n)^{|m|/2}$ 的特性,且具有 $e^{im\phi}$ 角依赖性。在这个例子中,按照这种约定,对于量子数为 m 的所有斯塔克态,转换系数 $\langle nn_1n_2m|nmm\rangle$ 为正。只要斯塔克效应是线性的,也就是说,只要波函数是零场抛物线波函数,那么通过等式(6.17)和式(6.18)的变换,就能将电场中的抛物线斯塔克态分解为零场分量,反之亦然。

Harmin[14] 推导出了式(6.18)变换的近似形式,这一形式非常有用。量子数 n_1 和 n_2 中包含的信息总是以 $\pm(n_1-n_2)$ 的形式出现,也可以用分离常数 Z_1 和 Z_2 来表示,可以很容易理解 n_2 并不是一个良好定义的量子数(在电场中,n_1 总是一个好量子数。)具体地说,Harmin 给出的式(6.18)的变换形式如下[14]:

$$\langle nn_1n_2m | nlm\rangle = \sqrt{\frac{2}{n}}\,(-1)^l P_{lm}(Z_1-Z_2) \tag{6.19}$$

其中,P_{lm} 是 Bethe 和 Salpeter 定义的归一化关联勒让德多项式[1],该定义仅在 $m<0$ 时成立,且满足 $\int_{-1}^{1} P_{lm}^2(x)\mathrm{d}x = 1$ [1]。式(6.19)仅在 $-1 \le Z_1-Z_2 \le 1$ 区域内有定义,然而,与 n_1 和 n_2 量子数都必须为整数值的条件相比,这一条件的限制性要宽松得多。也可以利用式(6.11)中的 $Z_1-Z_2 = (n_1-n_2)/n$ 这一关系,将式(6.19)表达为抛物线量子数 n_1 和 n_2 的函数。通过观察等式(6.19),可以很容易理解抛物线态是如何由 nlm 态构成的。无论是根据 3J 符号的性质或基于 $P_{00}(x)=1/\sqrt{2}$ 这一事实,都可以明显地看出,ns 态均匀分布在 nn_1n_20 能态上。而对于满足 $l \ge 1$ 的能态,情况则更为有趣。图 6.3 中展示了 $l=2|m|=0$,1 和 2 三种情况下式(6.19)的曲线。从图 6.3 可以清楚地看出,斯塔克分支边缘的 $m=0$ 能态,即满足 $|n_1-n_2| \approx n$ 关系的能态,比分支中心的能态具有更显著的 d 轨道特征。另外,斯塔克分支中心的 $|m|=2$ 能态具有显著的 d 轨道特征,而斯塔克分支边缘的能态则

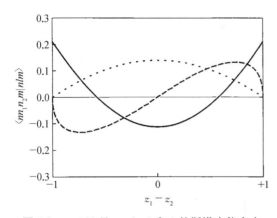

图 6.3 $n=100$ 且 $m=0$、1 和 2 的斯塔克能态在 $n=100$ 的零场 d 轨道斯塔克能态上的投影,即 $\langle 100 n_1 n_2 m \mid 100\ 2m \rangle$ 在 $m=0$(用—表示)、$m=1$(用---表示)和 $m=2$(用…表示)条件下的曲线。上述曲线是根据式(6.11)和式(6.19)计算得到的

不然。当 $n=10$,$|m|=2$ 时,$|Z_1 - Z_2| = |n_1 - n_2|/n$ 的最大值为 0.7,但对于更高的 n 值,$|Z_1 - Z_2| = |n_1 - n_2|/n$ 的最大值可以接近于 1,此时斯塔克分支边缘的 $|m|=2$ 斯塔克能态所具有的 d 轨道特征将变得微乎其微。

在运用微扰理论分析计算斯塔克效应时,可以求解具有拉盖尔多项式形式的抛物线波函数,这种方法非常有效。然而,在非常强的电场条件下,这一方法并不奏效。本节进一步介绍一种更为通用的方法,该方法在强场中仍然是有效的,并且适合于数值计算。将式(6.8a)和式(6.8b)中的 $u_1(\xi)$ 和 $u_2(\eta)$ 替换成如下形式[1-3, 15]:

$$u_1(\xi) = \frac{\chi_1(\xi)}{\sqrt{\xi}} \tag{6.20a}$$

$$u_2(\eta) = \frac{\chi_2(\eta)}{\sqrt{\eta}} \tag{6.20b}$$

并引入归一化因子 $\sqrt{2\pi}$,以符合常规用法,然后波函数就可以改写为

$$\psi(\xi, \eta, m) = \frac{\chi_1(\xi)\chi_2(\eta)\,\mathrm{e}^{im\phi}}{\sqrt{2\pi\varepsilon\eta}} \tag{6.21}$$

分解后的方程也就可以写为

$$\frac{\mathrm{d}^2\chi_1}{\mathrm{d}\xi^2} + \frac{\chi_1}{2}\big[W - V(\xi)\big] = 0 \tag{6.22a}$$

和

$$\frac{\mathrm{d}^2\chi_2}{\mathrm{d}\eta^2} + \frac{\chi_2}{2}\big[W - V(\eta)\big] = 0 \tag{6.22b}$$

其中,

$$V(\xi) = 2\left(-\frac{Z_1}{\xi} + \frac{m^2 - 1}{4\xi^2} + \frac{E\xi}{4}\right) \tag{6.23a}$$

和

$$V(\eta) = 2\left(-\frac{Z_2}{\eta} + \frac{m^2 - 1}{4\eta^2} - \frac{E\eta}{4}\right) \tag{6.23b}$$

χ_1 和 χ_2 波函数描述了总能量为 $W/4$ 的粒子在电势场 $V(\xi)/4$ 或 $V(\eta)/4$ 中的运动。值得注意的是,对于 $E = 0$ 的情况,式(6.22a)和式(6.22b)中的波动方程与球坐标系中库仑势的径向方程非常类似。具体而言,如果在 $\rho(r) = rR(r)$ 条件下对式(2.10)进行如下替换:

$$\begin{cases} 2W \rightarrow W/2 \\ l(l+1) \rightarrow m^2 - 1 \\ Z \rightarrow Z_1, Z_2 \\ r \rightarrow \xi, \eta \end{cases} \quad (6.24)$$

那么就可以得到式(6.22a)和式(6.22b)。

当 $E = 0$ 时,如果用 Z_2 替代掉 Z_1,那么势函数 $V(\eta)$ 也就和 $V(\xi)$ 一样了。显然,在 Z_1 和 Z_2 取值较小时,电势场 $V(\xi)$ 和 $V(\eta)$ 并不像 Z_1 和 Z_2 较大时那么深。因此,在相同的能量 W 下,波函数中出现的节点数随着 Z_1 或 Z_2 的增大而增加。而从式(6.24)中还可以看到,当 $E \neq 0$ 时,对于相同的 Z_1 和 Z_2 值,$V(\xi)$ 和 $V(\eta)$ 就不再相同了。当 $\xi \rightarrow \infty$ 时,$V(\xi) \rightarrow E\xi$,因此无论具有多少能量,在 ξ 方向上的运动都是有界的;相反,当 $\eta \rightarrow \infty$ 时,$V(\eta) \rightarrow -E\eta$,因此无论具有多少能量,在 η 方向的运动都是没有边界的。在 ξ 和 $\eta \rightarrow \infty$ 情况下,$V(\xi)$ 和 $V(\eta)$ 不同的表现导致了不同性质的波函数。ξ 方向的运动具有明确定义的整数量子数 n_1,而 η 方向的运动原则上是一个包含共振点的连续态。实际上,在远低于 $V(\eta)$ 鞍点的能量下,在 η 方向的运动也具有好量子数 n_2。图 6.4 展示了 $E = 10^{-6}$ 和 $|m| = 1$ 时的势函数 $V(\xi)$ 和 $V(\eta)$。图中展示了 Z_1 和 Z_2 取值为 0.1、0.5 和 0.9 的情况,分别对应于蓝移斯塔克态、中间态和红移态。如图 6.4(a)所示,ξ 方向的运动总是有界的。在图 6.4(b)中,红移态($Z_2 = 0.9$)的 $V(\eta)$ 鞍点明显比蓝移态鞍点的能量更低。如果画出 $m = 0$ 的势函数 $V(\eta)$,那么函数曲线在 $\eta = 0$ 时会更深,并且通常会低于 $|m| = 1$ 条件下的势函数。对于 $|m| > 1$ 的情况,势函数在 η 较小处有

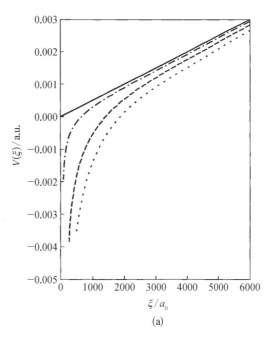

(a)

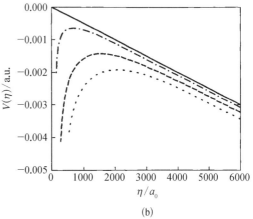

(b)

图 6.4 $E = 10^{-6}$ 和 $|m| = 1$ 时的势函数 $V(\xi)$ 和 $V(\eta)$。(a)$Z_1 = 0$(——),$Z_1 = 0.1$(—·—),$Z_1 = 0.5$(- - -),$Z_1 = 0.9$(···)时的 $V(\xi)$;(b)$Z_2 = 0$(——),$Z_2 = 0.1$(—·—),$Z_2 = 0.5$(- - -),$Z_2 = 0.9$(···)时的 $V(\eta)$。注意,对于较大的 Z_2 值,$V(\eta)$ 中的鞍点出现在较低的能量处。当 $\eta \rightarrow \infty$ 时,斯塔克效应对两种势函数均会起到支配作用,因此 ξ 方向的运动总是有边界的

一个 $1/\eta^2$ 型离心势垒,通常高于图 6.4 中 $m = 1$ 的势函数。

为了求解 $E \neq 0$ 时的式(6.22a)和式(6.22b),利用 ξ 方向上的运动的有界性这一条件。在 ξ 方向上,运动总是呈现出束缚态波函数的特性,并伴随着一个明确定义的整数量子数 n_1,这个量子数也就是 $\chi_1(\xi)$ 波函数中的节点数。对任意 W 和 n_1 的取值,都能找到对应的分离常数,也就是本征值 Z_1。求解 Z_1 的一种简单方法,是利用非规则 WKB 近似,具体形式如下[1, 3, 15]:

$$\chi_1(\xi) = \frac{1}{\left[T(\xi)\right]^{1/4}} \cos\left[\int_{\xi_1}^{\xi} \sqrt{T(x)}\, \mathrm{d}x - \frac{\pi}{4}\right] \tag{6.25}$$

其中,$T(\xi) = \left[W - V(\xi)\right]/2$;$\xi_1$ 是内部拐点。式(6.25)中的 WKB 波函数满足如下的量子化条件:

$$\int_{\xi_1}^{\xi_2} \sqrt{T(\xi)}\, \mathrm{d}\xi = \left(n_1 + \frac{1}{2}\right)\pi \tag{6.26}$$

其中,n_1 为正整数;ξ_1 和 ξ_2 分别为内部和外部的经典转折点,满足 $W = V(\xi)$。另一种方法是利用 Numerov 算法来寻找允许的波函数,这也正是 Luc-Koenig 和 Bachelier 所讨论的方法[3]。无论哪种情况,重要的是要认识到,即使有相同的 W、m 和 E 值,如果量子数 n_1 和本征值 Z_1 不同,那么等式(6.26)依然会存在多个解。这些解是正交的,这就是为什么氢原子在相同的 m 值的斯塔克能级会出现交叉现象,如图 6.2 所示。

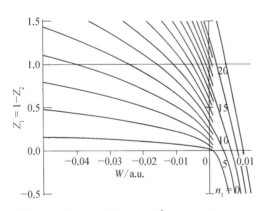

图 6.5 在 $m = 0$, $E = 1.5 \times 10^{-5}$ a.u. $= 77$ kV/cm,$n_1 = 0 \sim 20$ 条件下,本征值 $Z_1(= 1 - Z_2)$ 随能量 W 的变化[15]

量子数 n_1 取多个不同值时,图 6.5 中展示了本征值 Z_1 与能量 W 的函数关系。这些 Z_1 值可以通过式(6.26)的 WKB 量化条件计算得出。在 n_1 取值恒定时,Z_1 的值随着能量的增加而减小。保持 n_1 恒定意味着式(6.26)的 WKB 积分必须保持恒定。WKB 积分是在经典允许的空间区域上对动量的积分,或者说对动能平方根的积分。增加能量时,一方面会增加积分所覆盖的空间范围,另一方面也会增大动能。为了在 W 增大时保持 n_1 值不变,就只能通过减小 Z_1,以降低 ξ 较小部分的势函数深度。

对于固定的 W、m 和 E,存在一系列的 n_1 和 Z_1 取值,这也就意味着存在一系列 $Z_2 = 1 - Z_1$ 的允许值。Z_2 的已知值现在可用于求解式(6.22b)。由于 $\eta \to \infty$ 时,$V(\eta) \to -E\eta/2$,式(6.22b)的解原则上是覆盖所有能量值的连续波。因此,在 $\eta \to \infty$ 的条件下,对单位能量的 $\chi_2(\eta)$ 波函数进行归一化。利用 WKB 近似[3],可以很容易地得到 χ_2 波函数的渐近形式:

$$\chi_2(\eta) = \frac{N}{(E\eta + 2W)^{1/4}} \sin\left[\frac{1}{3E}(E\eta + 2W)^{3/2} + \alpha\right] \tag{6.27}$$

其中,α 是相位因子。从式(6.27)中可以明显看到预期的振荡现象,并且振幅随着动量的平方根而减小。为了实现单位能量的归一化,通常要求向内或向外的通量 $I = 1/2\pi$。与第 2 章中给出的方法一样,这里采用的方法具有如下要求:

$$N^2 \int \psi^* \, d\tau \int_{W-\Delta W}^{W+\Delta W} \psi \, dW' = 1 \tag{6.28}$$

在抛物线坐标系中,体积元 $d\tau = (\xi + \eta) d\xi d\eta d\phi / 4$。使用式(6.21)中给出的波函数的一般形式,并进行角向积分,就可以得出如下形式:

$$N^2 \int_0^\infty \int_0^\infty \chi_1^*(\xi) \chi_2^*(\eta) \left(\frac{1}{\eta} + \frac{1}{\xi} \right) \frac{d\xi d\eta}{4} \int_{W-\Delta W}^{W+\Delta W} \chi_1(\xi) \chi_2(\eta) \, dW' \tag{6.29}$$

对式(6.29)中积分起主要贡献的是 $\eta \to \infty$ 部分,此时 $1/\eta$ 项可以忽略,于是式(6.29)可以改写成如下形式:

$$N^2 \int_0^\infty \frac{\chi_1^*(\xi) \chi_1(\xi)}{\xi} d\xi \int_0^\infty \chi_2^*(\eta) \, d(\eta) \int_{W-\Delta W}^{W+\Delta W} \chi_2(\eta) \, dW' = 1 \tag{6.30}$$

如果要求束缚态波函数 $\chi_1(\xi)$ 依据式(6.31)进行归一化:

$$\int_0^\infty \frac{\chi_1^2(\xi)}{\xi} d\xi = 1 \tag{6.31}$$

那么可以得到:

$$N = \frac{1}{\sqrt{2\pi}} \tag{6.32}$$

因此,当 $r \to \infty$ 时,连续波 $\chi_2(\eta)$ 的振幅随能量的变化并不显著。

我们更关注 $V(\eta)$ 内势阱中的波函数,而不是 $r = \infty$ 处的波函数。仔细观察势函数 $V(\eta)$ 曲线可以明显看到,$\eta > 0$ 时,势函数通常存在峰值 V_b。如果能量 W 高于势函数的峰值,即 $W > V_b$,那么从经典力学的角度来看,整个区域都是可达的。如果能量小于势垒的峰值 V_b,则存在两个经典力学允许取值的区域,它们由一个经典力学禁止的区域连接,在该区域可以发生隧穿效应。内阱的波函数振幅与外阱的波函数振幅之比,是我们最关注的物理量。

先考虑一下在图 6.6 所展示的 $\chi_2(\eta)$ 对能量定性的依赖关系。在势垒外,它具有式(6.27)所描述的驻波形式,也就是说,无论能量如何,波函数的振幅事实上都是相同的。在能量低于势垒峰值时,由于势垒的少量隧穿作用,一些外部波函数穿透进入内阱。但由于隧穿概率较小,

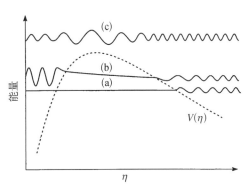

图 6.6 多种能量 W 取值的 $\chi_2(\eta)$ 波函数示意图:(a) 能量取值低于电势 $V(\eta)$ 的峰值 V_b,但远离势函数的内阱共振点,在势函数的内阱中,波函数会小到可以忽略不计;(b) 能量低于 V_b 且等于内阱的某个共振点;(c) 能量高于 V_b

波函数 $V(\eta)$ 在内阱中的部分通常是可以忽略的,如图 6.6(a) 所示。然而,在内阱处于共振状态时,即节点的数量 n_2 满足特定条件时,内势阱中波函数的振幅就会显著增大,如图 6.6(b) 所示。实际上,这种现象其实与微波腔和传输线之间的弱耦合现象并无太大区别。

当能量远低于 $V(\eta)$ 中的势垒时,通过势垒的隧穿效应几乎可以忽略不计,此时共振会非常尖锐,以至于在所有实际应用中都可以被看作束缚态,也就是说,无论出于何种目的,n_2 都是一个好量子数。随着能量的增加,通过势垒的隧穿效应逐渐增强,这就会使得共振的宽度增加,并降低内阱中 $\chi_2(\eta)$ 的振幅。最后,当能量超过势垒顶部时,波函数的振幅会呈现出空间上的平滑变化,几乎不再受能量的影响,如图 6.6(c) 所示。虽然图 6.6 定性地展示了 $V(\eta)$ 内阱中波函数振幅的变化趋势,但我们仍然需要采用一种定量的测量方法。有一种有效的定量测量方法利用了以下特性:对于较小的 ξ 和 η 取值,$\chi_1(\xi)/\sqrt{\xi}$ 和 $\chi_2(\eta)/\sqrt{\eta}$ 的规则解分别呈现出 $\xi^{|m|/2}$ 和 $\eta^{|m|/2}$ 的形式。一种有用的方法是定义一个较小的 ξ 和 η 的波函数,如下所示[3]:

$$\psi = \frac{\sqrt{C_{n_1}^m}}{\sqrt{2\pi}}(\xi\eta)^{|m|/2}\mathrm{e}^{im\phi} \tag{6.33}$$

其中,态密度 $C_{n_1}^m$ 是衡量在原点附近发现电子的概率的一种度量,在研究基态的光激发和非氢原子的场电离问题时,这种度量都具有实际意义,态密度的取值也可以通过归一化的 $\chi_1(\xi)$ 和 $\chi_2(\eta)$ 波函数轻松求得。

图 6.7 是 $|m|=0$, $n_1=7$, $E=1.5\times10^{-5}$(原子单位)条件下态密度平方根 $\sqrt{C_{n_1}^m}$ 的曲线

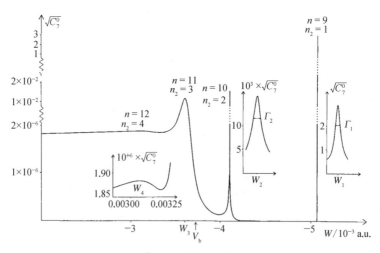

图 6.7 $|m|=0$, $n_1=7$, $E=1.5\times10^{-5}$(原子单位)条件下,态密度的平方根对能量的依赖关系曲线图,其中 V_b 是势函数 $V(\eta)$ 的最大值。每个共振能态都可以由抛物线量子数 n_2 和宽度 Γ_{n_2} 表征,而 Γ_{n_2} 随着 n_2 的变化而迅速变化。在 $W<V_b$ 条件下,光谱表现为准离散共振型;在 $W>V_b$ 条件下,光谱表现为连续态,并表现出随 n_2 增加而产生的阻尼振荡。

起主导作用的共振峰的能量和宽度列举如下:

$$W_1 = -0.005\,066, \quad \Gamma_1 = 3.7\times10^{-16}\ \mathrm{a.u.}$$
$$W_2 = -0.004\,097, \quad \Gamma_2 = 6.368\times10^{-8}\ \mathrm{a.u.}$$
$$W_3 = -0.003\,601, \quad \Gamma_3 = 1.353\times10^{-4}\ \mathrm{a.u.}$$
$$W_4 = -0.003\,100, \quad \Gamma_4 = 1.637\times10^{-3}\ \mathrm{a.u.}$$

图。在这种情况下，$V(\eta)$ 的势垒最大值为 $V_{\mathrm{b}} = -0.003\ 72$。高于 V_{b} 的部分本质上是一个连续态，低于 V_{b} 的部分则展现出一系列尖锐的能态，每个能态都有相近的量子数 n_2，对应于 $V(\eta)$ 的势阱中 $\chi_2(\eta)$ 波函数的 n_2 个节点。对于任何 m 值，量子数 n_1 的每一个取值都存在与图 6.7 所示类似的 $\sqrt{C_{n_1}^m}$ 能谱。

6.2 场电离

在里德堡原子研究中，场电离是一种具有重要实际影响的现象，这一现象已在图 6.2、图 6.6 和图 6.7 中略作介绍，本节将对其进行详细的探讨。首先考虑如何估计电离所需电场强度的量级，其方法在第 1 章已经简单介绍过了。综合考虑库仑-斯塔克势能：

$$V = -1/r + Ez \tag{6.34}$$

其鞍点位于 z 轴上，具体位置为 $z = -1/\sqrt{E}$，电势的值为 $V = -2/\sqrt{E}$。因此，如果一个原子处于 $m = 0$ 的能态，那么就没有额外的离心势，如果电子的束缚能为 W，那么具有如下强度的电场：

$$E = \frac{W^2}{4} \tag{6.35}$$

在经典物理的框架下足以实现电离，上述电场通常称为经典电离场。如果忽略主量子数为 n 的里德堡态的斯塔克能移，并将束缚能表示为 n 的函数，就可以得到经典电离场与主量子数的关系，这是一个非常熟悉的结果：

$$E = \frac{1}{16n^4} \tag{6.36}$$

式（6.35）和式（6.36）所示的结果，仅对 $m = 0$ 的能态有效。在 $|m|$ 值较大的能态中，则存在一个形如 $1/(x^2 + y^2)$ 的离心势，将电子推离 z 轴，离心势垒因此提高了 $m \neq 0$ 能态的电离场阈值[16]。具体来说，对于 $m \neq 0$ 的能态，与相同能量的 $m = 0$ 能态相比，其电离所需的电场强度增大的比例由式（6.37）给出[16]：

$$\frac{\Delta E}{E} = \frac{|m|\sqrt{W}}{\sqrt{2}} = \frac{|m|}{2n} \tag{6.37}$$

实际上，上述的经典物理描述存在两个严重缺陷。首先，式（6.36）忽略了斯塔克能移，对应于式（6.37）中的 $|m|/2n$ 形式，意味着式（6.37）也忽略了斯塔克能移。而式（6.35）和具有 $|m|\sqrt{W}/\sqrt{2}$ 形式的式（6.37）则不存在此缺陷。其次，经典物理方法忽略了波函数的空间分布。如图 6.2 所示，对于 n 和 $|m|$ 相同的氢原子态，与较低能量的红移态（$n_2 - n_1 \approx n$）相比，较高能量的蓝移斯塔克态（$n_1 - n_2 \approx n$）需要更强的电场才能发生电离。利用 Rausch von Traubenberg 的数据[17]，Bethe 和 Salpeter[1] 已经以图形化的方式清

楚地揭示了这一点。为什么蓝移态比红移态更难电离？关于这个问题，一个简单的物理解释是，在蓝移态中，电子位于原子远离势能鞍点的一侧，而在红移态中，电子则更靠近鞍点。

在抛物线坐标系中，ξ 方向运动是有界的。因此，要发生电离，电子必须逃逸到 $\eta = \infty$ 处。从经典物理的角度来看，电离只发生在能量值高于 $V(\eta)$ 势垒峰值 V_b 的情况下。如果忽略等式 (6.23b) 中的短程 $1/\eta^2$ 项（这个近似对 m 较低的能态是很合适的），并且设置 $W = V_b$，就可以计算出电离所需的电场强度为

$$E = \frac{W^2}{4Z_2} \tag{6.38}$$

与式 (6.35) 相比，式 (6.38) 的不同之处在于有效电荷系数 Z_2。考虑三个能量相同的低 $|m|$ 能态：蓝移态 ($n_1 - n_2 \approx n$) 时，$Z_2 \approx 1/n$；中间能态 ($n_1 = n_2 \sim n/2$) 时，$Z_2 \approx 1/2$；红移态 ($n_2 - n_1 \approx n$) 时，$Z_2 \approx 1$。如果这三种能态的能量相同，那么红移的能态最容易电离。

对于 n 值很高的极端红移斯塔克态，$Z_2 \approx 1$，因此式 (6.38) 可以简化为式 (6.35) 的形式。对于这个斯塔克态，斯塔克能移将增大束缚能，而对于 $m = 0$ 的能态，考虑线性斯塔克效应，就可以得出能量的表达式：

$$W = -\frac{1}{2n^2} - \frac{3n^2E}{2} \tag{6.39}$$

基于如上的能量表达式，可以确定阈值电场：

$$E = \frac{1}{9n^4} \tag{6.40}$$

数值因子为 $1/9$ 而不是 $1/16$，这是由能级的斯塔克能移造成的。

对于蓝移能态，无法简单地估算其阈值场。然而，通常情况下，具有相同 n 值且 $m = 0$ 的蓝移态和红移态的阈值场相差达到 2 倍。到目前为止，已经讨论的场电离仅限于经典物理条件下发生的情况，即 $E > W^2/4Z_2$ 时发生的场电离，也就是能量高于 $V(\eta)$ 中势垒的峰值 V_b 时发生的场电离，如图 6.6 所示。能量较低时，则会发生隧穿效应，此种情况的电离速率也有着精确的计算结果[2, 18-20]。例如，利用 Rice 和 Good 提出的 WKB 方法[18]，Bailey 等[20] 计算了氢原子 $n = 15$ 且 $m = 0$ 的极端红移和蓝移斯塔克能态的电离速率，计算得到的结果覆盖了 $10^6 \sim 10^{11}$ s^{-1} 的范围。相应计算结果如图 6.8 所示，从图中可以明显看出，具有相同 n 值的蓝移态比红移态需要更高的场强才能发生电离。此

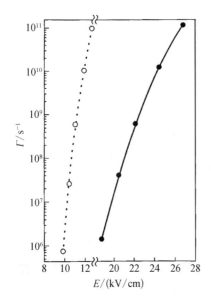

图 6.8 计算出的 (n, n_1, n_2, m) 能态电离速率与电场强度的函数关系[20]：$(15, 0, 14, 0)$ 红移态用空心圆点表示；$(15, 14, 0, 0)$ 蓝移态用实心圆点表示

外,值得注意的是,电离速率会随场强的增加而迅速增加,因此,在实际应用中,简单地计算那些经典物理允许发生的电离过程的电离速率,通常就足以满足实际应用需求了。

Koch 和 Mariani[21] 利用快速(8 keV)运动的氢原子束,选择了其中 $n = 30 \sim 40$,$|m| = 0$、1,处于蓝移斯塔克态的氢原子,并精确测量了其电离速率。如图 6.9 所示,测量的电离速率与 Damburg 和 Kolosov 获得的分析结果[22]高度一致,尽管在某些情况下存在些许偏差,在计算中,采用了满足弱电场条件的近似值,这就使得 n_2 非常接近于一个好量子数。然而,如图 6.9 所示,测得的电离速率与 Damburg 和 Kolosov 的精确数值计算结果[23]高度一致,而相应的计算结果又与 Bailey 等[20]计算的电离速率非常一致。理论和实验之间的高度一致表明:在这种情况下采用非相对论处理方法是完全足够的。然而,Bergeman 已经通过计算发现,在场电离过程中应该可以观察到自旋轨道耦合的影响[24]。

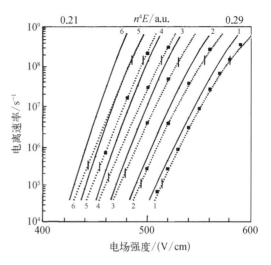

图 6.9　虚线代表实验测量得到的(n, n_1, n_2, $|m|$)态的电离速率,1 表示(40, 39, 0, 0);2 表示 (40, 38, 0, 1);3 表示(40, 38, 1, 0);4 表示(40, 37, 1, 1);5 表示(40, 37, 2, 0);6 表示(40, 36, 2, 1)。短竖线代表实验测量的误差范围;实线代表根据文献[22]中式(6)计算得出的理论曲线;实心方块参考文献[23]中的数值理论结果(见文献[21])

Koch 和 Mariani 的电离测量[21]针对的是 $n_1 \approx n$ 的蓝移能态。Rottke 和 Welge[25]对 $n = 18$ 且 $|m| = 0$、1 的相对红移能态和 $n = 19$ 的蓝移能态进行了测量,验证了电离速率随着 n_1 的减小而快速下降的现象,这与图 6.9 中的理论预测一致。在测量过程中,他们使用了脉冲激光,用于激发在 5 714 V/cm 电场中的氢原子束,然后对氢原子电离产生的电子进行时间分辨的探测。

到目前为止,关于场电离的大多数讨论都集中在 $|m|$ 较低的能态上。对于 $|m|$ 较高的能态,离心势就不再是可以忽略的因素,也不可能推导出一个像式(6.38)那样的简单表达式。尽管如此,因为离心力项提高了势垒 $V(\eta)$,很明显,对于 m 较高的能态,所需的电离场也必须更强。图 6.10 就可以说明这一点,图中模拟了所有 $n = 31$ 且 $|m| \geqslant 3$ 能态的电离场。对

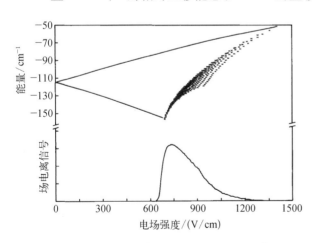

图 6.10　类氢原子 $|m| \geqslant 3$ 能态非绝热电离计算出的强场电离结果。顶部曲线表示 $n = 31$ 且 $|m| = 3$ 斯塔克分支的极端状态;交叉点代表每个斯塔克态达到 10^9 s^{-1} 电离速率的点;底部曲线表示以 10^9 V/(cm·s)电压转换速率计算每个 $n = 31$ 且 $|m| \geqslant 3$ 的斯塔克能级等量原子混合态的非绝热电离的强场电离分布[26]

于 n 相同但 l、$|m|$ 较高的简并态,碰撞会诱导能态的混合,其场电离的测量结果[26]与图 6.10 中预测的基本一致。

6.3 非氢原子

非氢原子与氢原子在电场中的本质特性大同小异,但存在离子实尺寸大小的差异,因此仍然存在重要差异。在零场条件下,离子实的存在只是降低了能量,尤其是最低 l 能态的能量。只要离子实是球对称的,它就不会改变问题的球对称性,而且影响相对较小。然而,离子实有一定大小(译者注:尺寸不能忽略),波函数在抛物线坐标系中不再具有可分离性。因此,不同于氢原子,抛物线量子数 n_1 在非氢原子中不再是好量子数。

这一差异带来的最显著结果是,蓝移态和红移态会以在核心区域轻微重叠的方式相互耦合。在低于经典电离极限的区域,相邻 n 值的蓝移态和红移态不像在氢原子中那样发生交叉,但还是会由于它们的耦合作用而产生回避交叉。在经典电离极限以上,在氢原子中完全稳定的蓝移态将与未束缚的简并红移态耦合,此时电离过程相较于辐射衰减会更为迅速。这实际上是一个自电离过程,在这个过程中,蓝移态与离子实处的红移连续态相耦合。

本章将介绍一些方法,用于处理非氢原子中的斯塔克效应,这些方法虽然不是最有效的,但仍然提供了许多物理层面的深刻见解。首先以钠原子的能级计算为例,在场电离速率可以忽略不计的情况下,忽略里德堡电子的自旋,哈密顿量由式(6.41)给出:

$$H = -\frac{\nabla^2}{2} + \frac{1}{r} + V_d(r) + Ez \tag{6.41}$$

其中,$V_d(r)$ 是钠原子电势和库仑电势($-1/r$)之间的差值。因此,$V_d(r)$ 仅在 $r = 0$ 附近取非零值。能量和波函数的一种简单有效计算方法是对哈密顿矩阵作直接对角化。如果使用钠原子的 nlm 球态作为基函数,哈密顿量的对角元可由已知的零场 nlm 态的能量确定,即

$$\langle nlm \mid H \mid nlm \rangle = \frac{1}{2(n - \delta_l)^2} \tag{6.42}$$

非对角矩阵元 $\langle nlm \mid Ez \mid n'l \pm 1m \rangle$ 可使用第 2 章中概述的 Numerov 方法计算。如果 l 态包含多个 n 态多重态,矩阵的本征值给出了场中钠原子的能级,而本征向量则描述了零场 nlm 态的斯塔克态。

图 6.11 和图 6.12 分别展示了通过哈密顿矩阵直接对角化得到的 $|m| = 1$、0,$n \approx 15$ 的钠原子能级[27]。在零场条件下,钠原子 s 态和 p 态的量子亏损分别为 1.35 和 0.85,使它们相对于高 l 态出现能移,并且仅当它们与斯塔克分支相交时,才表现出显著的斯塔克能移。图 6.11 和图 6.12 及图 6.2 的第二个明显区别是,钠原子在不同 n 下的能级不会像在氢原子中那样交叉。存在一些回避交叉,这在图 6.11 所示的 $|m| = 1$ 能态中清晰可见,而在图 6.12 的 $m = 0$ 能态中就更为显著。在图 6.11 和图 6.12 中,钠原子 $|m| = 2$ 态的能级

图与氢原子相应的能级图没有显著的区别。在零场条件下,能级是简并的,当 $E > l/3n^5$ 时,相邻 n 值的蓝移和红移能级将出现交叉。

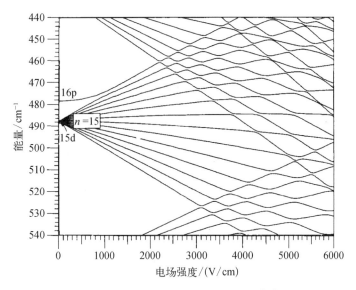

图 6.11 计算 $|m| = 1$ 的钠原子能级[27]

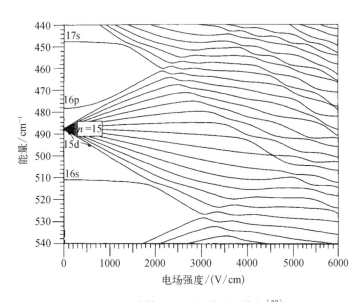

图 6.12 计算 $|m| = 0$ 的钠原子能级[27]

仔细查看图 6.11 和图 6.12,会发现一个乍看之下并不是特别明显的细节,$|m| = 0$ 和 1 的能级没有像在氢原子中那样交错排列。请注意,在图 6.12 中,16s 态在 2 000 V/cm 电场下会汇入同一分支。在 1 500 V/cm 以下的电场中,$n = 15$ 的斯塔克分支下半部分的 $|m| = 0$ 和 $|m| = 1$ 能级实际上是彼此重叠的。Fabre 等[28]清楚地证明了这一点,他们使用半导体激光器以极高的分辨率将钠原子从 3d 态激发到 $n = 29$ 的斯塔克分支。图 6.13 中

示出了在 20.5 V/cm 电场中的情况,扫描半导体激光器波长使末态经过 $n=29$ 的斯塔克分支的三对较高的 $|m|=0$ 和 1 能级。$n=29$ 和 $n=30$ 的斯塔克分支在 83 V/cm 的电场作用下会彼此相交,因此 20.5 V/cm 的电场大致对应于图 6.11 和图 6.12 中 550 V/cm 的电场,

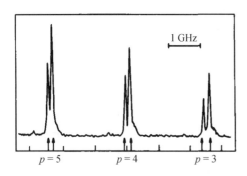

也就是说 30p 态尚未加入 $n=29$ 的斯塔克分支。$|m|=0$ 和 1 态的间距小于 200 MHz,而邻近的斯塔克能级相距约 2 GHz。在氢原子中,$|m|=0$ 和 1 的能级间隔为 1 GHz。$|m|=0$ 能级位于 $|m|=1$ 能级之上,也就是说,它们相对于分支中心或零场下的 $n=29$ 高 l 能级存在着更大的能移。

图 6.13 在 20.5 V/cm 的静电场中,钠原子从 3d 态到 $n=29$ 斯塔克能级的局部激发谱线,对应的 n_1 值为 $n-3$,$n-4$ 和 $n-5$。$m=0$(双线中的高能量线)和 $|m|=1$ 态的能量劈裂大约为 180 MHz 量级。箭头指向的是通过对斯塔克哈密顿量进行数值对角化得到的能级理论位置[28]

Fabre 等[28]通过投影算符技术描述了在特定电场条件下的斯塔克能移,他们考虑的电场强度低于可使具有较大量子亏损的低 l 能态汇入分支的阈值。下面是一种不太正式的解释:举例来说,如果暂时不考虑 s 态和 p 态,如图 6.13 中低于 800 V/cm 的部分所示,实际上只有接近简并的 $l \geqslant 2$ 态被电场耦合。$|m|=0$、1 和 2 分支之间的唯一区别出现在矩阵元的角向部分,即[1]

$$\langle nlm | \cos\theta | nl+lm \rangle = \sqrt{\frac{(l+1)^2 - m^2}{(2l+3)(2l+1)}} \tag{6.43}$$

只有在少数低 l 能态下,对 m 的依赖性才显著,因此 $|m|=0$、1 和 2 的能级几乎简并。然而,由于低 l 能态,$|m|=0$ 能级的位移大于 $|m|=1$ 能级的位移,而 $|m|=1$ 能级的位移相比 $|m|=2$ 能级的位移则只是略大一些。

重新审视图 6.11 和图 6.12,相邻 n 值的蓝移和红移能态之间的回避交叉是很明显的。当回避交叉较大时,通过光学测量手段就可以对其进行有效观测,Zimmerman 等[27]就采用了这种方法,通过两个固定波长的脉冲染料激光器激发锂原子束,分两步激发,先从 2s 到 2p 态,再到 3s 态。通过扫描第三束激光波长,在静电场作用下,进一步将 3s 态原子激发到里德堡-斯塔克能态。激光脉冲之后,通过向原子施加高电场脉冲,可以探测向里德堡态的跃迁。在扫描第三束激光的波长时,可以用倍增管探测离子。图 6.14 中展示了观察到的 (18, 16, 0, 1) 和 (19, 1, 16, 1) 能态回避交叉现象。在图 6.14 所示的实验图像中,通过在回避交叉场强为 943 V/cm 附近的几个场强中扫描第三束激光,从而确定回避交叉能量。如图 6.14 所示,观测到的能级能量与通过矩阵对角化计算的结果相吻合。值得注意的是,在反交叉处,到更高能态的振子强度会消失。在反交叉处,本征态可以表示为 $(1/\sqrt{2})(\Psi_A \pm \Psi_B)$,其中 Ψ_A 和 Ψ_B 是远离交叉点的本征态。如图 6.14 所示,在远离回避交叉的情况下,两种能态都具有相似的 p 轨道特征,而在交叉点处,较高的能态会将全部 p 轨道特征传递给较低能态。

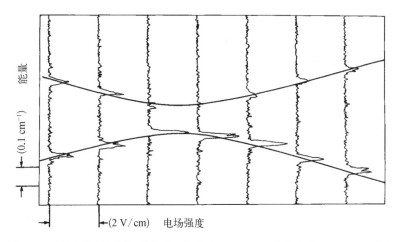

图 6.14 锂原子中的能级反交叉。能态 $(18, 16, 0, 1)$ 和能态 $(19, 1, 16, 1)$ 的交叉 $(n, n_1, n_2, |m|)$ 出现在 $321.5\ cm^{-1}$ 和 $943\ V/cm$ 位置处。计算得到的能级结构在数值上重叠。图中可以注意到,在回避交叉位置处,到较高能级的振子强度会消失[27]

  按照 Zimmerman 等[27]测量锂原子回避交叉(图 6.14 所示)的方法,激光器的分辨率比回避交叉的量级更精细。而 Stoneman 等使用的另一种方法[29]则避开了这一要求。他们观察到钾原子量子亏损为 2.18 的 $(n+2)$s 态和主量子数 n 的斯塔克分支($l \geqslant 3$ 能态组成)的低能部分之间有狭窄的反交叉。他们用两个线宽为 $1\ cm^{-1}$ 的脉冲染料激光器将原子束从 4s 态激发到 4p 态,然后再激发到 ns 态。激光激发后 $2 \sim 3\ \mu s$,选择性地进行原子的场电离,只有经过黑体辐射激发跃迁到高位 $(n+2)$p 态的原子才被探测到。在多次激光照射过程中,当静电场缓慢扫描经过回避交叉场时,就会记录到 $(n+2)$p 信号。在远离回避交叉的区域,只有 $(n+2)$s 态会被激发,随后经历黑体辐射引发的跃迁而到达 $(n+2)$p 态。主量子数为 n 的斯塔克态由 $l \geqslant 3$ 的能态组成,既不能从 4p 态激发,也不能跃迁到 $(n+2)$p 态。在回避交叉处,本征态是两种能态各占 50% 的混合态,并且都是从 4p 态激发而来的,因此总是有相同数量的里德堡原子得到激发。然而,$(n+2)$s 和 $(n+2)$p 各自占据黑体辐射诱导跃迁速率的一半,并且观察到的 $(n+2)$p 信号也会减弱。图 6.15 显示了钾原子信号的一个实例[29],即钾原子 20s 态与 $n=18$ 斯塔克分支中 $|m|=0$ 和 1 的最低能态的回避交叉信号。首先,观察到在每个回避交叉处,20p 离子信号都有所减少,这与前面的分析相符。其次,注意到 $|m|=0$

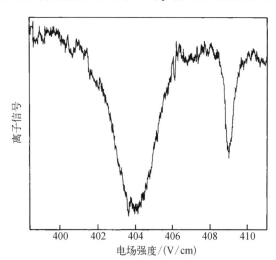

图 6.15 钾原子回避交叉产生的反交叉信号,该回避交叉是由钾原子 20s 能级和 $n=18$ 的斯塔克分支最低能级构成的。左侧的峰值对应于 $m=0$ 能态的反交叉,右侧的峰对应于 $|m|=1$ 能态的反交叉[27]

和 1 的斯塔克能态几乎是简并的。如果这两个能态像在氢原子中那样交错排列，两个回避交叉之间的差距为 50 V/cm，而不是像图 6.15 中所示的 5 V/cm。此外，还遇到了不同 m 值的能级不交叉的情况，如图 6.13 所示。

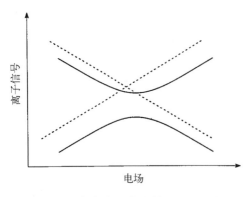

图 6.16 未考虑离子实微扰 $V_d(r)$ 影响的类氢斯塔克能级（用虚线表示），以及考虑 $V_d(r)$ 的对角矩阵元和非对角矩阵元的碱金属原子能级（用实线表示）。对角矩阵元导致能级发生移动，而非对角矩阵元则消除了能级交叉处的简并。值得注意的是，由于能级的不同能移，回避交叉点出现的电场值与类氢子交叉点相比发生了偏移

之前被忽略的自旋轨道相互作用是 20s 态和 $|m|=1$ 斯塔克能态回避交叉的原因。考虑自旋-轨道相互作用后，对哈密顿矩阵进行对角化，得到图 6.16 中 $|m|=0$ 和 1 的反交叉宽度分别为 450 MHz 和 47 MHz，这与实际测量值 510 MHz 和 80 MHz[29] 较为吻合。在较重的碱金属原子中，自旋-轨道相互作用的影响更为显著[27]。

当量子亏损较大，而 $|m|$ 足够小以致多个态具有较大的量子亏损时，采用 nlm 态作为基函数的矩阵对角化可能是最有效的方法。然而，如果起主要作用的能态量子亏损较小，那么 Komarov 等[30] 提出了另一种很有效的方法，可以求解式（6.41）。他们建议使用类氢原子的抛物线能态作为基函数，而不是使用零场 nlm 态，在这种情况下，式（6.41）的哈密顿量具有对角矩阵元：

$$\langle nn_1n_2m \mid H \mid nn_1n_2m \rangle = -\frac{1}{2n^2} + \frac{3}{2}n(n_1 - n_2)E + O(E^2) + \langle nn_1n_2m \mid V_d(r) \mid nn_1n_2m \rangle \tag{6.44}$$

以及非零的非对角矩阵元：

$$\langle nn_1n_2m \mid H \mid n'n'_1n'_2m \rangle = \langle nn_1n_2m \mid V_d(r) \mid n'n'_1n'_2m \rangle \tag{6.45}$$

对角元描述了氢能级的能量叠加上一个小的能移，而非对角元则描述了能级之间彼此耦合。在图 6.16 中，虚线表示两个氢原子能级，实线表示非氢原子能级。非氢原子能级相对于氢原子能级的偏移，既来自 $V_d(r)$ 的对角矩阵元，也来自 $V_d(r)$ 非对角矩阵元的回避交叉。

利用式（6.18）和式（6.19）中给出的抛物线态和球态之间的已知变换，可以直接计算 $V_d(r)$ 的矩阵元。如果按类氢球态展开抛物线能态，那么 $V_d(r)$ 的矩阵元可以表示成[30]：

$$\langle nn_1n_2m \mid V_d(r) \mid n'n'_1n'_2m \rangle = \sum_l \langle nn_1n_2m \mid nlm \rangle \langle nlm \mid V(r) \mid n'lm \rangle \langle n'lm \mid n'n'_1n'_2m \rangle \tag{6.46}$$

其中，我们利用了 $V_d(r)$ 的球对称性，这一对称性要求矩阵元两边的 l 都有相同的值。需要重新强调的是，离子实相互作用会导致能级的降低，甚至低于其对应的氢原子能级。

因此,

$$\langle nlm \mid V_{\mathrm{d}}(r) \mid nlm \rangle = \frac{-\delta_l}{n^3} \qquad (6.47)$$

在 r 很小时,$V_{\mathrm{d}}(r)$ 对 n 的依赖性是通过归一化因子 $n^{-3/2}$ 体现的,也仅在此范围内,$V_{\mathrm{d}}(r)$ 取值非零,认识到这一点就可以将式(6.47)表示为更通用的形式[30]:

$$\langle nlm \mid V_{\mathrm{d}}(r) \mid n'lm \rangle = \frac{-\delta_l}{\sqrt{n^3 n'^3}} \qquad (6.48)$$

因此,

$$\langle nn_1 n_2 m \mid V_{\mathrm{d}} \mid n'n_1'n_2'm \rangle = \sum_l \langle nn_1 n_2 m \mid nlm \rangle \frac{-\delta_l}{\sqrt{n^3 n'^3}} \langle n'lm \mid n'n_1'n_2'm \rangle \quad (6.49)$$

由于 $|\langle nn_1 n_2 m \mid nlm \rangle|^2$ 是 $nn_1 n_2 m$ 态的 nlm 分量,我们可以清楚地看到,非氢原子斯塔克能级相对于氢原子能级的降低程度,可以通过其包含的每一个 l 较低的能级的数目乘以其量子亏损来进行计算,这一数值可以由 $V_{\mathrm{d}}(r)$ 对角矩阵元给出。因为所有 l 取值的能态均存在 $\delta_l > 0$,所以非氢原子能级的能量必然低于氢原子能级的能量。

在电场使得两个能级的对角能量相等[由式(6.43)给出]的条件下,非对角矩阵元则会消除简并度。在回避交叉处,能级劈裂值为

$$\Delta W = 2 \left| \langle nn_1 n_2 m \mid V_{\mathrm{d}}(r) \mid n'n_1'n_2'm \rangle \right| \qquad (6.50)$$

此时,本征态表现为两种斯塔克态的对称和反对称组合。式(6.49)显示了回避交叉与 n 的关系。对所有 l 态取平均值后,$|\langle nn_1 n_2 m \mid nlm \rangle|^2$ 必然等于 $1/(n-m)$。因此,在 $|m|$ 较低(即 $|m| \ll n$)和 $n \approx n'$ 的条件下,式(6.49)的矩阵元与 $1/n^4$ 成正比,回避交叉现象也就随 $1/n^4$ 而变化。

6.4 非氢原子的电离

非氢原子(如钠原子)与氢原子在性质上存在许多不同之处,不仅体现在它们的能级谱不同,还体现在它们被电场电离的性质不同。具体而言,非氢原子有两种场电离的形式。第一种电离形式与氢原子的场电离完全相同。如果能量 W 足以使电子越过 $V(\eta)$ 中的势垒 V_{b},那么在电场 E 中,具有接近于量子数 n_1 的能态自身就可以电离,并保持 n_1 不变。与氢原子的情况类似,这种形式的电离速率在经典电离阈值附近迅速上升。在这种形式的电离中,蓝移态比具有相同能量的红移态需要更高的电离场。

第二种电离形式类似于自电离[31]。在非氢原子中,n_1 不是一个好的量子数,较高 n_1 值的束缚态会与较低 n_1 值的斯塔克连续态耦合。除了能量红移最大的斯塔克能态以外,其他能态都可能发生这种电离。红移最极端的斯塔克能态的 $n_1 = 0$,并且在由式(6.35)给出的经典电离极限下发生电离,这与红移的氢原子能态的电离性质相似,对于 $m \neq 0$ 的能

态,经典电离极限则需要根据式(6.37)进行修改。Littman 等[32]的研究已经明确证明了这一点,在脉冲激光激发后,他们测量得到了|m|=2 的钠原子能态的时间分辨电离过程。将测量得到的电离速率,与图6.8中Bailey 等[20]给出的电离速率推算值比较,就会发现两者高度吻合。

在氢原子中,有可能存在 $n_1 \geq 1$ 的能态,即使那些能量较低的 n_1 简并态已经转化为连续态,但这些能态仍不容易电离。在其他原子中,由于一定尺寸离子实的作用,这些 $n_1 \geq 1$ 的蓝移态会与红移连续态发生耦合,进而发生自电离。简单来讲,一个处于蓝移轨道的电子,在每次绕核运转时,都会有一定的概率被散射到简并的红移连续态中,从而离开原本稳定的蓝移轨道。这种形式的电离与氢原子电离之间的一个显著区别就在于,这种电离的电离速率对电场的依赖关系不再呈现指数变化。

第二种电离形式的存在揭示了一个重要事实:在一个较大的电场和能量范围内,非氢原子的某些能态电离衰减速率要远高于辐射衰减,但这些能态在光谱上仍表现为非常狭窄的线宽。在氢原子中,所有能态的电离速率都是随电场强度呈指数变化的,因此类似前面描述的区域范围要小得多。Jacquinot 等[33]对铷原子的观察首次证实了相关的现象。他们观察到:在经典电离极限之上、氢原子电离极限之下的区域,存在着尖锐的电离能级谱线。Littman 等[31]对锂原子的研究则提供了最清楚的证据。他们利用两个固定频率的激光器,在静场中激发一束锂原子,使其从基态 2s 态经过 2p 态后最终激发到 3s 态。然后,他们调整第三束激光的波长,以促使锂原子从 3s 态跃迁到具有 np 特征的里德堡态。通过原子的场电离,继而用粒子倍增器检测产生的离子,可以实现对里德堡态激发的探测。他们在不同的静电场条件下记录了大量的光谱数据,如图6.17所示。在记录光谱时,第三束激光的偏振方向是垂直于静电场的,确保仅激发|m|=1 的能态。图6.17(a)中的光谱数据是通过在激光激发 3 μs 后施加电离场脉冲而获得的。这种方法仅检测由脉冲电离产生的离子,排除了自发电离的影响。因此,所记录的光谱主要包括:在场电离前至少能保持 3 μs 稳定的能态,或者辐射衰减过程长于 3 μs 的能态。很明显,在经典电离极限以上的区域,不存在稳定的能态。

接下来,讨论图6.17中光谱的第二种记录方式。如果没有施加场电离脉冲,原子在激光激发后的前 3 μs 内电离的离子会被检测到,记录的结果就如图6.17(c)所示。光谱会从经典极限开始,延伸到更高的静电场。值得注意的是,能级出现的电场范围达到了通常情况下的两倍,而能级的宽度却没有明显变化,这种现象在氢原子中是不存在的。图6.17(b)展示了计算的|m|=1 氢原子能级。观察图6.17(c)可以很容易看到,当这些能级的衰减速率大幅超过激光线宽时,它们就会从实验谱线中消失。

为了更定量地理解非氢原子的电离过程,我们可以从氢原子斯塔克能态开始分析,加上离子实微扰 $V_d(r)$,就像之前计算能级回避交叉的大小时一样。

前面描述的能级交叉是束缚态 nn_1n_2nm 和 $n'n_1'n_2'm$ 态之间离子实耦合的结果,这种耦合也属于不同 n_1 值束缚态之间的耦合的结果。类似地,氢原子 n_1m 束缚态和 n_1 较低的连续态之间的耦合也是这种情况,这种耦合最终导致了电离。

如果暂且忽略所谓不同 n_1 值的束缚态之间的耦合,那么可以根据费米黄金律给出 nn_1m 能态到 $\varepsilon n_1'm$ 连续态的电离速率:

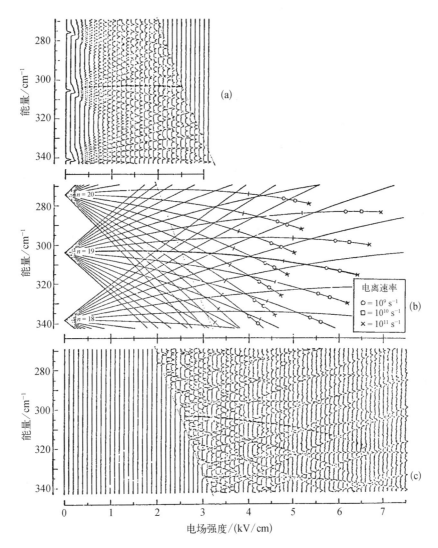

图 6.17 锂原子的隧穿效应和鞍点电离。(a) 静电场中锂原子 $|m|=1$ 能态的实验图像。激光激发后收集的离子产生了图中水平方向的尖峰,能量是以单电子电离极限为基准的测量值。随着场强的增加,能级逐渐消失,这表明电离速率超过了 $3 \times 10^5 \, s^{-1}$。虚线是根据式(6.35)和式(6.36)计算出的经典电离极限。图中通过阴影强调了其中的一个特定的能级。(b) 按照四阶微扰理论得到的氢原子能级($n=18 \sim 20$,$|m|=1$)。为了清晰起见,相邻项产生的能级被省略了。用来表示电离速率的符号已经定义在图例中。刻度标记标出了电离速率等于自发辐射速率时的电场。(c) 静电场中锂原子 $|m|=1$ 能态的实验图像,除了收集方法只对电离速率超过 $3 \times 10^5 \, s^{-1}$ 的态敏感,其他方面与图(a)相同。在高电场中,能级展宽成为连续态,这与氢原子的隧穿理论相吻合[32]

$$\Gamma = 2\pi \sum_{n_1} |\langle nn_1m \mid V_{\mathrm{d}}(r) \mid \varepsilon n_1'm \rangle|^2 \tag{6.51}$$

式(6.51)所进行的求和应包括满足条件的所有 n_1' 取值,这些值对应于所讨论的能量和电场条件下的连续态。

由于 $V_{\mathrm{d}}(r)$ 仅在 $r=0$ 附近非零,式(6.51)中的矩阵元反映了 $r\approx0$ 处连续波的波函数振幅。具体而言,矩阵元的平方与 $C_{n_1}^m$ 成正比, $C_{n_1}^m$ 是前面定义并在图 6.18 中画出的态密度。从图 6.18 所示的曲线图可以明显看出,当电离到远高于阈值的连续态时,电离速率与能量无关。然而,正如图 6.18 所示,在电离阈值处,连续态密度通常有一个峰值,这显著增加了 n_1 较大的简并蓝移能态的电离速率。Littman 等已经通过实验观察到了这种现象[32]。在 15.6 kV/cm 的电场条件下,钠原子的 $(12, 6, 3, 2)$ 斯塔克能态会与 $(14, 0, 11, 2)$ 能态交叉,此时,Littman 等观察到钠原子 $(12, 6, 3, 2)$ 斯塔克能态的电离速率会出现局部增强,如图 6.19 所示。在此电场中, $(14, 0, 11, 2)$ 能态的能量刚好低于 $V(\eta)$ 中势垒的顶部,其电离速率为 10^{10} s^{-1}。在如此低的电离速率下, $(14, 0, 11, 2)$ 能态的波函数在离子实位置的振幅仍然很大,因此电离到该能态的蓝移态自电离速率也处于最高水平。

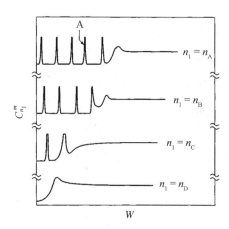

图 6.18 四种不同量子数 n_1 取值条件下的态密度 $C_{n_1}^m$ ($n_A > n_B > n_C > n_D$)。对于每一个 n_1 的取值, $C_{n_1}^m$ 是由 W 取值为 V_b 的窄共振能级构成的, V_b 即 $V(\eta)$ 中鞍点的能量。在 W 高于 V_b 时, $C_{n_1}^m$ 是连续的,如图所示。在 $n_1=n_A$ 时,束缚态 A 可以电离为非氢原子 $n_1=n_C$ 和 n_D 的连续态。如图 6.18 所示,在连续光谱开始时, $C_{n_1}^m$ 通常会出现一个峰值

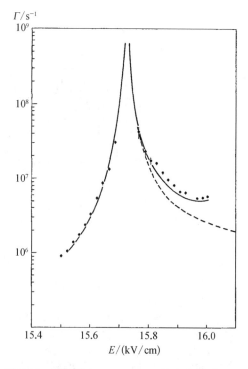

图 6.19 钠原子 $(12, 6, 3, 2)$ 能态在与快速电离态 $(14, 0, 11, 2)$ 交叉处的电离率。此处,每一个能级均由一组数字表示,分别对应 n、 n_1、 n_2 和 $|m|$ 这 4 个量子数。图中实线是一条理论上的曲线,而图中的点线则是在忽略 17.3 kV/cm 处的另一个回避交叉条件下计算得到的[31]

最后要说的是,在估算经典电离极限和类氢原子电离极限之间区域的典型电离速率时,式(6.51)能够发挥很大作用。式(6.51)求和项中的每一项都可以写成:

$$| \langle nn_1m \mid V_{\mathrm{d}}(r) \mid \varepsilon n_1'm \rangle |^2 = | \langle nn_1m \mid nlm \rangle \langle nlm \mid V_{\mathrm{d}} \mid \varepsilon lm \rangle \langle \varepsilon lm \mid \varepsilon n_1'm \rangle |^2$$

(6.52)

式(6.51)中 n_1' 的最大值是当 $Z_2 = W^2/4E$ 或 $Z_1 = 1 - Z_2 = 1 - W^2/4E$ 时 n_1 的值。Harmin 给出了适用于小半径情形的式(6.19)的连续态形式[14]:

$$\langle \varepsilon lm \mid \varepsilon n_1'm \rangle = (-1)^l P_{lm}(Z_1 - Z_2)$$

(6.53)

现在就可以使用式(6.52)的精确形式来评估式(6.51),在评估过程中,需要将对 n_1 求和转换为对 $Z_1 \sim Z_2$ 的积分。式(6.52)中矩阵元的第一项由式(6.11)和式(6.19)确定;第二项是式(6.48)经过连续态修正后的结果;第三项则由式(6.53)给出。除了这些代换,还将式(6.51)中的求和转换为 $Z_1 \sim Z_2$ 的积分。根据式(6.38),经典电离极限会出现在场强 $E = W^2/4Z_2$ 处。因此,Z_2 的作用范围为 $W^2/4E \sim 1$。式(6.51)中的电离速率就可以写成 $Z_1 \sim Z_2$ 的积分形式:

$$\varGamma = 2\pi P_{lm}^2 \left[\left(\frac{2n_1}{n} \right) - 1 \right] \frac{\sin^2 \delta_l'}{n^3} \int_{-1}^{1-W^2/2E} P_{lm}^2(Z_1 - Z_2)\,\mathrm{d}(Z_1 - Z_2)$$

(6.54)

其中,δ_l' 表示 δ_l 和最接近的整数之间差值的大小。例如,$\delta_l = 0.85$ 意味着 $\delta_l' = 0.15$。式(6.54)中的第一项反映了初始 nn_1m 能态中 l 特征的数量,第二项是与连续态中 l 部分的耦合,第三项的积分反映了具有 l 特征的连续态中的有效部分。积分值可以覆盖 $0 \sim 1$ 的范围,当能态的能量刚好高于经典电离极限时,积分值为 0;当 $W = -\sqrt{2E}$ 时,积分值为 1。

用 $1/n$ 近似替代 $\langle nn_1n_2m \mid nlm \rangle^2$,用 $1/2$ 近似替代式(6.54)中的积分,可以得到如下的近似结果:

$$\varGamma \sim \pi \frac{\sin^2 \delta_l'}{n^4}$$

(6.55)

迄今为止的观测表明,钠原子 $n \approx 20$ 且 $|m| = 0$、1 和 2 的斯塔克能态高于经典电离极限,根据 $|m|$ 的取值,其能级宽度分别为 $30 \sim 90\,\mathrm{GHz}$、$1 \sim 3\,\mathrm{GHz}$ 和 $100\,\mathrm{MHz}$[34],与式(6.55)的预测结果大致相符。

在估算电离速率时,我们忽略了较高 n_1 值束缚态之间的所有相互作用。这些相互作用也会导致自电离速率的局部变化,这种变化非常显著,而且可以用一种很直观的方式来理解。现在暂且忽略与连续态的耦合,而把注意力集中在两个所谓的束缚斯塔克态,它们之间形成了回避交叉。正如前面已经讨论过的,在回避交叉处,本征态是这两个斯塔克能态的线性组合。如果远离回避交叉点,两个斯塔克能级中,一个快速电离,另一个缓慢电离,那么在交叉点处,两个本征态的电离速率很可能分别达到快速电离态的电离速率的一倍和一半。

更有趣的情况是,两个斯塔克能态具有相等的自电离速率。如果这两个能态都与同一个连续态发生耦合,那么在它们形成回避交叉时,其中一个本征态中的耦合将消失,而另一个本征态中的耦合则会加倍。这种现象基本上与图 6.14 中回避交叉中较高能级的振子强度消失的现象非常相似。如果两个斯塔克能态在远离回避交叉点的位置具有不同的电离速率,那么在交叉点处,其中一个能态的电离速率并不会消失。Feneuille 等[35]首次观察到这种现象,Luc-Koenig 和 LeCompte 对此进行了进一步讨论[36]。随后,Liu 等[37]的实验数据最清楚地展示了这一现象。在 3.95 kV/cm 电场下,他们测量了钠原子(20, 19, 0, 0)能态与(21, 17, 3, 0)能态在交叉点附近的宽度。如图 6.20 所示,该能态的宽度在远离回避交叉点时为 2 cm^{-1},而在回避交叉点附近时能态宽度则会减小到 0.02 cm^{-1}。相应地,(21, 17, 3, 0)能态的宽度在回避交叉处则几乎翻倍。

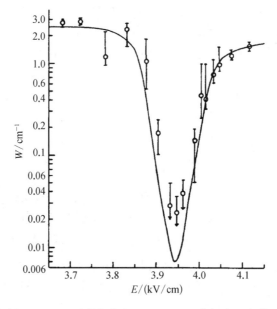

图 6.20 钠原子(20, 19, 0, 0)能级与(21, 17, 3, 0)能级交叉点附近电离宽度与电场的关系,数据点为实验测试结果,实线为 WKB–量子亏损理论计算结果,这些能级表达方式为(n, n_1, n_2, |m|)。由于谱线形状大多不对称(除极少数非常窄的谱线外),图中的宽度是光电离截面内(20, 19, 0, 0)能级谱线主要特征的半高宽。对于最窄的谱线,实验所测宽度受到 0.7 GHz 激光线宽的限制。由于谱线形状的特殊性及 |m| = 1 共振交叠造成的不确定性,误差范围呈现出不对称性[37]

参考文献

1. H. A. Bethe and E. A. Salpeter, *Quantum Mechanics of One and Two Electron Atoms* (Academic Press, New York, 1957).

2. L. D. Landau and E. M. Lifshitz, *Quantum Mechanics* (Pergamon Press, 1977).

3. E. Luc-Koenig and A. Bachelier, *J. Phys. B* **13**, 1743(1980).

4. D. Kleppner, M. G. Littman, and M. L. Zimmerman, in *Rydberg States of Atoms and Molecules*, eds. R. F. Stebbings and F. B. Dunning (Cambridge University Press, Cambridge, 1983).

5. U. Fano and J. W. Cooper, *Rev. Mod. Phys.* **40**, 441(1965).

6. H. J. Silverstone, *Phys. Rev. A* **18**, 1853(1978).

7. R. J. Damburg and V. V. Kolosov, in *Rydberg States of Atoms and Molecules*, eds. R. F. Stebbings and F. B. Dunning (Cambridge University Press, Cambridge, 1983).

8. P. M. Koch, *Phys. Rev. Lett.* **41**, 99(1978).

9. D. R. Inglis and E. Teller, *Astrophys. J.* **90**, 439(1939).

10. D. A. Park, *Z. Phys.* **159**, 155(1960).

11. M. J. Englefield, *Group Theory and the Coulomb Problem* (Wiley Interscience, New York, 1972).

12. D. R. Herrick, *Phys. Rev. A* **12**, 1949(1975).

13. V. L. Jacobs and J. Davis, *Phys. Rev. A* **19**, 776(1979).

14. D. A. Harmin, in *Atomic Excitation and Recombination in External Fields*, eds. M. H. Nayfeh and C. W. Clark (Gordon and Breach, New York, 1985).

15. D. A. Harmin, *Phys. Rev. A* **24**, 2491(1981).

16. W. E. Cooke and T. F. Gallagher, *Phys. Rev. A* **17**, 1226(1978).

17. H. Rausch v. Traubenberg, *Z. Phys.* **54**, 307(1929).

18. M. H. Rice and R. H. Good, Jr., *J. Opt. Soc. Am.* **52**, 239(1962).

19. J. O. Hirschfelder and L. A. Curtis, *J. Chem. Phys.* **55**, 1395(1971).

20. D. S. Bailey, J. R. Hiskes, and A. C. Riviere, *Nucl. Fusion* **5**, 41(1965).

21. P. M. Koch and D. R. Mariani, *Phys. Rev. Lett.* **46**, 1275(1981).

22. R. J. Damburg and V. V. Kolosov, *J. Phys. B* **12**, 2637(1979).

23. R. J. Damburg and V. V. Kolosov, *J. Phys. B* **9**, 3149(1976).

24. T. Bergeman, *Phys. Rev. Lett.* **52**, 1685(1984).

25. H. Rottke and K. H. Welge, *Phys. Rev. A* **33**, 301(1986).

26. F. H. Kellert, T. H. Jeys, G. B. MacMillan, K. A. Smith, F. B. Dunning, and R. F. Stebbings, *Phys. Rev. A* **23**, 1127(1981).

27. M. L. Zimmerman, M. G. Littman, M. M. Kash, and D. Kleppner, *Phys. Rev. A* **20**, 2251(1979).

28. C. Fabre, Y. Kaluzny, R. Calabrese, L. Jun, P. Goy, and S. Haroche, *J. Phys. B.* **17**, 3217(1984).

29. R. C. Stoneman, G. Janik, and T. F. Gallagher, *Phys. Rev. A* **34**, 2952(1986).

30. I. V. Komarov, T. P. Grozdanov, and R. K. Janev, *J. Phys. B.* **13**, L573(1980).

31. M. G. Littman, M. M. Kash, and D. Kleppner, *Phys. Rev. Lett.* **41**, 103(1978).

32. M. G. Littman, M. L. Zimmerman, and D. Kleppner, *Phys. Rev. Lett.* **37**, 486(1976).

33. P. Jacquinot, S. Liberman, and J. Pinard, in *Etats Atomiques et Moleculaires couples a un continuum. Atomes et molecules hautement excites*, eds. S. Fenuille and J. C. Lehman (CNRS, Paris, 1978).

34. J. Y. Liu, P. McNicholl, D. A. Harmin, T. Bergeman, and H. J. Metcalf, in *Atomic Excitation and Recombination in External Fields*, eds. M. H. Nayfeh and C. W. Clark (Gordon and Brench, New York, 1985).

35. S. Feneuille, S. Liberman, E. Luc-Koenig, J. Pinard, and A. Taleb, *J. Phys. B* **15**,1205(1982).

36. E. Luc-Koenig and J. M. LeCompte, in *Atomic Excitation and Recombination in External Fields*, eds. M. H. Nayfeh and C. W. Clark (Gordon and Breach, New York, 1985).

37. J. Y. Liu, P. McNicholl, D. A. Harmin, I. Ivri, T. Bergeman, and H. J. Metcalf, *Phys. Rev. Lett.* **55**, 189 (1985).

Chapter 7
第 7 章

脉冲场电离

里德堡原子的场电离具有高效性和选择性,因此其已成为一种广泛应用的工具[1]。通常,以脉冲的形式施加电场,上升时间从纳秒(ns)到微秒(μs)不等[2-4]。为了发掘场电离的应用潜力,我们需要了解脉冲场从零上升到电离场期间原子的变化情况。在前一章中,我们讨论了静电场中斯塔克态的电离速率。在这一章,我们考虑原子在脉冲作用期间如何从零场态演化到高场斯塔克态。由于演化过程取决于脉冲的上升时间,无法描述所有可能的结果。相反,我们将描述几个实际上较为重要的极限情况。

尽管我们在这里不关心脉冲产生环节的细节,但值得注意的是,这里使用了多种不同类型的脉冲,其时间依赖性如图 7.1 所示。图 7.1(a)描绘了一种迅速上升到平稳值的脉冲。在原子束中,快速运动的原子在进入高均匀场区域时会经历这种脉冲场作用。图 7.1(b)展示了一种迅速上升并在达到峰值后迅速衰减的脉冲波形。虽然这种脉冲波形可能看起来不够规整,但很容易产生。对于图 7.1(a)和(b)中的所示的脉冲,其区分不同能态的能力主要依赖于对脉冲振幅的精确调整。图 7.1(c)描绘了一种线性上升的斜坡场,通过上升场中电离的时间区分不同能态。电离阈值场的定义取决于实验结果。假设电场脉冲在 200 ns 内达到峰值,如果场产生的电离速率为 3.5×10⁶ s⁻¹,那么将产生 50%的电离概率,这是一种可行的场阈值定义。

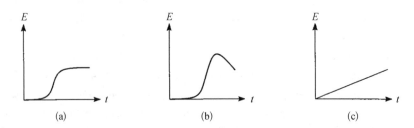

图 7.1 典型脉冲电场。(a)迅速上升到平稳值的脉冲;(b)迅速上升达到峰值后迅速衰减的脉冲;(c)线性上升的电场

7.1 氢

接下来,我们首先考虑氢原子。其中关键问题是,氢原子如何从近零场过渡到发生电离的高场?如果原子最初处于零场抛物线态,可能是由通过金属箔电极形成的,那么当电场强度增加到电离场时,会保持相同的 nn_1n_2m 量子数,这取决于所讨论能态的 n、n_1、n_2 和 m。在合理的近似下,电离场接近由式(3.45)定义的经典场。对于红移,在 $n_1≈0$ 的能

84

态下，$E \approx l/9n^4$。然而，对于蓝移，在 $n_1 \gg n_2$ 能态下需要的电场更高。图 7.2 是类氢 $n = 15$ 且 $m = 0$ 斯塔克态的能级图。随着电场从零增加到高电离场的过程，每个斯塔克态都只跟随其能级而变化。如图 7.2 所示，蓝移能态比红移能态需要更高的电离场。

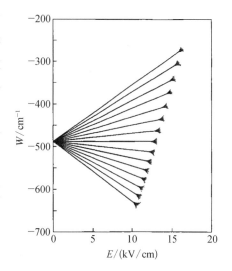

图 7.2 中所示的电离场对应于 $10^6 \ \mathrm{s}^{-1}$ 的电离速率。极端蓝移和红移能态的场数据取自 Bailey 等[5] 的计算结果，中间态的场则是通过插值计算得出的。没有显示任何其他 n 能态，因为不同 n 值的斯塔克态相互交叉，具有不同的 n_1 值且不发生相互作用，如第 6 章所述。

通常，氢原子里德堡态不是在零场抛物线态中制备的，而是在球态中通过光激发制备的。在这种情况下，当施加电场时，希望将单个 nlm 态投射到简并的 nn_1n_2m 态上，然后每个态都会沿着自己的路径电离，如图 7.2 所示。式（6.19）和图 6.3 给出了 nn_1n_2m 态的精确投影[6]。例如，15s 能态将等概率

图 7.2 氢原子 $n = 15$ 且 $m = 0$ 斯塔克能级。能级的展宽对应于 $10^6 \ \mathrm{s}^{-1}$ 的电离速率。极端的红移和蓝移态电离速率取自 Bailey 等[5] 的计算结果，中间态的电离速率是通过插值拟合得到的

地投影到图 7.2 中所有的 $n = 15$ 斯塔克能态，而 15p 和 $m = 0$ 能态将优先投影到流形的红移和蓝移边缘态。氢原子是一个特例。在零场中，具有相同 n 和 m 的态都是简并的，因此施加电场的速度无论有多慢，我们都会将 nlm 态投射到 nn_1n_2m 态上，也就是说，跃迁总是非绝热的。另外，只要场相对于间隔 Δn 缓慢上升，处于 n_1 状态的氢原子就将保持在相同的 n_1 能态，并且电离总是发生在相同的电场强度下，与脉冲的上升时间无关。

7.2　非氢原子

相比上所述氢原子的情况，碱金属原子的脉冲场电离有所不同，因为离子实有一定大小，或者换句话说，存在非零量子亏损。这就带来了三个重要影响。第一，零场能级只能是球形 nlm 能级，不能是抛物线能级。第二，在 $E > l/3n^5$ 区域，不同 n 态之间存在回避交叉。第三，与氢原子相比，碱金属原子可以在更低的电场强度下发生电离。具体来说，在氢原子中，蓝移态的电离场比红移态的电离场更高，但在碱金属原子中，因量子亏损导致的电离特性变化，情况并非如此。

研究钠原子之类的碱金属原子场电离的最简单方法，是从静电场能级分布入手，如图 7.3 所示，图中示意性地显示了钠原子 $m = 0$ 状态。在低电场中，l 是一个好量子数。是否属于低电场显然取决于 l；中间电场是指 l 并非好量子数但处于 $E < l/3n^5$ 区域的场；高电场是指超过 $l/3n^5$ 的电场。电场 $E > W^2/4$ 时，在经典物理层面允许发生电离，并通过耦合到简并红移连续态而发生电离。在图 7.3 中，该区域的能级用虚线表示。最后，极高电场下，与氢原子相同，能态本身通过隧穿效应而发生自电离，这一过程在图 7.3 中未显示。

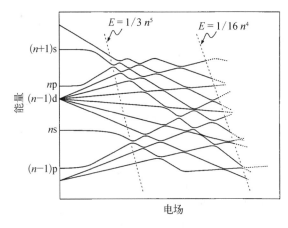

图 7.3 电场中钠原子 $m = 0$ 能态的能级示意图。零场 ns 态和 np 态相对于近似类氢原子 $l \geq 2$ 能态存在明显的能移。在 $l/3n^5 < E < l/16n^4$ 区域内，不同 n 能级之间存在回避交叉，在 $E = l/16n^4$ 之上区域，能态通过与低 n_1 能态的简并红移连续态耦合而发生电离。在这个区域，能级用虚线表示。在缓慢上升的脉冲中，原子遵循绝热能级，每个零场能态与一个特定能态相关联，因此在 $E = l/16n^4$ 时与一个特定电离场相关联

电离的发生方式取决于电场从零电场上升到电离所需的高电场的速度。考虑一个缓慢上升的脉冲，在这种情况下，从零电场 nlm 态到中间电场斯塔克态的过程是绝热的，零场 nlm 态缓慢演化为某个斯塔克态。当电场达到 $l/3n^5$ 时，会出现与相邻 n 值下相同 m 值的斯塔克态的回避交叉。如果电场缓慢上升，能级交叉点将以绝热方式穿过，原子将保持在相同的绝热能级。在每个回避交叉处，原子从某个斯塔克态平稳地进入另一个斯塔克态，如图 7.3 所示，回避交叉点两侧绝热能级的斜率不同。最后，当场达到 $E = W^2/4$ 时，通过与高 n 值（包含红移 $n_1 \approx 0$）态底部红移斯塔克连续态的耦合而发生电离。

图 7.3 说明了绝热电离的最重要特征。首先，当零场态过渡到高电离场时，其能量顺序保持不变。其次，与某个 n 值的零场态相连的绝热态被限制在 $-1/2(n-1/2)^2 < W < -1/2(n+1/2)^2$ 的能量范围内。电场中的有效量子数 n_s 可以描述相对于零场极限的电场能量[3]，定义形式为 $W = -l/2n_s^2$。从图 7.3 可以明显看出，钠原子 $(n+l)s$ 和 nd 态过渡到 $n_s \approx n - 1/2$ 态，而 $(n+1)p$ 态过渡到 $n_s \approx n + 1/2$ 态，这两个态更容易电离。尽管 nd 态和 $(n+1)s$ 态的零场间隔很大，但其电离场差别很小。相反，尽管 nd 态和 $(n+l)p$ 能态零场分离间隔不到 $(n+l)s - nd$ 能态分离间隔的一半，但其所需电离场之间存在很大的差别。

如果我们假设高电场中的能量是均匀分布的，并将 $(n+l)s$ 态和 nl 态分在一组，那么就可以估算一系列 $m = 0$ 态的 n_s 值[3]，如下所示：

$$\begin{cases} (n + 1)s \rightarrow n_s = n - 1/2 \\ nd \rightarrow n_s = n - 1/2 + 1/n \\ nf \rightarrow n_s = 1/2 + 2/n \\ nl \rightarrow n_s = n - 1/2 + (l - 1)/n \\ (n + 1)p \rightarrow n_s = n + 1/2 - 1/n \end{cases} \tag{7.1}$$

利用这些 n_s 值，可以立即计算出任何 $m = 0$ 能态电离所需的场：

$$E = \frac{W^2}{4} = \frac{1}{16n_s^4} \tag{7.2}$$

在绝热电离中，重要的是零场能级的排序，而不是其零场能量的精确度。

对于钠原子,如果使用上升时间为 1 μs 的脉冲,那么对 $n < 18$ 的光频可覆盖的能态的电离通常是绝热的,这一过程可用式(7.1)和式(7.2)描述。在图 7.4 中,显示了暴露于 0.5 μs 上升时间的脉冲下钠原子 18s 能态的电离信号,该脉冲在其峰值场的 5% 范围内,持续 200 ns。正如预期的那样,我们观察到 4.38 kV/cm 的单一阈值,接近式(7.1)和式(7.2)预测的 4.33 kV/cm。从 10% 到 90% 电离的阈值宽度约为 3%,与这种形状脉冲所预期的结果相符。在激光激发和场电离脉冲之间,由于黑体辐射将原子驱动到更高的状态,在阈值以下观察到了一个 5% 的小信号[7]。

当测量多个能态的场电离阈值曲线(图 7.4)时,可以将这些曲线绘制在一起,以显示电离场阈值对 n 依赖性。图 7.5 中展示了使用上升时间为 0.5 μs 的场脉冲所获得的钠原子在 $|m| = 0$、1 和 2 能态下的阈值场(50% 电离),这与图 7.1(b)中所示的类似[8]。观察图 7.5 可以明显看出,虽然 $m = 0$ 态的阈值场由表达式(7.2)描述,但 $|m| = 1$ 和 2 态在稍高的场下电离,这很容易理解。由于离心势垒的存在,$m \neq 0$ 态被排除在 z 轴之外,z 轴是电势中鞍点的位置。因此,电离 $m \neq 0$ 态所需的场高于式(7.2)中给出的值。具有相同 n_s 的 $m \neq 0$ 能态与 $m = 0$ 能态相比,电离所需的电场增加值的近似表达式为[9]

$$\Delta E / E = | m | / 2n \qquad (7.3)$$

以 $n = 15$ 为例,预测 $|m| = 1$ 和 2 能态分别在比 $m = 0$ 能态的电离场高 3% 和 5% 的场下电离,这与图 7.5 所示的数据一致。

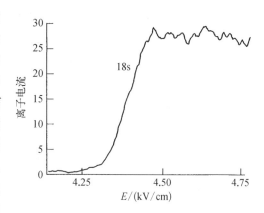

图 7.4　钠原子 18s 能态的电离阈值及场电离产生的电流与峰值电离场的关系图[3]

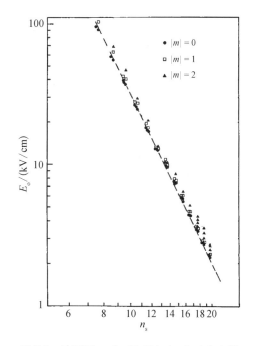

图 7.5　钠原子 $n = 8 \sim 20$ 且 $|m| = 0$、1 和 2 能态观测到的电离场与强电场中的有效量子数 n_s 的关系图,直线表示经典电离阈值[8]

比较相同 l 态的相邻 $|m|$ 态阈值之间的差异,以及相同 m 态的相邻 l 态之间的差异,可以得到有用的结果。根据式(7.1),对应于 $\Delta n_s = 1/n_s$,当 l 增加 1 时,$m = 0$ 能态电离场的相应部分变化为

$$\Delta E / E = 4 / n_s^2 \qquad (7.4)$$

当 $n = 20$ 时,如果 l 变化 1 个单位,那么电离场将发生 1% 的变化,而如果 $|m|$ 从 0 变为 1,那么电离场将发生 2.5% 的变化。将这两个相应部分的变化与图 7.4 所示的阈值场

的宽度进行比较,可以明显看出,分辨相邻$|m|$能态应该相对容易,但解析相同$|m|$值的相邻l能态则相对困难。

如果要以刚才描述的绝热方式发生电离过程,那么必须满足以下条件:首先,从零场nlm态到中间场斯塔克态的跃迁必须是绝热的。其次,在强场区,$E > l/3n^5$条件下的回避交叉也必须是绝热的。最后,如果电离速率超过脉冲在$E > W^2/4$时所用时间的倒数,那么电离仅在$E > W^2/4$时发生。

首先探讨第一个问题,即从零场到中间场的变化过程。在零场条件下,l能级之间的间隔为$(\delta_l - \delta_{l+1})/n^3$。当电场强度达到某个特定值,使得斯塔克态之间的间隔$3nE$等于l态的零场间隔时,那么l态不再是好的本征态。如果与零场分裂的倒数相比,电场强度在很长的时间内达到这个特定值,那么这个过程就是绝热的。另外,如果与零场分裂的倒数相比,电场强度在较短的时间内达到这个特定值,那么这个过程就是非绝热的,此时零场nlm态被投射到多个斯塔克态上。假设电场强度随时间线性增加,那么可以制定一个有效的标准,根据变化斜率$S = dE/dt$来确定从低场到中间场的过程是绝热的还是非绝热的。定义临界回转率S_l,用于描述从零场的l能态变化的过程:

$$S_l = \frac{(\delta_l - \delta_{l+1})^2}{3n^7} \tag{7.5}$$

在实际应用中,式(7.5)表明:当$n \leqslant 20$且量子亏损差值在10^{-3}数量级时,相应的能态可以满足上升时间为1 μs脉冲的绝热条件。

另外,高l能态之间的量子亏损差值远小于10^{-3},对于相同的脉冲上升时间,不满足式(7.5)的绝热准则。因此,当电场开启时,这些高l能态会通过非绝热方式投射到中间场状态。从式(7.5)中可以清楚地看出,如果脉冲上升时间保持不变,那么随着n的增加,零场非绝热变化过程的l值会变小。由于不可能通过光学方法激发高l态,因此从低场到中间场以绝热方式进行跃迁的说法尚未得到验证,但实验证明,对于上升时间为1 μs的脉冲,$n \approx 20$的钠原子的光频可覆盖的低l态确实是以绝热方式穿过中间场区域的。

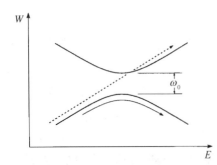

图7.6 存在回避交叉(ω_0)的两个斯塔克能级。如果电场在一段相比l/ω_0的较长时间内穿过回避交叉点,那么该过程是绝热的(实线箭头所示);相反,如果电场迅速穿过回避交叉点,那么该过程是非绝热的(虚线箭头所示)

接下来考虑如何穿越高场区($E > l/3n^5$)中的回避交叉点。考虑两个能级1和2之间幅度ω_0的独立回避交叉点,两个能级斯塔克能移分别为dW_1/dE和dW_2/dE,如图7.6所示。如果原子最初处于能级1,并且与幅度的倒数$l/\omega_0 > 0$相比,穿越速度较慢,那么穿越过程是绝热的,如图7.6的实线箭头所示。如果交叉点的穿越速度比$1/\omega_0$快,那么穿越过程是非绝热的,如图7.6中的虚线箭头所示。交叉点临界变化率的标准S_x可表示为

$$S_x = \frac{\omega_0^2}{\left(\dfrac{dW_1}{dE} - \dfrac{dW_2}{dE}\right)} \tag{7.6}$$

如果$S \gg S_x$,则以非绝热方式穿越回避交叉;相反,

如果 $S \ll S_x$，则以绝热方式穿越回避交叉。在纯绝热和纯非绝热穿越的两个极端之间，Landau‐Zener 跃迁概率给出了发生非绝热跃迁的概率，Rubbmark 等[10]证明了这一点。

为了应用表达式(7.6)，通过假设 $\langle nn_1n_2m \mid nlm \rangle \approx 1/\sqrt{n}$ 来估算回避交叉的大小，并且只考虑最低 l 能态的贡献，即 $l=m$。根据这种近似可以得到：

$$\omega_0 \approx \delta'_m 1/n^4 \tag{7.7}$$

其中，δ'_m 是量子亏损 δ_l(模 1)的绝对值。式(7.7)表明，随着 n 或 $|m|$ 的增加，将会以更加绝热的方式穿越回避交叉点。对于钠原子，$\delta_0' = 0.35$，$\delta_1' = 0.15$，$\delta_2' = 0.015$。如果将这些值用于式(7.6)中的 ω_0，最大可能值为 $(dW_1/dE-dW_2/dE) = 3n^2$，那么可以得出结论，当脉冲上升时间为 1 μs 时，即使对于 $n \approx 100$ 且 $|m| = 0$，1 和 2 的态，也应以绝热方式穿过能级交叉点。在 $E = W^2/4$ 以上的区域，核心耦合发生在离散态和红移斯塔克连续态之间，式(6.54)给出了可用连续态的电离速率 Γ。电离发生速率依赖电场，几乎完全(90%)的电离所需的时间为 $2/\Gamma$。可以估计 $E = W^2/4$ 以上的电离速率为 $\Gamma \approx \delta'_m (2/n^4)(1/n)$。估算电离速率时，假设有一个 n_1 通道可用，因此式(6.54)的积分约为 l/n。根据这些速率，预计 $n = 20$ 且 $|m| = 0$ 和 1 能态的电离时间约为 1 ns，$|m| = 2$ 能态的电离时间约为 30 ns。在大多数实际应用中，这些时间足够快，以至于当 $E \geqslant W^2/4$ 时，电离似乎就立即发生了。

与上述预计情况不同，在 $m = 2$ 且 $n \geqslant 18$ 的钠原子 nd 能态中，我们观察到了非绝热电离过程。具体而言，当 $m = 2$ 的钠原子 nd 态暴露于 0.5 μs 上升时间脉冲[类似于图 7.1(b)]时，这些能态表现出多个电离阈值[3]。关于这一现象，在原理上有两种可能的解释：第一种，在经典极限以上，原子通过电离速率变化很大的区域，如果是这种情况，预计电离概率偶尔会随脉冲幅度的变化而降低，而不是随电离场的增强而单调递增；第二种，对于多重 $m = 2$ 电离阈值，更可能的解释是，$E > l/3n^5$ 区域中某些回避交叉点的穿越方式为部分绝热，导致原子沿着多条路径到达经典电离极限，从而产生多个电离场阈值。Vialle 和 Duong[11]使用步进脉冲对钠原子的场电离进行了研究，Jeys 等[4]追踪了钠原子从绝热电离到非绝热电离的演变过程，都进一步印证了这一种解释。

Jeys 等[4]观察到，随着 n 的增加，跃迁从绝热过程过渡到非绝热过程。为了研究 $n \geqslant 30$ 的钠原子 nd 能态的电离，他们使用了呈线性上升的脉冲，如图 7.1(c)所示，并利用检测到电子的时间来确定原子电离的场。图 7.7 显示了 $30 \leqslant n \leqslant 36$ 的 nd 能态的研究结果。我们重点关注 32d 态，当电场达到约 400 V/cm 时，大多数原子发生电离。少量原子在 450~600 V/cm 条件下发生电离，大量原子在 600 V/cm 条件下发生电离。在大约 400 V/cm 条件下，电离对应于图 7.7(b)中虚线所示的绝热路径，激发的 $|m| = 0$ 和 1 能态遵循此路径。600 V/cm 条件下的电离是由 $|m| = 2$ 态原子引起的，对应于图 7.7(b)中粗线所示的完全非绝热路径，即最大红移处的 $|m| = 2$ 斯塔克态的类氢原子非绝热路径。在 450~600 V/cm 的电场中的电离可能是由于 $|m| = 2$ 原子引起的，遵循图 7.7(b)中绝热和非绝热路径之间的路径，并在经典极限处发生电离。同样清楚的是，高场 $|m| = 2$ 态的特征随着 n 的增加而增大，这表明，随着 n 的增加，越来越多的原子完全遵循非绝热路径，如图 7.7(b)的粗线所示。随着 n 的增加，非绝热过程的可能性更大，这一观察结果与 $n = 18$ 时出现多个 $|m| = 2$ 阈值的现象一致。还需要注意的是，在 $|m| = 2$ 特征以上的场中不会

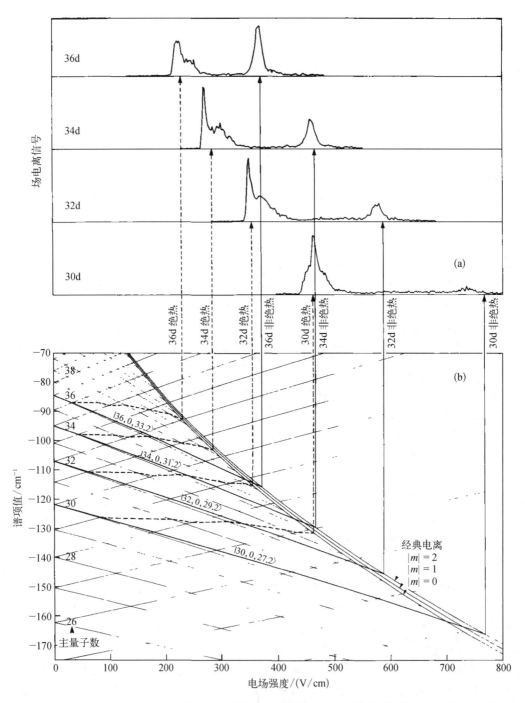

图 7.7 （a）$n = 30$、32、34 和 36 时钠原子 nd 态的场电离数据；（b）浅色线：斯塔克多重态的极端成分（四阶微扰理论）；虚线：$n = 30$、32、34 和 36 时的绝热电离路径；暗线：$n = 30$、32、34 和 36 时，$|m| = 2$ 多重态最低成分的非绝热电离路径。表示经典电离场的线引自文献[4]，其计算基础参考文献[5]

发生电离。因此，除了极端红移态外，没有其他类似氢原子的能态被填充。$n = 36$ 时钠原子 nd 态的电离正好对应于红移氢原子 $n = 36$、$n_1 = 0$、$|m| = 2$ 态的电离，即在电场 $E \approx 1/9n^4$ 的经典物理允许的条件下发生的电离。$|m| = 2$ 态所表现出的电离形式通常称为非绝热电离。然而，只有当 $E > 1/3n^5$ 时，这一过程才是非绝热的。从零场 nd 态过渡到单斯塔克态的过程显然是绝热的。一个氢原子 nd $|m| = 2$ 态将从零场非绝热地过渡到多个 $nn_1n_2 2$ 斯塔克态，并表现出多个电离场阈值。

在远高于经典电离场的电场中，如果蓝移斯塔克态暴露于快速上升的场，那么也会导致非绝热过程或类氢原子电离。Neijzen 和 Donszelmann[12] 利用铟原子的 $n = 66$ 态，Rolfes 等[13] 利用钠原子 $n = 34$ 且 $|m| = 2$ 态都证明了这一点。显然，$n \approx 35$ 的钠原子在 $|m| = 2$ 态下以绝热方式穿越回避交叉，如果这些能态位于经典电离极限之上，则不会迅速电离，这与先前的估计明显矛盾。先前估计 $E > 1/3n^5$ 的所有回避交叉都将以绝热方式穿越，电离将在经典极限 $E = W^2/4$ 处发生。那么，我们的估算方法哪里出现了问题？在对 $\Delta\omega_0$ 和 Γ 进行估算的过程中，假设 d 态均匀分布在 $|m| = 2$ 斯塔克态上，即 $\langle nn_1n_2 2 | n22 \rangle \approx 1/\sqrt{n}$，与 n_1 和 n_2 无关。事实上，对于极端斯塔克态，$|n_1 \mp n_2| = n - 3$，$|\langle n(n-3)02 | n22 \rangle| = |\langle n0n - 32 | n22 \rangle| = 6\sqrt{5}/n^{3/2}$，因子比估计值小 n 倍。d 态集中在中心斯塔克态，其中 $n_1 \approx n_2 \approx n/2$，如图 6.3 所示。因此，极端态之间的回避交叉（此处穿越速度最快）比基于变换系数平均值进行的估算值小 n^2 倍。因此，上升时间必须比估计的绝热过程慢 n^2 倍。根据实际使用的转换率，以非绝热方式穿越回避交叉也就不足为奇了。类似地，在经典极限下，极端蓝移斯塔克态与底部红移连续态的耦合减少了 n^2 倍。因此，蓝移态在穿过经典电离极限时不会电离，而只有在达到其自身的类氢原子电离极限时才会电离，如图 7.2 所示。

在绝热电离的讨论中，有个隐含的假设条件，如果电场超过经典电离极限，就会发生电离。然而，如第 6 章所示，电离速率存在很大的变化，主要原因是红移连续态的态密度变化，以及与更快电离能级的回避交叉。虽然电离速率高于经典极限的变化并不是在钠原子中观察到的多重电离阈值的原因，但这些变化可以导致非单调的电离曲线，已在一些条件[8, 14]下观测到这种现象。图 7.8 展示了一个特别清楚的例子[14]。在 2.1~2.3 kV/cm 的电场中，Van de Water 等将 11 keV 的快速氦原子激发到 $n = 19$ 三重态，刚好低于经典电离极限。然后，这些原子以绝热方式通过一个缓冲场，进入一个 8.24 cm 长的场电离区。在场电离区之后是

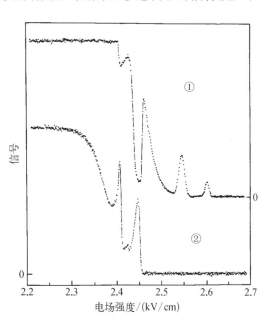

图 7.8　氦原子在电离电场 E 的作用下存活下来的 $m = 0$ 流形中，高激发三重态氦原子的信号表现为电场强度的函数，曲线显示了 $n_s \approx 19$ 的两种不同绝热状态的电离过程[14]

一个电离区,其中所有在电离区未电离的里德堡原子都被电离。他们观察到,在经典电离极限附近,电场中幸存的原子数量与电离场强度存在函数关系。如图7.8所示,电离曲线不单调,在红移斯塔克态的连续态中电离速率随电场变化。图中原子在电离场中暴露200 ns,其结果与图7.4所示数据大致相同,但显示出的结构更为显著。图7.8所示的阈值中结构的清晰度可能主要受到脉冲形状的影响。图7.8的数据采用图7.1(a)所示的脉冲形状,而图7.4的数据采用图7.1(b)所示的脉冲形状。多个阈值的出现,是由于束缚能级回避交叉的部分绝热穿越或达到经典电离极限时的不完全电离。这两种原因不需要单独起作用,而是可以同时起作用,Mcmillian等已经观察到这两种原因同时起作用时导致的现象[15]。

对于绝热场电离和非绝热场电离之间的差异,直观的呈现有助于理解。在图7.9中,示意性地显示了3个 $n=15$ 态的绝热和非绝热电离是如何发生的。其中,粗体实线显示的非绝热电离与氢原子非绝热电离完全相同。只有红移态在经典电离极限条件下电离;而其他态则需要更高的电场才能电离。粗体虚线表示绝热电离, $n=15$ 能级被束缚在 $n=14$ 和 $n=16$ 能级之间,并在经典电离极限条件下电离。事实上,真实绝热能级并非如图7.9所示的那样与场无关,而是会出现如图7.3所示的回避交叉。然而,图中的这种简化并不影响分析。从图7.9可以清楚地看出,在所有情况下,发生绝热电离的电场强度低于非绝热电离的电场强度。

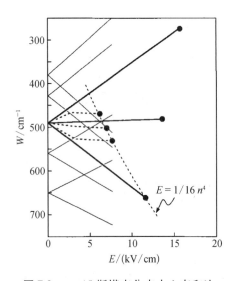

图7.9 $n=15$ 斯塔克分支中心态和边缘态的绝热和非绝热的电离路径:非绝热路径用粗体实线表示;绝热路径用粗体虚线表示。在这两种情况下,电离都发生在图中较大黑色点标记位置处。非绝热路径与类氢原子电离过程相同。 $n=15$ 能级绝热路径被限制在绝热 $n=14$ 和 $n=16$ 能级之间。发生绝热电离的电场强度低于非绝热电离的电场强度

7.3 自旋轨道效应

到目前为止,我们并未考虑电子的自旋。自旋对电子主要有两种影响:第一种影响是使零场 $l>0$ 态发生劈裂,第二种影响是改变了高场中回避交叉的位置。在氢原子、锂原子和钠原子中,第二种影响几乎可以忽略不计。在氢原子中,精细结构消除了零场 l 简并,原则上这有助于零场球态以绝热方式跃迁到斯塔克态。然而,由于精细结构劈裂与辐射衰减速率相比并不大,这种可能性似乎没有太大的实际意义。

在轻碱金属原子中,如锂原子和钠原子,低 l 态的精细结构劈裂通常比辐射衰减速率大得多,但比相邻的 l 态之间的间隔小得多。在零场条件下,本征态表现为自旋-轨道耦合的 $lsjm_j$ 态,其中 l 和 s 发生耦合。然而,在非常小的场中, l 和 s 解耦,此时可以忽略自旋的影响。从这个角度看,我们之前对无自旋原子的所有分析都适用。至于如何从耦合状态转化到非耦合状态,则取决于施加电场的速度。这通常是能态如何演变为斯塔克态这

一问题的另一种简单变体。当电场达到使 $|m|$ 能级斯塔克分裂等于零场精细结构间隔的程度时,能态变为非耦合 mm_s 态。这种情况的发生条件为

$$\alpha_2 E^2 = W_{FS} \tag{7.8}$$

其中,W_{FS} 是精细结构间隔;α_2 是张量极化率。如果与精细结构间隔的倒数相比,电场到达某个强度的速度更快,那么这个过程是非绝热的,并且通过 Wigner 3J 符号或 Clebsch - Gordon 系数给出的投影方法,可以简单地将 $l_s jm_j$ 态投影到非耦合的 $lm_s m_s$ 态。如果电场缓慢到达某个强度,那么这个过程是绝热的,每个 $l_s jm_j$ 态都会过渡到一个 $lm_s m_s$ 态。在绝热通道中能级的排序是至关重要的。以钠原子为例,零场 nd 状态会发生反转,与该场未耦合的 $|m| = 0$、1 和 2 态排序如图 7.10 所示。基于 d - f 偶极矩阵元素的幅度随着 $|m|$ 从 0 增加到 2 而减小这一事实,推导出 m 态的排序。图 7.10 中还显示了绝热关联,其中 $m_j = m + m_s$ 是守恒的[3]。具体来说,$d_{3/2}$ 态引起 $|m| = 1$ 和 $m = 2$ 态,$d_{5/2}$ 状态导致 $|m| = 0$、1 和 2 态。实验过程中,当 17d 能级的钠原子暴露于类似于图 7.1(b) 的脉冲电场时,观察到图 7.11 的场电离阈值,该脉冲在水平轴上显示的 0.5 µs 内达到电场峰值。如图 7.10 所示,$17d_{3/2}$ 态下只有 $|m| = 1$ 和 $m = 2$ 阈值,$17d_{5/2}$ 态下只有 $|m| = 0$、$|m| = 1$ 和 $|m| = 2$ 阈值。如果钠原子 nd 精细结构间隔正常,那么 $nd3/2$ 态仅与 $|m| = 0$ 态和 $|m| = 1$ 态相关,而 $nd_{5/2}$ 态则与 $|m| = 1$ 和 $|m| = 2$ 态相关。

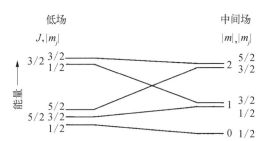

图 7.10 应用已知 d 态精细结构劈裂、中间场能量排序,并对相同 m_j 态无交叉规则,获得的钠原子 nd 态的绝热关联图[3]

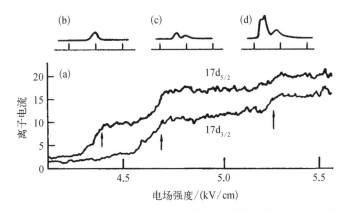

图 7.11 (a) 实验测得的 $17d_{3/2}$ 和 $17d_{5/2}$ 态离子电流与峰值电离电压的关系曲线。$|m| = 0$、1 和 2 阈值的大致位置分别由箭头 (b)、(c)、(d) 表示,这些箭头对应不同峰值电离场下测得的离子信号的示波器轨迹。在每种情况下,中心时间标记对应于电离高压脉冲的峰值;水平刻度为 200 ns/格。(b) $m = 0$ 离子脉冲,峰值电场 = 4.58 kV/cm。(c) $m = 0$ 离子脉冲后跟随 $|m| = 1$ 离子脉冲,峰值电场 = 4.98 kV/cm。(d) 重叠的 $m = 0$ 和 $|m| = 1$ 离子脉冲,然后是 $|m| = 2$ 离子脉冲,峰值电场 = 5.27 kV/cm[3]

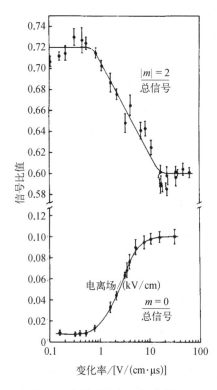

图 7.12 在通过具有 σ 极化的 $3p_{1/2}$ 态激发至 $34d_{3/2}$ 态后,由 $m=2$ 态电离(上曲线)和 $m=0$ 态电离(下曲线)产生的信号与总电离信号的比值,表现为从低场到中间场转换速率的函数[16]

碱金属原子的精细结构间隔通常在 $1\sim 10$ MHz,在这种情况下,自旋轨道和非耦合态之间的跃迁可以在绝热或非绝热方式下进行。Jeys 等[16] 观察到了从耦合精细结构状态到非耦合状态的跃迁过程,这一过程可以在绝热或非绝热方式下进行。通过脉冲激光,他们用偏振光将钠原子从 $3p_{1/2}$ 态激发到 $34d_{3/2}$ 态,从而产生 25%的 $|m_j|=1/2$ 原子和 75% $|m_j|=3/2$ 原子。100 ns 后,应用场强按线性增强的电场,电场场强以 $0.1\sim 50$ V/cm μs 的变化速度上升至 0.4 V/cm,该范围足以涵盖绝热和非绝热过程。之后,按照固定变化斜率,使电场达到 800 V/cm,从而可以解析 $|m|=0$、1 和 2 态的场电离信号。如图 7.10 所示,单纯绝热通道产生 25%的 $|m|=1$ 和 75%的 $|m|=2$ 原子。单纯非绝热通道产生 10%的 $|m|=0$、30%的 $|m|=1$ 和 60%的 $|m|=2$ 原子。当斜率变化时,得到图 7.12 所示的结果。当斜率小于 0.5 V/(cm·μs) 时,为单纯绝热过程;当斜率超过 10 V/(cm·μs) 时,为单纯非绝热过程。这些观察结果与基于式(7.6)的估计值一致。钠原子 34d 精细结构间隔为 2.5 MHz[16],其张量极化率[2] 为 350 MHz/$(V/cm)^2$[17],在 $(400/2\pi)$ns 的时间内达到 $E=0.1$ V/cm,则式(7.6)成立,1.5 V/cm μs 的变化率是绝热和非绝热过程之间的近似边界。Leuchs 和 Walther[2] 及 Jeys 等[18] 在量子拍频实验中使用了从耦合精细结构态进行非绝热跃迁的方法。

现在,考虑自旋轨道耦合对高场中能级回避交叉的影响。在涉及自旋的情况下,重要的是总角动量在 z 轴上的投影,$m_j=m+m_s$ 是守恒的,而不是 m_s 和 m 分别守恒。对于斯塔克态之间的自旋轨道耦合,可以像计算量子亏损耦合一样进行计算。本质上,如果所涉及的 l 态有足够大的自旋轨道分裂,以至于相同 l 态中不同 j 态的量子亏损产生明显的差异,那么自旋轨道分裂就变得至关重要。例如,在钠原子中,p 精细结构间隔导致 np 态的量子亏损中存在 10^{-3} 量级的差异,这一差异是 nd 量子亏损的 1/15。因此,一个 $m=0$、$m_s=1/2$ 态与一个 $m=1$、$m_s=-1/2$ 态之间的回避交叉效应几乎可以忽略不计。回避交叉中的 $\Delta m\neq 0$ 以非绝热方式穿越,在此过程中自旋的作用可以忽略不计,就像前面讨论的无自旋原子一样。在锂原子和氢原子中,精细结构间隔比钠原子小,高场精细结构的影响同样也可以忽略。

另外,在钾原子中,p 态的自旋轨道分裂足够大,以至于自旋轨道相互作用使得 $|m|=0$ 和 1 能级之间产生足够强的耦合,从而导致能级回避交叉不再是纯绝热的。这种能级交叉的穿越既不是单纯绝热也不是单纯非绝热的,会导致多个阈值场的出现。因此,相同能量的 $|m|=0$ 和 1 态显示出类似的多阈值场特性[19]。然而,光频可覆盖的 $|m|=2$ 态显

示出单纯绝热阈值,这是由于 nd 态的自旋轨道分裂较小及量子亏损较大。在铷原子和铯原子中,np 精细结构同样显著,所有光频可覆盖的态都观察到多个阈值,使得场电离成为一种选择性较低的检测技术[20]。

参考文献

1. F. B. Dunning and R. F. Stebbings, in *Rydberg States of Atoms and Molecules*, eds. R. F. Stebbings and F. B. Dunning (Cambridge University Press, Cambridge, 1983).

2. G. Leuchs and H. Walther, *Z. Phys. A* **293**, 93(1979).

3. T. F. Gallagher, L. M. Humphrey, W. E. Cooke, R. M. Hill, and S. A. Edelstein, *Phys. Rev. A* **16**, 1098 (1977).

4. T. H. Jeys, G. W. Foltz, K. A. Smith, E. J. Beiting, F. G. Kellert, F. B. Dunning, and R. F. Stebbings, *Phys. Rev. Lett.* **44**, 390(1980).

5. D. S. Bailey, J. R. Hiskes, and A. C. Riviere, *Nucl. Fusion* **5**, 41(1965).

6. D. A. Park, *Z. Phys.* **159**, 155(1960).

7. W. E. Cooke and T. F. Gallagher, *Phys. Rev. A* **21**, 580(1980).

8. J. L. Dexter and T. F. Gallagher, *Phys. Rev. A* **35**, 1934(1987).

9. W. E. Cooke and T. F. Gallagher, *Phys. Rev. A* **17**, 1226(1978).

10. J. R. Rubbmark, M. M. Kash, M. G. Littman, and D. Kleppner, *Phys. Rev. A* **23**, 3107(1981).

11. J. L. Vialle and H. T. Duong, *J. Phys. B* **12**, 1407(1979).

12. J. H. M. Neijzen and A. Donszelmann, *J. Phys. B* **15**, L87(1982).

13. R. G. Rolfes, D. B. Smith, and K. B. MacAdam, *J. Phys. B* 16, L533(1983).

14. W. van de Water, D. R. Mariani, and P. M. Koch, *Phys. Rev. A* **30**, 2399(1984).

15. G. B. McMillian, T. H. Jeys, K. A. Smith, F. B. Dunning, and R. F. Stebbings, *J. Phys. B* **15**, 2131 (1982).

16. T. H. Jeys, G. B. McMillian, K. A. Smith, F. B. Dunning, and R. F. Stebbings, *Phys. Rev. A* **26**, 335 (1982).

17. T. F. Gallagher, L. M. Humphrey, R. M. Hill, W. E. Cooke, and S. A. Edelstein, *Phys. Rev. A* **15**, 1937 (1977).

18. T. H. Jeys, K. A. Smith, F. B. Dunning, and R. F. Stebbings, *Phys. Rev. A* **23**, 3065(1981).

19. T. F. Gallagher and W. E. Cooke, *Phys. Rev. A* **19**, 694(1979).

20. T. F. Gallagher, B. E. Perry, K. A. Safinya, and W. Sandner, *Phys. Rev. A* 24, 3249(1981).

第 8 章

电场中的光激发

8.1 氢原子光谱

研究光激发过程时,以氢原子的基态为起点是一个很好的选择。光激发过程自然分为两种情况:一种是能量低于经典电离极限,在所有实际应用中,原子保持稳定的非电离状态;另一种是能量高于经典电离极限,此时光谱是连续的。

举一个例子,首先考虑将原子从基态激发到主量子数 $n = 15$ 的斯塔克能态,该激发光场能量足够低,不会引起 $n = 15$ 能态的显著电离。在第 6 章中介绍了斯塔克能态的能量,现在的目标是能够计算这些能级跃迁的相对强度。一种方法是利用抛物线坐标系进行计算,对于氢原子激发过程,这是一种有效方法;然而,这种方法不易推广到其他原子。因此,本章采用了另一种方法,根据式(6.18)或式(6.19),用量子数 nlm 表示 $n = 15 n n_1 n_2 m$ 斯塔克能态,并用更常见的球坐标系 nlm 态来表示跃迁偶极矩[1, 2]。

原子从基态被激发到主量子数 n 的斯塔克态时,通过偶极跃迁只能到达 p 能态组分,因此,平行于和垂直于静态场的极化光(即 π 极化和 σ 极化)的相对强度,与从 $n n_1 n_2 m$ 抛物线态到 $l = 1$ 且 $m = 0$ 和 1 的 nlm 态的跃迁系数的平方 $|\langle n n_1 n_2 m | nlm \rangle|^2$ 成正比。在图 8.1 中,通过跃迁系数的平方 $|\langle 15 n_1 n_2 m | 15 pm \rangle|^2$ 展示了 $m = 0$ 和 1 的相对强度。当激发光为 σ 极化时,跃迁分布从斯塔克分支的两侧平稳上升。另外,激发光为 π 极化时,跃迁分布则从斯塔克分支的两侧陡峭下降。当相邻 n 的流形重叠时,新 n 流形的开始在 π 极化光作用下更加明显。

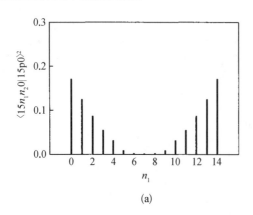
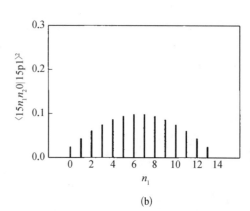

(a)　　　　　　　　　　　　　　(b)

图 8.1 当(a) $m = 0$ 和(b) $m = 1$ 时,$n = 15$ 抛物线坐标系 $15 n_1 n_2 m$ 态到球坐标系 15p 态的跃迁系数平方。值得注意的是,$m = 0$ 时 15p 态集中在斯塔克分支的边缘,但 $m = 1$ 时 15p 态集中在斯塔克分支的中心

为了更精确地描述上述现象,引入 $f_{nn_1m,\,n'l'm'}$ 表示从 $n'l'm'$ 态到 nn_1n_2m 态的振子强度,从 1s 态到 nn_1n_2m 态,振子强度可以表示为

$$f_{nn_1m,\,1s0} = |\langle nn_1n_2m \mid npm\rangle|^2 f_{npm,\,1s0} \tag{8.1}$$

其中, $f_{npm,\,1s0} = 2\omega |\langle npm \mid r_m \mid 1s0\rangle|^2$, $r_m = z$ 表示 π 极化,而 $(x\pm iy)/2$ 表示 $\sigma\pm$ 极化, ω 是光子能量; n_2 是多余的,不需要在振子强度的计算中使用该项。在式(8.1)中的两个因子中,第 1 个因子在某个 n 流形内变化,如式(6.19)和图 8.1 所示,第 2 个因子随 n^{-3} 而变化。

在斯塔克能态都是离散的情况下,上述的处理方法是完全适用的。然而,在电离的经典极限以上,当一些斯塔克态变成连续态且 n_1 和 n_2 的定义变得模糊时,上述处理方法不再适用。在这种情况下,解决这个问题的最简单方法是将其看作对连续态的激发。利用 n_1 是好量子数这一条件,计算所有能量为 W 的 n_1 连续态的振子强度,并将这些振子强度相加,从而得到总的振子强度。具体而言,式(8.1)类似的形式可以明确表示为[3]

$$\frac{\mathrm{d}f_{Wn_1m,\,1s0}}{\mathrm{d}W} = 2\omega |\langle Wn_1m \mid r_m \mid 1s0\rangle|^2 \tag{8.2}$$

对 n_1 求和可以得到总振子强度:

$$\frac{\mathrm{d}f_{Wm,\,1s0}}{\mathrm{d}W} = \sum_{n_1} \frac{\mathrm{d}f_{Wn_1m,\,1s0}}{\mathrm{d}W} \tag{8.3}$$

为了计算式(8.2)中的振子强度,将 Wn_1m 连续态转换为 Wlm 连续态,并计算在球坐标系中的激发。首先,将式(8.1)中表示的束缚球态和抛物线态之间的转换方法扩展到连续态中去。Fano[4] 和 Harmin[5] 已经指出了实现的具体方法。我们更关心原点附近 $E \neq 0$ 的斯塔克态波函数,因为在这个区域,与库仑场相比,外加场的影响可以忽略不计,也就是说 $r \ll 1/\sqrt{E}$ 。在这个区域中,具有相同能量和分离参数的 $E \neq 0$ 和 $E = 0$ 抛物线态的波函数在功能上是一样的,因此,可以用具有相同能量和分离参数 Z_1 、 Z_2 的零场模拟来代替 $E \neq 0$ 抛物线态的波函数。Harmin[2] 已经证明,在零场下,单位能量归一化的连续波函数为

$$\langle Wn_1m \mid Wlm\rangle = (-1)^l P_{lm}(Z_1 - Z_2) \tag{8.4}$$

其中, $P_{lm}(Z_1-Z_2)$ 是归一化关联勒让德多项式。根据第 6 章的内容,对于任何 W 、 E 和 m ,确定了 n_1 也就意味着确定了 Z_1 。

在 r 较小的区域,在相同分离参数下, $E = 0$ 和 $E \neq 0$ 波函数的唯一区别是归一化的不同。即对于小的 r 值,有

$$|Wn_1m\rangle_E = \frac{\sqrt{(C_{n_1}^m)} |Wn_1m\rangle_0}{\sqrt{C_{n_10}^m}} \tag{8.5}$$

其中, $C_{n_1}^m$ 是式(6.33)中定义的原点处的态密度; $C_{n_10}^m$ 是其零场对应项。假定终态 $l=1$,利

用式(8.4)、式(8.5)和偶极选择定则,式(8.2)的振子强度可以写为

$$\frac{\mathrm{d}f_{Wn_1m,\,1s0}}{\mathrm{d}W} = 2\omega \mid \langle Wn_1m \mid r_m \mid 1s0 \rangle \mid^2 P_{1m}^2(Z_1 - Z_2)\,\frac{C_{n_1}^m}{C_{n_10}^m}$$

$$= \frac{\mathrm{d}f_{W1m,\,1s0}}{\mathrm{d}W} P_{lm}^2(Z_1 - Z_2)\,\frac{C_{n_1}^m}{C_{n_10}^m} \tag{8.6}$$

很明显,上述表达式中的振子强度只是零场的振子强度乘以 $P_{1m}^2(Z_1 - Z_2)$,该项反映了随着 n_1 或 Z_1 变化的 p 轨道成分的大小,再乘以 $C_{n_1}^m/C_{n_10}^m$,该项反映了原点处 n_1 连续态的密度。零场散射截面和 $C_{n_10}^m$ 是随能量而非常缓慢变化的函数,因此任何结构变化都是由 $C_{n_1}^m$ 或 $P_{lm}^2(Z_1 - Z_2)$ 引起的。如图 6.7 所示,在远低于经典电离极限的区域,$C_{n_1}^m$ 由对应于好量子数 n_2 斯塔克态的 δ 函数组成,并且可用式(8.1)的方法计算光谱。在经典极限附近的区域,$C_{n_1}^m$ 的快速变化反映了更宽共振的存在,即通过隧穿电离的斯塔克态。而在经典极限以上,$C_{n_1}^m$ 的变化则相对平滑。图 8.2 中展示了在 1.5×10^{-5} a.u.(7.6×10^4 V/cm)的 π 极化场中从基态到 $n = 7 \sim 11$ 态的振子强度分布。图 8.2 中结果与图 8.1(a)类似。

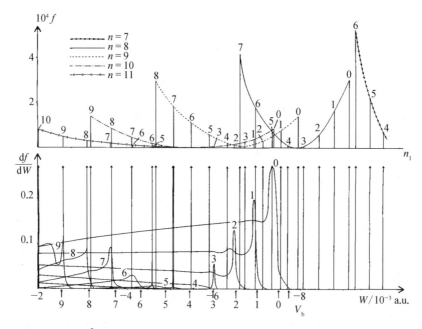

图 8.2 在强度 $E = 1.5 \times 10^{-5}$ a.u.的 π 极化($m = 0$)电场中,且能量小于无扰动原子电离势的情况下,氢原子从基态向 nn_1m 态跃迁的 n_1 连续态振子强度 $\mathrm{d}f_{Wn_1m,\,1s0}/\mathrm{d}W$(表示为 $\mathrm{d}f/\mathrm{d}W$)和束缚振子强度 $f_{nn_1m,\,1s0}$(表示为 f)。V_b 是鞍点模型中的临界能量;不同 n_1 值的抛物线临界能量 V_b 由数字箭头表示,数字代表 n_1 的值。连续振子强度 $\mathrm{d}f_{Wn_1m,\,1s0}/\mathrm{d}W$(靠下部的图)展现了宽度各异的共振现象。与准离散的上态相关的结构,尽管其宽度可以忽略,但对应于较大的 $\mathrm{d}f/\mathrm{d}W$,图中用一条线进行标记。这些共振可以用量子数 n、n_1 和 m 来标记。通过对共振的洛伦兹线形进行 $\mathrm{d}f/\mathrm{d}W$ 积分,可以确定振子强度的总值 f。总振子强度如靠上部的图所示;一条线连接不同的 n_1 值对应不同的总振子强度,但主量子数 $n = 7$($-\bullet-\bullet-$)、$n = 8$($—$)、$n = 9$($------$)、$n = 10$($-\cdot-\cdot-$)、$n = 11$($-\circ-\circ-$)的值保持不变。在 n_1 和 m 值相同时,每个曲线 $\mathrm{d}f_{Wn_1m,\,1s0}/\mathrm{d}W$ 中的最大值与定义好的 $f_{nn_1m,\,1s0}$ 相关[3]

$n = 7\sim9$ 的光谱与图 8.1(a) 相似。$n = 10$ 的较低斯塔克态($0 \leqslant n_1 \leqslant 3$)位于各 n_1 通道的经典极限附近,这标志着这些通道中连续吸收的开始。然而,$n = 10$ 的较高斯塔克能级 ($n_1 > 5$)表现为尖锐的线条。在 $n = 11$ 态中,只有最高能量的蓝移斯塔克态可识别为共振;较低的斯塔克态已经成为连续态吸收的一部分。图 8.2 中值得注意的重要一点是,不论末态是离散的还是连续的,与其中心相对应的吸收(其中 $n_1 = n_2 = n/2$, $Z_1 = Z_2 = 1/2$)总是很弱的。

图 8.3 展示了利用 σ 极化光实现将氢原子从基态激发到 $m = \pm 1$ 末态的振子强度。$7 \leqslant n \leqslant 9$ 的振子强度分布类似于图 8.1(b) 中的振子强度分布。当 $n = 10$ 时,在较低的斯塔克态中观察到连续光谱开始出现,但与图 8.2 所示不同,并不是在较高的斯塔克态中出现连续光谱。图 8.3 中,从基态到斯塔克分支中心跃迁的振子强度较为显著,而图 8.2 中从基态到斯塔克分支边缘跃迁的振子强度较为显著,这也是图 8.2 和图 8.3 的根本区别。

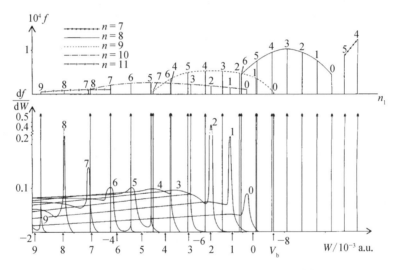

图 8.3　与图 8.2 相同,但为 σ 极化,且 $m = 1$[3]

在零场极限以上,原本不会期待光电离截面出现太多结构,但事实上存在一些规律性的振荡。这种振荡现象最早由 Freeman 等在铷原子从基态的光激发实验中观察到[6, 7]。他们用倍频脉冲染料激光器激发铷原子束,从而获得如图 8.4 所示的光谱。实验发现,采用 π 极化光可观察到振荡,但采用 σ 极化光则没有振荡。这种振荡不是铷原子特有的,在氢原子实验中也存在同样的现象,并且可以通过式(8.6)计算振子强度来描述这一现象。因为 εp 振子的强度变化非常缓慢,实际上可看作常数,所以信号中的调制显然来源于态密度 $C_{n_1}^m$ 和 $P_{lm}^2(Z_1 - Z_2)$ 的变化。

对于一个特定的 n_1,原点附近的态密度 $C_{n_1}^m$ 只在一系列的 Z_1 和 Z_2 所对应的能量范围内是非零的。虽然这一结论对所有 m 都成立,但当 $m = 1$ 时,计算能量范围会相对容易,在这种情况下,式(6.23)中的势能 $V(\xi)$ 和 $V(\eta)$ 表示为

$$V(\xi) = 2\left(-\frac{Z_1}{\xi} + \frac{E\xi}{4} \right) \tag{8.7a}$$

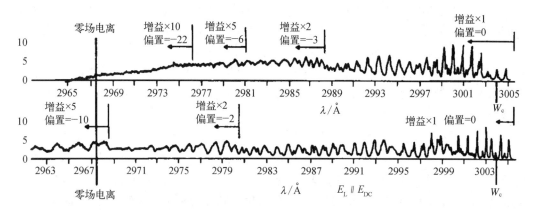

图 8.4 在 4 335 V/cm 电场作用下,铷原子中相对基态的光电离截面与激光波长的函数关系。注意相对增益和偏置的设定。当光的极化方向与电场平行时(即图中靠近下方的曲线),电场相关的共振结构超出了零场极限。而对于极化方向与电场垂直的光(即图中靠近上方的曲线),未观察到任何结构[6]

$$V(\eta) = 2\left(-\frac{Z_2}{\eta} - \frac{E\eta}{4}\right) \tag{8.7b}$$

从式(8.7a)可以明显看出,若 $Z_1 < 0$ 且能量接近电离极限时,电子在 ξ 运动过程中会被排除在原点之外。类似的,如果 $Z_2 < 0$,电子在 η 运动过程中也会被排除在原点之外。因此 $Z_1 = 0$ 和 $Z_2 = 0$ 代表 $C_{n_1}^1$ 有效值的极限。若仅从 Z_1 的角度考虑,则 $C_{n_1}^1$ 在 $0 \leq Z_1 \leq 1$ 时不为零。n_1 固定时,Z_1 随能量的增加而减小。可以用 WKB 近似估算 $Z_1 = 0$ 和 1 时对应的能量。观察式(6.22a)和式(6.23a),设:

$$\int_0^{\xi_m} \left(\frac{W}{2} + \frac{Z_1}{\xi} - \frac{E\xi}{4}\right)^{1/2} d\xi = \left(n_1 + \frac{1}{2}\right)\pi \tag{8.8}$$

其中,ξ_m 是经典外转折点,通过评估 $Z_1 = 0$ 和 1 时的外转折点,可以计算每个 n_1 值对应的能量 $C_{n_1}^m$ 的上能级和下能级束缚能[3, 8]。

图 8.5 展示了 $n_1 = 13$、$m = 0$ 和 $n_1 = 12$、$m = 1$ 时 $C_{n_1}^m$ 的计算值[3],正如预期的那样,在相似的能量范围内,两种情况下均呈现非零状态。但是,C_{13}^0 的边缘比 C_{12}^1 更尖锐。图 8.5 中还展示了正比于 $C_{n_1}^m P_{lm}^2(Z_1 - Z_2)$ 的振子强度 $df_{Wn_1m,1s0}/dW$。$P_{10}^2(Z_1 - Z_2)$ 在 $Z_1 - Z_2 = 0$ 时消失,并在 $Z_1 - Z_2 = \pm 1$ 处达到峰值,因此 $C_{n_1}^0$ 的边缘对 $m = 0$ 散射截面的峰值有贡献,而中心对 $m = 0$ 散射截面的峰值没有贡献。相比之下,当乘以 $P_{11}^2(Z_1 - Z_2)$ 时,$C_{n_1}^1$ 的中心贡献了一个宽峰。如图 8.6 所示,对所有 n_1 值的振子强度求和,n_1 通道 $m = 0$ 低能侧的尖峰仍然很明显,但是,$m = 1$ 通道的宽峰增加了几乎平坦的振子强度。检查图 8.5 中的 C_{13}^0 和 C_{12}^1,可能会认为 $C_{n_1}^0$ 相对尖锐的低能边缘本身将导致散射截面中的可观察结构。然而,正如 Luc - Koenig 和 Bachelier 所指出的,散射截面中的调制为 3%,远低于实验观察到的值[3, 9]。为了在实验中观测到振子强度的调制,需要同时考虑 $C_{n_1}^0$ 和 $P_{10}^2(Z_1 - Z_2)$ 值的变化。

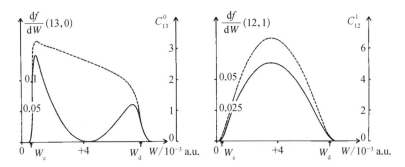

图 8.5　在外部电场 $E = 1.5 \times 10^{-5}$ a.u. 作用下且能量显著大于 0 时，基态氢原子的吸收光谱中态 $C_{n_1}^{m}$（用虚线表示）的部分密度和连续振子强度 $\mathrm{d}f_{W_{n_1 m}, 1s0}/\mathrm{d}W$ [如图中 $\mathrm{d}f(n_1, m)/\mathrm{d}W$ 所示，用实线表示] 随能量变化的比较，图示针对 $n_1 = 13$、$m = 0$ 和 $n_1 = 12$、$|m| = 1$，无扰动原子的电离势为零能点处。W_c 代表 n_1 通道变成连续态的能量，对应 $Z_1 \approx 1$ 和 $Z_2 \approx 0$。W_d 代表 $Z_1 \approx 0$ 和 $Z_2 \approx 1$ 时的能量[3]

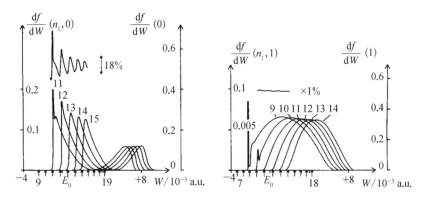

图 8.6　在外部电场 $E = 1.5 \times 10^{-5}$ a.u. 作用下，基态氢原子的吸收光谱中 $|m| = 0$ 和 1 时，连续振子强度 $\mathrm{d}f_{W_{n_1 m}, 1s0}/\mathrm{d}W$ [如图中 $\mathrm{d}f(n_1, m)/\mathrm{d}W$ 所示] 随能量的变化。图的顶部展示了总的振子强度 $\mathrm{d}f_{W_{n_1 m}, 1s0}/\mathrm{d}W$ [如图中 $\mathrm{d}f(0)/\mathrm{d}W$ 所示]；当 $m = 0$ 和 1 时，零场电离势的调制深度分别为 18% 和 1%[3]

如果我们只对零场极限附近的调制频率感兴趣，那么可以采用 Freeman 等[6, 7] 和 Rau[10] 所使用的不同方法来研究零场极限附近的调制频率。他们利用了 ξ 方向的运动是束缚的这一事实，找到了连续本征值之间的能量间隔。具体来说，他们使用了式(8.8)，即沿 ξ 方向的束缚运动的 WKB 量化条件，并通过对这一表达式进行微分，从而能够计算出相邻 n_1 态之间的能量间隔，这等同于在散射截面中观察到的振荡之间的能量间隔。对式(8.8)进行关于能量的微分运算：

$$\int_0^{\xi_m} \left(\frac{W}{2} + \frac{Z_1}{\xi} - \frac{E\xi}{4} \right)^{-1/2} \frac{\mathrm{d}\xi}{4} = \frac{\mathrm{d}n_1}{\mathrm{d}W} \pi \tag{8.9}$$

鉴于我们特别关注在 $W = 0$ 附近且 $Z_1 = 1$ 的结果，所以设定 $W = 0$ 和 $Z_1 = 1$，并且选择 $\xi_m =$

$2/\sqrt{E}$。代入 $\sin\theta = \dfrac{\sqrt{E}\xi}{2}$ 进行积分计算,得到:

$$\frac{\mathrm{d}W}{\mathrm{d}n_1} = 3.70E^{3/4} \tag{8.10}$$

根据实验室所用的单位,当 $E = 4\,335$ V/cm 时,$\mathrm{d}W/\mathrm{d}n_1 = 22.5$ cm^{-1}。换句话说,在电离极限 $W = 0$ 附近,n_1 相邻值的 $C_{n_1}^1$ 连续光谱的高能边缘之间的间距与 $E^{3/4}$ 成正比。如图 8.4 所示,式(8.10)正确描述了散射截面中振荡的频率。

Reinhardt 提出了另一种计算光谱的方法[11],即使用波包方法,如图 8.4 所示。其基本思想是,激光在原点(更精确地说,在基态的体积中)产生一个波包,该波包从原点向外沿径向进行传播。如果波包遇到势垒,如高场侧的斯塔克势,波包就会被反射。如果波包在激光脉冲期间返回原点,则会产生驻波,从而导致散射截面的调制。调制的强度取决于返回到原点的波包的比例有多大。这一解释也说明了为什么只有在 π 极化的情况下才出现调制。在 π 极化情况下,一半的电子优先在 $+z$ 方向的高场中射出,并反射回原点。而在 σ 极化的情况下,没有电子在高场方向被射出,也没有电子被反射回原点。

Gao 等采用了一种计算强场混合光谱的相关方法[12]。他们开始计算的方式与 Reinhardt 相同,首先计算在原点由光吸收产生的光电子的出射量子力学波函数。在距离原子核 $50a_0$ 处,出射的波前被转换成经典轨迹,这些轨迹与波前垂直。然后按照经典轨迹传播。向高场方向的部分轨迹被反射回原点,在轨迹接近原点之前,被转换回量子力学波前,以重建量子力学波函数。返回波函数与出射波函数的相消干涉和相加干涉共同导致了强场混合光谱中的调制现象。这种方法不仅准确地反映了钠原子中的调制深度,还精确标定了强场混合共振的最大值和最小值的位置[12]。这些量是式(8.9)和式(8.10)所展示的 WKB 方法中未明确给出的。

Sandner 等[13]的研究证明:光电离截面中的振荡并非仅从 s 态开始,其他初始态中同样可以观察到这种振荡现象。他们使用双色激光作用于钡原子 $6s^2 \to 6s6p \to 6s\varepsilon s, 6s\varepsilon d$ 跃迁,在电场中观察到了钡原子激发态 $6s6p$ 的光激发。他们使用了 π-π、π-σ、σ-π 和 σ-σ 的四种线极化方式,而图 8.7 展示了 σ-π 和 π-π 光谱。在 $W = 42\,117$ cm^{-1} 和 $41\,841$ cm^{-1} 处,可以观察到双激发态特征,电离极限为 $42\,035$ cm^{-1}。对于 π-π 极化,可以观察到强振荡;对于 σ-σ 极化,可以观察到弱振荡。对于 σ-π 和 π-σ 极化,没有观察到振荡。π-π 和 σ-σ 谱中的振荡来自对 $\varepsilon d\,m = 0$ 连续态的激发(到 s 连续态的振荡强度要弱得多,可以忽略)。对于图 8.7(b)中的 π-π 光谱,类似于式(8.6)的表达式如下:

$$\frac{\mathrm{d}f_{Wn_10,\,6p0}}{\mathrm{d}W} = \frac{\mathrm{d}f_{Wd0,\,6p0}}{\mathrm{d}W} P_{20}^2(Z_1 - Z_2)\frac{C_{n_1}^0}{C_{n_10}^0} \tag{8.11}$$

式(8.6)和式(8.11)之间唯一的函数差异在于勒让德多项式,$P_{20}^2(Z_1 - Z_2)$ 在 $Z_1 - Z_2 = \pm 1$ 处的峰值甚至比在 $P_{10}^2(Z_1 - Z_2)$ 处的峰值更为明显。因此,在振荡强度中,式(8.11)比式(8.6)更强调 $C_{n_1}^1$ 的能量较低的一侧。相应地,图 8.7(b)中的 π-π 振荡比图 8.4 的 π 光谱中的振荡更明显。对于 σ-π 和 π-σ 极化,类似于式(8.11)的表达式包含 $P_{21}^2(Z_1 -$

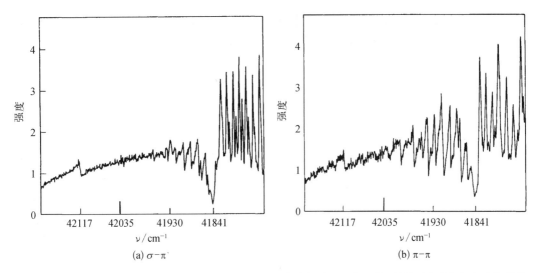

图 8.7　在 4.8 kV/cm 电场中,通过共振双光子吸收经由中间态 $6s6p\,^1P_1$ 得到的钡原子的实验吸收谱信号:(a)为 $\sigma\text{-}\pi$ 极化的情形;(b)为 $\pi\text{-}\pi$ 极化的情形[13]

Z_2);而对于 $\sigma\text{-}\sigma$ 极化,表达式包含了 $P_{20}^2(Z_1-Z_2)$ 和 $P_{22}^2(Z_1-Z_2)$,且后者占主导地位。$P_{21}^2(Z_1-Z_2)$ 和 $P_{22}^2(Z_1-Z_2)$ 均未在 $Z_1-Z_2=1$ 时达到峰值,并且在 $\pi\text{-}\sigma$ 或 $\sigma\text{-}\pi$ 谱中没有观察到振荡,在 $\sigma\text{-}\sigma$ 谱中也只有一个小的振荡分量。

在氢原子中,利用强电场不可能从 1s 态以外的角动量态激发里德堡态,所有其他态都被转换为斯塔克态,从而导致红移和蓝移里德堡斯塔克态的激发出现明显的不对称性。考虑 $n=2$, $m=0$ 斯塔克态的激发,很容易理解这种不对称性。在红移态下,电子位于质子的 $-z$ 侧;在蓝移态下,电子位于质子的 $+z$ 侧。因此,毫不奇怪,红移态的光激发主要产生红移态,蓝移态的光激发主要产生蓝移态。采用一个简单方法,可以定量地表达这一概念。用 $n=2\,|\,nlm\rangle$ 态来表示氢原子 $m=0$, $n=2\,|\,\psi_{nn_1m}\rangle$ 斯塔克态。具体形式如下:

$$|\psi_{200}\rangle = |\psi_{\mathrm{red}}\rangle = \frac{1}{\sqrt{2}}(|2s0\rangle + |2p0\rangle) \tag{8.12a}$$

$$|\psi_{210}\rangle = |\psi_{\mathrm{blue}}\rangle = \frac{1}{\sqrt{2}}(|2s0\rangle - |2p0\rangle) \tag{8.12b}$$

在计算这两个抛物线态的光激发截面时,必须将 $n=2$ 态的 s 和 p 部分的跃迁振幅进行相干相加。举例来说,在远低于电离所需场的情况下,考虑激发主量子数 n 的 $m=0$ 斯塔克态。跃迁的相对强度由类似于式(8.1)和式(8.2)的表达式给出。具体来说,从 $n=2$ 且 $m=0$ 斯塔克态激发到 nn_1n_20 态的振子强度 $f_{nn_10,\,2n'0}$ 由式(8.13)给出:

$$\begin{aligned}
f_{nn_10,\,2n'0} = 2\omega\,\frac{1}{2}\big[&\langle nn_1n_20\,|\,np0\rangle\langle np0\,|\,z\,|\,2s0\rangle\\
&\pm\{\langle nn_1n_20\,|\,ns0\rangle\langle ns0\,|\,z\,|\,2p0\rangle\\
&+\langle nn_1n_20\,|\,nd0\rangle\langle nd0\,|\,z\,|\,2p0\rangle\}\big]^2
\end{aligned} \tag{8.13}$$

其中,+和-符号分别表示红移 ($n_1' = 0$) 和蓝移 ($n_1' = 1$) 的 $n = 2$ 且 $m = 0$ 态。利用表达式 (6.19) 的相关勒让德多项式表示变换系数,式 (8.13) 可写为

$$f_{nn_10,\,2n_1'0} = \frac{2\omega}{n}\left\{(-1)P_{10}\left(\frac{n_1 - n_2}{n}\right)\langle np0 \mid z \mid 2s0\rangle \pm \right.$$
$$\left. \left[P_{00}\left(\frac{n_1 - n_2}{n}\right)\langle ns0 \mid z \mid 2p0\rangle + P_{20}\left(\frac{n_1 - n_2}{n}\right)\langle nd0 \mid z \mid 2p0\rangle\right]\right\}^2 \quad (8.14)$$

当 $n \to \infty$ 时,$\langle np0|z|2s0\rangle$、$\langle ns0|z|2p0\rangle$ 和 $\langle nd0|z|2p0\rangle$ 分别为 $3.83 \times n^{-3/2}$、$1.11 \times n^{-3/2}$ 和 $3.95 \times n^{-3/2}$[14]。因此,在式 (8.14) 的三项之间,主要干涉存在于 np 和 nd 分量之间。 $P_{10}[(n_1 - n_2)/n]$ 和 $P_{20}[(n_1 - n_2)/n]$ 都在 $(n_1 - n_2)/n \approx \pm 1$ 处有其最大幅值,因此它们的干涉在斯塔克分支中的极端蓝移 ($n_1 \approx n$) 和极端红移 ($n_1 \approx 0$) 态下最为显著。由于 $P_{20}[(n_1 - n_2)/n]$ 在 $(n_1 - n_2)/n \approx \pm 1$ 时为正,但 $P_{10}[(n_1 - n_2)/n]$ 的符号随 $(n_1 - n_2)/n$ 变化,根据初始态 $n = 2$ 是蓝移还是红移,蓝移或红移终态的激发振幅进行相干或相消。

图 8.8 中展示了从红移和蓝移 $n = 2$ 斯塔克态到 $n = 15$ 斯塔克态的振子强度图,即 $f_{15n_10,\,2\pm0}$ 的数据,其中假设 ω 的零场值为 0.123。如图 8.8 所示,从红移 $n = 2$ 态开始,主要激发红移 $n = 15$ 态,而从蓝移 $n = 2$ 态开始,主要激发蓝移 $n = 15$ 态。从红移而不是蓝移 $n = 2$ 斯塔克态激发的结果只是反转了斯塔克分支激发的不对称性。

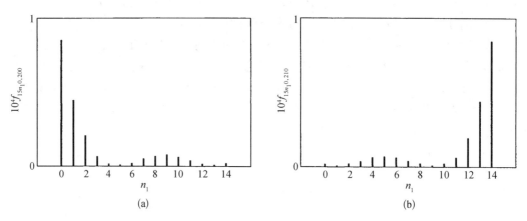

图 8.8 从 (a) 红移斯塔克态:$n = 2$,$n_1 = 0$,$m = 0$;(b) 蓝斯塔克态:$n = 2$ 和 $n_1 = 1$,$m = 0$ 到 $n = 15$ 和 $m = 0$ 斯塔克态的振子强度计算结果

在更强的磁场中,从红移和蓝移态激发的差异开始变得更加明显。由于红移态比蓝移态更容易电离,在从红移 $n = 2$ 态激发时比从蓝移 $n = 2$ 态激发时预期能更快、更突然地观察到连续光谱的开始,Rottke 和 Welge[15] 及 Glab 等[16] 的研究都证实了这一点。Rottke 和 Welge 首先利用真空波长为 1 216 Å 的固定频率紫外激光器,将原子束中的氢原子激发到 $n = 2$ 四个斯塔克态中的一个,然后使用第二个可调谐激光器将氢原子从选定的 $n = 2$ 斯塔克态激发到零场极限区域。实验是在 5~10 kV/cm 的静电场中进行的,在扫描第二束激光的波长时,可以通过电离检测激发到里德堡态的电子,探测到的原子离子化速率为 $5 \times 10^5 \text{ s}^{-1}$ 或者更快。图 8.9 和图 8.10 中展示了将红移和蓝移 $n = 2$ 且 $m = 0$ 斯塔克态作为中间态获得的光谱。

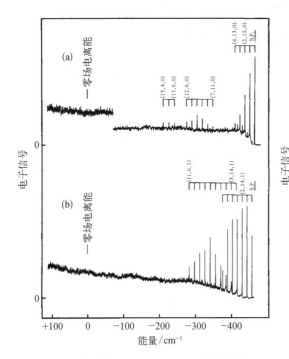

图 8.9　在场强为 5 714 V/cm 时，红斯塔克态（$n=2$，$n_1=0$，$m=0$）在第二束激光为（a）π 和（b）σ 极化下观察到的光谱。注意这是连续谱上的尖锐峰[15]

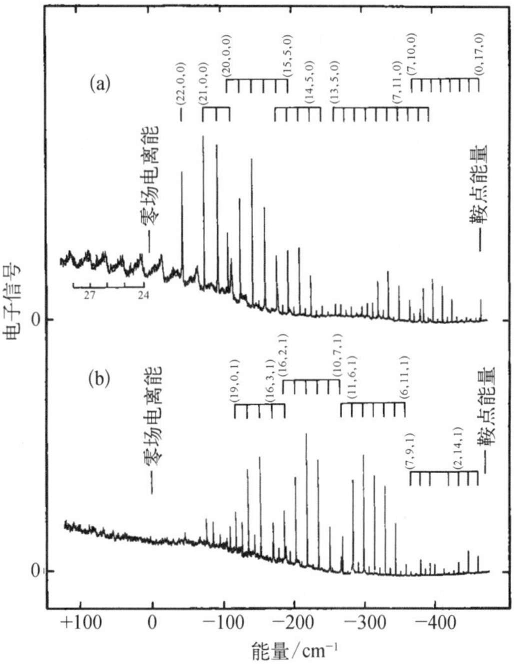

图 8.10　在场强为 5 714 V/cm 时，氢原子蓝移斯塔克态（$n=2$，$n_1=0$，$m=0$）在第二束激光为 π 极化（a）和 σ 极化（b）下观察到的光谱。注意从极端蓝移斯塔克态到强场耦合共振的进展[15]

图 8.9（a）是将红移 $n=2$ 斯塔克态作为中间态，扫描第二个 π 极化激光获得的光谱。如图所示，光谱主要由红移斯塔克态的连续激发组成。最显著的特征是 $n=18$ 斯塔克态，其 n_1 值相对较低，刚好位于经典电离极限上方。图 8.10（a）展示了以蓝移 $n=2$ 斯塔克态作为中间态，扫描 π 极化获得类似的激发光谱。图 8.9（a）和图 8.10（a）之间存在几个显著的区别。首先，图 8.10（a）中没有急剧开始的连续激发，而是逐渐增长的连续激发。其次，出现了许多更尖锐的激发态，大多位于斯塔克分支的蓝移侧。根据图 8.8，可以合理地认为主要是蓝移态受到激发。蓝移态比红移态明显得多，这是因为蓝移态的电离率不会像红移态在图 6.8 中所示的那样随电场迅速增加。最后，需要注意的是，图 8.10（a）清楚地显示了极端蓝移斯塔克态向强场混合共振的演化过程。如等式（8.10）所述，共振间隔为 $E^{3/4}$，但在这种情况下，调制深度比从初始球谐态开始时更深。同样的原因导致图 8.8 中红移和蓝移终态中的不对称。从 $n=2$ 且 $m=0$ 红移和蓝移斯塔克态到 n_1 连续态的振子强度由式（8.15）给出：

$$
\frac{\mathrm{d}f_{Wn_10,\,2n_1'0}}{\mathrm{d}W} = 2\omega\,\frac{C_{n_1}^0}{C_{n_10}^0}\big[\,(-1)P_{10}(Z_1-Z_2)\langle\varepsilon p0\,|\,z\,|\,2s0\rangle
$$

$$
\pm\,(P_{00}(Z_1-Z_2)\langle\varepsilon s0\,|\,z\,|\,2p0\rangle + P_{20}(Z_1-Z_2)\langle\varepsilon d0\,|\,z\,|\,2p0\rangle)\big]^2 \quad (8.15)
$$

其中，+ 和 - 符号分别表示从红移（$n_1'=0$）和蓝移（$n_1'=1$）$n=2$ 态开始的激发。

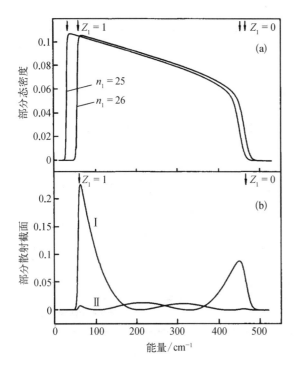

图 8.11 （a）电场强度为 5 714 V/cm 条件下，在零场电离阈值之上计算的 $n_1 = 25$ 和 26 量子数 $m = 0$ 末态的态密度 $C_{n_1}^0$ 随能量变化，$Z_1 = 0$ 和 1 的位置如图中箭头所示。（b）电场强度为 5 714 V/cm 条件下，从 $n = 2$ 的抛物线态 210（蓝移态）和 200（红移态）激发到量子数 $n_1 = 26$ 态的振子强度计算值，能量区间 $W \geqslant 0$。曲线 I：$\mathrm{d}f_{Wn_10,\,210}/\mathrm{d}W$，曲线 II：$\mathrm{d}f_{Wn_10,\,200}/\mathrm{d}W$ [15]

观察式（8.15），可以发现，除了常数因子外，式（8.15）只是式（8.14）的连续形式，或者如图 8.8 所示乘以 $C_{n_1}^0$。图 8.11 中 $C_{n_1}^0$ 和振子强度的变化，进一步证实了这一点。对于 $n = 2$ 蓝移初始态，图 8.8 中在 $n_1 = n$ 或 $Z_1 = 1$ 处出现峰值，对应于 $C_{n_1}^0$ 的尖锐低能边缘，如图 8.11（b）的曲线 I 所示。相反，对于红移初始态，图 8.8 在 $n_1 = 0$ 或 $Z_1 = 0$ 时出现峰值，对应于 $C_{n_1}^0$ 的高能侧逐渐倾斜的部分，如图 8.11（b）的曲线 II 所示。当多个 n_1 通道的振子强度相加时，光谱中 $n = 2$ 蓝移态的振荡比 1s 态的光谱中的振荡强，而红移 $n = 2$ 态的光谱中的振荡几乎消失。

从以上分析可以得出这样的结论：强场混合共振是从极端的蓝移斯塔克态演化而来的，可以将其能量写成电场中的一阶形式：

$$W = -\frac{1}{2n^3} + \frac{3n^2 E}{2} \qquad (8.16)$$

由式（8.16）可以得出 $W = 0$ 时共振的能量间隔为 $E^{3/4}$。

8.2 非氢原子光谱

非氢原子的光激发在许多方面类似于氢原子的光激发。例如，在铷、钡和钠中观察到的强场混合共振，利用氢原子理论可以很好地描述[6,7,13]。然而，并非所有的非氢原子的光激发光谱特征都能通过类氢原子理论进行充分的解释，接下来我们将详细探讨其中的差异。为了更好地理解这些差异，可以将光谱分为三个区域：低于经典电离极限的区域、高于经典电离极限但低于零场电离极限的区域，以及高于零场电离极限的区域。

在经典电离极限以下，所有态都是有效束缚，从低能 nlm 态激发斯塔克态的概率的计算方法，与氢原子的计算方法相同。具体来说，将所关注的斯塔克态投影到零场 l 态上，并将从低能态激发的振幅进行叠加。不过，有一点需要注意，我们无法使用式（6.19）计算从斯塔克态到 nlm 态的转换。

在图 8.12 中，锂原子从 3s 能态激发到 $n = 15$ 且 $m = 0$ 态，这为跃迁系数与类氢原子对应值的偏差提供了极好的说明。图 8.12 所示的光谱由 Zimmerman 等[17]通过使用两个脉

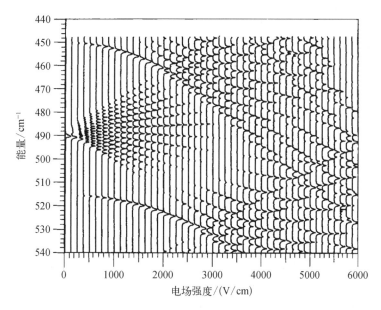

图 8.12　从初始激发的 3s 态到 $m=0$ 斯塔克态的锂原子光谱。谱线的强度正比于每一个斯塔克态的 15p $m=0$ 特征的数量[17]

冲染料激光器将原子束中的锂原子从基态经 2p 态激发到 3s 态获得。随后,第三个平行于场极化的染料激光器驱动从 3s 态到里德堡态的跃迁,并通过频率扫描产生图 8.12 中的光谱。在激发后,应用场脉冲进行场致电离来检测里德堡原子。由于只可探测斯塔克态的 p $m=0$ 分量,可以预期得到如图 8.1 所示斯塔克态中振子强度的分布状态与场无关。如图 8.12 所示,在高达 1 500 V/cm 的电场中,所有斯塔克态都被激发,此时图谱不再类似于图 8.1(a) 中所示的 $m=0$ 模式而是更类似于图 8.1(b) 中所示的 $m=1$ 模式。此外,该模式不再与场无关;当 $E > 1\,500$ V/cm 时,斯塔克分支边缘附近成分的激发消失,仅在更高场条件下重新出现。

在这种能级离散的情况下,可以通过矩阵对角化计算跃迁的强度,就像计算能量一样,这只是计算哈密顿量的特征向量及其特征值的问题。例如,为了计算图 8.12 所示光谱中的强度,将每个斯塔克态中的 np 振幅乘以连接 3s 态和 n'p 态的矩阵元:

$$f_{nn_10,\,3s0} = 2\omega \left| \sum_{n'} \langle nn_1n_{20} \mid n'p0 \rangle \langle n'p0 \mid z \mid 3s0 \rangle \right|^2 \tag{8.17}$$

通常只有一个 n' 值是真正重要的。例如,对于图 8.12 中的 $n = 15$ 态,只有式(8.17)中的 $n' = 15$ 项才能产生显著影响。如 Zimmerman 等的研究所示,这种方法能够准确预测出如图 8.12 所示的强度[17]。

如图 8.12 所示,即使是较小的锂离子实,也会产生 0.3 的 s 态量子亏损,从而使锂原子 $m=0$ 的光谱与氢原子 $m=0$ 光谱产生根本性的差异。对于更大的量子亏损,这种差异会更为显著,如图 6.11 和图 6.12 中钠原子 $m=0$ 和 1 态的能级图所示。当 $E > l/3n^5$ 时,钠原子 $m=0$ 能级的能量与类氢原子能级没有明显的关系。此外,通常很难从中识别出任何模式。尽管如此,通过标度能谱技术,还是能够发现钠原子与氢原子光谱之间的相似

性。该技术的基本概念如下：从经典物理角度看，场 Ez 中氢原子的哈密顿量为

$$H = p^2/2 - 1/r + Ez \tag{8.18}$$

其中，p^2 是电子的动量，遵循经典的标度定律。如果作下列代换：

$$\begin{cases} \tilde{r} = rE^{1/2} \\ \tilde{p} = pE^{-1/4} \\ \tilde{E} = 1 \end{cases} \tag{8.19}$$

那么：

$$\tilde{H}(\tilde{p}, \tilde{r}, 1) = H(p, r, E)/\sqrt{E} \tag{8.20}$$

并且标度能量 $\tilde{W} = W/\sqrt{E}$。Eichmann 等[18]通过同时扫描电场和激发激光的波长以保持 $\tilde{W} = -2.5$，获得了恒定标度能量 $\tilde{W} = -2.5$ 下的钠光谱，该标度能量略低于经典电离极限 $\tilde{W} = -2.0$。他们使用沿场方向线性极化的激光，在光束中将钠原子激发到 $3p_{1/2}$ 或 $3p_{3/2}$ 态。通过这种极化，产生 $m = 0$ 和 1 的 3p 原子。然后，通过扫描第二束激光的频率，将原子从 $3p_j$ 态激发到 $\tilde{W} = -2.5$ 态，同时扫描场以保持 $\tilde{W} = 2.5$。激光激发后，向原子施加场电离脉冲，使其电离，并将产生的离子加速向探测器运动。根据激光频率绘制的光谱呈现出大量令人困惑的线条，难以解释。然而，当对其进行傅里叶变换，以经典作用量 S 为变量呈现光谱时，其表现出令人惊讶的规律性，并且与为氢原子计算的傅里叶变换频谱非常相似。

图 8.13 很好地说明了这一点。图 8.13(a)中通过第二个激光极化获得所测傅里叶变换光谱，主要产生 $m = 2$ 的终态。图 8.13(a)中通过实验得到的光谱与图 8.13(b)的理论光谱非常相似，该理论光谱是针对氢原子 2p $m = 1$ 态到 $m = 2$ 态的激发计算的（当然，不可能观察到此类跃迁）。由于钠原子 $m = 2$ 态几乎是类氢的，图 8.13(a)和 8.13(b)主要证明了在已知测试用例中理论计算和实验结果的一致性。图 8.13(c)中的光谱为第二束激光 π 极化时的情形，终态为 $m = 0$ 和 1。该实验光谱类似于图 8.13(d)，即从氢原子 2p $m = 1$ 态开始的 $\Delta m = 0$ 跃迁的计算光谱，最大差异出现在作用数 S 的最高值处。

在经典电离极限以上，氢原子中稳定的蓝移态与红移连续态简并。在氢原子中，两者是不耦合的，但在任何其他原子中却是耦合的。这是自电离的一种形式，已经描述了这种耦合如何导致电离[19]。类似地，这种耦合还会在激发振幅中产生干涉现象，进而形成自电离态激发光谱中常见的非对称 Beutler-Fano 线形[20]。最终，电子会进入红移连续态，但电子可以通过直接激发或通过蓝移态到达连续态，这两条路径的振幅相互干涉。由于蓝移态的激发强度在整个态中发生变化，连续态的相位在整个过程中发生 π 相位变化，因此在某些点上，两个振幅相等且符号相反，导致散射截面消失。当然，如果有第二个非相互作用的连续态，可以提供一个恒定的散射截面，那么总散射截面在任何能量下都不会消失[20]。

图 8.14 展示了在 158 V/cm 电场中铷原子的 $m = 0$ 态下观察到的非对称 Beutler-Fano 线形[21]。Feneuille 等[21]使用单模脉冲染料激光器在准直光束中激发铷原子，从而获得图 8.14 的光谱，通过倍频以提供 40 MHz 线宽的 UV 脉冲。原子在静电场中被激发，形成的铷离子通过静电场加速进入粒子探测器。

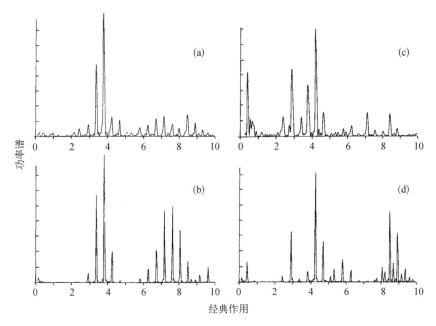

图 8.13　以原子单位表示的经典作用 S 与测量的 3p 态钠原子光激发截面功率谱之间的关系：（a）σ 极化和（c）π 极化，并计算了（b）氢原子在 2p $m=1$ 态的 σ 极化下的功率谱，以及（d）在 2p $m=1$ 态的 π 极化下的功率谱。所有情况均对应固定标度能量 $\tilde{W}=W/\sqrt{E}=-2.5$[18]

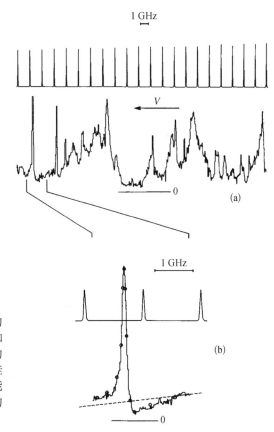

图 8.14　（a）在激发能量为 33 614 cm^{-1} 附近的 158 V/cm 静态场和平行于场的光极化条件下，铷原子基态的光电离光谱；（b）典型非对称线形的示例。图中的点表示与 Beutler - Fano 包络的最佳拟合结果，这种拟合是基于离子化背景随激发能量线性变化的假设（虚线所示）。间隔 1.3 GHz 的法布里-珀罗干涉条纹提供了频率标度[21]

如图 8.14 所示,在高于经典电离极限的大多数斯塔克光谱中,从来不存在一个孤立的共振。相反,常见的是不规则的共振混杂现象。例如,在图 8.15 中,显示了在电场 $E =$ 3.59 kV/cm 的电离极限附近观察[22]到的和计算[23]得到的光谱。图 8.15(a)的实验光谱由 Luk 等[22]获得,他们同时使用两个染料激光脉冲,将钠原子束从 $3s_{1/2}$ 态激发到 $3p_{3/2}$ 态,然后达到电离极限。两束激光的极化方向与场平行,在扫描第二束激光的波长时,收集光激发产生的离子。图 8.15(a)的结果光谱是 $m = 0$ 和 $m = 1$ 终态的组合,因为 3p 态的自旋轨道分裂间隔为 17 cm^{-1},远大于激光脉冲持续时间的倒数。对于理论研究人员来说,重现如图 8.15(a)所示的完整实验光谱是一项艰巨的挑战,因为无法采用解释图 8.14 的孤立共振方法来解释整个光谱。然而,Harmin 的态密度方法[23]在再现实验光谱方面非常成功,如图 8.15(b)所示。态密度理论是量子亏损理论在斯塔克效应中的一种应用形式,它同样能够很自然地解释电离率的变化,这是发生在所有三个或更多通道系统中一种非常普遍的效应[24]。

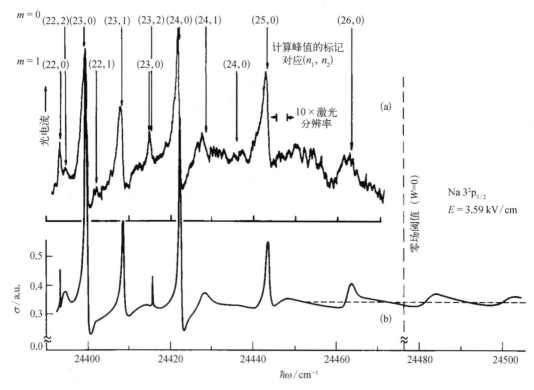

图 8.15 (a) 在 $E = 3.59$ kV/cm 电场中的钠原子 $3^2p_{3/2}$ 态,在其阈值附近 0.01 eV 范围内的实验光谱与光子能量 $\hbar\omega$ 的关系[21]。填充 $3p_{3/2}$ 态的激光和第二次扫描的激光都是平行于静电场极化的。注意图中 $m = 0$ 和 1 的斯塔克共振 (n_1, n_2) 的标记。(b) 态密度理论计算的散射截面,展示了 $m = 0$ 和 1 终态[23]

在态密度理论中,空间被划分为三个区域。当 $r < r_0$ 时,外场的影响可以忽略,当 $r > r_c$ 时,离子实的电势可以忽略不计。因此,只有在区域 $r_c < r < r_0$ 这个特定区域内,电势才呈现出纯粹的库仑势特性。也正是在这个特定的区域内,我们才能够在球谐波函数和抛物线波函数之间自由变换。在 $r < r_c$ 的区域,非库仑势将 δ_l 的径向相移引入球谐波函数

中,结果是,波函数由 $r_c < r < r_0$ 区域中规则库仑函数和不规则库仑函数的线性组合给出。在该区域,球坐标中的波函数由式(8.21)给出:

$$\psi = \frac{P_{lm}(\theta)\,\mathrm{e}^{im\theta}}{\sqrt{2\pi}}\big[\cos\delta_l rf(r) + \sin\delta_l rg(r)\big] \tag{8.21}$$

其中,$f(r)$ 和 $g(r)$ 是规则和不规则库仑函数。由于 g 函数在原点处是不规则的,很明显,波函数不能用在原点处规则的抛物函数来表示。Harmin 提出了关于 ξ 的规则函数和关于 η 的不规则函数的抛物线波函数,具体如下[23]:

$$\psi \sim \chi_1(\xi)\big[\chi_2(\eta)\cos\delta_s + \bar\chi_2(\eta)\sin\delta_s\big]\frac{\mathrm{e}^{im\theta}}{\sqrt{2\pi}} \tag{8.22}$$

其中,$\bar\chi_2(\eta)$ 是方程(6.22b)的 $\chi_2(\eta)$ 的不规则解,对 $r > r_c$ 有效。在经典允许区域,$\chi_2(\eta)$ 是振荡的,与式(8.21)形式的 $\bar\chi_2(\eta)$ 球谐波函数呈 90° 相移,可投影到式(8.22)形式的抛物线波函数上。关于式(8.22),有两点需要注意。首先,通过将等式(8.21)的球谐波函数转换为等式(8.22)的抛物线波函数,实现相位 δ_s 与零场量子亏损相关。其次,由于同时存在规则函数和不规则函数 $\chi_2(\eta)$ 和 $\bar\chi_2(\eta)$,式(8.22)中的波函数不是正交归一的。当与式(8.22)类似的波函数满足正交归一并且根据这些正交归一化波函数重新表达球谐波函数时,变换中会包含正交归一化的终态之间的干涉项。这些项导致在非氢原子的激发光谱中观察到的干涉现象。如果所有的量子亏损都为零,那么这些项就会消失。

参考文献

1. D. A. Park, Z. *Phys.* **159**, 155(1960).
2. D. A. Harmin, in *Atomic Excitation and Recombination in External Fields*, eds. M. H. Nayfehand C. W. Clark(Gordon and Breach, New York, 1985).
3. E. Luc Koenig and A. Bachelier, *J. Phys. B* **13**, 1769(1980).
4. U. Fano, *Phys. Rev. A* **24**, 619(1981).
5. D. A. Harmin, *Phys. Rev. A* **24**, 2491(1981).
6. R. R. Freeman, N. P. Economou, G. C. Bjorklund, and K. T. Lu, *Phys. Rev. Lett.* **41**, 1463(1978).
7. R. R. Freeman and N. P. Economou, *Phys. Rev. A* **20**, 2356(1979).
8. D. terHaar, *Problems in Quantum Mechanics*(Pion, London, 1975).
9. E. Luc-Koenig and A. Bachelier, *Phys. Rev. Lett.* **43**, 921(1979).
10. A. R. P. Rau, *J. Phys. B* **12**, L193(1979).
11. W. P. Reinhardt, *J. Phys. B* **16**, 635(1983).
12. J. Gao, J. B. Delos, and M. C. Baruch *Phys. Rev. A* **46**, 1449(1992).
13. W. Sandner, K. A. Safinya, and T. F. Gallagher, *Phys. Rev. A* **23**, 2448(1981).
14. H. A. Bethe and E. A. Salpeter, *Quantum Mechanics of One and Two Electron Atoms*(Academic Press, New York, 1957).
15. H. Rottke and K. H. Welge, *Phys. Rev. A* **33**, 301(1986).
16. W. L. Glab, K. Ng, D. Yao, and M. H. Nayfeh, *Phys. Rev. A* **31**, 3677(1985).

17. M. L. Zimmerman, M. G. Littman, M. M. Kash, and D. Kleppner, *Phys. Rev. A* **20**, 2251(1979).

18. U. Eichmann, K. Richter, D. Wintgen, and W. Sandner, *Phys. Rev. Lett.* **61**, 2438(1988).

19. M. G. Littman, M. M. Kash, and D. Kleppner, *Phys. Rev. Lett.* **41**,103(1978).

20. U. Fano, *Phys. Rev.* **124**, 1866(1961).

21. S. Feneuille, S. Liberman, J. Pinard, and A. Taleb, *Phys. Rev. Lett.* **42**,1404(1979).

22. T. S. Luk, L. DiMauro, T. Bergeman, and H. Metcalf, *Phys. Rev. Lett.* **47**, 83(1981).

23. D. A. Harmin, *Phys. Rev. A* **26**, 2656(1982).

24. W. E. Cooke and C. L. Cromer, *Phys. Rev. A* **32**, 2725(1985).

第9章

磁　场

关于磁场对里德堡原子的影响,相关研究已有超过 50 年的历史。事实上,Jenkins 和 Segre 关于原子抗磁性的实验,称得上是首批研究大尺寸里德堡原子的实验之一[1],而 Garton 和 Tomkins 在 30 年后再次研究这一课题时,他们出乎意料地观察到了准朗道共振现象[2]。如今,为了探索经典混沌初态的量子对应物,磁场作用下的原子已经成为一个绝佳的系统。

9.1 抗磁性

对于方向沿 z 轴的磁场 B 中的氢原子,其哈密顿量可写为

$$H = \frac{p^2}{2} - \frac{1}{r} + A(r)\boldsymbol{L} \cdot \boldsymbol{S} + \frac{\boldsymbol{L} \cdot \boldsymbol{B}}{2} + \boldsymbol{S} \cdot \boldsymbol{B} + \frac{1}{8}(x^2 + y^2)B^2 \tag{9.1}$$

其中,B 的单位为 2.35×10^5 T 或 2.35×10^9 G;$A(r)$ 是描述自旋轨道耦合的函数,x、y、z 是电子相对于质子的笛卡儿坐标,电子-质子的距离为 $r = \sqrt{x^2 + y^2 + z^2}$。由 $(x^2 + y^2) \propto n^4$,可以看出抗磁项与线性磁场项的比值正比于 n^4B,且对于 1 T 的磁场,其在 $n = 22$ 时有 $n^4B = 1$。如果 $n^4B \ll 1$,我们完全可以忽略式(9.1)中的二次抗磁项。此时,磁效应的大小与处于具有相同角动量的低能激发态时的磁效应大小几乎相同,仅存在一处细微差异。精细结构间隔随 $1/n^3$ 递减,而 $A(r)$ 与 r^3 成反比,因此在里德堡态的低场强 B 场中比在低激发态中更容易实现帕邢-巴克效应(Paschen-Back regime),此时自旋 S 与轨道 L 解耦。

如果 $n^4B \geqslant 1$,那么式(9.1)的二次项不可忽略。在这种情况下,可以合理假设 L 和 S 完全解耦,这样 S 及自旋轨道相互作用 $A(r)\boldsymbol{L} \cdot \boldsymbol{S}$ 都可以忽略。由此,哈密顿量为

$$H = \frac{p^2}{2} - \frac{1}{r} + \frac{\boldsymbol{L} \cdot \boldsymbol{B}}{2} + \frac{1}{8}(x^2 + y^2)B^2 \tag{9.2}$$

这一哈密顿量具有围绕 z 轴的旋转对称性,并保持宇称不变(奇偶性不变)。由于 m 和宇称是守恒的,电场中宇称不守恒,此时的耦合态比在电场中更少。但由于系统是不可参量分离的,难以通过解析方法求解。

如果将抗磁项改写为 $H_D = 1/8r^2\sin^2\theta B^2$,那么可以明显看出 H_D 的非零矩阵元满足 $\Delta l = 0, \pm 2$ 及 $\Delta m = 0$ [3],但这里对 Δn 并无限制。矩阵元的显式形式是[4]

$$\langle nlm \mid r^2 \sin^2\theta \mid n'lm \rangle = 2\frac{(l^2 + l - 1 + m^2)}{(2l - 1)(2l + 3)}\langle nl \mid r^2 \mid n'l \rangle \tag{9.3a}$$

以及：

$$\langle nlm \mid r^2\sin^2\theta \mid n(l+2)m \rangle = \left[\frac{(l+m+2)(l+m+1)(l-m+2)(l-m+1)}{(2l+5)(2l+3)^2(2l+1)} \right]^{1/2}$$
$$\times \langle nl \mid r^2 \mid n'(l+2) \rangle \tag{9.3b}$$

r^2 的对角矩阵元为 $\langle r^2 \rangle$ 的期望值，由式(9.4)给出[5]：

$$\langle nl \mid r^2 \mid nl \rangle = \langle r_{nl}^2 \rangle = \frac{n^2}{2} \left[5n^2 + 1 - 3l(l+1) \right] \tag{9.4}$$

氢原子中，所有具有相同量子数 n 的 l 态都是简并的，而且抗磁相互作用通过 $\Delta l = 2$ 的矩阵元耦合了所有具有相同宇称的 l 态，所以对于任何非零场的描述，l 不是一个好量子数。如果我们考虑氢以外的其他原子，其低 l 态能量移除并保留高 l 态，那么抗磁效应的第一个证据就来自 H_D 的对角矩阵元，且根据式(9.2)，我们可以预期，里德堡能级会相对于其零场能时的能级发生能移，能移量为[3]

$$\Delta W = \frac{mB}{2} + \frac{B^2}{8} \langle nlm \mid r^2\sin^2\theta \mid nlm \rangle \tag{9.5}$$

如果将 $\langle r_{nl}^2 \rangle$ 近似取为 $5n^4/2$，那么对于可从基态通过光学方法获取的里德堡 p 态，ΔW 可表示为

$$\Delta W = \frac{mB}{2} + \frac{B^2}{8} (1 + m^2) n^4 \tag{9.6}$$

$m = \pm 1$ 的两个态由于线性能移的作用而发生劈裂，且其抗磁能移量是 $m = 0$ 态的 2 倍。

对于碱金属原子，式(9.5)和式(9.6)给出的能移不适用于高场强情况，因为 $\Delta l = 2$ 的矩阵元将不同的 l 态耦合在一起，进而产生高阶能移。根据二阶微扰理论可知，能移正比于 $n^{11}B^4$，这表明式(9.5)和式(9.6)使用的范围是有限的。在以往的研究中，抗磁效应能产生对应多个 l 的本征态的区域，这个区域称为混合 l 域。在氢原子中，该区域起始于 $B = 0$，而在碱金属原子中，该区域起始条件与 l 相关。当场强进一步增加，直至抗磁能移超出 n 的间隔时，即达到 n 混合区域，此时本征值同时取决于 n 和 l [1, 3]。

抗磁性现象最早是由 Jenkins 和 Segre 发现的[1]。他们使用位于回旋加速器磁铁两极之间的 30 in(1 in ≈ 2.54 cm)蒸汽柱观察了钠和钾的吸收谱。磁场为 27 kG，足以在 $n \approx 20$ 条件下产生明显的抗磁效应。然而，他们只在钠元素上获得了理想的结果。对于钾元素，他们只能在蒸气压足够高以至于谱线发生展宽时才能观察到高阶成分。钾的库珀最小值处于电离极限，这降低了高 np 态的吸收[6]。在钠元素的研究中，可观察到 $m = 0$ 和 ± 1 能移，以及式(9.6)给出适用于 $n = 25$ 及以下的 $m = \pm 1$ 分裂，当 $n = 25$ 时，由于 l 混合效应，实际能移大于式(9.6)所给出的值。钠的 np 态位于 $n - 1$ 的高 l 态之上，且由于 $\Delta l = \pm 2$ 的抗磁耦合，其能级被抬升。虽然 Jenkins 和 Segre 无法解析其他磁态，但对于他们观察到的较高 n 态($n > 25$)，在谱线的波长较长方向有清晰可见的尾部，这表明有其他磁态位于 np 态之下。

在利用激光技术进行的实验中,可以解析磁能级并显示能级的具体结构。Zimmerman 等的工作就是一个很好的例子[7]: 利用超导螺线管产生的磁场,激发出钠原子的里德堡态。该实验中,一束加热的钠蒸气沿着磁场方向移动,并被两束脉冲激光穿过。第一束激光极化方向垂直于磁场,波长能够激发原子的 $3s_{1/2}$ 基态至 $m_j = 3/2$ 的 $3p_{3/2}$ 态,该态仅包含 $m = 1$。第二束激光的极化方向与磁场平行,能够驱动原子跃迁至 $m = 1$ 的偶宇称里德堡能级。在激光激发后,采用 2 kV/cm 的电场脉冲作用 1 μs 后使里德堡原子电离,释放的电子被加速到 10 keV,并用表面势垒探测器检测。在记录电子信号的同时,通过扫描第二个激光的波长,在固定磁场强度下记录光谱。图 9.1 显示了在高达 6 T 的磁场下的光谱,图中的数据中有几个明显的特征。首先,观察到的跃迁频率能移与磁场强度的平方成正比。3p 态和 $m = 1$ 里德堡态具有相同的线性能移,因此不存在线性能移。其次,观测到的能级位置与通过矩阵对角化计算得到的能级位置之间的吻合度非常好。最后,对于一个给定的 n,抗磁态集合中的高能态谱系具有最大的振子强度,因此具有最大的 d 轨道特征量。根据 Kleppner 等的观点[4],这两种特性很可能同时出现。由于低 l 态具有最大的经典外转折点,在具有最大抗磁能移的态中可能会更为显著。图 9.1 还揭示了另一点重要信息:至少对于图 9.1(b)所示的范围,观察到的不同 n 值的 $m = 1$ 偶宇称能级是交叉的,而对于图 9.1(c)所示的 $m = 0$ 偶宇称能级则不交叉。$m = 0$ 能级包含具有较大量子亏损的 s 态。在与氢相似的 $m = 1$ 偶宇称态中的能级交叉表明,这其中存在着与电场中氢能级性质类似的对称性或守恒量。

正如 Solov'ev 所指出的[8],如果磁场强度足够低,使得库仑力占主导地位,那么除了 L_z 和宇称外,还存在近似的运动常数。其中的第一项 Λ 可表示为[8-10]

$$\Lambda = 4A^2 - 5A_z^2 \tag{9.7}$$

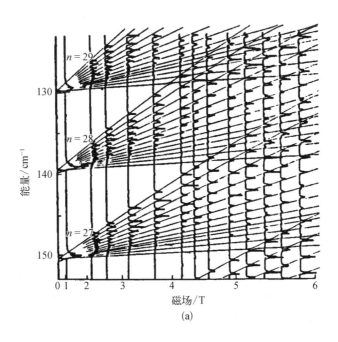

(a)

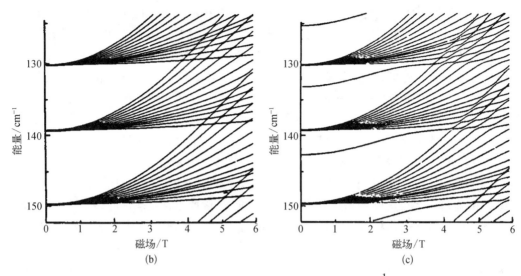

图 9.1 钠原子的抗磁性结构。(a) $n = 28$ 附近偶宇称能级 $m = 0$, $m_s = \frac{1}{2}$ 的实验测量激发曲线。可调谐激光器在图示能量范围内扫描。能量零点为电离极限。激发原子电离产生的信号显示为水平峰值。水平尺度与场强的平方成正比。图中叠加的细线是理论计算的能级,激光器的非线性导致理论与实测值的偏差。(b) 非线性场下的理论计算激发曲线。(c) 条件同(b)相同,但是为 $m = 0$ 偶宇称态的理论激发曲线。注意非简并 s 态的存在对回避交叉有很大的影响[7]

其中, A 为龙格-楞次矢量,满足 $A = p \times L - r/r$,其方向为经典椭圆轨道的半长轴方向。第二项 Q 可表示为[8-10]

$$Q = \frac{L^2}{1 - A^2} \tag{9.8}$$

在纯库仑势中,如在氢原子或碱原子的高 m 态中,轨道的简并度非常高,因此相对容易在众多简并库仑轨道中产生具有近似常数 Λ 和 Q 的轨道[9]。当 $\Lambda > 0$ 时, A 围绕 z 轴转动, A 位于 x-y 平面附近。相比之下,当 $\Lambda < 0$ 时, A 围绕 z 轴摆动,且 A 方向大致指向 z 轴。 Λ 值越大,运动越集中在 x-y 平面,且抗磁能量偏移越大。对于特定的 n 态, $\Lambda > 0$ 到 $\Lambda < 0$ 的转变具有两个可观察的特征。首先,能级间隔大致与 $|\Lambda|$ 成正比,在 $\Lambda \approx 0$ 时最小。其次,对于 $\Delta m = 0$ 的跃迁,从低能态到 $\Lambda \approx 0$ 时的振子强度最小,而当 Λ 取最大和最小值时振子强度最大,此时 A 在 x-y 平面并沿 z 轴方向。Clark 和 Taylor[11]、Cacciani 等[10]的计算和实验清楚地证明了上述两个特征。他们使用平行于 B 极化的激光,在 1.94 T 的磁场中观察到了从锂基态到锂高能态 $m = 0$ 奇宇称态的单光子跃迁。他们的实验方法与 Zimmerman 等的研究具有相同的本质,区别是他们从基态驱动了一个单光子跃迁,而不是双光子。锂的奇宇称 $m = 0$ 态的最大量子亏损是 np 态的量子亏损,其值为 0.05,因此这些态是类氢的。实验测量光谱及理论计算的类氢光谱和锂光谱如图 9.2 所示。在物理学中,通常用 K 值来标记磁态,其中 $K = 1$ 是最高能量状态, $K = 15$ 是最低能量状态。 $K = 1$ 时 $\Lambda = 3.5$, $K = 15$ 时 $\Lambda = -1.0$, $K = 12$ 时 $\Lambda = 0$。 在图 9.2 中,显然在 $K \approx 12$ 时谱线最弱且最为接近,此时 $\Lambda = 0$。

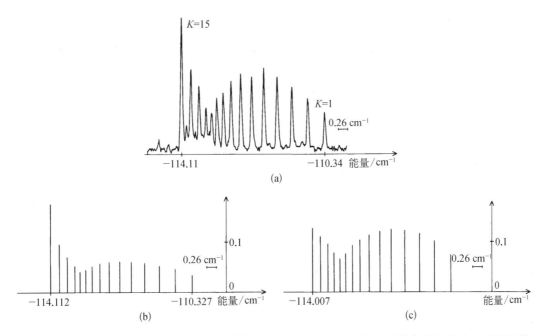

图 9.2　$n = 31$ 多重态在 π 激发下的抗磁结构（$B = 1.94\,\mathrm{T}$）。（a）锂原子的实验记录；（b）锂原子抗磁光谱的计算结果；（c）氢原子对应的理论计算光谱[10]

9.2　准朗道共振

　　在 Jenkins 和 Segre[1] 进行研究的 30 年后，Garton 和 Tomkins[2] 观察了钡蒸气在 25 kG 电磁场两级间的吸收光谱。在零场条件下，他们能够分辨量子数达 75 的 np 能级，而在磁场作用下，他们更是观察到了独立的抗磁能级，如图 9.1 所示。他们验证了：在 l 混合区以下的场中，np 态的 $m = 0$ 和 ±1 能移如式（9.6）所示。他们的研究中，最吸引人的部分则是观察到了高于电离极限的准朗道共振。图 9.3 中展示了一个示例，这里可以明显看到激光极化垂直于磁场的 σ 光谱中存在调制，并且这种调制现象延伸至零场极限以外。峰值之间的能量间隔为

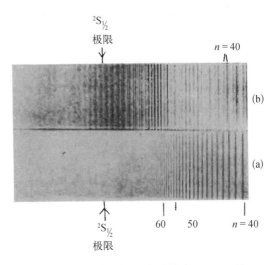

图 9.3　钡原子中的抗磁塞曼效应。（a）零场；（b）共振区域延伸至（a）中电离连续区域的 σ 极化[2]

$$\Delta W = \frac{3}{2}\hbar\omega_c \tag{9.9}$$

其中，ω_c 为回旋频率，其值为 eB/m。这个间距比磁场中自由电子的朗道能级间距高出

50%,这一发现令人惊讶。

虽然哈密顿矩阵的直接对角化对于数目有限的态很有效,如图 9.1 所示,但显然不适用于此种情况。由 Edmonds[12] 提出、Starace[13] 优化的 WKB 方法更为有效。利用方位对称性,Starace 在柱坐标中写出了无自旋里德堡电子的波函数[13]:

$$\psi(\rho, \phi, z) = \frac{1}{\sqrt{\rho}} f(\rho, z) e^{im\phi} \tag{9.10}$$

将这一波函数代人薛定谔方程,可以得到 $f(p, z)$ 的表达式:

$$\frac{\partial^2 f(\rho, z)}{\partial^2 \rho^2} + \frac{\partial^2 f(\rho, z)}{\partial^2 z^2} + 2[W' - V(\rho, z)] f(\rho, z) = 0 \tag{9.11}$$

其中,

$$W' = W - \frac{mB}{2}$$

且:

$$V(\rho, z) = \frac{1}{2} \frac{(m^2 - 1/4)}{\rho^2} - \frac{1}{\sqrt{\rho^2 + z^2}} + \frac{B^2 \rho^2}{8}$$

Edmonds 和 Starace 指出[12, 13],原子在原点附近被激发,其只能沿 $\pm z$ 方向逃逸。在 x-y 平面的运动是受限制的,而这很可能是准朗道共振的来源。为了找到共振的位置,可以完全忽略 z 方向的运动,只计算 x-y 平面运动的能量谱线。应用 Bohr-Sommerfeld 量化条件可以得到:

$$\int_{\rho_1}^{\rho_2} \left(2W' - \frac{m^2}{\rho^2} + \frac{2}{\rho} - \frac{B^2 \rho^2}{4} \right)^{1/2} d\rho = \left(n + \frac{1}{2} \right) \pi \tag{9.12}$$

其中,n 为整数,且考虑到描述的是二维空间[14],式(9.11)的离心项 $m^2 - 1/4$ 被 m^2 代替。式(9.12)中,ρ_1 和 ρ_2 分别是内部和外部的经典转折点。准朗道共振的间隔可通过对式(9.12)进行微分得到,具体如下:

$$\frac{dn}{dW} = \frac{1}{\pi} \int_{\rho_1}^{\rho_2} \left(2W' - \frac{m^2}{\rho^2} + \frac{2}{\rho} - \frac{B^2 \rho^2}{4} \right)^{-1/2} d\rho \tag{9.13}$$

计算式(9.13)以得到共振间隔 $\Delta W = \frac{dW}{dn}$,发现当 $W' = 0$ 时有

$$\Delta W = \frac{dW}{dn} = \frac{3}{2} B \tag{9.14}$$

从图 9.4 中可以看出,当能量上升到电离极限以上时,共振间隔从 $(3/2)\hbar\omega_c$ 缓慢下降至 $\hbar\omega_c$。

最令人着迷的问题是如何将图 9.3 中的准朗道共振与低能量下的抗磁结构相联系,在这里的抗磁结构可以根据单个磁场状态来理解,如图 9.1 和图 9.2 所示。Fonck 等[15, 16]

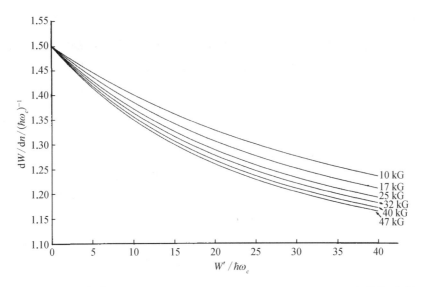

图 9.4 不同磁场值（$B = 10\,\text{kG}$、$17\,\text{kG}$、$25\,\text{kG}$、$32\,\text{kG}$、$40\,\text{kG}$、$47\,\text{kG}$）条件下，阈值以上能量间隔 $\mathrm{d}W/\mathrm{d}n$ 与能量 W' 的关系图。$\mathrm{d}W/\mathrm{d}n$ 和 W' 的单位都是回旋能量，$\hbar\omega_c = \hbar(eH/mc)$。当 $W' \to \infty$ 时，$(\mathrm{d}W/\mathrm{d}n)/\hbar\omega_c \to 1$ [13]

和 Economou 等[17]利用磁场中原子蒸气的激光激发和里德堡原子碰撞电离产生的离子探测解决了这个问题。利用双光子激发，Fonck 等[15, 16]在锶原子中观察到与图 9.3 相似的 $m = 0$ 共振和在钡原子中不那么清晰的共振。Economou 等[17]在圆极化光下观察到单光子铷的 $5\text{s} \to n\text{p}$ 跃迁和双光子铷的 $5\text{s} \to n\text{d}$ 跃迁。图 9.5 所示为在 $55.5\,\text{kG}$ 的场中，铷原子 $m = -2$ 态，$5\text{s} \to n\text{d}$ 的双光子激发谱系。在 $n = 25$ 时，有一个容易识别的共振。当 n 增加到 35 时，单个共振分裂成几个峰，这些峰仍可分组识别。最后在 $n = 42$ 处观察到电离极限的准朗道共振。图 9.5 清楚地表明，每一个准朗道共振都是一系列共振的一部分，每个共振都与单个 n 态相关。

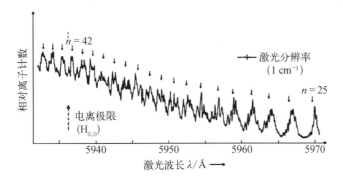

图 9.5 数据显示在 $55.5\,\text{kG}$ 场强处（$B = 0$ 时的 $5\text{s} \to n\text{d}$ 谱系），铷原子的 $m = -2$ 偶宇称能级。水平轴表示激光波长。向下的箭头表示 WKB 模型预测的共振位置[17]

通过修改式（9.12）的 WKB 表达式，可以得出正确的库仑能量，Economou 等[17]成功地重现了观测到的峰的能量，范围是从低于 $350\,\text{cm}^{-1}$（对应 $n = 25$）到高于零场电离极限 20 cm⁻¹。

这些实验清楚地表明，n 态演化为准朗道共振。在更高分辨率的实验中，Gay 等[18] 和 Castro 等[19] 发现，实际上是最高能量的抗磁态演化到准朗道共振位置处。Gay 等[18] 利用超导螺线管磁场中的热离子二极管研究了铯原子的 $m = 3$ 类氢态。Castro 等[19] 使用与图 9.1 相同的技术记录了钠原子 $m = -2$ 偶宇称态的光谱，只不过这两个激光器都采用了相同的圆极化。图 9.6 中给出了这些偶宇称态在 4.2 T 场中的光谱。箭头指明了从 $n = 35$ 开始的连续 n 的最高磁能级的位置。这显然是频谱的主要特征，能级之间的间隔以回旋频率为单位，在零场电离极限下，明显收敛于准朗道共振间隔的 3/2 位置。与图 9.6 所示的 $m = -2$ 谱相反，在类似的 $m = -1$ 谱中，Castro 等观察到每个 n 的许多磁能级受到近似相等地激发。这两种观察结果都与 Clark 和 Taylor 的计算[11] 相符。

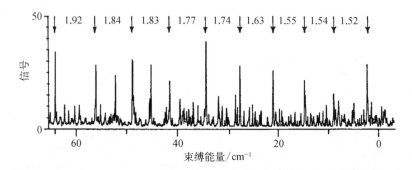

图 9.6 在 4.2 T 的磁场中，通过激光激发和场电离观测到的钠原子的 $m = -2$ 态准朗道谱。箭头指示的是准朗道能级，即各主量子数对应的最高能量磁态。中间峰值是由其他能级产生的。箭头之间的数字表示以 $\hbar\omega_c$ 为单位的能级间隔。WKB 理论分析预测在 $W = 0$ 时的间隔为 1.5，且随着束缚能的增加而增加，这一预测与观测数据相符。由于激光波动的影响，相对强度并不可靠[19]

如果现在回顾 Garton 和 Tomkins 最初的实验，我们不禁会问为什么他们没有看到 π 极化的共振现象。那么，从更普遍的视角上看，究竟在什么情况下才能够观察到准朗道共振呢？这个问题显然类似于在电场中看到强场混合共振[20]。这就要求每个 n 的磁能级所覆盖的能量范围在电离极限上重叠，只有当振子强度集中在少数几个高能磁态时，朗道共振现象才会变得明显。确切地说，振子强度在不同原子间的分布方式各不相同，并且高度地依赖于所涉及能级的量子亏损。然而，对于类氢系统，$|\Delta m = 1|$ 比 $\Delta m = 0$ 单光子跃迁更有可能满足相关要求。

9.3 准经典轨道

虽然 Edmonds[12] 和 Starace[13] 的二维处理方法可以用来解释从束缚态发展出的准朗道共振，但这种方法没有提供除共振位置以外的其他信息。例如，这种方法无法告诉我们共振的宽度，因为 z 方向的运动被忽略了。此外，使用这种方法，不能确定是否存在与 $x-y$ 平面外的运动相对应的共振。考虑到这些问题，Reinhardt[21] 建议使用波包方法来解决第

8 章中描述的问题。波包方法不仅成功地再现了准朗道共振[21]，而且更重要的是，它提供了一种寻找运动不位于 $x-y$ 平面情况下所对应共振的方法。这些波包概念证明是非常有价值的，尤其是对于理解 Holle 等[22]在后续实验中观察到的氢准朗道频谱，其实验条件为氢粒子束沿 6T 的磁场方向传播。他们利用真空紫外激光器，将氢原子的 1s 态激发至精细 2p$m = 0$ 或 1 态，然后用另一个线宽为 $0.1\sim0.3$ cm^{-1} 的紫外激光器，将氢原子激发至 $m = 0$、1 或 2 的末态。激光束以 90° 方向穿过原子束。氢原子在平行于磁场的 1 V/cm 的电场中被激发，由里德堡原子释放的电子漂移出相互作用区，并被加速到 6 keV，最终被表面势垒探测器所记录。

他们在探测 $m = 0$ 的末态时，使两束激光的极化方向与电场方向一致，他们观察到熟悉的准朗道共振，其间隔为 $3\omega_c/2$。然而，当氢原子通过 2p $m = 1$ 中间态激发至 $m = 1$ 末态时，这些共振就不存在了，他们只观察到了间隔为 $0.64\omega_c$ 的共振。在最后的 $m = 0$ 末态，振荡在 $3\omega_c/2$ 处更为明显，但在 $m = 1$ 末态，振荡间隔为 $0.64\omega_c$ 的共振则不那么明显，尽管数据在 2 cm^{-1} 范围上进行了平滑处理。这种周期性在频谱的傅里叶变换中更加明显，如图 9.7 所示。在图 9.7(b) 中，共振间隔 $0.64\omega_c$ 对应的峰值较为明显。

这种共振最初是通过扩展 Reinhardt 的波包概念来确定的[21]。Holle 等意识到波包会沿着电子的经典轨迹演化，于是寻找了离开原点的电子在 9.5 ps，即 $1/2\pi$ $(0.64\omega_c)$ 时间内返回的经典轨迹。他们发现具有这种回归或回转时间的轨道不位于 $x-y$ 平面，因此不能通过 Edmonds – Starace 方法[12, 13]进行预测。

很明显，只有当轨道的回转时间短于激发激光的相干时间时，才有可能观察到这些共振。考虑到这一点，Main 等[23]将其光谱分辨率提高了 5 倍，从而能够在傅里叶变换光谱中看到新的共振，且其回转时间

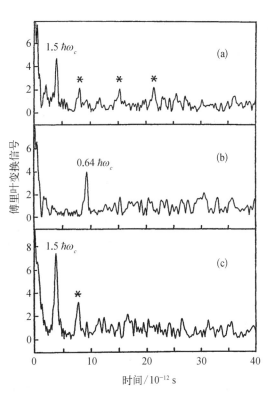

图 9.7　强度为 $B = 6T$ 的条件下，电离极限附近电磁场中的氢原子巴耳末谱系双光子共振激发光谱的傅里叶变换，通过单独选择 $n = 2$ 的 $m = 0$ 和 $m = \pm1$ 亚磁态进行激发，激发至偶宇称的 m 末态。(a) $m = 0$；(b) $m = +1$；(c) $m = +2$，加上 $m = 0$ 的某些混合态（$\approx25\%$）。分辨率约为 0.3 cm^{-1}[22]

更长，如图 9.8 所示，其中 T_c 是回旋加速器轨道的回转时间。因为频谱是由明显的随机线组成，所以没有显示频谱与调谐能量关系。尽管如此，图 9.8 中的傅里叶变换频谱还是显示出清晰的峰值，这些峰值可能与回归原点的经典轨道有关。在图 9.9 中，展示了与图 9.8 的傅里叶谱中的峰值相对应的轨道。如图 9.9 所示，只有原点处的准朗道共振（$\nu = 1$）轨道在 $x-y$ 平面上。

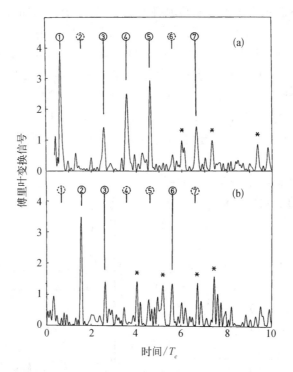

图9.8 在5.96 T磁场中分辨率为0.07 cm^{-1}的氢原子光谱的傅里叶变换。(a) 初态2pm = 0，末态m = 0偶宇称态；(b) 初始态2pm = -1，末态m = -1偶宇称态。在这两种情况下，绝对值的平方值数据都被绘制出来。圈出的数字对应于图9.9所示的经典轨道[23]

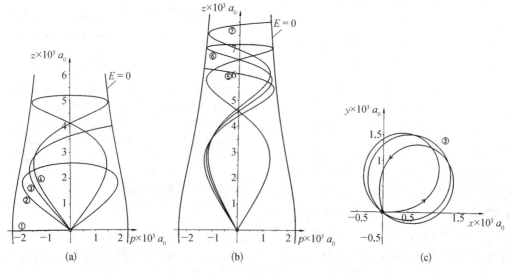

图9.9 (a)、(b)：能量$\widetilde{W}$ = 0时电子运动的闭合轨迹计算结果，对应图9.8所示的前7个共振。最终态在所有情况下都是m = 0。图中描绘了$p-z$平面上的投影，并展示了等势面W = 0。(c)：第3类在W = 0处的闭合轨迹，投影到$x-y$平面上。最终态仍为m = 0[23]

Du 和 Delos 采用了一种具有启发性的光谱混合计算方法[24]。他们首先设定一个位于原点的量子力学波包,然后让它传播到 $r = 50a_0$ 处,利用波包的相位波前的法线来定义经典电子轨迹。然后追踪这些经典轨迹,一些轨迹被反射回原点,当轨迹回到 $r = 50a_0$ 时,它们被用来构建入射波包的相位波前。由此产生的入射波包可以与入射波包在原点处形成相长或相消干涉,导致总波函数的振幅变化及相应变化的光电离散射截面。他们的结果与 Main 等的实验结果[23]高度吻合。

对于图 9.8 的傅里叶变换谱中的共振,可以通过找到回归原点的经典轨道来预测,这一发现为我们寻找经典轨道提供了新的思路。Wintgen 和 Friedrich[25,26]提出,如果经典哈密顿量可以表示为以下形式:

$$H = \frac{p^2}{2m} - \frac{1}{r} + \frac{1}{8}B^2\rho^2 \tag{9.15}$$

然后引入标度变量:

$$\tilde{\boldsymbol{r}} = \gamma^{2/3}\boldsymbol{r} \tag{9.16a}$$

以及:

$$\tilde{\boldsymbol{p}} = \gamma^{-1/3}\boldsymbol{p} \tag{9.16b}$$

其中,$\gamma = B/2.35 \times 10^5$ T(γ 为 B 转换为原子体系单位所得),那么可以得到:

$$H(\tilde{\boldsymbol{r}}, \tilde{\boldsymbol{p}}, \gamma) = \gamma^{2/3}H(\boldsymbol{r}, \boldsymbol{p}, \gamma = 1) \tag{9.17}$$

将半经典量子化条件应用于经典闭合轨道周围的作用量,可得[25-27]

$$\frac{1}{2\pi}\oint \tilde{p}_\rho\mathrm{d}\tilde{\rho} + \tilde{p}_z\mathrm{d}\tilde{z} = n\gamma^{1/3} = C_i \tag{9.18}$$

其中,C_i 为闭合轨道的标度作用量。由于作用量是随着标度能量而变化的,形式如 $\tilde{W} = W\gamma^{-2/3}$,如果标度能量是固定的,那么可能的作用量频谱就是一个整数乘以 $\gamma^{1/3}$。

通过保持 $\tilde{W} = W\gamma^{-2/3}$ 不变,Holle 等[27]对 $B^{-1/3}$ 或 $\gamma^{-1/3}$ 进行线性扫描,以观察标度能量谱。对实验测得的谱线进行傅里叶变换后,他们得到图 9.10 所示的傅里叶变换谱,图中清晰峰值的能量间隔为 $\gamma^{-1/3}$。该光谱的标度能量为 $\tilde{W} = -0.45$,对应的能量范围为 $-77.7\ \mathrm{cm}^{-1} \leqslant W \leqslant -54.3\ \mathrm{cm}^{-1}$,场强范围 5.19 T $\geqslant B \geqslant$ 3.03 T。在这个标度能量下,经典轨道呈现规则的频谱分布规律。然而,在较高的标度能量 $\tilde{W} \approx -0.1$ 下,图 9.10 的峰值分裂为多个峰值,图中展示的规律性消失,这通常称为经典混沌的初始态。

虽然标度能谱的成功表明原子的行为在电离极限附近确实会趋于经典混沌态,但更高的分辨率揭示了一个令人惊讶的有序结构。Iu 等[28]研究了沿磁场方向传播的锂原子束 $m = 0$ 的奇宇称态。他们利用双光子激发将锂原子从基态 2s 激发到 3s 态,然后以 30 MHz 分辨率实现单光子激发 3s→np 跃迁。他们在电离极限附近观察到令人惊讶的规

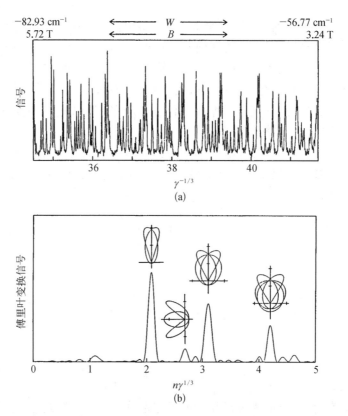

图 9.10 （a） $\widetilde{W} = -0.45$ 处以 $\gamma^{-1/3}$ 为自变量的标度能量谱，激发能范围为 $-77.7\ \text{cm}^{-1} \leqslant W \leqslant -54.3\ \text{cm}^{-1}$，场强范围为 $5.19\ \text{T} \geqslant B \geqslant 3.03\ \text{T}$；（b） 是图（a）的傅里叶变换作用量谱；与 ρ，z 方向投影中的共振各自相关的闭合轨道；z 坐标为垂直方向[27]

则结构，而根据 Holle 等[27] 的研究，这一区域原本处于经典混沌态。图 9.11 为测量的光谱，范围涵盖电离极限以下 1 cm^{-1} 到极限以上 3 cm^{-1}。由图 9.11 所示，谱线由强谱线和弱谱线组成，强谱线随场能量增长迅速，弱谱线随场能量增长缓慢。光谱具有如此明显的规律性，非常引人注目。为了解释这种谱线，Iu 等提出可以采用 Friedrich 的绝热模型[29]，其基本思想是电子运动分为在 $x-y$ 平面上的快速运动和沿 z 轴的慢速运动。基于这种分离，能量可写为[28]

$$W(n_\rho,\ \nu_z) = (n_\rho + 1/2)B - \frac{1}{2\nu_z^2} \tag{9.19}$$

其中，n_ρ 为朗道能级的量子数；ν_z 是原子运动在 z 方向上的一维库仑势的有效量子数。尽管 Friedrich 开发了强度更高磁场的模型，但在某些情况下，式（9.19）似乎与观测到的光谱非常吻合。在图 9.11 的右侧部分，去掉了 $n_\rho = 0$ 或 1 对应朗道能级的能量，只留下 z 方向上的库仑运动的能量[30]。尽管量子亏损似乎随着磁场增强而显著减小，但能级与库仑间距的匹配却是显而易见的。虽然这种理论描述是定性的，但它提供了用量子力学来解释强磁场中光谱的可能性。

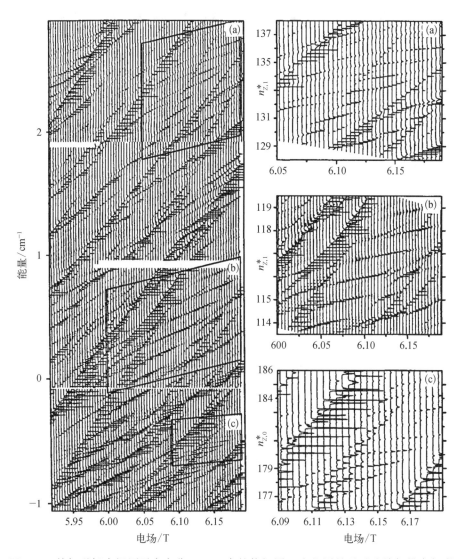

图 9.11 外加磁场中锂原子奇宇称 $m = 0$ 态的能级图。这些图是通过连续扫描高场激光而得到的：水平峰值是场电离信号（图中间隔表示数据收集过程中跳过的区域）。从平面左侧观察更容易看清其结构，右边显示了概述区域的减项值。(a) 和 (b)：$n_\rho = 1$；(c)：$n_\rho = 0$。在这些坐标下，里德堡态的表现为一系列间隔为一个单位的分离的线。场中的电离阈值约为 $+2.8$ cm^{-1} [28]

参考文献

1. F. A. Jenkins and E. Segre, *Phys. Rev.* **55** 52(1939).

2. W. R. S. Garton and F. S. Tomkins, *Astrophys. J.* **158**, 839(1969).

3. L. I. Schiff and H. Snyder, *Phys. Rev. A* **55**, 59(1939).

4. D. Kleppner, M. G. Littman, and M. L. Zimmerman, in *Rydberg States of Atoms of Molecules*, *eds.* R. F. Stebbings and F. B. Dunning (Cambridge Univ. Press, Cambridge, 1983.)

5. H. A. Bethe and E. A. Salpeter, *Quantum Mechanics of One and Two Electron Atoms* (Plenum, New York, 1977.)

6. W. Sandner, T. F. Gallagher, K. A. Safinya, and F. Gounand, *Phys. Rev. A* **23**, 2732(1981).

7. M. L. Zimmerman, J. C. Castro, and D. Kleppner, *Phys. Rev. Lett.* **40**, 1083(1978).

8. E. A. Solov'ev, *JETP Lett.* **34**, 265(1981).

9. J. C. Gay and D. Delande, *Comm At. Mol. Phys.* **13**, 275(1983).

10. P. Cacciani, E. Luc-Koenig, J. Pinard, C. Thomas, and S. Liberman, *Phys. Rev. Lett.* **56**, 1124(1986).

11. C. W. Clark and K. T. Taylor, *J. Phys B* **15**, 1175(1982).

12. A. R. Edmonds, *J. Phys.* (Paris) **31**, C4(1970).

13. A. F. Starace, *J. Phys. B* **6**, 585(1973).

14. O. Akimoto and H. Hasegawa, *J. Phys. Soc. Jpn.* **22**, 181(1967).

15. R. J. Fonck, D. H. Tracy, D. C. Wright, and F. S. Tomkins, *Phys. Rev. Lett.* **40**, 1366(1978).

16. R. J. Fonck, F. L. Roesler, D. H. Tracy, and F. S. Tomkins, *Phys. Rev. A* **21**, 861(1980).

17. N. P. Economou, R. R. Freeman, and P. F. Liao, *Phys. Rev. A* **18**, 2506(1978).

18. J. C. Gay, D. Delande, and F. Biraben, *J. Phys. B* **13**, L729(1980).

19. J. C. Castro, M. L. Zimmerman, R. G. Hulet, D. Kleppner, and R. R. Freeman, *Phys. Rev. Lett.* **45**, 1780 (1980).

20. E. Luc-Koenig and A. Bachelier, *Phys. Rev. Lett.* **43**, 921(1979).

21. W. P. Reinhardt, *J. Phys. B* **16**, 635(1983).

22. A. Holle, G. Wiebusch, J. Main, B. Hager, H. Rottke, and K. H. Welge, *Phys. Rev. Lett.* **56**, 2594 (1986).

23. J. Main, G. Wiebusch, A. Holle and K. H. Welge, *Phys. Rev. Lett.* **57**, 2789(1986).

24. M. L. Du and J. B. Delos, *Phys. Rev. Lett.* **58**, 1731(1987).

25. D. Wintgen, *Phys. Rev. Lett.* **58**, 1589(1987).

26. D. Wintgen and H. Friedrich, *Phys. Rev. A* **36**, 131(1987).

27. A. Holle, J. Main, G. Wiebusch, H. Rottke, and K. H. Welge, *Phys. Rev. Lett.* **61**, 161(1988).

28. C. Lu, G. R. Welch, M. M. Kash, L. Hsu, and D. Kleppner, *Phys. Rev. Lett.* **63**, 1133(1989).

29. H. Friedrich, *Phys. Rev. A* **26**, 1827(1982).

30. R. Loudon, *Am. J. Phys.* **27**, 649(1959).

第 10 章

微波激发与电离

在研究静电场和准静电场诱导的电离时,发现氢原子或类氢原子与非氢原子的电离过程存在显著差异。这些差异产生的原因如下:在非氢原子中,离子实的存在促成了耦合态,而这种耦合态在氢原子中并不存在。这种耦合导致束缚斯塔克能级的回避交叉,以及表象上稳定的斯塔克能级与更高主量子数 n 红移斯塔克能级连续态的耦合。无论是在静电场电离还是脉冲场电离中,都存在这种差异。因此,氢原子与非氢原子的微波电离过程存在区别,这也就不足为奇了。对于微波频率 $\omega < 1/n^3$ 的情况,当 $|m| \ll n$ 时,在场强为 $1/9n^4$ 的微波场中,氢原子会发生电离,与红移斯塔克态在静电场中电离情况类似[1]。然而,低量子数 m 态的碱金属原子,在完全不同的微波场强下出现电离,其场强由式(10.1)给出[2, 3]:

$$E = 1/3n^5 \tag{10.1}$$

首先,简要总结一下用于研究微波激发和电离的两种实验技术。第一种技术是使用氢和氦的高速里德堡原子束流,用于研究氢和氦微波电离的仪器如图 10.1 所示[3]。通过连续的氢离子和氦离子束交换电荷,得到里德堡态的分布,而 $n \approx 10$ 以上的高能态离子,则通过场电离去除,产生的原子束如图 10.1 中的标记所示。然后,首先通过将典型的 $n = 7$ 态原子激发到 $n = 10$ 态,进而使用两个 CO_2 激光将其进一步激发到更高的里德堡态,从而选择性地填充单个里德堡态。里德堡原子随后通过微波腔,暴露在一个强微波场中。由于氢和氦原子具有很高的动能(约 10 keV),原子通过微波场区域的时间很短。例如,能量为 10 keV 的氢原子束流的速度为 1.3×10^8 cm/s,穿过 5 cm 长的腔体只需 40 ns。在腔体的后半段,一般通过施加电场来分析原子束,检测其是否发生了电离或跃迁至其他态。在这些实验中,激发、与微波场的相互作用及最终态分析在空间上是分离的,如图 10.1 所示。

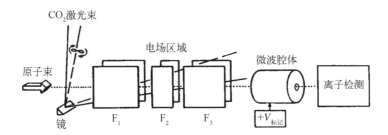

图 10.1 高速原子束装置示意图。高速的原子束从左侧进入,在电场区 F_1 和 F_3,分别受到两个不同的 CO_2 激光器依次激发。F_2 的作用是避免 F_1 和 F_3 之间出现零电场区域。在加载偏置电压的微波腔中,经过电离的高激发态原子产生离子,由约翰斯顿粒子倍增器(未画出)进行能量选择和检测。输出信号与激光机械快门调制的 F_1 激光束同步进行检测[3]

第二种方法是利用碱金属原子的热束流,如图 10.2 所示[4]。碱金属原子束流通过微波腔,脉冲染料激光器在微波腔中将原子激发到里德堡态。然后向腔内注入一段持续 1 μs 的微波脉冲,微波脉冲作用后,将一段高压脉冲施加到腔内的隔板或平板上,从而分析与微波相互作用后的最终态。通过调节这段高压脉冲的电压,可以分别检测已电离和未电离的原子,或通过选择性场电离,对已跃迁到其他束缚态原子的最终态进行分析。

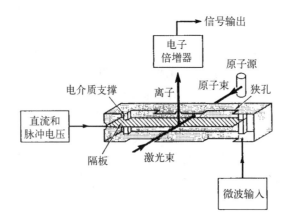

图 10.2 微波电离实验采用的热原子束装置的主要组成部分:原子源、微波腔和电子倍增器。图中显示了微波腔的剖视图。铜质隔板将腔体的高度一分为二。在腔体侧壁上钻有两个直径为 1.3 mm 的孔,用于引入共轴的激光束和钠原子束;在腔体顶部还有一个直径为 1 mm 的孔,用于提取由钠原子发生场电离所产生的钠离子。图中还可见用于泵浦所需的狭缝[4]

通过后面的谈论,可以知道:微波电离可以看作一个多光子吸收过程,或一个由时变场驱动的过程。首先讨论碱原子的微波电离,这可以用描述脉冲场电离的概念来进行解释。为了说明时变场与光子吸收之间的联系,对微波多光子共振实验进行了讨论,这有助于我们更深入地理解微波电离过程。然后讨论类氢原子的电离。最后,描述了圆极化场下的电离过程。

10.1 非氢原子的微波电离

如前所述,非氢原子电离的微波场强为 $E = 1/3n^5$,该场强远低于所需的静电场电离场强,即 $E = 1/16n^4$。这一点在图 10.3 中得到了相当生动的体现,图中绘制了一段 15 GHz 微波场脉冲,持续 500 ns 后,观察到钠 $nd |m| = 0$ 和 1 态的 50% 电离[2]。图 10.3 还显示了近似氢态的钠在 $|m| = 2$ 态下所对应的完全不同的电离场。虽然这些场强经常称为微波电离阈值,但场强变化曲线远不如图 7.4 中所示的脉冲场阈值变化曲线那么陡峭,这一点通过图 10.4 表达得很清楚,图中是钠 20s 态对应的微波电离阈值图。分别检测已被微波电离和未被微波电离的原子,得到图 10.4 中互补的信号。除钠原子外,对于其他原子(如氦、锂、钡)[1, 5, 6]也进行了实验,这些实验也表明发生电离的场强一般为 $E = 1/3n^5$。

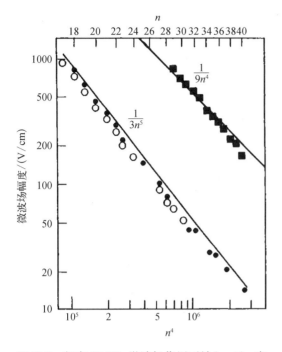

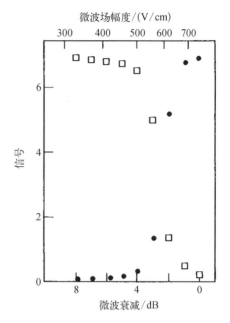

图 10.3　频率 15 GHz 微波场作用下钠 $(n+1)$ s 态 ($\bigcirc$) 和 nd 态 ($\bullet$)，$|m| \leqslant 1$ 分量的电离场强，以及 nd 态 ($\blacksquare$)，$|m| = 2$ 分量的电离场强[4]

图 10.4　通过钠 20s 态对应的场电离信号 ($\square$) 和 15 GHz 微波电离信号 ($\bullet$) 可以看出，随着微波功率的增加 (衰减变小)，场电离信号逐渐消失，而微波电离信号则逐渐出现。为方便起见，图中还标注了对应的微波场振幅值[4]

如图 10.3 所示，在远低于经典电离场强的微波场下，就能使原子产生电离，这一事实表明，微波场可以诱导原子跃迁到更高的能级，从而可以直接通过微波场进行电离。所观察到的微波电离阈值场强，实际上是驱动电场变化率极限所需要的场强。阈值场强非常接近极值 n 和 $n+1$ 斯塔克能级之间的能级回避交叉点的场强 $E = 1/3n^5$，这表明电场的快速变化导致这两个能级在回避交叉处发生朗道-齐纳跃迁。

前面用来描述脉冲场电离的概念，可以推广运用到微波电离过程，这样微波电离就可以直观地理解为一个由时变场驱动的过程。以一个原子最初被激发到钠 20d 态的电离 ($|m| = 1$) 为例，图 10.5 显示了正电场和负电场中里德堡态的能级，为了清楚起见，没有展示量子亏损为 1.35 和 0.85 的 s 态和 p 态，也没有详细展示所有的斯塔克能级，只是用阴影区域描绘了它们所在的场能区域。考虑对最初被激发到钠 20d 态的原子施加微波脉冲。如果存在场强，那么良好的量子态为斯塔克态，微波场会在零场处的回避交叉点处迅速诱导 $n = 20$，$|m| = 0$ 的斯塔克态之间发生跃迁。因此，在任何给定时间，大约有 5% 的原子处于各个斯塔克态。

如果微波场强达到 $E = 1/3n^5$，那么原子在最高能量 $n = 20$ 的斯塔克态将会和最低能量 $n = 21$ 的斯塔克态形成回避交叉，在回避交叉点，这些原子可以发生最低能量 $n = 21$ 的斯塔克态的朗道-齐纳跃迁，如图 10.5 所示。稍后将更详细讨论朗道-齐纳跃迁，但此刻假设确实发生了这种跃迁。很明显，一个足够驱动 $n \to n+1$ 跃迁的场也足够驱动 $n+1 \to$

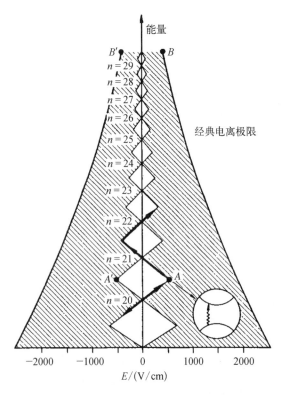

图 10.5 能级图显示了一个 $n=20$ 的原子在 700 V/cm 振幅的微波场中实现电离的机理。最初被激发到 20d 态的原子被带到 $n=20$ 和 21 斯塔克分支的交叉点。在这一点上,原子发生了朗道-齐纳跃迁,如插图所示,跃迁到 $n=21$ 斯塔克分支,在随后的微波周期中,原子进一步向上跃迁,如粗箭头所示。当原子达到一个足够高的 n 态,微波场本身能够电离原子时,这个过程就终止了。在这个例子中,该过程在 B 点终止[4]

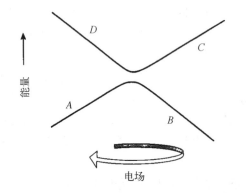

图 10.6 从点 A 开始回避交叉的双重穿越可能结果。$A{\rightarrow}B{\rightarrow}A$ 对应的场变化非常缓慢,$A{\rightarrow}C{\rightarrow}A$ 的对应的场变化非常迅速,$A{\rightarrow}B$ 和 $C{\rightarrow}D$ 和 $C{\rightarrow}A$ 对应的场变化速度适中

$n+2$ 跃迁,以及一系列类似的到更高能级的跃迁,在经典允许的情况下最终达到电离,如图 10.5 所示。另外,如果场强不足以驱动原子跃迁至 $n=19$,那么原子不会跃迁至更低的 n 态。总之,微波场驱动原子跃迁到高 n 态,最终产生电离,而电离场则是由 $n{\rightarrow}n+1$ 跃迁的速率限制步骤决定。

朗道-齐纳跃迁可以通过图 10.6 中的例子来理解,在这个例子中,微波场在其峰值时略微穿越了回避交叉点。如果微波场穿越交叉点的速度太慢,最初处于较低态 A 的原子始终保持在较低的能级上,在场出现峰值时到达点 B,然后在场恢复到初始值时返回到 A。如果场穿越该交叉点的速度太快,则原子在场强增加时发生非绝热跃迁到上层的点 C,并在场恢复到初始值时返回到 A。另外,如果穿越交叉点所用时间与场强的倒数相当,那么当场强增加到峰值时,原子有一定概率同时处于上态和下态,即点 B 和点 C,并且场通过交叉点返回后原子有一定概率跃迁至 D 点。

为了实现高达 50% 的跃迁概率,场必须达到回避交叉点,但即使场没有达到交叉点,跃迁仍然会发生,只是概率较低。由于微波脉冲中有很多场周期,在单个周期上的跃迁概率不需要很高,且场实际上不需要到达交叉场强 $E=1/3n^5$。Pillet 等[4]利用 Rubbmark 等[7]提出的数值分析方法,计算出了微波场半个周期所导致的极端斯塔克态之间的跃迁概率。在 15 GHz 频率下,这些计算表明,当交叉场的场强达到 $E=85\%$,即 $E=1/3n^5$ 时,$n{\rightarrow}n+1$ 的跃迁概率为 1%,这与图 10.3 所示的实验观测结果相吻合。这些计算还表明,当场振幅固定在 $1/3n^5$ 时,最大跃迁概率出现在微波频率 ω 与 ω_0 相当时,回避交叉的范围为 n 与 $n+1$ 能级之间。而当 $\omega \gg \omega_0$ 或

$\omega \ll \omega_0$ 时,跃迁概率可以忽略不计。对朗道-齐纳跃迁的要求与 $E = 1/3n^5$ 时类氢原子态电离不发生的事实相吻合,这些类氢原子态回避交叉点极小,即 $\omega \gg \omega_0$。

在上面的朗道-齐纳跃迁描述中,虽然通过回避交叉给出了一幅吸引人的电离图像,但这其实是对实际过程的过度简化,因为仅涉及单个微波周期和单对能级。这种简化只考虑单个周期,忽略了场周期之间相干的可能性和非极端斯塔克态在 $E > 1/3n^5$ 处回避交叉的影响。

10.2　微波多光子跃迁

在非氢系统中,$\omega \ll 1/n^3$ 时电离发生所需场强由速率限制 $n \to n+1$ 跃迁决定,将这一过程描述为朗道-齐纳跃迁。由于这种跃迁发生在真实的态之间,理论上,能够通过共振光子吸收来观察到这种跃迁。然而,在微波电离过程中,很难将限速步骤与随后的电离过程区分开来。相反,考虑孤立的一对能级之间的跃迁是有用的。钾原子就是一个例子,如图 10.7 所示,当 $n = 16$ 时,钾原子 $(n+2)$s 态在 $E_C \approx 1/10n^5$ 处与 n 斯塔克分支相交,此场强远低于微波电离所需的场强[8, 9]。因此,原则上我们可以只关注从 $(n+2)$s 态到 (n, k) 斯塔克态的跃迁,而不需要考虑到更高的 n 值的连续跃迁。为了简单起见,我们将采用这样的约定:用通过绝热方式形成的零场 nl 态来标记每一个 (n, k) 斯塔克态。因此,$(16, 3)$ 态通过绝热方式过渡到 16f 态,作为 $E < 1/10n^5$ 条件下 $n = 16$ 斯塔克分支中最低的组成部分。这些钾原子的跃迁还有另外两个吸引人的特征。首先,通过回避交叉光谱,可以测量 $(n+2)$s 态和 (n, k) 态之间回避交叉部分的位置和宽度。其次,两个能级的静态斯塔克能移都近似为线性,因此这两个能级的回避交叉可以近似地看作 $E = 1/3n^5$ 时 $n \to n+1$ 能级的回避交叉。

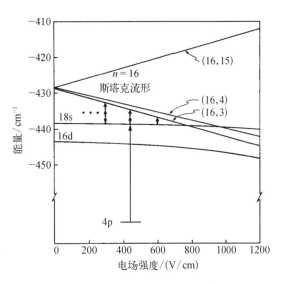

图 10.7　钾原子 $n = 16$ 斯塔克分支态附近的相关能级。斯塔克分支的能级被标记为 (n, k),其中 k 是在零场处斯塔克态绝热连接到 1 的值,只显示了两个最低的和最高的能量流形。激光激发到 18s 态,由长垂直箭头表示。18s $\to$ $(16, 3)$ 多光子 RF 跃迁用粗体箭头表示。请注意,这些跃迁在静态场中是均匀间隔的,并且需要更多光子的跃迁发生在逐渐降低的静态场中。为清楚起见,图中显示的射频光子能量大约是其实际能量的 5 倍[8]

实验采用图 10.2 所示的装置进行。用两个可调谐染料激光器来激发钾原子到 $(n+2)$s 态。通过一个静电场可以改变 18s 和 $(16, k)$ 态之间的间隔。这些原子首先暴露在微波脉冲下,然后通过脉冲电离场电离处于 (n, k) 斯塔克态的原子,而不会影响到 $(n+2)$s 态的原子。在多次激光照射的过程中,不断改变微波场振幅或静电场强度,同时监测 (n, k) 的场电离信号变化。只要这两个斯塔克能移都是线性的,静电场就会改变两种态之间的能量间隔,但不会改变它们的波函数。

通过测量产生跃迁的原子数与微波场振幅的函数关系,可以验证微波场电离钾原子$(n+2)\mathrm{s}\to(n,k)$跃迁与$n\to n+1$跃迁的相似性[10]。随着微波场幅度的增加,当微波场振幅达到接近$(n+2)\mathrm{s}$和最低(n,k)斯塔克态之间的回避交叉E_C的阈值场强时,观察到发生$(n+2)\mathrm{s}\to(n,k)$跃迁的原子数量急剧增加。例如,当钾18s原子暴露于脉宽为1 μs、9.3 GHz的变幅微波时,阈值为775 V/cm,接近回避交叉场强$E_\mathrm{C}=753$ V/cm。$15\le n\le20$时,观测到的微波阈值场在$1.0E_\mathrm{C}\sim1.6E_\mathrm{C}$变化。虽然从$1.0E_\mathrm{C}$到$1.6E_\mathrm{C}$的变化很难与朗道-齐纳跃迁理论相吻合,但在$E_\mathrm{C}$附近有望出现一个阈值场。有一个例外,即钾原子的$19\mathrm{s}\to(17,k)$跃迁,在9.3 GHz的场强下观察到跃迁概率呈现非单调增加,于远低于回避交叉场$E_\mathrm{C}=546$ V/cm的场强时开始,如图10.8所示。van de Water等在氢原子中也进行了类似的观察,当然,这种观察与朗道-齐纳跃迁理论模型相悖,但可以用多光子模型来解释。

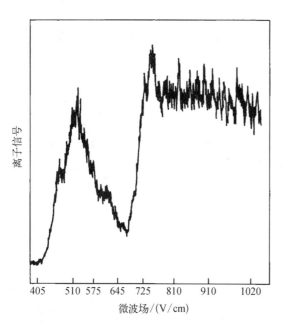

图10.8 钾原子$19\mathrm{s}\to(17,k)$跃迁与微波场的关系。通过激光激发19s态,施加微波场,通过场电离探测到跃迁到$(17,k)$态的原子。回避交叉静电场位于546 V/cm[10]

扫描静电场,改变能级之间的能量间隔,同时保持微波场恒定,这样就可以观察到共振多光子跃迁。如图10.9所示的一个例子,采用不同强度的10.35 GHz微波场扫描静电场,观察到$8\mathrm{s}\to(16,k)$跃迁集合[8],图中间隔为25 V/cm的$18\mathrm{s}\to(16,3)$跃迁序列非常明显。在图10.9的顶部展示了驱动$18\mathrm{s}\to(16,3)$跃迁的10.35 GHz光子数量的刻度。

在低微波场条件下,可以观察到只涉及少数光子的跃迁,这些跃迁通常发生在高静电场区域,即接近回避交叉的区域。随着微波场的增强,可以在逐渐降低的静电场条件下观察到更多的跃迁。如果在最强的微波场条件下,那么共振跃迁序列可以扩展到零静电场。如图10.9顶部的刻度所示,接近零静电场条件下的$18\mathrm{s}\to(16,3)$跃迁对应28个光子的吸收。

仔细观察图10.9,可以发现三个有趣的特征。首先,大多数的$18\mathrm{s}\to(16,3)$共振与一定数量的微波光子的吸收相对应,在静电场中不会随着微波场的增强而移动。只有在非常低的静电场下,需要最高微波功率的共振才会随着微波场的增加而移动,即向更高的静电场下移动。其次,在114 V/cm及以上的微波场中,存在与$18\mathrm{s}\to(16,3)$序列25 V/cm区间不匹配的共振。在114~190 V/cm的微波场中,这些"额外"的共振以34 V/cm的间隔出现,实际上是$18\mathrm{s}\to(16,4)$跃迁。特别是在高微波场下,随着静电场的增大,观察到$k>3$的$(16,k)$共振态;这些重叠共振形成了$18\mathrm{s}\to(16,k)$跃迁的有效阈值场。最后,在两个光子跃迁之外,观测到的$18\mathrm{s}\to(16,3)$跃迁数随微波场强度而线性增加。

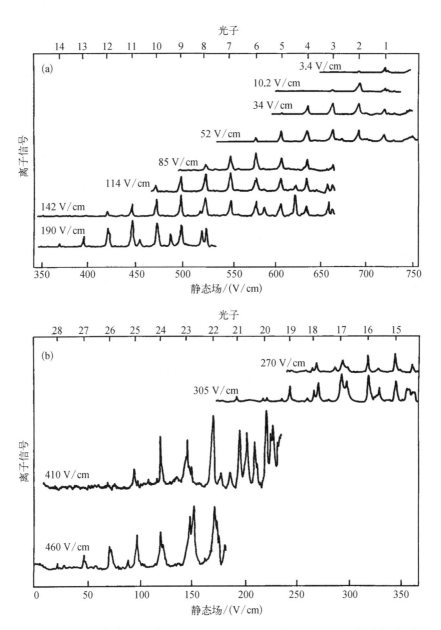

图 10.9　(a) 在每条轨迹线(3.4~190 V/cm)上方的 10.353 GHz 微波场中,从 350~750 V/cm 扫描静电场,观察到钾原子 18s→(16, 3)的 1~14 个光子跃迁,这个过程的规律性是相当明显的。请注意 142 V/cm 微波场轨迹中额外的共振,这是由 18s→(16, 4)跃迁引起的。(b) 18s→(16, 3),15~28 个光子跃迁,扫描范围为 0~350 V/cm。注意 410 V/cm 轨迹线在超过 200 V/cm 静电场时出现拥塞,这是由于许多 18s→(16, k)跃迁的重叠[8]

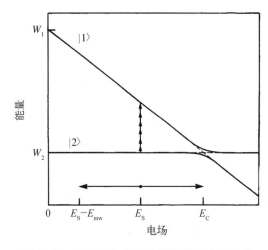

图 10.10 光子和电场视角下回避交叉处的多光子共振跃迁。实曲线是回避能级,虚线是忽略耦合时的交叉能级。静电场 E_S 引起 6 个光子的共振跃迁,由堆叠的箭头表示。为清晰起见,电场变化的范围显示在这种情况下被夸大,此时峰值电场 $E_S + E_{mw}$ 正好交叉[10]

图 10.9 的数据清楚地表明,钾原子的 $(n+2)s \rightarrow (n, k)$ 跃迁是多光子跃迁。另外,微波场扫描得到的大部分数据与朗道-齐纳跃迁理论模型基本一致。为了调和这两种看似不同的描述,考虑如图 10.10 所示的问题,其中有两个态,即态 1 和态 2,它们分别具有线性斯塔克能移和无斯塔克能移。态 1 和态 2 由里德堡电子与离子实的相互作用 V 耦合,V 与时间无关。如果没有 V,那么态 1 和 2 会在电场 E_C 处交叉,但由于耦合 V,在静态电场 E_C 处出现了尺寸为 ω_0 的回避交叉。

首先,将把这个问题作为准静电场时间变化驱动的跃迁来处理,换句话说,就是采用"描述微波电离"的朗道-齐纳项。针对这个问题的薛定谔方程可以写成:

$$H\psi(\mathbf{r}, t) = \frac{\mathrm{i}\partial\psi(\mathbf{r}, t)}{\partial t} \tag{10.2}$$

正如上面描述的问题,完整的哈密顿量由式(10.3)给出:

$$H = H_H + V + H_{E_S} + H_{E_{mw}} \tag{10.3}$$

其中,H_H 为零场下氢原子的哈密顿量;V 为与离子实的相互作用;H_{E_S} 和 $H_{E_{mw}}$ 分别表示与静电场和微波场的相互作用。如果暂时忽略与离子实的相互作用 V,并假设场是静电场,即使用式(10.2)中的哈密顿量 $H = H_H + H_{E_S}$,则式(10.2)有两个对应于两个本征态 1 和 2 的解:

$$\psi_1(\mathbf{r}, t) = \psi_1(\mathbf{r})\mathrm{e}^{-\mathrm{i}(W_1 - kE_S)t} \tag{10.4a}$$

$$\psi_2(\mathbf{r}, t) = \psi_2(\mathbf{r})\mathrm{e}^{-\mathrm{i}W_2 t} \tag{10.4b}$$

其中,W_1 和 W_2 是态 1 和态 2 的零场能;k 是态 1 的永久偶极矩。按照通常的用法,用 k 作为态标记和永久偶极矩标记。总波函数可以表示为

$$\psi(\mathbf{r}, t) = a\psi_1(\mathbf{r}, t) + b\psi_2(\mathbf{r}, t) \tag{10.5}$$

其中,a 和 b 是时间无关的,且 $a^2 + b^2 = 1$。

在这个近似中,能级在 $E_C = (W_1 - W_2)/k$ 处相交。如果将相互作用 V 加入哈密顿量中,得到 $H = H_H + H_{E_S} + V$,耦合解除了 E_C 处的简并度,两个能级在能量上被 ω_0 隔开,具体描述如下:

$$\frac{\omega_0}{2} = \langle 2 | V | 1 \rangle = \int \psi_2^*(\mathbf{r}) V \psi_1(\mathbf{r}) \mathrm{d}\mathbf{r} \tag{10.6}$$

现在想象一个涉及态 1 和态 2 的实验,类似于 k 实验。在静电场中,最初原子处于态 2,施加微波脉冲,然后原子可能处于态 1 或态 2。在微波脉冲过程中,必须使用方程 (10.4)中的完整哈密顿量。不能再用式(10.5)来表示波函数,而应该使用以下表达式:

$$\psi(\boldsymbol{r},\ t) = T_1(t)\psi_1(\boldsymbol{r}) + T_2(t)\psi_2(\boldsymbol{r}) \tag{10.7}$$

将式(10.7)中的波函数代入薛定谔方程[式(10.2)],得到 $T_1(t)$ 和 $T_2(t)$ 的两个耦合方程。具体如下:

$$i\dot{T}_1 = [W_1 - kE(t)]T_1 + bT_2 \tag{10.8a}$$

$$i\dot{T}_2 = bT_1 + W_2T_2 \tag{10.8b}$$

总电场可以表达为以下形式:

$$E(t) = E_{\mathrm{S}} + E_{\mathrm{mw}}\cos(\omega t) \tag{10.9}$$

其中,E_{S}、E_{mw} 分别为静电场和微波场振幅。为了得到方程(10.8)的解,可以用 Rubbmark 等的方法进行数值积分[7]。当时间从 $\omega t = -\pi/2$ 演化到 $\pi/2$ 时,得到的结果类似于 Pillet 等[4]的半周期结果。如果时间间隔扩展到超过三个周期[11],那么当静电场中两态之间的能量差是微波频率的整数倍时,跃迁概率中就会出现共振现象。经过多个周期后,计算出的线形几乎与两能级系统计算出的 Rabi 线形相同[10]。图 10.11 给出了多周期效应的图示,在连续的周期内,在场的转折点处的原子采样出现能级交叉,并且多个周期的跃迁振幅相干地相加,从而导致相消或相长的干涉。换句话说,在存在共振的情况下,朗道-齐纳理论模型平稳地过渡到共振光子吸收模型。

描述跃迁的另一种方法是基于 Floquet 的方法[13-16]。为了说明基本思想,使用一个简单的模型来计算图 10.10 中所示问题的 Rabi 频率。其中存在两种态:态 1 具有线性斯塔克能移,态 2 没有斯塔克能移。两个态通过与时间无关的相互作用 V 进行耦合。

处理这个问题的方法是,首先忽略与离子实的相互作用,然后将其作为扰动引入。采用未受扰动的哈密顿量 $H = H_{\mathrm{H}} + H_{E_{\mathrm{S}}}$ 来描述静电场 E_{S} 中的原子,态 1 和态 2 的时相关波函数由式(10.4)给出。加入一个方向相同的微波场,$E_{\mathrm{mw}}\cos(\omega t)$,对应于哈密顿量 $H = H_{\mathrm{H}} + H_{E_{\mathrm{S}}} + H_{E_{\mathrm{mw}}}$,但这并不会耦合态 1 和态 2。例如,态 1 的波函数可以写成 $\psi_1(\boldsymbol{r},\ t) = T_1(t)\psi_1(\boldsymbol{r})$。

它是含时薛定谔方程的解:

$$i\dot{T}_1(t)\psi_1(\boldsymbol{r}) = [W_1 - kE_{\mathrm{S}} - kE_{\mathrm{mw}}\cos(\omega t)]T_1(t)\psi_1(\boldsymbol{r}) \tag{10.10}$$

从而得出 $T_1(t)$ 的解:

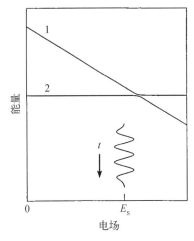

图 10.11　多周期朗道-齐纳跃迁示意图。在静电场和微波场的共同作用下,振荡场使原子在连续的周期中到达回避交叉,并且由于连续的周期而使得跃迁振幅增加,进而产生干涉或共振[12]

$$T_1(t) = \mathrm{e}^{-\mathrm{i}\int_{t_0}^{t}\left[\,W_1 - kE_\mathrm{S} - kE_\mathrm{mw}\cos(\omega t)\,\right]\mathrm{d}t'} \tag{10.11}$$

对式(10.11)进行积分可得

$$T_1(t) = \mathrm{e}^{-\mathrm{i}\left[\,(W_1 - kE_\mathrm{S})t - k\frac{E_\mathrm{mw}}{\omega}\sin(\omega t)\,\right]} \tag{10.12}$$

其中去掉了初始时刻 t_0 的常数相位。最后可得

$$\psi_1(\boldsymbol{r},\,t) = \psi_1(\boldsymbol{r})\,\mathrm{e}^{-\mathrm{i}\left[\,W_1't - k\frac{E_\mathrm{mw}}{w}\sin(\omega t)\,\right]} \tag{10.13}$$

其中，$W_1' = W_1 - kE_\mathrm{S}$。当波函数以这种方式表达时，这表明施加微波场可以在角频率 ω 处围绕 W_1' 值调节能量。正如同无线电波的频率调制会产生贝塞尔函数展开所描述的边带，原子波函数的调制也会产生边带。根据[1]：

$$\mathrm{e}^{\mathrm{i}x\sin(\omega t)} = \sum_{n=-\infty}^{\infty} J_n(x)\,\mathrm{e}^{\mathrm{i}n(\omega t)} \tag{10.14}$$

可以将方程(10.12)表示为方程(10.14)的贝塞尔函数展开，从而写出波函数 $\psi_1(\boldsymbol{r},\,t)$。具体如下：

$$\psi_1(\boldsymbol{r},\,t) = T_1(t)\psi_1(\boldsymbol{r}) = \left\{\mathrm{e}^{-\mathrm{i}W_1't}\sum_{-\infty}^{\infty} J_n\!\left(\frac{kE_\mathrm{mw}}{\omega}\right)\mathrm{e}^{[-\mathrm{i}n(\omega t)]}\right\}\psi_1(\boldsymbol{r}) \tag{10.15}$$

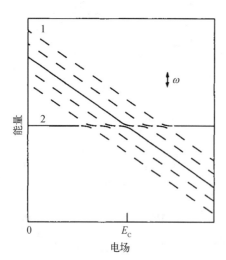

图 10.12 态 1 和态 2 的能级图，展示了由角频率为 0 的微波场产生 1 的边带（——）[12]

可以将 W_1' 视为态 1 的载流子能量，并且对于所有的 n，在能量 $W_1' + n\omega$ 处都有边带。在这个展开式中，理论上包含无限多项。然而，对于大参数 $J_n(x) \approx 0$，只有当 $kE_\mathrm{mw} > |n|\omega$ 时边带幅度才较显著。换句话说，在微波场中，具有显著振幅的边带在能量 $(\pm kE_\mathrm{mw})$ 上延伸，这相当于微波场产生的能量调制范围。在图 10.12 中，态 1 的边带能量表现为静电场的函数。

态 2 没有斯塔克能移，因此在哈密顿量 $H = H_\mathrm{H} + H_{E_\mathrm{S}} + H_{E_\mathrm{mw}}$ 作用下，它的波函数由式(10.4b) 给出，不具有振幅非零的边带。在哈密顿量 $H = H_\mathrm{H} + H_{E_\mathrm{S}} + H_{E_\mathrm{mw}}$ 作用下，即没有相互作用 V 时，态 1 的第 N 阶边带与态 2 简并而且交叉，此时：

$$E_\mathrm{S} = E_\mathrm{C} + \frac{N\omega}{k} \tag{10.16}$$

当引入与离子实相互作用 V 作为扰动时，态 1 及其边带与态 2 的交叉成为回避交叉，如图 10.12 所示。根据耦合矩阵元 $\langle\psi_2(\boldsymbol{r},\,t)\,|\,V|\,\psi_1(\boldsymbol{r},\,t)\rangle$ 的时间无关部分可以得出，态 1 和态 2 第 n 阶边带在静电场 $E_\mathrm{S} = E_\mathrm{C} + N\omega/k$ 处的回避交叉大小为 ω_n。利用式(10.4b) 和式(10.15)的波函数，可以将矩阵元的时间无关部分表示为

$$\langle \psi_2(\mathbf{r}) \mid V \mid \psi_1(\mathbf{r}) \rangle_N = \langle 2 \mid V \mid 1 \rangle J_N(kE_{mw}/\omega) \tag{10.17}$$

从而：

$$\omega_N = 2 \mid \langle 2 \mid V \mid 1 \rangle J_N(kE_{mw}/\omega) \mid$$
$$= \omega_0 \mid J_N(kE_{mw}/\omega) \mid \tag{10.18}$$

本质上，回避交叉的幅值 ω_N 等于静电场回避交叉值 ω_0 乘以第 n 阶边带中态 1 的分数幅值。回避交叉幅值的重要意义在于,该值等于原子在 1 态和 2 态之间来回跃迁的频率,也就是 Rabi 频率。在静电场中,态 1 和 2 态之间的 E_C 是类似的回避交叉,这是证明回避交叉幅值和 Rabi 频率等价的一个常见例子。在 E_C 处,本征态为 $(\psi_1 \pm \psi_2)/\sqrt{2}$。如果这两个本征态受到相干激发,在远小于 $1/\omega_0$ 的时间内,那么布居数将以 $\omega_0 = 2b$ 的频率在态 1 和态 2 之间振荡,这种振荡可以在量子拍实验中检测到。

Floquet 方法可以按照多种形式更严格地实现[13-16]。经常使用的一种方法是 Shirley 的无限矩阵法。它大致对应于无穷个边带集合。Sambe[15] 和 Christiansen-Dalsgaard[16] 描述了另一种更紧凑的方法。

当采用朗道-齐纳计算和 Floauet 计算以匹配钾原子 19s→(17, 3)跃迁时,参数如下: $W_1 = 220$ GHz, $W_2 = 0$, $k = 400$ MHz/(V/cm),以及 $\omega_0 = 800$ MHz,根据 Floauet 和多周期的朗道-齐纳计算预测,对于 N 光子跃迁,需要相同的微波场来产生特定的 Rabi 频率[10]。为了将计算出的跃迁强度与实验观测值进行比较,需要确定什么是可观测的 Rabi 频率。在图 10.9 中,当原子暴露在微波下的时间为 1 μs 时,观测到的共振宽为 1 GHz。根据存疑的均匀展宽假设,得到所需的 Rabi 频率为 30 MHz,并选择该 Rabi 频率与实验结果进行比较。虽然计算结果一致,但与实验结果并不完全吻合,如图 10.13 所示为 9 GHz 或 10 GHz

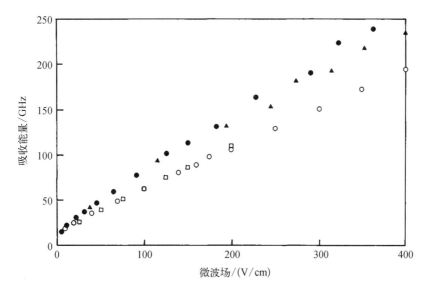

图 10.13 钾原子 19s→(17, 3)跃迁中吸收的总能量(光子数乘以光子能量)与微波场的关系:实验数据点包括 9.27 GHz(△)、10.353 GHz(●);理论数据点包括朗道-齐纳计算数据(□)和两级 Floquet 计算数据(○)[10]

微波场吸收的总能量与微波场强度的函数关系。在图 10.13 中,吸收 150 GHz 能量对应于 15 个 10 GHz 光子或 17 个 9 GHz 光子。计算驱动 n 光子跃迁所需的场普遍比实验结果高 25%,这一差异可能由模型的过度简化所致。例如,能级之间的偶极子耦合就被忽略了。值得注意的是,图 10.13 还直观地显示了光子被吸收的数量随微波场振幅线性增加的事实。然而,最重要的是,多光子共振显然可以用两种不同的方式同样清晰地描述。

到目前为止,一直将钾原子 $(n+2)$ 态视为没有斯塔克能移。虽然这些态没有第 1 阶斯塔克能移,由于与 p 态的偶极相互作用,这些态其实有第 2 阶斯塔克能移,而这种情况在 s 态中并不存在,因为 s 态的能量远大于微波频率。由于没有第 1 阶斯塔克能移,微波场确实不产生 s 态的明显边带。然而,微波场确实会诱导出一个到更低能量的斯塔克能移。由幅度为 E 的低频微波场产生的斯塔克能移与一个强度为 $E_s / \sqrt{2}$ 的静电场产生的斯塔克能移一样大,这并不奇怪,因为两者具有相同的有效值 $\langle E^2 \rangle$。通过仔细观察图 10.9,可以发现高微波功率下共振现象随功率变化而发生移动。

事实上,微波场引起的 $(n+2)$ s 态的二阶斯塔克能移可以使 $(n+2)$ s $\rightarrow (n, k)$ 跃迁在无静电场的情况下达到共振状态。这种斯塔克能移正是图 10.8 中所示的钾原子 19s $\rightarrow$ $(17, k)$ 跃迁产生异常阈值的原因。在 500~600 V/cm 的微波场中跃迁,微波场强度低于回避交叉场强度 $E_C = 546$ V/cm,这是由于以下事实,即 19s 态在这个场范围内被推移到 27 光子 19s $\rightarrow (17, k)$ 共振区,并且 $(17, k)$ 态中 $k \approx 3$ 的多个、三个或四个态之间的跃迁 Rabi 频率足够大,以至于可以观测到这一场强范围内的跃迁。在更高的场强(约 700 V/cm)下,跃迁变为非共振跃迁,直到 $E \approx 750$ V/cm 才再次观察到跃迁,对应于 28 个光子共振。在这个场强下,更多 19s $\rightarrow (17, k)$ 跃迁的 Rabi 频率足以观测到共振,而观测到的阈值实际上是多个重叠的共振跃迁。回顾以往的研究,现在已经清楚了为什么单独施加微波场所观测到的 $(n+2)$ s $\rightarrow (n, k)$ 跃迁的阈值场强范围覆盖 $1.0 E_C \sim 1.6 E_C$,这与单周期朗道-齐纳模型的预测相悖。这是因为谐振条件和 Rabi 频率条件必然是同时满足的,而满足谐振条件的场强是相当随机的。

考虑到钾原子 $(n+2) \rightarrow (n, k)$ 跃迁的多光子共振和微波阈值场之间的联系,现在从这个角度考虑导致微波电离的类似 $n \rightarrow n+1$ 跃迁就变得尤为有趣。从基于极端 n 和 $n+1$ $|m| = 0$ 斯塔克态的两能级描述开始,该描述是多光子共振,与之前提出的单周期朗道-齐纳模型相对应。这个问题与图 10.10 中描述的问题相似,只不过这两个态都有斯塔克能移和边带。为了简化起见,将这两个极端斯塔克态标记为 n 和 $n+1$。这个问题的哈密顿量与式(10.2)相同,只是不存在静电场,即 $H = H_H + H_{E_{mw}} + V$。利用 $H = H_H + H_{E_{mw}}$,可以找到与式(10.15)的解类似的式(10.2)的解[16, 17]:

$$\psi_n(\boldsymbol{r}, t) = \psi_n(\boldsymbol{r}) e^{\frac{it}{2n^2}} \sum_k J_k\left(\frac{k_n E_{mw}}{\omega}\right) e^{-ik\omega t} \tag{10.19a}$$

$$\psi_{n+1}(\boldsymbol{r}, t) = \psi_{n+1}(\boldsymbol{r}) e^{\frac{it}{2(n+1)^2}} \sum_k J_{k'}\left(\frac{k_{n+1} E_{mw}}{\omega}\right) e^{-ik'\omega t} \tag{10.19b}$$

我们想要计算的量是共振状态下 N 光子跃迁的 Rabi 频率,即 $N\omega = 1/2n^2 - 1/2(n+1)^2 \approx 1/n^3$。式(10.19)中两个态的 V 耦合矩阵元由式(10.20)给出:

$$\langle\psi_{n+1}(\boldsymbol{r},\,t)\mid V\mid\psi_{n}(\boldsymbol{r},\,t)\rangle = \langle n+1\mid V\mid n\rangle\mathrm{e}^{\frac{\mathrm{i}t}{n^3}}\sum_{k,\,k'}J_{k'}\!\left(\frac{k_{n+1}E_{\mathrm{mw}}}{\omega}\right)J_{k}\!\left(\frac{k_{n}E_{\mathrm{mw}}}{\omega}\right)\times\mathrm{e}^{\mathrm{i}(k'-k)(\omega t)}$$

$$(10.20)$$

在 N 光子共振的情况下,当 $N\omega = 1/n^3$ 时,n 态和 $n+1$ 态是简并的,并由式(10.20)耦合矩阵元的时间无关部分进行耦合,即

$$\langle\psi_{n+1}\mid V\mid\psi_{n}\rangle = \langle n+1\mid V\mid n\rangle\sum_{k}J_{k-N}\!\left(\frac{k_{n+1}E_{\mathrm{mw}}}{\omega}\right)J_{k}\!\left(\frac{k_{n}E_{\mathrm{mw}}}{\omega}\right) \qquad (10.21)$$

利用如下关系[17]:

$$J_{N}(x-y) = \sum_{k}J_{k-N}(x)J_{k}(y) \qquad (10.22)$$

式(10.21)可写为

$$\langle\psi_{n+1}\mid V\mid\psi_{n}\rangle_{N} = \langle n+1\mid V\mid n\rangle J_{N}\!\left[\frac{(k_{n+1}-k_{n})E_{\mathrm{mw}}}{\omega}\right] \qquad (10.23)$$

式(10.23)可应用于任意一对 n 和 $n+1$ 斯塔克态。考虑 $m=0$ 的极端状态,其中 $k_{n} = 3n(n-1)/2$ 且 $k_{n+1} = -3n(n+2)/2$,式(10.23)可简化为

$$\langle\psi_{n+1}\mid V\mid\psi_{n}\rangle_{N} = \langle n+1\mid V\mid n\rangle J_{N}\!\left(\frac{3n^2E_{\mathrm{mw}}}{\omega}\right) \qquad (10.24)$$

式(10.23)表明,只有斯塔克能移差才是重要的[10, 17]。对于更大的 N, $N>x$ 时有 $J_{N}(x)\to 0$,对此可以得出结论:满足 $E_{\mathrm{mw}}\geqslant 1/3n^5$ 才能使极端斯塔克态有不可忽视的耦合。而如果要使得除极端态之外的其他态之间产生显著耦合,那么就需要更高的场强。

当然,共振条件也必须满足。对于固定频率的微波场电离,调谐必须来自交流斯塔克能移,这是一个充分条件。如果极端的斯塔克态参与跃迁,那么我们可能会观察到尖锐的共振。然而,在 $n\to n+1$ 跃迁过程中,n 斯塔克分支中可能存在多个初态,而 $n+1$ 斯塔克分支中则存在多个终态,这导致了在 ω 调谐范围内有 $n(n+1)$ 个可能的跃迁。在 $n=20$ 和频率为 10 GHz 的条件下,平均每 25 MHz 就有一个共振。当微波场达到 $1/3n^5$ 时,其中一些共振开始有可观测的 Rabi 频率,在这些紧密相邻、通常重叠的共振的起始点,产生了似乎是跃迁阈值场的效应。由于共振判据不是限制因素,主要判据是 Rabi 频率必须足够高,从而导致观测到的 $E\approx 1/3n^5$ 关系。

由于存在 $n(n+1)$ 种可能的 $n\to n+1$ 跃迁,通常很难在微波电离中观察到像图 10.9 所示那样明显的共振效应。尽管如此,若干实验清楚地表明了多光子共振在微波电离中的重要性。在钡和氦的实验中,观察到的微波电离阈值是由共振构造的。一个很好的例子是图 10.14 所示的氦 28^{3}S 态的微波电离概率。在氦原子中,^{3}S 态在接近 $1/3n^5$ 的场与斯塔克分支相交,因此从能量孤立的^{3}S 态进行跃迁所需的电场强度与驱动 $n\to n+1$ 跃迁所需的电场强度相当。图 10.14 中的结构与图 10.8 中的结构非常相似,这并不奇怪,因为在这两种情况下,大多数调谐都来自 s 态的二阶斯塔克能移。

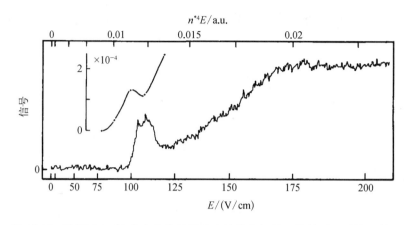

图 10.14 氦原子 $28s^3S$ 态电离信号随腔内峰值电场的函数关系。纵轴的刻度的大小大约对应于饱和信号的 1/3。插图：计算出的一个场周期后 $28s^3S$ 态 → $29s^3S$ 态的跃迁概率[3]

在碱金属原子微波电离实验中，未观察到明显的共振。然而，多光子共振的模型得到了间接的证实。首先，根据多光子模型，当 $E = 1/3n^5$ 时，极端 n 和 $n+1$ 斯塔克能级的边带应该重叠。激光激发钠原子里德堡态的谱线实验中，在 15 GHz 的微波场条件下，从 $3p_{3/2}$ 态开始，van Linden van den Heuvell 等观察到间隔为 15.4 GHz 的边带，如图 10.15 所示。边带的范围随微波场的增加而线性增加，如图 10.15 所示，并且在 150 V/cm 及以上的微波场下，$n = 25$ 和 $n = 26$ 边带重叠，与观测到的 25d 态在 15 GHz 的电离阈值为 150 V/cm 的结果相吻合。

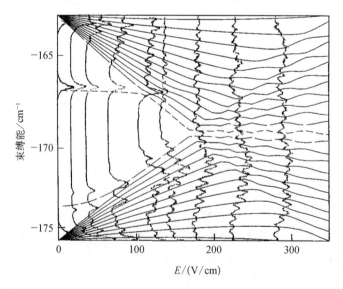

图 10.15 叠加在钠原子 $|m| = 0$ 态能级图上的不同强度微波场下钠原子 $3p \to n = 25$，26 的跃迁谱。每个光谱的基线位于微波场的振幅处。注意只有 p 态的奇数边带出现，更高强度的微波场的主要效应是增加更多的边带[18]

Pillet 等[19]发现,在微波场中添加小的静电场可以显著降低锂原子电离所需的微波场强度。例如,原本需要约 200 V/cm 的 15 GHz 微波场才能电离锂原子的 42d 态,使用静电场 1 V/cm,电离阈值大幅降低,集中在一个以 20 V/cm 为中心的宽泛范围内,这一电场强度仅略大于 $E=1/3n^5=13$ V/cm。原本 200 V/cm 的阈值场对应于 $1/9n^4$ 的氢阈值场,我们将在后面进行详细描述。在单周期朗道-齐纳模型中,小电场几乎不会产生影响,但其在多层共振模型中的显著效应却不难解释。

最后,Mahon 等观察到,即使在低至 670 MHz 的频率下,也会在接近 $1/3n^5$ 的场强下发生钠原子电离。在如此低的频率下,不可能基于非相干单周期朗道-齐纳跃迁来解释电离现象。相反,需要考虑场在多个周期内的相干效应。

10.3　氢

氢原子和类氢原子的微波电离与非氢原子的电离存在显著区别。就当前的研究目的而言,如果一个原子系统的量子亏损很小,那么就可以认为它是类氢的。例如,钠原子 $|m|=2$ 态由多个 $|m| \geqslant 2$ 态组成,所有这些态的量子亏损都小于 1.5×10^{-2}。当量子亏损很小时,相邻 n 值的斯塔克能级之间的回避交叉可以忽略不计,并且由于电子与离子实的相互作用,n 能级之间的耦合也非常微弱。这种耦合是非氢原子在 $E=1/3n^5$ 处发生电离,因此类氢原子在 $E=1/3n^5$ 处不呈现电离现象也就不足为奇了。值得注意的是,一个原子可能在某些情况下表现出类氢特性,而在其他情况下则不然。例如,钠原子 $|m|=2$ 态在 15 GHz,$1/9n^4$ 的场下发生电离,如图 10.3 所示,但在较低的场($1/3n^5$)时,当施加静电场以产生准连续能级时,也可以被电离[20]。然而,在相同条件下,当 $E=1/3n^5$ 时,氢原子并不会发生电离。因此,即使是 10^{-2} 量级的量子亏损也足以在某些情况下产生非氢特性。

利用快速氢原子束,Bayfield 和 Koch[1]首次测量了任意原子中的微波电离,他们研究了以 $n=65$ 为中心的大约 5 个 n 态能级带宽内的电离。使用 9.9 GHz、1.5 GHz 和 30 MHz 频率的微波和射频场以电离原子,他们发现在 30 MHz 和 1.5 GHz 时需要相同的场强来电离原子,但在 9.9 GHz 时需要较小的场强。测量结果表明,在 $n=65$ 情况下,1.5 GHz 频率下的电离与静电场相同。后来的测量工作更为系统,不仅证实了他们的初步发现,还进一步加深了我们对此现象的理解。在图 10.16 中,显示了在 9.9 GHz 的场中氢原子的电离阈值场(在这种情况下,有 10%的电离场)[21]。电离场按 $n^4 E$ 与 $n^3 \omega$ 的关系绘制,由此可以揭示出两个因素。首先,在低频率下所需的场强为 $1/9n^4$,这与电离 $|m| \ll n$ 的红移斯塔克态所需的静电场相当。其次,如水平轴的缩放所示,当微波频率接近相邻 n 个态之间的间隔 $1/n^3$ 时,所需的场强下降到 $1/9n^4$ 以下。对 $\omega < 1/9n^4$ 也进行了定性的类似观察,在 15 GHz 场下,类氢的钠原子和锂原子 $|m|=2$ 态所需场强为 $1/3n^3$[22]。

当 $\omega \ll 1/3n^3$ 时,电离所需场强 $E=1/9n^4$,当 ω 接近 $1/n^3$ 时,电离场强 $E \approx 0.04 n^{-4}$。这些观察结果可以用下面的方法定性地加以解释。在 n 值较小处,即 $\omega \ll 1/n^3$ 时,微波场通过二阶斯塔克效应诱导相同 n 值和 m 值的斯塔克态之间的跃迁。只有一阶斯塔克能移时,某个能态总是具有相同的偶极矩和波函数,由能级曲线的常数斜率 dW/dE 表示。

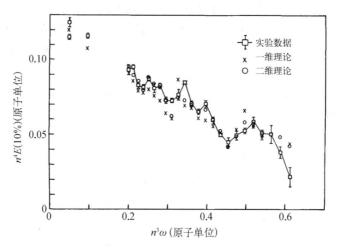

图 10.16 氢原子标度微波电离场 n^4E 随标度微波频率 $n^3\omega$ 的变化：实验数据（□）；一维理论数据（×）；二维理论数据（○）。$n^3\omega = 0.05$ 对应 $n = 32$，$n^4\omega = 0.06$ 对应 $n = 73$。注意，从 $n = 30$ 开始，$n^4E = 1/9$ 逐渐下降，直到 n 接近 60[21]

因此，当场强方向反转时，$E\rightarrow-E$，里德堡电子的轨道没有改变。在二阶斯塔克能移下，斜率 dW/dE 在 E 和 $-E$ 处不相同，因此偶极矩和波函数也不相同。如果场强方向反转，场强 E 中的单斯塔克态投影到多个斯塔克态上，其在 $E\rightarrow-E$ 过程中具有相同的 n 和 m 值。由于所有具有相同 n 值的斯塔克态之间都会发生跃迁，一旦场强足够使其中一个（如红移斯塔克态）发生电离，那么其他态就都会发生电离，此时的场强为 $E = 1/9n^4$，对应 $|m|\ll n$。

在 $\omega\rightarrow1/n^3$，或者更常见的 ω 固定的情况下，n 增加时，所需的场强低于 $1/9n^4$，这是因为会发生到更高 n 态的跃迁，从而在更低的场强下实现电离。由于许多能级是耦合的，这种演变被解释为经典混沌的初始态，也可以用电场变化率来解释[23]。本节介绍了 Christiansen - Dalsgaard[24] 在 ω 接近但不超过 $1/n^3$ 时的氢微波电离场的演变。如果 $E > 1/9n^4$，那么我们假设电离总是可能的，如上所述。另外，当 $\omega\rightarrow1/n^3$ 时，限速驱动 $n\rightarrow n+1$ 跃迁所需的场强降至 $1/9n^4$ 以下，此时，电离是通过先跃迁到更高的 n 态，然后再从这些高 n 态发生电离来实现的。

核心的问题在于计算通过电偶极矩跃迁实现 $n\rightarrow n+1$ 跃迁所需的驱动场强。在电场作用下，无论是静电场或微波场，通常采用抛物线斯塔克态作为自然态。尽管没有像角动量本征态 $\Delta l = \pm1$ 这样严格的跃迁选择定则，但一般来说，每个 n 斯塔克态仅与 1 个或 2 个 $n+1$ 斯塔克态之间具有很大的偶极跃迁矩阵元，这些斯塔克态大致具有相同的一阶斯塔克能移。红移态耦合红移态，蓝移态耦合蓝移态。这些抛物线态之间矩阵元的具体表达式已经被推算出来[25]，正如 Bardsley 等指出的那样，最大的矩阵元是那些极端的红移或蓝移斯塔克态之间的矩阵元，这些矩阵元的表达式为 $\langle n|z|n+1\rangle = n^2/3$ [26]。

由于极端的 n 和 $n+1$ 斯塔克态具有最大的耦合矩阵元，可以合理地假设 $n\rightarrow n+1$ 跃迁是通过这些状态而发生的，并计算驱动这对能级之间的跃迁所需的场。虽然这是一个近似,但仍然有意义,正如通过考虑极端斯塔克态,我们能够合理地描述钠原子的电离过程一样。

按照 Christiansen – Dalsgaard[24] 的方法,可以计算 $n \rightarrow n+1$ 的 Rabi 频率。哈密顿量可以表示成如下形式:

$$H = H_{\mathrm{H}} + H_{E_{\mathrm{mw}}} + H_{\Delta nE_{\mathrm{mw}}} \tag{10.25}$$

其中,H_{H} 的定义与前面相同;$H_{E_{\mathrm{mw}}}$ 只包含对角矩阵元;$H_{\Delta nE_{\mathrm{mw}}}$ 包含非对角矩阵元。$H = H_{\mathrm{H}} + H_{E_{\mathrm{mw}}}$ 的本征函数为线性氢原子斯塔克态。$H_{\Delta nE_{\mathrm{mw}}}$ 的主要作用是 n 态之间的偶极耦合。如果利用 $H = H_{\mathrm{H}} + H_{E_{\mathrm{mw}}}$,那么 n 和 $n+1$ 蓝移斯塔克态的波函数由式(10.19)给出,其中 $k_n = 3n(n-1)/2$ 且 $k_{n+1} = 3n(n+1)/2$。

在 n 光子共振情况下,$N\omega = 1/2n^2 - 1/2(n+1)^2 \approx 1/n^3$,可以从偶极子耦合矩阵元开始计算 Rabi 频率[24,27]。

$$\langle \psi_{n+1}(\boldsymbol{r}, t) \mid H_{\Delta nE_{\mathrm{mw}}} \mid \psi_n(\boldsymbol{r}, t) \rangle = \langle \psi_{n+1}(\boldsymbol{r}, t) \mid zE\cos(\omega t) \mid \psi_n(\boldsymbol{r}, t) \rangle \tag{10.26}$$

利用式(10.19)给出的波函数的贝塞尔形式,将 $\cos(\omega t)$ 表达为指数形式,并利用方程(10.19),将式(10.26)的时间无关部分表示为

$$\langle \psi_{n+1} \mid H_{\Delta nE_{\mathrm{mw}}} \mid \psi_n \rangle_N = \frac{\langle n+1 \mid z \mid n \rangle}{2} \left\{ \sum_k J_{k+1-N}\left(\frac{k_{n+1}E_{\mathrm{mw}}}{\omega} \right) J_k\left(k_n \frac{E_{\mathrm{mw}}}{\omega} \right) \right.$$
$$\left. + J_{k-1-N}\left(k_{n+1} \frac{E_{\mathrm{mw}}}{\omega} \right) J_k\left(k_n \frac{E_{\mathrm{mw}}}{\omega} \right) \right\} \tag{10.27}$$

利用式(10.22),将式(10.27)变为

$$\langle \psi_{n+1} \mid H_{\Delta nE_{\mathrm{mw}}} \mid \psi_n \rangle_N = \frac{\langle n+1 \mid z \mid n \rangle}{2} \left\{ J_{N+1}\left[\frac{(k_{n+1} - k_n)E_{\mathrm{mw}}}{\omega} \right] \right.$$
$$\left. + J_{N-1}\left[\frac{(k_{n+1} - k_n)E_{\mathrm{mw}}}{\omega} \right] \right\} \tag{10.28}$$

利用:

$$J_{\nu-1}(x) + J_{\nu+1}(x) = \frac{2\nu}{x}J_\nu(x) \tag{10.29}$$

可以将式(10.28)写成:

$$\langle \psi_{n+1} \mid H_{\Delta nE_{\mathrm{mw}}} \mid \psi_n \rangle_N = \frac{\langle n+1 \mid z \mid n \rangle N\omega}{k_{n+1} - k_n} J_N\left[\frac{(k_{n+1} - k_n)E_{\mathrm{mw}}}{\omega} \right] \tag{10.30}$$

对于极端斯塔克态,$\langle n+1 \mid z \mid n \rangle = n^2/3$ 且 $k_{n+1} - k_n = 3n$。在 n 光子共振情况下,$N\omega \approx 1/n^3$,n 光子矩阵元由式(10.31)给出:

$$\langle \psi_{n+1} \mid H_{\Delta nE_{\mathrm{mw}}} \mid \psi_n \rangle_N = \frac{1}{9n^2}J_N\left(\frac{3nE}{\omega} \right) \tag{10.31}$$

Rabi 频率是原来的 2 倍。从这个表达式可以清晰地看出,主要是贝塞尔函数的变化决定了获得有用的拉比频率所需的场强。

如果假设 $n \to n+1$ 跃迁需要很多光子,那么 N 值会很大,除非 $3nE/\omega > N$,否则 $J_N(3nE/\omega) \to 0$,$3nE/\omega > N$。由于 $N\omega \approx 1/n^3$,这个要求可以重述为

$$E \geq \frac{1}{3n^4} \tag{10.32}$$

即为 $E = 1/9n^4$ 的静电离场之上的场强。显然,对于 $\omega \ll 1/n^3$,电离不是通过向更高的态跃迁而发生的,而是如前面所述的直接场电离。另外,当 n 值较小(<5)时,上述大参数下的贝塞尔函数的推理不适用。回想一下,在钾原子 $(n+2)s \to (n, k)$ 跃迁中,前几个跃迁所需的场强非常小。同样,当 $n < 5$ 时,即使在 $E \ll 1/3n^4$ 的情况下,Rabi 频率也可能相当大。对式(10.31)的显式求值立即可以得到跃迁的 Rabi 频率。

为了确定所需的 Rabi 频率的上限,可以设定拉比频率等于失谐频率。利用式(10.31)的这一要求,Christiansen - Dalsgaard 计算了 15 GHz 的氢电离场[24]。将这两种态模型的结果与图 10.17 中钠原子和锂原子 $|m| = 2$ 阈值场的实验结果进行比较。尽管计算出的阈值场与观测值基本一致,但计算数据展示出的结构特征比实验数据更为复杂。例如,$n = 60$ 时的双光子共振在理论曲线上很明显,但在实验数据中却不明显。这些差异是模型的简化处理造成的。在理论模型中,忽略了二阶斯塔克能移和其他态的存在。只考虑极端的 n 和 $n+1$ 斯塔克态,但就像钠原子或钾原子的情况一样,其他斯塔克态也会发生 $n \to n+1$ 跃迁,尽管它们的 $n \to n+1$ 矩阵元较小,所以通常跃迁发生在较高的场中。然而,同一 n 值的不同斯塔克态的载流子能量不同,这是因为其二阶斯塔克能移不同,这意味着难以

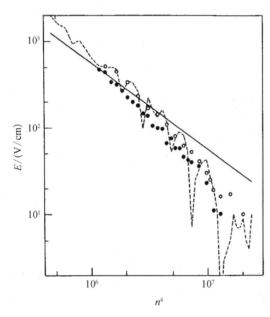

图 10.17 电离临界场强 E 表现出与氢原子(---)偶极跃迁低主量子数态 n 的函数关系。钠原子(●)和锂原子(○)的实验数据及隧穿的临界场(—)[24]

明确判断 n 和 $n+1$ 斯塔克态之间的哪个跃迁更容易共振。当考虑到许多 n 和 $n+1$ 斯塔克态及微波场随时间的可能变化时,可以明显地看出,尖锐的共振不太可能像图 10.17 中的两态理论曲线那样明显。

如果微波电离过程可以用共振多光子模型来描述,那么应该可以观察到共振现象的其他表现,而实际情况也确实如此。在某些情况下,氢原子的电离阈值显示出显著的结构特性。如图 10.18 所示就是这样一个例子,图中展示了在 9.92 GHz 的场中氢原子 $n = 36$ 的电离曲线结构[28]。在 $E \approx 0.12n^{-4}$ 处的平台是由前面所讨论的共振引起的。这与图 10.8 和

图 10.14 中所示的钾原子和氢原子共振相似。

　　图 10.18 中电离曲线的获取方式与图 10.14 的数据相同,是通过在零场中激发原子,然后将其暴露在强微波场中得到的。当原子在一个静电场中被激发到单一斯塔克态,并在持续的电场作用下保持在该斯塔克态时,如果在同一方向上施加微波场,那么共振将变得更加明显。Bayfield 和 Pinnaduwage[29] 在 5~10 V/cm 的静电场中观测到从氢原子极端红移斯塔克态($n=60$,$m=0$)到附近其他极端斯塔克态的跃迁。如图 10.19 所示,可以看到四光子跃迁到极端红移 $n=61$ 斯塔克态和四光子跃迁到极端红移 $n=59$ 斯塔克态对应的共振。这些实验类似于之前描述的钾原子和氦原子多光子共振实验,但本质上更简单,因为极端的红移 $n=60$ 斯塔克态只耦合到

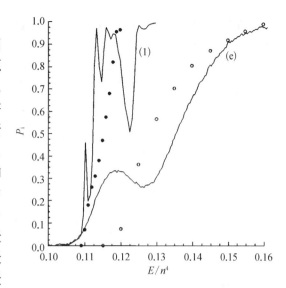

图 10.18　氢原子 $n=36$ 能级在 9.92 GHz 微波电场中的电离概率 P_i 的实验数据[用曲线(e)表示]、一维绝热量子计算数据[用曲线(1)表示]、一维经典计算数据($\bullet$)、三维经典计算数据($\circ$)[28]

极端的 $n=59$ 斯塔克态。相比之下,钾原子 $(n+2)$s 态则可以与所有 (n,k) 斯塔克态耦合。

　　如图 10.16 所示,当微波频率接近 $1/n^3$ 时,电离所需的标度场 n^4E 逐渐减小,这就引发了当 ω 超过 $1/n^3$ 时会发生什么问题。如果要达到 $\omega > 1/n^3$,那么就要求更高的 n、更

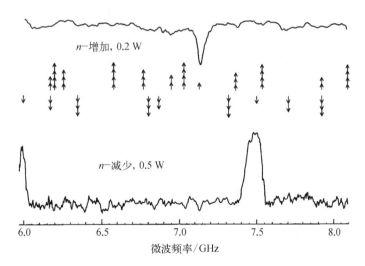

图 10.19　在低微波功率下,随 n 变化的信号与微波频率的依赖关系,其中 n 的变化每次只增加或减少 1。在预期的静电场附近观察到共振多光子跃迁。这些共振涉及 4 个或 5 个微波光子的吸收。当态分析仪场强 E_A 设置为 50.0 V/cm 时,得到了 n 向下变化的原子生成曲线,当 E_A 设置为 45.5 V/cm 时,研究了 n 向上变化的原子损失。n 阶跃变化(非逐步)较大的共振位置随其阶数 k 一起在图中给出[29]

高的频率,或两者都要求。例如,在 10 GHz, $n=87$ 时, $\omega = 1/n^3$。 Galvez 等[30]在 36 GHz 的微波场中观察了氢原子从 $n=40$ 到 $n=80$ 态的电离过程。他们采用两种模式获取数据:淬灭模式,用于观察保持在初始状态的原子;电离模式,用于观察已电离的原子。在微波场区域的下游,他们利用静电场来分析最终态。在电离模式下,微波电离信号中还包含 $n > n_c$ 束缚态,其中 $160 < n_c < 190$。 在电离模式下得到的结果如图 10.20 所示。

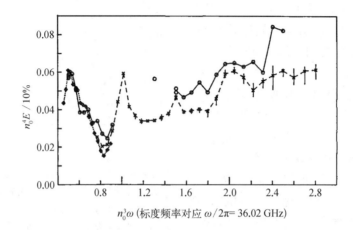

图 10.20 氢原子 36 GHz 微波电离场(10%电离):实验电离模式结果(○);三维经典计算(×,◇)[30]

从图 10.20 可以看出,当 ω 超过 $1/n^3$ 时,电离氢原子所需的标度场 n^4E 不再急剧下降,而是随着 n 的增加而略有增加。在 36 GHz 时, $n^3\omega = 0.4$ 和 2.8 分别对应 $n=42$ 和 80。在 $n^3\omega > 1$ 时,实测的电离场与 n^4E 保持恒定的情况并不矛盾。Jensen 等[31]已经开发了一个简单的量子力学模型,针对 $1/n^3 \ll \omega \ll 1/n^2$,这个模型预示着一个与 n 无关的电离场。在他们的模型中,电离是通过一系列的单光子跃迁到更高的能级而实现的。只有当跃迁的 Rabi 频率等于或超过失谐时,有序的跃迁和电离才会发生。如果主量子数 n 和 n' 的两个态的能量差为 $\Omega = 1/2n'^2 - 1/2n^2$,那么连接这两个态的电偶极子矩阵元由式(10.33)给出[31]:

$$
\begin{aligned}
\langle n \mid z \mid n' \rangle &= 0.4(nn')^{-3/2}\Omega^{-5/3} \\
&= 0.4n^{-3}\Omega^{-5/3}
\end{aligned}
\tag{10.33}
$$

前提是 $n, n' \gg 1$ 和 $|n-n'| \ll n$。如果满足式(10.33)的两个条件,那么 $n \to n'$ 跃迁的偶极矩阵元与 n^{-3} 成正比,就像多个 n 态之间的分离和共振失谐一样。因此,要求 Rabi 频率约等于最大失谐 $1/2n^3$,并导致如下要求:

$$
E = 2.5\Omega^{5/3}
\tag{10.34}
$$

由于共振 $\Omega \approx \omega$(微波频率),预测的电离场与 n 无关。对于 36 GHz 的微波频率,式(10.34)预测的场强为 10 V/cm,与图 10.17 中的结果基本相符。

当 ω 进一步增加到 $1/n^3$ 以上时,单个光子驱动初始填充态越来越接近电离极限,导致电离过程中吸收的光子越来越少。少光子过程可以用最低阶扰动理论很好地描述,该理论表明电离速率与 E^{2N} 成正比,其中 N 是光子吸收的数量。对于小 N,这种过程不能很好地用阈值场来描述,在这种情况下讨论电离阈值场是没有意义的。

本节讨论的微波多光子过程主要是基于 Floquet 描述,即稳态描述。例如,隐含地假设,相对于 Rabi 频率,微波场开启和关闭的速度更快,微波开启或关闭的时间是如此之短,以至于它对跃迁没有任何影响。很明显,这些假设并不总是成立的,而且由于二阶斯塔克能移的共振调谐而产生的有趣动态效应已经被预测和观察到[32–34]。类似地,没有考虑噪声的影响,只把它看作线宽增加的原因。事实上,噪声可以有深远的影响,特别是在宽带微波系统中,宽带噪声几乎确保了与相关的原子跃迁同时发生[35]。

10.4　圆极化场电离

尽管线极化场电离已得到了深入的研究,但圆极化场电离的研究只有一例,即在钠原子 8.5 GHz 的场电离实验中,原子束中的钠原子通过法布里-珀罗微波腔,用两个脉冲可调谐染料激光器分别在 5 890 Å 和 4 140 Å 进行 3s→3p 和 3p→里德堡态的激发。在圆极化微波场的作用下,原子被激发到里德堡态,而圆极化微波场在激光脉冲后被关闭。随后,脉冲场立即施加到原子上,以驱动微波电离产生的相应离子迁移到微通道板探测器上。为了测量电离阈值场,测量了微波功率变化时的离子电流。

产生圆极化场的实验方法是采用法布里-珀罗微波腔,这种微波腔能支持两个相位相差 90° 的正交线极化的 8.5 GHz 微波场。主要的实验挑战在于使得这两个近乎简并腔模之间的相互作用最小化,因为任何相互作用都会破坏简并。为了实现相互作用最小化,通过镜子处的圆孔,Fu 等用两个正交极化波导馈入两个模式[36]。这两个模式相差 2 MHz,其 Q 值分别是 2 000 和 2 100,所以这些模式的线宽是 4 MHz。Q 值不完全相等,所以在稳态下可以存在圆极化,但在其他充满微波场的腔模中则无法维持圆极化。为了最大限度地降低原子暴露在椭圆极化微波场中的可能性,Fu 等在微波场中将原子激发到里德堡态。

要实现原子电离,所需的圆极化场强度要远高于线极化,如图 10.21 所示,对于 8.5 GHz 的线极化和圆极化场,图中描绘了原子发生 50% 电离的阈值场。由图 10.21 可知,圆极化微波电离阈值场强非常接近 $E = 1/16n^4$,与里德堡态钠原子电离所需的静电场强相同,远高于线极化微波电离所需的场强 $E = 1/3n^5$。此外,观测到的电离信

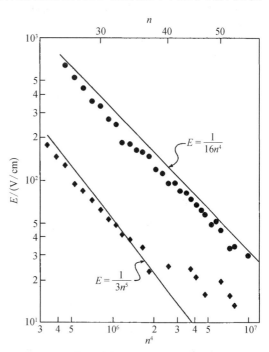

图 10.21　当钠原子在 8.5 GHz 微波场中被激发时,线极化(◆)和圆极化(●)的电离阈值场表现为 n 的函数[36]

号与腔内两个极化之间的相对相位有明显的依赖性。当 E 小于 $1/16n^4$ 的 20% 时,圆极化场的电离不会发生,但如果与产生圆极化所需的 90° 相移之间存在 10° 的相位偏差,那么就会导致几乎完全电离。在相同的微波功率下,即使轻微椭圆度的极化态也会引发电离,而纯圆极化态不会引发电离。

如果把这个问题转换到一个随微波场旋转的坐标系中,这个微波场就会变成静态的,因此无法引起跃迁。这种旋转坐标系的转换,常用于描述两级磁共振实验,Salwen[37] 和 Rabi[38] 对此进行了讨论。

假设有一个微波场,其场强如下:

$$E = \hat{x}E\cos(\omega t) + \hat{y}E\sin(\omega t) \tag{10.35}$$

把这个问题转换到一个以角频率 ω 绕 z 轴旋转的坐标系中,这个场在旋转坐标系的 x 方向上就会变成了一个静电场。如果在实验室坐标中使用常见的球形 nlm 态作为本征态,那么绕 z 轴旋转角度 ϕ 会使波函数从 ψ_{nlm} 变为 $e^{im\phi}\psi_{nlm}$。对于均匀旋转 $\phi = \omega t$,有 $\psi_{nlm} \rightarrow e^{im\omega t}\psi_{nlm}$,即能量移动 $-m\omega$。将钠原子 nlm 波函数转换到旋转坐标系中,只会使其能量增加 $-m\omega$。原则上,将包含 x 方向场的新哈密顿矩阵对角化,从而找到旋转坐标系中的能级,这听起来似乎很简单。然而,实际上,对于每一个主量子数,都涉及 $n^2/2$ 个耦合能级,这使得问题复杂化。为了深入了解这一点,Fu 等对 $n=5$、6 和 7 时的钠原子哈密顿矩阵进行了对角化;在一个 1 500 GHz 旋转的坐标中,$n=4 \sim 5$ 间隔的 2% 对应于 8.5 GHz,也对应于 $n=25 \sim 26$ 间隔的 2%。当相邻 n 值的斯塔克分支重叠时,存在回避交叉,这与静电场中的情况类似。在极低频范围内,斯塔克分支在 $E=1/3n^5$ 处发生重叠,但随着频率的提高,重叠发生在更低的场强下。

在对氢原子进行的类似计算中,能级会像在静电场中一样交叉。在钠原子中回避交叉是由于与离子实的耦合,而不是对坐标旋转的变换。在静电场中,$1/3n^5 < E < 1/16n^9$ 时,与离子实的耦合通过能级回避交叉的方式得以体现,在 $E > 1/16n^4$ 时,离散态与电离红移斯塔克态的斯塔克连续态之间的相同耦合导致了电离[39]。也就是说,钠原子在 $E > 1/16n^4$ 处的场电离作用实际上是自电离,在旋转坐标系中的情况大概也是一样的。$E < 1/16n^4$ 时存在回避交叉,可能是由于 $m=0$ 和 $+1$ 部分的波函数和 $E > 1/16n^4$ 时电离的共同作用。换句话说,圆极化微波场的电离,在旋转坐标系中表现为场电离。

极化中明显的椭圆度效应也可以用旋转坐标系描述来理解。当极化为椭圆时,在旋转坐标系中有一个频率为 2ω 的振荡场叠加在静电场上。如果旋转坐标中的静电场强超过 $1/3n^5$,那么原子处于有许多能级交叉的场中,即使一个非常小的附加振荡场,也可以通过这些能级交叉驱动原子跃迁到更高的态,最终导致电离。

Nauenberg[40] 将圆极化场的电离问题转化到旋转坐标系中,采用经典物理方法解决了这个问题。在旋转坐标系中,势能受到添加项 $-\omega^2(x^2+y^2)/2$ 的抑制。在低 n 时,电离场强为 $E=1/16n^4$,但在高 n 时,所需的电离场强低于 $1/16n^4$。例如,在 8.5 GHz 时,对于 $n=30$,$E=1/16n^4$,但对于 $n=50$,经典计算得到的场强约为 $E=1/16n^4$ 的 1/5。如图 10.21 所示,当 $n=60$ 时,实验结果表现出与 $1/16n^4$ 的相关性。在一个低得多的场强中,尽管 $n=50$ 原子在能量上允许发生电离,但实际上并未发生。一种可能的障碍是角动量约束。在电离阈值处,电子几乎不能从旋转坐标系中的鞍点逃逸出来。在实验室坐标系中,同一个电子有很大的角动量。例如,对于 $n = 50$,其角动量高达 $60\hbar$。 从量子力学的角度看,获得如此大的角动量需要 10 次 $\Delta n = 1$ 跃迁,而这在现实中是不太可能的。

参考文献

1. J. E. Bayfield and P. M. Koch, *Phys. Rev. Lett.* **33**, 258,（1974）.

2. P. Pillet, W. W. Smith, R. Kachru, N. H. Tran, and T. F. Gallagher, *Phys. Rev. Lett.* **50**, 1042(1988).

3. D. R. Mariani, W. van de Water, P. M. Koch, and T. Bergeman, *Phys. Rev. Lett.* **50**, 1261(1983).

4. P. Pillet, H. B. van Linden van den Heuvell, W. W. Smith, R. Kachru, N. H. Tran, and T. F. Gallagher, *Phys. Rev. A* **30**, 280(1984).

5. C. R. Mahon, J. L. Dexter, P. Pillet, and T. F. Gallagher, *Phys. Rev. A* **44**, 1859(1991).

6. U. Eichmann, J. L. Dexter, E. Y. Xu, and T. F. Gallagher, Z. *Phys. D* **11**, 187(1989).

7. J. Rubbmark, M. M. Kash, M. G. Littman, and D. Kleppner, *Phys. Rev.* **23**, 3107(1981).

8. L. A. Bloomfield, R. C. Stoneman, and T. F. Gallagher, *Phys. Rev. Lett* **57**, 2512(1986).

9. R. C. Stoneman, G. R. Janik, and T. F. Gallagher, *Phys. Rev. A* **34**, 2952(1986).

10. R. C. Stoneman, D. S. Thomson, and T. F. Gallagher, *Phys. Rev. A* **37**, 1527(1988).

11. W. van de Water, S. Yoakum, T. van Leeuwen, B. E. Sauer, L. Moorman, E. J. Galvez, D. R. Mariani and P. M. Koch, *Phys. Rev. A* **42**, 872(1990).

12. T. F. Gallagher, *in Atoms in Intense Laser Fields*, ed. M. Gavrila (Academic Press, Cambridge,1992).

13. S. H. Autler, and C. H. Townes, *Phys. Rev.* **100**, 703(1955).

14. J. Shirley, *Phys. Rev.* **138**, B979(9165).

15. H. Sambe, *Phys. Rev. A* **7**, 2203(1973).

16. B. Christiansen-Dalsgaard, unpublished,（1990）.

17. M. Abramowitz and I. A. Stegun, *Handbook of Mathematical Functions*,（U. S. GPO, Washington, DC.,（1964）.

18. H. B. van Linden van den Heuvell, R. Kachru, N. H. Tran, and T. F. Gallagher, *Phys. Rev. Lett.* **53**, 1901(1984).

19. P. Pillet, C. R. Mahon, and T. F. Gallagher, *Phys. Rev. Lett.* **60**, 21(1988).

20. G. A. Ruff and K. M. Dietrick (unpublished).

21. K. A. H. van Leeuwen, G. V. Oppen, S. Renwick, J. B. Bowlin, P. M. Koch, R. V. Jensen, O. Rath, D. Richards, and J. G. Leopold, *Phys. Rev. Lett.* **55**, 2231(1985).

22. T. F. Gallagher, C. R. Mahon, P. Pillet, P. Fu and J. B. Newman, *Phys. Rev. A* **39**, 4545(1989).

23. R. V. Jensen, S. M. Susskind, and M. M. Sanders, *Phys. Rept.* **201**, 1(1991).

24. B. Christiansen-Dalsgaard (unpublished).

25. H. A. Bethe and E. A. Salpeter, *Quantum Mechanics of One and Two Electron Atoms* (Academic Press, New York, 1957).

26. J. N. Bardsley, B. Sundaram, L. A. Pinnaduwage, and J. E. Bayfield, *Phys. Rev. Lett.* **56**, 1007(1986).

27. M. A. Kmetic and W. J. Meath, *Phys. Lett.* **108A**, 340(1985).

28. D. Richards, J. G. Leopold, P. M. Koch, E. J. Galvez, K. A. H. van Leeuwen, L. Moorman, B. E. Sauer and R. V. Jensen, *J. Phys. B.* **22**, 1307(1989).

29. J. E. Bayfield and L. A. Pinnaduwage, *Phys. Rev. Lett.* **54**, 313(1985).

30. E. J. Galvez, B. E. Sauer, L. Moorman, P. M. Koch, and D. Richards, *Phys. Rev. Lett.* **61**, 2011(1988).

31. R. V. Jensen, S. M. Susskind, and M. M. Sanders, *Phys. Rev. Lett.* **62**, 1476(1989).

32. H. P. Breuer, K. Dietz, and M. Holthaus, *Z. Phys D* **10**, 13(1988).

33. M. C. Baruch and T. F. Gallagher, *Phys. Rev. Lett.* **68**, 3515(1992).

34. S. Yoakum, L. Sirko, and P. M. Koch, *Bull. Am. Phys. Soc.* **37**, 1105(1992).

35. R. Blumel, R. Graham, L. Sirko, U. Smilansky, H. Walther, and K. Yamada, *Phys. Rev. Lett.* **62**, 341 (1987).

36. P. Fu, T. J. Scholz, J. M. Hettema, and T. F. Gallagher, *Phys. Rev. Lett.* **64**, 511(1990).

37. H. Salwen, Phys. Rev. 99, 1274(1955).

38. I. I. Rabi, N. F. Ramsey, and J. Schwinger, *Rev. Mod. Phys.* **26**, 167(1955).

39. M. G. Littman, M. M. Kash, and D. Kleppner, *Phys. Rev. Lett.* **41**, 103(1989).

40. M. Nauenberg, *Phys. Rev. Lett.* **64**, 2731(1990).

第 11 章

与中性原子分子的碰撞

里德堡原子的尺寸很大,正比于 n^4;束缚能很小,正比于 n^{-2},这种性质使它们成为碰撞实验中几乎不容忽视的研究对象。虽然人们可能认为里德堡原子的散射截面很大,但总体上讲并非如此。事实上,里德堡原子与大多数粒子都不太容易发生碰撞。

涉及里德堡原子的碰撞可以分为两大类:一类是与整个里德堡原子发生相互作用的碰撞,另一类是分别与离子实和里德堡电子发生相互作用的碰撞。这两类碰撞之间的本质区别在于扰动粒子和里德堡原子之间的相互作用范围与里德堡原子大小的相对关系。下面通过几个例子,帮助我们更好地理解这一点。对第一类碰撞,一个里德堡原子与带电粒子的相互作用,是具有 $1/R^2$ 相互作用势的电荷-偶极相互作用,而两个里德堡原子之间的共振偶极-偶极相互作用,则具有 $1/R^3$ 相互作用势。其中,R 是里德堡原子和扰动粒子之间的核间距。在这两种相互作用中,里德堡原子都会作为一个整体与扰动粒子产生相互作用。另外,当里德堡原子与氮气分子相互作用时,作用距离最长的原子-分子相互作用,是偶极诱导的偶极相互作用,其势能按 $1/R^6$ 规律变化。对于大于里德堡原子轨道半径的核间距 R,这种相互作用变得极其微弱,几乎可以忽略不计。因此,只有当氮气分子真正穿透里德堡电子的轨道时,才会有明显的相互作用。一旦氮气分子进入里德堡电子轨道,它就可以分别与带电离子实和里德堡电子相互作用。本章重点讨论这种类型的碰撞,而对由长程相互作用引起的碰撞的讨论将留待后续章节展开。

本章首先会简要总结短程的里德堡原子与中性粒子散射背后的基本物理概念,然后概述里德堡原子散射和自由电子散射理论之间的相互联系[1-5]。接下来,将介绍常用的实验技术,并对实验结果进行总结。和碰撞过程密切相关的谱线展宽和频移测量,将在下一章介绍。

11.1 物理图像

本节以里德堡态钠原子与一氧化碳的碰撞为例进行说明。图 11.1 展示了一氧化碳穿过钠电子云的情景[6]。在这个过程中共有三种相互作用:

$$e^- \text{—} Na^+, \quad e^- \text{—} CO, \quad Na^+ \text{—} CO \quad (11.1)$$

e^-—Na^+ 相互作用导致钠原子的能级结构。只要 e^-—CO 和 Na^+—CO 相互作用的特征长度相对小于里德堡原子的尺寸,那么就可以将碰撞过程近似

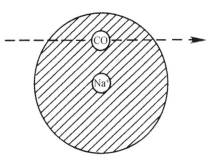

图 11.1 一氧化碳分子与里德堡态钠原子的碰撞。里德堡态钠原子由钠离子实和阴影区域表示的扩散电子云组成[6]

地描述为 e^-—CO 相互作用和 Na^+—CO 相互作用的总和,忽略掉两者之间的关联。这种近似非常适合 n 较高的能态,但不太适用于 $n=5$ 的能态。

现给出具体的例子,下面考虑电子与一氧化碳分子相互作用的机制。引入 ρ 来表示里德堡电子和一氧化碳分子之间的距离。首先,过程中存在依赖弹性散射长度 a 和 $\delta(\rho)^{[1]}$。其次,电子与极性一氧化碳分子的电偶极矩和电四极矩会发生相互作用,两者分别正比于 ρ^{-2} 和 ρ^{-3}。最后,电子与一氧化碳分子中诱发的多极矩发生相互作用,其中最强的相互作用是与电子诱导偶极的相互作用,其强度正比于 ρ^{-4}。除了短程散射长度相互作用外,钠离子与一氧化碳分子的相互作用也是类似的。与 $n=20$ 的里德堡原子的大小相比,上述所有相互作用都是短程的。因此,要想这些相互作用发挥显著作用,一氧化碳分子必须靠近电子或钠离子。由于钠离子仅位于一个固定点,而电子可以在图 11.1 所示电子云中的任何位置出现,e^-—CO 相互作用通常是占主导地位的相互作用,只有少量的例外情况。

前面讨论了与一氧化碳分子的碰撞。现在以与氮气分子的碰撞为例,其中电子-偶极子相互作用不存在,e^-—N_2 相互作用中作用距离最长的是电子-四极子相互作用。这种相互作用比一氧化碳分子中电子-偶极子相互作用的作用距离更短,因此可以期望看到里德堡原子与一氧化碳分子和氮气分子碰撞之间的差异。如果用稀有气体原子或其他任何原子代替一氧化碳分子,那么电子-偶极子和电子-四极子相互作用都不存在,只剩下极化相互作用和 δ 函数相互作用。

如果假设电子-扰动粒子相互作用占主导地位,那么在里德堡原子和不同粒子之间的碰撞中,可以期望观察到什么现象?基态稀有气体原子在碰撞中得到的能量不足以到达其他能态,因此电子与稀有气体原子之间的碰撞是弹性碰撞,仅涉及平移动能的交换。被原子散射的电子大致相当于被保龄球散射的乒乓球,因此交换的能量非常少。具体来说,典型的能量交换 ΔW 由式(11.2)给出:

$$\Delta W = 4kTv/V \tag{11.2}$$

其中,k 是玻尔兹曼常数;T 是温度;v 是里德堡电子的速度;V 是稀有气体原子和里德堡原子的相对速度。在 300 K 时,对于 $n=20$ 的里德堡原子和氦原子之间的碰撞,v 可以取值 $1/n$,从而求得 $\Delta W = 3$ cm^{-1},与 $kT = 200$ cm^{-1} 相比,这一能量交换很弱。因此,可以预见,里德堡原子能量交换 ΔW 超过 $kT/100$ 的碰撞过程不太可能发生。虽然这是一个普遍适用的规律,但需要注意的是,在计算 ΔW 值时使用了 v 的典型值 $1/n$。然而,里德堡电子的运动速度在离子实附近较大,因此尽管散射截面较小,碰撞过程仍然可能发生,这需要里德堡态能量发生较大变化。

在与分子发生碰撞的过程中,由于分子在碰撞过程中存在可激发形成的振动和转动态,碰撞过程的物理情景会显著改变。被分子散射的电子,可以通过分子的偶极或四极跃迁过程引发分子中的转动能级跃迁。虽然偶极跃迁通常会更强一些,但只发生在极性分子中,如一氧化碳分子或氮气分子。在这种电子诱导的跃迁中,分子的能量必须改变转动初态和末态之间的能量差值,因此里德堡电子的能量必须具有相同的改变量。换句话说,这个过程本质上是共振的,尽管存在许多转动态,共振行为可能不会很明显。此外,振动激发也是可能的,电子撞击很容易引起分子的振动跃迁,这在较低里德堡态的布居减少中也起到了明显的作用。总之,由于分子的转动态和振动态的存在,里德堡电子与分子发生非弹性碰撞具备了条件,这些过程的存在极大地增加了碰撞中里德堡态能量变化的可能性。

11.2　理论

从前面的分析中可以注意到,许多的里德堡原子碰撞过程主要是由于里德堡电子与扰动粒子的相互作用。从 Fermi 提出的理论[1]开始,许多理论研究工作致力于将电子散射与里德堡原子散射联系起来。例如,Omont[2]、Matsuzawa[3]、Hickman 等[4]和 Flannery[5]都对此进行了详尽的阐述。虽然本节不可能对这方面的所有理论进行详尽的分析,但对电子散射和里德堡原子散射之间的联系作一个简要的概述也是大有裨益的。

由于给出了里德堡电子和离子实独立地同扰动粒子发生散射这一假设,本节先讨论里德堡电子和扰动粒子之间相互作用距离小于里德堡原子尺寸 $n^2 a_0$ 的碰撞,这是一个很有趣的情况。更进一步,里德堡离子实与扰动粒子的相互作用在很多情况下是可以直接忽略的。对于被稀有气体原子散射的低能电子,可以由其散射长度合理估计电子-稀有气体相互作用距离。由于典型的散射长度约为 $3a_0$ [7] *,对于任何 $n > 2$ 的里德堡能态,这个条件都很明显能够满足。另外,电子-极性分子散射的一个典型特征是横截面的量级为 10^3 Å^2[8],所以达到 $30a_0$ 量级的相互作用长度并不少见。因此,对于极性分子,只有当 $n > 5$ 时,扰动粒子与里德堡离子实的相互作用才能忽略不计。

考虑非常快速的碰撞,在这些碰撞中,里德堡原子和扰动粒子之间的碰撞速度 V 远大于里德堡电子的轨道速度 v,即 $V \gg v$。对于与能量为 1 keV 的氢原子的碰撞,$n \gg 10$ 的能级才满足上述条件。在这种碰撞中,里德堡电子的轨道速度与 V 相比可以忽略不计。实际上,通过速度为 V 的里德堡原子发生的散射,可以等同于几乎静止的电子云的散射和与里德堡离子实的散射之和。对于快速碰撞,具有如下关系[3, 9, 10]:

$$\sigma_{\text{Ryd-扰动}} = \sigma_{e^{-}\text{-扰动}} + \sigma_{\text{离子-扰动}} \tag{11.3}$$

如果我们关注另一种极端情况,即热运动碰撞,那么碰撞原子的相对速度约为 10^{-3},而里德堡电子的典型速度为 $v = 1/n$。因此,对于 $n \ll 1\,000$ 的情况,里德堡电子的速度大幅超过了扰动粒子的速度,此时,碰撞可以近似为里德堡电子受到静态的扰动粒子散射。当满足相互作用距离小于轨道半径和 $v \gg V$ 的条件时,这种方法是有效的。即使对于极性分子这种相对受限的情况,当 $10 < n < 1\,000$ 时也可以满足上述近似条件。

考虑一个与里德堡原子碰撞的扰动粒子,如图 11.2(a)所示。碰撞前该粒子处于能态 β,动量为 $\boldsymbol{K}$。碰撞后扰动粒子处于能态 β',动量为 $\boldsymbol{K}'$。扰动粒子缓慢地穿过里德堡原子,直到被移动得更快的里德堡电子击中,这导致扰动粒子的动量和能态突然地发生变化,分别变为 $\boldsymbol{K}'$ 和 β'。

图 11.2(b)展示了里德堡电子在撞击扰动粒子之前和之后的运动轨迹。在碰撞之前,里

---

*　本书原著中未见对文献[6]的标引。

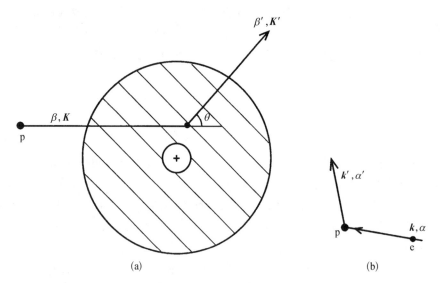

图 11.2 （a）初始能态为 β 且具有动量 K 的扰动粒子 p，与里德堡原子散射后处于最终能态 β' 和动量 K' 的示意图；（b）里德堡电子与扰动粒子碰撞的放大图。里德堡电子最初处于能态 α 并且具有动量 k，碰撞后能态和动量分别为 α' 和 k'

德堡电子处于能态 α，并且电子具有动量 k；碰撞后分别变化为 α' 和 k'。在图 11.2（a）中，为了清晰起见，散射角 θ 画得相对较大，但是，由于里德堡电子与扰动粒子之间的动量交换非常有限，因此 θ 实际上相当小。通常，首先使用玻恩近似来处理这个问题。如果定义动量传递 $Q = K - K'$，则图 11.2 中碰撞的玻恩散射的幅度将由式（11.4）给出[3, 11]：

$$f(\alpha, \beta, K \to \alpha', \beta', K') = \frac{-\mu}{2\pi} \int e^{iQ \cdot R} \psi^{*}_{n'l'm'}(r) U(\beta, \beta', r, R) \psi_{nlm}(r) \, d^3r d^3R$$

$$(11.4)$$

其中，U 是扰动粒子初态 β 和末态 β' 的相互作用势；r 和 R 是里德堡电子和扰动粒子相对于里德堡离子实的位置；μ 是里德堡原子和扰动粒子的约化质量。在表达式（11.4）时，为里德堡能态 α 选择了通常的球谐 nlm 态形式。在本节中，将假设 α 态是球谐态，但这不是唯一可能的选择。例如，对于电场中的氢原子，抛物线能态将是更好的选择[12]。考虑电子-扰动粒子之间的相互作用，通常 $U(\beta, \beta' r, R)$ 必须是 $r - R$ 的函数，所以引入 $p = r - R$，用 $R + p$ 替换 R，重写式（11.4）可以得到：

$$f(\alpha, \beta, K \to \alpha, \beta, K') = \frac{-\mu}{2\pi} \int e^{iQ \cdot r} \psi^{*}_{n'l'm'}(r) U(\beta, \beta', \rho) e^{-iQ \cdot \rho} \psi_{nlm}(r) \, d^3r d^3\rho \quad (11.5)$$

重新审视图 11.2（b），可以发现动量守恒定律的要求：

$$K + k = K' + k' \qquad (11.6)$$

因此，$Q = K - K'$ 也就意味着 $Q = k' - k$。换句话说，Q 是转移到电子的动量。如果假设在碰撞过程中扰动粒子没有特定的取向，就可以用各向同性势 $U(\beta, \beta', \rho)$ 代替 $U(\beta, \beta', \rho)$。在式（11.5）中使用这种近似就可以得到电子散射幅度的玻恩近似：

$$\frac{2\pi}{m}f_{eB}(\beta, \beta', \boldsymbol{Q}) = -\int e^{-i\boldsymbol{Q}\cdot\boldsymbol{\rho}}U(\beta, \beta', \boldsymbol{\rho})\mathrm{d}^3\rho \tag{11.7}$$

形式因子为

$$F(\alpha, \alpha', \boldsymbol{Q}) = \langle \psi_{n'l'm'} \mid e^{i\boldsymbol{Q}\cdot\boldsymbol{r}} \mid \psi_{nlm} \rangle = \int \psi_{n'l'm'}^{*}(\boldsymbol{r})e^{i\boldsymbol{Q}\cdot\boldsymbol{r}}\psi_{nlm}(\boldsymbol{r})\mathrm{d}^3r \tag{11.8}$$

在式(11.7)中,m 是电子的质量,在原子单位制中其值为 1。使用式(11.7)和式(11.8)可以将式(11.5)重写成如下形式:

$$f(\alpha, \beta, \boldsymbol{K} \rightarrow \alpha', \beta', \boldsymbol{K}') = \frac{\mu}{m}F(\alpha, \alpha', \boldsymbol{Q})f_{eB}(\beta, \beta', \boldsymbol{Q}) \tag{11.9}$$

对于与极性分子的碰撞,玻恩电子散射幅度是非常准确的,式(11.9)可以马上派上大用场。例如,对于极性双原子分子从 J 能级向 $J-1$ 能级的旋转去激发过程,波恩散射幅度的平方由式(11.10)给出[3]:

$$\mid f_{eB}(\beta, \beta', \boldsymbol{Q}) \mid^2 = \frac{4}{3}\left(\frac{D}{ea_0}\right)^2\frac{J}{(2J+1)Q^2} \tag{11.10}$$

其中,$\beta = J$; $\beta' = J - 1$; D 是分子的永久偶极矩;e 是电子的电荷。其他极性分子的玻恩振幅具有相似的形式,Matsuzawa 给出了相关的表达式[3]。式(11.10)中的 $1/Q^2$ 反映了电子-偶极子相互作用的长程特性。

不过,电子散射的玻恩振幅并不总是准确的,特别是在与稀有气体进行低能散射的情况下,此时散射角会很大。一种更自然的方法是将更精确的电子散射振幅 $f_e(\beta\beta'\boldsymbol{Q})$ 替换掉式(11.7)中的玻恩振幅[13]。换句话说,式(11.5)中的散射振幅可以表示为

$$f(\alpha, \beta, \boldsymbol{K} \rightarrow \alpha', \beta', \boldsymbol{K}') = \frac{\mu}{m}F(\alpha, \alpha', \boldsymbol{Q})f_e(\beta, \beta', \boldsymbol{Q}) \tag{11.11}$$

考虑式(11.7)中包括的电子质量,就可以得出式(11.11)中的 μ/m 这一比值。

电子-稀有气体散射幅度由式(11.12)给出[6]:

$$f_e(\beta, \beta, \boldsymbol{Q}) = \frac{e^{i\eta(k)}\sin\eta(k)}{k} \tag{11.12}$$

其中,η 是 s 波的相移,它与散射长度 a 具有如下关系[6]:

$$\tan\eta(k) = -ak \tag{11.13}$$

如果假设 η 很小,即有 $f_e(\beta, \beta, \boldsymbol{Q}) \approx -a$,并且总的电子-扰动粒子弹性散射横截面可由式(11.14)给出:

$$\begin{aligned}\sigma_e(Q)\& &= 2\pi\int_0^\pi \mid f_e(\beta, \beta, \boldsymbol{Q}) \mid^2 \sin\theta\mathrm{d}\theta \\ &= 4\pi a^2\end{aligned} \tag{11.14}$$

对于稀有气体原子,用类似于式(11.4)中散射振幅的方式,可以写出能态 α 和 α' 之

间的耦合,这种方式是有效的。具体有以下形式:

$$\langle \alpha' \mid U(\beta, \beta, r, R) \mid \alpha \rangle = \int \psi_{n'l'm'}^*(r) U(\beta, \beta, r, R) \psi_{nlm}(r) \mathrm{d}^3 r \quad (11.15)$$

如果替换掉空间波函数中的傅里叶变换,并考虑 $U(\beta, \beta, r, R) = U(\beta, \beta, \rho)$ 这一事实,就可以把式(11.15)重写为

$$\langle \alpha' \mid U \mid \alpha \rangle = \int \mathrm{e}^{-i k' \cdot r} G_{\alpha'}^*(k') U(\beta, \beta, \rho) G_\alpha(k) \mathrm{e}^{i k \cdot r} \mathrm{d}^3 r \mathrm{d}^3 k \mathrm{d}^3 k' \quad (11.16)$$

用 $R + \rho$ 替换 r 后即可得

$$\langle \alpha' \mid U \mid \alpha \rangle = \int \mathrm{e}^{-i(k'-k) \cdot R} G_{\alpha'}^*(k') G_\alpha(k) \mathrm{e}^{i(k'-k) \cdot \rho} U(\beta, \beta, \rho) \mathrm{d}^3 \rho \mathrm{d}^3 k \mathrm{d}^3 k' \quad (11.17)$$

对 ρ 的积分是电子散射的玻恩振幅乘以 -2π,使用 $f_e(\beta, \beta, Q) \approx -a$ 这一条件,用 $2\pi a$ 替换式(11.17)中对 ρ 的积分,并对 k 和 k' 进行积分可得

$$\langle \alpha' \mid U \mid \alpha \rangle = \langle \psi_{n'l'm'}^* \mid U \mid \psi_{nlm} \rangle = 2\pi a \psi_{n'l'm'}^*(R) \psi_{nlm}(R) \quad (11.18)$$

审视式(11.18)就可以发现, $U(\beta, \beta, r, R)$ 可以等效地表示为

$$U(\beta, \beta, r, R) = 2\pi a \delta(r - R) \quad (11.19)$$

式(11.8)中的形式因子是对三个因子、两个波函数和一个振荡平面波项 $\mathrm{e}^{i Q \cdot r}$ 的积分。由于平面波项的存在,形式因子的大小随着 Q 的增加而减小,可以使用 Gounand 和 Petitjean[14] 或 Cheng 和 van Regemorter[15] 的方法进行评估。而在 Hickman 使用的另一种方法[16,17]中,形式因子被贝塞尔函数展开的形式所取代。

为了计算总的截面,需要将散射幅度的平方对散射角 θ 积分。具体形式如下:

$$\sigma(\alpha, \beta \to \alpha', \beta') = 2\pi \int \mid f(\alpha, \beta, K \to \alpha', \beta', K') \mid^2 \sin \theta \mathrm{d}\theta \quad (11.20)$$

考虑以下事实:

$$Q^2 = K^2 + K'^2 - 2KK' \cos \theta \quad (11.21)$$

就可以用对 Q 的积分代替对散射角 θ 的积分,即[3, 11]

$$\sigma(\alpha, \beta \to \alpha', \beta') = \frac{2\pi}{KK'} \int_{Q_{\min}}^{Q_{\max}} \mid F(\alpha, \alpha', Q) \mid^2 \mid f_e(\beta\beta'Q) \mid^2 Q \mathrm{d}Q \quad (11.22)$$

其中, $Q_{\min} = \mid K - K' \mid$; $Q_{\max} = \mid K + K' \mid$ 。由于几乎所有的散射都接近于前向散射,可以用 ∞ 来代替 $Q_{\max}$,这样操作不会引入过大的误差。能量守恒决定了 $Q_{\min}$ 。具体形式如下[3, 11]:

$$\frac{K^2}{2\mu} + W_\alpha + W_\beta = \frac{K'^2}{2\mu} + W_\alpha' + W_\beta' \quad (11.23)$$

其中, W_α 、 W_α' 、 W_β 和 W_β' 分别是里德堡原子和扰动粒子在碰撞前后的内能。利用 $K \approx K'$

这一近似条件来求解方程(11.23),可以得到 $|\boldsymbol{K}-\boldsymbol{K}'|$ 的形式如下:

$$Q_{\min}=|\boldsymbol{K}-\boldsymbol{K}'|=\frac{\mu}{K}|(W_\alpha-W'_\alpha)-(W_\beta-W'_\beta)| \tag{11.24}$$

关于 $Q_{\min}$ 和式(11.24),有两点需要注意。首先,等式的右边包含碰撞前后里德堡原子损失内能和扰动粒子获得内能之间的差值。如果这个差值为零,那么碰撞就是共振的,也就没有能量使原子发生跃迁,$Q_{\min}=0$。其次,对于具有显著散射碰撞截面的情况,$Q_{\min}$ 应该很小,因为形式因子随着 Q 的增大而减小,对于极性分子扰动粒子,散射幅度 f_{eB} 也遵循这一规律。

下面考虑两个例子。第一个例子是稀有气体作为扰动粒子的情况。在这种情况下,扰动粒子的能态不会发生变化,所以 $\beta=\beta'$,$Q_{\min}$ 完全由里德堡初态和末态之间的能量差 $W_\alpha-W'_\alpha$ 决定。在第二个例子中,如果扰动粒子是一个双原子分子,它在碰撞中会形成向更低能级的旋转去激发,那么 $W'_\beta<W_\beta$,此时,尽管 $W_\alpha\neq W'_\alpha$,但里德堡原子的能量增加等于分子的能量损失,即 $W'_\alpha-W_\alpha=W_\beta-W'_\beta$,$Q_{\min}=0$。

式(11.22)中的碰撞散射截面是针对单个初态和末态的。假设碰撞速度的方向无法控制,那么要计算散射截面,就至少必须要对所有初态 m 求平均值,并对末态 m' 求和。这个过程会给出如下结果:

$$\sigma(n,l,\beta\to n',l',\beta')$$
$$=\frac{2\pi}{KK'}\int_{Q_{\min}}^\infty\frac{1}{(2l+1)}\sum_{mm'}|F(nlm,n'l'm',\boldsymbol{Q})|^2|f_e(\beta,\beta',\boldsymbol{Q})|^2Q\mathrm{d}Q \tag{11.25}$$

式(11.25)在某些程度上说是从一个 nl 能态到另一个 $n'l'$ 能态所需的最小散射截面。如果我们关注 nl 能态布居数的总减少量,就必须对所有可能的 $n'l'$ 末态求和。对 $n'l'$ 能态的求和,实际上隐含了对连续态的积分,尽管把连续态考虑在内通常是不必要的。在连续态中,$|F(nlm,n'l'm',\boldsymbol{Q})|^2n'^{-3}$ 可以用 $\mathrm{d}|F(nlm,W'l'm',\boldsymbol{Q})|^2/\mathrm{d}W'$ 代替,其中:

$$\frac{\mathrm{d}|F(nlm,W'l'm',\boldsymbol{Q})|^2}{\mathrm{d}W'}=\lim_{n'\to\infty}\frac{|F(nlm,n'l'm',\boldsymbol{Q})|^2}{n'^3} \tag{11.26}$$

平方形式的因子类似于振子强度,两者都能够平滑地穿过电离极限。如果对电离过程感兴趣,那么只需对 l' 求和,并利用式(11.26)对连续态进行积分。

上面所述的方法已经进行了大量的实践,例如,Matsuzawa[3] 采用这种方法计算了里德堡原子与极性分子碰撞后发生激发和电离的散射截面;再如,Hickman 等[4] 采用该方法计算了里德堡原子在与稀有气体原子碰撞时发生能态变化的散射截面。

另一种解决稀有气体散射问题的方法,是用动量空间波函数替换式(11.4)中的空间波函数,这里的动量空间波函数是空间波函数的傅里叶变换。这些波函数代表了里德堡态中电子的速度分布。按照这一思路,式(11.4)可以重写为[11]

$$f(\alpha,\beta,\boldsymbol{K}\to\alpha',\beta',\boldsymbol{K}')=\frac{-\mu}{m}\int\mathrm{e}^{\mathrm{i}Q\cdot R}G^*_{a'}(\boldsymbol{k}')$$
$$\times\mathrm{e}^{-\mathrm{i}(k-k')\cdot r}U(\beta,\beta',\boldsymbol{r},\boldsymbol{R})G_a(\boldsymbol{k})\mathrm{d}^3k\mathrm{d}^3k'\mathrm{d}^3r\mathrm{d}^3R \tag{11.27}$$

用 $\rho + R$ 代替 r, 假设 $U(\beta, \beta', r, R) = U(\beta, \beta', \rho)$, 对 R 进行积分可以得到:

$$f(\alpha, \beta, K \to \alpha', \beta', K') = \frac{-\mu}{m} \int \delta(k' - k) G_{\alpha'}^*(k') G_\alpha(k)$$
$$\times e^{-ik' \cdot \rho} U(\beta, \beta', \rho) e^{ik \cdot \rho} d^3\rho d^3k d^3k' \qquad (11.28)$$

这个表达式不仅表明传递给碰撞粒子的动量来自电子这一事实, 而且在对 ρ 的积分中, 该表达式还包含式(11.7)给出的玻恩散射幅值。如果再次用正确的幅值 $f_e(\beta, \beta', k-k')$[12]替换该幅值, 并在 k' 上积分, 可以得到:

$$f(\alpha, \beta, K \to \alpha', \beta', K') = \frac{\mu}{m} \int G_{\alpha'}^*(k + Q) G_\alpha(k) f_e(\beta, \beta', Q) d^3k \qquad (11.29)$$

按照里德堡电子的动量(或速度)分布给出的散射幅度表达方法, 通常称为冲量近似。审视式(11.29)就可以发现其中对动量的积分与式(11.8)中形式因子的相似之处。

考虑稀有气体散射有助于我们的理解, 在这一过程中有 $\alpha = \alpha'$, $\beta = \beta'$。利用光学定理, 可以将前向散射幅度的虚部与总散射截面联系起来[18]。具体来说, 光学定理可以应用于式(11.29)左右两侧的散射幅度。通过这样的处理, 可得到以下表达式:

$$K \frac{\sigma_T}{4\pi}(\alpha, \beta, K) = \frac{\mu}{m} \int |G_\alpha(k)|^2 \frac{k}{4\pi} \sigma_{eT}(\beta, k) d^3k \qquad (11.30)$$

如果作如下定义: $K/\mu = V$ 和 $k/m = \nu$, 那么式(11.30)可以简化为

$$V\sigma_T(\beta, K) = \int |G_\alpha(k)|^2 \nu \sigma_{eT}(\beta, k) d^3k \qquad (11.31)$$

这个表达式的物理意义在于, 尽管 $V \ll \nu$, 但扰动粒子-里德堡原子弹性碰撞的速率常数与扰动粒子-电子弹性碰撞在里德堡电子速度分布上的平均速率常数是相同的。

式(11.30)仅严格适用于弹性碰撞, 其中 $\alpha = \alpha'$, 因此其应用受到一定限制。然而, 对于一个 $\alpha \neq \alpha'$, $\beta \neq \beta'$ 的非弹性过程, 可以假定散射截面 $\sigma(\alpha, \alpha', \beta, \beta')$ 能够写成电子散射截面 $\sigma_e(\beta, \beta', q)$ 在里德堡电子初态 α 的速度分布上的积分。具体来说可表示为如下形式[19]:

$$V\sigma_T(\alpha, \alpha', \beta, \beta') = \int_{k_{min}} |G_\alpha(k)|^2 \nu \sigma(\beta, \beta', k) d^3k \qquad (11.32)$$

其中, k_{min} 说明了初态波函数出现的所有动量并非都对散射有贡献, 具体可以写成以下形式:

$$k_{min} = \begin{cases} \frac{2m}{\hbar^2}(W_\beta' - W_\beta), & W_\beta' > W_\beta \\ 0, & W_\beta' < W_\beta \end{cases} \qquad (11.33)$$

与式(11.31)的情况一样, 式(11.32)清楚地表明, 在里德堡电子速度分布上取平均后, 里德堡原子散射的速率常数与自由电子散射速率常数相同。

将式(11.32)应用于电子–扰动粒子短程和长程的散射过程,这种方法是有意义的。如果相互作用是短程作用(如弹性电子–稀有气体散射),那么电子–稀有气体散射截面 σ_{eT} 与速度无关,可以简单地表示为 $4\pi a^2$。在这种情况下,由式(11.32)给出的里德堡原子散射截面可以写成:

$$\sigma_T(\alpha,\alpha',\beta,\beta') \approx 4\pi a^2 \frac{\langle \nu \rangle}{V} \tag{11.34}$$

其中,电子运动速度的期望值 $\langle \nu \rangle$ 由式(11.35)给出:

$$\langle \nu \rangle = \int |G_\alpha(\boldsymbol{k})|^2 \nu \mathrm{d}^3 k \tag{11.35}$$

式(11.34)的散射截面正比于 $1/n$。相反,对于长程相互作用,如电子–极性分子散射,散射截面 σ_{eT} 则具有 $1/\nu$ 依赖关系,而电子散射速率常数 $\nu\sigma_{eT}$ 则与 ν 无关,从而导致散射截面 $\sigma_T(\beta,K)$ 和速率常数 $V\sigma_T(\beta,K)$ 不依赖于 n。里德堡原子散射速率常数等于电子散射速率常数在里德堡态速度分布上的平均值,这一概念在很多问题中都已经显现其重要性,例如,这一概念在处理与附着目标的碰撞等方面就非常有用[20, 21]。这一概念还构成了 de Prunele 和 Pascale 处理 l 混合态碰撞问题方法的基础[22]。

11.3　实验方法

里德堡原子与中性原子的碰撞研究主要基于三种方法:① 直接测量碰撞引起的布居变化;② 测量谱线位移和展宽;③ 测量光子回波[23]。本章将阐述第一种方法,后两种方法则在下一章中介绍。

最常用的方法是通过脉冲激发和时间分辨探测技术直接测量衰减速率。这种技术最典型的应用,是碱金属里德堡原子的光致荧光测量。碱金属原子通常会填充于玻璃原子气室中,原子气室中还具有已知压强的扰动粒子气体。碱金属原子在 $t=0$ 时刻被激发到里德堡态,而在 $t>0$ 时探测来自里德堡原子的时间分辨荧光。如果基态碱金属原子处于足够低的压强下,则不会造成里德堡态的布居数降低,那么在没有扰动气体的情况下,荧光强度由式(11.36)给出:

$$I = I_0 \mathrm{e}^{-\gamma_0 t} \tag{11.36}$$

其中,γ_0 是原子气室所处温度条件下辐射寿命的倒数,通常包括黑体辐射的影响,就像在第 5 章中讨论的那样。当添加一种扰动粒子气体时,荧光强度由式(11.37)给出:

$$I = I_0 \mathrm{e}^{-(\gamma_0+\gamma_c)t} \tag{11.37}$$

其中,γ_c 是原子在激光激发的能级上由于碰撞而弛豫的速率。碰撞速率取决于扰动气体的密度或压强。具体可以表示为

$$\gamma_c = nk = n\sigma V \tag{11.38}$$

其中,n 是扰动气体的分子数密度;σ 和 k 是布居数降低过程的散射截面和速率常数;V 是

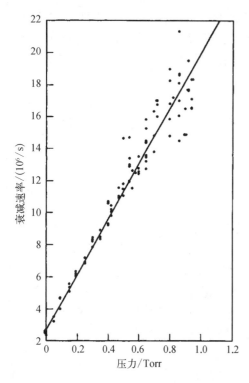

图 11.3 钠原子 8s 态的衰减速率随氮气压强的变化。该实验数据的获取方法：在脉冲激光激发后，对钠原子 8s→3p 跃迁产生的荧光进行时间分辨探测[24]

里德堡原子和扰动粒子的平均相对速度。在原子气室温度为 T 时，$V = \sqrt{8kT/\pi\mu}$，其中 k 是玻尔兹曼常数，μ 是碰撞粒子的约化质量。因为气体分子数密度正比于气体的压强，所以碰撞对衰减速率的贡献随压强线性增加，测量如图 11.3 所示的衰减速率随压强的变化就可以求得散射截面[24]。虽然这种测量实际上得到的是速率常数 k，但是将散射截面与原子的尺寸进行比较更有物理意义，因此获得散射截面最常用的方法还是根据式（11.38）进行计算。然而，应该注意，如此获得的散射截面是热速度的平均值。

上述方法是用时间分辨荧光探测技术对碰撞过程进行测量的一种最简单形式。如果把原子激发到能态 A，但检测来自另一个能态 B 的荧光，那么荧光强度具有如下形式：

$$I = I_0(e^{-\gamma_s t} - e^{-\gamma_f t}) \tag{11.39}$$

其中，γ_s 和 γ_f 分别是两个能态 A 和 B 下较慢和较快的衰减速率。

式（11.37）是基于这样一个假设：当原子离开由激光激发的能态 A 后，这些原子永远不会再返回能态 A。相反，如果最初被激发到能态 A 的原子在碰撞中转移到寿命更长的能态 R，并在随后返回到能态 A，那么能态 A 的荧光就会表现出双指数衰减的特征，即[25]

$$I = I_0(\alpha e^{-\gamma_A t} + \beta e^{-\gamma_R t}) \tag{11.40}$$

其中，α 和 β 取决于衰减速率 γ_A 和 γ_R。当 γ_A 和 γ_R 非常接近时，即使数据略有噪声，也很难从中提取出准确的数值。

一方面，荧光探测具有简便性，如果被测荧光的波长可以很好地分辨出来，那么就可以明确知道正在观测的具体能态。另一方面，荧光探测也有其局限性。随着 n 的增加，被激发的里德堡原子数目和能级间隔以 n^{-3} 的趋势降低，所以需要的光谱分辨率也就随之变得越来越高。虽然强度在时间上的积累值按照 n^{-3} 规律衰减，但荧光信号的强度则按照 n^{-6} 规律衰减，因此背景噪声随 n 的增大而变得更加显著。另外，在任何特定波长下，即使是收集到 10% 的荧光辐射都是很困难的。最后，有些无法观测的跃迁中辐射出的荧光也是探测不到的，因此所观测跃迁的分支比必须具有较大的值。考虑到在 n 较大时，荧光探测存在着固有的困难，因此荧光探测只适用于 $n < 22$ 的能态测量也就不足为奇了[26]。

另一种常用的技术是选择性地场电离。原子可以处于原子束内，或者置于一个图 11.4 所示类型的原子气室中；由于相互作用区内加入了气体，可能有较高的压强，达到 10^{-3} Torr；

在与相互作用区域相连的单独的泵浦区域内,安装有探测装置[27]。基本原理是,利用已知的电场强度值,这些电场强度是使各态发生电离所必需的,然后根据第 7 章概述的原理,将给定电离场下的信号与特定态关联起来。如果单独激发能态 A,并在特定时间 t 后按特定的斜率增大电离场,那么通过观察信号出现的时间(即当时的电离场强度),就可以确定在特定时间 t 所存在的里德堡态。在多次激光辐照过程中,分别在不同的时间 t 内重复以上步骤,就可以记录下里德堡态的时间分辨布居数。场电离这一方法吸引人的原因有两点:第一,效率很高,所有的里德堡原子都能够被电离,而且产生的离子或者电子都可以高效探测;第二,所有的原子都会被立刻电离,所以信号满足 n^{-3}

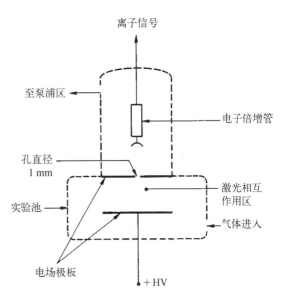

图 11.4　通过场电离来研究碰撞过程的双腔体原子气室。下面的腔体处于一个相对较大的气压;上面的腔体则气压较小,腔体内包含一个电子倍增管[27]

变化规律,这样一来背景噪声的影响就不显著了。但是,场电离的成功应用总是依赖于准确地将电离场与能态联系在一起,正如第 7 章中所描述的那样。

11.4　碰撞中的角动量混合

在涉及里德堡原子的碰撞过程中,研究得最多的现象之一是碰撞中的角动量混合,或者称为 l 混合。这一过程涉及 n 相同但 l 不同的近简并能级之间碰撞时的布居数转

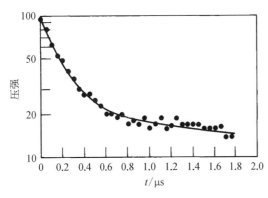

图 11.5　数据点为在氙原子压强为 0.027 Torr 时,观测到的钠原子 10d 能态弛豫过程的前半部分。绘图采用半对数坐标,这个图展示了完整的快弛豫过程及慢弛豫过程的开始部分。实线是对这一双指数实验结果数据的拟合,拟合得到的快速弛豫和慢弛豫的弛豫时间分别是 0.19 μs 和 3.9 μs[25]

移[28]。在碱金属原子和氙原子研究中常会涉及这一过程,主要发生在量子亏损接近于 0 的 l 能态间。例如,在从锂原子的 nd[29] 态、钠原子的 nd[25, 30, 31] 态、铷原子的 nf[32] 态和氙原子的 nf[33, 34] 态到 n 相同但 l 更高的能态跃迁过程中,就可以观测到快速的 l 混合。

这些实验大部分是靠光致荧光技术实现的。典型的例子是钠原子在氙气环境下,从 10d 能态向 3p 能态跃迁过程中辐射荧光的衰减,如图 11.5 所示[25]。这个衰减过程显然不是一个简单的单指数衰减过程。实际上,使用双指数函数进行拟合能够更好地匹配观测数据。初始阶段较快速

的衰减是最初激发产生的 10d 能态的布居数衰减,较慢的部分明显是与压强无关的 $n=10$ 且 $l \geqslant 2$ 的混合态衰减。将这个过程识别为 l 混合,是基于两个实验观察结果。首先,在同样的稀有气体压强下,量子亏损为 1.35 的钠原子 ns 能态下就观测不到明显的现象。其次,测量如图 11.5 所示的与压强无关的慢衰减,得到的寿命满足 $\tau_n \propto n^{4.5(6)}$。考虑到 n 相同且 l 和 m 任意取值的所有能态,其平均寿命预计也正是按 $n^{4.5(6)}$ 规律变化,这与我们观察到的寿命对 n 的依赖关系相吻合[35, 36]。如果考虑缺失的 ns 态、np 态,以及钠原子和氢原子 nd 能态辐射寿命的不同之处,那么观察到的 τ_n 和计算结果高度一致[25]。回顾一下,我们会发现这两者的吻合从某种程度上来说带有一定的偶然性。在最初激发的 nd 能态与稀有气体原子碰撞后,产生的 $l \geqslant 2$ 能态的混合过程,其寿命会因热辐射而缩短。然而,从 nl 能态最可能发生的跃迁还是到 $n\pm1$,$l\pm1$ 能态的跃迁。自从人们通过滤光的手段观测到钠原子的 $nd \to 3p$ 跃迁[这一方法也适用于钠原子的 $(n\pm1)d \to 3p$ 跃迁],具有相似 n 值但不同 l 值的能态之间由黑体辐射引起的跃迁效应就变得不那么显著了。

通过测量初始快速衰减的衰减速率对扰动粒子气体压强的依赖关系,就可以得到 l 能态混合的散射截面。图 11.6 中展示了在与稀有气体氦、氖和氩的碰撞实验中,涉及钠原子 nd 能态 l 混合的散射截面[25],以及 Olson 利用两能级模型计算的散射界面[37]。在两能级模型中,耦合来源于散射长度和稀有气体的极化特性。正如图中所示,散射截面的计算结果和实验结果高度吻合。图 11.6 的计算结果也反映了众多 l 混合计算研究的典型特点,de Prunele 和 Pascale[22]、Gersten[38]、Derouard 和 Lombardi[39]、Hickman[40, 41] 等都进行过类似的计算。如图 11.6 所示,在 n 较小时,散射截面大致按几何散射截面 n^4 规律增大并达到峰值,随后在 n 比较大的时候逐渐减小。散射截面峰值的位置和高度很明显和稀有气体的种类有关,l 混合的散射截面峰值按氦、氖和氩的顺序依次增大。不出意料的是,

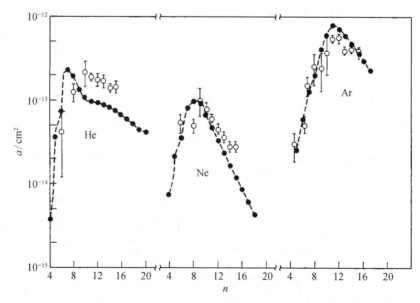

图 11.6 钠原子 nd 能态与氦、氖和氩原子碰撞造成 l 混合的散射截面观测值(用○表示)[25]和计算值(用●表示)[27]。计算值基于 Olson 的两能级模型得出[37]

在与氪原子的碰撞过程中,钠原子 nd 态 l 混合的散射截面峰值还会更高,可达到 4×10^{-12} cm^2,这一实验结果已经由 Kachru 等在对 $n = 18$ 的钠原子测量中进行了验证[30]。

在经典物理学中,理解 l 混合的方式可以很简单。举例说明,当氪原子进入里德堡电子的轨道时,电子会和氪原子之间发生弹性散射,轨道的重新定向就对应一个新的 l。如果继续深入研究,那么还可以定性地理解 l 混合与主量子数 n 和稀有气体种类之间的关系。l 混合主要是由不同 l 能态之间的耦合导致的,而这种耦合主要来源于电子和稀有气体原子的短程相互作用。因此,式(11.18)中给出的耦合强度可以很好地近似为以下形式:

$$\langle \alpha' \mid U \mid \alpha \rangle = 2\pi a \int \psi_{\alpha'}^*(\boldsymbol{r}) \delta(\boldsymbol{r} - \boldsymbol{R}) \int \psi_\alpha(\boldsymbol{r}) \mathrm{d}^3 r \tag{11.41}$$

其中,α 和 α' 是初态和末态;$\boldsymbol{r}$ 和 $\boldsymbol{R}$ 是电子和氪原子相对钠离子实的位置;a 是氪原子的散射长度。换言之,耦合强度取决于稀有气体的散射长度。一方面,如果氪原子穿过 n 较低的里德堡原子任意部分,那么耦合强度都会足够大并导致 l 混合的出现,此时,l 混合的散射截面就等于里德堡原子的几何截面。另一方面,随着 n 的增大,波函数变得逐渐稀薄,即使氪原子存在于里德堡电子轨道上,也并不能保证发生改变 l 的碰撞,因此耦合逐渐减弱。在这个范围内,随着 n 的增大,l 混合的散射截面越来越落后于几何截面,并在 n 更大时开始逐渐减小。随着稀有气体散射长度的绝对值增加,出现散射截面峰值的 n 值变大。氦、氖、氩和氪原子的散射长度分别为 $1.19a_0$、$0.24a_0$、$-1.70a_0$ 和 $-6.5a_0$[6]。不出所料,与氖原子碰撞造成的 l 混合的散射截面峰值出现在最小的 n 值处,而氪原子的散射截面峰值则出现在最大的 n 值处。在 n 较大时,l 混合散射截面正比于电子在轨道上任一点出现的概率(约 n^{-6})和稀有气体氪原子穿过里德堡原子的路径长度(约 n^2)的乘积,即散射截面按 n^{-4} 趋势降低。

除了测量 l 混合散射截面的总和,还可以对 l 混合之后的末态进行分析。考虑简单的经典原子物理场景,并分析式(11.41)中的耦合矩阵元,我们可以推断出 l 混合不太可能存在任何对 l 的选择定则。Gallagher 等[42]利用场电离的方法,观测到处于 15d 能态的钠原子在和氪原子碰撞时,发生了 $n = 15$,$l > 2$ 且 $m \leqslant 2$ 能态的均匀混合,而 $|m| > 2$ 能态的分布则没有观测到。但是考虑到钠原子 $nd \sim nf$ 能级间隔大约是 $nf \sim ng$ 能级间隔的 5 倍,因此不能仅凭上述实验观测结果就排除另一种可能性,即一个较慢的、速率受限的 15d→15f 跃迁后紧随着一个较快速的 15f→15l($l > 3$)跃迁过程。但是,Gallagher 等利用共振的微波场来形成钠原子 nd 能态和 nf 能态各占 50% 的等比例混合,并观测到 $nd \sim nf$ 混合态的 l 混合率和 nd 态相比基本上没有变化,这就意味着尽管 $nf \sim ng$ 的能级间隔很小,但钠原子 nf 态和 nd 态的 l 混合散射截面几乎一样[42]。后来,Kachru 等[30]和 Slusher 等[43]也通过实验证实了 Δl 选择定则的缺失。

谈到选择定则,已有的实验证据似乎也表明:在 l 混合过程中,并没有很强的 Δm 选择定则,Δm 仅仅略倾向于取较小的值。首先,观察到的 l 态混合过程的寿命与压强无关,而是满足 $n^{4.5}$ 的变化规律,这就表明所有 $|m|$ 取值的能态最终都有布居分布。但是,要想使原子在所有 $|m|$ 取值的能态上均匀分布,可能还需要经历多次碰撞。Slusher 等[44]的研

究工作更直接地证明了这一结论：不存在 Δm 选择定则。首先，他们观测了在氙原子的 nf 态 l 混合之后的非绝热场电离信号，信号的特征与原子分布在所有的 $|m|$ 态上分布预期相符合，而不仅仅是分布在 $|m|$ 较低的能态。其次，在另一个实验中，他们利用二氧化碳使氙原子 21f 态发生 l 混合，观察到了清晰的 $|m| \leqslant 3$ 能态的绝热场电离信号和 $|m| > 3$ 能态的非绝热场电离信号。接下来选择性地电离 $|m|$ 较低的原子，这些原子对应于绝热场电离信号，随后，他们观测到 $|m|$ 较高能态的原子重布居到 $|m|$ 较低能态上的速率，即 Δm 碰撞速率。另外，他们发现速率常数 $k_{\Delta m} = 2 \times 10^{-7} \ \mathrm{cm}^3/\mathrm{s}$ 和 $k_{\Delta l} = 1.5 \times 10^{-7} \ \mathrm{cm}^3/\mathrm{s}$ 大体上是一样的。

在钠原子 $18d_{3/2}$ 能态与氙原子碰撞实现 l 混合的实验中，Kachru 等发现：当有一半的原子从最初的 18d 态移除的时候，那么在移除的原子中，大约有 30% 末态的电离场比 $18d_{3/2}$ 态的电离场要小，这些态都满足 $|m| \leqslant 2$；剩下 70% 的原子末态的电离场大于 $18d_{3/2}$ 态的电离场，说明这些原子肯定在 $|m| \geqslant 3$ 的能态上。如果对 $n = 18$ 并且 $l \geqslant 2$ 的 $|m|$ 能态进行计数，就会发现，$l \geqslant 2$ 的原子中有 23% 满足 $|m| \leqslant 2$，77% 满足 $|m| > 2$，所以通过观测得到 30% 的原子满足 $|m| \leqslant 2$，最多只能说明 Δm 有轻微的取到较小值的倾向，但缺乏证据表明 l 混合中有较强的 Δm 选择定则。

11.5　电场对 l 混合的影响

在电场中，对于钠原子 nd 态和氙原子 nf 态的 l 混合都已进行了研究。这两个态都是近简并的高 l 态中能量最低的态，因此都会绝热地连接到斯塔克分支中的最低能态。在实验中，钠原子 nd 态和氙原子的 nf 态都是在零场条件下激发得到的，随后电场会缓慢增加到一个特定数值并保持不变，确保碰撞能够在恒定电场条件下发生。采用这种办法，只有斯塔克分支的最低能态被激发。在 $1 \sim 10 \ \mu \mathrm{s}$ 的碰撞过程之后，可以观察初始布居能级的时间分辨场电离信号，这个信号是扰动粒子气压的函数，进而可以确定总散射截面。电离场强从 0 逐渐增加到大约 $1/3n^5$ 的过程中，散射截面持续减小。Kachru 等[30]发现：在电场强度为 $1/30n^5$ 时，衰减因子为 2。Slusher 等[43]和 Chapelet 等[31]也观察到：散射截面随着电场增强持续减小，并且在电场强度为 $1/3n^5$ 时，衰减因子达到 4。

除了关注总散射截面的大小，l 混合后末态的分布情况同样值得关注。Kachru 等通过探测绝热场电离信号[30]，发现只有离初始布居态最近的最低斯塔克能态在 l 混合后形成布居分布。根据 Slusher 等[43]的实验数据，这一点也得到了清楚的印证。如图 11.7 所示，当氙原子的 31f 态在零场中仍然存在时，图 11.7(a) 中碰撞产物的非绝热场电离信号表现出以下形式特点：所有 l 态和 m 态对此类信号的出现都有贡献。回想图 6.10 中，信号中最低场的部分来源于 $|m|$ 较低的红移量最大的斯塔克能态。而从图 11.7 可以看出，随着电场强度的增加，电离信号的高场部分会逐渐消失，这表明电场的存在会将末态限制在与初态相邻 m 值比较小的低斯塔克能态。

在电场中，需要考虑两种效应。首先，斯塔克能态是沿电场轴向极化的，红移和蓝移的斯塔克能态波函数主要分布在低场和高场方向上。由于这种空间特性的影响，式 (11.41) 表示的短程 $e^- - \mathrm{Xe}$ 相互作用矩阵元，只有在比较相似的斯塔克能态之间才更加显著。正如观测到的那样，仅仅由于这一个效应，就足以限制具有明显布居数的末态的数量。Hickman 利用抛物线斯塔克能态对电场中的碰撞进行了定量理论分析，也表明只有比较相似的斯塔克能态会有布居分布[12]。对碰撞末态的限制是否可能改变总的散射截面，取决于邻近斯塔克能态在空间上的交叠是否能够提高得足够大，进而补偿末态数量很少这一情况。但是，这种效应不能解释散射截面随着场强增大而持续减小的现象，尤其是考虑到斯塔克波函数与电场无关这一事实。

在上述这些认识的基础上，考虑第二个重要的电场效应，即动能转移的限制极限。之前的讨论中曾经提到，电子和氦原子之间的动能传递的典型大小不大于 $1~\mathrm{cm}^{-1}$。既然相邻斯塔克能态之间的能量差是 $3nE$，那么随着场强的增加，这个限制条件将减少末态的数目。也正是因为这样，至少在 $E \leqslant 1/3n^5$ 的范围内，散射截面会随着场强而单调递减[44]。

11.6　分子引起的 l 混合

正像上面讨论的那样，分子级碰撞粒子具有能量可及的自由度，并且相互作用距离更长。那么这些特性对 l 混合有什么影响呢？关于分子引起的 l 混合，尽管相关的测量研究相对较少，但已经进行了一系列力所能及的测量工作。对于非极性的分子或者极性较弱的分子，如一氧化碳等，它们的特性可以定性地认为和稀有气体原子一样。对于钠原子 nd 态与一氧化碳分子、氮气分子碰撞后的 l 混合散射截面的测量，结果和其与氩原子碰撞的结果几乎一样[45]。振动和转动自由度没有起到任何作用，这是因为在分子的转动和振动频率范围内，钠原子的里德堡混合 l 态在分子的转动和振动频率上是简并的。既然没有引发分子的转动和振动跃迁，那么电子-偶极和电子-四极长程相互作用就不那么重要了。

正如 Stebbings 等展示的那样，氯化氢[46]和氨[34]这类高度极性的分子有着非常大的 l 混合散射截面，但是并不清楚极性分子是和里德堡原子的电子单独发生相互作用，还是和整个里德堡原子相互作用。

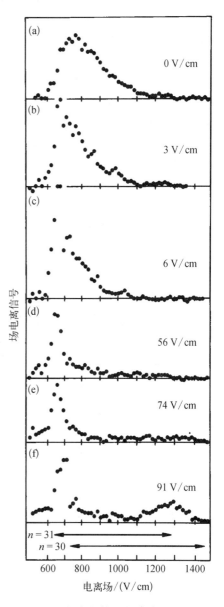

图 11.7　在多个静电场条件下，激光激发的氙 31f 原子和氙目标气体在 10^{-5} Torr 压强下经过 8 μs 碰撞产生的非绝热电离特征。箭头表示能够使 $n = 30$ 和 31 的能态发生非绝热电离的电离场强度范围[43]

11.7　精细结构改变的碰撞

对于比较重的碱金属原子,如铷原子和铯原子,其 nd 态的精细结构能级间隔可以很好地分辨出来,因此能够观察到这些态之间的布居转移。典型的测量方法是通过时间和波长分辨的光致荧光,如将原子布居到 $nd_{3/2}$ 能态,并观察从 $nd_{3/2}$ 和 $nd_{5/2}$ 发出的荧光。因为铷原子和铯原子的 nd 态与高 l 态之间的能量差别很大,所以初始布居的 nd_j 态的去布居过程通常是由于精细结构改变的碰撞,这类碰撞也有较大的散射截面。例如,Deech 等[47]和 Pendrill[48]展示了精细结构改变的 nd 态($n = 9 \sim 15$)铯原子与基态的铯原子之间的碰撞,导致其散射截面按照几何散射截面的 n^{*4} 变化规律增长,这种变化规律和 n 较小时的 l 混合碰撞散射截面的依赖关系一致。随后 Tam 等[49]采用一种截然不同的技术,也证实了铯原子 nd 态精细结构改变的碰撞散射截面遵循 n^{*4} 变化规律。他们利用连续波染料激光器,将铯原子从 $6p_{1/2}$ 能级激发到 $nd_{3/2}$ 能级,随后测量 $nd_{3/2} \rightarrow 6p_{3/2}$ 和 $nd_{5/2} \rightarrow 6p_{3/2}$ 跃迁中荧光辐射的比例。除了 6d 态有一个反常的巨大散射截面,其余各 $nd_{3/2} \rightarrow nd_{5/2}$ 过程的散射截面都遵循 n^{*4} 变化规律,7d 态下的散射截面为 $3.7(7) \times 10^{-14}$ cm^2,而 10d 态下的散射截面则会增大到 $29.8(60) \times 10^{-14}$ cm^2。

Hugon 等[50]进行了一系列和 Deech 等[47]所进行的实验相似的测量,他们测量了 $n = 9$、10、11 时铷原子和氙原子碰撞导致 $nd_{3/2} \rightarrow nd_{5/2}$ 跃迁的散射截面,他们发现散射截面从 $n = 9$ 时的 $5.1(10) \times 10^{-14}$ cm^2 一直减小到 $n = 11$ 时的 2.26×10^{-14} cm^2,这一变化规律和铷原子 nf 态在同样的 n 取值范围下与氙原子碰撞过程中的 l 混合散射截面相似。进一步观察发现,上述截面只有铷原子 nf 能态的 l 混合散射截面的 $1/2 \sim 1/3$[32]。总之,铷原子和铯原子 nd 态的精细结构跃迁是很容易观测的,与之相反,当 Gallagher 和 Cooke 尝试去利用稀有气体碰撞观测钠原子 $nd_{3/2}$ 的精细结构能级跃迁时,实验并不成功。具体来说,他们尝试在钠原子 $nd_{3/2}$ 态形成布居时加入稀有气体,去观测钠原子的 $nd_{5/2} \rightarrow nf_{7/2}$ 微波跃迁,但是他们无法观测到这个跃迁,因为这一过程会被 l 混合的碰撞所掩盖[51]。

对于里德堡原子中精细结构改变的碰撞这种解释,上述的所有观测结果都与此吻合,也就是说电子和扰动粒子的弹性散射导致 m 改变而不是 l 改变,同时这一过程的散射截面和 l 混合散射截面大致相同[42]。这两种过程观测到的散射截面和 n 也有着相似的依赖关系。唯一实质性的区别在于,精细结构能级布居分布改变的碰撞过程中,可能的末态的数目更少,但是径向波函数的交叠达到 100%,或者换句话说,即形式因子是 1。

11.8　稀有气体导致 n 改变的碰撞

我们首先考虑最简单的情况,即稀有气体导致 n 改变的碰撞,这种导致 n 改变的碰撞特点是初始的里德堡态和其他相邻的态并不是近似简并的,因此和 l 混合碰撞不同。考虑到与原子碰撞的粒子并没有能量上可以利用的内能态,此时能量转移必须发生在平移动能的转换之间,所以散射截面很小也是合理的。

研究人员现在已经测量到了很多 n 改变的散射截面。例如,他们对一系列不同 n 值范围内的钠原子 ns 态与稀有气体碰撞后的去布居进行了研究[52-54]。为了简明扼要地传达核心思想,可以先考虑铷原子里德堡态在与氦原子碰撞中的去布居这样的一系列测量。图 11.8 展示了铷原子的能级结构[50],其中 s、p 和 d 态都有显著的量子亏损,f 态的量子亏损为 0.05。从铷原子的 nf 态开始,这些能态主要会发生 l 混合碰撞,从而布居分布于简并的 $nl > 3$ 的能态。如图 11.9 所示,氦原子的 l 混合散射截面在 $n=11$ 时达到最大值 1 050 Å^2[32]。

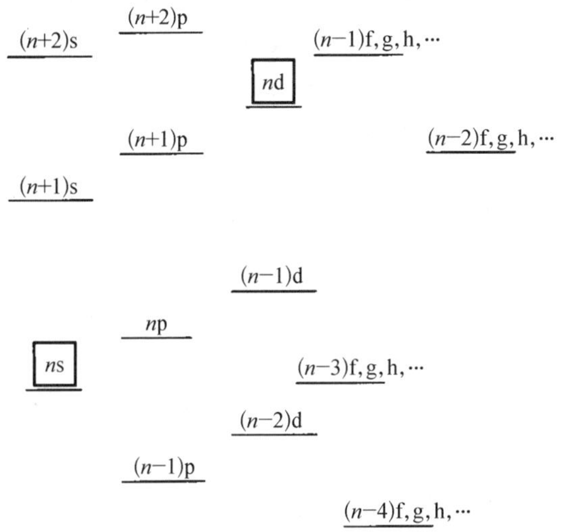

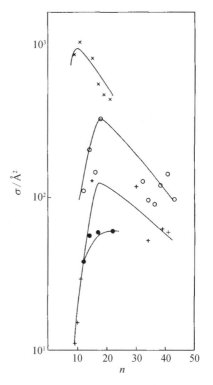

图 11.9 通过与氦原子碰撞实现的铷原子 nf 态去布居散射截面与 n 的关系。○表示 ns 能态结果[50, 55];●表示 np 能态结果[26];+表示 nd 能态结果[50, 55];×表示 nf 能态结果[32]

图 11.8 铷原子能级图。其中 $(n+3)s$ 态与 $nl(l \geqslant 3)$ 态彼此接近,而 np 态和 nd 态相对孤立[50]

如图 11.9 所示,处于混合 nd 态的精细结构能级去布居的散射截面是很小的。对于较小的 $n(n < 15)$,通过荧光探测可以发现,其散射截面在 $n=15$ 时达到最大值 130 Å^2;而对于较大的 n,通过场电离可以测得,散射截面从 $n=30$ 时的 118 Å^2 减小到 $n=41$ 时的 59 Å^2。虽然对 $15 < n < 30$ 的原子没有进行测量,但仅根据图 11.9 中的数据也很难想象散射截面会超出 200 Å^2。

利用荧光探测可以测量 np 态去布居的散射截面,最高观测到了 $n=22$ 的原子[26]。如图 11.9 所示,散射截面会增大到 60 Å^2 的平稳区,这个值要远远小于其他任意 nl 态的散射截面。

最后,利用激光诱导荧光可以测量铷原子 $12 \leqslant n \leqslant 18$ 的 ns 态散射截面,观测到散射截面会随 n 值而急剧增大,在 $n=18$ 时达到 320 Å^2[49]。从 $n=32$ 到 $n=45$,可以用时间分辨的选择性场电离测量散射截面,在这个范围内,散射截面会从 125 Å^2 减小到 82 Å^2。通过观察图 11.9 可以得知,在 $n=18$ 时的 320 Å^2 可能代表了峰值散射截面。

对于图 11.9 中的所有散射截面,进行一般性的观测会很有意义。首先,对于每一个

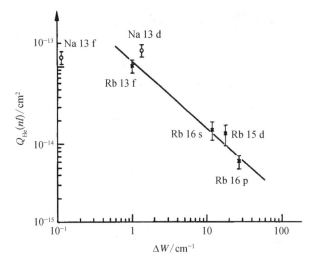

图 11.10 铷原子和钠原子 n^* 约为 13 的能级和氦原子碰撞发生淬灭的散射截面,与所关注能级和最邻近能级之间能量差值 ΔW 之间存在函数关系。图中采用双对数坐标,铷原子和钠原子的情况分别由×和○表示[32]

nl 能级系列,在 n 较小的时候,散射截面随着 n 快速增大,在 $n = 10 \sim 20$ 时达到最大值,随后开始减小。其次,在 n 较大时,所有的 nl 态很可能有着同样的散射截面,尽管图 11.9 中的数据并不能清晰地说明这一点。最后,在散射截面取到最大值的区域,不同 l 能态的散射截面存在明显的差异。散射截面的差异跟 nl 态与可能的末态能量上的相差程度直接相关。图 11.10 展示了铷原子的有效量子数 n^* 为 13 的 nl 态去布居散射截面,从中可以明显看到这一点[32]。为了比较,图中同时也展示了钠原子 13d 态和 13f 态的 l 混合散射截面。图 11.10 中,ΔW 是某一能态与其最近邻态的能量差,并画出了散射截面随 ΔW 变化的函数。正如图中展示的,在 ΔW 较大时,散射截面与 ΔW 成反比;但是在 ΔW 较小时,散射截面和 ΔW 无关。钠原子的 nd 态、nf 态和铷原子的 nf 态都有相似的散射截面,在散射截面大小上紧随其后的是铷原子的 ns 态。这些能态与 $(n-3)l$ 能态 $(l \geqslant 3)$ 的能级能量接近。McIntire 等[53] 展示了和图 11.10 相类似的图,说明了同样的问题。

在图 11.10 中,d 态与 s 态之间的能量间隔(即 d→s 间隔)表明:d 能态的能量间隔,也就是在 d→s 碰撞跃迁中,d 态主要去布居到最初的 s 态。在这种情况下,可能会认为散射截面似乎应该远小于 s 态去布居到任一高 l 末态的散射截面。但是,实际情况似乎并不是这样。观测结果表明,精细结构改变的散射截面和 l 混合的散射截面大小相当,这说明 l 相似或者相同的能态在空间上叠加得相对较好,这就在很大程度上抑制了向更多数量的 l 值差异较大的能态进行跃迁的可能性。换言之,这些观测结果表明:碰撞过程 Δl 有着取到较小数值的倾向,这一点和观测到的 l 混合中没有 Δl 选择定则形成了鲜明的对比。

图 11.9 还表明,在 n 较大时,铷原子所有的 nl 态去布居散射截面都趋于一致。Goeller 等[56] 在实验中清楚地揭示了这一点,他们利用与氦原子的碰撞来使得铷原子的 ns 态、np 态和 nd 态 $(27 < n < 70)$ 去布居。图 11.11 中所示的散射截面数据清晰地表明,n 较大时,这三个 nl 能级系列的去布居散射截面会收敛到同一个值。

总的来说,n 值改变的碰撞通常是这样一种碰撞过程:将初始激发的里德堡原子转移到最近的简并高 l 态流形,其间可能会经过一个中间态。这些碰撞都可以理解为主要是由短程的电子-扰动粒子相互作用引起的,这种相互作用就会导致电子-氦原子弹性散射。铷原子和氦原子发生的 n 改变的碰撞散射截面满足 l 混合态散射截面同样的定性依赖关系。在 n 较小时,散射截面会随着 n 的增大而迅速增大到一个稳定水平,接着随着 n 的进一步增大而减小。n 改变的碰撞和 l 混合的碰撞只有一点差异,也就是里德堡电子需要得

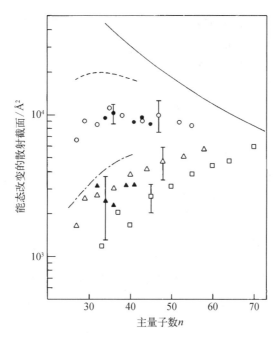

图 11.11　铷原子 nl 态与氙原子碰撞导致能态改变的散射截面。铷原子 ns 态数据用〇表示，铷原子 np 态数据用□表示，铷原子 nd 态数据用△表示[56]；铷原子 ns 态数据用●表示，铷原子 nd 态数据用▲表示[55]。波恩近似计算结果中的铷原子 ns 态数据（用虚线---表示）和 nd 态数据（用点划线-·-·表示），以及简并的初态和末态计算结果（用实线—表示）[12, 56]

到或失去更多的能量，这就要求扰动粒子必须和离子实距离更近，此处里德堡电子的速度相对更高。换言之，这些碰撞依赖于里德堡电子速度分布中高能尾巴的那一小部分。在 n 很高，乃至高于这类实验研究中的 n 时，电子-扰动粒子的相互作用将会减弱，直到离子-扰动粒子间的散射成为主导部分。

11.9　碱金属原子导致 n 改变的碰撞

虽然激发态碱金属里德堡原子和稀有气体原子碰撞时的去布居散射截面高度依赖于里德堡态的量子亏损，但这一情形并不适用于基态碱金属原子导致的去布居过程。图 11.12 展示了基态铷原子导致的铷原子 ns 态、np 态、nd 态和 nf 态去布居的散射截面，以及 $nd_{3/2}$ 态精细结构混合的散射截面[57]。由图 11.12 可知，这些过程的散射截面都与几何散射截面 $5\pi n^{*4}/2$ 非常接近。这些过程的散射截面的相似性是非常惊人的，毕竟上述过程涉及的能态跨度非常之大，如图 11.8 所示，从与 l 更高能态简并的 nf 态，到彼此分离的 nd 态和 np 态。然而，在相同的 n 范围内，不同的 nl 能级系列通过氦原子碰撞实现的去布居散射截面则是非常不同的，如图 11.9 所示。关于图 11.12，值得注意的一点是，$nd_{3/2}$ 态的散射截面主要反映精细结构改变的碰撞，而单独的 nd 态去布居数据点（如 13d）则代表 13d 精细结构能级到其他能级的去布居过程。值得注意的是，后者的散射截面大小只有精细结构改变的碰撞散射截面大小的 1/5。在更广泛的测量中，Tam 等测量了铯原子 nd 态精细结构改变的散射截面与总的去布居散射截面的比值。当 $6 \leqslant n \leqslant 10$ 时（除了 $n=7$ 的情况），这个比值是 2.4(4)，和 n 无关，这一例外情况可能是由于偶然共振产生的更快速的去布居过程。

里德堡原子在与碱金属原子碰撞中的自淬灭过程，究竟为什么和其与稀有气体的碰撞中所表现出的特性如此不同，这一点仍然没有得到充分的解释，虽然里德堡电子和碱金属原子更长程的相互作用无疑是一个重要原因，同时里德堡离子实也可能有一定影响。

11.10 分子导致 n 变化的碰撞

当里德堡原子与分子碰撞时，分子的振动和转动自由度使分子能够在碰撞中吸收或释放内能。此外，与里德堡电子和原子碰撞中的极化作用和短程相互作用相比，分子的转动态和振动态是能量可及的，这引入了更长程的相互作用。具体来说，电子可以与分子产生多极矩相互作用。对于同核双原子分子，如氮气分子，电子-四极相互作用是最长程的相互作用；而对于极性分子如一氧化碳、氟化氢或氨气分子等，主要相互作用则是电子-偶极相互作

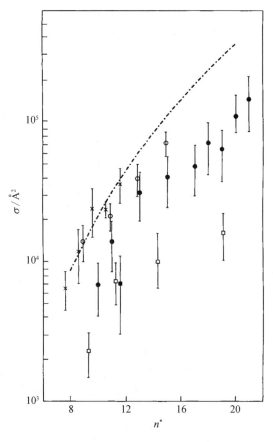

图 11.12 由基态铷原子碰撞导致的铷原子 nl 态的去布居散射截面与有效量子数 n^* 的关系图。图中，各数据符号对应关系如下：nf 态数据[32]用实心圆点 ● 表示；ns 态数据用空心圆 ○ 表示，$nd_{3/2}$ 态数据用 × 表示，nd 态数据用实心方框 ■ 表示[57]；np 态数据用空心方框 □ 表示[26]。为了便于比较，几何截面 $(5/2)\,\pi n^4 a_0^2$ 采用点划线（-·-）示出

用。通常情况下，转动偶极矩是很重要的；然而，也可以观察到红外激励振动跃迁的偶极矩和里德堡电子之间的相互作用。

氮气是唯一得到深入研究的非极性分子。正如我们之前所提到的，氮气分子引起的 l 混合与氩气或一氧化碳引起的 l 混合并没有什么不同，但是导致 n 变化的碰撞却有很大的不同。通过氮气分子碰撞实现的钠原子 ns 态（$n < 10$）去布居的散射截面，已经通过对汞-钠-氮混合物进行时间分辨、波长分辨光致荧光和敏化荧光实现了测量[24, 58, 59]。直到 8s 态之前，钠原子 ns 态去布居的散射截面都大致保持不变，约为 90 Å²，随后开始随着 n 的增大而略有增加[24, 58]。这个散射截面和 n 同样较低的钠原子 ns 态与稀有气体碰撞去布居的散射截面有很大不同。例如，由氩原子引起的 6s 和 7s 态的去布居散射截面分别 <0.12 Å² 和 0.48 Å²[52]。这种差异可以直接归因于以下的事实：在与稀有气体原子的碰

撞中,里德堡电子损失的能量会转化为平移动能;而在与氮气分子的碰撞中,这部分能量可以转化为分子的振动和转动能量。

$n \leqslant 10$ 时,利用 Bauer 等所提出的分子曲线交叉模型的变形,可以描述钠原子 ns 态与氮气分子碰撞后的去布居散射截面,这一模型先前已成功用于描述钠原子 3p 态与氮气分子热碰撞后的去布居过程[60]。n 更大时,里德堡原子-氮气分子散射可以基于电子-氮气分子散射的物理图像进行更好的描述。虽然这样的描述方式还没有在钠原子的实验中得到验证,但在铷原子体系中已经有相关的实验报道[61],在这些实验的例子中,自由电子模型可以起到很好的解释效果。具体而言,铷原子 ns 态和 nd 态与氮气分子的碰撞已经通过时间分辨的场电离技术进行了研究。为了获得散射截面,实验中观察了在不同气压条件下的激光激发,然后记录了铷原子 ns 态或 nd 态初始布居的绝热特征随时间的衰减变化。铷原子 ns 态的实验结果见图 11.13,从图中可以看出,测量的铷原子与氮气散射截面在 $n=30$ 时达到最大值 305 Å^2; 当 $n = 46$ 时,散射截面会减小到 170 Å^2。这些测量结果与基于氮气分子-自由电子弹性散射截面一致。计算结果表明,超过 90% 的散射截面是从 ns 态碰撞转移到附近的 $(n-3)l$ 态 $(l \geqslant 3)$ 引起的。这些碰撞是由于电子-氮气分子短程相互作用引起的,只有不到 10% 是由电子-氮

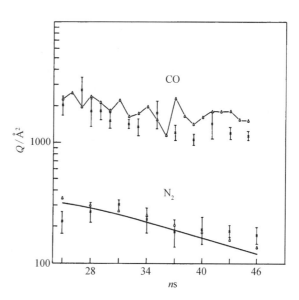

图 11.13 铷原子 ns 能级在与氮气分子[61]和一氧化碳[62]碰撞下淬灭散射截面与主量子数 n 的关系。实验数据用×表示,计算得到的氮气分子碰撞引起的 l 混合散射截面用平滑曲线表示。由一氧化碳分子碰撞引起的 l 混合散射截面(在图中没有显示)是氮气分子碰撞引起的 l 混合散射截面的 2 倍。包括 l 混合、n 变化和电离在内的总截面计算值用空心三角形△表示。对于一氧化碳的数据,为了清晰起见,绘制了连接空心三角形△的线[61]

气分子四极矩长程相互作用而导致 n 改变的碰撞引起的,该过程中分子产生转动能级跃迁,跃迁满足 $\Delta J = \pm 2$。 换句话说,氮气分子的表现几乎像一个稀有气体原子。

在与铷原子 nd 态的碰撞中,氮气分子作为分子的特性变得更加明显。以相同的方式进行测量,所得到的铷原子 nd 态的散射截面在 $24 < n < 46$ 时要更小,大约为 150 Å^2,并与 n 无关。如果与使用自由电子模型计算的散射截面进行比较,以 35d 态作为一个典型的例子,对于通过电子-氮气分子短程相互作用而跃迁到附近的 $35l(l \geqslant 3)$ 态和 $34l(l \geqslant 3)$ 态的过程,计算得到的散射截面分别是 62 Å^2 和 18 Å^2,这些计算值远小于测量得到的散射截面 130(25) Å^2。考虑导致氮气分子转动能级激发和去激发的电子-氮气分子长程相互作用,这种相互作用对初始布居的 35d 里德堡态的激发、去激发和电离散射截面的贡献分别是 12 Å^2、5 Å^2 和 4 Å^2。即便如此,总的散射截面计算值 99 Å^2 仍然大幅低于测量值,但很明显,短程相互作用绝不是引起所观测到的散射截面的唯一原因。

对比铷原子 ns 态和 nd 态的去布居散射截面与 n 的依赖关系,也同样具有启发性。nd 态去布居散射截面较小且与 n 无关;而 ns 态去布居散射截面较大,并会随 n 的增大而减小。从理论层面进行分析,由电子-氮气分子短程相互作用引起的碰撞散射截面应该随 n 增大而减小,而由长程相互作用引起的碰撞则不然。这一理论分析也表明,ns 态布居的减少是由短程相互作用引起的,而 nd 态则不是。

如果考虑一个极性分子,如一氧化碳分子,那么长程电子-偶极耦合是可能存在的,从而可能导致碰撞的分子经历满足 $\Delta J = \pm 1$ 的跃迁。钠原子 nd 态在与氮气分子和一氧化碳分子碰撞下发生的 l 混合散射截面的相似性,也就表明了电子-氮气分子和电子--氧化碳分子的短程相互作用是相似的[45]。不幸的是,在 n 较低时,对于钠原子与一氧化碳分子碰撞时 n 的改变情况,尚没有开展测量。然而,Petitjean 等已经对铷原子 ns 态和 nd 态与一氧化碳分子碰撞中的去布居散射截面进行了测量,采用的方法正是与前面描述的铷原子-氮气分子碰撞实验中相同的场电离技术[62]。通过观测初始激发态绝热场电离特性随时间的衰减,就可以测量总的去布居散射截面。

铷原子 ns 态与一氧化碳分子的去布居散射截面比氮气分子相应的散射截面大得多。如图 11.13 所示,在 $n = 25$ 时,散射截面达到峰值 $2\,000\ \text{Å}^2$;而在 $n = 45$ 时,散射截面减小到 $1\,000\ \text{Å}^2$。通过对场电离信号的定性检测,可以从实验的角度探究铷原子与一氧化碳和氮气分子的碰撞散射截面差异如此巨大的原因。对于稀有气体,以及我们推测的性能接近的氮气,在场电离电压低于由激光布居态产生的绝热信号起始点电压时,观察到的信号几乎可以忽略不计。相反,加入一氧化碳分子后,从零场到初始布居态的电离场阈值之间出现一个非常明显的、近似连续的信号。该信号被解释为来自高 n 态的绝热场电离信号,但无论这个信号是来自非绝热电离还是绝热电离,都表明有大量的原子布居被转移到高 n 态。

利用自由电子模型,可以轻松计算出散射截面。电子--氧化碳分子短程相互作用导致发生 $ns \rightarrow (n-3)l\,(l \geqslant 3)$ 跃迁,计算得到的散射截面只有观测值的 $1/5 \sim 1/2$。而电子--氧化碳分子长程相互作用,尤其是电子-偶极相互作用,会导致一氧化碳分子发生 $J \rightarrow J \pm 1$ 跃迁,这种相互作用形成了总散射截面的绝大部分,如图 11.13 所示。对于较大的散射截面,对应的跃迁必须表现为一氧化碳分子和里德堡电子之间的共振能量转移,即没有额外能量参与到跃迁过程中。分子的转动去激发则更容易发生,原因有二:首先,n 较高的能态的密集分布使共振更有可能发生;其次,一氧化碳分子的转动激发需要里德堡电子释放能量,而相比轨道半径较小处,在其外转折点附近该过程发生的可能性更小。

虽然共振的本征宽度计算值为 $1\ \text{cm}^{-1}$,但散射截面中的共振特性并不特别引人注目,这主要是由以下两个原因造成的。首先,在室温下,一氧化碳分子大约有 30 个转动态存在布居分布,每个转动态都有不同的共振频率。其次,$ns \rightarrow (n-3)l\,(l \geqslant 3)$ 跃迁对应于散射截面中的主要部分,这使得观测由于共振引起的微小变化更加困难。图 11.13 中最引人注意的一个特点:随着 n 从 25 增加到 40,总散射截面会下降,这反映了 $ns \rightarrow (n-3)l\,(l \geqslant 3)$ 跃迁的散射截面下降,这些跃迁则是由于电子--氧化碳分子短程相互作用引起的。

对于 $25 < n < 40$ 的铷原子 nd 态,其去布居散射截面约为 $1\,000\ \text{Å}^2$。如果不考虑 $ns \rightarrow (n-3)l\,(l \geqslant 3)$ 跃迁对散射截面的贡献,那么这一数值与铷原子 ns 态具有的散射截面大

致相同。对于铷原子 nd 态,考虑 nd 态被散射到 nl 和 $(n-1)l$ 态 $(l \geqslant 3)$,而一氧化碳分子的转动态没有变化的情况下,这一过程对散射截面贡献的计算值要小于 $100\ \text{Å}^2$,所以 90% 的散射截面是由于非弹性跃迁引起的,这些跃迁导致一氧化碳分子的转动能级被激发。可能正是由于共振跃迁对所观测截面的贡献达到 90%,所以散射截面的结构呈现在 nd 态的散射截面中比在 ns 态的散射截面中更为明显。对于 ns 态和 nd 态,只有极少数的一氧化碳分子具有足够的能量进行满足 $\Delta J = -1$ 条件的转动跃迁,因此在这个 n 范围内,观测和计算到的碰撞电离现象最少。例如,只有 $J > 18$ 的一氧化碳分子能态可以通过 $\Delta J = -1$ 的跃迁电离 $n = 42$ 的里德堡态,而实际上只有 3% 的分子布居于 $J > 18$ 的转动态上。

　　当用溴化氢或氨气等分子代替一氧化碳分子时,会出现两个显著的变化:首先,由于这些分子的偶极矩较大,电子-偶极相互作用的范围更远,碰撞持续时间较长。其次,这些含氢分子的转动常数较大,使得转动跃迁频率较高,且频率间距更宽。这些变化产生两种效应:首先,从分子转动态能量到里德堡原子的电子能量这一转移过程中,共振现象能够被明确地观察到。其次,这些变化使得碰撞电离成为可能。这两种效应都在氙里德堡原子与氨气分子的碰撞中被观察到[63, 64]。实验采用了选择性场电离,碰撞后的场电离谱有三个典型特征:对应于最初布居氙原子 nf 态的绝热峰、对应于氙原子相同 n 值的 $l \geqslant 3$ 能态的非绝热峰、对应于特定的高 n 能态的可分辨非绝热峰。

　　这些实验最显著的特征,是转动态能量到电子能量的能量转移过程清晰可见,这一现象最早由 Smith 等发现[63]。他们的场电离数据揭示了如下特征:氙原子 27f 能态在与氨气分子碰撞后到达高于 $n = 27$ 的初态的里德堡末态,如图 11.14 所示。由于发生 $J \to J-1$ 转动跃迁 $(J \leqslant 6)$ 导致能量增加,使得 n 值较高的能态发生非绝热场电离,从而在图中呈现出明显的峰。值得注意的是,即使是最低的 J 跃迁,也就是 $J = 2 \to 1$ 这一跃迁过程,也会引发非绝热电离场,其场强高于氙原子初始布居 27f 态的绝热电离场强。

　　Kellert 等[64] 测量了初始布居的氙原子 nf 态的总去布居速率,并分析了这些碰撞后形成的束缚态末态。在激光激发产生初始布居后,通过监测不同氨气气压下从氙原子 nf 态产生的绝热场电离信号随时间的变化,就可以测量氙原子 nf 态的总去布居速率。当 $n = 25 \sim 40$ 时,速率常数为 $2 \times 10^{-6}\ \text{cm}^3/\text{s}$。如果对激光激发不久后就在单次碰撞条件下达到的末态进行分析,那么可以看出去布居过程主要由 l 混合的碰撞主导,但导致更高 n 态的共振 n 变化的碰撞则约占总去布居速率的 1/3,这一点并不让人感到意外。在激

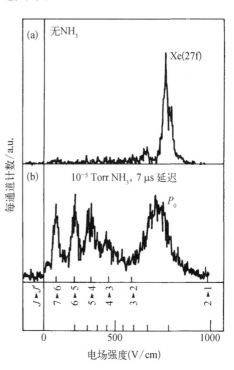

图 11.14　当氙原子布居于 27f 态时,其场电离信号随电离电场强度的变化关系。(a) 没有氨气分子参与的情况;(b) 氨气分子压强为 10^{-5} Torr 的情况。共振的氨气分子转动跃迁标注在每个场电离特征信号下方[63]

光激发后的很长一段时间内，显然转移到高 l 态的原子将有助于产生如图 11.14 所示的共振能量转移信号。在实际应用中，由于高 l 态与 nf 态简并，因此这两个能态的参与并不影响图 11.14 中共振的位置。

氙原子 nf 态与 $nl(l>3)$ 态是近简并的。但铷原子的 ns 态则更为孤立，对应的量子亏损为 3.13。Kalamarides 等[65]研究了 $40 \leqslant n \leqslant 48$ 时铷原子 ns 态和氟化氢分子的碰撞。在这种情况下，他们观察到 $ns \rightarrow (n-3)l(l \geqslant 3)$ 跃迁的速率常数只占总去布居速率常数的 30%。当主量子数 $40 \leqslant n \leqslant 48$ 时，总去布居速率常数是 $10(2) \times 10^{-7}$ cm^3/s。其中大约 60% 是由氟化氢中 $J=1 \rightarrow 0$ 旋转跃迁和 n 改变（$\Delta n>0$）的跃迁共振贡献的，10% 是由氟化氢中 $J=1 \rightarrow 0$ 跃迁和 n 改变（$\Delta n<0$）的跃迁共振贡献的。

虽然前面首先讨论了 n 变化的碰撞，但是在观察到 n 变化的碰撞之前，先观察到的是氦、氖和氩里德堡原子在与分子碰撞后的电离，这一现象由 Hotop 和 Niehaus 首先观察到[66]。他们没有选择性制备或探测里德堡态的方法，因此无法探测到 n 的变化，而只能探测到电离现象。他们观察到里德堡原子被水分子、氨气分子、二氧化硫分子、乙醇分子和六氟化硫分子电离的散射截面为 10^4 $Å^2$。值得注意的是，在使用六氟化硫的情况下，产生正离子的同时也导致六氟化硫负离子的产生。他们没能探测到里德堡原子在与氢、氧、氮、一氧化氮或甲烷分子碰撞后的电离。在这些分子中，只有一氧化氮是极性分子，具有偶极允许的转动能级跃迁，但其偶极矩很小。更重要的是，一氧化氮分子的转动常数很小，只有最高的转动态可以通过 $\Delta J=-1$ 的转动跃迁使里德堡原子电离。这种情况与前面描述的与一氧化碳分子碰撞的情况相同。Kocher 和 Shepard[67, 68]也证明了只有快速转动的极性分子才会导致碰撞电离这一事实，他们还进一步指出了这类分子也会导致 n 值发生显著变化的碰撞。

氨气分子是快速转动的分子中的一个典型代表，如图 11.14 所示，位于 $J>7$ 旋转能态的氨气分子发生 $\Delta J=-1$ 的跃迁时，能够电离 $27f$ 态的氙原子。对于 n 更高的能态，如果氨气分子的低转动态就可以使初始布居态电离，电离率也应该相应增加。Kellert 等[64]用两种方法测量了电离率，其中一种方法是利用低场脉冲收集激光激发后足够短时间内形成的氙离子，收集的时间范围应该短至 5 μs，以确保此时主要发生的是单次碰撞。将产生的离子数与保持在初始布居 nf 态的原子数进行比较，可以得到散射截面或速率常数。从本质上讲，这种方法与用来确定总的去布居散射截面中由于 l 混合而不是由于 n 变化的碰撞所占据具体比例的方法是相同的。Kellert 等[64]对 nf 态测量的电离速率常数和总的去布居速率常数，以及计算得出的电离速率常数如图 11.15 所示[11, 69, 70]。虽然测量的电离速率常数和计算的电离速率常数的定性表现相似，但测量的速率常数大约是计算值的 4 倍。图 11.15 中一个有趣的现象，是电离速率常数计算值中的阶梯结构，反映了这样一个事实：随着 n 的增加，越来越多的低转动态能够使里德堡原子发生电离，因此能够电离的能级数目也在不断增加。

图 11.15 的数据过于稀疏，很难揭示出计算得到的阶梯结构，但这一结构已在氦里德堡原子和氟化氢分子之间的碰撞中被观察到。氟化氢分子具有比氨气分子更大的转动常数[71]。接下来我们将看到，六氟化硫分子很容易使里德堡原子失去电子，因此可以作为优秀的里德堡原子探测介质。Matsuzawa 和 Chupka 首先使用六氟化硫分子和氙原子的混

合物,并通过调节真空紫外光源的波长,从而对氙原子的里德堡能级系列进行扫描,观察到里德堡原子产生的六氟化硫负离子,这些离子在观测区内能保持数微秒的时间[71]。在电离极限以下,他们观察到了氙原子的里德堡态系列;而一旦超过电离极限,由于光电子迅速离开了观察区域,他们没有观察到任何信号。当加入氟化氢分子时,高 n 态产生的六氟化硫负离子信号被显著抑制。随着波长从电离极限逐渐增加,可以看出六氟化硫负离子信号呈阶梯状增加,这与氟化氢分子 $J \to J-1$ 跃迁的能量变化相吻合。

分子转动能量通过共振方式转移到里德堡原子这一过程存在明确证据,这促使我们思考以下的问题:分子振动能级和里德堡原子之间,是否也可能存在类似的能量转移过程。一般来说,振动频率比转动频率高,所以能量共振转移的证据很可能在相对较低的 $n (n < 10)$ 时出现。同时,在接近室温的条件下,能量将预计从原子转移到分子。然而,钠原子 ns 态与氮气分子碰撞后的去布居过程中,并未观察到能量共振转移的迹象,去布居散射截面随 n 单调增加,这与曲线交叉模型相吻合[24]。另外,采用光致荧光的方法可以测量钠原子 ns 态和甲烷及氘代甲烷碰撞实现的去布居散射截面,可以发现类似于氙原子 nf 态和氮气

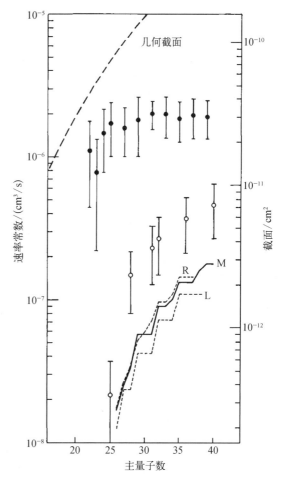

图 11.15　实验测得的速率常数与主量子数之间的依赖关系。实心圆点●表示氙原子 nf 态在氮气分子作用下的去布居总速率常数;空心圆点○表示碰撞电离速率常数。三条曲线显示电离速率常数的计算值,标记"R"、"L"、"M"的三条线分别是 Rundel[69]、Latimer[10] 和 Matsuzawa[70] 的计算结果[64]

分子碰撞的共振行为[72]。图 11.16 显示了钠原子 ns 态在甲烷和氘代甲烷作用下的去布居散射截面。在图 11.16 中,点线显示了和氮气分子碰撞中发生的无共振过程。值得注意的是,可明显看到 5s 和 6s 态的甲烷散射截面,以及 7s 态的氘代甲烷散射截面均位于平滑的点线上方。

这三种能态散射截面的增加,主要是电子与振动能级之间的共振能量转移所导致的。表 11.1 详细列出了三种原子跃迁以及甲烷和氘代甲烷中的共振分子跃迁。例如,钠原子 7s 态在和氘代甲烷作用后的快速去布居过程,主要归因于钠原子 7s→5d 跃迁。为了验证这一结论,实验上通过观察 5d→3p 荧光和 7s→3p 荧光,以测量甲烷和氘代甲烷引起的 7s→5d 转移的散射截面。在氘代甲烷作用下,7s→5d 散射截面为 215 Å², 在甲烷作用下的

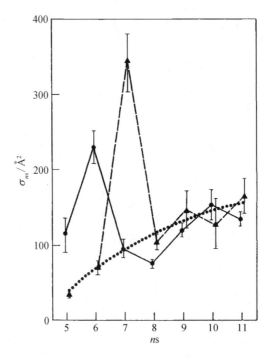

图 11.16 在甲烷和氘代甲烷分子作用下钠原子 ns 态下的去布居总散射截面 σ_{ns}。实心圆点●和实线——表示甲烷分子作用下的数据,实心三角▲和短划线---表示与氘代甲烷分子作用下的数据。平滑的点线($\cdots$)显示了在没有共振 e-v 转移情况下预期的去布居散射截面[72]

散射截面为 15 Å^2。如图 11.16 所示,7s 态与氘代甲烷的散射截面位于光滑点线上方,数值为 240 Å^2,这与 7s→5d 的散射截面很好地吻合。同时,对另外两种共振碰撞能量传递也进行了类似的验证。

表 11.1 从钠到甲烷和氘代甲烷的共振转移观测结果[71]

钠原子跃迁	钠原子频率/cm^{-1}	分子	振动模式、转动分支	转动分支中心频率/cm^{-1}	转动分支线宽/cm^{-1}
5s→4p	2 930	CH$_4$	v_3、P	2 940	60
6s→5p	1 331	CD$_4$	v_4、R	1 340	60
7s→5p	975	CD$_4$	v_4、R	965	50

观察到的共振能量转移散射截面,可以通过自由电子与甲烷和氘代甲烷分子的散射来描述。首先,v_3 和 v_4 模式都具有红外活性,且存在电子-偶极子长程相互作用[73-75]。其次,电子散射测量结果表明 v_3 和 v_4 模式受到电子冲击激发的截面在阈值处很高[76]。由于这一特性,里德堡电子能够在最大轨道半径处激发甲烷,这一过程从能量角度看是可能的,也就是说,这一过程会刚好发生在钠原子末态的外转折点附近。

11.11　电子吸附

一些含卤族元素的分子(如六氟化硫)与里德堡原子的碰撞,会导致里德堡电子吸附在分子上,从而形成一个带负电荷的分子离子。这一现象包含了多种吸附过程,包括简单吸附、解离吸附及紧接着发生自动分离的吸附。对于由电子-分子相互作用主导的过程来说,里德堡原子与吸附分子的碰撞是一个极好的例子,因为在 n 很高时,里德堡原子中电子吸附的速率常数与自由电子吸附的速率常数相同,正如式(11.32)所预测的那样[77,78]。然而,在 n 较低时,速率常数则低于自由电子吸附的速率常数值。

吸附散射截面的测量,通常使用时间分辨的选择性场电离。在 $n > 20$ 的里德堡态与吸附目标的碰撞中,我们并未观察到 n 变化的碰撞,但确实观察到了 l 混合碰撞[79]。通常来说,l 混合碰撞的影响可以忽略不计,然而,即使是氙原子 nf 态与分子的碰撞中记录到的迄今为止最大的 l 混合速率,也仅仅约占碰撞吸附速率的 30%。测量吸附速率最直接的方式是进行以下观察:在激光激发后短时间内,初始布居态和由 l 混合引起的布居态总数的衰减情况。这里,"短时间"指的是在初始布居态的粒子数没有明显减少的时间段内。在短时间内,衰减速率 γ 约为[79]

$$\gamma = \gamma_{0i} + \gamma_{\mathrm{att}} \tag{11.42}$$

但长时间之后,衰减速率就变成:

$$\gamma = \gamma_{0l} + \gamma_{\mathrm{att}} \tag{11.43}$$

其中,γ_{0i} 和 γ_{0l} 分别为初始布居态和 l 混合态的辐射衰减速率。通过测量衰减速率与分子气体压强的依赖关系,我们就可以得到吸附速率常数,因为 l 态混合和电离是仅有的两个重要的过程。图 11.17 显示了通过里德堡原子测量[78]和粒子群测量[80]得到的一系列卤素分子的自由电子吸附截面。图 11.17 中的散射截面是基于 $25 < n < 40$ 的氙原子 nf 里德堡态,利用式(11.32)的变形形式得到:

$$\sigma_{\mathrm{att}} = \frac{k}{\nu_{\mathrm{rms}}} \tag{11.44}$$

其中,k 为测量的吸附速率常数;ν_{rms} 为电子速度的均方根值,遵循与 $1/n$ 成正比的变化规律。我们利用了这样一个事实:拥有同样平均速度均方根值的一个里德堡电子和一个自由电子,其速率常数是相同的,如式(11.32)所示。在图 11.17 中,最显著的特征是从高能量[80]的粒子群测量到低能的里德堡原子测量,截面数据保持了连续性。这种连续性本质上验证了式(11.44)的适用性。

如上所述,吸附可能以多种方式发生,通过分析带负电荷的产物,就可以对这些方式进行区分。具体来说,通过测量带负电荷的产物到探测器的飞行时间,可以识别这些方式[79]。吸附过程的典型例子如图 11.18,图中示出了相互作用区域中存在 2 V/cm 电场的情况:氙原子 26f 态与吸附目标碰撞后的时间分辨离子信号。对于图 11.18 所示的所有三个分子,氙离子信号呈现出预期的指数型衰减的结果。激光脉冲和离子信号开始之间

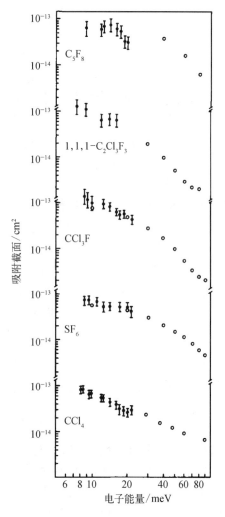

图 **11.17** 里德堡电子与八氟环戊烯（C_5F_8）、1，1，1-三氯三氟乙烷（1，1，1-$C_2Cl_3F_3$）、三氯一氟甲烷（CCl_3F）、六氟化硫（SF_6）和四氯化碳（CCl_4）分子的吸附截面。实心圆点●和空心圆点○分别表示里德堡电子[78]和自由电子[80]吸附的情形。里德堡电子的吸附截面是利用式（11.42）计算得到的[78]

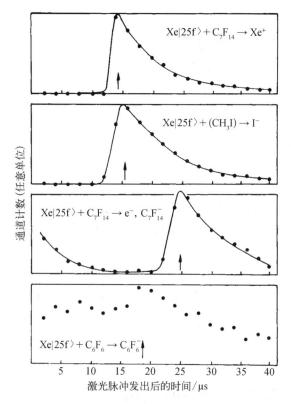

图 **11.18** 处于 26f 的高里德堡态氙原子与庚烯、碘甲烷和六氟苯碰撞电离产物的到达时间谱。如图所示，与甲基的碰撞只会导致碘负离子（I^-）产生。与庚烯的碰撞同时导致庚烯负离子和电子产生，对应于图中早期电子导致的显著信号。六氟苯会导致六氟苯负离子的产生，这类六氟苯负离子处于自动解离态，且具有很长的寿命，并会在早期产生近连续的电子信号[79]

的时差，是由氙离子到探测器的飞行时间决定的。当氙原子与碘甲烷碰撞并产生碘离子时，得到的飞行时间和对碘离子的预期相一致，如箭头所示。需要注意的是，这一结论与碘甲烷负离子的飞行时间并不冲突，因此仅凭这一测量所能得出的最确切的结论，是带负电荷的粒子中含有碘离子。将测量结果确定性归因于碘负离子，是得益于 Stockdale 等所

进行的具有更高分辨率的质谱工作[81]。当自由电子吸附在碘甲烷上时，他们只观测到产生的碘负离子。然而，与碘甲烷不同，对于庚烯，可以同时产生电子和庚烯负离子。在如图 11.18 所示的尺度上，电子的渡越时间基本上为零，而庚烯负离子的渡越时间为 25 μs。目前，还不清楚实验中的电子信号是来自简单的碰撞电离，还是来自碰撞吸附后伴随的快速自分离。在图 11.18 中，电子和庚烯负离子信号的大小相当。虽然探测器对电子和庚烯负离子的相对灵敏度是未知的，但如果假定两者相等，那么两种过程的速率相当，从而

可以证明由里德堡态产生氙离子的速率常数要比 Davis 等[82]在实验中得到的吸附速率常数大 2~3 倍。最后,在图 11.18 中,26f 态氙原子与六氟苯分子发生碰撞,会产生一个连续的信号,随后在激光脉冲后大约 18 μs 时发生一个近似普通的指数衰减。从 18 μs 开始的普通衰减,是由于检测到了六氟苯负离子。而更早的信号则可以归因于寿命较长的六氟苯负离子态的电子自分离,这与此前 Naff 等[83]观察到的现象一致,即通过低能电子吸附产生的六氟苯负离子,其自分离寿命为 12 μs。

利用里德堡原子的一个关键原因在于:即使是在电子能量很低的情况下,理论上也可以观察到电子散射过程。一个非常有说服力的佐证是由 Zollars 等[84]的实验提供的,他们把通过六氟化硫分子进行的吸附测量扩展到 n 非常高的情况。实验中,利用单模连续染料激光器固有的高分辨率特性,分辨出了双光子激发实现的铷原子 n > 100 的高里德堡态。测量到的速率常数约为 $4×10^{-7}$ cm³/s,与 n 较低能态的速率常数大致相同[85]。自由电子吸附速率常数的计算值[86]和其他人得到的测量值[87, 88]都相吻合。速率常数与 n 无关这一特性表明,自由电子吸附截面与电子速度成反比,这一点完全符合预期。这一点在图 11.19 中得到了直观的体现,图中展示出了散射截面随电子能量的变化情况。如图 11.19 所示,测量时的电子能量条件最低可以达到 1 meV,这是传统方法无法达到的能量级别。

在 n 较低时,自由电子吸附的速率常数和里德堡电子吸附的速率常数不再相同。某些情

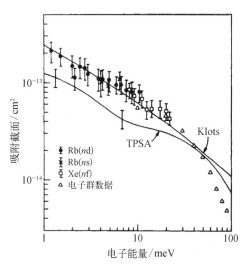

图 11.19　里德堡电子、铷原子 nd 态(用实心圆点 ● 表示)、铷原子 ns 态[84](用×表示)、氙 nf 态[85](用空心方框 □ 表示)和自由电子[88](用空心三角 △ 表示)吸附六氟化硫的截面。实线显示 Klots 的理论计算结果[86]和基于电子吸附的阈值光电子能谱研究的结果[84, 87]

况下的观测结果表明,里德堡态吸附的速率常数依赖于 l 值[89, 90],并且在 n 较低时,该速率常数会下降到自由电子吸附的速率常数水平以下[90-92]。例如,在 n = 20 以下时,钾原子 nd 里德堡态在与六氟化硫碰撞中的电子吸附速率常数,会从渐近值 $4×10^{-7}$ cm³/s 开始急剧下降。在 n 较低时,自由电子和里德堡原子吸附速率常数之间存在差异是出于如下两个原因。首先,仅在吸附截面小于里德堡原子几何截面时,吸附速率常数才是与 n 无关的。换句话说,在吸附分子穿过里德堡原子的任何特定通道上,发生吸附的概率被假定远小于 1。当 n 减小到几何截面接近于 n 较高情况下的吸附截面时,吸附截面和速率常数开始下降。

在 n 较低时,另一个会进一步抑制吸附的效应,带负电荷的分子离子可能没有足够的能量,因而无法从里德堡原子的正离子中逃逸出来[91]。如果分子在距离里德堡离子实 R 处捕获电子,那么它必须克服形如 $-1/R$ 的吸引库仑势才能逃逸。因此,只有当里德堡离子与分子的相对速度足够大,使得相对平移动能超过 $1/R$ 时,才有可能产生自由的正离子和负离子。如果不满足这个条件,那么虽然吸附仍然可以发生,但结果就会是形成一对轨道离子,这对离子很可能重新结合,导致最初激发的里德堡态原子失活,或发生化学反应并

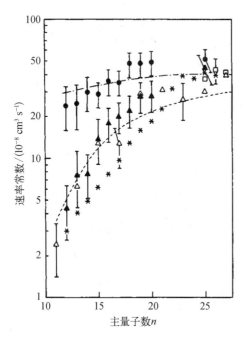

图 11.20 六氟化硫分子与钾原子 nd 态的碰撞去布居速率常数对 n 的依赖关系[93]（用实心圆点●表示），以及六氟化硫分子与钾原子 nd 态[93]（用实心三角 ▲ 表示）、钾原子 nd 态[91]（用空心三角 △ 表示）、钠原子 np 态[92]（用*表示）、氙原子 nf 态[85]（用空心方框□表示）碰撞形成自由六氟化硫负离子的速率常数对 n 的依赖关系。图中也示出了考虑（用虚线---表示）与不考虑（用点划线─·─·表示）吸附后的静电相互作用情况下计算的速率常数[93]

产生中性产物。图 11.20 说明了这一点[93]。对于 n 较高的情形，钾原子 nd 态的总去布居速率和吸附速率常数非常接近，但在低 n 值时，钾原子 nd 态的去布居速率常数要比负离子形成的速率常数大得多[91, 93]，这表明尽管可能会发生暂时的吸附，但库仑俘获作用阻止了自由负离子的形成[93]。图 11.20 中对于速率常数的计算是在原子和分子的碰撞相对速度超过 $1/R$ 的条件下进行的。对于热运动速率分布，这一要求就导致负离子形成速率常数按 $e^{-W/kT}$ 规律变化，其中 W 是里德堡态的束缚能[91, 93]。

Beterov 等[92]测定了钠原子 np 态与六氟化硫碰撞的电子吸附速率常数，并将测量范围扩展到略低于图 11.20 中 n 值的情况。Harth 等[90]则将六氟化硫的产生和黑体光电离进行了比较，从而测定了氙原子 ns 态、nd 态与六氟化硫分子发生电子吸附碰撞的速率常数，测量的范围低到有效量子数 $n^* = 5$ 的能级。实测的里德堡原子-六氟化硫碰撞速率常数如图 11.21 所示[90]。在 n^* 较大时，两者的结果大致相同，与自由电子吸附速率常数基本一致。然而，在 n^* 较低时，速率常数则不会按 $e^{-W/kT}$ 规律变化。当 $n < 10$ 时，形如 $e^{-W/kT}$ 的变化只会导致速率常数变得极小，难以观察。

对于为什么速率常数在 n 较低时不消失，目前主要有两种解释。第一种解释是由 Beterov 等提出的[92]，这种解释认为，在电子被六氟化硫捕获之前，与六氟化硫发生的 n 增加的碰撞会将束缚能降低到足够的程度，使得库仑俘获并不能消除六氟化硫负离子的产生。在他们提出的模型中，六氟化硫被视为无结构。利用这一模型，Harth 等[90]已经成功地重现了图 11.21 中的速率常数。第二种解释是，在电子被捕获后，六氟化硫负离子的部分内能可以转化为平移动能。如果假定恒定比例的可用内能将转化为平移动能，那么如图 11.21 所示的速率常数的 n^* 依赖性是不可能复现的。然而，Harth 等[90]假设六氟化硫负离子中按 $1/n^{*4}$ 规律变化的一部分内能发生了转移，利用这种解释，就能够在图 11.21 的整个范围内匹配实验测得的速率常数了。

正比于 $1/n^{*4}$ 的能量转移比例表明，相比高里德堡态，这种转移更容易在低里德堡态条件下发生。Harth 等的研究很好地佐证了这一观点，他们观察到了氙原子 ns 态、nd 态和二硫化碳碰撞产生的二硫化碳离子。在 n 较高时，氙离子产生的速率表现为一个常数，表明里德堡电子很容易从氙原子中分离。相比之下，二硫化碳离子生成的速率常数在 $n^* = 18$

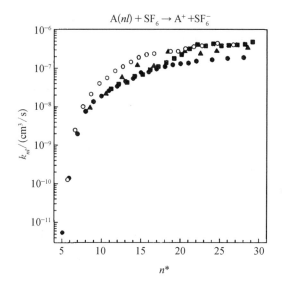

$$A(nl) + SF_6 \rightarrow A^+ + SF_6^-$$

图 11.21　氩、钾和钠里德堡原子与六氟化硫碰撞中形成六氟化硫负离子的速率常数随有效量子数 n^* 的变化。图中,用空心圆○表示氩原子 ns 态、用实心圆●表示氩原子 nd 态[90]、用实心三角▲表示钾原子 nd 态[91]、用实心方框■表示钠原子 np 态[90,92]

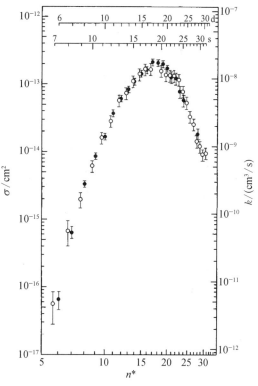

图 11.22　氩原子 ns 态(用空心圆○表示)和 nd 态(用实心圆●表示)里德堡原子与二硫化碳分子碰撞形成二硫化碳离子的速率常数 k 和散射截面随 n^* 的变化。当 $n^* > 20$ 时,速率常数和散射截面的减小是由于稳定的氩离子-二硫化碳离子出现的概率降低[90]

时达到峰值,而不是在 n^* 更高时达到峰值,如图 11.22 所示。速率常数对 n 的不同寻常的依赖关系表明,只有当二硫化碳离子在剩余的氩离子周围足够近处形成时,其才能释放出足够的内能,使其能够存在的时间足够长,如 35 μs 左右,从而能够被探测到[90]。

通过观察六氟化硫吸附后产生的氩离子母体实的空间位置[84],可以对两个离子相互作用的效果给出一个图解说明。一束亚稳态的氩原子被激发到里德堡态或发生光电离过程,产生的氩离子被 2~5 μs 后出现的脉冲场驱动,并撞击到一个对位置敏感的探测器上。当亚稳态氩原子发生光电离时,探测器上的图样反映了亚稳态氩原子束的几何形状。当电子从氩原子 60f 态被吸附到六氟化硫产生氩离子时,也会发生同样的情况。显然,六氟化硫负离子不会使氩离子发生偏转。然而,在 n 较低,如 $n < 40$ 时,探测到的氩离子图样是亚稳态条件下图样的 2 倍宽,这表明氩离子会在六氟化硫负离子影响下发生偏转。这一现象与我们的预期相符,即氩离子的偏转在 n 较低时更加明显。

如果考虑解离性吸附过程,那么可以发现分子离子的解离会为碎片提供平移动能,该能量有助于克服库仑俘获。Walter 等[94]研究了 n 较高($n \approx 55$)能态下里德堡原子的电子吸附到碘甲烷生成碘甲烷负离子的过程,碘甲烷负离子将会迅速分解生成碘负离子。他们发现,形成负离子时产生的大部分可用的能量(1/2 eV)转化为分子碎片甲基和碘负离子的平移动能。Kalamarides 等在 n 较低的钾原子 nd 里德堡态和碘甲烷碰撞之后的解离

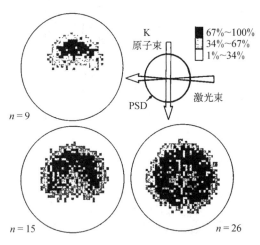

图 11.23 在 n 值大小适中时,钾原子 nd 态与 CF_3I 碰撞后检测到的碘负离子的空间分布。插图表示激光和钾原子束的方向[95]

吸附过程中,对碘负离子的空间分布[95]进行了观察,观察结果反映了一个非常清晰的库仑阱的图像。如图 11.23 所示,钾原子束被激光激发,而碘负离子被位置敏感的探测器探测。当钾原子 26d 能态被激发时,碘负离子分布是各向同性的,如图 11.23 所示。当 n 降低到 15 和 9 时,碘负离子分布会在与钾原子束相反的方向上变得更加集中。这种角向分布反映了一个事实:在 $n = 9$ 的情况下,只有当甲基负离子解离产生的碘负离子与钾离子运动方向相反时,钾离子和碘负离子间才可能有足够的相对动能,使确保两者克服库仑势垒而分离。

利用里德堡原子中的弱束缚电子,可以测量低能电子吸附速率常数,这已被证明是里德堡原子的重要应用之一。如今,这种测量技术已经精确到能够测定由吸附形成的负离子的寿命的程度[96],并且未来有望进一步发展。

11.12 缔合电离

缔合电离的过程:激发态原子与基态原子或分子碰撞,从而形成分子离子和自由电子。例如,钾里德堡原子与扰动粒子 M 发生缔合电离的过程可以如下表示:

$$Knl + M \rightarrow KM^+ + e^- \tag{11.45}$$

如果忽略扰动粒子的平移动能,那么缔合电离实际上是里德堡原子通过与基态原子的碰撞而实现电离的唯一方式。

如果考虑碱金属里德堡原子和基态原子之间的碰撞,那么只要里德堡态的能量超过二聚体离子的最小能量(由两个分离原子的基态能量测量得到),缔合电离就可能发生。图 11.24 形象地展示了这一概念,Lee 和 Mahan[97] 利用这一要求测量了碱金属二聚体离子的阱深。他们使用灯和单色仪在一个原子气室内将碱金属原子激发到 np 能级,并测量产生的单体和二聚体离子。例如,他们能够通过铯蒸气中的迁移率区分铯离子和二硫化碳正离子(铯离子由于共振电荷转移而具有较低的迁移率)。他们观察到当 $n < 12$ 的 np 能级被激发时,二硫化碳正离子是主导离子,而在 $n = 12$

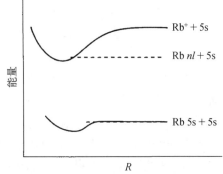

图 11.24 铷-铷系统的绝热势能曲线。如图所示,如果最初布居的铷原子 nl 里德堡态在 $R = \infty$ 处的能量超过铷离子和铷原子 5s 势阱之和的最小值,就可能发生缔合电离

以上,铯离子则占主导地位,这就表明在 $n=12$ 以下,缔合电离是迄今为止起主导作用的电离机制。

Worden 等也在锶原子束中观察到锶原子 $5snl$ 态和锶原子 $5s^2$ 基态之间的缔合电离[98]。他们利用多步共振激光激发的方法得到锶原子 $5snl$ 态,在锶原子数密度为 10^{13} cm^{-3} 时,他们观察到了 Sr_2^+。基于这些实验数据,他们就能够确定 Sr_2^+ 的阱深为 0.77 eV。

科研人员已经通过几种不同的方法,在钠原子[99, 100]、铷原子[101, 102]和氪原子[103]中系统地测量了缔合电离。对于钠原子束,采用两个脉冲染料激光将其从基态激发到 3p 态,然后再激发到 nl 态,然后可以测量钠原子较高 nl 态的缔合电离速率常数[99]。利用斯塔克开关技术,科学家们成功地将原子布居于 np 态及 $l \geqslant 2$ 的混合态。激发态原子在发生碰撞后的 5 μs 内,产物钠离子和钠分子离子将在脉冲场的作用下加速离开相互作用区,并向探测器飞行。通过测量这些离子到达探测器的飞行时间,可以区分钠离子和钠分子离子。为了确定缔合电离速率常数,基态和 nl 里德堡态原子,以及钠分子离子产物的密度必须已知。通过交替的激光脉冲对里德堡原子进行场电离,可以确定里德堡原子的数量。再结合激光束的几何形状,可以计算出里德堡原子的数密度。3s 态原子的密度,则是通过测量由于辐射捕获导致的 3p 态寿命延长程度来确定的。具体来说,可以测量里德堡态布居的变化与两个激光器之间时间延迟的函数关系,这种方法适用于钠原子密度超过 10^{10} cm^{-3} 的情况,钠原子里德堡态和基态原子的缔合电离实验测量结果如图 11.25 所示,速率常数或散射截面在 $n=11$ 处达到峰值,并随着 n 值的增加而逐渐减小。

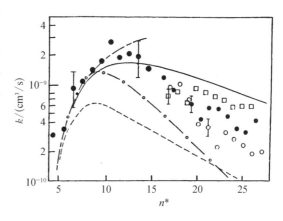

图 11.25　$T=1\,000$ K 时,钠原子 nl 态和钠原子 3s 态缔合电离速率常数的实验值和理论值与有效主量子数的关系。已根据 Boulmer 等在 $5 \leqslant n^* \leqslant 15$[100] 获得的绝对结果,对 $17 \leqslant n^* \leqslant 27$[99] 的结果进行了缩放。实验数据图例: ns 能级用空心方框□表示; np 能级用实心圆●表示; $nl \geqslant 2$ 能级用空心圆○表示。理论曲线图例: ns 能级的缔合电离用虚线---表示; np 能级的缔合电离用实线—表示; $nl \geqslant 2$ 能级用—○—表示;缔合加潘宁电离用— – —表示[99]

为了研究了铷原子 nl 态和铷原子 5s 态之间的缔合电离,目前已经进行了大量的基于不同方法的实验。Klucharev 等[101] 使用了灯和单色仪,这种方法与 Lee 和 Mahan 的方法没有什么不同[97], Cheret 等[102] 使用的则是连续光染料激光器。他们的结果与图 11.25 所示非常相似,并且与 Mihajlov 和 Janev 计算的速率常数高度吻合[104]。通过比较黑体光电离和缔合电离信号,Harth 等[103] 测量了氪原子 ns 态和 nd 态里德堡原子与氪和氦基态原子之间的缔合电离。他们发现,使用氪原子得到的结果,几乎与图 11.25 中所示的结果完全一样,但使用氦原子时,观察到的散射截面则几乎小了两个数量级。

碱金属缔合电离截面可以借助 Janev 和 Mihajlov 提出的模型来理解[105]。图 11.26 示出了铷-铷体系的势能曲线,其中 R 是核间距。在 R 较小时,连接到相同的 $R=\infty$ 态的势能因交换相互作用而分开。缔合电离的初始态为铷原子 nl 态和铷原子 5s 态,用虚线表

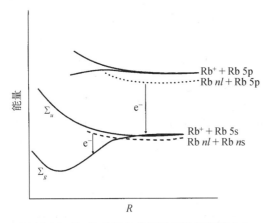

图 11.26 铷-铷势能曲线显示了潘宁和缔合电离不同速率的根源。在缔合电离中，当 R 较小时，Σ_g-Σ_u 交换劈裂很大，初始态铷原子 nl 态和铷原子 5s 态仅高于较低的 Σ_g 离子态。只有在 R 较小时才会发生形成离子分子态的自电离过程。相反，在潘宁电离中，初始态铷原子 nl 态和铷原子 5p 态始终位于离子末态之上，因此在任意 R 处均可能发生自电离过程

示。如果两个铷原子足够接近，即 R 足够小，使得交换相互作用非常显著，那么以分子性态呈现的铷 nl 态-铷 5s 态将会汇聚到附近的 Σ_g 分子离子态上，并可以自电离到较低的 Σ_u 分子离子态的简并连续态。

这表明截面峰值应该主要出现在自电离率变得显著的 R 值处，R 约为 10 Å。换句话说，峰值截面应该约为 100 Å^2，对于 450 K 以下的铷原子来说，该值对应于 0.5×10^{-9} cm^3/s 的速率常数，大致与图 11.25 中的最高速率常数相符。该模型也说明，散射截面大致上遵循 n^{-3} 的规律降低，这一因子反映出自电离率的变化规律，这也是里德堡电子在离子实处波函数的归一化所导致的。如图 11.25 所示，速率常数在 n 较高时急剧下降。在图 11.26 中，钠原子 nl 态-钠原子碰撞的缔合电离，可以利用从较高的排斥性 Σ_u 分子

态到较低的吸引性 Σ_g 态的自电离过程进行解释。在稀有气体系统中，较低的能态是 Σ 态，而较高的能态是 Π 态，这就排除了发射 s 波电子实现自电离过程[103]。出于这个原因，氖原子 nl 态-氖原子的散射截面非常小。一个看似很合理的推测是，氖原子 nl 态-氦原子的散射截面也会很小。然而，对于氖原子 nl 态-氖原子碰撞的情况，由于共振电荷转移通道的存在，自电离现象仍然可能发生。

目前也有很多对分子缔合电离测量的研究。具体来说，目前已经有了对钾原子 nd 态与多种分子的缔合电离研究[106, 107]。研究者们利用连续激光束形成重频高达 10 kHz 的脉冲，热束中钾原子可以得到激发。实验中，钾原子 nd 态与六氟化硫和诸如硫化氢等分子形成的混合物在 $1\sim10$ μs 的时间内发生碰撞，随后收集形成的正离子和负离子。利用已知的六氟化硫电子吸附速率常数，根据观察到的 KH$_2$S$^+$ 和六氟化硫负离子信号，就可以直接推导出硫化氢缔合电离散射截面和六氟化硫电子吸附散射截面的比值。由于六氟化硫吸附散射截面较大，实验中使用要比六氟化硫密度更高的硫化氢，以平衡这一差异，通常两者的密度分别为 $10^{11}\sim10^{12}$ cm^{-3} 和 3×10^{10} cm^{-3}。

对于 $n=9\sim15$ 的钾原子 nd 态，其与硫化氢、水分子、CH$_3$OCH$_3$ 和其他类似的多原子分子进行了碰撞测量，结果给出了非常一致的很小的速率常数，约为 10^{-11} cm^3/s。相比里德堡原子与基态碱金属原子缔合电离的速率常数，这些速率常数低两个数量级。那么，为什么散射截面如此之小？Kalamarides 等[107]提出的一种可能性：相较于碱金属原子，这些极性分子的偶极矩可能产生更多里德堡电子态的 l 混合。根据 Janev 和 Mihajlov 的模型，平均而言，l 态混合将使里德堡电子处于更高的 l 态，这就意味着电子相距离子实更远，因此发生自电离的可能性较小[105]。

11.13　潘宁电离

如果碰撞的原子对具有足够的电子能量,能够产生自由原子离子,即电子能量的总和必须超过其中一个原子的电离势,那么就会发生潘宁电离。有一个实例是 Rb nl+Rb 5p→Rb$^+$+Rb+e$^-$ 演变过程。Barbier 和 Cheret 利用连续激光两步激发的方法,在气室中激发了铷原子,并用质谱检测离子产物[108]。他们获得了图 11.27 中所示的潘宁电离速率常数,比较图 11.27 和 11.25 可以明显看出,潘宁电离速率常数比缔合电离速率常数高出两个数量级。Barbier 等[109]对此进行了解释,如图 11.26 所示。潘宁电离的入射通道是铷原子 nl 态和铷原子 5p 态的碰撞,如激发态分子离子势能曲线下方的虚线所示。

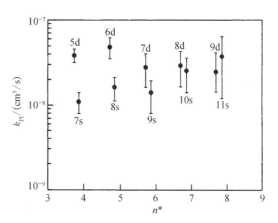

图 11.27　铷原子 nf 态和铷原子 5p 态碰撞 Rb nl+Rb 5p 的单个潘宁速率系数 $k_{PI}(nl)$ 随有效量子数 n^* 的变化[108]

在几乎 R 取任意值,包括 R 小到足以进行显著的交换相互作用的情况下,都能发生 Rb nl+Rb 5p→Rb$\varepsilon l\pm 1$+Rb 5s 这一共振偶极-偶极能量交换过程。

11.14　离子-扰动粒子碰撞

对于大多数涉及里德堡原子的碰撞,虽然主要是扰动粒子与外层电子发生相互作用,但在某些情况下,扰动粒子与里德堡离子实的相互作用才是主导。Kocher 和 Smith 观察到:当里德堡态的锂原子束与气体发生碰撞时,原子束发生了偏转[110],这为里德堡离子与扰动粒子之间的相互作用提供了确凿的证据,因为只有扰动粒子与里德堡离子实的相互作用才能导致锂原子束发生可观察到的偏转。

在 Kocher 和 Smith 的实验中,他们利用脉冲电子束将热束锂原子激发到里德堡态,该脉冲电子束的脉宽为 10 μs,重复频率为 850 Hz。里德堡原子束经过准直,并在可变压力下通过 35 cm 的稀有气体。他们通过实验发现:稀有气体使里德堡原子偏离准直原子束,并通过测量轴上原子束的衰减,从而确定了速率常数,如表 11.2 所示。由于里德堡原子束具有脉冲性质,他们能够测量出速率常数和原子束速度之间的关系,实验发现速率常数不依赖于原子束速度,这意味着散射截面正比于 $1/v$。通过改变探测器中的电离场,他们将可以检测的 n 的下限从 35 调整为 65,但并没有检测到速率常数的变化。

不论是散射截面不依赖于 n 的特性,还是正比于 $1/v$ 的特性,都与扰动粒子和锂离子实发生碰撞的描述一致。由于这一过程不涉及电子,散射截面不会随 n 的变化而变化,并且电荷引起的偶极相互作用导致散射截面正比于 $1/v$。此外,测得的速率常数与计算出的锂离子与扰动粒子散射的速率常数吻合得很好,如表 11.2 所示。对于典型的热平均速度,表 11.2 的速率常数对应于面积约为 100 Å^2 的散射截面。

表 11.2 五种目标气体导致里德堡态锂原子偏转的速率常数实验值和计算值[110]

种 类	速 率 常 数	
	实验值/(10^{-9} cm^3/s)	理论值/(10^{-9} cm^3/s)
He	1.97(40)	1.75
Ne	1.88(45)	2.42
Ar	2.37(65)	4.94
H$_2$	4.00(65)	3.47
N$_2$	2.12(60)	5.12

另一个关于里德堡离子实散射的清晰例证,是 Boulmer 等观察到的同位素交换现象[111]。在由 50%氦-3 和 50%氦-4 组成的氦余辉中,他们使用激光将原子从 2s 态激发到氦-3 或氦-4 的 np 态,并观察到来自氦-3 和氦-4 里德堡态的荧光。在如下过程中:

$$^3\text{He } n = 9 + {}^4\text{He 1s} \rightarrow {}^3\text{He 1s} + {}^4\text{He } n = 9 \tag{11.46}$$

他们观察到 300 K 下的速率常数为 5.7(10)×10^{-10} cm^3/s。即使氦-3 和氦-4 的角色互换,结果也不会改变。这个过程被解释为里德堡离子实和作为扰动粒子的基态氦原子之间的电荷交换,而在这个过程中,里德堡电子并未直接参与。有一些观察结果能够支持这种解释。首先,在包括里德堡电子 n 值发生变化的过程中,总交换速率常数仅仅略有增加,为 6.8(20)×10^{-1} cm^3/s。其次,在 300 K 时,离子-原子电荷交换速率常数的理论值为 5.3×10^{-10} cm^3/s[112, 113]。最后,离子-原子速率常数的外推值与这些观察结果非常吻合[114]。

11.15 快速碰撞

到目前为止,我们详细讨论过的所有碰撞过程都是热碰撞,现在回归到理论的较早期阶段提出的一个观点:如果碰撞速度比里德堡电子的速度要高,那么里德堡原子-扰动粒子的散射截面应等于相同速度下电子-扰动粒子散射截面和里德堡离子-扰动粒子散射截面的总和。

这一观点得到了 Koch[115, 116]令人信服的论证,他研究了在 $n=46$ 的快速氖原子高速状态下与氮气分子碰撞后,$n \leqslant 28$ 能态的去激发和 $n \geqslant 61$ 能态的电离或激发过程。6~13 keV 条件下的氖分子束能量,决定了速度比范围满足 $6 < V/v < 13$。激发、电离和去激发散射截面的总和构成了破坏性改变原始状态的散射截面,对应于总电子-氮气分子散射截面。如图 11.28 所示,如果将描述里德堡离子实的氢离子-氮气分子碰撞电子转移截面[117]加上电子-氮气分子散射截面[118],就会发现总和与里德堡原子改变原始状态的散射截面高度一致。特别是电子-氮气分子散射中的氮气分子离子共振在里德堡原子的数据中得到了精准的再现。

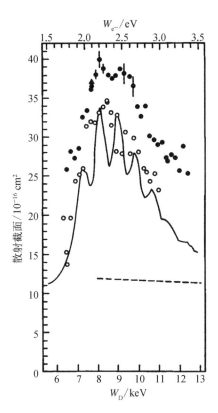

图 11.28　$n^* = 46(35 \leqslant n \leqslant 50)$ 的氘原子在与氮气分子碰撞中的电离散射截面测量值与氘原子动能 W_D 的关系用空心圆○表示，$n^* = 46$ 的氘原子和 $n^* = 71$ 的氘原子与氮气分子碰撞散射截面的测量值分别用实心圆●和空心三角△表示[116]。为了比较，图中也示出了 Kennerly 测量的自由电子-氮气分子总散射截面与 W_e 的关系(用实线——表示)[118]。W_D 和 W_e 的刻度值已调整对应于相同的碰撞速度。在氢离子-氮气分子碰撞中，电子转移散射截面的测量值 σ 与 $W_D = 2W_H$ 的关系用虚线---表示[117]，改变原始状态的破坏性散射截面等于电子转移截面和电离截面的总和[116]

参考文献

1. E. Fermi, *Nuovo Cimento* **11**, 157(1934).

2. A. Omont, *J. Phys.* (Paris) **38**, 1343(1977).

3. M. Matsuzawa, in *Rydberg States of Atoms and Molecules*, eds. R. F. Stebbings and F. B. Dunning (Cambridge University Press, New York, 1983).

4. A. P. Hickman, R. E. Olson, and J. Pascale, in *Rydberg States of Atoms and Molecules*, eds. R. F. Stebbings and F. B. Dunning (Cambridge University Press, New York, 1983).

5. M. R. Flannery, in *Rydberg states of Atoms and Molecules*, eds. R. F. Stebbings and F. B. Dunning (Cambridge University Press, New York, 1983).

6. T. F. Gallagher, *Rep. Prog. Phys.* **51**, 143(1988).

7. T. F. O'Malley, *Phys. Rev.* **130**, 1020(1963).

8. N. F. Lane, *Rev. Mod. Phys.* **52**, 29(1980).

9. M. Matsuzawa, *J. Phys. B* **13**, 3201(1980).

10. M. R. Flannery, *Phys. Rev. A* **22**, 2408(1980).

11. M. Matsuzawa, *J. Chem. Phys.* **35**, 2685(1971).

12. A. P. Hickman, *Phys. Rev. A* **28**, 111(1983).

13. A. P. Hickman, *Phys. Rev. A* **19**, 994(1979).

14. F. Gounand, and L. Petitjean, *Phys. Rev. A* **30**, 61(1984).

15. L. Y. Cheng and H. van Regemorter, *J. Phys. B* **14**, 4025(1981).

16. A. M. Arthurs and A. Dalgarno, *Proc. R. Soc. London* **256**, 540(1960).

17. A. P. Hickman, *Phys. Rev. A* **18**, 1339(1978).

18. D. A. Park, *Introduction to the Quantum Theory* (McGraw-Hill, New York, 1964).

19. M. Matsuzawa, *J. Phys. B* **12**, 3743(1979).

20. F. B. Dunning and R. F. Stebbings in *Rydberg States of Atoms and Molecules*, eds. R. F. Stebbings and F. B. Dunning (Cambridge University Press, New York, 1983).

21. C. J. Latimer, *J. Phys. B* **10**, 1889(1977).

22. E. de Prunele and J. Pascale, *J. Phys. B* **12**, 2511(1979).

23. F. Gounand and J. Berlande, in *Rydberg States of Atoms and Molecules*, eds. R. F. Stebbings and F. B. Dunning (Cambridge University Press, New York, 1983).

24. L. M. Humphrey, T. F. Gallagher, W. E. Cooke, and S. A. Edelstein, *Phys. Rev. A* **18**, 1383(1978).

25. T. F. Gallagher, S. A. Edelstein, and R. M. Hill, *Phys. Rev. A* **15**, 1945(1977).

26. F. Gounand, P. R. Fournier, and J. Berlande, *Phys. Rev. A* **15**, 2212(1977).

27. M. Hugon, P. R. Fournier, and F. Gounand, *J. Phys. B* **12**, 1207(1979).

28. T. F. Gallagher, S. A. Edelstein, and R. M. Hill, *Phys. Rev. Lett.* **35**, 644(1975).

29. M. Harnafi and B. Dubreuil, *Phys. Rev. A* **31**, 1375(1985).

30. R. Kachru, T. F. Gallagher, F. Gounand, K. A. Safinya, and W. Sandner, *Phys. Rev. A* **27**, 795(1983).

31. M. Chapelet, J. Boulmer, J. C. Gauthier, and J. F. Delpech, *J. Phys. B* **15**, 3455(1982).

32. M. Hugon, F. Gounand, P. R. Fournier and J. Berlande, *J. Phys. B* **12**, 2707(1979).

33. F. G. Kellert, K. A. Smith, R. D. Rundel, F. B. Dunning and R. F. Stebbings, *J. Chem. Phys.* **72**, 6312(1980).

34. C. Higgs, K. A. Smith, F. B. Dunning, and R. F. Stebbings, *J. Chem. Phys.* **75**, 745(1981).

35. H. A. Bethe and E. A. Salpeter, *Quantum Mechanics of One and Two Electron Atoms* (Academic Press, New York, 1957).

36. E. S. Chang, *Phys. Rev. A* **31**, 495(1985).

37. R. E. Olson, *Phys. Rev. A* **15**, 631(1977).

38. J. L. Gersten, *Phys. Rev. A* **14**, 1354(1976).

39. J. Derouard and M. Lombardi, *J. Phys. B* **11**, 3875(1978).

40. A. P. Hickman, *Phys. Rev. A* **18**, 1339(1978).

41. A. P. Hickman, *Phys. Rev. A* **23**, 87(1981).

42. T. F. Gallagher, W. E. Cooke, and S. A. Edelstein, *Phys. Rev. A* **17**, 904(1978).

43. M. P. Slusher, C. Higgs, K. A. Smith, F. B. Dunning, and R. F. Stebbings, *Phys. Rev. A* **26**, 1350(1982).

44. M. P. Slusher, C. Higgs, K. A. Smith, F. B. Dunning, and R. F. Stebbings, *J. Chem. Phys.* **76**, 5303(1982).

45. T. F. Gallagher, R. E. Olson, W. E. Cooke, S. A. Edelstein, and R. M. Hill, *Phys. Rev. A* **16**, 441(1977).

46. R. F. Stebbings, F. B. Dunning, and C. Higgs, *J. Elec. Spectr. and Rad. Phen.* **23**, 333(1981).

47. J. S. Deech, R. Luypaert, L. R. Pendrill, and G. W. Series, *J. Phys. B* **10**, L137(1977).

48. L. R. Pendrill, *J. Phys. B* **10**, U69(1977).

49. A. C. Tam, T. Yabuzaki, S. M. Curry, M. Hou, and W. Happer, *Phys. Rev. A* **17**, 1862(1978).

50. M. Hugon, F. Gounand, P. R. Fournier, and J. Berlande, *J. Phys. B* **13**, 1585(1980).

51. T. F. Gallagher and W. E. Cooke, *Phys. Rev. A* **19**, 820(1979).

52. T. F. Gallagher and W. E. Cooke, *Phys. Rev. A* **19**, 2161(1979).

53. J. P. McIntire, G. B. McMillian, K. A. Smith, F. B. Dunning and R. F. Stebbings, *Phys. Rev. A* **29**, 381 (1984).

54. J. Boulmer, J. F. Delpech, J. C. Gauthier, and K. Safinya, *J. Phys. B* **14**, 4577(1981).

55. M. Hugon, B. Sayer, P. R. Fournier, and F. Gounand, *J. Phys. B* **15**, 2391(1982).

56. L. N. Goeller, G. B. McMillian, K. A. Smith, and F. B. Dunning, *Phys. Rev. A* **30**, 2756(1984).

57. M. Hugon, F. Gounand, and P. R. Fournier, *J. Phys. B* **13**, L109(1980).

58. T. F. Gallagher, W. E. Cooke, and S. A. Edelstein, *Phys. Rev. A* **17**, 125(1977).

59. M. Czajkowski, L. Krause, and G. M. Skardis, Can. *J. Phys.* **51**, 1582(1973).

60. E. Bauer, E. R. Fisher, and F. R. Gilmore, *J. Chem. Phys.* **51**, 4173(1969).

61. L. Petitjean, F. Gounand, and P. R. Fournier, *Phys. Rev. A* **30**, 736(1984).

62. L. Petitjean, F. Gounand, and P. R. Fournier, *Phys. Rev. A* **30**, 71(1984).

63. K. A. Smith, F. G. Kellert, R. D. Rundel, F. B. Dunning and R. F. Stebbings, *Phys. Rev. Lett.* **40**, 1362 (1978).

64. F. G. Kellert, K. A. Smith, R. D. Rundel, F. B. Dunning, and R. F. Stebbings, *J. Chem. Phys.* **72**, 3179 (1980).

65. A. Kalamarides, L. N. Goeller, K. A. Smith, F. B. Dunning, M. Kimura, and N. F. Lane, *Phys. Rev. A* **36**, 3108(1987).

66. H. Hotop and A. Niehaus, *J. Chem. Phys.* **47**, 2506(1967).

67. C. A. Kocher and C. L. Shepard, *J. Chem. Phys.* **74**, 379(1981).

68. C. L. Shepard and C. A. Kocher, *J. Chem. Phys.* **78**, 6620(1983).

69. R. D. Rundel (unpublished).

70. M. Matsuzawa, *J. Phys. B* **55**, 2685(1971).

71. M. Matsuzawa and W. A. Chupka, *Chem. Phys. Lett.* **50**, 373(1977).

72. T. F. Gallagher, G. A. Ruff, and K. A. Safinya, *Phys. Rev. A* **22**, 843(1980).

73. G. Herzberg, *Spectra of Diatomic Molecules*(Van Nostrand, New York, 1950).

74. A. H. Nielsen and H. H. Nielsen, *Phys. Rev.* **48**, 864(1934).

75. A. H. Nielsen and H. H. Nielsen, *Phys. Rev.* **14**, 118(1938).

76. K. Rohr, *J. Phys. B* **13**, 4897(1980).

77. W. P. West, G. W. Foltz, F. B. Dunning, C. J. Latimer, and R. F. Stebbings, *Phys. Rev. Lett.* **36**, 854(1976).

78. B. G. Zollars, K. A. Smith, and F. B. Dunning, *J. Chem. Phys.* **81**, 3158(1984).

79. G. F. Hildebrandt, F. G. Kellert, F. B. Dunning, K. A. Smith, and R. F. Stebbings, *J. Chem. Phys.* **68**, 1349(1978).

80. L. Christophorou, D. L. Mccorkle, and J. G. Carter, *J. Chem. Phys.* **54**, 253(1971).

81. J. A. Stockdale, F. J. Davis, R. N. Compton, and C. E. Klots, *J. Chem. Phys.* **60**, 4279(1974).

82. E. J. Davis, R. N. Compton, and D. B. Nelson, *J. Chem. Phys.* **59**, 2324(1973).

83. W. T. Naff, C. D. Cooper, and R. N. Compton, *J. Chem. Phys.* **49**, 2784(1968).

84. B. G. Zollars, C. Higgs, F. Lu, C. W. Walter, L. G. Gray, K. A. Smith, F. B. Dunning, and R. F. Stebbings, *Phys. Rev. A* **32**, 3330(1985).

85. G. W. Foltz, C. J. Latimer, G. F. Hildebrandt, F. G. Kellert, K. A. Smith, W. P. West, F. B. Dunning, and R. F. Stebbings, *J. Chem. Phys.* **61** 1352(1977).

86. C. E. Klots, *Chem. Phys. Lett.* **38**, 61(1976).

87. A. Chutjian and S. H. Alajajian, *Phys. Rev. A* **31**, 2885(1985).

88. R. Y. Pai, L. G. Christophorou, and A. A. Christadoulides, *J. Chem. Phys.* **70**, 1169(1979).

89. H. S. Carman, Jr., C. E. Klots, and R. N. Compton, *J. Chem. Phys.* **90**, 2580(1989).

90. K. Harth, M. W. Ruf, and H. Hotop, *Z. Phys. D* **14**, 149(1989).

91. B. G. Zollars, C. W. Walter, F. Lu, C. B. Johnson, K. A. Smith, and F. B. Dunning, *J. Chem. Phys.* **84**, 5589(1986).

92. I. M. Beterov, F. L. Vosilenko, I. I. Riabstev, B. M. Smirnov, and N. V. Fateyev, *Z. Phys. D* **7**, 55 (1987).

93. Z. Zheng, K. A. Smith, and F. B. Dunning, *J. Chem. Phys.* **89**, 6295(1988).

94. C. W. Walter, K. A. Smith, and F. B. Dunning, *J. Chem. Phys.* **90**, 1652(1989).

95. A. Kalamarides, C. W. Walter, B. G. Lindsay, K. A. Smith, and F. B. Dunning, *J. Chem. Phys.* **91**, 4411(1989).

96. A. Kalamarides, R. W. Marawar, M. A. Durham, B. G. Lindsay, K. A. Smith, and F. B. Dunning, *J. Chem. Phys.* **93**, 4043(1990).

97. Y. T. Lee and B. H. Mahan, *J. Chem. Phys.* **42**, 2893(1965).

98. E. F. Worden, J. A. Paisner, and J. G. Conway, *Opt. Lett.* **3**, 156(1978).

99. J. Weiner and J. Boulmer, *J. Phys. B* **19**, 599(1986).

100. J. Boulmer, R. Bonanno, and J. Weiner, *J. Phys. B* **16**, 3015(1983).

101. A. N. Klucharev, A. V. Lazavenko and V. Vujnovic, *J. Phys. B* **31**, 143(1980).

102. M. Cheret, L. Barbier, W. Lindinger, and R. Deloche, *J. Phys. B* **15**, 3463(1982).

103. K. Harth, H. Hotop, and M.-W. Ruf, in *International Seminar on Highly Excited States of Atoms and Molecules*, *Invited Papers*, eds. S. S. Kano and M. Matsuzawa (Chofu, Tokyo, 1986).

104. A. Mihajlov and R. Janev, *J. Phys B* **14**, 1639(1981).

105. R. K. Janev and A. A. Mihajlov, *Phys. Rev. A* **21**, 819(1980).

106. B. G. Zollars, C. W. Walter, C. B. Johnson, K. A. Smith, and F. B. Dunning, *J. Chem. Phys.* **85**, 3132 (1986).

107. A. Kalamarides, C. W. Walter, B. G. Zollars, K. A. Smith, and F. B. Dunning, *J. Chem. Phys.* **87**, 4238(1987).

108. L. Barbier and M. Cheret, *J. Phys. B* **20**, 1229(1987).

109. L. Barbier, A. Pesnelle, and M. Cheret, *J. Phys. B* **20**, 1249(1987).

110. C. A. Kocher and A. J. Smith, *Phys. Rev. Lett.* **39**, 1516(1977).

111. J. Boulmer, G. Baran, F. Devos, and J. F. Delpech, *Phys. Rev. Lett.* **44**, 1122(1980).

112. D. Rapp and W. E. Francis, *J. Chem. Phys.* **37**, 2631(1962).

113. D. P. Hodgkinson and J. S. Briggs, *J. Phys. B* **9**, 255(1976).

114. R. D. Rundel, D. E. Nitz, K. A. Smith, M. W. Geis, and R. F. Stebbings, *Phys. Rev. A* **19**, 33(1979).

115. P. M. Koch, *Phys. Rev. Lett.* **41**, 99(1978).

116. P. M. Koch, in *Rydberg States of Atoms and Molecules* eds. R. F. Stebbings and F. B. Dunning (Cambridge University Press, New York, 1983).

117. H. Tawara and A. Russek, *Rev. Mod. Phys.* **45**, 178(1973).

118. R. E. Kennerly, *Phys. Rev. A* **21**, 1876(1980).

第 12 章

谱线位移和展宽

Amaldi 和 Segre 首次对里德堡原子碰撞特性进行了测量,他们所测的是压力位移[1],这一研究引导人们用 Fermi 的自由电子散射理论来描述这种位移[2]。

谱线位移和展宽的测量,为我们提供了上一章中传统碰撞测量无法获得的重要补充信息。可调谐激光器的出现,不仅让前一章中描述的许多碰撞实验得以实现,同时也为进行更为灵敏的线宽测量提供了可能。在本章中,我们将线形的常规描述与里德堡原子碰撞过程联系起来,简要介绍两种现代实验技术,并阐述实验结果。

12.1 理论描述

如果我们考虑从基态到里德堡态的跃迁强度,那么可以采用以下形式:

$$I(\omega) = \frac{\gamma/2\pi}{(\omega - \omega_0 + \Delta)^2 + (\gamma/2)^2} \tag{12.1}$$

无论是单光子跃迁还是双光子跃迁,这里主要关注的是碰撞条件,即里德堡原子每次与一个扰动粒子的碰撞过程。在这种情况下,位移率 Δ 和展宽率 γ 与位移和展宽散射截面相关[3]:

$$\gamma = 2N\langle V\sigma^b \rangle \tag{12.2a}$$

并且:

$$\Delta = N\langle V\sigma^S \rangle \tag{12.2b}$$

其中,σ^b 和 σ^S 分别是展宽和移位截面;V 是相对碰撞速度;N 是扰动粒子数密度。

我们特别关注的是从基态到里德堡态的跃迁,在这种情况下,碰撞对基态的影响可以忽略,因此只需要考虑碰撞对里德堡态的影响。首先,我们考虑展宽截面 σ^b,这是由在辐射发射或吸收过程中改变原子相位的所有碰撞引起的。原子相位变化的频率越高,原子频率的确定性就越低,发射线或吸收线就变得越宽。同样地,这种碰撞也会破坏上下能级之间的相干性[4]。不仅是在谱线展宽实验中,而且在光子回波实验中,都观察到了这种相干性的破坏。

对于基态和 $n > 10$ 的里德堡态之间的跃迁,展宽截面 σ^b 主要受到三方面的影响:第一种是里德堡电子与扰动粒子的非弹性碰撞,即改变量子态的碰撞,会导致研究中的里德堡态的去布居,并阻止了相干的辐射吸收或发射。第二种是里德堡电子与扰动粒子的弹性碰撞所带来的展宽。此时碰撞离子诱导的相移较大,约为 π。第三种,如果诱导相移足够大,里德堡离子与扰动粒子的碰撞也会对展宽截面产生贡献。显然,弹性电子-扰动粒子碰撞对量子态改变的碰撞没有贡献,里德堡离子-扰动粒子碰撞也没有很大贡献,因此,在传统的去布居实验中无法观察到这些效应,而只能在谱线展宽或回波测量中观察到。我们可以把展宽截面具体表达为[5]

$$\sigma^b = \frac{1}{2}(\sigma^b_{el} + \sigma_{inel} + \sigma^b_{ion}) \tag{12.3}$$

其中,σ^b_{el} 是里德堡电子-扰动粒子弹性散射展宽截面;σ_{inel} 是非弹性里德堡电子-扰动粒子散射导致的去布居散射截面;σ^b_{ion} 是里德堡离子-扰动粒子散射的展宽截面。我们忽略了基态对展宽的贡献,同时考虑到只有里德堡态对散射截面有贡献,所以存在 1/2 系数。

从光学定理出发,得到了 β 态扰动粒子入射到 α 态时具有动量 $\boldsymbol{K}$ 的里德堡原子上的弹性散射截面,具体表示为[3]

$$\sigma^b_{el} = \frac{4\pi}{K} \mathrm{Im}\big[f(\alpha, \beta, \boldsymbol{K} \to \alpha, \beta, \boldsymbol{K}) \big] \tag{12.4}$$

我们已经在式(11.31)中计算了这个散射截面与相对碰撞速度 V 的乘积,具体可以得到:

$$V\sigma^b_{el} = \int_0^\infty \mid G_\alpha(\boldsymbol{k}) \mid^2 \sigma(k)\nu \mathrm{d}^3 k \tag{12.5}$$

其中,$\boldsymbol{k}$ 是里德堡电子的动量。采用公式 $\sigma(k) = 4\pi a^2$,其中 a 是散射长度,从式(12.5)的积分中可以得出:

$$\sigma^b_{el} = \frac{4\pi a^2}{V} \int \mid G_\alpha(\boldsymbol{k}) \mid^2 \nu \mathrm{d}^3 k = 4\pi a^2 \frac{\langle \nu \rangle}{V} \tag{12.6}$$

非弹性截面就是所有其他态的总去布居散射截面,即

$$\sigma_{inel} = \sigma_{depop} \tag{12.7}$$

最后,通过计算碰撞过程中极化相互作用引起的相移,得到了里德堡离子-扰动粒子散射的截面。具体表示为

$$\eta(b) = \frac{1}{\hbar} \int_\infty^{-\infty} \left(\frac{-\alpha_p}{2R^4} \right) \mathrm{d}t \tag{12.8}$$

其中,b 是里德堡离子与扰动粒子之间碰撞的影响参数;α_p 是扰动粒子的极化率;R 是里德堡原子的离子实与扰动粒子之间的间隔。假设为直线轨迹,相移可计算为

$$\eta(b) = \frac{\pi \alpha_p}{4\hbar V b^3} \tag{12.9}$$

用 Anderson 提出的方法可以计算出偏振展宽和位移的截面[4, 6, 7]:

$$\sigma^b_{ion} = 2\pi \int_0^\infty \big[1 - \cos \eta(b) \big] b\mathrm{d}b \tag{12.10}$$

$$\sigma_{\text{ion}}^{S} = 2\pi \int_{0}^{\infty} \sin \eta(b) b \mathrm{d}b \tag{12.11}$$

利用式(12.6)、式(12.7)和式(12.10),可以组合得出式(12.3)给出的总展宽截面。Anderso 近似方法绕过了一个模棱两可的问题,即相移在谱线展宽碰撞中到底占有多少比例的问题,或者换句话说,如何精确地定义 Weiskopf 半径的问题[4],从而消除了理论固有的模糊性。

压力位移截面包含两项,一项来自弹性里德堡电子-扰动粒子相互作用,另一项来自离子-扰动粒子相互作用,具体表示为

$$\sigma^{S} = \sigma_{\text{el}}^{S} + \sigma_{\text{ion}}^{S} \tag{12.12a}$$

在某些情况下,为了便于分析,还可以将位移本身分成两部分:

$$\begin{aligned} \Delta &= \Delta_{\text{el}} + \Delta_{\text{ion}} \\ &= N\langle V\sigma_{\text{el}}^{S} \rangle + N\langle V\sigma_{\text{ion}}^{S} \rangle \end{aligned} \tag{12.12b}$$

我们已经在式(12.11)中计算了 σ_{ion}^{S}。在谱线展宽的相关文献中,电子贡献通常描述为[3]

$$\sigma_{\text{el}}^{S} = \frac{2\pi}{K} \mathrm{Re}[f(\alpha, \beta, \boldsymbol{K} \to \alpha, \beta, \boldsymbol{K})] \tag{12.13}$$

我们可以使用与计算 σ_{el}^{b} 相同的方法来计算散射截面:

$$\sigma_{\text{el}}^{S} = \frac{2\pi}{K} \frac{(-\mu)}{2\pi\hbar^2} \int |G_a(\boldsymbol{k})|^2 \left(\frac{-2\pi}{m}\right) \mathrm{Re}[f_e(\alpha, \beta, \boldsymbol{K} \to \alpha, \beta, \boldsymbol{K})] \mathrm{d}^3 k \tag{12.14}$$

其中,μ 是两个碰撞原子的约化质量;m 是电子的质量。利用式(11.12)中 $\mathrm{Re}[f_e(\alpha, \beta, \boldsymbol{k})] = -a$ 这一条件,可以得到:

$$\sigma_{\text{el}}^{S} = \frac{2\pi\mu(-a)}{Km} = \frac{-2\pi a}{mV} \tag{12.15}$$

或

$$V\sigma_{\text{el}}^{S} = \frac{-2\pi a}{m}$$

这个结果最初由 Fermi 以一种巧妙的方式推导出来的[2]。同样,我们也可以使用式(11.17)中给出的相互作用形式,以更直观的方式推导出这一结果。这种推导方式隐含着一种统计学的性质,因为扰动粒子的运动被忽略了,起初似乎意味着这种方式不应与碰撞理论的结果相匹配。然而,我们只是忽略了扰动粒子相对于电子运动的热运动。里德堡电子每次只与一个扰动粒子相互作用仍然是事实,因此满足了碰撞的条件。

由于电子-稀有气体相互作用,位于 $\boldsymbol{R}$ 处的稀有气体原子引起的能量位移由式(12.16)给出:

$$\Delta_{el} = \int \psi_{nlm}^{*}(\boldsymbol{r}) U(\beta, \beta, \boldsymbol{r}, \boldsymbol{R}) \psi_{nlm}(\boldsymbol{r}) \mathrm{d}^3 r \qquad (12.16)$$

将式(12.16)乘以稀有气体数密度 N,并对体积进行积分,我们可以将每个扰动原子引起的能量位移与绝对平均位移联系起来,如果也用式(11.19)替换 $U(\beta, \beta, \boldsymbol{r}, \boldsymbol{R})$,那么式(12.16)变为

$$\Delta_{el} = N \int \psi_{nlm}^{*}(\boldsymbol{r}) 2\pi a \delta(\boldsymbol{r} - \boldsymbol{R}) \psi_{nlm}(\boldsymbol{r}) \mathrm{d}^3 r \mathrm{d}^3 R$$
$$= 2\pi a N \qquad (12.17)$$

换句话说,这个能量位移与 n 无关,仅取决于稀有气体散射长度 a 和密度 N,这个参数通常被称为 Fermi 位移。

为完整起见,本节还介绍了 Fermi[2] 用于计算统计区域中里德堡离子极化相互作用引起的位移的方法。如果在点 $\boldsymbol{R}_i$ 处存在稀有气体原子,则单个里德堡离子的能量位移如下所示[8]:

$$\Delta_{ion} = -\sum_{i}^{\infty} \frac{\alpha_p}{2R_i^4} \qquad (12.18)$$

如果单位体积中有 N 个作为扰动粒子的原子,且它们均匀分布,那么每立方体积 $1/N$ 中会有一个扰动粒子。假设扰动粒子以球壳的形式排列,从半径 R_1 开始有

$$\frac{4\pi R_1^3}{3} = \frac{1}{N} \qquad (12.19)$$

可以把等式(12.18)中的求和转换为积分运算:

$$\Delta_{ion} = -N \int_{R_1}^{\infty} \frac{\alpha_p}{2R_i^4} 2\pi R_i^2 \mathrm{d}R_i$$
$$= -N\alpha\pi \left(\frac{4\pi N}{3}\right)^{1/3} \qquad (12.20)$$

这一结果首先由 Fermi 得出[2]。这一结果呈 $N^{4/3}$ 依赖性,这与在碰撞区域常见的线性密度依赖性有显著的不同。

12.2 实验方法

历史上,Amaldi 和 Segre 首次通过光谱线的移动和展宽来研究里德堡原子的碰撞[1]。Allard 和 Kielkopf 总结了许多经典的谱线展宽工作[9],在此不再赘述。使用经典光谱技术时,有必要引入足够的扰动气体,使位移和展宽在约 1 GHz 的多普勒展宽以上可见。随着无多普勒双光子光谱学的发展,我们可以轻松地观察到宽度小于 10 MHz 的谱线,从而将所需压力降低两个数量级[10]。所需压力的降低,可以确保我们在碰撞条件下进行测量,而不是在准静态状态下进行测量。在后一种情况下,扰动原子非常多,以至于只要考虑这

些扰动原子所带来的影响,就足以描述观测到的现象。而在前一种情况下,扰动原子的运动则是很重要的。

传统的谱线位移和展宽的测量方法与吸收光谱法类似,在吸收光谱法中,根本不需要检测原子。所有的信息都在光的吸收过程中。如果原子被探测到,就像双光子光谱学中通常的情况一样,那么所需要做的就是区分基态和里德堡态,这本身并不是一个复杂的问题。在许多双光子、无多普勒测量中,原子检测通常是通过荧光检测法[11],或者更常见的是,通过热离子二极管,其中碰撞作用会将里德堡原子转化为离子[12]。作为示例,图 12.1 描述了 Weber 和 Niemax 用热离子二极管和单模连续染料激光器测量铯原子中的自展宽现象[10]。图 12.2 显示了此类谱线展宽实验的典型结果,其中双光子铷原子 5s→24s 跃迁随氩气压力变化而产生的展宽和位移非常明显[11]。另外一点值得注意的是,使用传统的吸收光谱法,可以勉强检测到此次实验中观察到的位移,但展宽现象则难以观测到。

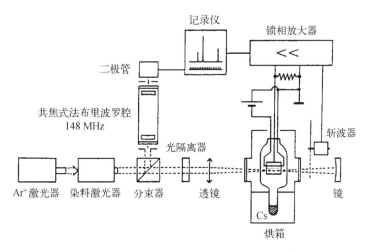

图 12.1 Weber 和 Niemax 使用热离子二极管和连续染料激光器测量铯原子的自展宽[10]

最后一种广泛用于测量谱线展宽的技术是三级回波技术[12],其原理如图 12.3 所示,适用于钠原子的 $ns_{1/2}$ 或 $nd_{3/2}$ 态。在 t_1 时刻,一束频率为 ω_1 向前传播的激光束将原子从 $3s_{1/2}$ 态激发到 $3p_{1/2}$ 态,而另一束频率为 ω_2 且反向传播的激光束在 t_2 时将这些原子激发到 $ns_{1/2}$ 态或 $nd_{3/2}$ 态。这一过程形成了原子基态和里德堡态的相干叠加,并且这种相干性的衰减受影响里德堡态的过程所控制。在稍后的时间 t_3,通过反向传播的频率为 ω_2 的激光脉冲,将 3s 里德堡态的相干性转移到 3s→3p 的相干性,并且在 $t_4 = (t_3 - t_2)\omega_2/\omega_1 + t_1$ 时,一个强烈的回波脉冲以 ω_1 的频率向前发射。随着时间间隔 $t_3 - t_2$ 的增加,回波的衰减反映了 3s 里德堡态的相干性的衰减。回波测量本质上是无多普勒效应的,所有信息都包含在定向良好的光学回波束中,因此根本不需要探测原子。另外,回波束从与光束 ω_1 共线的样品池中射出。为使高灵敏探测器观察回波脉冲时不会因激光脉冲 ω_1 而暂时饱和,需要采用关闭过程消光比为 10^7 的电光快门[13]。

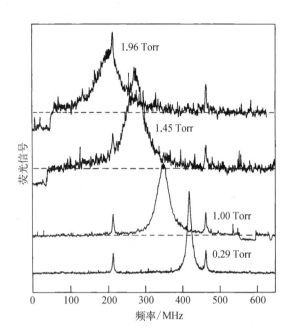

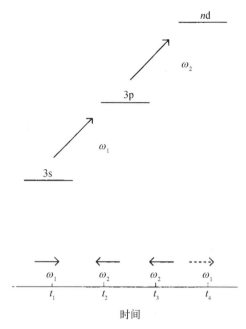

图12.2　铷原子 $5^2s_{1/2} \rightarrow 24^2s_{1/2}$ 信号在 0.29 Torr、1.00 Torr、1.45 Torr 和 1.96 Torr 氩气压力下记录的荧光信号曲线。这些曲线反映了不同探测器灵敏度下，信号随激光失谐 v 的变化情况。尖峰是来自 250 MHz 参考腔的叠加信号[11]

图12.3　三级回波能级和时序图。时间为 t_1 和 t_2 时，3s 态原子被两个频率为 ω_1 和 ω_2 的激光脉冲激发到 nd 里德堡态。光束 ω_1 正向（向右）传播，ω_2 反向（向左）传播。t_3 时刻，当第二束 ω_2 以相反方向通过试样时，回波束 ω_1 在 $t_4 = (t_3 - t_2)\omega_2/\omega_1 + t_1$ 以正向出现

12.3　位移和展宽的测量

对于通过稀有气体实现向碱金属里德堡态的跃迁，目前已经进行了广泛的位移和展宽测量。最近的一个典型例子是利用双光子无多普勒光谱技术，测量铷原子 5s→ns 和 5s→nd 跃迁的位移和展宽。

图 12.4 中展示了 Weber 和 Niemax 观察到的铷原子 5s→ns 和 5s→nd 跃迁的位移和展宽[14]。在图 12.4 和图 12.5 中，位移系数以每立方厘米原子数的波数或 cm^{-1}/ $cm^{-3} = cm^2$ 表示。如图 12.4 所示，无论是到 ns 态还是 nd 态的跃迁，其位移都几乎相同，而且随着 n 值的增加，位移从零逐渐上升到高 n 值时的稳定值。值得注意的是，除了在高 n 值时的位移不依赖 n 和 l 这一事实之外，位移值为正这一事实也具有历史意义。正如我们已经指出的，位移有两个成分，极化位移和 Fermi 位移。极化位移总是负的，但 Fermi 位移可以是正的，也可以是负的，这取决于稀有气体原子的电子散射长度的符号。Amaldi 和 Segre[1] 观察到的正位移是相当令人惊讶的，因为预期上只会有负极化位移。

如图 12.4 所示,铷原子-氦原子的压力位移与 Alekseev 和 Sobelman 预测的压力位移相当吻合[3]。大约 90% 的位移源于 Fermi 位移,10% 源于极化位移。这些位移的比例值对于所有稀有气体都是典型的。

氦原子对铷原子跃迁的位移影响与预期相符。不过,对于氙原子来说,位移影响有些不同。如图 12.5 所示,5s→ns 和 5s→nd 位移均从零开始上升,并在 $n > 40$ 达到类似的稳定值。在高 n 时,由于极化作用和 Fermi 相互作用,位移值与根据弹性散射计算的位移值相吻合。然而,$n \approx 15$ 时的 5s→ns 位移超过了高 n 时的 5s→ns 和 5s→nd 位移,以及 $n \approx 15$ 时 5s→nd 位移。为什么是 $n \approx 15$ 时 5s→ns 位移大于 $n \approx 15$ 时 5s→nd 的位移,为什么它们都超过了通常最大的高 n 值位移? 这两个问题的一个可能答案是,$n = 20$ 的铷原子 ns 态对氙原子的响应,不是分离的、非相互作用的铷离子和里德堡电子分别与氙原子作用的结果,而是作为一个整体,成为容易受扰动的原子。铷原子的 ns 态的量子亏损为 3.13,位于简并高 l 态的正下方。因此,它们更容易受到外部扰动的影响,如氙原子的存在,比具有量子亏损 1.35 的 nd 态对扰动更敏感。

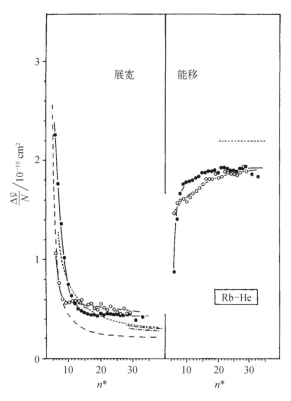

图 12.4 在氦气环境中测得的铷原子 $n^2s_{1/2}$(用空心圆○表示)和 n^2d_j(用实心圆●表示)能级的展宽和能移随有效主量子数 n^* 的函数。展宽值: 虚线 - - - 表示 Omont 的理论预测值[16],实线—表示 Omont 的理论预测值加上 Alekseev 和 Sobelman 的理论非弹性影响[3],点划线—·—·—表示 Omont 理论预测值加上 Hugon 等测量的非弹性影响[15](下曲线对应于 nd 态,上曲线对应于 ns 态)。位移值: 实线——表示 Alekseev 和 Sobelman 的理论预测值[3, 14]

图 12.4 和图 12.5 还显示了铷原子 5s→ns 和 5s→nd 跃迁的展宽。如果首先检查具有氦气环境中的展宽,我们可以看到展宽从所研究的最低态开始逐渐减小,直到在高 n 值时达到一个平稳状态。展宽从 $n = 10$ 时开始下降直到 $n = 20$,原因在于弹性展宽截面的减小,这对于氦气环境下的 ns 态和 nd 态几乎相同。Hugon 等的研究表明,在图 12.4 和图 12.5 所展示的尺度下,铷原子 ns 态和 nd 态与氦原子碰撞的非填充或非弹性散射截面可以忽略不计[15]。高 n 值时的平稳状态是由于里德堡离子与氦原子的散射,这种散射与 n 值无关。展宽的测量结果与 Omont 的理论相当吻合[16],通过增加非弹性碰撞的理论[3] 或通过实验进行修正[15],这种一致性得到了进一步提高。

氙气环境中,铷原子 5s→ns, nd 跃迁的展宽也是不同的。对于 ns 态和 nd 态,展宽在低 n 时增加,这反映了几何散射截面的影响。ns 态和 nd 态的展宽峰值均出现在 n 约为

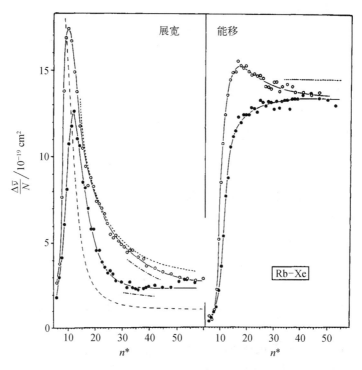

图 12.5 在氙气环境中测量的铷原子 $n^2s_{1/2}$(用空心圆○表示)和 n^2d_j(用实心圆●表示)的展宽和位移值表现为有效主量子数 n^* 的函数。展宽值：虚线－－－表示 Omonts 的理论预测值[16]；实线——表示 Omont 的理论预测值加上 Alekseev 和 Sobelman 的非弹性影响[3]；—·—·—表示 Omont 的理论预测值加上 Hugon 等测量的 Omont 非弹性影响[15](下曲线对应于 nd 态，上曲线对应于 ns 态)。能移：—表示 Alekseev 和 Sobelman 的理论预测值[3, 14]

20 时,然后在高 n 时下降到相同的平稳水平,这由里德堡离子与氙原子的散射所致。与氩气环境下的主要区别在于,n 约为 20 时,ns 态的展宽大于 nd 态,这种差异反映了铷原子 ns 态与氙原子发生的非弹性散射截面更大。事实上,$n = 32 \sim 41$ 时,ns 态和 nd 态的展宽截面的差异,与 Hugon 等测量的去布居截面的差异相同[15],如图 12.5 所示。实验数据与理论预测的一致性相当合理,但并非特别出色。

非弹性碰撞和离子与稀有气体散射的一个重要且有趣的例子,是通过三能级回波技术观察到的钠原子 ns 态和 nd 态的展宽。图 12.6 显示了 Kachru 等观察到钠原子的 ns 态和 nd 态的稀有气体展宽[7]。

ns 态和 nd 态的展宽截面在低 n 值时上升,这反映了里德堡原子几何截面的特性。在达到峰值后,在高 n 值时,ns 态和 nd 态的散射截面下降到同一稳定水平,这反映了钠离子-稀有气体散射。ns 态和 nd 态之间的明显差异是由于 nd 态具有较大的非弹性 l 混合截面[17-19],而 ns 态的去布居截面在图 12.6 所示的比例尺下几乎不可见[20]。如果将钠原子 nd 态的混合截面 l 添加到 ns 态中所得散射截面,那么与 nd 展宽散射截面大致相符。值得注意的是一个有趣的实验现象:混合截面 l 在高 n 值时变为零,而展宽截面则由于钠

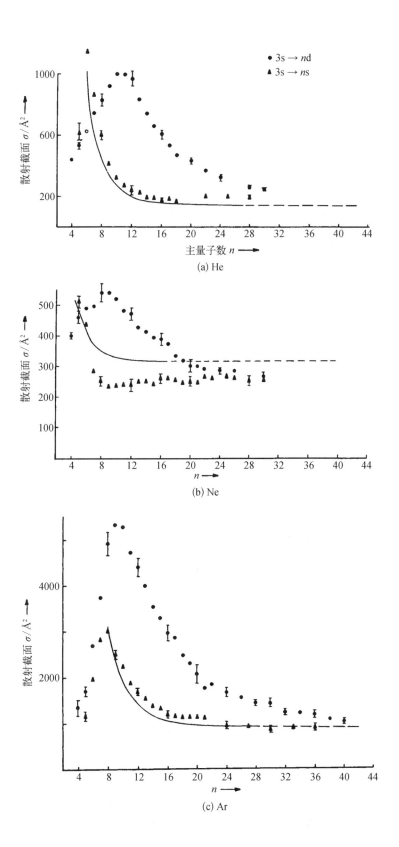

(a) He

(b) Ne

(c) Ar

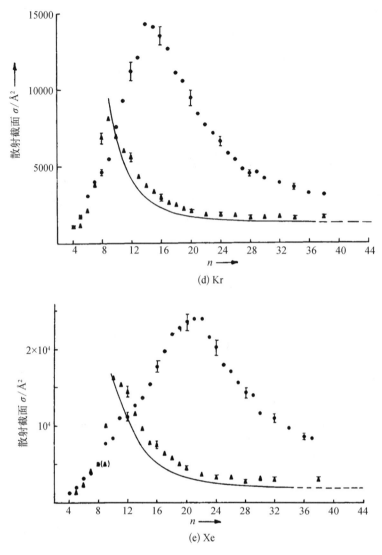

图 12.6 显示了由三能级回波衰减数据得出的 $3s \rightarrow ns$ 和 $3s \rightarrow nd_{3/2}$ 碰撞截面与跃迁的上态的主量子数的关系。曲线对应于 Omont 的理论计算值[16];直线的平坦部分对应于 Alekseev 和 Sobelman 的理论计算值[3]。所示误差为典型误差,代表数据中的统计误差[7]

离子-稀有气体散射而达到一个稳定的高水平。氦原子和氩原子引起的钠原子 nd 态展宽截面的三个组分的相对重要性,在图 12.7 中得到了直观的展示,该图引自 Gounand 等的工作[5]。图 12.7 还展示了根据 Hickman 公式中的计算的电子-稀有气体、钠离子-稀有气体弹性碰撞及非弹性碰撞截面[21]。在低 n 值时,弹性散射截面不会超过几何散射截面 $n^4 \, Å^2$。从图 12.7 可以明显看出,在高 n 值时,钠离子-稀有气体的相互作用占主导地位,而在低 n 值时,电子-稀有气体的相互作用占主导地位。如果针对 ns 态绘制相同的图表,那么会发现非弹性散射截面将小几个数量级,因为钠原子 ns 态几乎没有 l 混合碰撞。

碱土原子是非弹性碰撞对展宽截面产生影响的一个很好的例子,碱土原子在其量子亏损方面存在扰动[22, 23]。

特别是,在锶原子中,$5snd$ 态在 $n = 10 \sim 20$ 的变化过程中的量子亏损增加了 $1^{[22]}$。因此,这些能态与其他 $5snl$ 里德堡态的能量间隔在此范围内发生了根本性的变化。Weber 和 Niemax 利用双光子吸收光谱方法测量了锶原子 $5s^2\,{}^1S_0 \rightarrow 5sns\,{}^1S_0$,$5s^2\,{}^1S_0 \rightarrow 5snd\,{}^1D_2$,$5s^2\,{}^1S_0 \rightarrow 5snd\,{}^3D_2$ 的跃迁展宽[22],以及氦原子和氙原子对这些跃迁的影响。在 $5snd$ 量子亏损与其他里德堡能级系列相匹配的情况下,由于非弹性截面较大,观察到展宽增加。基于量子亏损理论,Sun 等提出展宽随 n 变化的理论处理方法[24]。

虽然我们对稀有气体引起的压力位移和展宽有了深入的理解,但对碱金属原子的自位移和展宽的理解却并非如此。Weber 和 Niemax 首次利用双光子技术测量了里德堡态的自展宽[10],他们使用热离子二极管测量了铯原子 $6s_{1/2} \rightarrow nd$ 跃迁的自展宽,其中 $11 \leqslant n \leqslant 42$。他们通常测量所有的第 2 个或第 3 个 n 态,观察到展宽率明显平稳增加,在 $n = 25$ 处达到峰值 13.8(33) MHz cm³,然后随着 n 增加到 40 而略有减小。而自展宽率与氙气环境中的数值相比要大一个数量级。

但自位移和展宽最令人惊讶的方面,是 $n \approx 20$ 时碱金属原子的自位移和展宽值中的振荡结构,Stoicheff 和 Weinberger 首先在铷原子中清楚地观察到这种结构[25],

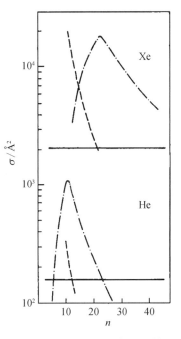

图 12.7　在氦原子和氙原子扰动钠原子 nd 态的情况下,对式 (12.3) 三项中 σ^b 值的相对贡献。实线(——)表示 n 独立的极化项,虚线(----)表示由于(电子扰动粒子)相互作用而产生的弹性贡献,点虚线(—·—·—)表示根据 Hickman 缩放公式计算的非弹性贡献[5, 21]

他们测量了每一个 n 所对应的自位移和展宽。回顾过去,在 Weber 和 Niemax 的早期测量中,可以看到振荡的证据[26],但他们没有针对每个 n 进行测量,所以振荡并不明显。

钾原子 ns 态和 nd 态的自位移和展宽为上述所有特性提供了一个很好的例子。展宽和位移值很大,并不让人感到意外,如图 12.8 和图 12.9 所示,钾原子 ns 态和 nd 态的自位移和展宽数值很大[27]。乍一看,位移似乎是正常的,它们从低 n 的接近零值上升到高 n 的与 n 无关的较高稳定值。然而,对于 ns 态和 nd 态,高 n 值的情况并不相同,这一观察结果与稀有气体环境中观察到的位移现象及通常的理论描述都大相径庭。此外,位移并没有随着 n 的增加而单调递增,而是呈现出明显的振荡结构。正如前面所述,如果检查能级展宽,那么会发现 ns 态和 nd 态的总体特征与稀有气体展宽现象类似。无论是 ns 态还是 nd 态,展宽都是从低 n 时的零值开始,在 n 约等于 20 时达到最大值,然后在高 n 时又回落到相同的值。这些特征与图 12.5 所示的铷原子-氙原子实验中观察到的特征一致。

展宽最显著的特征是在 $n \approx 20$ 处出现的显著振荡结构,虽然该结构也存在于位移数据中,但并不明显。

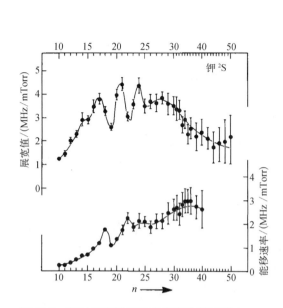

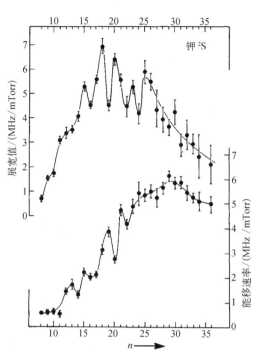

图 12.8 通过基态钾原子观察到的钾原子 4s→ns 跃迁的展宽和能移速率[27]

图 12.9 基态钾原子 4s→nd 跃迁观察到的展宽和能移速率[27]

在钾、铷和铯原子中,人们观察到了与图 12.8 和图 12.9 所示类似的自位移和展宽振荡现象[25-28]。在此之前,Mazing 和 Serapinas 已观察到铯原子 6s→np 跃迁在 $n=20\sim30$ 的自展宽振荡现象[29]。然而,如 Heinke 等所揭示的,这种振荡的根源在于准静态线翼中峰值附近的变化[28]。图 12.8 和图 12.9 中所示的振荡是在碰撞状态下获得的,并不是同一来源。Matsuzawa[30, 31] 提出,这种振荡结构可能是由于电子-钾原子散射中的窄共振引起的。当 n 增加时,里德堡电子的动量分布的波瓣会穿越这些电子-钾原子散射共振。除了能解释振荡发生的位置外,这一理论还有一个有趣的观点,即在展宽和位移中都有振荡,且位移中的振荡幅度约为展宽中的一半。Kaulakys[32] 将位移和展宽中的振荡与根据理论预测的电子-钾原子散射中的共振计算的振荡进行了比较[32, 33]。Kaulakys[32] 和 Thompson 等[27] 使用 Matsuzawa 的公式计算的振荡,与钾原子自位移和展宽实验中观察到的振荡相吻合。当铷原子用于产生钾原子里德堡态的展宽时,也观察到了相同的结构[27, 28],表明钾原子和铷原子中的低能电子散射共振具有相同的能量和宽度。

Herman 提出了一种更精确的方法来解决这个问题[34],其中包括里德堡电子的位置和动量之间的相关性,因为负离子共振属于 p 波共振,这要求在共振电子动量出现的位置,里德堡原子空间波函数有一个非零导数。随着 n 从 15 增加到 25,共振动量发生的轨道半径从径向波函数的最外波瓣由外向内移动,并穿越波函数的多个波瓣,从而引发观测到的位移和展宽振荡。

到目前为止,我们已经讨论了基态稀有气体和碱金属原子对里德堡态跃迁的展宽效应。Raimond 等[35] 和 Allegrini 等[36] 也检测到了由其他里德堡原子引起的谱线展宽现象。在基态原子密度为 10^{12} cm^{-3} 的铯原子束中,束线中心的里德堡原子密度为 10^{10} cm^{-3},Raimond 等观察到从铯原子 6p 态到 $n \approx 40$ 的铯原子 ns 态和 nd 里德堡态的 30～40 GHz 跃迁展宽[35]。虽然 6p→ns 和 6p→nd 跃迁是单光子跃迁,但展宽的起源是由于双光子分子跃迁,通过检查图 12.10 所示的分子能级图,便很容易理解这一点。如图 12.10 所示,x 是缩放的原子间距,即两个最近邻原子间距 R 与里德堡原子 $a_0 n^2$ 的比值。分子态由两个铯原子态组成。低能态 6p6p 与分子态 6pnl 一样不受所示尺度上 x 的变化的影响。然而,分子态 $nlnl$ 和附近的 $n'l \pm 1$ 态和 $n''l \pm 1$ 态则受到显著影响。这些双激发分子态通过偶极-偶极相互作用:

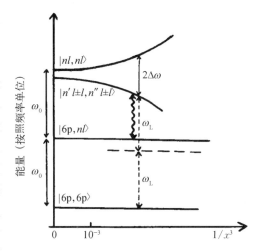

图 12.10　两个相互距离为 $xa_0 n^2$ 的铯原子系统能级随 $1/x^3$ 的变化示意图[34]

$$U \approx \frac{\mu'\mu''}{R^3} \qquad (12.21)$$

其中,μ' 和 μ'' 是连接 nl 态到 $n'l \pm 1$ 态和 $n''l \pm 1$ 态的电偶极子矩阵元;R 是核间距。这两种态的能量变化值为 $\pm \Delta\omega$。当式(12.21)中的偶极-偶极相互作用强度大于 $R = \infty$ 的能量分裂时,$\mid nl, nl \rangle$ 和 $\mid n'l \pm 1, n''l \pm 1 \rangle$ 态能量分裂为双能级分裂间隔 $2\Delta\omega$,变成式(12.21)中偶极子相互作用的 2 倍。若进行近似处理,$\mu' = \mu'' = n^2$,并将 R 替换为 xn^2,则能量分裂的计算公式为

$$2\Delta\omega \approx \frac{2}{x^3 n^2} \qquad (12.22)$$

如果只考虑这两种态,它们的能级将随着 $1/x^3$ 增加而分裂,如图 12.10 所示。当然,不仅有两个相邻的里德堡态,而是还有很多里德堡态,所以实际上,在由 $2\Delta\omega$ 所确定的整个区域内,都分布着双激发的 nl 态和 $n'l'$ 态。因此,$2\Delta\omega$ 应该是对预期展宽程度的一个很好的估计。对于铯原子密度为 10^{12} cm^{-3} 且 $n = 40$,$x \approx 7$,使用式(12.22)得到 $2\Delta\omega = 3.6 \times 10^{-6} = 24$ GHz,与观察到的展宽程度基本相符。如图 12.10 所示,通常,双激发的 nl 态和 nl 态是通过双光子分子跃迁从 6p6p 态通过 6pnl 态附近的虚拟中间态而激发。然而,在 6p→nl 跃迁中心附近,它们也可能通过真实的 6pnl 态而得到激发。

值得注意的是,这里描述的压力展宽,本质上是共振里德堡原子-里德堡原子碰撞能量转移的同一相互作用的非共振表现[37]。

参考文献

1. E. Amaldi and E. Segre, *Nuovo Cimento* **11**, 145(1934).

2. E. Fermi, *Nuovo Cimento* **11**, 157(1934).

3. V. A. Alekseev and 1.1. Sobelman, *Zh. Eksp. Teor. Fiz.* **49**, 1274(1965) [Sov. Phys. – JETP 22, 882 (1966)].

4.1.1. Sobelman, *Introduction to the Theory of Atomic Spectra*(Pergamon, New York, 1972).

5. F. Gounand, J. Szudy, M. Hugon, B. Sayer, and P. R. Fournier, *Phys. Rev. A* **26**, 831(1982).

6. P. W. Anderson, *Phys. Rev.* **76**, 647(1949).

7. R. Kachru, T. W. Mossberg, and S. R. Hartmann, *Phys. Rev. A* **21**, 1124(1980).

8. H. Margenau and W. W. Watson, *Rev. Mod. Phys.* **8**, 22(1936).

9. N. Allard and J. Kielkopf, *Rev. Mod. Phys.* **54**, 1103(1982).

10. K. H. Weber and K. Niemax, *Opt. Comm.* **28**, 317(1979).

11. W. L. Brillet and A. Gallagher, *Phys. Rev. A* **22**, 1012(1980).

12. T. Mossberg, A. Flusberg, R. Kachru, and S. R. Hartmann, *Phys. Rev. Lett.* **39**, 1523(1977).

13. E. Y. Xu, F. Moshary, and S. R. Hartmann, *J. Opt. Soc. Am. B* **3**, 497(1986).

14. K. H. Weber and K. Niemax, Z. *Phys. A* **307**,13(1982).

15. H. Hugon, B. Sayer, P. R. Fournier, and F. Gounand, *J. Phys. B* **15**, 2391(1982).

16. A. Omont, *J. Phys.* (Paris) 38, 1343(1977).

17. T. F. Gallagher, S. A. Edelstein, and R. M. Hill, *Phys. Rev. A* **15**, 1945(1977).

18. R. Kachru, T. F. Gallagher, F. Gounand, K. A. Safinya, and W. Sandner, *Phys. Rev. A* **27**, 795(1983).

19. M. Chapelet, J. Boulmer, J. C. Gauthier, and J. F. Delpech, *J. Phys. B* **15**, 3455(1982).

20. J. Boulmer, J.-F. Delpech, J.-C. Gauthier, and K. Safinya, *J. Phys. Rev. B* **14**, 4577(1981).

21. A. P. Hickman, *Phys. Rev. A* **23**, 87(1981).

22. K. H. Weber and K. Niemax, Z. *Phys. A* **309**, 19(1982).

23. K. S. Bhatia, D. M. Bruce, and W. W. Duley, *Opt. Comm.* **53**, 302(1985).

24. J.- Q. Sun, E. Matthias, K.- D. Heber, P. J. West, and J. Gidde, *Phys. Rev. A* **43**, 5956(1991).

25. B. P. Stoicheff, and E. Weinberger, *Phys. Rev. Lett.* **44**, 733(1980).

26. K. H. Weber and K. Niemax, *Opt. Comm.* **31**, 52(1979).

27. D. C. Thompson, E. Weinberger, G.-X. Xu, and B. P. Stoichreff, *Phys. Rev. A* **35**, 690(1987).

28. H. Heinke, J. Lawrenz, K. Niemax, and K.-H. Weber, Z. *Phys. A* **312**, 329(1983).

29. M. Mazing and P. D. Serapinas, *Sov. Phys. JETP* **33**, 294(1971).

30. M. Matsuzawa, *J. Phys. B* **10**, 1543(1977).

31. M. Matsuzawa, *J. Phys. B* **17**, 795(1984).

32. B. Kaulakys, *J. Phys. B* **15**, L719(1982).

33. A. L. Sinfailam and R. K. Nesbet, *Phys. Rev. A* **7**, 1987(1973).

34. R. M. Herman, unpublished (1993).

35. J. M. Raimond, G. Vitrant, and S. Haroche, *J. Phys. B* **14**, L655, (1981).

36. M. Allegrini, E. Arimondo, E. Menchi, C. E. Burkhardt, M. Ciocca, W. P. Garver, S. Gozzini, and J. J. Leventhal, *Phys. Rev. A* **38**, 3271(1988).

37. K. A. Safinya, J.-F. Delpech, F. Gounand, W. Sandner, and T. F. Gallagher, *Phys. Rev. Lett.* **47**, 405 (1981).

Chapter 13
第 13 章

带电粒子碰撞

由于里德堡原子和带电粒子之间的长程相互作用,在迄今为止所有非共振里德堡原子的碰撞过程中,这些碰撞具有最大的散射截面。虽然已经有一些利用电子的实验,但大部分实验工作都是利用离子进行的,因为产生与里德堡电子移动速度相当的离子束是可能的。具体而言,对改变 Δl 和 Δn 态的碰撞、电离和电荷交换过程已经有了细致的研究。

13.1　与离子碰撞导致的态变化

利用原子和离子的交叉光束,对单电荷正离子和钠里德堡原子之间的态变化碰撞进行了广泛研究,方法如图 13.1 所示[1]。

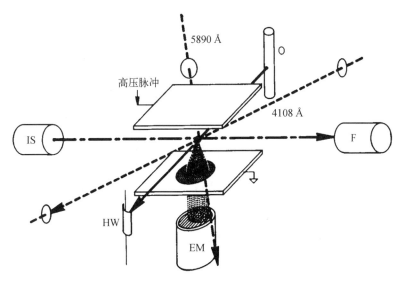

图 13.1　仪器示意图[1]

IS 为离子源;O 为原子束炉;F 为法拉第杯;EM 为电子倍增器;HW 为热线探测器;长短虚线为离子束;实线为钠原子束;虚线为激光束

热束中的钠原子被激发到里德堡态,这是通过两个调谐到钠原子 3s→3p 和 3p→nd 跃迁的脉冲染料激光器实现的。激发态的钠原子受到一束离子束的轰击,离子束的能量为 40~2 000 eV,电流为 10~600 nA,直径为 5 mm。里德堡原子暴露在离子束中持续 1~5 μs,然后通过选择性场电离分析钠原子的最终态。只有低能级 l 的 s 态和 p 态和 d 态可以采用光激发,因此当暴露于具有微秒级上升时间的场电离脉冲时,初始态一定是低 l 和

205

m 态,并且需要进行绝热电离。最终态通常是较高的角动量态,主要由 | m | > 2 态组成,这些态会以相同的场脉冲进行非绝热电离。在所有实验中,离子束轴一直垂直于施加电离场的方向,因此碰撞过程倾向于保持离子的角动量(用 m 表示)相对于离子束的方向,导致这些离子处于相对于电离场方向的高 m 态。在大多数实验中,由于无法观察到低 m 时不同 l 态的绝热场电离信号差异,通常通过非绝热场电离信号来检测碰撞是否存在。

13.2 钠原子 nd→nl 态跃迁

和中性粒子类似,离子碰撞中最容易观察到的过程是 l 混合态碰撞。当钠原子 nd 态暴露于离子束时,场电离信号从一个绝热主导的信号变为一个非绝热主导的信号。通过测量场电离信号从绝热峰值转换为非绝热峰值的信号比例 R,MacAdam 等利用氦离子束测量了钠原子 nd 态的去布居散射截面。在 R 值较小的情况下,去布居散射截面如下所示[1]:

$$\sigma = \frac{Re}{JT} \tag{13.1}$$

其中,J 是离子电流密度;T 是曝光时间;e 是电子的电荷。

图 13.2 中,通过保持 J 和 T 不变,展示了得到的 R 值随 n 的变化关系。实际上,图 13.2 所示为散射截面随 n 的变化趋势,以任意单位表示。由于图 13.2 是以对数坐标绘制的,所以散射截面明显呈现出 $\sigma \propto n^{\beta}$ 依赖性,$\beta \approx 5$。根据 J 和 T 的大小,450 eV 氦离子的散射截面的绝对值被确定为 2.6×10^8 Å^2,其中 $n=28$。450 eV 离子能量下,较高 n 的散射截面不再满足 n^5 依赖关系,而是小于 n^5,后来被发现是因为非绝热场电离信号和绝热场电离信号的分辨率不足而导致的伪影[2]。在后续对其他离子的实验中,也观察到了图 13.2 所示的 n^5 依赖性[2, 3]。后来的测量还证实,只要离子具有相同的速度,那么散射截面就与离子种类无关。

通过对不同质量的离子进行实验,在很大的速度范围内,可以观察到散射截面的速度依赖性,如图 13.3 所示[2]。图 13.3 是钠原子 28d 态去布居的散射截面图,它是离子速度 v 与里德堡电子速度 v_e 之比的函数,$v_e = 1/n$,单位为原子单位。相当于,$v_e = c\alpha /n$,且 $v_e =$

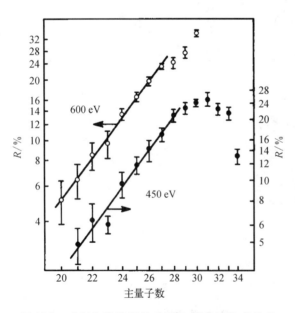

图 13.2 式(13.1)定义的 R 随 n 值的函数变化关系,在 450 eV 和 600 eV 氦离子束影响下,R 与钠 nd 态的 l 变化的散射截面成正比。注意左对数刻度和右对数刻度的垂直偏移,这是为了增加清晰度而设置的。在这两种能量下使用了不同的离子束流。实线表示最小二乘法拟合后的数据[1]

0.78 × 10⁷ cm/s, n = 28。如图 13.3 所示，
散射截面随着 v/v_e 增加而减小。在
$v/v_e > 1$ 条件下，观察结果与 Percival 和
Richards 等[4]、Herrick[5] 和 Shevelko 等[6]
的理论计算结果相一致。Beigman 和
Syrkin[7] 的后期计算结果与散射截面实
验结果在更低的 v/v_e 值条件下也保持
一致，但比图 13.3 中展示的理论结果
要低。

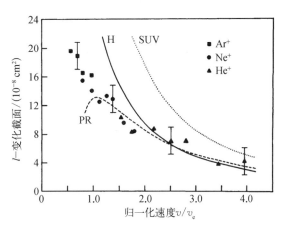

图 13.3　l-变化散射截面的速度依赖性。图中所
有点的误差棒都相同。钠 28d 原子受到 30 nA 的
能量为 400 ~ 2 000 eV 的氦离子、氖离子和氩离子束
的均匀照射。数据归一化为 Percival 和 Richard（PR）
在 $v/v_e = 1.5$ 条件下得到的结果[4]。图中还显示了
Herrick（H）[5] 和 Shevelko 等（SUV）[6] 的结果[2]

　　最终态的分布与散射截面一样值得
关注，这些分布为该过程的 Δl 选择规则
提供了更深入的理解。当离子速度 $v \approx v_e$
时，例如，1 000 eV 的氩离子与钠 28d 原子
碰撞，随着原子对离子束的暴露增加，非
绝热场电离信号发生了明显的变化，如
图 13.4 所示[8]。在低电流条件下，非绝

热场电离信号有一个尖锐的峰值，表明只有少数几个态存在布居，而在高电流条件下，非
绝热场电离信号相当宽，正如所有 $n = 28$, $l > 2$, $|m| > 2$ 态所预期的表现那样。场电离
信号随离子电流而变化的事实表明，高电
流条件下的最终态分布是由多次碰撞引起
的。对场电离曲线的分析进一步显示，主
要的初始转移发生在 $3 \leqslant l \leqslant 5$ 的态，导致
图 13.4 中低离子电流条件下的场电离信号
出现非常窄的峰值[8]。

　　能量为 29 ~ 590 eV 时，测量了对应于
0.2 ~ 0.9 v/v_e 的钠离子，并将其与通过驱
动共振微波从钠原子 28d 态跃迁到 28f
态、28g 态和 28h 态的非绝热选择性场电
离（selective field ionization, SFI）光谱进行
了比较[9]。这些详细的比较清楚地表明，
在高速情况（$v/v_e \approx 0.9$）下，28d→28l 散
射截面的 59% 对应于到 28f 态的跃迁，这
是偶极子允许的跃迁。然而，在较低的
v/v_e 值下，非偶极过程起着更重要的作用。
例如，$v/v_e = 0.2$ 时，只有 37% 的散射截面对
应于 28d→28f 跃迁[9]。在高速下，这一过
程主要是偶极子 $\Delta l = 1$ 的过程，但在低速
下，偶极子选择规则不再适用。

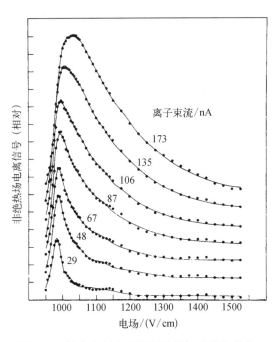

图 13.4　随着入射光束强度的增加，l 发生变化，
从而导致非绝热场电离信号发生变化。为清晰
起见，连续曲线向上移动一个刻度单位。数据点
取自瞬态数字记录仪，并减去一个小的倾斜背景。
曲线轨迹与 MacAdam 等提出的模型相吻合[8]

13.3 钠原子 ns 态和 np 态的去布居

量子亏损分别为 1.35 和 0.85 的钠原子 ns 态和 np 态,与类氢态 $(l \geq 2)$ 有很大的差距,因此从这些态开始的碰撞诱导跃迁的散射截面更小,仅为前者的 $1/30 \sim 1/10$。已经用氙离子和钠离子研究了从 32s 到 41s 的 ns 态碰撞[10]。当标度速度 $v/v_e \approx 0.9$ 时,散射截面显示出与 n^4 成正比的关系,但在最低 v/v_e 值下,散射截面显示出与 n^5 成正比的关系,钠原子 nd 态也是如此。np 态的散射截面也显示出与 n^4 成正比的关系,但比 nd 态下的散射截面小约一个数量级。即便如此,这些散射截面仍比几何散射截面约大两个数量级。

钠原子 ns 态和 np 态研究中最值得关注的一个方面是终态的分布。图 13.5 中展示了当 39p 态、40s 态、39d 态和 40p 态暴露于 43 eV 的钠离子时获得的场电离信号[10],从图中可以观察到一个初始绝热峰和一个随后的更广泛的非绝热特征。由于非偶极子低速碰撞和多次碰撞的作用,钠离子电流足以使 39d 态去布居,而 39d 信号可能反映了 $n=39$ 时在高 l、m 态的大量布居。

如图 13.5 所示,40s 非绝热信号在形式上与 39d 信号大致相同,表明几乎所有 $n=39$ 高 l 态都是从 s 态进行布居的。虽然多重碰撞在其中所起的作用尚不完全明确,但最终结果显然与 39d 态相似。相比之下,np 信号的情况则大相径庭,更多的非绝热信号出现在更高的场强下。s 态和 p 态信号如此不同,这一事实表明,s 态并没有因为偶极子跃迁到 p 态而去布居。相反,碰撞跃迁直接转移到高 l 态。p 态绝热信号与 d 信号和 s 信号有如此显著的不同,这一事实也表明,由 p 态布居的态不容易被随后的碰撞去布居。这一观察表明这些态可能是最高的 l 态,有较小的偶极矩阵元将它们与其他态连接起来。

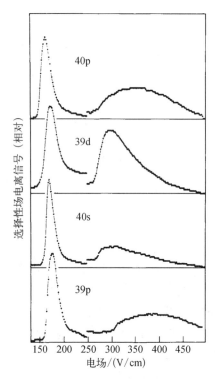

图 13.5 钠原子 39p 态、40s 态、39d 态和 40p 态受 43 eV 钠离子冲击产生的 l 变化系综的绝热和非绝热选择性场电离(SFI)。绝热峰值出现在 $170 \sim 180$ V/cm,非绝热特征出现在 250 V/cm 以上(注意垂直刻度的变化)。从经过 l 变化的 50s 靶态出发得到的非绝热 SFI,与从 39d 靶态出发得到的非绝热 SFI 非常相似。相比之下,40p 和 39p 产生的 SFI 表明,位于 $n=39$ 和 38 中的斯塔克子能级分布不同[10]

13.4 理论描述

在较高的速度 $(v/v_e \geq 1)$ 下,这些离子-原子碰撞可以用玻恩近似来描述,采用这种描述可以合理地解释观察到的钠原子的 $nd \to nl$ 跃迁结果[4]。例如,图 13.3 所示的 Percival 和 Richards 的结果是通过计算 $nd \to nf$ 跃迁而得到玻恩散射截面[4],并使用突然近似来估计在几乎简并的高角动量态中布居的重新分布而获得的。

在低速（$v/v_e < 1$）时，玻恩近似不再适用。Beigman 和 Syrkin 采用了一种强耦合模型[7]，其中 l 态和 $l \pm 1$ 态通过离子的场进行耦合。在其最简单的形式中，他们的模型由三个能级组成，初始能级 l_0 对应于钠原子 nd 态，以及两个简并的更高的 $l_0 + 1$ 和 $l_0 + 2$ 能级。这三种态由 $l - (l + 1)$ 电偶极子矩阵元和通过离子的场进行耦合。他们没有使用零场 l 态作为基础，而是使用以下三种态[7]：

$$\begin{cases} |\ l_0 \rangle \\ |+\rangle = \dfrac{1}{\sqrt{2}}(|\ l_0 + 1\rangle + |\ l_0 + 2\rangle) \\ |-\rangle = \dfrac{1}{\sqrt{2}}(-|\ l_0 + 1\rangle + |\ l_0 + 2\rangle) \end{cases} \tag{13.2}$$

使用这种方法，$|+\rangle$ 和 $|-\rangle$ 态不会被离子场所耦合，只会在能量上分裂。在高碰撞速度下，初始 $|\ l_0 \rangle$ 态通过偶极矩阵元简单地投射到 $|\ l_0 + 1\rangle$ 态，即 $|+\rangle$ 态和 $|-\rangle$ 态的相干叠加态。然而，在较低的速度下，碰撞过程中 $|+\rangle$ 态和 $|-\rangle$ 态的能量变化允许 $|+\rangle$ 态和 $|-\rangle$ 态本身存在布居，而不仅仅是形成相干叠加态。由于后一个特征，在较低的碰撞速度下可以形成非偶极跃迁，这与实验观察结果一致。

Beigman 和 Syrkin 模型中的 $|+\rangle$ 态和 $|-\rangle$ 态是斯塔克态，他们对慢碰撞的描述与 Smith 等最初给出的描述有关[3]。他们提出，如果通过离子的场使初始态与相邻斯塔克态形成回避交叉，那么就会发生碰撞转移。这一要求很容易以定量的形式表述：

$$\frac{\delta_i}{n^3} = \frac{3}{2}n^2 E_i \tag{13.3}$$

其中，δ_i 是初始态模 1 的量子亏损的最小绝对值，也就是说初始态 i 与最近的高 l 态的能量间隔为 δ_i / n^3。由于 E_i 由 $1/R^2$ 给出（其中 R 是离子和里德堡原子之间的距离），因此通过使用 R 的碰撞参数 b，可以得到截面的合理估计。具体公式如下：

$$\sigma = \pi b^2 = \pi \frac{3n^5}{2\delta_i} \tag{13.4}$$

虽然这个简单的表达式不考虑散射截面的任何速度依赖性，但它确实与观测到的零场 nd 散射截面一致，表明钠原子 nd 散射截面比实验观察到的 np 和 ns 散射截面大 10 倍。此外，这个物理模型表明，在碰撞过程中，里德堡高能 l 态更适合被描述为斯塔克态，而不是 l 态，我们可能会预期 $(n + 1)p$ 态和 $(n + 1)s$ 态优先布居最高和最低 n 斯塔克态。在 s 态的情况下，没有证据支持这一观点，但与钠原子 np 态发生的离子碰撞会生成在高电离场下发生电离的原子，这可能是高 l 态或更高斯塔克态的非绝热电离所致。我们很容易相信，当 $R \approx b$ 时，碰撞将钠 np 态原子转移到高斯塔克能级，而当离子远离时，斯塔克态会弛豫到 l 态。总之，这种简单的模型能够解释许多现象，但不能解释态改变的离子-原子碰撞的全部特征。

13.5　电子损失

改变的 Δl 和 Δn 态碰撞的自然推论就是碰撞电离,对于钠里德堡原子和氩离子来说:

$$\text{Na } nl + \text{Ar}^+ \rightarrow \text{Na}^+ + \text{e}^- + \text{Ar}^+ \tag{13.5}$$

这是 $v > v_e$ 高速离子从里德堡原子中移除电子的主要机制。另外,当入射离子以与里德堡电子相当的速度 $v/v_e \leqslant 1$ 通过里德堡原子时,电子更可能附着在入射离子上,而不是从钠离子和氩离子中逃逸[11]。换句话说,电荷交换过程如下:

$$\text{Na } nl + \text{Ar}^+ \rightarrow \text{Na}^+ + \text{Ar } n'l' \tag{13.6}$$

在慢碰撞中,该过程比碰撞电离更容易发生。电离截面 σ_I 和电荷交换截面 σ_{CX} 之和通常称为电子损失截面 σ_{EL},即

$$\sigma_{EL} = \sigma_I + \sigma_{CX} \tag{13.7}$$

这对应于里德堡原子转化为离子的散射截面,而不考虑电子的最终状态。

在高速状态 $(v/v_e \gg 1)$ 下,电离截面可以用玻恩近似来描述,但此时截面很小。而在截面较大的 $v \sim v_e$ 区域,玻恩近似不再适用,但因为存在大量子力学开通道,所以严格的耦合通道计算变得不切实际。然而,有两种理论方法被证明是有用的。第一种方法是将经典的标度参数应用于现有的对氢离子-氢原子 1s 碰撞的计算。基本思路是这样的:如果离子速度与里德堡电子速度之比 v/v_e 等于质子速度与氢基态电子速度之比,那么离子里德堡原子散射截面是氢离子-氢原子 1s 散射截面的 n^4 倍,也就是说,该散射截面是随着几何散射截面的比值增加的。

第二种方法是使用经典轨迹蒙特卡罗技术直接计算离子里德堡原子的散射截面[11, 12]。在这些计算中,选择一组与里德堡电子初始 n 和 l 相对应的初始条件,然后计算离子经过时电子的经典轨迹。在碰撞结束时,电子可能仍然束缚在初始原子上,也可能处于自由状态,或者附着在入射离子上,分别对应于无电子损失、电离和电荷交换三种情况。Olson 将他对 n 次变化碰撞的蒙特卡罗技术的计算结果[11]与 Lodge 等[13]的分析结果进行了比较,发现其中的 25% 高度吻合。图 13.6 中展示了计算出的里德堡

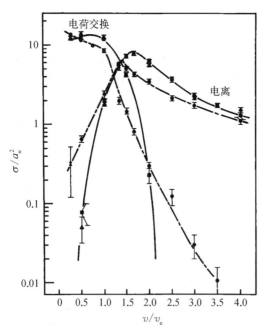

图 13.6　经典轨迹蒙特卡罗(classical trajectory Monte Carlo, CTMC)电离和电荷转移截面,带有统计标准偏差。对于特定的初始 l 随碰撞速度 v/v_e 降低的变化情况如图所示。散射截面的单位为 a_n^2,其中 $a_n = n^2 a_0$。圆圈代表 $l=2$,正方形代表 $l=14$。还包括用于比较的近似 CTMC 计算结果,其中钠靶核心固定为 $l=14$(用三角形表示)和 $l=2$(用十字表示)[12]

原子在 $n=15$，$l=2$ 和 14 态下的电荷交换和电离截面，表现为 v/v_e 的函数。虽然 $l=2$ 和 $l=14$ 的散射截面不同，但显然在 $v/v_e < 1$ 的情况下电荷交换占主导地位，而在 $v/v_e > 1$ 的情况下电离占主导地位[12]。如图 13.6 所示，两个过程的峰值截面大约等于原子的几何截面 $\pi n^4 a_0^2$。

电子损耗的第一次测量由 Koch 和 Bayfield 通过快速束流技术完成[14]。他们通过一个由氙原子组成的电荷交换池，在所有态下产生共线的氢离子和中性氢原子束。通过在 105～171 V/cm 调制轴向场，利用场电离分离出以 $n=47$ 为中心的大约 5 个 n 态带宽的信号。在进入高真空碰撞室之前，氢离子束流通过第二个轴向磁场，减速至接近氢原子束流的速度。碰撞室后的加速板加速了氢离子。由氢里德堡原子通过电子损失碰撞形成的氢离子与初始氢离子束的能量略有不同，应使两者分别被检测到。使用这种技术，他们测量了质量中心碰撞能量在 0.2～60 eV 的电子损失截面，对应于 v/v_e 为 0.3～3.3 的测量速度，截面从 8×10^{-9} cm^2 减小到 1×10^{-9} cm^2。其中，几何截面 $\pi n^4 a_0^2$ 为 4.3×10^{-10} cm^2。在高速度下观察到的散射截面与计算得到的散射截面[15-17]具有相同的速度依赖性，但前者的值高出 3.5 倍。

MacAdam 等使用交叉的钠原子束和离子束，测量了钠原子 40d 态和 30d 态的电子损失[18]，其实验布置类似于图 13.1。测得的电子损耗截面如图 13.7 所示，图中也给出了 Bayfield 和 Koch 所得到的 H$^+$－H $n=47$ 按 $(40/47)^4$ 缩放的结果。H$^+$－H 结果显示出相同的 v/v_e 依赖性，但与其他结果相比，其数值总是大约高出 3.5 倍。如图 13.7 所示，v/v_e 的散射截面是几何散射截面的 2 倍。图 13.7 还显示了电子损失和电离的多个理论计算截面[15, 19-22]。理论电离曲线是散射截面积在较低速度下随速度增加的那两条曲线[15, 22]。

当 $v/v_e \geqslant 1$ 时，散射截面的实验数据和理论计算数据非常吻合。只有 Janev 的理论散射截面适用于低速情况[19]。该数据是通过将经典标度定律应用于经典电离和电荷交换截面来计算的。如图 13.7 所示，低速时的理论截面略大于实验截面。目前只讨论了单电荷离子与里德堡原子碰撞产生的电子损失。另外也观察到了与多电荷离子碰撞时的电子损失[23, 24]，但尚未得到广泛研究。

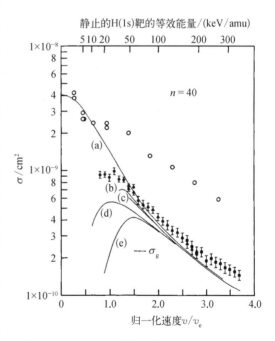

图 13.7　MacAdam 等得出的关于 $n=40$ 电子损失截面数据：实心圆（Xe$^+$）；三角形（Ar$^+$）；正方形（Ne$^+$）。文献[13]的实验结果：空心圆。理论曲线：（a）Janev 的理论数据[19]；（b）Percival 和 Richards 的理论数据[20]；（c）CTMC 理论数据[21]；（d）玻恩近似理论数据（仅考虑电离情况）[14]；（e）35 态紧密耦合（仅考虑电离情况）[22]。几何散射截面为 σ_g[18]

13.6 电荷交换

正如我们在电子损失碰撞的讨论中已经提到的,如图 13.6 所示,里德堡原子与低速离子的电离碰撞最有可能导致电荷交换,这一过程可直接通过检测中性产物而得出[25, 26]。

用于测量电荷交换后最终 n 态分布的实验装置如图 13.8 所示[27]。两个脉冲染料激光器将钠原子的中性束激发到 ns 或 nd 里德堡态。例如,能量为 $10 \sim 2\,000$ eV 的氩离子束穿过里德堡原子靶。部分离子进行电荷交换,产生快速中性氩 nl 里德堡原子,这些原子与离子束共线,并以相同的速度移动。用静电偏转板将氩离子束从快速中性粒子束中偏转出来,并用场电离法检测快速中性氩里德堡原子的电荷交换产物。

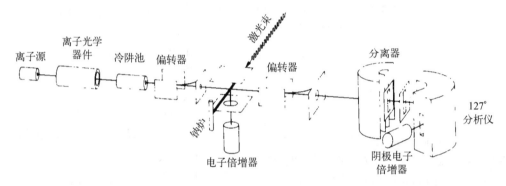

图 13.8 电荷交换装置的整体透视图。在相互作用区,利用激光激发热钠束,产生里德堡态到里德堡态的电荷转移实验靶。标靶里德堡原子的数量由平行板之间的脉冲场电离和电子倍增器(EM)中产生的离子收集量确定[27]

在测量总电荷交换截面时,将图 13.8 中的分离器和 127°分析仪替换为一个具有 14 kV/cm 电场的场致电离器,该场致电离器足以使 n 值低至 15 的态电离,从而确保几乎所有电荷交换产物都能从 $n = 25$ 的初始里德堡态电离[26]。场电离产生的离子被加速到约 14 keV 的能量,通过薄的 C 形箔,并被粒子倍增器检测到。由于与背景气体发生电荷交换,C 形箔阻止较慢(<1 keV)的非里德堡中性原子通过。最初由激光激发产生的里德堡原子数,由标靶里德堡原子的场电离决定,离子束电流由法拉第杯监测。利用这三个信号、几何结构和实验时间,可以直接推算出总电荷交换截面。

图 13.9 中所示为最初在 29s 态和 28d 态下钠离子撞击钠原子时所测得的相对电荷交换截面,这两个态在能量上几乎简并[28]。$v/v_e > 0.8$ 时,两个散射截面重合,但对于较小的速度 v,28d 散射截面低于 29s 散射截面(最低速度点的情况除外)。图中还显示了 $H^+ - H$ 1s 电荷交换的经典比例散射截面[29],该数据被归一化为 $v/v_e = 1$ 时的实验散射截面。如图 13.9 所示,29s 散射截面与标度氢基态散射截面几乎完美匹配,而 28d 散射截面明显不一致,其值更小。为何 29s 散射截面与缩放后的 $H^+ - H$ 1s 散射截面相符,而 28d 散射截面不相符,目前尚不清楚,但有几种可能性。首先,29s 态和 28d 态的碰撞 l 混合量并不相同。据推测,最初布居的 28d 态已经分布在所有 $n = 28$ 和 $l \geq 2$ 态,而 29s 态的去布居程度并不相同。29s 态的角动量为零,H 1s 态也是。相比之下,$l \geq 2$ 态都有角动量,因此这些态

的轨道在经典力学中具有较小的外拐点,半径比 29s 轨道小,这将导致电荷交换散射截面比 29s 散射截面小。

和总截面一样值得关注的是电荷交换的最终里德堡态产物的分布。$v/v_e \approx 1$ 的散射截面近似于标靶里德堡原子的几何散射截面,因此最终的 n 态分布在标靶里德堡原子的 n 附近达到峰值,这也就不足为奇了[25]。

利用图 13.8 中的装置进行测量最终态分布的实验,分离器和 127° 分析器可以分析最终里德堡态。当使用氪离子束时,原本的氪离子束通过一对偏转板从中性氪原子 nl 电荷交换产物中偏转出来,只有中性粒子进入图 13.8 所示的同心圆柱形分离器。外圆柱接地,内圆柱保持在电压 V_s。两个圆柱体之间的场强随着 $1/r$ 的增加而增加,其中 r 是从两个圆柱体的中轴线测量的。中性氪-nl 原子通过外圆柱中的孔进入,在对应于其 nl 态的场中电离,然后通过内圆柱中的小孔加速。原子电离的场决定了它通过分离器获得的能量。然后,这些离子通过 127° 圆柱形能量分析仪,该分析仪设置为只允许通过动能比 eV_s 小 200 eV 的离子。通过多次激光照射扫描分离器电压,可以得到最终态电离时的场分布。

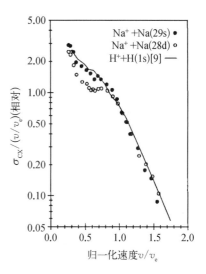

图 13.9 电荷转移到所有能态的速度依赖性。钠原子(28d)和钠原子(29s)靶。图中曲线代表 McClure[29] 的 H⁺+H(1s) 电子俘获实验数据,其缩放后与 $v/v_e = 1$ 匹配[28]

将场电离信号转换为 n 分布是一个较为复杂的过程。理论上分析,电荷交换应不会导致沿离子束和分离器场共轴的 m 值发生变化,在这种情况下,如果初始态为 $l \leq 2$,那么场电离信号将是完全绝热的。在完全绝热电离的情况下,可以利用 $E_n \approx 1/16n^4$ 将场电离光谱转换为 n 分布。然而,最终的态分布并不只包含少数几个低 $|m|$ 态。这一点是通过添加垂直于离子束轴的 2.5 G 磁场,使原子的磁矩围绕场旋转,并改变沿离子束轴的 m 值来验证的。磁场的存在并没有改变场电离谱。因此,不得不得出结论,最终态分布是一个包含许多 m 态广泛分布的状态。这一观察结果可以与电荷交换的 $\Delta m = 0$ 选择规则的预期一致,即通过回顾前面可知,将原来的离子和产物里德堡原子分离的偏转场是横向的,允许 Δm 跃迁。

有两种方法可以将观测到的场电离光谱转换为 n 分布,一种是称为"SFI 质心"的方法[30],简单地计算每个 n 态电离时的平均场,包括绝热的 $|m| \leq 2$ 贡献和非绝热的 $|m| > 2$ 贡献。这个方法可以表示为[30]

$$E_n = 3.360\,1 \times 10^8 n^{-3.809\,6} \tag{13.8}$$

由于高 m 态的数量随着 n 的增加而增加,场的减少速度小于 n^{-4}。通过这种方法,可以实现从场电离谱到 n 分布的唯一转换。

第二种方法则是基于这样的假设:最终状态分布由式(13.9)给出[30, 31]:

$$P(n) = Cf(n)\mathrm{e}^{-\mu(n*/n-1)^2} \tag{13.9}$$

其中,可调参数 n^* 和 μ 分别决定了分布的峰值和宽度;C 是一个任意常数;$f(n)$ 是一个加权因子。如果选择 $f(n)=n$,那么就意味着所有 l 但仅低 m 的态可以实现布居。如果选择 $f(n)=n^2$,那么就意味着所有 lm 态可以实现布居。$P(n)$ 的最大值出现在 $n=n_{\max}$ 处。如果 $f(n)=1$,那么 $n_{\max}=n^*$。然而,对于更可能的物理情况,$f(n)=n$ 和 $f(n)=n^2$,则 $n_{\max}>n^*$,例如 $f(n)=n$,其中 $n\approx25n_{\max}\approx n^*+1$。然后使用以下公式计算合成场电离信号[30]:

$$S(E)=\sum P(n)\mathcal{E}(n,E) \tag{13.10}$$

其中,$\mathcal{E}(n,E)$ 是态 n 在场 E 处电离的概率,假设 $m\leqslant2$ 态和 $m>2$ 态分别对应绝热电离和非绝热电离。将 $S(E)$ 的计算值与场电离光谱进行比较,以确定 $P(n)$。当然,困难在于不同 n 态电离的场存在重叠。

　　幸运的是,通过运用上述两种分析方法,可以获得类似的 n 分布,如图 13.10 所示。使用式(13.9)和式(13.10)进行拟合时,一个非常有趣的现象在于选择 $f(n)=n$,可以得到比选择 $f(n)=n^2$ 更好的拟合效果。这个选择与下述情况是一致的:初始低 l 里德堡态的电子被俘获到除低 m 之外的任何 l 态。

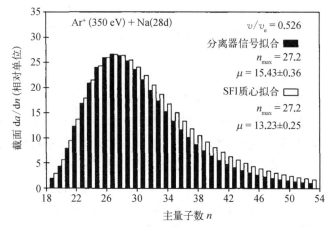

图 13.10　在 350 eV 条件下氩离子与钠 28d 原子碰撞后的电荷转移终态 n 分布,数据通过 SFI 质心拟合和式(13.9)的概率分布获得[30]

　　最终态的分布取决于离子的速度,如图 13.11 所示。随着 v/v_e 的升高,最终态分布的峰值先上升后下降。一般来说,n^* 非常接近初始里德堡态的 n。而且,$(n+1)s$ 态的 n^* 通常高于 nd 态的 n^*。最后,当 $v/v_e=0.8$ 时,出现 n^* 的最大值。最终态分布的宽度也取决于 v/v_e。例如,在图 13.11 所示的三种分布中,$v/v_e=0.751$ 时的分布显然是最窄的。最后,$(n+1)s$ 态和 nd 态的最终态分布宽度之间并不存在显著差异。

　　观察到的最终态分布与 Becker 和 MacKellar 的 CTMC 计算结果大致相符[12],他们计算了不同初始 l 值下的分布。如图 13.12 所示,从理论上展示了 $n=28$ 的标靶里德堡原子的最终 n 分布,以及 $v/v_e=1$ 时不同 l 值的分布。如图 13.12 所示,对于 $l=27$,理论上最终的 n 态分布非常窄;而对于 $l=2$,分布则非常宽。然而,所有初始 l 态的分布提供了与实验数据(图 13.11)的最佳匹配。由于离子的 l 混合比电荷交换具有更大的散射截面,大多数进行电荷交换的里德堡原子都同样可能处于 l 态和 m 态。

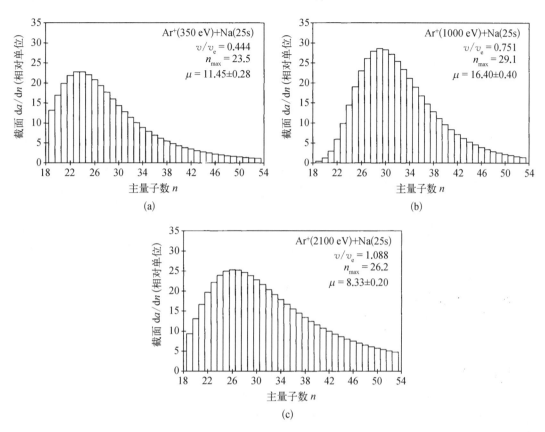

图 13.11　氩离子与钠原子 25s 碰撞过程的最终态直方图,显示出低、中、高能量表现。通过使用式(13.9)拟合以下数据获得分布:(a) 350 eV;(b) 1 000 eV;(c) 2 100 eV[30]

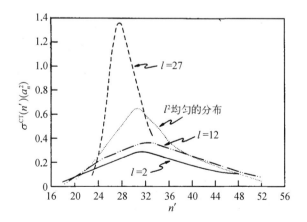

图 13.12　根据 $Na^+ + Na(n = 28, l) \rightarrow Na(n', 所有 l') + Na^+$ 反应的最终末态 n' 在 $v/v_e = 1$ 时绘制的电荷转移截面。截面用 a_n^2 表示,其中 $a_n = n^2 a_0$。图中展示了 $l = 2、12、27,l^2$ 均匀的初始分布的变化[12]

虽然目前只对单电荷离子进行过广泛的电荷交换测量,但对多电荷离子的电荷交换仍正在探索中[32]。

13.7 电子碰撞

电子与里德堡原子的碰撞类似于离子碰撞,因为两种碰撞的射程都很长。然而,它们在几个重要方面有所不同。首先,电子碰撞中显然无法进行电荷交换,只留下态改变和电离碰撞。如图 13.6 所示,离子碰撞导致的电离截面在 $v/v_e \approx 1$ 时达到峰值。对于电子碰撞,同样也遵循这一规律。对于里德堡原子,热电子能量为 0.01~0.1 eV,电子是诱导碰撞最有效的粒子。电子碰撞对里德堡原子的影响,存在一些间接证据。Schiavone 等通过电子轰击基态原子产生里德堡原子,并观察到这些原子具有很高的电离阈值场和很长的辐射寿命[33, 34],因此它们必然处于 n 值相对较低但 m 较高的态。此外,在极低的电子流下,他们观察到里德堡原子的产生对电子流的非线性具有依赖性,这表明长寿命原子是分两步产生的。首先,电子与基态原子碰撞产生低 l 里德堡态,随后在与电子的碰撞中,这些原子通过碰撞转移到高 l 里德堡态。里德堡态之间跃迁的散射截面比激发里德堡态的散射截面大,因此只有在非常低的电子轰击电流下,电子电流中的非线性特征才变得明显。对于 $n > 20$ 的原子,他们估计其散射截面大小为 $10^{-10} \sim 10^{-9}$ cm^2[33, 34]。Kocher 和 Smith[35] 也报告了类似的长寿命、可能是高 l 态的观察结果,他们通过电子碰撞将锂原子激发到里德堡态。然而,他们无法确定高 l 态原子是单次电子碰撞还是多次电子碰撞的结果。

Foltz 等[36] 使用类似于图 13.1 所示的设备,系统地测量了电子与激光激发的钠 nd 里德堡原子的碰撞。但在两个方面有所不同:第一是使用电子束代替离子束;第二是用磁屏蔽包围电子束和相互作用区。

里德堡钠 nd 原子是利用两步脉冲激光通过 3p 态进行激发产生的。将原子暴露在电流为 1μA、直径为 1 cm、时间为 6 μs 的 25 eV 电子束中,然后对钠原子进行选择性场电离。当原子暴露在电子束中时,场电离信号中出现两个新特征,如图 13.13 所示。初始 nd 态场下方电离场的绝热特征表明存在 l 值更高且 $m < 2$ 的态,而非绝热特征表明存在 l 值更高且 $m \geq 2$ 的态。将这些信号与里德堡原子的总信号进行比较,可以确定散射截面。

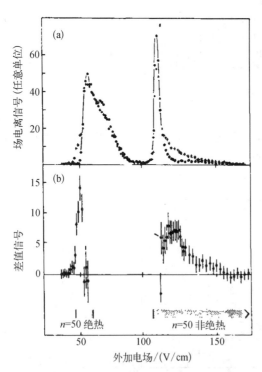

图 13.13 激光激发的钠 50d 原子的典型选择性场电离数据。(a) 电子束选通关闭时的数据(用圆点表示),与 25 eV 电子碰撞后的数据(用+表示),数据经电子诱导背景信号校正;(b) 电子碰撞产生的净信号。水平条表示场强范围,在该范围内,$n = 50$ 个原子预计会经历绝热和非绝热电离[36]

结果如表 13.1 所示,并与图 13.3 所示的 Percival 和 Richards[4] 及 Herrick[5] 的理论计算结果进行了比较。从表 13.1 和图 13.3 中可以看出,两种理论计算结果都与两组实验数据相当吻合,尽管散射截面上存在几个数量级的差异。散射截面大小的差异是由于 25 eV 电子的相对较高速度造成的。25 eV 电子的速度为 $3×10^8$ cm/s,比图 13.3 所示的典型离子速度高出一个数量级。由于高速下的散射截面随着 $1/v^2$ 减小,观察到的电子散射截面比离子散射截面小得多也就不难理解了。

表 13.1　经过 25 eV 电子碰撞后,钠原子 $nd\,l$ 改变的散射截面测量值与计算值

n	实验数据 $nd→nl^a/cm^2$	理论数据(Percival 和 Richards[b]) $nd→nf/cm^2$	理论数据(Herrick[c]) $/cm^2$
35		$2.1×10^{-9}$	$2.0×10^{-9}$
36	$1.6×10^{-10}$		
40	$1.5×10^{-9}$	$3.6×10^{-9}$	$3.5×10^{-9}$
45	$3.0×10^{-9}$	$5.8×10^{-9}$	$5.7×10^{-9}$
50	$3.4×10^{-9}$	$9.0×10^{-9}$	$8.9×10^{-9}$

a 见文献[36];b 见文献[4];c 见文献[5]。

虽然传统粒子束中的电子速度太高,导致散射截面较小,但热电子与里德堡原子的态变化碰撞具有大的散射截面,这些碰撞已经被系统地研究过。例如,人们利用激光将稳态余辉中的亚稳态氦原子激发至特定的里德堡态[37, 38]。

利用时间分辨 $np→2s$ 荧光法监测同一 n 值的所有态,进而通过热电子测定总布居数和去布居速率。根据结果可以得出以下结论:首先,同一个 n 值的简并 lm 能级的碰撞混合速度是无法测量的,因此比 Δn 的变化率至少快两个数量级。根据 n 能级(而非通过激光进行布居的能级)的荧光累积时间,可以确定这些能级的散射截面约为 10^{-11} cm^2,且随着 Δn 增加而减小。这种依赖性与 Mansback 和 Keck[39] 的蒙特卡罗法计算结果相吻合,并且与 Johnson 和 Hinnov[40] 的更具分析性的方法明显不一致,后者基于更严格的假设,如偶极跃迁,并预测了一个严格的 $\Delta n = ±1$ 选择定则。

参考文献

1. K. B. MacAdam, D. A. Crosby, and R. Rolfes, *Phys. Rev. Lett.* **44**, 980(1980).

2. K. B. MacAdam, R. Rolfes, and D. A. Crosby, *Phys. Rev. A* **24**, 1286(1981).

3. W. W. Smith, P. Pillet, R. Kachru, N. H. Tran, and T. F. Gallagher, *Abstracts*, ICPEAC 13, eds. J. Eichler, W. Fritsch, I. V. Hertel, N. Stotlerfoht, and U. Wille (North Holland, Amsterdam, 1983).

4. I. C. Percival and D. R. Richards, *J. Phys. B* **10**, 1497(1977).

5. D. R. Herrick, *Mol. Phys.* 35, 1211(1976).

6. V. P. Shelvelko, A. M. Urnov, and A. V. Vinograd, *J. Phys. B* **9**, 2859(1976).

7. I. L. Beigman and M. I. Syrkin, *Sov. Phys. JETP* **62**, 226(1986) [Zh. Eksp. Teor. Fiz 89, 400(1985)].

8. K. B. MacAdam, D. B. Smith, and R. G. Rolfes, *J. Phys. B.* **18**, 441(1985).

9. K. B. MacAdam, R. G. Rolfes, X. Sun, J. Singh, W. L. Fuqua III, and D. B. Smith, *Phys. Rev. A* **36**, 4254(1987).

10. R. G. Rolfes, D. B. Smith, and K. B. MacAdam, *Phys. Rev. A* **37**, 2378(1988).

11. R. E. Olson, *J. Phys. B* **13**, 483(1980).

12. R. L. Becker and A. D. MacKellar, *J. Phys. B* **17**, 3923(1984).

13. J. G. Lodge, I. C. Pervival, and D. Richards, *J. Phys. B* **9**, 239(1976).

14. P. M. Koch and J. A. Bayfield, *Phys. Rev. Lett.* **34**, 448(1975).

15. D. R. Bates and G. Griffing, *Proc. Phys. Soc. London* **66**, 961(1953).

16. R. Abrines and I. C. Percival, *Proc. Phys. Soc. London* **88**, 873(1966).

17. D. Banks, PhD. thesis, University of Stirling (1972).

18. K. B. MacAdam, N. L. S. Martin, D. B. Smith, R. G. Rolfes, and D. Richards, *Phys. Rev. A* **34**, 4661 (1986).

19. R. K. Janev, *Phys. Rev. A* **28**, 1810(1983).

20. I. C. Pervival and D. Richards, *Adv. Atomic and Molecular Physics* **11**, 1(1975).

21. R. E. Olson, K. H. Berkner, W. G. Graham, R. V. Pyle, A. E. Schlacter, and J. W. Stearns, *Phys. Rev. Lett.* **41**, 163(1976).

22. R. Shakeshaft, *Phys. Rev. A* **18**, 1930(1978).

23. H. J. Kim and F. W. Meyer, *Phys. Rev. Lett.* **44**, 1047(1980).

24. R. E. Olson, *Phys. Rev. A* 23, 3338(1981).

25. K. B. MacAdam and R. G. Rolfes, *J. Phys. B* **15**, L243(1982).

26. S. B. Hansen, L. G. Gray, E. Hordsal-Pederson, and K. B. MacAdam, *J. Phys. B* **24**, L315(1991).

27. K. B. MacAdam and R. G. Rolfes, *Rev. Sci. Instr.* **53**, 592(1982).

28. K. B. MacAdam, *Nucl. Instr. and Methods B* **56/57**, 253(1991).

29. G. W. McClure, *Phys. Rev.* **148**, 47(1966).

30. K. B. MacAdam, L. G. Gray, and R. G. Rolfes, *Phys. Rev. A* **42**, 5269(1990).

31. T. Aberg, A. Blomberg, and K. B. MacAdam, *J. Phys. B* **20**, 4795(1987).

32. B. D. De Paola, J. J. Axmann, R. Parameswaran, D. H. Lee, T. J. M. Zouros, and P. Richard, *Nucl. Instr. and Methods B* **40/41** 187(1989).

33. J. A. Schiavone, D. E. Donohue, D. R. Herrick, and R. S. Freund, *Phys. Rev. A* **16**, 48(1977).

34. J. A. Schiavone, S. M. Tarr, and R. S. Freund, *Phys. Rev. A* 20, 71(1979).

35. C. A. Kocher and A. J. Smith, *Phys. Lett.* **61A**, 305(1977).

36. G. W. Foltz, E. J. Beiting, T. H. Jeys, K. A. Smith, F. B. Dunning, and R. F. Stebbings, *Phys. Rev. A* **25**, 187(1982).

37. J. F. Delpech, J Boulmer, and F. Devos, *Phys. Rev. Lett.* **39**, 1400(1977).

38. F. Devos, J. Boulmer, and J. F. Delpech, *J. Phys.* (Paris) **40**, 215(1979).

39. P. Mansbach and J. C. Keck, *Phys. Rev.* **181**, 275(1969).

40. L. C. Johnson and E. Hinnov, *Phys. Rev.* **181**, 143(1969).

第 14 章

共振里德堡-里德堡碰撞

在共振碰撞能量转移过程中,一个原子或分子仅将其内部能量而非平移动能传递给另一个碰撞粒子,这就要求两个碰撞粒子的能量间隔必须精确匹配。由于这种能量特异性,共振碰撞能量转移在许多激光的应用中发挥着重要作用,其中最为人熟知的例子是氦-氖激光器和二氧化碳激光器[1-4]。想象一个很有趣的实验场景,如图 14.1 所示[5],通过调整原子 A 激发态的能量来影响原子 B 激发态的能量。在共振时,如图 14.1 所示,在能量从激发态 A 原子碰撞转移到基态 B 原子时,散射截面急剧增加。一般来说,原子和分子的能级是固定的,图 14.1 所示的情况在现实中难以实现。尽管如此,人们还是对不同碰撞体系的共振能量转移进行了系统研究,结果表明共振在碰撞能量转移中是至关重要的[6-8]。

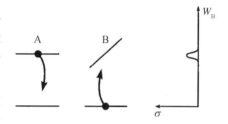

图 14.1 两个原子 A 和 B 的能级示意图。最初,原子 A 处于激发态,原子 B 处于基态。如果可以通过某种方式调整原子 B 的激发态的能量,那么从原子 A 到原子 B 的共振能量转移的散射截面在共振时会增加,如右图所示[5]

原子里德堡态具有一系列紧密相邻的能级分布,这为研究共振碰撞能量转移提供了得天独厚的条件。在 Smith 等进行的一项早期实验中,观察到从氨气分子转动态到氙里德堡电子态的共振能量转移[9]。同样的,人们观察到了从钠原子到甲烷和氘代甲烷的里德堡态的振动态的共振电子能量转移[10]。第 11 章对这两个实验进行了描述,在实验中,能量的调谐步长等于离散里德堡能级的能量间距。如图 14.1 所示,理想的共振碰撞研究可以连续调谐,以明确观察到碰撞共振。事实上,里德堡原子有很大的斯塔克能移,因此可以通过共振碰撞来实现调谐。一个很好的例子是电场中两个钠原子 ns 态碰撞中的共振能量转移[11]。图 14.2 展示了钠原子 ns 态、$(n-l)$p 态和 np 态的能级随着电场的变化。在零场中,ns 态能量略高于两个 p 态的中间能量。

然而,随着电场增强,由于斯塔克能移,p 态能量增大。如图 14.2 所示,电场还消除了 p 态的 $|m|=0$ 和 1 能级的简并性,其中 m 是方位角轨道角动量的量子数。由于简并性被消除,有 4 个电场区域中的 ns 态位于两个 p 态中间。在这些场中,两个 ns 原子可以碰撞产生一个 $(n-1)$p 和一个 np 原子:

$$Na \ ns + Na \ ns \rightarrow Na(n-1)p + Na \ np \tag{14.1}$$

如图 14.2 所示,每个 ns 态有 4 个碰撞共振,用 (m_l, m_u) 标记,其中 m_l 和 m_u 分别是能量较低和能量较高 p 态的 $|m|$ 值。如图 14.2 所示,按照场强从小到大排列,共振分别为

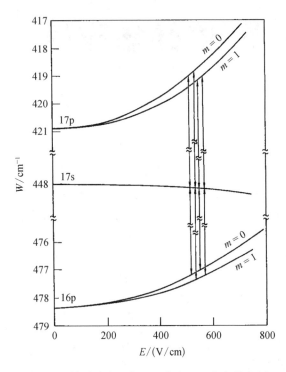

图 14.2 钠原子 16p 态、17s 态和 17p 态在静电场中的能级图。垂直线绘制在 4 个场中,其中 s 态位于两个 p 态之间并且发生共振碰撞转移[12]

$(0,0)$、$(1,0)$、$(0,1)$ 和 $(1,1)$。式 (14.1) 和图 14.2 描述的钠原子碰撞过程是一个共振的偶极-偶极过程,通过一张简单的图,我们能够确定峰值截面的大小和碰撞共振的宽度。考虑最初在 ns 态下的两个钠原子的碰撞,在碰撞过程中,它们通过偶极矩阵元 μ_1 和 μ_2 发生偶极跃迁,从而跃迁到 np 态和 $(n-l)p$ 态,如图 14.3 所示。假设原子遵循由碰撞参数 b 和碰撞速度 v 描述的未偏转直线轨迹运动,为简化问题,首先考虑将静态场调整到与碰撞共振相匹配的情况,即 ns 态的能量介于 np 态和 $(n-1)p$ 态之间,并计算在碰撞过程中原子跃迁到 np 态和 $(n-1)p$ 态的概率。一种方法是将其中一个原子 (原子 2) 视为提供一个振荡场的源头,驱动另一个原子 (原子 1) 中的跃迁[12]。换句话说,我们将原子 2 视为经典的偶极子。在经典物理中,偶极跃迁矩阵元可以看作一个强度等于跃迁矩阵元并以跃迁频率振荡的偶极子。因此,可以认为原子 2 对应于 $ns-n'p$ 跃迁的偶极子的集合。与 $ns \rightarrow (n-l)p$ 跃迁相比,这些跃迁中的大多数是非共振的,可以忽略。

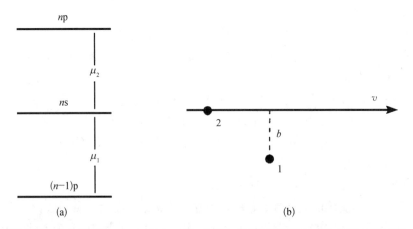

图 14.3 (a) 钠原子 ns、np 和 $(n-1)p$ 能级和偶极跃迁常数;(b) 原子 2 以速度 v 运动时与原子 1 的碰撞效应示意图[5]

原子 2 中的 $ns \rightarrow (n-l)p$ 跃迁,虽然是简并的,但可以基于能量守恒原理忽略(两个原子都不能跃迁到低能态)。因此,原子 2 的唯一重要的跃迁是 ns 态到 np 态的跃迁,在这种情况下,原子 2 在原子 1 处产生的场为 $E_2 \approx \mu_2/r^3$,μ_2 是 ns 态到 np 态的偶极矩阵元,矢

量 r 是从原子 1 到原子 2 的距离向量,即两个原子之间的核间距。该场与原子 1 的 $ns\rightarrow$ $(n-1)\mathrm{p}$ 跃迁共振,并且相互作用足够强时,发生跃迁。由于偶极场随 r 的增加迅速下降,可采用以下合理近似:

$$E_2 = \mu_2/b^3, \quad r \leqslant \frac{\sqrt{5}}{2}b \tag{14.2a}$$

$$E_2 = 0, \quad r > \frac{\sqrt{5}}{2}b \tag{14.2b}$$

这种截止的选择意味着来自原子 2 的场存在时间为 $\tau = b/v$。 一般来说,如果以下条件之一满足,那么原子 1 就会经历 ns 态到 $(n-1)\mathrm{p}$ 态的跃迁:

$$E_2\mu_1\tau \approx 1 \tag{14.3}$$

或者:

$$\frac{\mu_2\mu_1}{b^3} \cdot \frac{b}{v} = 1 \tag{14.4}$$

在式 (14.3) 和式 (14.4) 中,μ_1 是 ns 态到 $(n-1)\mathrm{p}$ 态的偶极矩阵元。式 (14.3) 清楚地表明,发生能级跃迁的条件是时间积分下的相互作用等于 1。求解式 (14.4) 得到 b^2,在忽略了 π 因子后给出共振碰撞能量转移的截面 σ_R。 具体可以表示为

$$\sigma_R \approx b^2 = \frac{\mu_1\mu_2}{v} \tag{14.5}$$

利用参数 b 和速度 v,还可以计算碰撞的持续时间或时间点:

$$\tau = \frac{b}{v} = \frac{\sqrt{\mu_2\mu_1}}{v^{3/2}} \tag{14.6}$$

对于 ns 态到 np 态的跃迁和 ns 态到 $(n-1)\mathrm{p}$ 态的跃迁,偶极矩阵元约等于 n^2。因此,在式 (14.5) 和式 (14.6) 中将 n^2 代入 μ_1 和 μ_2,可以得到:

$$\sigma_R = n^4/v \tag{14.7}$$

$$\tau = n^2/v^{3/2} \tag{14.8}$$

如式 (14.7) 所示,散射截面是通过几何散射截面除以碰撞速度得出的。对于热碰撞,$v \approx 10^{-4}$,因此 $\sigma_R \approx 10^4 n^4$。对于 $n = 20$,根据这一表达式,我们可以得出一个很大的散射截面,计算得到的散射截面为 $10^9 a_0^4$ 或 2×10^8 Å^2,这在原子层面上来说是一个非常大的值。比散射截面大小更值得关注的是碰撞时间,根据式 (14.8),在 $n = 20$ 和 $v = 10^{-4}$ 时得出 $\tau = 4 \times 10^8$ s 或 10^{-9} s,这个时间远远长于典型的原子碰撞时间 10^{-12} s。

上面的讨论集中在偶极-偶极碰撞过程,但这可以很容易地扩展到更高阶的多极过程。如果原子 1 和 2 分别具有 n^{2k} 和 $n^{2k'}$ 的 $2k$ 极矩,当这两个原子之间的距离为 r 时,这些多极子的相互作用 V 可以表示为

$$V = \frac{n^{2k} n^{2k'}}{r^{1+k+k'}} \qquad (14.9)$$

如果再次假设原子碰撞的碰撞参数 b 和速度 v,在遵循直线轨迹下,可以假设仅在 $r \approx b$ 和时间间隔 $\tau = b/v$ 时 V 不为零。对于显著的跃迁概率,需要满足 $V\tau = 1$,那么可以得到:

$$\sigma \approx b^2 = \frac{n^4}{v^{2/(k+k')}} \qquad (14.10)$$

对于偶极-偶极碰撞,$k = k' = 1$,这一结果可简化为式(14.5)。另外,随着 k 和 k' 增加,因子 $v^{2/(k+k')}$ 从下方接近 1,散射截面减小到原子的几何尺寸。值得注意的是,在混合多极碰撞或任何原子内部角动量不守恒的碰撞中,直线轨迹的假设并不严格成立。然而,由于平移运动中的角动量通常足够高,以至于它的微小变化不会显著改变碰撞原子的轨迹。

14.1 两态理论

式(14.7)能够用于计算散射截面的大小,但它没有考虑到碰撞速度 v 相对于调谐场 E 的方向所带来的影响,也不适用于计算共振碰撞的线形。据此,我们对问题提出了一种更精细的处理方法,能够描述该过程的更多细节。考虑两个钠 ns 原子的共振碰撞,产生一个 np 和一个 $(n-1)p$ 原子,如式(14.1)所示。该描述在原则上与 Anderson 提出的对极性分子之间的旋转共振能量转移的处理方法类似[8]。但不同之处在于,我们必须考虑电场的存在,因为电场会降低对称性。如图 14.2 所示,Gallagher 等[12]、Fiordilino 等[13] 和 Thomson 等[14] 已经给出了针对场中偶极-偶极碰撞问题的特定处理方法。

假设原子遵循直线轨迹,给定碰撞参数 b,计算从初始态到最终态的跃迁概率 $P(b)$,并通过对碰撞参数进行积分计算散射截面。如果必要的话,那么也可以计算 v 相对于 E 的角度,以得到更准确的散射截面。这样的话,核心问题是计算跃迁概率 $P(b)$。此时薛定谔方程具有如下哈密顿量:

$$H = H_0 + V \qquad (14.11)$$

其中,$H_0 = H_1 + H_2$,是静态场中两个非相互作用原子的哈密顿量;V 是偶极-偶极相互作用:

$$V = \frac{\boldsymbol{\mu}_1 \cdot \boldsymbol{\mu}_2}{r^3} - \frac{3(\boldsymbol{\mu}_1 \cdot \boldsymbol{r})(\boldsymbol{\mu}_2 \cdot \boldsymbol{r})}{r^5} \qquad (14.12)$$

构建具有空间波函数的分子基矢:

$$\psi_A = \psi_{1ns} \otimes \psi_{2ns}$$
$$\psi_B = \psi_{1np} \otimes \psi_{2(n-1)p} \qquad (14.13)$$

其中,ψ_{1nl} 和 ψ_{2nl} 分别是原子 1 和 2 在 nl 态的原子波函数。这些基矢是 H_0 的时间无关解,对应的能量为 $W_A = W_{ns} + W_{ns}$ 和 $W_B = W_{np} + W_{(n-1)p}$。

偶极-偶极相互作用 V 包含一个对角项和非对角项,对角项会轻微改变能量,非对角项则引起了碰撞跃迁。由于 V 取决于 r,与时间相关,且波函数通过求解含时薛定谔方程得到:

$$H\psi = i\partial\psi/\partial t \tag{14.14}$$

式(14.13)给出两种可能的态,那么式(14.14)的一般形式的解为

$$\psi = C_A(t)\psi_A + C_B(t)\psi_B \tag{14.15}$$

其中,所有时间相关性都存在于系数 $C_A(t)$ 和 $C_B(t)$ 中。将式(14.15)代入含时薛定谔方程[式(14.14)],得到 $C_A(t)$ 和 $C_B(t)$ 的两个耦合方程:

$$W_A C_A(t) + V_{AB} C_B(t) + V_{AA} C_A(t) = i\dot{C}_A(t) \tag{14.16a}$$

$$W_B C_B(t) + V_{BA} C_A(t) + V_{BB} C_B(t) = i\dot{C}_B(t) \tag{14.16b}$$

其中,$V_{BA} = \langle \psi_B \mid V \mid \psi_A \rangle = \int \psi_B^* V \psi_A \mathrm{d}\tau_1 \mathrm{d}\tau_2$ 是 V 在两个空间波函数之间的矩阵元。在式(14.16)中,V 的矩阵元与时间相关,因为核间距是时间的函数,系数 $C_A(t)$ 和 $C_B(t)$ 也是如此。一般来说,式(14.16)无法通过解析方法求解,但在一些特殊情况下可以得到解析解。

14.2　箱势相互作用强度近似

如果设置 $V_{AA} = V_{BB} = 0$ 并使用式(14.2),即假设对于 $r > \sqrt{5}b/2$,$V_{AB} = \mu_1\mu_2/b^3$ 是一个常数,对于 $r < \sqrt{5}b/2$,V_{AB} 为零,如式(14.2)中给出的,得到的近似方法相当于通常的分子束磁共振处理方法[15]。如果假设 $r = \sqrt{b^2 + v^2t^2}$ 且最初两个原子都处于 ns 态,则对于 $t_0 < b/2v$ 有 $\psi(t_0) = \psi_A$,$C_A(t_0) = 1$ 和 $C_B(t_0) = 0$。碰撞后,即 $t > b/2v$,原子处于 p 态的概率,即 $\psi = \psi_B$ 的概率,由式(14.17)给出:

$$P(b) = \mid C_B(t) \mid^2 = \frac{\mid V_{BA} \mid^2}{\Omega^2} \sin^2\left(\frac{\Omega b}{v}\right) \tag{14.17}$$

其中,$\Omega = \sqrt{(W_A - W_B)^2 + 4\mid V_{BA} \mid^2}\,/2$。式(14.17)描述了洛伦兹共振,线宽约为 $\sqrt{v^3/\mu_1\mu_2}$,与式(14.6)的结果相符。虽然线宽具有实际意义,但线形只是近似的,且取决于中间碰撞过程中相互作用的形式。

共振时,$W_A = W_B$,式(14.17)简化为

$$P(b) = \sin^2\left(\frac{\mu_1\mu_2}{b^2 v}\right) \tag{14.18}$$

其中,使用了显式形式 $V_{AB} = \mu_1\mu_2/b^3$。

14.3 精确的共振近似

另一种可解析处理的情况是精确共振,即 $W_A = W_B$。另外,如果 $V_{AA} = V_{BB} = 0$ 且 $V_{AB} = V_{BA}$,即耦合矩阵元是实数。在这种情况下,式(14.16)很容易解耦,得到两个相同的非耦合的方程。$C_A(t)$ 的方程是

$$\ddot{C}_A(t) = \frac{\dot{V}_{AB}}{V_{AB}} \dot{C}_A(t) - V_{AB}^2 C_A(t) \tag{14.19}$$

$C_B(t)$ 的方程具有相同的系数。如果我们再假设初始时,即 $t = -\infty$,$C_A(-\infty) = 1$ 和 $C_B(-\infty) = 0$,那么满足这些边界条件的方程[式(14.19)]的解为[12, 13]

$$C_A(t) = \cos\left[\int_{-\infty}^{t} V_{AB}(t')\,dt'\right] \tag{14.20a}$$

$$C_B(t) = \sin\left[\int_{-\infty}^{t} V_{AB}(t')\,dt'\right] \tag{14.20b}$$

因此,跃迁概率由式(14.21)给出:

$$P(\infty) = C_B^2(\infty) = \sin^2\left(\int_{-\infty}^{\infty} V_{AB}(t')\,dt'\right) \tag{14.21}$$

为了获得式(14.12)中矩阵元 V_{AB} 的精确形式,我们需要定义碰撞的几何结构。在无场碰撞中,碰撞速度通常是作为量化轴的逻辑选择,但调谐电场的存在使得电场 E 方向成为更合理的选择,因为 H_0 的本征态很容易在这种量子化轴下描述。如果将场方向定义为 z 轴,这样 $E \parallel \hat{z}$,那么碰撞参数向量 b 与 z 轴的夹角为 θ,如图 14.4 所示。不失一般性地假设 b 位于 x-z 平面上,由于直线轨迹的假设,碰撞速度 v 是一个常数向量,且与 b 垂直,与 x' 轴有一个夹角 ϕ,x' 轴在 x-z 平面上。如果两个原子最接近的位置发生在 $t = 0$ 时,则原子 2 相对于原子 1 的坐标由式(14.22)给出:

$$\begin{cases} y = -vt\sin\phi \\ x = b\sin\theta - vt\cos\phi\cos\theta \\ z = b\cos\theta + vt\cos\phi\sin\theta \end{cases} \tag{14.22}$$

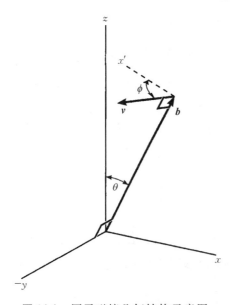

图 14.4 原子碰撞几何结构示意图。静态场沿着 z 轴方向,碰撞参数矢量 b 在 x-z 平面内,与 z 轴的夹角为 θ,速度矢量 v 与 b 在同一个平面内平行,同时和 x' 轴夹角为 ϕ,x' 轴与 b 垂直且位于 x-z 平面内[5]

将这些坐标值代入初始态与最终态之间的偶极矩阵元,可以评估式(14.12)的矩阵元。该过程精确地产生了时间相关的矩阵元 $V_{AB}(t)$。特别值得关注的是,之所以考虑 $(0, 0)$ 共振是出于两种原因。首先,$(0, 0)$ 共振由于自旋轨道相互作用而没有进

一步分裂,非常适合作为实验研究的详细候选对象。

其次,这些共振只涉及 μ_z 的矩阵元,并且这些矩阵元是实数,因此可以使用式(14.21)分析评估共振时的跃迁概率。矩阵元 $V_{AB}(t)$ 由式(14.23)给出:

$$V_{AB}(t) = \mu_{z_1}\mu_{z_2}\left(\frac{1}{r^3} - \frac{3b^2\cos^2\theta}{r^5} - \frac{6bvt\cos\theta\cos\phi}{r^5} - \frac{3v^2t^2\cos^2\theta\cos^2\phi}{r^5} \right) \quad (14.23)$$

其中,$r = \sqrt{b^2 + v^2t^2}$。

图 14.5 展示了两种情况下的 $V_{AB}(t)$ 图;一种是 $v \parallel E$ 的一个例子,另一种是 $v \perp E$ 的一个例子,其中 $\theta = 0$ 且 $\phi = \pi/2$。请注意,特定的 $v \parallel E$ 情况下,可以确定 θ 和 ϕ 两者的值。但是在 $v \perp E$ 情况下,只能确定 $\phi = \pi/2$, θ 可以取任何值。

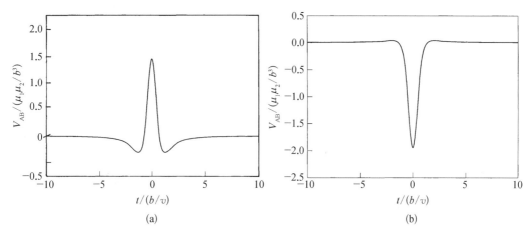

图 14.5　偶极-偶极相互作用势:(a) $v \parallel E$ 的情况;(b) $v \perp E$ 的情况,$\theta = 0$ 且 $\phi = \pi/2$[14]

对于式(14.23)中给出的 $V_{AB}(t)$ 的形式,可以通过解析积分找到共振处的跃迁概率。进行积分计算后得到:

$$\int_{-\infty}^{\infty} V_{AB}(t')\mathrm{d}t' = \frac{2\mu_{z_1}\mu_{z_2}}{vb^2}(1 - 2\cos^2\theta - \cos^2\phi\sin^2\theta) \quad (14.24)$$

对于 $v \parallel E$, $\theta = \pi/2$ 和 $\phi = 0$ 的情况,计算式(14.24)的结果表明积分值为零,正如仔细检查图 14.5(a)所预料的那样。图 14.5(a)中 V_{AB} 的平均值明显接近于零。另外,在 $v \perp E$, $\theta = 0$ 和 $\phi = \pi/2$ 的情况下,式(14.24)的积分并不为零,因为在这种情况下,$V_{AB}(t)$ 的平均值不会消失,如图 14.5(b)所示。相应地,在共振时,$v \parallel E$ 的散射截面必然消失,但对于 $v \perp E$ 的情况则不然。

14.4　数值计算

通常人们可能会认为,如果跃迁概率在共振时为零,那么在非共振时也会为零。然而,事实并非如此。通过数值求解方程(14.16)计算非共振跃迁概率时,使用泰勒展开法,

可以发现对于 $v \parallel E$ 及 $v \perp E$ 的情况,跃迁概率都是非零的[14, 15]。图 14.6 展示了对于 17s (0, 0) 碰撞共振采用两种不同近似方法得到的 $v \parallel E$ 及 $v \perp E$ 的跃迁概率[16]。为了与式 (14.21) 的解析形式直接比较,计算了在 $V_{AA} = V_{BB} = 0$ 情况下的跃迁概率。在这些计算中, $\mu_{z_1} = \mu_{z_2} = 156.4ea_0$, $b = 10^4 a_0$, $v = 1.6 \times 10^{-4}$ a.u. 得到的跃迁概率曲线如图 14.6 虚线所示,这些曲线关于共振位置是对称的。图 14.6(b) 中 $v \perp E$ 的曲线近似地呈现出洛伦兹形式,但图 14.6(a) 中的 $v \parallel E$ 的曲线在共振时消失,如式 (14.24) 预测的那样,呈现出一种不寻常的双峰结构。

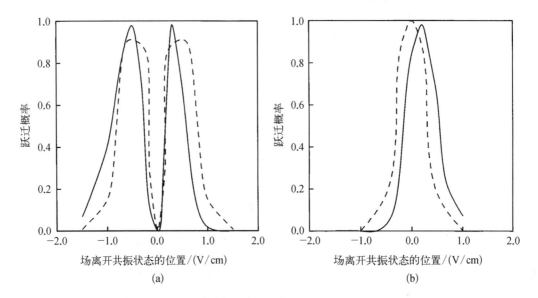

图 14.6 钠原子 17s+17s→17p+16p(0, 0) 跃迁概率的计算结果。(a) $v \parallel E$ 的情况;(b) $v \perp E$ 的情况。实线表示包括永久偶极矩的计算结果;虚线表示永久偶极矩已被忽略的计算结果[16]

由于图 14.6 的跃迁概率是数值计算得到的,将电场中原子态永久偶极矩产生的对角矩阵元 V_{AA} 和 V_{BB} 纳入考虑并不增加太多难度。图 14.6 中的实线是考虑碰撞共振场的永久偶极矩后计算得出的跃迁概率。16p 态、17p 态和 17s 态的永久偶极矩分别为 $\mu_{16P} = 113.3ea_0$, $\mu_{17p} = 182.3ea_0$ 和 $\mu_{17s} = -16.5ea_0$。如图 14.6 所示,当考虑到永久偶极矩时,共振位置大约略微移动了一个共振线宽,而永久偶极矩与跃迁偶极矩几乎一样大,两者相符。此外,由于不同原子态的能量差随着核间距的变化而变化,线形会呈现出轻微的不对称性。

14.5 内碰撞干涉

当两个振荡场之间存在 180° 相移时,图 14.6(a) 中 $v \parallel E$ 时跃迁概率的不寻常线形的形式和起源,与拉姆齐分离振荡场的模式大致相同[14]。为了理解这种相似性,首先需要观察图 14.5(a) 所示的 $V_{AB}(t)$。如图 14.5(a) 所示,在 $v \parallel E$ 时, $V_{AB}(t)$ 的符号在碰撞中改变了两次,因此 $\int_{-\infty}^{\infty} V_{AB}(t')\,dt' = 0$。$V_{AB}(t')$ 符号的每一次改变等效于分离振荡场实验中振荡场发生了 180° 相移,因此 $v \parallel E$ 碰撞近似等效于进行三个连续射频场的射频共振实验,且三个连续场之间的相位变化为 180°。在共振时,$V_{AB}(t') < 0$ 对跃迁幅度的贡献抵消了 $V_{AB}(t') > 0$ 的贡献,因此在整个碰撞过程中积分,跃迁概率为零。然而,非共振时,这种抵消并不完全。

14.6　散射截面的计算

为了将跃迁概率转换为散射截面,必须对碰撞参数进行积分:

$$\sigma = \int_0^{\infty} P(b)2\pi b\,db \tag{14.25}$$

考虑精确共振的情况是有用的,因为可以通过解析方法进行计算。在共振时,使用式(14.18)或式(14.21)可以得到跃迁概率:

$$P(b) = \sin^2\left(\frac{D}{b^2 v}\right) \tag{14.26}$$

如果采用方程(14.18),那么参数 $D = \mu_1\mu_2$。如果采用式(14.21),那么参数 $D = 2\mu_{z_1}\mu_{z_2}$。无论在任何一种情况下,D 都与两个偶极矩的乘积成比例。若定义 b_0 使得 $D/b^2 v = \pi/2$,那么当 b 从 0 增加到 b_0 时,通过式(14.26)可得到 $P(b)$ 在 0～1 振荡,随着 b 从 b_0 增加到无穷大,$P(b)$ 平滑地减小到零。如果将跃迁概率方程[式(14.26)]代入式(14.25),积分可以通过解析方式求解:

$$\sigma = \frac{\pi^3}{4}b_0^2 = \frac{\pi^2}{2}\frac{D}{v} \tag{14.27}$$

注意,$D \sim \mu_1\mu_2$。式(14.27)与式(14.5)类似,而式(14.5)可以通过非常简单的方式推导出来。

在计算 $v \parallel E$ 的散射截面时,角度 θ 和 ϕ 是唯一的,即 $\theta = \pi/2$ 和 $\phi = 0$。另外,为计算得到 $v \perp E$ 散射截面,方程(14.27)的结果必须在 $\phi = \pi/2$ 时对 θ 取平均。无论在任何一种情况下,计算的散射截面都必须在适当的碰撞速度分布上进行平均。

类似的,图 14.6 中所示的数值计算得到的跃迁概率,可以通过对碰撞参数进行积分和对可能的碰撞速度进行平均,从而转换成散射截面。与 $v \perp E$ 的碰撞没有单一允许的 θ 值。然而,由于图 14.6(b)中的线形很简单,对 θ 的可能值进行平均处理并没有带来明显的影响。对于 $v \parallel E$,θ 和 ϕ 分别固定为 90° 和 0°,因此只需要对碰撞参数 b 积分,计算的 $v \parallel E$ 散射截面结果非常类似于图 14.6 中结果。

图 14.6(a)中的线形远不同于 14.6(b)中的线形。但是,这种差异仅在高分辨率实验中才明显。在低分辨率下,$v \parallel E$ 和 $v \perp E$ 碰撞共振表现出由仪器决定的相同形状。此外,两种情况的散射截面尺寸大致相同。对于 $v \parallel E$ 和 $v \perp E$ 的情形,钠原子 17s+17s→

16p+17p 碰撞共振的散射界面峰分别为 $6.0×10^8 a_0^2$ 和 $1.0×10^9 a_0^2$[14]。为了与低分辨率实验进行比较,对场进行积分,两个积分的散射截面分别为 $8.3×10^8 a_0^2$ V/cm 和 $1.2×10^9 a_0^2$ V/cm[14]。

14.7 实验方法

考虑将式(14.1)和图 14.2 中钠原子碰撞作为具体实例,很容易理解实验方法的基本原理。如图 14.7 所示,原子从加热的烘箱中逸出,其中钠原子的蒸气压约为 1 Torr[14]。钠原子通过准直器(图 14.7 中未显示)准直成束,并进入一对电场板之间的相互作用区域,此时束密度可达 10^9 cm^{-3}。钠原子被两个染料激光器调谐到 ns 态,其中钠 3s→3p 和 3p→ns 跃迁的波长分别为 5 890 Å 和 4 150 Å。这种情况下,ns 原子相互碰撞的时间约为 1 μs,在此期间,束流中的慢原子被快原子超越。因此,碰撞速度大约是束流速度分布的宽度。在原子碰撞 1 μs 后,将高压脉冲施加到相互作用区域的下板。设置脉冲幅度,确保能够电离处于 np 态的原子,即碰撞后处于较高最终态的原子,而不是电离处于初始 ns 态的原子。由场电离产生的离子从两板之间飞出,并撞击处于相互作用区域上方的粒子倍增器,来自粒子倍增器的信号用门控积分器记录。将静态调谐电压施加到下板,从而调谐原子能级到共振状态。当调谐电压缓慢扫过碰撞共振点时,可通过监测来自 np 态原子的场电离信号来观察碰撞共振现象。典型的例子如图 14.8 所示,当 17s 态通过激光进行激发时,可以探测到钠原子 17p 态的场电离信号[12]。

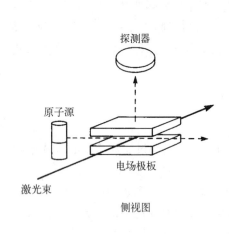

图 14.7 电场方向垂直于碰撞速度时的实验装置示意图[14]

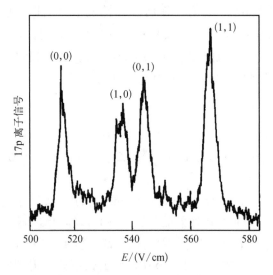

图 14.8 在钠原子 17s 态布居后观察到的钠原子 17p 离子信号与直流电场的关系,显示出尖锐的碰撞共振,共振的位置由较低和较高的 p 态的 $|m|$ 值进行标记[12]

14.8 n 比例定律

对于里德堡原子之间共振碰撞能量转移,最引人注目的一个特征是散射截面的大小。

因此,第一批实验着重确定散射截面的大小,并在钠原子 $ns+ns\rightarrow np+(n-1)p$ 碰撞过程中验证散射截面和碰撞时间的 n 比例定律。

利用以下事实可测量散射截面,即原子碰撞 T 时间后处于 np 态的原子数 N_p 由式 (14.28)给出[12]:

$$N_p = \frac{N_s^2 \sigma \bar{v} T}{V} \tag{14.28}$$

其中, N_s 是处于 ns 态的原子数; V 是激发原子样本的体积; $\bar{v}$ 是平均碰撞速度; σ 是散射截面。式(14.28)仅在当处于 ns 态的布居数没有明显减少时有效。如果处于 ns 态的布居数显著减少,则必须对式(14.28)进行修正。通过探测器的转换效率 Γ ,处于 np 态的原子数 N_p 与 np 态的信号 N_p' 相关联。具体而言, $N_p' = \Gamma N_p$ 且 $N_s' = \Gamma N_s$ 。利用 N_p' 和 N_s' ,重写方程(14.28)得到:

$$\sigma = \frac{N_p'}{(N_s')^2} \left[\frac{\bar{v} T \Gamma}{V} \right] \tag{14.29}$$

如果实验的几何结构、时间门、烘箱温度和探测器增益均保持不变,那么式(14.29)的方括号中的数值是常数,我们只需测量作为 n 的函数的信号 N_p' 和 N_s' ,就很容易获得以 n 为函数的相对散射截面。通过测量式(14.29)括号中的值,可以在绝对基准的基础上得到相对散射截面,结果如图 14.9 所示。散射截面的大小随 $n^{*\,3.7(5)}$ 而变化,这与式(14.7)的预测结果非常吻合[12]。这里, n^* 是 ns 态的有效量子数,满足定义 $W_{ns} = -1/2n^{*\,2}$ 。相应的图 14.9 所示的碰撞散射截面不是在定向束流中不同速度原子之间碰撞的结果,而是在随机方向运动的原子之间碰撞的结果。激发原子样本体积和碰撞速度都比当时估计的可能值大 2 倍,因此很大程度上补偿了误差。无论如何,从图 14.9 可以明显看出,散射截面表现出预期的 n^4 比例关系,并且与预期的 $\sigma = n^4/v$ 相匹配。

可以通过测量碰撞共振的宽度来验证碰撞时间 τ 满足随 n^2 而增大的变化,或者碰撞共振的线宽满足随 n^{-2} 而减小的变化解决。图 14.10 展示了 $(0, 0)$ 共振宽度随 n 的变化,共振宽度大小表现出随 $n^{*\,-1.95(20)}$ 而变化的依赖关系,这与式(14.8)的预测一致。

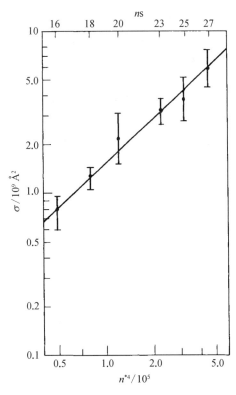

图 14.9　观察到的散射截面及其相对误差条(用●表示)和拟合曲线(用-表示)[12]

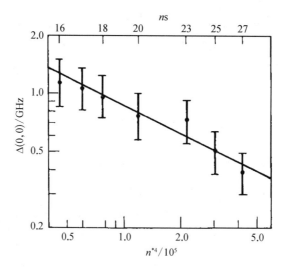

图 **14.10** (0, 0)态共振的宽度(用●表示)和拟合曲线(用─表示)[12]

14.9 速度 v 和电场 E 对方向的依赖性及碰撞内干涉

碰撞中更值得关注的一个方面,是计算 v 相对于 E 的方向的依赖性。特别是,$v \parallel E$ 和 $v \perp E$ 两种情况下的碰撞线形是否如图 14.6 所示存在显著的差异?为了明确地回答这个问题,需要对初始测量进行两项改进。首先,钠原子必须在明确定义的束流中,否则 v 将无法明确定义。可以用液氮冷却箱围住相互作用区域,就很容易满足这一要求,并确保了在相互作用区域中参与反应的只有束流中的原子。其次,电场必须足够均匀,达到约 $1/10^4$ 的精度,以分辨碰撞共振的固有线形。为了满足这一要求,采用一对相距 $1.592(2)$ cm 且顶板中带有 1 mm 直径孔的铜板,以进行离子提取。

在如图 14.7 所示的实验基础上增加上述两个改进措施,显著提高了实验分辨率,因此图 14.8 中看似有 4 个碰撞共振,但实际上是 9 个[14]。除了 (0, 0) 态外的所有共振都是由于 np $|m| = 1$ 量子态自选轨道的劈裂作用而发生了分裂。在 (0, 1) 和 (1, 0) 共振态,其上 p 态和下 p 态发生分裂,导致出现双重态结构。而在 (1, 1) 共振态中,上 p 态和下 p 态都各自分裂,导致出现四重态。鉴于只有 (0, 0) 共振是单峰,选择它来进一步研究 $v \parallel E$ 和 $v \perp E$ 情况下的散射截面。采用液氮冷却的屏蔽罩,这样就可以测量图 14.8 中的 $v \perp E$ 情况下的散射截面。让原子束穿过场板则可获得如图 14.11 所示的 $v \parallel E$ 散射截面。在这两种情况下,碰撞速度都是束流中不同原子速度差的平均值。

图 14.12 展示了在 $v \parallel E$ 和 $v \perp E$ 两种情形下观察

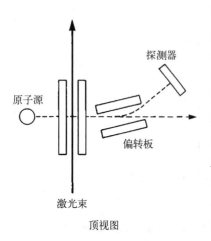

图 **14.11** 确保电场和碰撞速度平行的实验装置配置[14]

到的 18s(0, 0)态碰撞共振的散射截面。$v \parallel E$ 时,散射截面近似呈现洛伦兹形状,而 $v \perp$ E 时散射截面的双峰结构非常明显。考虑到实验中存在两个影响因素——电场不均匀性和碰撞速度不平行于电场,这两者都可能掩盖 $v \parallel E$ 情况中散射截面中预测的零点,但在 $v \perp E$ 散射截面中心可以观察到明显的凹陷,这支持了前面给出的碰撞内干涉的理论预测。同样值得关注的是,观察到图 14.12(a)中 $v \parallel E$ 的散射截面呈现出明显不对称,与考虑永久偶极矩计算的跃迁概率一致,相应结果如图 14.6 所示。

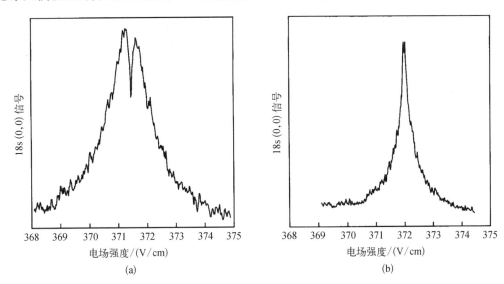

图 14.12　钠原子 18s(0, 0)态在(a) $v \parallel E$ 和(b) $v \perp E$ 两种情况下观察到的碰撞共振的散射截面。图 14.12(a)中共振中心附近存在一个明显的凹陷,且截面呈现出轻微的不对称性,这两个特点与数值计算结果相吻合[14]

14.10　碰撞共振的速度依赖性

共振碰撞可能最值得关注的一个方面在于:从理论上讲,随着碰撞速度的降低,碰撞时间将增加,线宽将变窄。根据式(14.6)和式(14.8),碰撞时间与 $1/v^{3/2}$ 成正比。在大约 500 K 的温度下,热原子 $n = 20$ 态碰撞共振的线宽为几百兆赫兹。原则上,如果降低碰撞速度,可以明显观察到更窄的线宽。

对原子束流中的原子进行速度选择时,降低碰撞速度是最直接的方法[17]。速度选择的自然方法如图 14.13 所示[18]。从源射出的原子通过斩波器,这是一个旋转的直径为 9.6 cm 的圆盘,在外边缘附近有窄至 1.5 mm 的径向狭缝。

圆盘以高达 200 Hz 的频率旋转,在该频率下,1.5 mm 的狭缝允许 25 μs 宽的原子脉冲通过。随后,在距离斩波器 10 cm 的相互作用区域,脉冲宽度为 5 ns 的激光会在原子通过相互作用区域 250 μs 后激发原子。使用 1.5 mm 宽的狭缝,可以选择分布在原子束速度分布峰值 10%速度的原子,通常选择的速度是原子束速度分布峰值。由于只选择了一个特定速度群的原子,可以使用六极聚焦磁体在空间上将这些原子聚焦,从而显著增加相互作用区域的原子数密度[18, 19]。

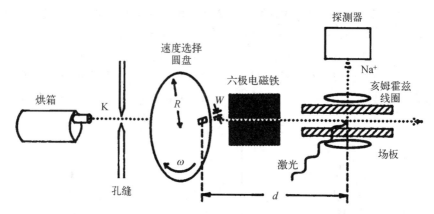

图 14.13 原子束速度选择与聚焦的实验装置示意图。旋转的带有狭缝的圆盘和脉冲激光用来选择不同群速度的原子,六极聚焦磁体用于将原子聚焦在激光束的交叉点[18]

第一个问题也是最明显的问题是:较窄的速度分布是否会导致较窄的碰撞共振。在图 14.14 中,展示了在三种不同实验条件下观察到的 Na 26s+Na 26s→Na 26p+Na 25p 共振[20]。在图 14.14(a) 中,原子处于 670 K 的热原子束中。在图 14.14(b) 和(c) 使用图 14.13 中所示的方法选择原子束的速度,碰撞速度分别为 $7.5×10^3$ cm/s 和 $3.8×10^3$ cm/s。

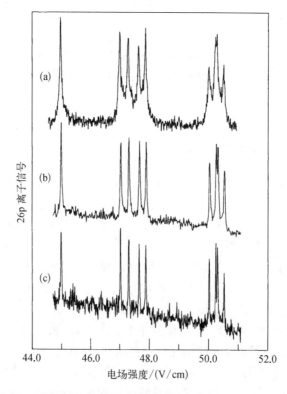

图 14.14 不同实验条件下观察到的 Na 26s+Na 26s→Na 26p+Na 25p 共振。(a)无速度选择,碰撞速度为 $4.6×10^4$ cm/s;(b)和(c)选择碰撞速度分别为 $7.5×10^3$ cm/s 和 $3.8×10^3$ cm/s 的结果[20]

碰撞共振线宽的显著减小是显而易见的。计算出的线宽分别为 400 MHz、28 MHz 和 10 MHz，碰撞共振的宽度如图 14.14(a)~(c) 所示，分别为 350 MHz、40 MHz 和 23 MHz。图 14.14(c) 中，宽度大约随 $1/v^{3/2}$ 减小，此时电场的不均匀性掩盖了碰撞共振的固有线宽。

在式 (14.1) 所示的钠原子碰撞过程中，由于所需的静态调谐场存在不均匀性，很难观察到非常窄的碰撞共振。然而，在钾原子中，偶极-偶极共振发生在零电场附近[18]，其中静态场的均匀性不太重要。一个被广泛研究的钾原子碰撞过程为[17, 18, 21]

$$K\ 29s + K\ 27d \rightarrow K\ 29p + K\ 28p \tag{14.30}$$

这一碰撞过程发生在电场相对较小的情况下，如图 14.15 所示。如图 14.15 和式 (14.30) 所示，29s 态和 27d 态必然都存在布居，并且已经发生共振碰撞这一事实，是通过选择性场电离检测较高的 29p 态中的布居数来确定的。

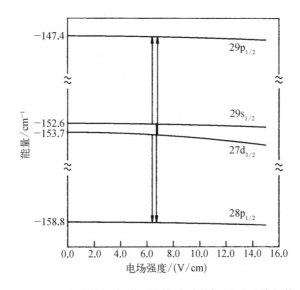

图 14.15　考虑共振能量碰撞转移时的钾原子里德堡能级示意图。为了清晰起见，显示的两个跃迁被分开了，而在电场中，两者实际上是简并的[21]

如图 14.15 所示，共振发生在零场附近，很容易以大于碰撞共振线宽的精度计算小的斯塔克能移。因此，直接使用碰撞共振的位置来确定 p 态相对于 s 态和 d 态能量的零场能量。由于 ns 态和 nd 态的能量已经通过无多普勒效应的双光子光谱测量[22]，这些 n = 27、28 和 29 时的共振碰撞测量允许相同的精度转移到 np 态。如果将钾原子 np 态的量子亏损 δ_p 写为

$$\delta_p = \delta_p^0 + \delta_p^1 (n^*)^{-2} + \delta_p^2 (n^*)^{-4} \tag{14.31}$$

利用这些测量结果，可以对 δ_p^0 进行新的测定，相比之前结果的不确定度，测量结果的不确定度只有原来的 $1/5$[23]。具体来说，产生的结果为 $\delta_p^0 = 1.711\,925(3)$，其中主要的不确定性来自无多普勒效应的激光光谱，而不是来自共振碰撞测量[17]。

14.11 变换极限的碰撞

虽然 5 MHz 宽的碰撞共振对于光谱而言很值得关注,但最值得关注的是,5 MHz 线宽意味着碰撞持续时间至少为 200 ns,这段时间并不比允许碰撞发生的 1 μs 周期短多少。如果可以将碰撞线宽减小到允许发生碰撞的时间的倒数,那么碰撞共振就会受到变换限制,从而可以精确地知道每次碰撞的开始和结束时间。

通过结合两项改进,Thomson 等达到了变换的极限[21]。首先,亥姆霍兹线圈被放置在相互作用区域周围,以抵消地球磁场的影响。其次,允许碰撞的时间间隔之前已经由激光脉冲和场电离脉冲定义,而该脉冲在开始时是缓慢上升的。在这些实验中,通过应用快速上升的约 50 ns 的低电压失谐脉冲终止间隔,该脉冲在明确定义的时间点切换场,以远离碰撞共振的场值[24]。通过这些改进,可以观察窄至 1 MHz 的碰撞共振。然后通过将允许原子碰撞的时间减少到 1 μs 以下,这些窄共振通过变换而加宽。图 14.16 中展示了当激光脉冲与失谐脉冲之间的时间从 1 μs 缩短至 0.4 μs 时观察到的碰撞共振。随着时间间隔的缩短,碰撞共振的变换展宽现象变得愈发明显。如果碰撞共振是受变换限制的,例如,当原子处于最接近彼此的位置时,那么我们就能确定每一次碰撞何时开始和结束,进而在碰撞期间的特定时刻对碰撞原子进行扰动。

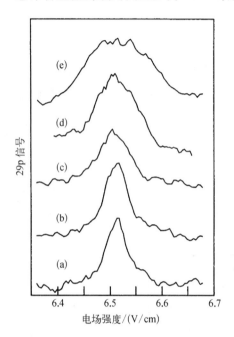

图 14.16 钾原子 29s 态在不同最大允许碰撞时间下的共振。(a) $\tau = 3.0$ μs,半高全宽 = 1.4 MHz;(b) $\tau = 2.0$ μs,半高全宽 = 1.8 MHz;(c) $\tau = 1.0$ μs,半高全宽 = 2.2 MHz;(d) $\tau = 0.4$ μs,半高全宽 = 3.1 MHz;(e) $\tau = 0.2$ μs,半高全宽 = 5.2 MHz[21]

参考文献

1. C. K. N. Patel, in *Lasers*, Vol. 2, ed. A. K. Levine (Marcel Dekker, New York, 1968).

2. A. Javan, W. R. Bennet, Jr., and D. R. Herriot, *Phys. Rev. Lett.* **8**, 470(1962).

3. A. D. White and J. D. Rigden, *Proc. I. R. E.* **50**, 9167(1962).

4. C. K. N. Patel, *Phys. Rev. Lett.* **13**, 617(1964).

5. T. F. Gallagher, *Phys. Rept.* **210**, 319(1992).

6. P. L. Houston, in *Advances in Chemical Physics*, Vol. 47, eds. I. Prigogine and S. A. Rice (Wiley, New York, 1981).

7. T. Oka, in *Advances in Atomic and Molecular Physics*, Vol. 9, eds. D. R. Bates and I. Esterman (Academic, New York, 1973).

8. P. W. Anderson, *Phys. Rev.* **76**, 647(1949).

9. K. A. Smith, F. G. Kellert, R. D. Rundel, F. B. Dunning, and R. F. Stebbings, *Phys. Rev. Lett.* **40**, 1362 (1978).

10. T. F. Gallagher, G. A. Ruff, and K. A. Safinya, *Phys. Rev. A* **22**, 843(1980).

11. K. A. Safinya, J. F. Delpech, F. Gounand, W. Sandner, and T. F. Gallagher, *Phys. Rev. Lett.* **47**, 405 (1981).

12. T. F. Gallagher, K. A. Safinya, F. Gounand, J. F. Delpech, W. Sandner, and R. Kachru, *Phys.Rev. A* **25**, 1905(1982).

13. E. Fiordilino, G. Ferrante, and B. M. Smirnov, *Phys. Rev. A* **35**, 3674(1987).

14. D. S. Thomson, R. C. Stoneman, and T. F. Gallagher, *Phys. Rev. A* **39**, 2914(1989).

15. N. F. Ramsey, *Molecular Beams* (Oxford University Press, London, 1956).

16. D. S. Thomson, PhD Thesis, University of Virginia (1990).

17. R. C. Stoneman, M. D. Adams, and T. F. Gallagher, *Phys. Rev. Lett.* **58**, 1324(1987).

18. M. J. Renn and T. F. Gallagher, *Phys. Rev. Lett.* **67**, 2287(1991).

19. A. Lemonick, F. M. Pipkin, and D. R. Hamilton, *Rev. Sci. Instr.* **26**, 1112(1955).

20. M. J. Renn, R. Anderson, and Q. Sun, private communication (1992).

21. D. S. Thomson, M. J. Renn, and T. F. Gallagher, *Phys. Rev. Lett.* **65**, 3273(1990).

22. D. C. Thompson, M. S. O'Sullivan, B. P. Stoicheff, and Gen-Xing Xu, *Can. J. Phys.* **61**, 949(1983).

23. P. Risberg, *Ark. Fys.* **10**, 583(1956).

24. T. H. Jeys, K. A. Smith, F. B. Dunning, and R. F. Stebbings, *Phys. Rev. A* **23**, 3065(1981).

第 15 章

辐射碰撞

辐射碰撞是一种共振能量转移碰撞,其中两个原子在碰撞过程中吸收或发射光子[1]。换个角度讲,辐射碰撞也可以理解为瞬态分子发射或吸收光子的过程,正如 Gallagher 和 Holstein[2] 的研究所显示的,辐射碰撞也可以用谱线展宽来描述。谱线展宽实验中通常有许多原子和弱辐射场,而在辐射碰撞实验中,通常有很少的原子和强辐射场,两者主要的区别在于原子和光子的数量。由于碰撞时间很短,大约 10^{-12} s,只是观察低能态之间的辐射碰撞就需要很高的光功率,并且要使光场成为不再仅仅是微小扰动的因素似乎并不容易。由于碰撞时间长和偶极矩大,里德堡原子成为定量研究辐射碰撞的理想系统。正如我们将看到的,进入强场区是很简单的,其中辐射场,准确地说是微波或射频场,不再是微小的扰动。令人感到有趣的是,虽然这些实验是辐射碰撞实验,原子很少,光子很多,但强场体系的描述是根据修饰的分子态给出的,这更类似于谱线展宽描述[3]。

利用简单的三级模型,可以对观察里德堡原子之间辐射辅助碰撞能量转移所需的微波功率有一个直观的理解[3]。考虑图 15.1(a) 所示的偶极-偶极作用原子系统。在前一章描述的钠原子 $ns+ns \rightarrow np+(n-1)p$ 共振碰撞中,ns 态对应于图 15.1(a) 的 s 和 s′,$n-1$ 和 np 态对应于图 15.1(a) 的 p 和 p′。碰撞的发生是通过以下相互作用实现的:

$$V = \frac{\mu_1 \mu_2}{r^3} \qquad (15.1)$$

在图 15.1(b) 中,展示了吸收一个频率为 ω 的光子的辐射辅助碰撞能级系统。在这种情况下,导致产生 p 态和 d 态的相互作用为

$$V = \frac{\mu_1 \mu_2 \mu_3 E}{r^3 \Delta} \qquad (15.2)$$

其中,Δ 是真实 p′态和虚拟 p′态之间的失谐;E 是碰撞发生的微波场的幅值。式(15.1)和式(15.2)的不同点在于因子 $\mu_3 E/\Delta$。为了使图 15.1(b)中所示的辐射辅助碰撞的概率达到图 15.1(a)中共振碰撞的约 10%,需要满足以下条件:

$$\frac{\mu_3 E}{\Delta} = \frac{1}{3} \qquad (15.3)$$

如果假设典型值 $\mu_3 \approx n^2$,$\Delta \approx 0.1n^{-3}$,那么需要的电场为

$$E = \frac{1}{30n^5} \qquad (15.4)$$

当 $n=20$ 时,利用式 (15.4) 可得电场值为 50 V/cm,或者表示为功率值 6 W/cm^2。基本上这个能量要比较低原子态的光学碰撞辐射实验中所需能量低 6 个量级[4-7]。这一能量值不仅仅容易实现,而且容易放大几个量级。所以达到强场区域是一件简单的事情,此时这个场的影响不再是微小的扰动[8]。

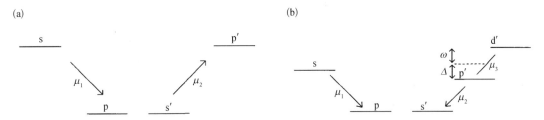

图 15.1　(a) s 和 s′态的两个原子共振碰撞产生 p 态和 p′态的两个原子的能级和偶极矩阵元。(b) s 和 s′态的两个原子辐射碰撞产生 p 态和 d′态的两个原子的能级和偶极矩阵元。d′态的产生是通过一个与 p′态存在能量差 Δ 的虚 p′态实现的

Na ns+Na ns→Na np+Na$(n-1)$p 碰撞是第一个包含了静电场和微波场的里德堡原子辐射碰撞研究。更具体的表示为

$$\text{Na } 18s + \text{Na } 18s \rightarrow \text{Na } 18p + \text{Na } 17p + m\omega \tag{15.5}$$

这一过程已经得到了细致的研究。其中,m 是在碰撞中辐射的光子数目。当 $m>0$ 时,表示有光子辐射,当 $m<0$ 时,表示有光子吸收。钠原子 18s、17p 和 18p 态的能级随静电场的变化如图 15.2 所示[8]。为了直观起见,在图 15.2 中仅仅展示了 $m_l=0$ 能级的情况。在没有微波作用的情况下,$(0, 0)$ 共振碰撞发生在电场为 390 V/m 的位置,辐射碰撞的过程并伴随了低静电场下的单光子、双光子和三光子的受激辐射。在碰撞共振过程中,遵循通过低 p 态和高 p 态的 m_l 来标记共振碰撞的约定,即 (m_1, m_u),这里 m_1 和 m_u 分别为低 p 态和高 p 态的 m_l 值。短粗箭头的数量用来表示光子辐射的数量。在图 15.2 中,相较于一般碰撞共振,辐射共振碰撞的场位移正比于微波频率,反比于 p 态微分斯塔克能移之和。如图 15.2 所示,18s 态的斯塔克能移极小,因此可以忽略不计。原则上,这等同于观测到有一个吸收多个微波光子的碰撞,这与辐射光子的碰撞正好相反。但是在 Na ns + Na ns → Na np + Na$(n-1)$p 碰撞中,这些辐射碰撞发生在较高的静电场中,其中斯塔克态导致许多碰撞共振,这些并未在图 15.2 中显示[9]。$n=17$ 和 $n=16$ 的斯塔克子能级

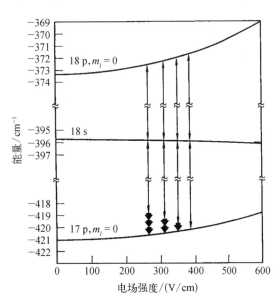

图 15.2　与多光子碰撞相关的钠原子$|m_l|=0$ 态斯塔克能级图。竖线表示在相应电场强度下发生的碰撞转移,箭头数目表示辐射的光子数目[8]

位于18p态和17p态的下方,当电场强度比图15.2所示共振碰撞的电场强度高大约10%时,涉及斯塔克能移的共振碰撞就会出现。共振碰撞的出现使得无法明显观测到$ns + ns \rightarrow np + (n-1)p$碰撞共振过程。

15.1 辐射碰撞的初步实验研究

里德堡原子之间的辐射碰撞初步实验,仅仅是在如图14.7所示的设备的两个场板之间引入一个微波场来进行的[10]。微波场是通过在板外设置的天线引入的,在12~18 GHz选用几个微波频点可以很好地在平板之间传播微波,最大强度预估有3 W/cm²。实验数据的积累方式和共振碰撞实验采用的方式相同,唯一的区别在于实验中引入了微波场。原子是通过两束脉冲激光激发的,碰撞出现在这之后1 μs时间内,之后对下方场板施加高电压脉冲,从而电离处于np态的原子。通过静电场扫描可以记录来自np态原子的信号。每一次扫描过程中,微波场的幅值保持不变。如果要确定辐射碰撞的散射截面和微波功率的关系,那么就需要在不同微波功率下重复进行静电场扫描。如图15.2所示,在这些实验中,当静电场稍微小于可以观测到共振碰撞的所需的电场时,就可以观测到单光子辐射碰撞。典型例子如图15.3所示。辐射碰撞信号相对于共振碰撞信号的场位移,恰好等于产生与微波频率相同的斯塔克能移所需的场强。关于这个实验,有两点需要注意。第一,当微波功率为几 W/cm²时,辐射辅助碰撞的散射截面和共振碰撞的散射截面大致在同一数量级,验证了式(15.4)的预测。还有一点值得注意,在较小的微波功率时,辐射辅助碰撞的信号和微波功率呈线性关系,但是在更高微波功率时,辐射碰撞信号的增长速度减缓,这表明系统进入了非微扰状态。

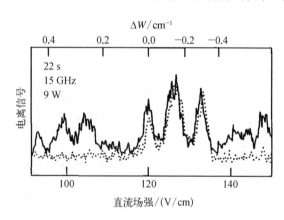

图15.3 存在15 GHz微波场的情况下,布居到22s态之后观察到的钠22p离子信号随直流电场的变化(用实线表示)。虚线表示没有微波场时观测到的情况。实线和虚线中心尖锐的共振源自共振碰撞,靠近两边的共振则来源于微波诱导的碰撞。图顶部的标尺则表示从(0,0)共振点的失谐[10]

为了提升微波功率,将图14.7中的电极板替换为图15.4所示的共振微波腔。这一替换使得微波功率通过腔体的品质因子Q得以提升,确保在更高的静电场中发生碰撞,从而引发更多的共振碰撞[8]。这个腔是一种 WR-90(X波段)波导,长20 cm,两边封闭。腔的内部结构为长20.32 cm、高1.02 cm、宽2.28 cm。这个腔如图15.4所示,腔内设置了一个隔膜,这将使得在竖直方向静电调谐场和脉冲场的应用成为可能。TE_{10n}模只有垂直方向电场,因此隔膜的设置不会影响TE_{10n}模。

该腔体运行于奇数n的模式,这些模式在腔体中心具有电场波腹。具体而言,$n = 15$、17和19,共振频率为12.8 GHz、14.4 GHz和15.5 GHz,这些模式下的$Q = 1\,300$。当用20 W功率进行激发时,循环微波强度为10 kW/cm²,微波场为500 V/m。正如图15.4所示,原

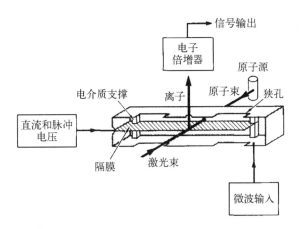

图 15.4　原子束装置的主要部分,包含原子源、微波腔和电子倍增器。微波腔从中切开以展示其内部结构,铜隔膜将腔体一分为二,侧壁上钻有两个 1.3 mm 的孔以确保激光与钠原子束共线通过,在腔体的顶端有一个 1 mm 直径的孔,使得钠离子可以从中逸出。注意泵浦的狭槽[8]

子和激光束通过腔体侧壁上与隔膜相距约 1 mm 的两个相对的孔进入腔体,从而在腔内形成柱状里德堡原子区。在腔的顶端会有一个 1 mm 左右的小孔,原子由于场电离产生的离子通过这个小孔从腔体脱离并进入探测器。在激光激发和电离过程中,原子仅仅移动 1 mm,腔顶部小孔的位置保证了观测到的信号来自微波电场波腹处的原子。

实验采用了和图 15.3 中一样的方式累计获得数据。在毫瓦量级功率时就能够观察到之前微波功率需要达到 10 W 才能观察到的辐射碰撞现象。然而,数据中最值得关注的是在强微波场时发生的情形。图 15.5 展示了随着进入腔体的 15.5 GHz 微波功率增大,式 (15.5) 中辐射碰撞中共振的变化[8]。在没有微波时,只观测到四个分别对应于 17p 和 18p 态不同 $|m|$ 值的共振。当微波功率增加时,四个共振的模式在较低的静电场时重复了三次,分别对应于碰撞过程中的单光子、双光子和三光子受激辐射。一个简单标记共振的方法是拓展之前的标注来标记辐射光子数量。具体而言,标记共振为 $(m_1, m_u)^m$,其中 m_1 和 m_u 分别是上 p 态和下 p 态的 m_l 值,m 是辐射光子数。在图 15.5 中 $(0, 0)^m$ 共振用 m 和一个箭头来表示。

随着微波功率增大,观测到高阶多光子过程,这一点并不令人感到意外。另外,对 $m \neq 0$ 的情况,散射截面随着微波功率先增大后减小,这一点则让人感到惊讶。例如,对于 $m = 1$,在最低的曲线中散射截面几乎为 0。相似情况的是 $m = 0$ 散射截面在倒数第二条曲线中消失,但是在最下面的曲线中出现。这样的行为是强场作用下的典型特征,并不能通过微扰理论来预测。仔细观察图 15.5 可以发现,随着微波功率的增加,碰撞共振的位置逐渐向较低的静电场移动。最后,与通常观察到的随功率增加而共振加宽的现象不同,$(0, 0)^m$ 共振和其他共振之间很好区分,并且随着微波功率的增加,原本宽而不对称的共振逐渐变为窄而对称的共振。

对于观察到的共振随功率增加而变得更窄、更对称的现象,可以以单光子过程为例进行解释。式 (15.2) 的耦合矩阵元有偶极-偶极项和偶极-场两项。为了观测到碰撞现象,矩阵元在整个碰撞过程中的时间积分必须超过某个最小值(约等于 1)。因此,当微波场较弱时,为了补偿能量不足的,辐射碰撞必须在更小的影响参数下发生。这个小的影响因子有两个效应;第一,这意味着更短的碰撞时间和更宽的共振;第二,当原子间距离缩小时,分子能级偏离其在 $r = \infty$ 的值,导致共振呈现不对称性。随着微波场强度的提升,影响参数可以增大,共振变得更为狭窄且对称。

15.2 理论描述

图 15.3 和图 15.5 展示的实验数据是在满足微波频率 $\omega/2\pi > 1/\tau$ 的条件下获取的,其中 τ 是碰撞的时间,$1/\tau$ 是线宽。在这种情况下,对应吸收和辐射不同数目光子数的共振,能够被分辨出来。在这里,描述辐射碰撞从 $\omega/2\pi > 1/\tau$ 高频区域开始,并逐渐过渡到低频区域 $\omega/2\pi < 1/\tau$。

15.3 强场高频区域

为了描述 m 光子碰撞共振的频移和强度随着微波场的变化,Pillet 等基于分子缀饰态发展了一个物理模型[3]。正如在前面的章节介绍的,将哈密顿量分为没有扰动的哈密顿量 H_0 和一个扰动项 V。和之前处理共振碰撞不同的地方在于:H_0 现在描述的是孤立的没有相互作用的处于静电场和微波场中的原子。每一对原子可以用缀饰态来描述,直接用两个原子态的直积来构建一个分子缀饰态,偶极-偶极相互作用 V 仍然采用如方程(14.2)所示的描述,并用可以计算辐射碰撞跃迁概率和散射截面。

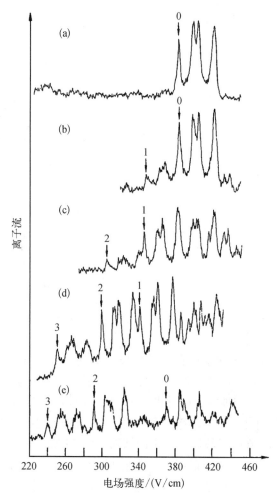

图 15.5 在 15.4 GHz 微波场作用下,当 18s 能级布居后观察到的钠 18p 离子信号随静电场的变化情况。曲线(a)对应于输入腔微波功率为 0,展示了 4 个零光子碰撞共振。曲线(b)~(e)分别对应于腔内 13.5 V/cm、50 V/cm、105 V/cm 和 165 V/cm 微波场幅值的情况,展示了 4 个共振所对应的单光子、双光子和三光子辅助的辐射碰撞。标记 0、1、2 和 3 的峰对应 4 个共振中最低场的共振,分别对应于零光子、单光子、双光子和三光子,即 $(0, 0)^0$、$(0, 0)^1$、$(0, 0)^2$ 和 $(0, 0)^{3}$[8]

首先推导具有同样方向的静电场和微波场中的单原子波函数。如果 nl 态在静电场 E 中的能量为 $W_{nl}(E)$,那么在静电场 E_S 附近能量可以表示为

$$W_{nl}(E_S + \Delta E) = W'_{nl} + k_{nl}\Delta E + \frac{1}{2}\alpha_{nl}(\Delta E)^2 \tag{15.6}$$

其中,

$$W'_{nl} = W_{nl}(E_S), \quad k_{nl} = \mathrm{d}\left.\frac{W_{nl}}{\mathrm{d}E}\right|_{E_S}, \quad \alpha_{nl} = \left.\frac{\mathrm{d}^2 W_{nl}}{\mathrm{d}E^2}\right|_{E_S}$$

假设 ΔE 随时间缓慢变化,唯一的影响会造成 nl 态随时间变化。假设空间波函数并不会随着 ΔE 变化,即没有跃迁出现,这就是 Autler 和 Townes[11]等提出的绝热近似。现在考虑我们感兴趣的 ΔE 随时间变化的情形,即 $E_{mw}\cos(\omega t)$。如果上述的假设成立,可以用方程(15.6)中的能量作为薛定谔方程中没有扰动的哈密顿量 H_0。具体可以表示为

$$W(t)\psi_{nl}(t) = \left\{ W'_{nl} + k_{nl}E_{mw}(\cos \omega t) + \frac{\alpha_{nl}}{2}\left[E_{mw}\cos(\omega t) \right]^2 \right\}\psi_{nl}(t) = \frac{\mathrm{i}\partial\psi_{nl}(t)}{\partial t} \tag{15.7}$$

方程的解为

$$\psi_{nl}(t) = \psi_{nl}\mathrm{e}^{-\mathrm{i}\int_{t_0}^{t} W(t')\mathrm{d}t'} \tag{15.8}$$

将式(15.8)积分并去掉关于 t_0 的相位因子可以得到:

$$\psi_{nl}(t) = \psi_{nl}\mathrm{e}^{-\mathrm{i}\left(W' + \frac{\alpha_{nl}}{4} \right)t}\mathrm{e}^{-\mathrm{i}\frac{k_{nl}E_{mw}}{\omega}\sin(\omega t)}\mathrm{e}^{-\mathrm{i}\frac{\alpha_{nl}E_{mw}^2}{8\omega}\sin(2\omega t)} \tag{15.9}$$

拥有正弦函数的指数型函数可以利用贝塞尔函数展开为[12]

$$\mathrm{e}^{\mathrm{i}x\sin(\omega t)} = \sum_{-\infty}^{\infty} J_k(x)\mathrm{e}^{\mathrm{i}k\omega t} \tag{15.10}$$

利用式(15.10),式(15.9)可以展开为

$$\psi_{nl}(t) = \psi_{nl}\mathrm{e}^{-\mathrm{i}\left(W'_{nl} + \frac{\alpha_{nl}E_{mw}^2}{4} \right)t}\left[\sum_{-\infty}^{\infty} J_k\left(\frac{k'_{nl}E_{mw}}{\omega} \right)\mathrm{e}^{-\mathrm{i}k\omega t} \right]\left[\sum_{\infty}^{\infty} J'_k\left(\frac{\alpha_{nl}E_{mw}^2}{8\omega} \right)\mathrm{e}^{-\mathrm{i}2k'\omega t} \right] \tag{15.11}$$

如果 $\alpha_{nl}E_{mw}^2 \ll \omega$,正像本次实验描述的那样,在方程(15.11)中只有 $k' = 0$ 这一项有贡献,求和等于 1。在这种情况下,波函数可以表示为

$$\psi_{nl}(t) = \psi_{nl}\mathrm{e}^{-\mathrm{i}\left(W'_{nl} + \frac{\alpha_{nl}E_{mw}^2}{4} \right)t}\sum_{-\infty}^{\infty} J_k\left(\frac{k_{nl}E_{mw}}{\omega} \right)\mathrm{e}^{-\mathrm{i}k\omega t} \tag{15.12}$$

注意到对于涉及好宇称的态碰撞,$k_{nl} = 0$,式(15.11)的第一项求和为 1。在这种情况下,不能忽视式(15.11)中的第二项求和。

正像在第 10 章中讨论的那样,可以考虑将微波场作用在 nl 态上的调制视为能量调制。正像无线电调制会产生边带一样,可以认为微波场是 nl 态能量调制,并可以分成载波和边带两个态。

在式(15.12)中,ψ_{nl} 是一个在静电场 E_S 的 nl 态的空间波函数,W'_{nl} 是静电场 E_S 的能量。$\alpha_{nl}E_{mw}^2/4$ 是由微波场引入的 ac 斯塔克能移。$W'_{nl} + \alpha_{nl}E_{mw}^2/4$ 是载波能量。贝塞尔函数 $J_k(kE_{mw}/\omega)$ 给出了第 k 个边带态的幅值,该边带态与载波态之间的能量差为 $k\omega$,k 是微波光子数目。对第 np 态,k_{np} 是很大的,但是对于 ns 态,k_{ns} 是很小的,因此 s 边带态的幅值可以忽略不计。

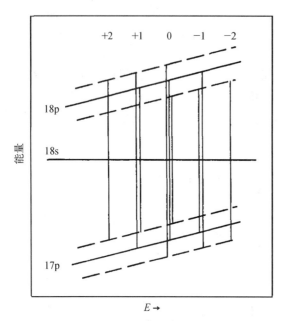

图15.6 钠的 17p、18s 和 18p 能级示意图，显示了 p 态的第一上边带和下边带。数字 +2~-2 表示在辐射碰撞中，在这些场调谐处发射的净光子数。请注意，有几个过程导致如零光子等的净发射[3]

图 15.6 展示了微波场的作用效果，可以清楚看到 18s 态、17p 态和 18p 态的载波能量及其 p 态的 ±1 阶边带能量[3]。正像上面说到的那样，方程（15.12）给出了精确表述，每一个边带的幅值依赖于微波场的强度，尽管在 15.6 图中没有明确体现这一点，但可以看到并没有 s 态的边带出现，p 态的二阶和更高阶的边带也没有。这是因为图 15.6 对应的微波场太弱了，以至于看不到 p 态二阶边带明显的幅值。当没有微波场时，所有的边带幅值都是 0，而载波的幅值为 1。图 15.6 中另外一个值得关注的点在于：有两个过程对应于 ±1 光子的净辐射，三个过程对应于 0 光子的净辐射。这些过程对应于能量允许的边带态的跃迁，从而带来一个问题：这些过程都发生在相同的静电场中，因此在实验中如何区分它们将会是一个挑战。

采用缀饰原子态的直积可以构建缀饰分子态。具体来说，可以构建两个态，即 $\psi_A(t)$ 和 $\psi_B(t)$ [3]：

$$\psi_A(t) = \psi_{1ns}(t) \otimes \psi_{2ns}(t) \tag{15.13a}$$

$$\psi_B(t) = \psi_{1np}(t) \otimes \psi_{2(n-1)p}(t) \tag{15.13b}$$

上述中每一个单独的波函数都可以通过方程（15.12）得到。如果完全展开 ψ_B 可以发现 v：

$$\psi_B(t) = \psi_{1np}\psi_{2(n-1)p}\mathrm{e}^{-iW_B t} \sum_{kk'} J_k\left(\frac{k_{np}E_{\mathrm{mw}}}{\omega}\right) J_{k'}\left(\frac{k_{(n-1)p}E_{\mathrm{mw}}}{\omega}\right) \mathrm{e}^{-i(k+k')\omega} \tag{15.14}$$

其中，$W_B = W'_{np} + W'_{(n-1)p} + (\alpha_{np} + \alpha_{(n-1)p})E_{\mathrm{mw}}^2/4$ 是 np 态和 $(n-1)p$ 态载波能量之和。利用贝塞尔函数的归一性[13]：

$$J_N(x \pm y) = \sum_{-\infty}^{\infty} J_{N\mp k}(x) J_k(y) \tag{15.15}$$

方程（15.14）的双重求和可以变为单重求和，具体如下：

$$\psi_B(t) = \psi_{1np}\psi_{2(n-1)p}\mathrm{e}^{-iW_B t} \sum J_k\left(\frac{k_B E_{\mathrm{mw}}}{\omega}\right) \mathrm{e}^{-ik\omega t} \tag{15.16}$$

其中，$k_B = k_{np} + k_{(n-1)p}$。类似地，可以把 $\psi_A(t)$ 表示为

$$\psi_A(t) = \psi_{1ns}\psi_{2ns}\mathrm{e}^{-iW_A t} \sum J_{k'}\left(\frac{k_A E_{\mathrm{mw}}}{\omega}\right) \mathrm{e}^{-ik'\omega t} \tag{15.17}$$

其中，$W_A = 2W'_{ns}$；$k_A = 2k_{ns}$。

$\psi_A(t)$ 和 $\psi_B(t)$ 是 H_0 的解，通常总的波函数是这两个函数的线性组合。具体来说，它可以表示为

$$\psi(t) = C_A(t)\psi_A(t) + C_B(t)\psi_B(t) \tag{15.18}$$

其中，$C_A(t)$ 和 $C_B(t)$ 是与式（14.15）类似的时间依赖系数。如果将式（15.18）代入含时薛定谔方程中：

$$H\Psi(t) = i\partial\Psi/\partial t \tag{15.19}$$

注意 $\psi_A(t)$ 和 $\psi_B(t)$ 是没有扰动的薛定谔方程的解，可以得到：

$$VC_A(t)\psi_A(t) + VC_B(t)\psi_B(t) = i\dot{C}_A(t)\psi_A(t) + i\dot{C}_B(t)\psi_B(t) \tag{15.20}$$

假设 V 的对角矩阵元为 0，将式（15.20）分别乘以 $\psi_A^*(t)$ 和 $\psi_B^*(t)$，进行空间积分可以得到：

$$\langle \psi_B(t) \mid V \mid \psi_A(t) \rangle C_A(t) = i\dot{C}_B(t) \tag{15.21a}$$

$$\langle \psi_A(t) \mid V \mid \psi_B(t) \rangle C_B(t) = i\dot{C}_A(t) \tag{15.21b}$$

注意到式（15.21）和式（14.16）是相似的，但是 $\psi_A(t)$ 和 $\psi_B(t)$ 是时间依赖的。此外，V 总是时间关联的，因为它取决于原子之间的核间距。但是，与 $\psi_A(t)$ 和 $\psi_B(t)$ 含时变化相比，这种时间依赖性相对缓慢。

我们在计算中关注的焦点是共振的跃迁概率，这一条件在 $W_A = W_B + m\omega$ 时得到满足，其中 m 是整数。首先，利用式（15.16）和式（15.17）中的波函数和式（15.15）中贝塞尔函数的关系，精确地将矩阵元 $\langle \psi_B(t) \mid V \mid \psi_A(t) \rangle$ 描述为

$$\langle \psi_B(t) \mid V \mid \psi_A(t) \rangle = \langle \psi_B(t) \mid V \mid \psi_A(t) \rangle \sum_k J_k\left(\frac{(k_A - k_B)E_{mw}}{\omega}\right) e^{-i[W_A - W_B + k\omega]t} \tag{15.22}$$

从式 15.22 可以很明显地看出 $\langle \psi_B(t) \mid V \mid \psi_A(t) \rangle$ 是一个空间矩阵元的点积，原子快速通过彼此，而贝塞尔函数求和包含了大量范围的频率，因此空间矩阵元随时间变化得较慢。在共振时求和的一项在时间中为常数，其他项则会在 ω 的倍数处振荡。在碰撞持续时间远大于微波周期的情况下，振荡项平均为 0，并不会引起跃迁。因此，在辐射 m 个光子的碰撞中，即 $W_A = W_B + m\omega$，式（15.22）中矩阵元的重要常数项部分可以表示为

$$\langle \psi_B(t) \mid V \mid \psi_A(t) \rangle = \langle \psi_B(t) \mid V \mid \psi_A(t) \rangle J_m\left(\frac{KE_{mw}}{\omega}\right) \tag{15.23}$$

其中，$K = k_A - k_B$。式（15.23）中的矩阵元与正常共振碰撞中矩阵元相同，只是多了一个贝塞尔常数因子。因此，可以采用第 14 章中的方法计算跃迁概率。

目前，所有的关于里德堡原子辐射碰撞的实验，都是在碰撞速度垂直于静电场和微波场的方向上进行的，因此获得的结果在空间取向上取了平均，所以采用复杂的相互作用模型意义不大。通常假设

$$|\langle \psi_B(t) \mid V \mid \psi_A(t) \rangle| = \begin{cases} \dfrac{\chi}{b^3}, & r < \dfrac{\sqrt{5b}}{2} \\ 0, & r > \dfrac{\sqrt{5b}}{2} \end{cases} \tag{15.24}$$

其中,b 是碰撞参量;$\chi = \mu_1 \mu_2$。在这个假设下,原子作用时间是 b/v。采用式(15.24)中的矩阵元将会导致在碰撞中 $C_A(t)$ 和 $C_B(t)$ 为正弦振荡解。如果假设初始条件为 $C_A(-\infty) = 1$ 与 $C_B(-\infty) = 0$,那么在碰撞之后有

$$C_A^2(t) = \cos^2\left[\frac{\chi}{b^2 v} J_m\left(\frac{KE_{mw}}{\omega}\right)\right] \tag{15.25a}$$

在碰撞参量 b 条件下的跃迁概率 $P_m(b)$ 通过 $C_B^2(t)$ 可以表述为

$$P_m(b) = C_B^2(t) = \sin^2\left[\frac{\chi}{b^2 v} J_m\left(\frac{KE_{mw}}{\omega}\right)\right] \tag{15.25b}$$

式(15.25b)中的跃迁概率和式(20.25)中的跃迁概率是同一个形式,并且 $D = \chi \mid J_m(KE_{mw}/\omega)\mid$。通常,定义一个碰撞因子 $b_m(E_{mw})$:

$$\frac{\chi}{b_m^2(E_{mw})v}\left| J_m\left(\frac{KE_{mw}}{\omega}\right) \right| = \frac{\pi}{2} \tag{15.26}$$

当 b 从 0 增加到 $b_m(E_{mw})$ 时,$P_m(b)$ 在 0~1 振荡,最终 $P_m(b) = 1$。当 b 从 $b_m(E_{mw})$ 增加到无穷大时,$P_m(b)$ 从 1 单调递减到 0。

在微波场 E_{mw} 下,为了获得 m 光子辅助碰撞散射截面,将跃迁概率对碰撞因子 b 积分,即

$$\sigma_m(E_{mw}) = \int_0^\infty 2\pi b \sin^2 \frac{\chi}{b^2 v}\left| J_m\left(\frac{KE_{mw}}{\omega}\right) \right| \mathrm{d}b \tag{15.27}$$

求解整个积分,可以得到:

$$\sigma_m(E_{mw}) = \frac{\pi^3}{4} b_m^2(E_{mw}) = \frac{\pi^2}{2}\frac{\chi}{v}\left| J_m\left(\frac{KE_{mw}}{\omega}\right) \right| \tag{15.28}$$

在没有微波场的情况下,如果碰撞过程中没有光子辐射,那么这样的碰撞就是共振碰撞。因为 $J_0(0) = 1$,可以将式(15.28)中的辐射散射截面表示为

$$\sigma_m(E_{mw}) = \sigma_R\left| J_m\left(\frac{KE_{mw}}{\omega}\right) \right| \tag{15.29}$$

即为共振散射截面 σ_R 和贝塞尔函数 $J_m(KE_{mw}/\omega)$ 幅值的乘积。

式(15.29)只有在强场区域是适用的。很明显,如果 $J_m(KE_{mw}/\omega)$ 很小,通过(15.26)式得到的 $b_m(E_{mw})$ 也很小。当这个值很接近于原子的尺寸时,式(15.29)不再适用。因为式(15.27)中的积分是由 $b \sim b_m(E_{mw})$ 的贡献决定的,其中能量与 r 无关的假设和偶极近

似都不成立。在这种情况下,即使碰撞参数很小,也不会导致如式(15.25b)所示的那样大的跃迁概率。

15.4　与弱场区域之间的联系

在里德堡原子的实验中,很难观察到截面比共振碰撞截面小 10 倍以上的辐射辅助碰撞,因此偏离式(15.29)的情况并不明显。然而,在其他情况下,如激光辅助碰撞,这种局限并不成立,并且考虑上述描述如何过渡到弱场状态[即 $J_m(KE_{mw}/\omega)$ 值很小的情况]是有趣的。如果将式(15.27)中的积分限制在较大的 r 空间区域,在这个区域中使用的近似是有效的,可以将式(15.27)重写为

$$\sigma_m = \int_B^\infty \frac{\chi^2}{b^4 v^2} J_m^2\left(\frac{KE_{mw}}{\omega}\right) 2\pi b \mathrm{d}b$$

$$= \frac{\pi\chi^2}{B^2 v^2} J_m^2\left(\frac{KE_{mw}}{\omega}\right) \tag{15.30}$$

明显,B 的下限是原子的几何半径。通常,对于主量子数为 n 的里德堡原子,$B = n^2 a_0$。式(15.30)中很重要的一点是 σ_m 正比于 $J_m^2(KE_{mw}/\omega)$。基于此,对较小的 $J_m(x) = (x/2)^m$ [12],对较小的微波场有

$$\sigma_m \propto E_{mw}^{2m}$$

$$\propto I_{mw}^m \tag{15.31}$$

即基于时间相关微扰理论,m 光子碰撞的散射截面与微波强度的 m 次方成正比,这与基于时间依赖微扰理论的预期一致。

15.5　低频区域

在前面关于辐射辅助碰撞的讨论中,假设在一次碰撞期间辐射场有许多周期,即 $\omega/2\pi \gg 1/\tau$。现在,考虑另一个也是特别有趣的极端情况,即 $\omega/2\pi \ll 1/\tau$。考虑在碰撞中的总场为

$$E = E_S + E_{rf}\cos(\omega t + \phi) \tag{15.32}$$

我们假设通过扫描静电场来观察碰撞共振。如果没有射频场,那么共振发生在 $E_S = E_R$,可以发现在加入如式(15.32)的额外的射频场时,共振发生在:

$$E_S = E_R - E_{rf}\cos(\omega t + \phi) \tag{15.33}$$

式(15.33)中代入了式(15.32)中的射频场。如果能够控制碰撞发生时的射频场的相位,那么共振就会像式(15.33)所描述的那样简单地发生偏移。如果不能控制相位,无论是因为激励激光与射频场不同步,还是因为碰撞可以在几个射频周期内随机发生,那么在任何给定的静态场观察到共振碰撞信号的概率与该静态场的总和等于 E_R 的可能性成比例。如果共振碰撞散射截面由函数 $\sigma_R(E)$ 给出,那么在场 $E_S + E_{rf}\cos(\omega t)$ 中,在 E_S 处观

察到的散射截面通过 $\sigma_R(E)$ 与下列函数的卷积给出：

$$f(E) = \begin{cases} \dfrac{1}{\pi E_{rf}\left[1 - (E - E_S/E_{rf})^2\right]^{1/2}} & , \quad |E - E_S| \leqslant E_{rf} \\ 0 & , \quad |E - E_S| > E_{rf} \end{cases} \quad (15.34)$$

换句话说，$\sigma(E_S)$ 是由静电场和振荡场中散射截面的时间加权平均值确定的。由于振荡场的大部分时间都在其转折点上，可以预期观察到的散射截面表现出如图 15.7 所示的特性[3]。

15.6 中频区域

已经考虑了与射频相位无关的高频区域，以及严重依赖于射频相位的低频区域。现在考虑中频区域 $\omega/2\pi \sim 1/\tau$，从低频侧切入进行研究。迄今为止，计算碰撞共振线形的唯一方法是显式数值积分。正如我们将看到的，当与实验结果进行比较时，计算预测的散射截面会出现多个峰值。然而，峰值之间的间隔并不对应于射频频率。可以用一张简单的图片来了解峰值的起源及其位置，尽管图片没有给出线形[14]。

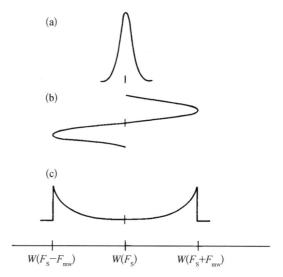

图 15.7 在低频微波场作用下的碰撞：(a) 没有微波的共振碰撞轮廓；(b) 一个微波场周期，显示了极端场值的幅度和时间加权；(c) 当微波周期与一次碰撞的持续时间相比变长时，典型的时间加权辐射碰撞线形[3]

为了更具体地说明，假设碰撞发生在时间间隔 $-T/2 < t < T/2$ 内，存在定义明确的相位的射频场，总的场由式（15.32）给出。考虑两个分子态 A 和 B 之间的跃迁，这两个态在静电场 E_R 处且 $r = \infty$ 时简并。我们假设，一般情况下，在 E_R 附近，B 态并没有斯塔克能移，而 A 态有一个线性的斯塔克能移。忽略偶极-偶极耦合的情况下，分子态 B 的能量 W_B 是一个常数，分子态 A 的能量表示如下：

$$W_A = W_B + k_A(E - E_R) \quad (15.35)$$

其中，E 由式（15.32）给出。从式（15.35）中，我们可以看到 W_A 跟随射频场变化。假设我们选取的射频场相位 $\phi = 0$，使 W_A 在允许的碰撞时间中心达到最大值。在图 15.8(a) 和 (b) 中，在 0.75 MHz 射频场的两个相位 $\phi = 0$ 和 $\pi/2$ 时分别展示了能量 W_A 和 W_B 随时间的变化。允许的碰撞时间为 $T = 0.7~\mu s$。偶极-偶极相互作用在共振时使得能级产生位移，并且导致如图 15.8 所示的能级回避交叉。在图 15.8(a) 中，展示了两个不同静电场 E_S 的情况。当 $E_S < E_R - E_{rf}$ 时，两个能级永远不会共振。当 $E_S = E_R - E_{rf}$ 时，两个能级在 $t = 0$ 时共振，由图中虚线所示，可以观测到展宽的共振。对于较大的 E_S，两个能级共振两次，如图中实线所示。跃迁幅值是在两次能级共振时 $t = \pm t'$ 为幅值的相干叠加。

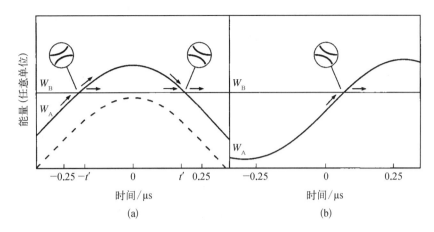

图 15.8 总电场 $E=E_S+E_{rf}\cos(\omega t+\phi)$ 中的初始态和最终态能量 W_A 和 W_B 随时间的变化，其中频率为 $\omega/2\pi=0.75$ MHz，允许碰撞时间 $T=0.7$ μs。W_B 与场无关，W_A 随场线性变化。（a）相位 $\phi=0$，$E_S<E_R-E_{rf}$ 不发生共振。随着静电场的增强，当 $E_S=E_R-E_{rf}$ 时，两个能级在 $t=0$ 时发生共振。当 $E_S>E_R-E_{rf}$ 时，两个能级发生两次共振，在 $t=\pm t'$ 处有两个共振相互作用周期。这些能级实际上没有交叉，而是出现了如插图所示的能级回避交叉现象。最初处于态 A 的原子可以通过两条路径到达态 B，并且当 $\varPhi_B t'$ 和 t' 之间累积的相位差为 $2\pi N$ 时，它们相长干涉。（b）当 $\phi=\pi/2$ 且 $E_S\approx E_R$ 时，E_R-E_{rf} 和 E_R+E_{rf} 之间的所有 E_S 值只出现一个相互作用周期[14]

如图 15.8(a) 所示，如果系统初始时刻处于态 A，它会经过两个回避交叉达到最终的态 B，并且从 A 到 B 有两个可能的路径。这两条路径的跃迁幅值相长干涉或是相消干涉，取决于两条不同路径之间的相位差 $\varPhi$。简单来说，$\varPhi$ 就是如图 15.8(a) 所示的两条曲线的所围成的面积：

$$\varPhi=\int_{-t'}^{t'}(W_A-W_B)\,\mathrm{d}t \tag{15.36}$$

如果 $\varPhi=2\pi N$，其中 N 是整数，那么将产生相长干涉。但是如果 $\varPhi=2\pi(N+1/2)$，则产生相消干涉。当 E_S 增加时，$\varPhi$ 会经历偶数个和奇数个 π 值，将会导致散射截面产生相干叠加和相干相消的振荡。检查图 15.8(a)，可以看到，随着 E_S 的增加，条纹应该变得更密集。对散射截面中振荡起源的描述表明，这类振荡是在微分散射中的一种 Stückelberg 振荡[15]。

在 $t=\pm t'$ 的共振相互作用，也可以被认为类似于 Ramsey 磁共振实验中的两个分离的振荡场区域，在这种情况下，散射截面中的振荡可以被认为是 Ramsey 条纹[16]。

对于 $\phi=0$，正如图 15.8(a) 所示，散射截面中的振荡应延伸到静态场：

$$E_S=E_R-E_{rf}\cos(\omega T/2) \tag{15.37}$$

在射频场相位 $\phi=\pi$ 时，碰撞共振相对于 E_R 是反向的。在 $\phi=\pi/2$，如图 15.8 所示，对于 $E_S\approx E_R$，结果是不同的。对于 E_S 的任何值，这两个能级最多发生一次共振，并且将会有一个宽的碰撞共振覆盖从 $E_S=E_R-E_{rf}\sin(\omega T/2)$ 到 $E_S=E_R+E_{rf}\sin(\omega T/2)$。

上述的描述很明显是低频描述的拓展,但是这也可以与高频极限相联系。考虑在 $\omega \gg 1/T$ 的情况,即会有很多周期,并且 $|E_S - E_R| \ll E_{rf}$,与射频场振幅相比,静态调谐场接近共振。为了获得大的跃迁概率,连续射频周期的跃迁幅度必须相干相加。仅发生在一个射频循环内相位差满足 $\Phi = 2\pi N$ 的情况,其中 N 为整数。利用式(15.35)的能量:

$$\Phi = \int_{-\pi/\omega}^{\pi/\omega} k_A \big[E_S + E_{rf}\cos(\omega t) - E_R \big] \mathrm{d}t$$
$$= \frac{2\pi k_A (E_S - E_R)}{\omega} \tag{15.38}$$

等同于:

$$k_A (E_S - E_R) = N\omega \tag{15.39}$$

换言之,共振相对于 E_R 发生了位移,位移量等效于 N 个光子的静态场移动,这与缀饰态图像中获得的结果相同。

式(15.39)揭示了碰撞共振发生的位置,但并未说明强度。强度由射频周期的两个部分的相位贡献决定,即 $W_A < W_B$ 和 $W_A > W_B$ 两种情况。当这两个半周期中积累的相位都是 2π 的整数倍时,碰撞共振很强。这一要求导致伴随 N 个光子碰撞共振强度的振荡与 $\cos(k_A E_{rf}/\omega + \gamma)$ 成比例,其中 γ 是一个小常数,其周期与贝塞尔函数表达式[式(15.29)]的周期相同。

通过钠原子进行的实验,虽然验证了强场、高频区域中辐射辅助碰撞理论的许多方面,但利用速度选择的钾原子进行的实验将测量扩展到了更高阶过程,并涵盖了碰撞时间与振荡场频率匹配的区域[14, 17, 18]。具体来说,研究过程如下:

$$K(n + 2)s + Knd \rightarrow Knp + K(n - 1)p + m\omega \tag{15.40}$$

在此过程中,研究速度选择的原子有很多值得关注的特性。首先,碰撞共振非常窄,因此很容易满足 $\omega/2\pi \gg 1/\tau$ 的条件,可以同时观察到伴随多光子过程的辐射辅助碰撞,而不超过可调谐范围。其次,由于碰撞时间很长,有可能观察到预测相位与过渡区 $\tau \sim 2\pi/\omega$ 中碰撞的依赖性。

所采用的技术与前一章中描述的用于研究钾原子共振碰撞的技术相同。使用了图14.13中所示的装置,与先前实验的唯一区别在于:向相互作用区域的顶板施加射频电压。频率为 $0.5 \sim 4.0$ MHz 的射频场可以保持自由运行,或者与激光激发保持相位锁定。

数据的采集方式与上述方法基本一致。钾原子通过激光激发,经过 4s→4p→29s,27d 被激发到 29s 和 27d 态。允许原子碰撞持续 1 μs,之后施加快速上升的失谐脉冲,随后施加缓慢增强的场电离脉冲。已经跃迁到 29p 态的原子被场电离脉冲选择性地电离,并被检测器捕获。当扫描小的静态调谐场时,监测该信号。射频场的振幅和相位作为参数进行调整。

使用如此低的碰撞频率,可以研究高阶的辐射碰撞过程,这一点在图15.9中得到了明确的体现。图15.9显示了在振幅为 $0 \sim 0.76$ V/cm 的 4 MHz 射频场作用下辐射碰撞信号的演化[17]。与上述钠原子情况不同,如图15.9(a)所示,当没有射频场时,只有一次碰撞共振。随着射频场振幅的增加,观察到了更高阶的共振碰撞过程,直到七光子辐射碰撞共振。值得注意的是,观测到 $m > 0$ 和 $m < 0$ 辐射辅助碰撞过程,大约对称分布在 6.44 V/cm 的碰撞共振位置两侧。由于二阶斯塔克能移,预计在极端静态调谐场处会出现轻微的不对称。

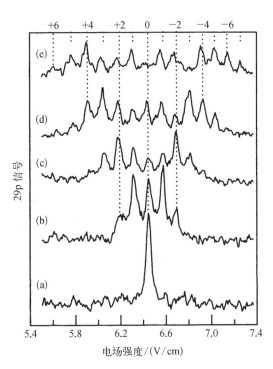

图 15.9 钾原子 $n = 29$ 在 4 MHz 射频场时的共振。5 组数据的射频场振幅分别为(a) 0 V/cm,(b) 0.19 V/cm,(c) 0.38 V/cm,(d) 0.57 V/cm 和(e) 0.76 V/cm。根据原子系统发射的射频光子的数量,顶部的坐标轴标记了边带共振峰值[17]

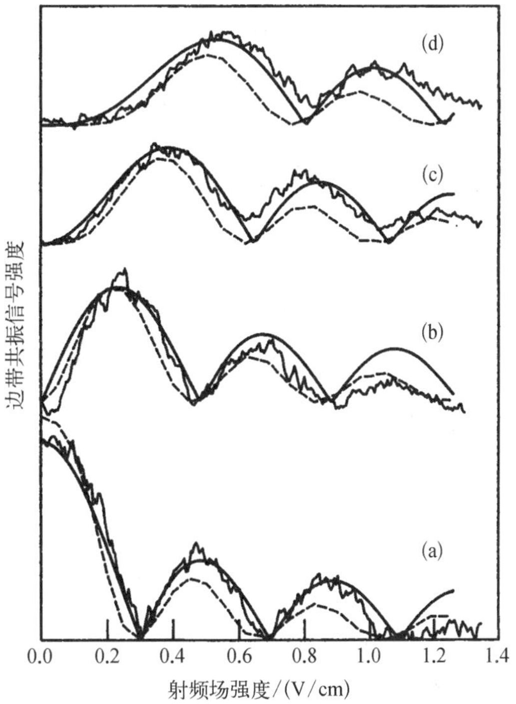

图 15.10 在 4 MHz 射频场中钾原子 29s 与 27d 辐射碰撞的前四阶边带共振的散射截面随射频场强度的变化。(a) 零光子共振碰撞截面;(b) +1 边带共振;(c) −2 边带共振;(d) +3 边带共振。实线表示实验数据,粗体线表示弗洛凯理论的预测数据,虚线表示跃迁概率的数值积分结果[17]

仔细观察图 15.9,可以发现特定 m 光子辅助的散射截面的强度随射频场振荡,符合方程(15.29)的贝塞尔函数依赖性。为了明确地证明这一点,静态场被固定在对应于几个 m 光子辅助共振的场值,并扫描射频场的振幅。在 $m = 0$、+1、−2 和 +3 的情况下,可得到图 15.10 所示的结果,图 15.10 清楚地显示了每个 σ_m 散射截面中的几个零点。此外,实验结果与方程(15.28)的表达式和使用随时间变化的能量 W_A 和 W_B 进行简单数值积分的方程(14.16)几乎完全吻合。仔细检查图 15.10,可以发现在最高射频场振幅下观察到的散射截面小于计算出的散射截面。这种差异归因于这样一个事实:即当射频场增加时,发生碰撞共振的静态场由于二阶 ac 斯塔克能移而轻微移动。

这些辐射碰撞的最后一个特点,是由 Thomson 等[17]通过实验证实的:在所有碰撞共振上积分的散射截面,随着射频场的增加而增加。由于第 m 次碰撞共振的散射截面为

$\sigma = \sigma_{R} \mid J_{m}(KE_{mw}/\omega) \mid$，并且满足 $\sum\limits_{m} J_{m}^{2}(x) = 1$，所以一般情况下，$\sum \sigma_{m} > \sigma_{R}$[17]。

正如在前面中指出的,速度选择钾原子碰撞的一个吸引人的特征在于:可以研究 $\omega/2\pi < 1/\tau$ 的特定区域。首先考虑这样的情况,对发生碰撞的场的相位没有控制。这种情况如图 15.11(b)~(d)所示,图 15.11 显示振幅逐渐增大的 1 MHz 且不受控相位的射频场的效果。由于激光在射频场的非受控相位发射,可以使用方程(15.34)计算观察到的散射截面。如图 15.11 所示,散射截面大致以图 15.7 所示的方式展宽。如图 15.11(d)和(e)的比较所示,分别用 1 MHz 和 0.5 MHz 的 0.2 V/cm 射频场,碰撞共振的展宽与施加场的频率无关,仅取决于其振幅,这与方程(15.34)的预测相吻合[18]。

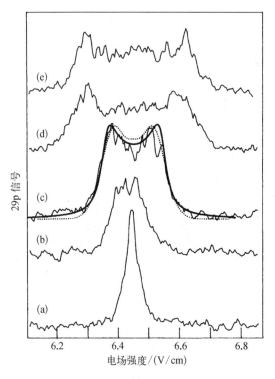

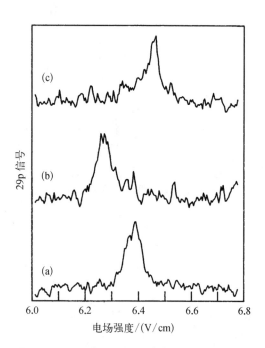

图 15.11　在低频射频场作用下钾原子 29s+27d 共振。在零射频场[图(a)]中,半高全宽为 1.6 MHz。在图(b)~图(d)中,存在强度分别为 0.05 V/cm、0.1 V/cm和0.2 V/cm 的 1.0 MHz 场;图(b)中的实线是跃迁概率的数值积分,粗体线是洛伦兹线形与共振正弦偏移的卷积;在图(e)中,射频频率为 0.5 MHz,其强度为 0.2 V/cm。对于这些低频率,特征不依赖于频率,而是依赖于场强[18]

图 15.12　(a)钾原子 29s 与钾原子 27d 共振,半高全宽为 2.0 MHz。在图(b)和图(c)中,分别存在相位为 0 和 π 的 0.5 MHz、0.1 V/cm 射频场。相位为 0 意味着余弦波在碰撞的时间中心处于最大值[18]

当低频射频场的相位受到控制时,观察到的碰撞共振会发生显著变化。利用方程(15.32)描述的场,当原子在区间 $-0.5\ \mu s < t < 0.5\ \mu s$ 内碰撞,并且相位 $\phi = 0$ 或 π 时,分别观察到如图 15.12(b)和(c)所示的碰撞共振,与式(15.33)的预测相吻合。如图 15.12(a)所示,在没有射频场的情况下,共振发生在 $E_{s} = 6.44$ V/cm。当 $\phi = 0$ 时,在较低的静电场,碰撞发生在射频场的最大值,如图 5.12(b)所示。类似地,当较高的静电场

碰撞发生在射频场的最小值时,结果如图 15.12(c)所示。

最后,考虑 $\omega/2\pi \approx 1/\tau$ 的情况。图 15.13 中显示了在碰撞时间 $T = 0.8\ \mu s$ 下获得的共振[$-0.4\ \mu s < t < 0.4\ \mu s$,振幅 $E_{rf} = 0.21\ V/cm$ 和频率 0.75 MHz 的射频场 $E_{rf}\cos(\omega t + \phi)$ 的两种相位选择,允许发生碰撞][14],图中显示了 6.44 V/cm 的无射频场共振。在图 15.13(b)中,相位 $\phi = 0$,实验曲线在 $E_s = 6.27\ V/cm$ 处显示宽峰,在 6.35 V/cm 处呈现次峰,在 6.40 V/cm 处可能呈现第三个次峰。图中虚线是数值计算的结果,也显示了方程(15.36)中 $N = 0\sim2$ 的峰值位置。可以看出,实验测得的峰值位置与数值计算结果及方程(15.36)所依据的图 15.8(a)中的干涉图所呈现的情况非常吻合。当 $\phi = \pi/2$ 时,如

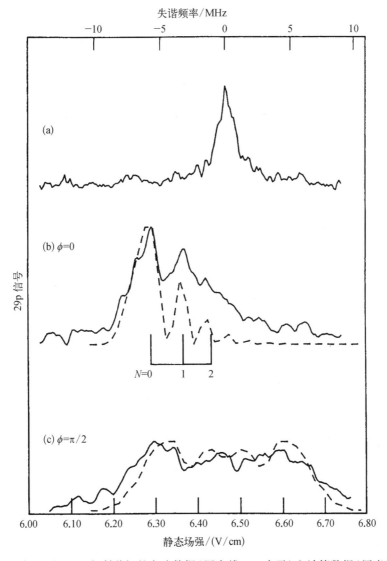

图 15.13　钾原子 $n = 29$ 辐射共振的实验数据(用实线 —— 表示)和计算数据(用虚线 − − 表示)线形关于静电场 E_s 的函数。(a)无射频场的无扰动共振,半高全宽 = 1.4 MHz;(b)0.75 MHz射频电场 $\phi = 0$ 情况下的共振;(c)0.21 V/cm 射频电场 $\phi = \pi/2$ 情况下的共振。频谱下面显示了使用 $\Phi = 2\pi N$ 条件计算的峰值位置[14]

图 15.13(c)所示,观察到一个单一的宽共振,没有明显的次峰。而且数值计算与实验结果一致。如图 15.8(b)所示,由于能级仅简并一次,不存在干涉的可能性。

随着射频频率的提高,所有相位都有可能发生干涉。图 15.14(a)和(b)分别显示了 1.48 MHz 射频场、振幅为 0.31 V/cm 时相位 $\phi = 0$ 和 $\phi = \pi/2$ 的实验结果。其中,$\phi = 0$ 的结果是 $\phi = \pi/2$ 结果的镜像。如图 15.14 所示,实验数据与式(15.36)的数值计算结果和预测相符。

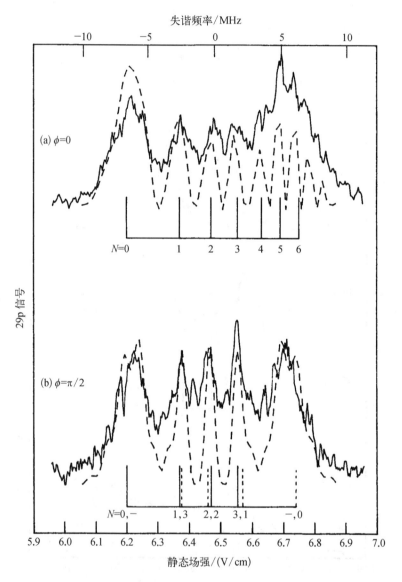

图 15.14 在 0.31 V/cm、1.48 MHz、相位为(a) $\phi = 0$ 和(b) $\phi = \pi/2$ 的射频场中,实验数据(用实线 —— 表示)和计算数据(用虚线 − − 表示)线形是静态场 E_s 的函数,允许的碰撞时间为 0.8 μs。使用 $\Phi = 2\pi N$ 计算的条纹位置显示在光谱下面。在图(b)中,显示了由于第一和第二(实心垂线标记),以及第二和第三(虚线垂线标记)相互作用之间的干涉而产生的条纹位置[14]

除了 $\phi = \pi/2$ 的曲线显示干涉峰之外，我们注意到，尽管这些干涉峰更窄，但它们出现在与 $\phi = 0$ 峰大致相同的静电场。随着射频频率的提高，相位依赖性慢慢消失，直到在 4 MHz 时几乎无法察觉，此时处于缀饰态图所描述的高频状态。

参考文献

1. L. I. Gudzenko and S. S. Yakovlenko, *Zh. Eksp. Teor. Fiz.* **62**, 1686（1972）（Sov. Phys. JETP35, 877（1972））.

2. A. Gallagher and T. Holstein, *Phys. Rev. A* **16**, 2413（1977）.

3. P. Pillet, R. Kachru, N. H. Tran, W. W. Smith, and T. F. Gallagher, *Phys. Rev. A* **36**, 1132（1987）.

4. R. W. Falcone, W. R. Green, J. C. White, J. F. Young, and S. E. Harris, *Phys. Rev. A* **15**, 1333（1977）.

5. P. Cahuzac and P. E. Toschek, *Phys. Rev. Lett.* **40**, 1087.

6. A. V. Hellfeld, J. Caddick, and J. Weiner, *Phys. Rev. Lett.* **40**, 1369（1978）.

7. W. R. Green, M. D. Wright, J. Lukasik, J. F. Young, and S. E. Harris, *Opt. Lett.* **4**, 265（1979）.

8. P. Pillet, R. Kachru, N. H. Tran, W. W. Smith, and T. F. Gallagher, *Phys. Rev. Lett.* **50**, 1763（1983）.

9. R. Kachru, T. F. Gallagher, F. Gounand, P. Pillet, and N. H. Tran, *Phys. Rev. A* **28**, 2676（1983）.

10. R. Kachru, N. H. Tran, and T. F. Gallagher, *Phys. Rev. Lett.* **49**, 191（1982）.

11. S. H. Autler and C. H. Townes, *Phys. Rev.* **100**, 703（1955）.

12. M. Abramowitz and I. A. Stegun, *Handbook of Mathematical Functions* National Bureau of Standards Applied Mathematics Series No. 55（US GPO, Washington, DC, 1964）.

13. F. Bowman, *Introduction to Bessel Functions*（Dover, New York, 1958）.

14. M J. Renn and T. F. Gallagher, *Phys. Rev. Lett.* **67**, 2287（1991）.

15. D. Coffey Jr., D. C. Lorents, and F. T. Smith, *Phys. Rev.* **187**, 201（1969）.

16. N. F. Ramsey, *Molecular Beams*（Oxford University Press, London, 1956）.

17. D. S. Thomson, M. J. Renn, and T. F. Gallagher, *Phys. Rev. A* **45**, 358（1992）.

18. M. M. Renn, D. S. Thomson, and T. F. Gallagher, *Phys. Rev. A* **49**, 409（1944）.

第 16 章

碱金属里德堡态光谱

在前两章中,我们已经看到钠原子与氢原子的不同,这是因为价电子围绕有限大小的钠离子实运行,而不是围绕质子的点电荷。由于钠离子实有一定尺寸,里德堡电子既可以穿透它,也可以使其发生极化。这两种现象最明显的表现发生在最低的 l 态,通过核穿透,这些态的能量大幅降低到氢原子相应的能级以下。核穿透是一种短程现象,量子亏损理论对此进行了很好的描述,如第 2 章所述。

在较高的 l 态中,里德堡电子通常被离心势 $l(l+1)/2r^2$ 排除在离子实之外,因此,在高 l 态中不会发生核穿透,但会发生核极化。由于与库仑势 r 偏差很小,核极化不能用波函数的相移来描述。然而,每个 nl 态能系电子极化能量表现出 n^{-3} 依赖性,这使得我们可以为每个能系指定一个量子亏损。与价电子穿透核的低 l 态不同,在高 l 态,只要测量 Δl 的能量间隔就能描述高 l 态的所有量子亏损。不管量子亏损是由核极化还是核穿透导致,重要的是确认量子亏损的准确数值,这些值对于确定里德堡态波函数和里德堡原子性质很重要。

尽管在图 2.2 所示的相对粗略的能量尺度上无法观察到精细结构能量间隔,但碱金属原子里德堡能级的自旋轨道分裂方式与氢原子存在系统的差异。处于高 l 态的精细结构能量间隔是类氢原子的,但低 l 态的精细结构能量间隔与氢原子完全不同。

我们对测量碱金属原子里德堡能级非常感兴趣,目的是提取量子亏损和精细结构能量间隔,有两种方法可以帮助我们完成这些测量。第一种是从低能级处进行纯光学测量,以直接确定里德堡态的量子亏损和精细结构能量间隔。第二种是通过射频共振或相关技术测量里德堡态之间的能量间隔。举例来说,测量几个高 l 态之间的能量间隔后,就能将观察到的能量间隔拟合到核极化模型,从而得到量子亏损。

测量数据可以表示为精细结构能系的量子亏损,也可以表示为 l 能级和精细结构劈裂的重心的量子亏损,我们将使用后一种表示方法,尽管这并不是唯一的方式。具体来说,可用式(16.1)表示 nlj 态的能量,其中 $j=l+s$,s 是电子自旋,如:

$$W_{nlj} = -\frac{1}{2(n-\delta_l)^2} + Sl \cdot s \qquad (16.1)$$

其中,S 是经验常数。nl 态的重心有如下能量表达式:

$$W_{nl} = -\frac{1}{2(n-\delta_l)^2} \qquad (16.2)$$

16.1　光学测量

历史上,处于低 l 态的里德堡原子的能量,是通过光子吸收或发射光谱而进行测量的。现在,光谱学仍然是获取光谱信息的宝贵工具,最有用的现代形式是无多普勒技术。举例来说,我们可以使用单频激光束对准直光束中的原子进行单光子激发,该激光束与原子束成直角相交。由于原子束的发散性,尽管多普勒展宽无法完全消除,但是可以通过这种方法以显著抑制其影响。例如,Fredriksson 等[1]在准直光束中使用 4 555 Å 的激光,激发铯原子从基态 $6s_{1/2}$ 态跃迁到 $7p_{3/2}$ 态,随后 $7p_{3/2}$ 态的原子分别有 11% 和 1% 衰变为 $5d_{5/2}$ 和 $5d_{3/2}$ 态。通过以直角穿过原子束的单模染料激光束,将原子从 $5d_j$ 态激发到 $nf_{5/2}$ 和 $nf_{7/2}$ 态。通过观察 $nf{\to}5d$ 的荧光来监测 nf 态原子的产生。他们观察到 10 MHz 宽的谱线,为铯原子 nf 态的精细结构能量间隔测量提供了宝贵的数据。

第二种无多普勒光学技术,是利用原子在封闭空间中随机移动产生的双光子光谱。双光子光谱的基本概念很简单。激光束自身向后反射,通常是为了产生在封闭空间中心双向传播的光束的重合焦点。在一个特定的参考系中,以速度 v 向右移动的原子,会将来自右侧的光子视为具有频率 $\nu(1 + v/c)$,而来自左侧的光子则被视为具有频率 $\nu(1 - v/c)$,其中 ν 是激光频率,c 是光速,两个频率之和为 2ν。因此,当 2ν 等于原子间的跃迁频率时,所有原子,无论速度如何,都同样可能从每个光束中吸收一个光子。

这种方法已经非常成功地用于测量钾原子[2-4]、铷原子[5,6]和铯原子[7,8]的双光子吸收光谱。最常用的检测方法如图 16.1 所示,原子包含在玻璃封闭空间中,通过里德堡原子的碰撞电离检测双光子吸收。图 16.1 中所示的玻璃封闭空间通常称为空间电荷受限二极管[9]。二极管的基本原理如下:电子从热线以热电离方式发射,但导线上的偏置电压非常低,因此电流受限于导线附近的电子空间电荷。如果一个原子在相当稠密的蒸气中被激发到里德堡态,它就会发生碰撞电离,形成的离子被吸引到发射电子的导线上。在

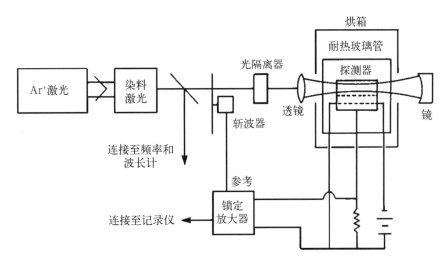

图 16.1　铷原子双光子光谱实验装置示意图

导线附近,离子部分中和了电子空间电荷,从而允许更大的电子电流流动。相对于电子,由于离子移动非常缓慢,许多电子通过每个离子到达导线所产生的空间电荷中的空穴而逸出。据报道,这类二极管的增益高达 10^6,因此毫不奇怪,它们在里德堡态的光谱学中得到了广泛的应用。

光学数据给出了里德堡能级相对于某个较低态的能量,而不是相对于电离极限的能量。使用谱项能量 T_{nl_j} 来描述 nl_j 态很方便,它是相对于基态能量而言的。如果知道光学跃迁的初始态的能量,光谱中所有观察到的跃迁频率很容易转换为谱项能量。此时提取精细结构能量间隔也很简单,它们只是在相同 n 和 l 值但不同 j 值的谱项能量的差异。

为了确定量子亏损,还需要确定电离极限。我们将电离极限 IP 定义为基态的结合能,或者等效地定义为 $n = \infty$ 时的谱项能量。一种简单直观的方法可以用来确定观察到的里德堡能系的电离极限和量子亏损。当去除精细结构能量时,遵循式(16.1)和式(16.2),得到的 nl 能级重心的观测谱项能量 T_{nl} 与量子亏损 δ_l 和电离极限 IP 有关:

$$T_{nl} = \text{IP} - \frac{1}{2(n - \delta_l)^2} \qquad (16.3\text{a})$$

或者在通用单位制下:

$$T_{nl} = \text{IP} - \frac{Ry}{2(n - \delta_l)^2} \qquad (16.3\text{b})$$

其中,Ry 是所研究原子的里德堡常数。在假设量子亏损远远小于主量子数的前提下,将式(16.3b)的右侧按 δ_l / n 展开,并略去高阶项,得到:

$$T_{nl} + \frac{Ry}{n^2} = \text{IP} - \frac{2Ry\delta_l}{n^3} \qquad (16.4)$$

如果简单地绘制 $T_{nl} + Ry/n^2$ 关于 $1/n^3$ 的曲线关系,将得到一条直线,y 截距表示电离极限,其斜率表示量子亏损。在图 16.2 中,所用数据来自 Moore[10] 的锂原子 5p ~ 15p 的谱项能量,以确定锂原子 np 能系的电离极限和量子亏损。图 16.2 中的电离极限为 43 486(1) cm^{-1},np 量子亏损为 0.046(1)。

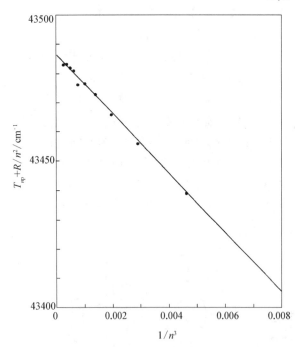

图 16.2 利用 Li np 里德堡能系的谱项能量来确定电离极限和量子亏损。5p ~ 15p 态的 $T_{np} + Ry/n^2$ 关于 $1/n^3$ 的曲线。y 的截距为电离极限斜率,即 $-2Ry\delta_p$

16.2 射频共振

上一章提到的技术可以精准确定光学可实现的里德堡态的能级,而测量到其他的里德堡能级间距的主要技术是微波共振技术,这项技术的基本概念与分子束共振实验中使用的概念相同。在碱金属原子实验中,可调谐激光用于激发光学可实现的里德堡态,然后由微波场驱动到另一个里德堡态,通过与原子跃迁的共振缓慢扫过微波场。为了检测跃迁是否发生,需要一种能够选择性检测微波跃迁最终态的方法。由于微波的初始和最终态过渡必然在能量上彼此接近,区分它们并不总是容易的。

为何微波共振技术在里德堡态光谱研究中如此吸引人,其背后的原因在估算驱动跃迁所需的微波功率时变得尤为清晰。为了驱动电偶极子 nd 态到 nf 态的跃迁,在时间 τ 内需要确保拉比频率等于时间 τ 的倒数,或者:

$$\mu E = \pi/\tau \tag{16.5}$$

其中,μ 是偶极跃迁矩;E 是微波电场。在 $\Delta n = 0$ 和 $\Delta l = 1$ 的里德堡原子跃迁中,$\mu \approx n^2$,并且原子暴露在微波中的时间可以达到几微秒(约 10^{11} a.u.)。因此,对于主量子数在 20 附近的里德堡态,强度约为 10^{-13} 的电场足以驱动这种跃迁。所对应的电场强度为 $500~\mu V/cm$ 的场,对应的功率密度为 $10^{-11} W/cm^2$。

单光子跃迁所需要的能量极小,这一特性让我们不禁想要探索双光子跃迁的可能性。考虑钠原子 16d 态到 16g 态的跃迁,通过虚拟中间态 16f′ 态实现这种跃迁,该虚拟态与真实的中间 16f 态之间存在失谐,如图 16.3 的插图所示。如果真实和虚拟中间态之间的失谐是 Δ,并且真实态之间的矩阵元素是 μ_1 和 μ_2,那么对于双光子跃迁,可以得到类似于式(16.5)的表达式:

$$\frac{\mu_1\mu_2 E^2}{\Delta} = \pi/\tau \tag{16.6}$$

尽管式(16.6)取决于精确的失谐,但实际上失谐为 $10^{-2}n^{-3}$ 量级的情况并不少见。如果假设 $\mu_1 = \mu_2 = n^2$,$\Delta n = 10^{-2}n^{-3}$,$\tau = 10^{11}$,此时评估式(16.6),对于 $n = 20$,那么发现 E 约为 10^{-11},或 50 mV/cm,对应于 $1~\mu W/cm^2$。

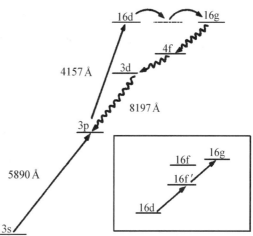

图 16.3　钠原子在 $n = 16$ 态下的双光子 d→g 共振所涉及的能级。直箭头为两个激光泵浦步骤;向下的波浪箭头表示 16g 态最可能的荧光衰减。在 8 197 Å 处观察到 3d→3p 荧光。插图显示了 d 态、f 态和 g 态及经过虚 f′ 态的双光子过程

观察微波跃迁的一种非常简单的方法,是仅从最终态检测荧光。Gallagher 等[11, 12]使用这种技术检测基于光学方法可以实现的 nd 态到 $3 \leqslant l \leqslant 5$ 态的 1 个、2 个和 3 个光子的钠跃迁,用于检测钠 16d 到 16g 跃迁的方案如图 16.3 所示。激发钠 nd 态需要波长为 5 890 Å 和 4 150 Å 的脉冲染料激光器,处于激发态的钠主要通过发射 4 150 Å 光子而衰变。所有 $l \geqslant 3$ 的态都可能通过 3d 态衰变,当其衰变到 3p 态时会产生 8 200 Å 的光子。使用滤色器和光电倍增管监测 8 200 Å 的荧光,可以轻松检测到从 d 态到 $l \geqslant 3$ 态的微波跃迁。典型的共振是钠 $16d_{3/2}$-$16g_{7/2}$ 双光子共振,如图 16.4 所示。

使用荧光检测时需要牢记几个注意事项。首先,当要检测的光子具有与激发光大不

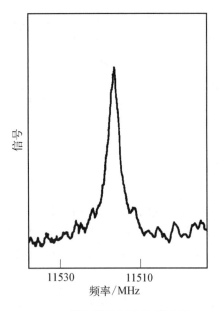

相同的波长和最可能的光学激发态衰变时,该方法最有用。其次,检测到的跃迁的分支比应该是有利的。再次,必须考虑微波跃迁的初始态和最终态的寿命。如果微波始终处于开启态,则在共振时,耦合态对会发生辐射衰变。如果微波跃迁的初始态具有更快的辐射衰变率,那么很少有原子会从最终态衰变,共振信号就会很小。如果激光激发是脉冲式的,并且仅使用微波脉冲,则辐射寿命的差异并不重要。最后,在如图 16.4 所示的情况下,从 nd 态通过较低的 np 态和 nf 态级联衰变到 3d 态是有可能的。级联衰变导致背景信号增强,从而可以部分地掩盖共振信号。

进行里德堡原子研究所特有的一种微波光谱学方法,是利用选择性场电离来区分微波跃迁的初始态和最终态。这个应用的一个示例技术,是 Fabre 等[13] 使用图 16.5 所示的方式测量钠里德堡态之间的毫米波的能量间隔。

图 16.4 增加微波频率扫描时的双光子钠 $16d_{3/2}$-$16g_{7/2}$共振[12]

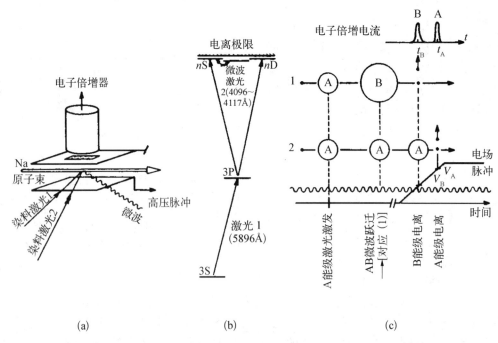

(a) (b) (c)

图 16.5 (a) 实验装置示意图;(b) 钠原子能级,显示了通过分步激光激发和微波跃迁布居的能级;(c) 钠原子经历的实验过程示意

使用两个脉冲可调谐染料激光器,光束中的钠原子在通过两个平行板之间时被激发,实现 ns 态或 nd 态的跃迁。在激光激发之后,原子暴露在返波振荡器发射的毫米波辐射中,持续时间 2~5 μs,然后将高压斜坡信号沿施加到下板,以选择性地电离微波跃迁的初

始态和最终态。例如,如果态 A 被光学激发并且微波诱导跃迁到更高的态 B,则 B 中的原子将在场斜坡信号的早期阶段电离,如图 16.5 所示。当扫描微波频率时,通过在图 16.5 的 t_B 处监测态 B 的场电离信号,即可观察到 A－B 共振。

在图 16.5 所示的方法中,激发、微波跃迁和选择性电离都发生在基本相同的位置,因为热原子在几微秒内的移动距离不会超过几毫米。也可以将实验的三个部分在空间上分开,例如 Goy 等[14]对双光子钠原子 39s→40s 态跃迁的测量,他们使用两束脉冲激光将钠原子在法布里－珀罗微波腔中从 3s 态激发到 3p 态再到 39s 态。在空腔中,由一个锁相返波振荡器供能,微波场驱动原子发生双光子跃迁到 40s 态。原子离开微波腔后,它们在两个平行板之间通过。一个随时间上升的电压被施加到选择电场,电离已跃迁到 40s 态的里德堡原子。通过将微波相互作用区域与场电离区分开,并允许原子与微波长时间相互作用,以获得 10 kHz 的共振线宽。在讨论精细结构测量时,给出了另一个稍微不同的例子,展示了如何使用选择性场电离来检测精细结构能级之间的转换。由于场电离的高效率,它是一种非常有吸引力的技术,但是受到所讨论能级的电离场分离的限制。这个问题在第 7 章中讨论。

第三种用于测量碱原子和钡原子里德堡态能量间隔的共振方法,是延迟场电离,它利用了随 l 数值而增加的寿命。Safinya 等[15]在铯从 nf 到 nh 态,以及从 nf 态到 ni 态跃迁研究中使用的方法是典型的。原子以类似于 Fredriksson 等[1]使用的方式被激发到 nf 态,只不过使用的是脉冲而不是连续激光。然后将原子暴露于 1 μs 的脉冲微波中,在约 15 μs 之后所有里德堡原子都被电离。这个时间大约是初始 nf 态的三个寿命时长,但小于 nh 态的一个寿命时长。处于光学激发态 nf 初始态的原子已大量衰变,但经历了 nf 态到 nh 态跃迁的原子没有衰变。因此,当微波调谐到共振时,电离信号增加。寿命的差异越大,这种方法效果越好。主要限制是黑体辐射将布居数从初始态重新分配到其他最终态,从而产生大量非共振背景信号[15]。

另一种已用于检测里德堡态之间的共振微波跃迁的方法,是通过选择性光电离[16],并通过微波跃迁所涉及的两个态之一的黑体辐射检测最终态[17]。一种令人惊讶的准确测量 Δl 能量间隔的方法是 Stoneman 等[18]使用的共振碰撞方法,用于测量小静电场中钾原子 ns 态、np 态和 nd 态之间的能量间隔。利用易于计算的所有能级的斯塔克位移,可以直接确定 p 态相对于 s 态和 d 态能量的零场能级,s 态和 d 态能量已通过多普勒自由双光子光谱测量[2, 3]。

16.3　离子实极化

来自微波共振实验的数据揭示了所研究能级的能量差。对于高 l 态,其中能量差仅归因于离子实极化,可以使用由 Mayer 等[19]首次提出的离子实极化模型计算量子亏损。该模型假设里德堡电子在围绕离子实的类氢轨道上缓慢移动,离子实则因为与电子的静电相互作用而极化。在这种情况下,缓慢移动意味着与里德堡态之间的能量间隔相比,离子实的激发态在能量上与离子基态相差甚远。极化能量 W_{pol} 由式(16.7)给出:

$$W_{pol} = \frac{-\alpha_d}{2} \langle r^{-4} \rangle - \frac{\alpha_q}{2} \langle r^{-6} \rangle \qquad (16.7)$$

其中，α_d 和 α_q 是离子实的偶极和四极极化率。可以将 nl 态的能量表示为

$$W_{nl} = -\frac{1}{2n^2} + W_{pol}$$

$$\approx -\frac{1}{2n^2} - \frac{\delta_l}{n^3} \qquad (16.8)$$

在式(16.8)中，遵循式(16.1)和式(16.2)中的约定，将量子亏损从精细结构中分离出来。

类氢波函数的 $\langle r^{-4} \rangle$ 和 $\langle r^{-6} \rangle$ 值已通过解析计算得到，表达式见表 2.3。检查表 2.3 的形式，因为径向波函数的归一化，$\langle r^{-4} \rangle$ 和 $\langle r^{-6} \rangle$ 明显都与 n^{-3} 成正比。但是，它们表现出不同的 l 依赖性；$\langle r^{-4} \rangle$ 正比于 l^{-5}，$\langle r^{-6} \rangle$ 正比于 l^{-8}。偶极子和四极子极化率对量子亏损的贡献，很容易通过测量几个能系之间的能量间隔来区分。此外，对于高 l，$\langle r^{-4} \rangle \gg \langle r^{-6} \rangle$，因此，对于高 l：

$$W_{pol} \approx \frac{-3\alpha_d}{4n^3 l^5} \qquad (16.9)$$

或者，就量子亏损而言：

$$\delta_l \approx \frac{3\alpha_d}{4l^5} \qquad (16.10)$$

将式(16.7)和式(16.8)的描述应用于观察到的能量间隔，是一件简单的事情。在这样做时，我们将遵循 Edlen[20] 的惯例，并使用里德堡常数 Ry 以波数形式表示能量，并根据所研究原子的核质量进行校正。由式(16.8)可知，对于相同 n 的 l 态和 l' 态，能量差为

$$\Delta W = W_{pol_{nl'}} - W_{pol_{nl}} \qquad (16.11)$$

它是 n、l 和 l' 的隐函数。可以把 ΔW 写成：

$$\Delta W = \alpha_d(P_{nl} - P_{nl'}) + \alpha_q(P_{nl}Q_{nl} - P_{nl'}Q_{nl'}) \qquad (16.12)$$

其中，

$$P_{nl} = Ry\langle r^{-4} \rangle_{nl} \qquad (16.13)$$

且：

$$Q_{nl} = \frac{\langle r^{-6} \rangle_{nl}}{\langle r^{-4} \rangle_{nl}} \qquad (16.14)$$

式(16.12)中，ΔW 的单位为 cm^{-1}，P_{nl} 的单位为 cm^{-1}/a_0^2，并且 Q_{nl} 的单位为 a_0^2。根据 Safinya 等的研究，可以将式(16.12)改写成更简洁的形式：

$$\Delta W = \alpha_d \Delta P + \alpha_q \Delta PQ \qquad (16.15)$$

其中,

$$\Delta P = P_{nl} - P_{nl} \tag{16.16}$$

且有

$$\Delta PQ = P_{nl}Q_{nl} - P_{nl'}Q_{nl'} \tag{16.17}$$

式(16.15)~式(16.17)中, ΔP 和 ΔPQ 也是 n 和 l 的隐函数。

将式(16.15)除以 ΔP,可以消除了 n^{-3} 的比例变化及偶极极化率对观察的 Δl 区间的影响。然后,式(16.15)可以表示为

$$\frac{\Delta W}{\Delta P} = \alpha_d + \alpha_q \frac{\Delta PQ}{\Delta P} \tag{16.18}$$

式(16.18)由测量的频率间隔 ΔW、变量 ΔP 和 ΔPQ 组成,这些变量很容易通过表2.3 中的类氢表达式、里德堡常数及未知的核心极化率 α_d 和 α_q 计算出来。将观察到的频率 ΔW 除以 ΔP,并绘制它们与 $\Delta PQ/\Delta P$ 的关系,得到一条直线,如图 16.6 所示的铯 ng-nh-ni 能量间隔。直线的截距 y 给出 Cs^+ 偶极子极化率, $\alpha_d = 15.544(30)a_0^3$;斜率给出 Cs^+ 四极子极化率, $\alpha_q = 70.7(20)a_0^5$。 如果在图 16.6 中添加铯原子 nf-ng 能量间隔,发现它们大了 20%,无法在一条直线上,这表明核穿透对铯原子 nf 态的量子亏损有约 20%的贡献。钠和锂的 $l \geqslant 2$ 的态也已进行了微波光谱研究,钠原子 d 态明显表现出离子实极化,而锂原子 d 态则没有。

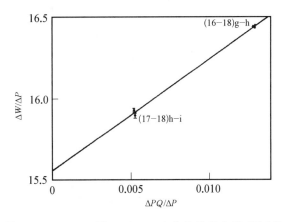

图 16.6　$\Delta W/\Delta P$ 随 $\Delta PQ/\Delta P$ 变化的关系曲线,用于提取 Cs^+ 有效偶极子和四极子极化率。其中 α_d' 和 $\alpha_q' \cdot \alpha_d'$ 是通过数据点拟合直线的 y 截距, α_q' 是其斜率[15]

表 16.1 中列出了实验测量的碱金属离子 Li^+、Na^+ 和 Cs^+ 的离子实极化率[15, 21, 22]及理论计算值[23-27]。遵循了 Freeman 和 Kleppner[28] 的约定,使用上撇号表示实验确定的极化率,即 α_d' 和 α_q'。 这样可以提醒我们,我们假设外层电子移动是非常缓慢的。正如 Freeman 和 Kleppner[28] 所讨论的,外部电子移动实际上必然导致 α_d' 和 α_q' 与 α_d 和 α_q 的偏差。然而,如表 16.1 所示,测量值 α_d' 和 α_q' 与计算值 α_d 和 α_q 之间的一致性很好,这证明了离子实极化法在描述高 l 激发态时是一种有效方法。

表 16.1　偶极和四极极化率

离　子	测　量　值		计　算　值	
	α_d' (a_0^3)	α_q' (a_0^5)	α_d' (a_0^3)	α_q' (a_0^5)
Li[+]	0.188 4(20)[a]	0.046(7)[a]	0.189[b]	0.112 2[c]
Na[+]	0.998 0(33)[d]	0.35(8)[d]	0.945 9[e]	1.53[e]
Cs[+]	15.544(30)[f]	70.7(29)[f]	19.03[g]	118.26[h]

a 见文献[21];b 见文献[23];c 见文献[24];d 见文献[22];e 见文献[25];f 见文献[15];g 见文献[26];h 见文献[27]。

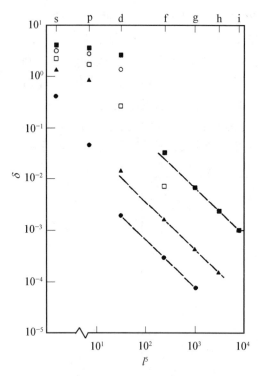

图 16.7　碱金属原子的量子亏损与 l^5 的关系示意图。实心圆点代表锂原子;实心三角代表钠原子;空心方框代表钾原子;空心圆圈代表铷原子;实心方框代表铯原子。注意高 l 时的 l^{-5} 依赖性,其中偶极极化率占主导地位[29]

图 16.7 以图形方式说明了这一点,该图是碱金属量子亏损与 l^5 的关系图[29]。高 l 态的线性关系表明,高 l 态具有量子亏损,这主要是由于偶极离子实极化率造成的。量子亏损由式(16.10)很好地表示。由于四极对离子实极化的贡献很小,测量的量子亏损与 l^{-5} 相关性的偏差通常标志着离子实隧穿的开始。从图 16.7 可以明显看出,锂原子的 np 态、钠原子的 nd 态和铯原子的 nf 态是离子实穿透率最高的态。正如我们将看到的,离子实穿透的存在与否在碱金属原子的精细结构中起着重要作用。碱金属原子的量子亏损的测量,远比像图 16.7 这种图形可展示的要精确得多[2-8, 10-15, 21, 22, 30-35]。精确的测量揭示了量子亏损的能量依赖性,这种依赖性可以方便地通过修正的 Rydberg–Ritz 表达式进行参数化[34]。量子亏损与 n 有轻微的相关性,并且它们通常被指定为已解析的 j 态,而不是它们的重心,如式(16.2)中所示。具体而言,nlj 态的量子亏损由式(16.19)给出:

$$\delta_{nlj} = \delta_0 + \frac{\delta_2}{(n-\delta_0)^2} + \frac{\delta_4}{(n-\delta_0)^4} + \frac{\delta_6}{(n-\delta_0)^6} + \frac{\delta_8}{(n-\delta_0)^8} + \cdots \quad (16.19)$$

参数 δ_0 和 δ_2 在表 16.2 中给出。对于高 n 态,等式(16.19)的前两项通常就足够了。

这些能级的谱项能量 T_{nlj} 可以很容易地用式(16.20)计算:

表 16.2　碱金属量子亏损数值表 [式 (16.19)]^a

系列		δ_0	δ_2	δ_3	δ_6	δ_8
[7]Li	$ns_{1/2}$	0.399 468	0.030 233	−0.002 8	0.011 5	
	$np_{1/2,\,3/2}$	0.472 63	−0.026 13	0.022 1	−0.068 3	
	$nd_{3/2,\,5/2}$	0.002 129	−0.014 91	0.175 9	−0.850 7	
	$nf_{5/2.72}{}^{b}$	0.000 305 5(40)	−0.001 26(5)			
[23]Na	$ns_{1/2}{}^{c}$	1.347 969 2(4)	0.061 37(10)			
	$np_{1/2}{}^{c}$	0.855 424(6)	0.122 2(2)			
	$np_{3/2}{}^{c}$	0.854 608	0.122 0(2)			
	$nd_{3/2.5/2}$	0.015 543	−0.085 35	0.795 8	−4.051 3	
	$nf_{5/2.7/2}{}^{d}$	0.001 663(60)	−0.009 8(3)			
[39]K	$ns_{1/2}$	2.180 197(15)	0.136(3)	0.075 9	0.117	−0.206
	$np_{1/2}$	1.713 892(30)	0.233 2(50)	0.161 37	0.534 5	−0.234
	$np_{3/2}$	1.710 848(30)	0.235 4(60)	0.115 51	1.105	−2.035 6
	$nd_{3/2}$	0.276 970(6)	−1.024 9(10)	−0.709 174	11.839	−26.689
	$nd_{5/2,\,7/2}$	0.277 158(6)	−1.025 6(20)	−0.592 01	10.005 3	−19.024 4
	$nf_{5/2.7/2}$	0.010 098	−0.100 224	1.563 34	−12.685 1	
[85]Rb	$ns_{1/2}$	3.131 09(2)	0.204(8)	−1.8		
	$np_{1/2}$	2.654 56(15)	0.388(60)	−7.904	116.437	−405.907
	$np_{3/2}$	2.641 45(20)	0.33(18)	−0.974 95	14.600 1	−44.726 5
	$nd_{3/2,\,5/2}$	1.347 157(80)	−0.595 53	−1.505 17	−2.420 6	19.736
	$nf_{5/2,\,7/2}$	0.016 312	−0.064 007	−0.360 05	3.239 0	
[133]Cs	$ns_{1/2}{}^{e}$	4.049 325(15)	0.246(5)			
	$np_{1/2}{}^{e}$	3.591 556(30)	0.371 4(40)			
	$np_{3/2}{}^{e}$	3.559 058(30)	0.374(40)			
	$nd_{3/2}{}^{e}$	2.475 365(20)	0.555 4(60)			
	$nd_{5/2}{}^{e}$	2.466 210(15)	0.016 7(5)			
	$nf_{5/2}{}^{e}$	0.033 392(50)	−0.191(30)			
	$nf_{7/2}{}^{e}$	0.033 537(28)	−0.191(20)			

a 参考文献 [34]，除非另有说明；b 参考文献 [21]；c 参考文献 [35]；d 参考文献 [2]；e 参考文献 [33]。

$$T_{nlj} = \text{IP} - \frac{Ry_{\text{alk}}}{(n - \delta_{nlj})^2} \tag{16.20}$$

其中，Ry_{alk} 是碱原子的里德堡常数。

表 16.3 给出了碱金属原子基态超精细能级重心的电离极限和碱金属原子最常见的同位素 Ry_{alk} 值。

表 16.3 碱金属电离势和里德堡常数

原 子	Ry^{alk}/cm^{-1}	IP$/cm^{-1}$
^{7}Li	109 728.64	43 487.15(3)
^{23}Na	109 734.69	41 449.44(3)
^{39}K	109 735.774	35 009.814(1)
^{85}Rb	109 736.605	33 690.798(2)
^{133}Cs	109 736.86	31 406.471(1)

16.4 精细结构能量间隔

通过微波共振技术测量 Δl 能量间隔时,通常也会产生精细结构能量间隔。然而,精细能级间 $\Delta l = 0$ 的跃迁也可以通过其他几种技术进行检测,其中第一种技术是射频共振。由于跃迁不涉及 l 的变化,它不是电偶极子跃迁而是磁偶极子跃迁,直接的方法是磁共振测量。Farley 和 Gupta[36] 已使用磁共振来测量铷中的 6f 和 7f 精细结构能量间隔,方法的示意图见图 16.8。将位于气室中的铷原子置于静态磁场,并通过非极化共振灯激发到 $5p_{3/2}$ 态,然后它们被圆极化连续激光束激发到 $nd_{5/2}$ 态。部分原子从 $nd_{5/2}$ 态衰变为 6f 态和 7f 态,且在 f 态中留下足够的极化,以使检测到的 nf→4d 荧光具有圆极化性。除了静磁场外,还有一个频率约为 400 MHz 的振荡磁场,其垂直于静态磁场。当磁场被扫过,如果这引起一个精细结构能级间的 $\Delta m_j = \pm 1$ 的跃迁并与射频磁场发生共振,那么会降低发射荧光的极化,从而让跃迁的检测成为可能。$\Delta j = 0$ 和 $\Delta j = 1$ 可以同时被检测到,其中,$\Delta j = 1$ 的能量间隔会对精细结构能量间隔更为敏感。

虽然精细结构跃迁本质上是磁偶极跃迁,但实际上更容易利用 $\Delta l = 1$ 的大电偶极矩阵元并通过电共振技术驱动跃迁,这种技术通常用于研究极性分子的跃迁[37]。在 z 方向存在约 1 V/cm 的小静电场时,钠原子 nd_j 态的精细结构获得少量 nf 态的特征,并且通过加入一个约 1 V/cm 的射频场,即可在 1 MHz 的拉比频率下驱动这些

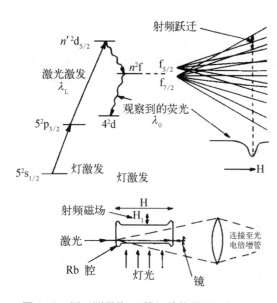

图 16.8 用于测量铷 nf 精细结构能量间隔的磁共振技术示意图。n^2f 态的铷原子由 $n'd_{5/2}$ 态的自发衰变产生布居,其中 $n'd_{5/2}$ 态由基态原子的逐步激发产生布居。分布在 n^2f 态的磁亚能级之间诱导的 rf 跃迁,通过极化的 n^2f→$4'd_{5/2}$ 荧光的强度变化来检测。图中下半部分为实验装置示意图[36]

态之间的电偶极子跃迁。

使用电共振技术的一个典型的例子是测量钠原子 nd 态的精细结构能量间隔和极化率张量[38]。这些跃迁可以使用选择性场电离进行观察,尽管由于很小的能量间隔(约 20 MHz),这些跃迁似乎不太可能用于场电离检测。在小的静电场中 $nd_{3/2}$ 态被选择性地从 $3p_{1/2}$ 态激发,在由平行于静态场的射频场诱发下通过 $\Delta m_j = 0$ 的跃迁到达 $nd_{5/2}$ 态。当一个缓慢上升的场电离脉冲作用于具有相同 m_j 的钠原子 $nd_{3/2}$ 和 $nd_{5/2}$ 态时,处于 $nd_{5/2}$ 态的原子被绝热传递到 $|m|-|m_j|=-1/2$ 的高场态,而 $nd_{3/2}$ 态原子演化到 $|m|-|m_j|=1/2$ 的态,相关性图如 7.10 所示。较低的 m 态更容易电离,并且设置电离场脉冲的峰值,以确保能够电离 $nd_{5/2}$ 态而不是相同 m_j 的 $nd_{3/2}$ 态。当扫描射频与精细结构能量间隔共振时,可以观察到场电离电流急剧增加。由于电离场对 m 的依赖比对 l 的依赖性更强,因此观察 nd 精细结构态之间的这些 20 MHz 跃迁比观察 20 GHz 下的 d→f 跃迁更容易。这项技术也已用于钠原子 np 态和钾原子 nd 态精细结构能量间隔的测量[38, 39]。

16.5　量子拍频和能级交叉

当精细结构能量间隔频率低于 100 MHz 时,这些频率也可以通过量子拍频光谱进行测量。量子拍频光谱的基本原理很简单。利用极化脉冲激光,两个精细结构的相干叠加态在更短的时间内被激发,这一时间远小于精细结构能量间隔的倒数。激发后,由于两个精细结构能级具有不同的能量,它们的波函数将以不同的速率演化。例如,如果在 $t=0$ 时刻从 $3p_{3/2}$ 态相干地激发至 $nd_{3/2}$ 和 $nd_{5/2} m_j = 3/2$ 态,那么在经过时间 t 后,nd 态的波函数可以写为[40]

$$| nd_{j2}^3 \rangle = \left\{ a \left| \frac{5}{2} \frac{3}{2} \right\rangle e^{-iW_{FS}t/2} + b \left| \frac{3}{2} \frac{3}{2} \right\rangle e^{iW_{FS}t/2} \right\} e^{(-i\bar{W}_n - \Gamma/2)t} \tag{16.21}$$

其中,$\bar{W}_n$ 是两个精细结构能级的平均能量。实数值系数 a 和 b(满足 $a^2 + b^2 = 1$)取决于激发方式中的极化,但在时间上是恒定的。因此,$d_{5/2}$ 态和 $d_{3/2}$ 态的相对量不随时间变化,但是都以辐射衰减速率 Γ 衰减。然而,m 特性的相对量在精细结构频率处振荡,并且这种振荡表现在任何依赖于 m 的特性中,例如在特定方向上荧光的极化,或特定 m 值而导致的场电离信号。当将式(16.21)中的 $|jm_j\rangle$ 表示为非耦合态 $|lm\rangle|sm_s\rangle$ 时,这一情况将变得更为明显。具体如下:

$$\left| \frac{5}{2} \frac{3}{2} \right\rangle = \sqrt{\frac{1}{5}} | 22 \rangle \left| \frac{1}{2} -\frac{1}{2} \right\rangle + \sqrt{\frac{4}{5}} | 21 \rangle \left| \frac{1}{2} \frac{1}{2} \right\rangle \tag{16.22a}$$

且

$$\left| \frac{3}{2} \frac{3}{2} \right\rangle = \sqrt{\frac{4}{5}} | 22 \rangle \left| \frac{1}{2} -\frac{1}{2} \right\rangle - \sqrt{\frac{1}{5}} | 21 \rangle \left| \frac{1}{2} \frac{1}{2} \right\rangle \tag{16.22b}$$

如果表示为非耦合态,则式(16.21)变成:

$$\left| nd_j \frac{3}{2} \right\rangle = \left\{ A \mid 22 \rangle \left| \frac{1}{2} - \frac{1}{2} \right\rangle + B \mid 21 \rangle \left| \frac{1}{2} \frac{1}{2} \right\rangle \left| \frac{1}{2} \frac{1}{2} \right\rangle \right\} e^{-\Gamma t/2} \qquad (16.23)$$

其中,

$$| A |^2 = \frac{1}{5} \left[a^2 + 4b^2 + 4ab\cos(W_{FS}t) \right]$$

$$| B |^2 = \frac{1}{5} \left[4a^2 + b^2 - 4ab\cos(W_{FS}t) \right] \qquad (16.24)$$

正如式(16.24)所示,$m = 2$ 和 $m = 1$ 的特性量在精细结构频率处振荡。

Haroche 等首次使用量子拍频,完成了对钠原子 nd 态的精细结构能量间隔的测量[41],他们在用极化激光激发 $n = 9$ 和 10 态之后,探测到极化时间分辨的 $nd \rightarrow 3p$ 荧光。具体来说,他们用两个反向传播的染料激光束,分别调谐到 $3s_{1/2} \rightarrow 3p_{3/2}$ 和 $3p_{3/2} \rightarrow nd_j$ 的跃迁,激发玻璃气室中的钠原子。两束激光具有正交的线性极化矢量 e_1 和 e_2,如图 16.9 所示。

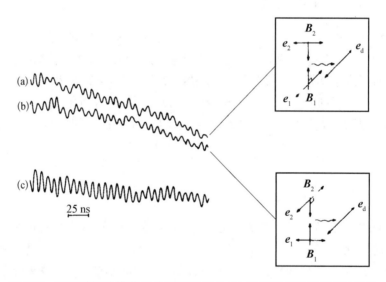

图 16.9　通过时间分辨荧光检测获得的钠 9d 能级精细结构拍频(平均 1 000 次)。图(a)表示 $e_1 \perp e_2$、$e_d \parallel e_2$ 时测得的轨迹信号;图(b)表示 $e_1 \perp e_2$、$e_d \parallel e_2$ 时测得的轨迹信号;(c)为图(a)减去图(b)的结果。e_1、e_2 和 e_d 分别为激光 1、激光 2 和检测到的荧光的电极化矢量;B_1 和 B_2 为两束激光的传播矢量[41]

在垂直于两个激光束传播方向的角度上,具有极化矢量 e_d 的 $nd_j \rightarrow 3p_{3/2}$ 荧光被探测到。如图 16.9(a)和图 16.9(b)所示,当 $e_1 \perp e_d$ 和 $e_2 \perp e_d$ 时,拍频信号的相位会发生反转。从图 16.9(a)的迹线中减去图 16.9(b)的迹线,得到图 16.9(c)的拍频信号。图 16.9 显示了钠 9d 态的拍频信号。激发激光的 4 ns 脉冲持续时间和光电管的 2 ns 上升时间设置,确保可以检测到的拍频信号频率上限为 150 MHz。Fabre 等[42]使用相同的技术将测量扩展到 $n = 16$。

检测拍频的另一种方法是场电离,这种方法对于更高的 n 态尤为有效。如果电场电离脉冲的施加速度比精细结构能量间隔快,则从 $lsjm_j$ 精细结构态到非耦合 $lmsm_s$ 态的通道是非绝热的,精细结构被投影到非耦合态 $lmsm_s$ 上,这是探测到拍频信号所需要的。此类实验首先由 Leuchs 和 Walther[43] 进行,通过施加一个快速上升的场电离脉冲,将处于 nD 态的钠原子从耦合的 $lsjm_j$ 态投影到非耦合的 $lmsm_s$ 态上,并且仅电离 $m = 0$ 和 1 能级的原子,而不电离在 $m = 2$ 能级上的原子。观察到的拍频信号如图 16.10 所示,使用这种技术,他们测量了 $21 \leqslant n \leqslant 31$ 的钠原子 nD 态的精细结构能量间隔。

Jeys 等[40] 利用了以下条件:整个场电离脉冲不需要速度很快,只需要最初上升到足够大的场,就能解耦自旋和轨道运动,从而将 Leuchs 和 Walther 的测量扩展到更高的 n 态。事实上,这一要求是相当宽松的。为了将精细结构态投射到非耦合态,仅需要的是一个相当小的大约为 1 V/cm 的场。Jeys 等在激光激发后,在某个可变时间施加约 1 V/cm 的快速上升的“冻结脉冲”,用于将零场精细结构态投射到非耦合态上。冻结脉冲之后是缓慢上升的电离脉冲,这使他们能够轻松地分离非绝热地电离 $m = 2$ 的能级与绝热电离 $m = 0$ 和 1 的能级。通过计算 $m = 2$ 的信号与总信号的比值,可清晰记录 n 高达 40 的拍频信号。

利用能级交叉光谱法,Fredriksson 和 Svanberg[44] 已经测量了几种碱原子的精细结构能量间隔。能级交叉光谱学、Hanle 效应和量子拍频光谱学密切相关。在上面对量子拍频谱的描述中,隐含地假设拍频比辐射衰减率 Γ 高。在图 16.11(a) 中地展示了通过探测具有两个正交极化的线性极化荧光获得的荧光拍频信号。当 $W_{FS} < \Gamma$ 时,两个极化荧光信号可能如图 16.11(b) 所示。通过检验图 16.11(a) 和 (b) 可以很明显地看出,在图 16.11(a) 中,虽然两个极化强度之间存在相位差,但对于 $W_{FS} \gg \Gamma$ 的情况,时间积分强度与 W_{FS} 无关。另外,在图 16.11(b) 中,很明显,当 $W_{FS} < \Gamma$ 时,不仅详细的时间依赖性不同,而且时间积分强度也不同。垂直极化的积分强度随着 W_{FS} 的减小而增加,而水平极化的积分强度是减小的。

前面已经讨论了荧光强度图,假设其是由短脉冲激光产生的。但实际上,这些图也代表了被单个光子激发后的观测到的荧光概率。在能级交叉实验中,通常存在微弱但连续的激发光子流,无法确定任何给定光子何时激发原子,因此我们能做的就是

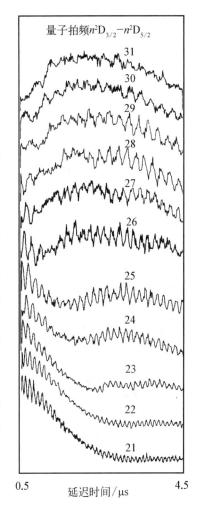

图 16.10　通过时间分辨选择性场电离得到的钠的高位 ^{2}D 态的量子拍频信号。图中展示了拍频随主量子数的变化规律。多个量子拍频的出现,是由于地磁场产生的精细结构能级的塞曼分裂[43]

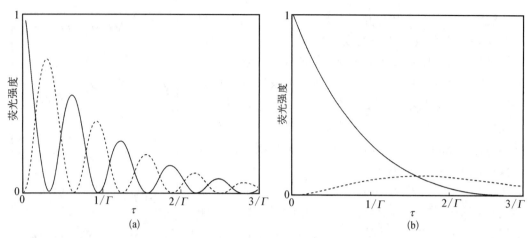

图16.11 对于不同的精细能级能量间隔 W_{FS} 与辐射衰减荧光 Γ 的比率。图(a) $W_{FS}=10\Gamma$,图(b) $W_{FS}=\Gamma$,在 x 轴极化光激发下,不同极化的荧光强度(实线为 x 极化;虚线为 y 极化)随时间变化。在图(a)中,发射的荧光强度只有相位变化;在图(b)中,时间积分荧光也有明显的差异

测量时间积分荧光。正如我们已经看到的,当 $W_{FS}<\Gamma$ 时,积分极化荧光会发生变化,如果简单地将 W_{FS} 从 $W_{FS}<-\Gamma$ 扫描到 $W_{FS}>\Gamma$,那么就会观察到积分极化荧光的显著变化。

在能级交叉实验中,利用磁场中交叉的两个磁能级的场依赖性,能够改变它们的能量间隔。图16.8 中展示了磁场中铷原子的 nf 态的能级[44]。不同 m_j 下 $nf_{5/2}$ 和 $nf_{7/2}$ 态能级交叉,并且光极化垂直于场(即 σ 极化)时,m_j 能级相差 2 的态可能会被相干地激发。远离交叉点时,平行于或垂直于磁场的时间积分荧光强度无显著差异。然而,在能级交叉处,平行极化荧光与垂直极化荧光的强度比值会明显增加。通过观测能级交叉信号对应的磁场和已知的轨道与自旋 gf 因子,可以直接提取精细结构能量间隔。Fredriksson 和 Svanberg 使用钠共振灯和可调谐连续染料激光器,通过 3p 态将热束中的钠原子激发到 nD 态。另外,他们通过扫描静磁场以观察 $n=5\sim9$ 的 nD 态的能级交叉信号,其中大多数的精细结构能量间隔太大,以至于无法通过量子拍频光谱测量,其中对于 $n=5\sim9$ 的最低场电平交叉的信号如图16.12 所示。

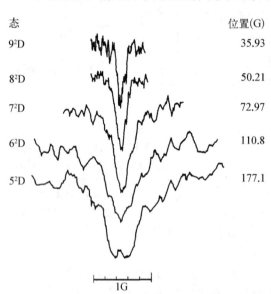

态	位置(G)
9^2D	35.93
8^2D	50.21
7^2D	72.97
6^2D	110.8
5^2D	177.1

1G

图16.12 钠原子 5D 态到 9D 态的能级交叉实验结果。在每种情况下,记录数据都是在最低场 $\Delta m_j=2$ 的能级交叉处得到的。每条曲线都进行了 $1\sim2$ h 的采样[44]

为了更清楚地了解碱金属的精细结构能量间隔,将它们与氢原子的精细结构能级进行比较是有用的。对于氢原子,如果满足以下关系,那么式(16.4)的能量是有效的[45]:

$$
\begin{cases}
\delta_l = 0, & l \text{ 取任意整数} \\[2mm]
S = \dfrac{a^2}{\left[\, l(2l+1)(l+1)\,\right] n^3}
\end{cases}
\tag{16.25}
$$

其中, a 是精细结构常数。利用式(16.4)和式(16.25), 可以表示氢精细结构能量间隔, $j = l + 1/2$ 态和 $j = l - 1/2$ 态之间的能量差为

$$
W_{\mathrm{FS}} = a^2 / 2l(l+1)n^3
\tag{16.26}
$$

也就是说, 能量间隔正比于 n^{-3}。在碱金属原子中, 能量间隔只是近似地与 n^{-3} 成正比。使用有效的能量间隔更好地表示量子数:

$$
W_{\mathrm{FS}} = \frac{A}{(n-\delta)^3} + \frac{B}{(n-\delta)^5} + \frac{C}{(n-\delta)^7}
\tag{16.27}
$$

在表 16.4 中, 将氢原子和碱金属原子的参数 A、B 和 C 的报告值列成表格[46-49]。从表 16.4 中可以看出几个现象。

表 16.4　精细结构参数

原　子	A	B	C
H np[a]	87.65 GHz		
H nd[a]	29.22 GHz		
H nf[a]	14.61 GHz		
Li np[b]	74.53 GHz		
Li nd[c]	29.096 GHz		
Na np[d]	5.376(5) Thz		
Na nd[e]	−97.8(10) GHz	520(20) GHz	
Na nf[f]	14.2(1) GHz		
K np[g]	20.084 7(12) THz	−6.78(75) THz	13.05(40) THz
K nd[h]	−1.131(18) THz	−15.53(66) THz	90.4(30) THz
Rb np[i]	85.865 THz		
Rb nd[j]	10.800(15) THz	−84.87(10) THz	
Rb nf[k]	−152 GHz	+1.82 THz	
Cs np[l]	213.925(20) THz	−56(4) THz	390(10) THz
Cs nd[m]	60.218 3(60) THz	−58(8) THz	
Cs nf[n]	−979.6 GHz	12.22 THz	−33.76 THz

a 见参考文献[45];b 见参考文献[10];c 见参考文献[21]和[46];d 见参考文献[35];e 见参考文献[47];f 见参考文献[48];g 见参考文献[18];h 见参考文献[3];i 见参考文献[49];j 见参考文献[5];k 见参考文献[36];l 见参考文献[33];m 见参考文献[8];n 见参考文献[1]。

　　首先,锂原子区间和钠的非穿透 f 态与氢的精细结构能量间隔非常接近。其次,除了锂原子外,所有碱金属原子的低 l 态的精细结构能量间隔比氢原子大得多。最后,钠原子和钾原子 nd 态与铷原子和铯原子的 nf 态相反。这些原子的高 l 态会呈现出核穿透特性。

　　理论上,解决精细结构反转问题采用了两种通用方法。一种是将相对论算子简化为非相对论形式,并使用它们来计算对非相对论解的微扰,Holmgren 等[50] 和 Sternheimer 等[51] 使用了这种方法,而 Luc-Koenig[52] 采用了另一种方法:在离子核的相对论势中求解狄拉克方程。两种方法都给出了相似的数值结果,Lindgren 和 Martensson 等[53] 的研究表明,这两种方法在某些情况下等效于 a^2 阶的项。从非相对论计算的角度来看,反转是由于价电子对核心的极化。正如 Sternheimer 等指出的那样,为了使这种效应更显著,核心电子必须具有非零角的角动量。因此,虽然钠原子 nd 态明显发生反转,但钾原子 nd 精细结构能量间隔与氢原子相应值的偏差小于 1%,这也就不足为奇了。

参考文献

1. K. Fredriksson, H. Lundberg, and S. Svanberg, *Phys. Rev. A* **21**, 241(1980).

2. C. J. Lorenzen, K. Niemax, and L. R. Pendrill, *Opt. Comm.* **39**, 370(1980).

3. D. C. Thompson, M. S. O'Sullivan, B. P. Stoicheff, and G-X Xu, *Can. J. Phys.* **61**, 949(1983).

4. CD. Harper and M. D. Levenson, *Phys. Lett.* **36A**, 361(1976).

5. K. C. Harvey and B. P. Stoicheff, *Phys. Rev. Lett.* **38**, 537(1978).

6. B. P. Stoicheff and E. Weinberger, *Can. J. Phys.* **57**, 2143(1979).

7. C. J. Lorenzen, K. H. Weber, and K. Niemax, *Opt. Comm.* **33**, 271(1980).

8. M. S. O'Sullivan and B. P. Stoicheff, *Can. J. Phys.* **61**, 940(1983).

9. D. Popescu, I. Popescu, and J. Richter, *Z. Phys.* **226**, 160(1969).

10. C. E. Moore, *Atomic Energy Levels*, NBS Circular 467 (U. S. Government Printing Office, Washington, 1949).

11. T. F. Gallagher, R. M. Hill, and S. A. Edelstein, *Phys. Rev. A* **13**, 1448(1976).

12. T. F. Gallagher, R. M. Hill, and S. A. Edelstein, *Phys. Rev. A* **14**, 744(1976).

13. C. Fabre, S. Haroche, and P. Goy, *Phys. Rev. A* **18**, 229(1978).

14. P. Goy, C. Fabre, M. Gross, and S. Haroche, *J. Phys. B* **13**, L83(1980).

15. K. A. Safinya, T. F. Gallagher, and W. Sandner, *Phys. Rev A* **22**, 2672(1981).

16. W. E. Cooke and T. F. Gallagher, *Opt. Lett.* **4**, 173(1979).

17. T. F. Gallagher, in *Atoms in Intense Laser Fields*, ed. M. Gavrila (Academic Press, Cambridge,1992).

18. R. C. Stoneman, M. D. Adams, and T. F. Gallagher, *Phys. Rev. Lett.* **58**, 1324(1987).

19. J. E. Mayer and M. G. Mayer, *Phys. Rev.* **43**, 605(1933).

20. B. Edlen, in *Handbuch der Physik*, ed. S. Flugge (Springer-Verlag, Berlin, 1964).

21. W. E. Cooke, T. F. Gallagher, R. M. Hill, and S. A. Edelstein, *Phys. Rev. A* **16**, 1141(1977).

22. L. G. Gray, X. Sun, and K. B. MacAdam, *Phys. Rev. A* **38**, 4985(1988).

23. H. D. Cohen, *J. Chem. Phys.* **43**, 3558(1966).

24. J. Lahiri and A. Mukherji, *Phys. Rev.* **141**, 428(1966).

25. J. Lahiri and A. Mukherji, *Phys. Rev.* **153**, 386(1967).

26. J. Heinrichs, *J. Chem. Phys.* **52**, 6316(1970).

27. R. M. Sternheimer, *Phys. Rev. A* **1**, 321(1970).

28. R. R. Freeman and D. Kleppner, *Phys. Rev. A* **14**, 1614(1976).

29. T. F. Gallagher, in *Progress in Atomic Spectroscopy*, eds. H. J. Beyer and H. Kleinpoppen, (Plenum, New York, 1987).

30. C. Corliss and J. Sugar, *J. Phys. Chem. Ref. Data* **8**, 1109(1979).

31. CJ. Lorenzen and K. Niemax, J. Quant, *Spectrosc. Radiative Transfer* **22**, 247(1979).

32. K. B. S. Eriksson and I. Wenaker, *Phys. Scr.* **1**, 21(1970).

33. P. Goy, J. M. Raimond, G. Vitrant, and S. Haroche, *Phys. Rev. A* **26**, 2733(1982).

34. C. J. Lorenzen and K. Niemax, *Phys. Scr.* **27**, 300(1983).

35. C. Fabre, S. Haroche, and P. Goy, *Phys. Rev. A* **22**, 778(1980).

36. J. Farley and R. Gupta, *Phys. Rev. A* **15**, 1952(1977).

37. H. K. Hughes, *Phys. Rev.* **72**, 614(1947).

38. T. F. Gallagher, L. M. Humphrey, R. M. Hill, W. E. Cooke, and S. A. Edelstein, *Phys. Rev. A*, **15**, 1937 (1977).

39. T. F. Gallagher and W. E. Cooke, *Phys. Rev. A* **18**, 2510(1978).

40. T. H. Jeys, K. A. Smith, F. B. Dunning, and R. F. Stebbings, *Phys. Rev. A* **23**, 3065(1981).

41. S. Haroche, M. Gross, and M. P. Silverman, *Phys. Rev. Lett.* **33**, 1063(1974).

42. C. Fabre, M. Gross, and S. Haroche, *Opt. Comm.* **13**, 393(1975).

43. G. Leuchs and H. Walther, *Z. Physik A* **293**, 93(1979).

44. K. Fredricksson and S. Svanberg, *J. Phys. B* **9**, 1237(1976).

45. H. A. Bethe and E. A. Salpeter, *Quantum Mechanics of One and Two Electron Atoms*, (Academic Press, New York, 1957).

46. J. Wangler, L. Henke, W. Wittman, H. J. Plohn, and H. J. Andra, *Z. Phys. A.* **299**, 23(1981).

47. C. Fabre and S. Haroche, in *Rydberg States of Atoms and Molecules*, eds. R. F. Stebbings and F. B. Dunning (Cambridge University Press, Cambridge, 1983).

48. N. H. Tran, H. B. van Linden van den Heuvell, R. Kachru, and T. F. Gallagher, *Phys. Rev. A* **30**, 2097 (1984).

49. S. Liberman and J. Pinard, *Phys. Rev. A* **20**, 507(1979).

50. L. Holmgren, I. Lindgren, J. Morrison, and A. M. Martenson, *Z. Physik A* **276**, 179(1976).

51. R. M. Sternheimer, J. E. Rodgers, T. Lee, and T. P. Das, *Phys. Rev. A* **14**, 1595(1976).

52. E. Luc-Koenig, *Phys. Rev. A* **13**, 2114(1976).

53. I. Lindgren and A. M. Martensson, *Phys. Rev. A* **26**, 3249(1982).

第 17 章

碱土金属原子的射频谱

束缚的碱土金属原子的光谱具有两个独特特征,这些特征在碱金属原子和氢原子的光谱中并不存在。首先,由于存在收敛到更高电离极限的双激发态,束缚里德堡能系呈现出规律性扰动。其次,在更高的角动量态下,有明确的证据表明在第 16 章中用来描述碱金属原子的绝热核极化模型不再适用[1]。尽管可能不是那么显然,但这两种特征是同一种现象的稍微不同的表现形式。光谱的微扰已经通过射频谱和光学光谱进行了研究,但核极化只能通过射频谱进行研究。

17.1 核极化中能系微扰和非绝热效应的理论描述

为简单起见,先考虑钡原子,尽管实际上可以对任何碱土金属原子进行同样的分析过程。假设钡原子是由一个惰性球形封闭壳 Ba^{2+} 核及最外层两个电子组成[2]。通过查看图 17.1 的能级图,可以轻松理解 van Vleck 和 Whitelaw[3] 处理问题时所用的基本概念。

每个钡离子的单电子态都支持一个由外层电子的束缚态和连续态构成的整体系统。束缚 $6snl$ 里德堡态是能量最低的束缚态系统。作为初步近似,可以忽略两个电子之间的相互作用,构建两个电子态的波函数。然而,当相互作用作为微扰引入时,对束缚 $6snl$ 态的能量进行二阶校正,这在大多数情况下会减小其能量。这种描述在绝热极限下近似为 Mayer 的核极化模型[1]。

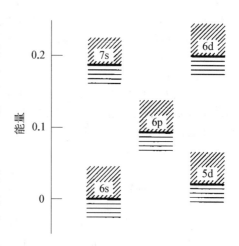

图 17.1 钡离子能级示意图。粗线表示钡离子的最低能级,细线表示钡里德堡能系收敛于此,斜线区域表示连续态在其之上

钡原子外壳层两个电子的哈密顿量可以表示为

$$H = -\left[\frac{\nabla_1^2}{2} + \frac{\nabla_2^2}{2} + f(r_1) + f(r_2) - \frac{1}{r_{12}} \right] \tag{17.1}$$

其中,$-f(r)$ 是距离 Ba^{2+} 核 r 处电子的电势;r_{12} 是两个电子之间的距离。由于 r 趋于无穷大时,$f(r) \to 2/r$。可以将 H 分解为

$$H = H_0 + H_1 \tag{17.2}$$

所以有

$$H_0 = -\left[\frac{\nabla_1^2}{2} + \frac{\nabla_2^2}{2} + f(r_1) + \frac{1}{r_2} \right] \tag{17.3a}$$

$$H_1 = -f(r_2) + 1/r_2 + 1/r_{12} \tag{17.3b}$$

利用 H_0，可以写出不含时的薛定谔方程：

$$-\left[\frac{\nabla_1^2}{2} + f(r_1) + \frac{\nabla_2^2}{2} + \frac{1}{r_2} \right] \Psi(\boldsymbol{r}_1, \boldsymbol{r}_2) = W\Psi(\boldsymbol{r}_1, \boldsymbol{r}_2) \tag{17.4}$$

其中，$\boldsymbol{r}_1$ 和 $\boldsymbol{r}_2$ 分别是从 Ba^{2+} 核到电子 1 和 2 的位置矢量。式 (17.4) 可以分解为两个独立的方程：

$$-\left[\frac{\nabla_1^2}{2} + f(r_1) \right] \psi_1(\boldsymbol{r}_1) = W_1\psi_1(\boldsymbol{r}_1) \tag{17.5a}$$

$$-\left(\frac{\nabla_2^2}{2} + \frac{1}{r_2} \right) \psi_2(\boldsymbol{r}_2) = W_2\psi_2(\boldsymbol{r}_2) \tag{17.5b}$$

其中，

$$\Psi(\boldsymbol{r}_1, \boldsymbol{r}_2) = \psi_1(\boldsymbol{r}_1)\psi_1(\boldsymbol{r}_2) \tag{17.6a}$$

以及：

$$W = W_1 + W_2 \tag{17.6b}$$

式 (17.5a) 的解是 Ba^+ 波函数 $\phi_{n'l'm'}(\boldsymbol{r}_1)$，式 (17.5b) 的解是 H 波函数 $u_{nlm}(\boldsymbol{r}_2)$。具体而言，式 (17.6a) 变为

$$\Psi(\boldsymbol{r}_1, \boldsymbol{r}_2) = \phi_{n'l'm'}(\boldsymbol{r}_1)u_{nlm}(\boldsymbol{r}_2) \tag{17.7}$$

式 (17.5b) 变为

$$W = W_{n'l'} - 1/2n^2 \tag{17.8}$$

其中，$W_{n'l'}$ 是 $Ba^+ n'l'$ 态相对于 Ba^{2+} 电离极限的能量。式 (17.7) 的波函数可以很好地表示高 l 量子数的里德堡态，尽管它不是反对称的并且没有考虑交换效应。

从式 (17.8) 可以看出，所有具有相同 n、l 和 m 的态都是简并的。为了消除这种简并，需要将 H_1 作为微扰项考虑进来。对于高 l 态，其中 $r_2 > r_1$，势能 $f(r_2)$ 可以写为 $f(r_2) = 2/r_2$。将方程其中的 $f(r_2)$ 替换为 $2/r_2$，将 $1/r_{12}$ 展开成 r_1 和 r_2 的形式，哈密顿量 H_1 可以表示为

$$H_1 = \frac{-2}{r_2} + \frac{1}{r_2} + \left[\frac{1}{r_2} + \frac{r_1}{r_2}P_1(\cos\theta_{12}) + \frac{r_1^2}{r_2^3}P_2(\cos\theta_{12}) + \cdots \right]$$

$$= \frac{r_1}{r_2^2}P_1(\cos\theta_{12}) + \frac{r_1^2}{r_2^3}P_2(\cos\theta_{12}) + \cdots \tag{17.9}$$

其中，θ_{12} 是 $\boldsymbol{r}_1$ 和 $\boldsymbol{r}_2$ 之间的夹角。为了方便计算，通常将勒让德多项式展开为球谐函数的

形式。具体如下[4]：

$$P_k(\cos\theta_{12}) = \left(\frac{4\pi}{2k+1}\right) \sum_m Y_{km}^*(\theta_1, \phi_1) Y_{km}(\theta_2, \phi_2) \tag{17.10}$$

其中，θ_1、ϕ_1 和 θ_2、ϕ_2 分别是电子 1 和 2 相对于通过 Ba^{2+} 核坐标轴的角坐标。由于方程 (17.7) 的角特征函数是球谐函数，Ba^+ 的基态是 s 态，对于钡原子 $6snl$ 态，H_1 的对角矩阵元为零，对来自 H_1 的能量没有一阶校正。钡原子 $6snl$ 能量的二阶校正可以使用方程的偶极子和四极子项以实现足够高精度表示。具体而言，将二阶能量 W_2 写为

$$W_2 = W_d + W_q \tag{17.11}$$

其中，

$$W_d = \sum_{n'l'n''l''} \left[\frac{\left\langle 6snl \left| \frac{r_1}{r_2^2} P_1(\cos\theta_{12}) \right| n'l'n''l'' \right\rangle \left\langle n'l'n''l'' \left| \frac{r_1}{r_2^2} P_1(\cos\theta_{12}) \right| 6snl \right\rangle}{W_{6snl} - W_{n'l'n''l''}} \right] \tag{17.12}$$

和

$$W_q = \sum_{n'l'n''l''} \left[\frac{\left\langle 6snl \left| \frac{r_1^2}{r_2^3} P_2(\cos\theta_{12}) \right| n'l'n''l'' \right\rangle \left\langle n'l'n''l'' \left| \frac{r_1^2}{r_2^3} P_2(\cos\theta_{12}) \right| 6snl \right\rangle}{W_{6snl} - W_{n'l'n''l''}} \right] \tag{17.13}$$

在式 (17.12) 和式 (17.13) 中对于 n' 和 n'' 求和实际上包含连续态。由式 (17.12) 和式 (17.13) 给出的二阶能量偏移 W_2，都导致能系微扰和核极化。首先考虑 $6snl$ 里德堡系的微扰，例如，当一个低能态钡原子 $5dn''l''$ 态位于 $6snl$ 里德堡系中间时发生的微扰，$5d7d$ 态就是这种扰动粒子的一个典型例子。由于靠近 $6snl$ 里德堡态，$5dn''l''$ 态在式 (17.13) 的求和中占据主导地位。$6snl$ 里德堡态的能量位移可以表示为

$$\Delta W = W_q = \frac{\left| \left\langle 6snl \left| \frac{r_1^2}{r_2^3} P_2(\cos\theta_{12}) \right| 5dn''l'' \right\rangle \right|^2}{W_{6snl} - W_{5dn''l''}} \tag{17.14}$$

位于微扰 $5dn''l''$ 态之上的 $6snl$ 里德堡系的能量向上移动，而当位于微扰 $5dn''l''$ 态之下的能系向下移动。最接近扰动粒子的里德堡态的能量位移最显著。当存在不止一个微扰能级时，使用量子亏损理论通常比用等式 (17.14) 更为简便。

虽然 $6snl$ 里德堡能系的微扰通常来自与单个 $5dn''l''$ 态的相互作用，但核极化来自和整个收敛于钡离子激发态的里德堡能系的相互作用，这意味着式 (17.12) 和式 (17.13) 中的很多项都扮演着重要的角色。需要注意的是，这些求和并没有涵盖 n'、l'、n'' 和 l'' 的所有可能值。通过式 (17.10) 可以观察到，在式 (17.12) W_d 的表达式中，$l'=1$，$l''=l\pm1$，并且在式 (17.13) W_q 的表达式中，$l'=2$，$l''=l\pm2$。在钡原子中，$6s\rightarrow6p$ 偶极矩阵元和 $6s\rightarrow5d$

四极矩阵元是迄今为止,式(17.12)和式(17.13)最大的矩阵元,并且这些项的能量分母也最小。因此,按照高度近似的表达,在每种情况下都可以将 n' 的求和缩减为一项。

计算式(17.12)和式(17.13)的角矩阵元的最直接方法,是使用 Edmonds 的方法[5]。这种方法将矩阵元视为作用在电子 1 和 2 的波函数上的张量算子的标量积。使用这种方法,可以将 W_d 写为

$$
W_d = \frac{|\langle 6s | r_1 | 6p \rangle|^2}{3} \left[\sum_{n''} \frac{l \left| \left\langle n''l-1 \left| \frac{1}{r_2^2} \right| nl \right\rangle \right|^2}{(2l+1)(W_{6snl} - W_{6pn''l-1})} \right.
$$

$$
\left. + \sum_{n''} \frac{(l+1) \left| \left\langle n''l+1 \left| \frac{1}{r_2^2} \right| nl \right\rangle \right|^2}{(2l+1)(W_{6snl} - W_{6pn''l+1})} \right] \tag{17.15}
$$

将 W_q 写为

$$
W_q = |\langle 6s | r_1^2 | 5p \rangle|^2 \left[\frac{3}{10(4l^2-1)(2l+3)} \right]
$$

$$
\times \left[(2l-1)(l+1)(l+2) \sum_{n''} \frac{\left| \left\langle n''l+2 \left| \frac{1}{r_2^3} \right| nl \right\rangle \right|^2}{W_{6snl} - W_{5dn''l+2}} + \frac{2(l^2+l)(2l+1)}{3} \right.
$$

$$
\times \left. \sum_{n''} \frac{\left| \left\langle n''l \left| \frac{1}{r_2^3} \right| nl \right\rangle \right|^2}{W_{6snl} - W_{5dn''l}} + (2l+3)(l^2-l) \sum_{n''} \frac{\left| \left\langle n''l-2 \left| \frac{1}{r_2^3} \right| nl \right\rangle \right|^2}{W_{6snl} - W_{5dn''l-2}} \right] \tag{17.16}
$$

在式(17.15)和式(17.16)中,n'' 的求和也延伸到连续态上。n'' 的范围,或者等效地说,相对于钡离子的 6p 和 5d 态的能量范围,这两个能态对求和的贡献是不同的,这一点明确地展示在图 17.2 和图 17.3 中,图中显示了初始束缚态 6s18h 的矩阵元的平方。为了以一致的方式表示 18h 态和束缚态 $n''l'$ 或连续态 $\varepsilon''l'$ 虚拟中间态之间的矩阵元,将每个束缚态平方矩阵元 $|\langle n''l' | 1/r^k | 18h \rangle|^2$ 乘以 n''^3,并为其分配能量宽度 $1/n''^3$,其中心位于 Ba^+ 5d 或 6p 态下方的能量处 $1/2n''^2$。这样对束缚 $n''l'$ 态的求和变为 $n''l'$ 能系的能量积分,该积分在能系极限以上平滑连续。如图 17.2 所示,来自略低于 $n'' = 18$ 的 n'' 矩阵元 $|\langle n''g | 1/r^2 | 18h \rangle|^2$ 对 $n''g$ 求和占据了主导,而对于 $n''i$ 的求和,Ba^+ 6p 极限以上的连续态则对求和占据了主导。在图 17.3 中,对 $n''f$ 求和的贡献来自非常低的里德堡态,甚至低于束缚的 6s18h 的态,然而对 $n''h$ 求和的主要贡献主要来自 Ba^+ 5d 极限,以及对 $n''k$ 求和的贡献来自 5d 极限以上。在图 17.2 和图 17.3 中,显然对于偶极矩求和有贡献态的能量范围在 Ba^+ 6s~6p 能量间隔的 ±20%,对于四极矩的求和有贡献态的能量范围超过了 Ba^+ 6s~6p 的能量间隔。贡献项的能量范围相对于离子的能量的间隔导致了核极化中的非绝热效应。为了具体地展示这一点,现在应该先忽略图 17.2 和图 17.3 中能量的变化,假设 $W_{6snl} - W_{6pn''l''} = W_{6s} - W_{6p}$,以及 $W_{6snl} - W_{5dn''l''} = W_{6s} - W_{5d}$。虽然这种近似对钡原子来说

并不准确,但是对于氢原子和碱金属原子却是非常精确的。通过这些近似,可以移除方程(17.15)中的求和能量分母项,重新将 W_d 表示为

$$W_d = \frac{|\langle 6s \mid r_1 \mid 6p \rangle|^2}{3(W_{6s} - W_{6p})} \left[\frac{l}{2l+1} \sum_{n''} \left| \left\langle n''l - 1 \left| \frac{1}{r_2^2} \right| nl \right\rangle \right|^2 \right.$$

$$\left. + \frac{l+1}{2l+1} \sum_{n''} \left| \left\langle n''l + 1 \left| \frac{1}{r_2^2} \right| nl \right\rangle \right|^2 \right] \tag{17.17}$$

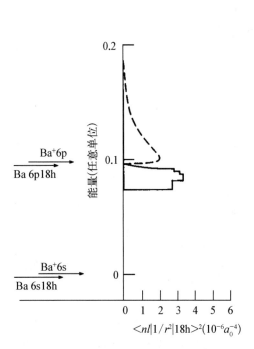

图 17.2 平方矩阵元 $\langle ng \mid 1/r^2 \mid 18h \rangle^2$(用实线表示)和 $\langle ni \mid 1/r^2 \mid 18h \rangle^2$(用虚线表示)的能量分布[3]

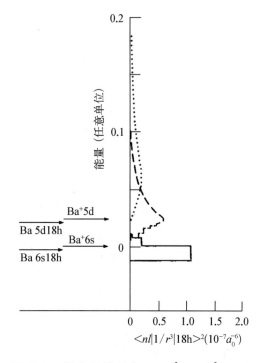

图 17.3 平方矩阵元 $\langle nf \mid 1/r^3 \mid 18h \rangle^2$(——)、$\langle nh \mid 1/r^3 \mid 18h \rangle$(--)和 $\langle nk \mid 1/r^3 \mid 18h \rangle^2$(···)随能量的变化,以展示平方矩阵元的能量分布。注意,大多数 $\langle nf \mid 1/r^3 \mid 18h \rangle^2$ 矩阵元都在 6s18h 态之下[3]

如果我们利用以下条件:由任意 n'' 和常数 l'' 组成的函数集 $n''l''$ 构成一个完整的径向函数集,那么可以得出以下结果:

$$\sum_{n''} \left| \left\langle n''l + 1 \left| \frac{1}{r_2^2} \right| nl \right\rangle \right|^2 = \sum_{n''} \left\langle nl \left| \frac{1}{r_2^2} \right| n''l'' \right\rangle \left\langle n''l'' \left| \frac{1}{r_2^2} \right| nl \right\rangle$$

$$= \sum_{n''} \left\langle nl \left| \frac{1}{r_2} \cdot 1 \cdot \frac{1}{r_2^2} \right| nl \right\rangle$$

$$= \left\langle nl \left| \frac{1}{r_2^4} \right| nl \right\rangle \tag{17.18}$$

利用式(17.17)和式(17.18),可以将偶极子能量 W_d 表示为

$$W_d = \frac{|\langle 6s | r_1 | 6p \rangle|^2}{3(W_{6s} - W_{6p})} \left\langle nl \left| \frac{1}{r_2^4} \right| nl \right\rangle \tag{17.19}$$

$$\approx \frac{-\alpha_d}{2} \left\langle nl \left| \frac{1}{r_2^4} \right| nl \right\rangle \tag{17.20}$$

采用同样的方式,四极子能量 W_q 可以表示为

$$W_q = \frac{|\langle 6s | r_1^2 | 5d \rangle|^2}{5(W_{6s} - W_{5d})} \left\langle nl \left| \frac{1}{r_2^6} \right| nl \right\rangle \tag{17.21}$$

$$\approx \frac{-\alpha_q}{2} \left\langle nl \left| \frac{1}{r_2^6} \right| nl \right\rangle \tag{17.22}$$

在式(17.20)和式(17.22)中,等式是近似的,因为在计算偶极子和四极子极化率时没有使用所有的 n'p 和 n'd 态。除了这种近似,上述内容表明:当离子能量间隔大于贡献矩阵元所涉及的能量范围时,van Vleck 和 Whitelaw[2] 的方法可以简化为绝热核极化模型[1]。然而,当离子能量间隔相对较小,如图 17.2 和图 17.3 所示,非绝热效应就会变得显著。然而进一步缩小离子能量间隔时,能系微扰效应就变得尤为重要。

为了明确展示与绝热模型的偏差,引入因子 k_d 和 k_q 是有用的[3]。具体来说,可用与绝热等价的形式写出式(17.15)和式(17.16)的偶极子和四极子能量。具体来讲:

$$W_d = \frac{-\alpha_d k_d}{2} \left\langle nl \left| \frac{1}{r_2^4} \right| nl \right\rangle \tag{17.23}$$

$$W_q = \frac{-\alpha_q k_q}{2} \left\langle nl \left| \frac{1}{r_2^6} \right| nl \right\rangle \tag{17.24}$$

在绝热情形下,$k_q = k_d = 1$。k_d 和 k_q 这两个系数通过式(17.23)和式(17.24)进行了隐式定义,由式(17.25)给出:

$$k_d = \frac{(W_{6p} - W_{6s})}{\left\langle nl \left| \frac{1}{r_2^4} \right| nl \right\rangle} \left[\frac{l}{2l+1} \sum_{n''} \frac{\left| \left\langle n''l - 1 \left| \frac{1}{r_2^2} \right| nl \right\rangle \right|^2}{W_{6pn''l-1} - W_{6snl}} \right.$$

$$\left. + \frac{l+1}{2l+1} \sum_{n''} \frac{\left| \left\langle n''l - 1 \left| \frac{1}{r_2^2} \right| nl \right\rangle \right|^2}{W_{6pn''l-1} - W_{6snl}} \right] \tag{17.25}$$

和:

$$k_q = \frac{(W_{5d} - W_{6s})}{\left\langle nl \left| \frac{1}{r_2^6} \right| nl \right\rangle} \left(\frac{3}{10(4l^2 - 1)(2l+3)} \right)$$

$$\times \left[(2l-1)(l+1)(l+2) \sum_{n''} \frac{\left| \left\langle n''l+2 \left| \frac{1}{r_2^3} \right| nl \right\rangle \right|^2}{W_{5dn''l+2} - W_{6snl}} \right.$$

$$+ \frac{2(l^2+l)(2l+1)}{3}$$

$$\times \left. \sum_{n''} \frac{\left| \left\langle n''l \left| \frac{1}{r_2^3} \right| nl \right\rangle \right|^2}{W_{5dn''l} - W_{6snl}} + (2l+3)(l^2-l) \sum_{n''} \frac{\left| \left\langle n''l-2 \left| \frac{1}{r_2^3} \right| nl \right\rangle \right|^2}{W_{3dn''l-2} - W_{6snl}} \right] \quad (17.26)$$

在表 17.1 中,给出了针对钡 $6snl$ 态计算出的 k_d 和 k_q 值。其中 k_d 的值与 n 无关,主要是因为 Ba$^+$ 6p 态的位置高于 6s 态,甚至对 k_d 求和贡献最低的 $6pnl$ 态都离 $6snl$ 态很远。对于 k_q 来说,存在平滑但明显地对 n 的依赖性,因为对 k_q 有很大贡献的最低的 $5dn''$ 态相对靠近 $6snl$ 态,因此测定 $6snl$ 里德堡态的精确能量非常重要。有趣的是,k_q 对于 $6snh$ 态是负的,因为其主要贡献来自 5d4f 态,这个态的能级位于 $n \approx 20$ 的 $6snh$ 态之下。因为使用式(17.26)计算 $6sng$ 态的精确值几乎不可能的,所以在表 17.1 中未给出相关数据。

表 17.1　针对钡 $6snl$ 态计算出的 k_d 和 k_q 值[3]

系数	n	$l = 4$	$l = 5$	$l = 6$	$l = 7$
k_d	所有	0.945	0.953	0.965	0.975
k_q	18		−0.430	1.67	1.11
	23		−0.355	1.89	1.14

如表 17.1 所示,当 l 增加时非绝热修正变小,例如 $k_d \to 1$ 和 $k_q \to 1$。这个概念可以通过观察图 17.2 和图 17.3 来定性地理解。随着 l 的增加,贡献项 $n''l'$ 的最小的组分公式 A 和 B 的和移动到更高的能量,因为 n'' 的最低值随着 l' 的增加而增加。

如前所述,式(17.20)和式(17.22)是近似的,因为在方程(17.15)和式(17.16)中忽略了更高的 Ba$^+$ 态。在更准确的计算中,可以将上述的方法应用于 Ba$^+$ 核的每个贡献态,这是一个直接的过程。同样重要的是,要注意来自 Ba$^+$ 高能态的贡献将比低能态的贡献更接近于绝热状态。

17.2　实验方法

目前有三种不同的方法用于对碱土金属里德堡态之间的间隔进行微波共振测量。在所有这些测量中,都对一束光中的碱土金属原子态进行选择性激光激发,并与最终态的选择性电离的三种形式之一相结合。

第一种检测技术是 Vaidyanathan 等[6] 使用的延迟场电离技术,用于测量钙中 $4snf^1F_3$–$4sng^1G_4$ 的能级间隔,如图 17.4 所示的时序图。采用分两步的光学方法,激发一束钙原子,$4s\rightarrow4p,4p\rightarrow nf$。在激发过程中,第二步需要建立 20 V/cm 的弱场。激光激发约 200 ns 后关闭电场,原子被暴露在 1.6 μs 的微波脉冲中。最后,大约 25 μs 后,所有存在的里德堡原子都被场电离脉冲电离。这种方法是基于这样一个事实,即 $4snf^1F_3$ 能级的寿命比 25 μs 短得多,而 $4sng^1G_4$ 态的寿命约为 25 μs。例如,24f 和 24g 态的寿命分别为 2.5(5) μs 和 25 μs[6]。只有当原子被微波从 nf 驱动到 ng 态,25 μs 之后才会形成里德堡原子。在这之后必须关闭微波,否则所有原子都会从 nf 态衰变,尽管衰变速率只有常规速率的一半。Vaidyanathan 等在 77 K 的温度下进行了实验,在类似的实验中,对钡和锶的实验是在室温下完成,黑体辐射引起的从最初的布居态到寿命更长的态的跃迁产生了显著的背景信号[3, 7]。在图 17.5 中,展示了 Vaidyanathan 等观察到的 $4s25f^1F_3$–$4s25g^1G_4$ 共振[6]。如图所示,共振信号具有极好的信噪比,有 1 MHz 宽,对于 1.6 μs 微波脉冲,其有 0.6 MHz 线宽,接近预期。

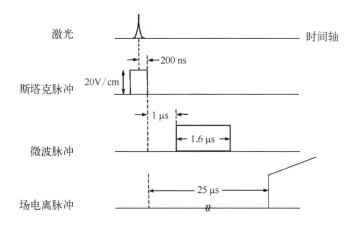

图 17.4　钙 $4snf^1F_3$ 到 $4sng^1G_4$ 实验时序图。利用斯塔克脉冲来实现 F 态的激发。微波驱动 F 到 G 态的跃迁,离子场脉冲用来检测 G 态[6]

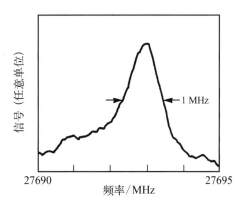

图 17.5　钙从 $4s25f^1F_3$ 到 $4s25g^1G_4$ 跃迁的场电离信号[6]

第二种技术,即选择性场电离,Gentile 等[8] 采用这种技术对钙的低 l 态之间的多个能量间隔进行了测量。在他们的实验中,激光激发、微波跃迁和探测在空间和时间上都被分离,是一种与第 16 章中描述的 Goy 等[9] 所采用技术类似的一种方法。

最后,Cooke 和 Gallagher[10] 采用了一种专门适用于碱土金属原子的方法。他们利用了这样一个事实:从锶 5snd 态到自电离 5pnd 态的光学跃迁与从 5snf 态到 5pnf 态的跃迁发生在不同波长的情况下。第 21 章将详细讨论光谱与量子亏损 l 的差异产生依赖关系的原因。在他们的实验中,使用两个脉冲染料激光器将一束锶原子从基态 5s5s 态通过中间 5s5p 态激发到 5snd 态。锶 5snd 原子首先暴露在微波中 1 μs,然后再暴露于调谐到对应 5snf→5pnf 跃迁的第三个激光脉冲。在第三个激光脉冲之后,原子被暴露在一个小场脉冲中,从自电离 5pnf 态中提取离子,但是不会对 5snd 原子进行场电离。使用这种方法,他们测量了 $36 \leqslant n \leqslant 38$ 范围内的 $5s(n+2)d\ ^1D_2 \rightarrow 5snf\ ^1F_3$ 的跃迁。

17.3 低角动量态和能系微扰

Gentile 等[8] 测量了钙的低角动量态之间 26~80 GHz 的能量间隔。基于这些测量数据,他们确定了观察到的能系的量子亏损,并将它们拟合成两种形式。第一种形式为

$$\delta(n) = \delta_0 + \frac{\delta_1}{(n - \delta_0)^2} + \frac{\delta_2}{(n - \delta_0)^4} \qquad (17.27)$$

这是一种经常用于考虑量子亏损随能量缓慢变化的形式。在碱土金属能系中,如果束缚态中存在微扰,则式(17.14)中的能量微扰可以在量子亏损中表示为[8]

$$\delta(n) = \delta_0' + \frac{\delta_1'}{(n - \delta_0')^2} + \cdots + \frac{a}{(n - \delta_0')^2 - 2W_p} \qquad (17.28)$$

其中,W_p 是扰动粒子的能量。

钙 4s$ns\ ^1S_0$ 态、4s$np\ ^1P_1$ 态、4s$ns\ ^3S_1$ 态和 4s$np\ ^3P_1$ 态的量子亏损的变化都足够缓慢,足以通过式(17.27)拟合。而 4s$nd\ ^1D_2$ 态和 $^3D_2$ 态更适合用式(17.28)来拟合。从微波测量中提取的参数值在表 17.2 中给出。

表 17.2　钙的 s、p、d 态的量子亏损[8]

量子态	量子亏损值
4s$ns\ ^1S_0$	$\delta_0 = 2.337\ 930\ 16(30)$ $\delta_1 = -0.114\ 3(30)$
4s$ns\ ^3S_1$	$\delta_0 = 2.440\ 955\ 74(30)$ $\delta_1 = 0.349\ 5(30)$
4s$np\ ^1P_1$	$\delta_0 = 1.885\ 584\ 37(30)$ $\delta_1 = -3.240\ 9(50)$ $\delta_2 = -23.8(25)$

量子态	量子亏损值
$4snp\ ^3P_1$	$\delta_0 = 1.964\ 709\ 45(30)$ $\delta_1 = 0.227\ 6(30)$
$4snd\ ^1D_2$	$\delta_{0'} = 0.885\ 85(50)$ $\delta_{1'} = 0.126(40)$ $\alpha = 9.075(90) \times 10^{-4}$
$4snd\ ^3D_2$	$\delta_{0'} = 0.883\ 34(50)$ $\delta_{1'} = -0.025(40)$ $\alpha = 8.511(90) \times 10^{-4}$

衡量 $4snd$ 能系的量子亏损是由扰动粒子主导的原因如下：虽然 $4snd\ ^1D_2$ 态的量子亏损约 1.2，但 δ_0' 值在表 17.2 中为 0.88。

利用 Esherick[11] 对锶态 $5snd\ ^1D_2$ 态计算的量子亏损及观测到的 $5s(n+2)d\ ^1D_2-5snf\ ^1F_3$ 的能量间隔，Cooke 和 Gallagher[10] 确定了 $5snf\ ^1F_3$ 的量子亏损是 0.085 3。

17.4　非绝热核极化

碱土金属里德堡态微波光谱最值得关注的一个特性，可能在于它可以很容易地实现核极化的非绝热效应，并且已经在钙[6] 和钡[3] 中成功地进行了此类实验。

Vaidyanathan 等[6] 测量了表 17.2 中给出的钙 $4snf\ ^1F_3-4sng\ ^1G_4$ 能量间隔，他们采用两种方法将测量结果与绝热和非绝热理论模型计算结果进行了比较。首先，他们将测量的 $4snf-4sng$ 能量间隔与假定的绝热和非绝热核极化模型计算得到的结果进行了比较[12]。Vaidyanathan 和 Shorer[12] 使用 Eissa 和 Opik[13] 的非绝热模型，而不是 van Vleck 和 Whitelaw[2] 的模型。毫不奇怪，与绝热模型的偏差可使用与 k_d 和 k_q 相等的因子进行参数化，尽管也有小的更高阶的修正。对于绝热和非绝热核极化模型，他们使用了 Ca^+ 的偶极子和四极子极化率，$\alpha_d = 89(9)a_0^3$ 和 $\alpha_q = 987(90)a_0^5$，计算使用了基于相对论的 Hartree – Fock 波函数[12]。

绝热模型预测的 $4snf-4sng$ 能量间隔高了 2 倍，非绝热模型预测间隔比测量频率低 10%。10% 的差异可能是由于没有考虑进来的 $4snf$ 态的核穿透效应，并且根据 Vaidyanathan 和 Shorer[12] 的理论研究，这种差异应该与实际的差距大致相同。在任何情况下，很明显，非绝热核极化模型相当好地再现了观察到的能量间隔，而绝热模型则有很大的误差。

Vaidyanathan 等在使用第二种方法分析数据时，对于 $4snf$ 态没有进行任何假设。相反，他们将由光学测量确定的 $4snf\ ^1F_3$ 量子亏损与测量的 $4snf-4sng$ 间隔结合起来确定 $4sng$ 态的量子亏损。Borgstrom 和 Rubbmark[14] 采用光学测量得到的 $4snf$ 量子亏损为 $9.61(5) \times 10^{-2}$，再结合表 17.3 的微波共振间隔，通过该值可以得出 $23 \leqslant n \leqslant 25$ 范围内钙 $4sng$ 态的量子亏损为 $3.10(8) \times 10^{-2}$。在实验精度范围内，$23 \leqslant n \leqslant 25$ 态的量子亏损相同，因此仅从 $4sng$ 量子亏损中不可能同时确定偶极子和四极子极化率。然而，主要贡献来自偶极极化率。

因此,将计算的 Ca^+ 四极子极化率作为一个小的修正值,从 4sng 量子亏损中提取出偶极极化率的准确值,这种方法是合理的。在这个过程使用非绝热模型得到的 $\alpha_d = 87(3)a_0^3$,与 $89a_0^3$ 的计算值非常吻合。而使用绝热模型获得的 α_d 的值为 $63a_0^3$,与计算值相差甚远。

表 17.3 Ba^+ 的偶极和四极极化率 α_d 和 α_q ,根据 6snl 能量间隔测量分析和库仑波函数计算结果来确定[3]

结果	$\alpha_d(a_0^3)$	$\alpha_q(a_0^5)$
测量值	125.5(10)	2 050(100)
计算值	122.6	2 589

Gallagher 等[3] 使用了研究非绝热效应的另一种替代方法,他们测量了钡 6sng-6snh-6sni-6snk 的能量间隔。从 $18 \leqslant n < 23$ 光学激发的 6sng $^1G_4$ 态出发,观察到原子通过共振微波跃迁到了更高的 l 态。他们观察到单光子、双光子和三光子跃迁到 $l > 4$ 时 6snl 态的双重态。他们没有仔细区分两个个态,而是简单地使用观察到的两条谱线的平均值来确定 $l > 4$ 时 6snl 态的能量。双重态劈裂大约比氢原子磁间隔大两个数量级,并且它们随着 l 的变化减少得相当缓慢,不像交换效应那样。

由于已经测量了不止一个微波间隔,原则上可以仅从微波共振数据确定四极和偶极极化率。除了必须引入因子 k_d 和 k_q ,该过程与之前用于碱金属原子的过程相同[15]。如果定义:

$$P' = k_d Ry \left\langle nl \left| \frac{1}{r_2^4} \right| nl \right\rangle \tag{17.29a}$$

和

$$Q' = \frac{k_q \left\langle nl \left| \frac{1}{r_2^6} \right| nl \right\rangle}{k_d \left\langle nl \left| \frac{1}{r_2^4} \right| nl \right\rangle} \tag{17.29b}$$

其中, Ry 是钡的里德堡常数,单位为 cm^{-1} 。对于钡,其 nl 态的极化能量(以 cm^{-1} 为单位)为

$$W_{pol_{nt}} = -\alpha_d P' - \alpha_q P'Q' \tag{17.30}$$

nl 态和 nl' 态的能级差为

$$\begin{aligned} \Delta W &= W_{pol'_{nt}} - W_{pol'_{nt}} \\ &= \alpha_d \Delta P' + \alpha_q \Delta P'Q' \end{aligned} \tag{17.31}$$

其中, $\Delta P' = P'_{nl} - P'_{nl'}$; $\Delta P'Q' = P'_{nl}Q'_{nl} - P'_{nl'}Q'_{nl'}$ 。将式(17.31)除以 $\Delta P'$,去除由 n 和 l 变化导致的偶极子极化能量 W_d 的变化,得到:

$$\frac{\Delta W}{\Delta P'} = \alpha_{d} + \alpha_{q}\frac{\Delta P'Q'}{\Delta P'} \tag{17.32}$$

如果通过绘制 $\Delta W/\Delta P'$ 与 $\Delta P'Q'/\Delta P'$ 的关系,将得到一个线性曲线,其截距为 α_{d} 斜率为 α_{q}。

在图 17.6 中,展示了 $\Delta W/\Delta P'$ 与 $\Delta P'Q'/\Delta P'$ 的关系图。虽然 6sng-6snh-6sni-6snk 能量间隔都进行了测量,但 6sng-6snh 能量间隔没有显示在图 17.6 中,因为 6sng 能系在 $n=24$ 时受到 5d7d 态的微扰。最初是 Gallagher 等通过使用类似于式(17.16)的表达式从实验所得的 6sng-6snh 能量间隔中去除了微扰,然后从 k_{q} 求和中移除了近似的对应项。具体来说,来自 5dnd 态的项刚好低于 Ba^{+} 6s 极限,被从式(17.26)的 k_{q} 求和中移除。以这种方式修改的数据在图 17.6 中看起来是合理,不过这一现象很可能是偶然的。

根据图 17.6 所示的 6snh-6sni 和 6sni-6snk 间隔,可以得到 α_{d} 和 α_{q} 的合理值,如表 17.3 所示。表 17.3 中给出的实验不确定性,源于以数据拟合到式(17.32)的结果。此外,表 17.3 中给出了使用库仑波函数计算的 Ba^{+} 的值[16]。在计算偶极子和四极子极化率时,仅使用了 6p 态和 5d 态,导致 α_{d} 和 α_{q} 的值分别低估了 1% 和 10%。偶极子极化率的

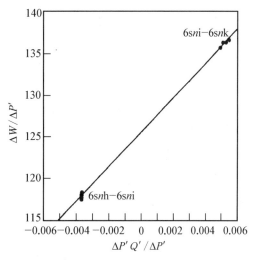

图 17.6　为了修正非绝热效应,利用因子 k_{d} 和 k_{q} 计算所测钡 Δl 能量间隔的示意图

测量值和计算值的一致性很好,但四极子极化率的测量值和计算值相比,最多只能算是勉强接近。其原因要么是极化率计算错误,要么 k_{q} 校正因子错误。事实上,几乎可以肯定 6snh 态的 k_{q} 因子是不正确的,因为忽略了电子的自旋。对于 6sng 态和 6snh 态,这项省略会导致显著误差。原因如图 17.3 所示,对于 6s18h 态,展示了平方矩阵元对 k_{q} 的贡献曲线图。如图所示,位于 Ba^{+} 6s 极限以下 1 750 cm^{-1} 处的无自旋 5d4f 态具有较大的矩阵元,并且由于其接近 6snh 束缚态,它对 k_{d} 的贡献最大。因此,这个态的精确位置对于 k_{q} 的计算很重要。这个态的位置不为人知,是由于两个原因。第一,实际上 Ba^{+} 5d 态被分裂为 5d$_{3/2}$ 态和 5d$_{5/2}$ 态,相距 800 cm^{-1},并且由于有 4f$_{5/2}$ 态和 4f$_{7/2}$ 态收敛到 Ba^{+} 5d 的两个极限,因此可以合理地预测真正的钡 5d4f 态落在无自旋的 5d4f 态的能量附近约为 800 cm^{-1} 宽的区域范围内。与 6s18h 态和无自旋 5d4f 态之间的 1 500 cm^{-1} 能量差相比,800 cm^{-1} 的范围一点也不小,并且可能是一个重要的潜在误差源头。第二,5dnf 态的量子亏损不是零[17],而是约为 0.05。基于上述两个原因,不能期望使用无自旋波函数所计算的 6snf 态的 k_{q} 值特别准确。对于 6sni 和更高的角动量态,对 k_{d} 有贡献的项都在 6s 极限之上约 1 000 cm^{-1} 的位置,因此相比 6snh 态不易受误差影响。另外,对于 6sng 态,k_{q} 的计算置信度甚至低于 6snh 态。尽管测量和计算得到的 Ba^{+} 四极子极化率的一致性并不很好,但与

基于绝热核极化分析的结果相比,表 17.3 中显示的一致性却极为出色。根据绝热核极化模型,得出 $\alpha_d = 146a_0^3$ 和 $\alpha_q = -5\,800a_0^5$。 需要强调的是,Ba^+ 的基态不可能具有负的四极子极化率。综上所述,钙和钡实验清楚地表明,在碱土原子核极化中的非绝热效应具有重要影响,并且可以在一定的精度下进行计算。

参考文献

1. J. E. Mayer and M. G. Mayer, *Phys. Rev.* **43**, 605(1933).

2. T. F. Gallagher, R. Kachru, and N. H. Tran, *Phys. Rev. A* **26**, 2611(1982).

3. J. H. van Vleck and N. G. Whitelaw, *Phys. Rev.* **44**, 551(1933).

4. H. A. Bethe and E. E. Salpeter, *Quantum Mechanics of One- and Two-electron Atoms* (Springer, Berlin, 1957).

5. A. R. Edmonds, *Angular Momentum in Quantum Mechanics* (Princeton University Press, Princeton, 1960).

6. A. G. Vaidyanathan, W. P. Spencer, J. R. Rubbmark, H. Kuiper, C. Fabre, D. Kleppner, and T. W. Ducas, *Phys. Rev. A* **26**, 3346(1982).

7. K. A. Safinya, T. F. Gallagher, and W. Sandner, *Phys. Rev. A* **22**, 6(1980).

8. T. R. Gentile, B. J. Hughey, D. Kleppner, and T. W. Ducas, *Phys. Rev. A* **42**, 440(1990).

9. P. Goy, C. Fabre, M. Gross, and S. Haroche, *J.* Phys. £13, L83(1980).

10. W. E. Cooke and T. F. Gallagher, *Opt. Lett.* **4**, 173(1979).

11. P. Esherick, *Phys. Rev. A* **15**, 1920(1977).

12. A. G. Vaidyanathan and P. Shorer, *Phys. Rev. A* **25**, 3108(1982).

13. H. Eissa and U. Opik, *Proc. Phys. Soc. London* **92**, 556(1960).

14. S. A. Borgstrom and J. R. Rubbmark, *J. Phys. B* **10**, 18(1977).

15. B. Edlen, in *Handbuch der Physik*, ed. S. Flugge (Springer-Verlag, Berlin, 1964).

16. M. L. Zimmerman, M. G. Littman, M. M. Kash, and D. Kleppner, *Phys. Rev. A* **20**, 2251(1979).

17. E. A. J. M. Bente and W. Hogervorst, *J. Phys. B* **24**, 3565(1989).

第 18 章

氦的束缚里德堡态

氦原子与我们在前两章讨论的原子的不同之处在于:之前许多高能态之间的间隔可以轻易地被计算出来,其精度甚至能优于 1%[1, 2]。因此,现在的挑战在于如何更精确地计算这些间隔,并通过实验测量来验证这些复杂的计算结果。虽然计算的复杂性实际上超出了本书的范围,但氦原子 1snl 态之间的间隔测量构成了里德堡能级间隔测量的重要部分。因此,本章的重点是阐述已经进行的实验测量。

18.1 理论描述

在点 $\boldsymbol{r}_1$ 和 $\boldsymbol{r}_2$ 处的两个无自旋电子相对于 He^{2+} 核的哈密顿量由式(18.1)给出:

$$H = -\left(\frac{\nabla_1^2}{2} + \frac{\nabla_2^2}{2} + \frac{2}{r_1} + \frac{2}{r_2} - \frac{1}{r_{12}} \right) \tag{18.1}$$

其中,$r_{12} = |\boldsymbol{r}_2 - \boldsymbol{r}_1|$,$\boldsymbol{r}_1$ 和 $\boldsymbol{r}_2$ 反映了两个电子相对于 He^{2+} 离子的位置。

为了描述一个电子处于里德堡态的原子,Bethe 和 Salpeter 提出了一种称为 Heisenberg 的方法[3],即将方程(18.1)的哈密顿量分成两部分,具体如下:

$$H = H_0 + H_1 \tag{18.2a}$$

其中,

$$H_0 = -\left(\frac{\nabla_1^2}{2} + \frac{\nabla_2^2}{2} + \frac{2}{r_1} + \frac{1}{r_2} \right) \tag{18.2b}$$

且

$$H_1 = \frac{-1}{r_2} + \frac{1}{r_{12}} \tag{18.2c}$$

使用式(18.2b)的哈密顿量 H_0,在与时间无关的薛定谔方程中,问题可划分为两个电子的独立解,可以表示为

$$\boldsymbol{\Psi} = \phi_{n_1 l_1 m_1}(\boldsymbol{r}_1) \psi_{n_2 l_2 m_2}(\boldsymbol{r}_2) \tag{18.3}$$

其中,$\phi_{n_1 l_1 m_1}$ 和 $\psi_{n_1 l_1 m_1}$ 分别是氦离子和氢原子的波函数。相应地,相对于双电离极限的能量表达式为

$$W_{n_1 n_2} = -\frac{2}{n_1^2} - \frac{1}{2 n_2^2} \tag{18.4}$$

目前,我们只对氦的束缚里德堡态感兴趣,其中电子 1 处于 1s 态,因此将方程(18.3)的波函数具体表示为

$$\boldsymbol{\Psi}_{nlm} = \phi_{1s}(\boldsymbol{r}_1) \psi_{nlm}(\boldsymbol{r}_2) \tag{18.5}$$

为了与其他束缚里德堡态保持一致,将测量相对于 He$^+$ 基态的能量。以这种方式表示,方程(18.5)中给出的态能量为

$$W_{nlm} = -1/2n^2 \tag{18.6}$$

遵循泡利不相容原理,当考虑两个电子的自旋时,必须使波函数反对称化。波函数由空间和自旋波函数的乘积给出,即

$$\psi_{\pm nlm} = \frac{1}{\sqrt{2}} \left[\phi_{1s}(\boldsymbol{r}_1) \psi_{nlm}(\boldsymbol{r}_2) \pm \phi_{1s}(\boldsymbol{r}_2) \psi_{nlm}(\boldsymbol{r}_1) \right] \phi_{\pm} \tag{18.7}$$

其中,$\phi_{\pm}$ 是自旋波函数,+ 和 − 符号分别指的是正交单重态 $S=0$ 和三重态 $S=1$,其中 S 是总电子自旋。通过式(18.7)的波函数,可以使用式(18.2c)的哈密顿量计算方程(18.6)的一阶修正。具体可以表示为

$$W_1 = \int \psi_{\pm nlm}^* H_1 \psi_{\pm nlm} \mathrm{d}\boldsymbol{r}_1 \mathrm{d}\boldsymbol{r}_2 \tag{18.8}$$

假设 $\phi_{1s}(\boldsymbol{r}_1)$ 和 ψ_{nlm} 是正交的,可以采用积分的形式 J 和 K 表达式(18.8)。其中,J 是直接积分,K 是交换积分。J 积分补偿了从双电荷核心对外部电子的不完全屏蔽。等效地,K 积分反映了外部 nl 电子对 He$^+$ 核的穿透。从任一角度来看,很明显 $J < 0$。交换积分 K 可以看作两个电子交换状态的速率。明确地,可以分别将渗透和交换能量表示为 W_{pen} 和 W_{ex}:

$$W_{\mathrm{pen}} = J = \int |u_1(\boldsymbol{r}_1)|^2 |u_{nlm}(\boldsymbol{r}_2)|^2 \left(\frac{1}{r_{12}} - \frac{1}{r_2} \right) \mathrm{d}\boldsymbol{r}_1 \mathrm{d}\boldsymbol{r}_2 \tag{18.9}$$

$$W_{\mathrm{ex}} = K = \int u_1^*(\boldsymbol{r}_1) u_{nlm}^*(\boldsymbol{r}_1) u_1(\boldsymbol{r}_2) u_{nlm}(\boldsymbol{r}_2) \frac{1}{r_{12}} \mathrm{d}\boldsymbol{r}_1 \mathrm{d}\boldsymbol{r}_2 \tag{18.10}$$

J 和 K 积分都依赖于基态 He$^+$ 波函数和里德堡 nlm 波函数之间的空间重叠,因此它们随着 l 的增加而迅速减小,并且可以表示为快速收敛级数[3]。

除了用方程(18.11)给出的能量进行一阶校正外,我们必须考虑来自外部 nl 电子场对 He$^+$ 核的极化作用[4, 5]。正如我们在第 17 章中看到的,这种校正实际上属于二阶校正[6],但如果以 He$^+$ 的极化率来表示,它看起来就像是一阶修正。核极化在 $l \geqslant 2$ 的里德堡态中相对最重要,其中,内部经典转折点出现在 $r_2 \geqslant 6a_0$,而 He$^+$ 1s 电子的经典外部转折点出现在 $1a_0$。因此,可以近似地认为 $r_2 > r_1$,忽略交换效应,并使用方程(18.5)的非对称波函数计算极化能量。在这个近似中,极化能量 W_{pol} 由式(18.11)给出[4, 5]:

$$W_{\mathrm{pol}} = -\frac{\alpha_{\mathrm{d}}}{2}\langle r_2^{-4}\rangle_{nlm} - \frac{\alpha_{\mathrm{q}}}{2}\langle r_2^{-6}\rangle_{nlm} \tag{18.11}$$

其中，$\langle r^{-k}\rangle_{nlm}$ 是氢 nlm 态下 r^{-k} 的期望值。这些期望值的显式表达式在第 2 章中给出，$\mathrm{He^+}$ 极化率表达式为 $\alpha_{\mathrm{d}} = 9a_0^3/32$ 和 $\alpha_{\mathrm{q}} = 15a_0^5/64$[5]。

在考虑了交换能量、穿透能量和极化能量后，单重态和三重态 nlm 态的能量由式 (18.12) 给出：

$$W_{\pm nlm} = \frac{-1}{2n^2} + W_{\mathrm{pen}} \pm W_{\mathrm{ex}} \tag{18.12}$$

穿透和交换能量通常具有相同的大小，并且随着 l^3 的增加而迅速减小[3]。而极化能量随着 l 的增加而减小得更慢，并且对于 $l > 2$，极化能量是式 (18.12) 中氢能偏离的主要影响因素。对于 $l = 2$，三种能量是可比的，对于 $l < 2$，交换和穿透能量超过极化能量。W_{pol} 和 W_{pen} 都是负值，而 W_{ex} 是正值。

引入自旋会增加显著的磁相互作用，这可以通过 Breit – Bethe 理论解释[3]。该理论基于用于计算极化能量的非对称波函数。有两个项对此有重大贡献，即自旋-轨道相互作用和自旋-自旋相互作用。这些运算符具有矩阵元[3]：

$$\langle \psi_{nlSJ} \mid H_{\mathrm{SO}} \mid \psi_{nlS'J} \rangle = AM_{\mathrm{SO}}(lSS'J) \tag{18.13}$$

$$\langle \psi_{nlSJ} \mid H_{\mathrm{SS}} \mid \psi_{nlS'J} \rangle = AM_{\mathrm{SS}}(lSS'J) \tag{18.14}$$

$$A = -\frac{\alpha^2}{2}\langle r_2^{-3}\rangle \tag{18.15}$$

$J = l + S$；α 是精细结构常数，$1/137.07$；$M_{\mathrm{SO}}(lSS'J)$ 和 $M_{\mathrm{SS}}(lSS'J)$ 的值在表 18.1 中给出；对角元 $S = S' = 1$ 由 Bethe 和 Salpeter[3] 给出，非对角线元素由 Miller 等给出[7]。由于 $\langle r_2^{-3}\rangle$ 相关性，磁精细结构随着 l 的增加而缓慢下降。

表 18.1　Breit – Bethe 自旋-轨道和自旋-自旋矩阵元 [式 (18.13) 和式 (18.14)]

S, S', J	$M_{\mathrm{SO}}(lSS'J)$ [a, b]	$M_{\mathrm{SS}}(lSS'J)$ [a]
0, 0, l	0	0
1, 1, $l+1$	$-l$	$2l/(2l+3)$
1, 1, l	-1	-2
1, 1, -1	$l+1$	$(2l+2)/(2l-1)$
1, 0, l	$-3\sqrt{l(l+1)}$	0

a 参考文献 [3] 中的矩阵元 $S = S'$；b 参考文献 [7] 中的矩阵 ($S = 0$, $S' = 1$)。

对于低 l，极化和交换能量都远大于磁精细结构能量。在这种情况下，单重态远高于三重态，并且在计算磁精细结构时，方程 (17.13) 的非对角自旋轨道矩阵元可以忽略。另外，对于高 l 态，极化能最大，其次是磁精细结构能，最后是穿透能和交换能。在这种情况下,态不再都是纯粹的单重态和三重态。$J=l\pm1$ 量子态是三重态,但是 $J=l$ 大致是单重态和三重态各占 50% 的混合态。在交换能量为零的极限情况下,两个 $J=l$ 态的能量对称地从极化能量偏移 $\pm AM_{SO}(l,1,0,l)$。

18.2 实验方法

氦里德堡态的大多数高精度光谱研究,是通过微波共振技术实现的,这可能是获得零场能的最佳方式。Wing 等[8-12] 使用 $30\sim1\,000\,\mu A/cm^2$ 的电子束轰击 $10^{-2}\sim10^{-5}$ Torr 的氦气。由于电子轰击有利于产生低 l 态,可以检测由微波驱动的 Δl 跃迁。将微波功率调制为 40 Hz 的方波,并监测特定里德堡态的光辐射。当微波驱动跃迁到所监测的态或从所监测的态跃迁时,检测到的辐射增加或减少,这种变化与微波功率的调制保持同相。

图 18.1 中展示了 MacAdam 和 Wing 使用的装置[11]。来自分配器阴极的电子被加速并沿着由 W 线形成的笼形结构的轴向下传递,在此过程中它们将氦原子激发到里德堡态。这个笼形结构被周期性地加热至白炽状态,确保没有因长期积聚油分子或因其他电荷俘获绝缘体而在里德堡原子附近产生的杂散电场。笼形结构位于两个 X 波段微波喇叭之间,以便将微波辐射引入里德堡原子所在区域。微波功率从一个或两个喇叭馈入笼形结构,从而实现同时使用两个频率。来自里德堡原子的光被一个椭圆形光管收集,其中一个焦点在图 18.1 所示的笼形结构的中心,另一个焦点在 1/4 m 单色仪的入口狭缝处。典型的共振信号如图 18.2 所示,该信号对应于两个光子 $9d\ ^1D_2\rightarrow9d\ ^1G_4$ 和 $9d\ ^1D_2\rightarrow9d\ ^3G_4$ 跃迁[11]。图 18.2 的共振是通过监测 $9d\ ^1D_2-2p\ ^1F_1$ 荧光在 3 872 Å 处的表现而获得的。图 18.2 所展示的跃迁过程,其功率展宽达到了仪器线宽的 $2\sim3$ 倍。此外,这些跃迁过程还呈现出与微波功率呈线性关系的 ac 斯塔克能移现象。为了获取准确的能级间隔,我们需要在多个功率下进行测量,并将测得的谐振频率外推至零功率状态。作为参考,对应于图 18.2 的零功率间隔为 $^1D_2-^1G_4$, 17 697.065(41) MHz 和 $^1D_2-^3G_4$, 17 661.096(22) MHz。

最精确的测量可能是使用快速氦束进行的测量。第一个实验是 Cok 和 Lundeen

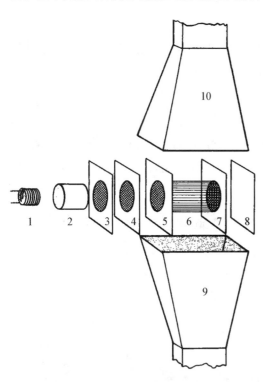

图 18.1 MacAdam 和 Wing 的共振模块

1. 加热器;2. 扩散式阴极;3. 加速网格;4. 网格;5. 网格;6. 笼形结构,由连接网格 5 和 6 外围的导线构成;7. 网格;8. 收集装置;9 和 10 分别是 X 波段波导喇叭。这些网格用于支撑非磁性的不锈钢板,每块为 2.54 cm 的方形区域。笼形结构尺寸是长度为 2.54 cm,直径为 1/6 cm[11]

的实验[13]。双等离子源产生 5~20 keV 的 He+束,通常能量为 13 keV。随后,氦束会经过一个含有氩气、压力为 100 μ Torr 的电荷交换池。与电子轰击不同,电荷交换可以产生在较高 l 态的有效布居。例如,Cok 和 Lundeen 估计他们实验中的原子束中每秒有 10^8 个氦 8f 原子通过。氦原子束同轴地通过一段圆形波导。波导具有平行或反平行于氦原子束传播的微波,通过对沿两个方向传播的微波进行测量,可以消除相当大的多普勒频移,即微波频率的 0.1%。波导下游检测到 4d $^1D_2 \to$ 2p $^1P_1$ 或 4d $^3D_2 \to$ 2p $^3P_1$ 辐射,取决于正在研究 ^1F 或 ^3F 里德堡态。无论哪种情况,这种辐射都是 8f $\to$ 4d $\to$ 2p 级联过程的第二步。直接通过电荷交换布居的 4d 态原子的辐射极少,因为它们在到达检测区域之前就衰变了。Cok 和 Lundeen 采用这种技术测量了 $n=7$ 和 8 时 f-g、f-h 和 f-i 的能级间隔。由于原子通过波导的传输时间限制,最小共振线宽被限制在大约 4 MHz。

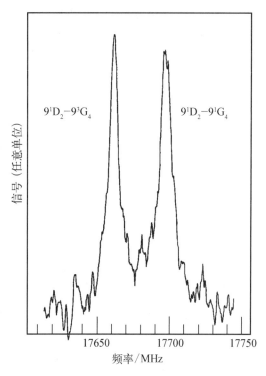

图 18.2　$9^1D_2-9^{1,3}G_4$ 共振图记录轨迹。为了展示这些共振而乘以 2~3 倍系数的功率展宽。扫描频率为 0.4 MHz/s,锁定时间常数为 2 s[11]

通过采用不同的检测方案,Palfrey 和 Lundeen 修改了以前的方法[14]。他们使用多普勒调谐二氧化碳激光器来驱动从 $n=10 \sim 27$ 的特定 l 态的跃迁,随后对 $n=27$ 的氦原子进行场电离,其设备示意图如图 18.3 所示。快速氦原子束最初包含所有 10l 态,但是通过使用二氧化碳激光驱动转换到 $n=27$ 态,耗尽了其中的一种 $l \geqslant 4$ 量子态。耗尽的原子束穿过共振区域,当射频场调谐到共振时,射频场会驱动 $10(l+1) \to 10l$ 跃迁,重新布居空的 10l 状态。通过第二次使用二氧化碳激光束将 10l 原子驱动到 $n=27$ 态,并对其进行场电离,检测到 $10l \to 10(l+1)$ 共振时,10l 态布居数会增加。相比基于光学检测的方法,这种方法对高 l 态之间的转换更敏感,他们利用这种方法来非常精确地测量 10g-10h-10i-10k

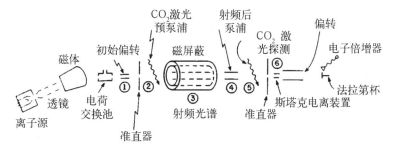

图 18.3　快速氦原子束流设备用来测量 $n=10$ 时,g、h、i、k 能级间隔的射频间隔[14]

能级间隔[14]。这种方法一直在不断改进，并且 Hessels 等利用此方法已经能够测量到优于 1 kHz 的跃迁频率[15]。

有研究人员采用另一种完全不同的方法，即反光交叉光谱法[16]，如 Miller 等[7, 17]、Beyer 和 Kollath[18-21] 以及 Derouard 等[22, 23]，这种方法原则上是测量单重态和三重态混合程度，以及单重态-三重态 $^1L_l > {}^3L_l$ 分离程度的直接方法。

这种方法主要应用于 $^1D_2$ 态和 $^3D_2$ 态。要了解这种方法，首先要从能量的磁场依赖性开始，图 18.4 中展示了氦 6d 能级随磁场变化的情况[17]。在零场哈密顿量的基础上，添加：

$$H_B = \mu_B \boldsymbol{B} \cdot (g_s \boldsymbol{S} + g_l \boldsymbol{L}) \quad (18.16)$$

其中，μ_B 是玻尔磁子；g_l 和 g_s 分别是轨道和自旋磁矩的 g 因子（分别为 1、2）。为了更好地理解，定义单重态和三重态的平均能量 W_{av}，这个能量由式（18.17）给出：

$$W_{av} = -\frac{1}{2n^2} + W_{pen} + W_{pol} \quad (18.17)$$

与其他能量相比，自旋轨道能量非常小，因此可以将自旋和轨道角动量视为非耦合的。如果忽略等式（18.13）的自旋轨道非对角矩阵元，这对于氦原子 nd 态是一个极好的近似，$^1D_2$ 和 $^3D_2$ 态的能量 W_+ 和 W_- 分别由式（18.18a）和（18.18b）给出：

$$W_+ - W_{av} = W_{ex} + \mu B g_l m_{l+} \quad (18.18a)$$

$$W_- - W_{av} = -W_{ex} - A + \mu B (g_s m_{s-} + g_l m_{l-}) \quad (18.18b)$$

其中，m_{l+} 是 m_l 在 $^1D_2$ 态的值，m_{s-} 和 m_{l-} 分别为 $^3D_2$ 态的 m_s 和 m_l 值。在磁场中，总方位角动量 $m_j = m_s + m_l$ 是一个好量子数，并且如图 18.4 所示，相同 m_j 并且 $m_{l-} = m_{l+} - 1$ 的 6d $^{1, 3}D_2$ 态在 15 kG 的场上相交[17]。式（18.18）的 $^1D_2$ 和 $^3D_2$ 能量相等。对于 $m_{l+} = m_{l-} + l$ 和 $m_{s-} = 1$ 有

$$W_+ - W_- = \mu B_c \quad (18.19)$$

其中，B_c 是单重态和三重态能级交叉处的磁场强度。

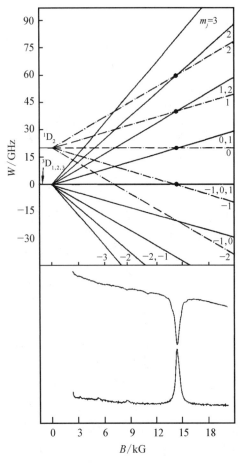

图 18.4 表现为磁场变化函数的 $n = 6^{1, 3}D$ 态能级图（顶部）和 $n = 6^{1, 3}D$ 态反交叉的真实谱（底部）。每条谱线痕迹大约需要 10 min 的运行时间才能获得。顶部的痕迹显示 6^1D 辐射线在 4 144 Å 处的光强度减弱，然而底部的痕迹显示了对应 3 819 Å 处的 6^3D 辐射增强[17]。

如果单重态和三重态能级之间没有耦合，它们将在 B_c 处交叉。然而在计算方程（18.13）的能量时，忽略了其中非对角自旋轨道矩阵元。这个矩阵元实际上使单重态和三重

态能级产生耦合,因此在 B_c 处出现回避交叉或反交叉。在反交叉处,两个能级的间隔是方程 (18.13) 的对角矩阵元的两倍,并且本征态不是 $^1D_2$ 态和 $^3D_2$ 态,而是这两种态各占 50% 的混合。

在实验中,来自基态 $^1S_0$ 的电子束激发主要产生单重态里德堡态。如果在 4 144 Å 处观察到 $6d^1D_2$–$2p^1P_1$ 荧光,那么当磁场扫过反交叉点时,在反交叉处可以观察到荧光强度下降,如图 18.4 所示[17]。荧光强度下降的原因可以这样理解:无论磁场值如何,电子束都会激发相同数量的里德堡原子。远离回避交叉点时,只有 $^1D_2$ 态得到激发,但在回避交叉点时,激发的能量会平均分配给这两个混合态。远离反交叉点时,电子束激发的 $^1D_2$ 原子只能跃迁到更低能量的单重态,但在反交叉点,这两个混合态也可以跃迁到更低能量的三重态。因此,当跃迁到更低能量的三重态的情况增多时,单重态的荧光就会减弱。如果低能级单重态和三重态的衰减率相等,那么单重态辐射在反交叉点处下降 50%。

另外,如果观察到在 3 819 Å 处的 $6d^3D_2$–$^3P_1$ 辐射,那么通常会检测到非常少的光,并且在反交叉处可以看到光强度急剧增加,如图 18.4 所示。根据方程 (18.10),反交叉点的磁场强度可以用来确定单重态和三重态之间的能级劈裂,反交叉的宽度则反映了自旋轨道矩阵元的大小。

在实际实验过程中,反交叉光谱的分析会受到多个因素的干扰。虽然图 18.4 中的四个反交叉看似出现在同一磁场强度下,如式 (18.19) 所示,但我们忽略了如二次塞曼效应和运动斯塔克效应等修正因素,这些因素会使四个反交叉发生分裂,但分裂程度并不足以使它们被清晰地分辨出来[5]。遗憾的是,这些修正因素的相对强度并不明确,因为我们并不知道电子撞击激发产生的布居数目[17]。在大多数氦 $^1D_2$–$^3D_2$ 反交叉测量中,有四个重叠的反交叉信号,这使得对观测到的信号进行解释时不可避免地会出现歧义。通过施加垂直于磁场的电场,Beyer 和 Kollath[20] 成功地将原先未能解析的反交叉拆分为清晰可辨的反交叉,从而消除了部分歧义。利用这个技术,他们能够对 $^1D_2$–$^3D_2$ 分裂进行最精确的反交叉测量。施加电场还使他们能够观察到第 nd 态与更高 l 态的反交叉现象,并通过这种方式首次确定了 $l > 3$ 态的能量[21]。

图 18.5 显示了反交叉光谱的典型实验装置[7]。在磁铁的磁极面之间安装铜质真空室,封闭了图 18.5 的装置,并容纳压力为 1m Torr 的流动氦气。阴极产生 100 μA 的电子,这些电子在阴极和栅极之间 30~50 V 的电压作用下加速,并在栅极和阳极之间施加相应电压后继续加速。光沿垂直于磁场的方向射出,由光管收集,并通过干涉滤光片筛选出所需波长,最后由光电倍增管检测。

Panock 等[24, 25] 使用的最后一种技术是激光磁共振。通过电子撞击,他们在 20~140 kG 的磁场中激发氦原

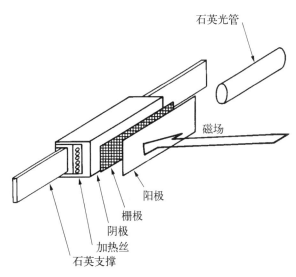

图 18.5　用于观察 7^1D 态反交叉辐射的装置[7]

子。他们使用谱线可调谐的二氧化碳激光器将 $7s^1S_0$ 态的原子驱动到 $n = 9$ 且 $l > 2$ 能级，由于强磁场的存在，该能级具有 $9p^1P_1$ 特征。通过改变谱线，激光频率可以大约按照 $1.3\ cm^{-1}$ 的步长变化，并且磁场是连续可调的。这两种调谐方法相结合，可以在很宽的频率范围内进行连续调谐。当磁场通过共振缓慢扫描时，通过监测 $7s\ ^1S_0 \to 2p\ ^1P_1$ 辐射，可以观察 $7s \to 9l$ 的跃迁。

为了观察 $7s \to 9l$ 的跃迁，$9l$ 态中必须存在 $9p$ 的混合。对于奇数 l，这种混合物仅由抗磁相互作用提供，它耦合 l 和 $l \pm 2$ 的态，如第 9 章所述。对于偶数 l 态，抗磁耦合将 $9p$ 态扩展到所有奇数 $9l$ 态，同时运动斯塔克效应会使偶数和奇数态混合。由于氦原子的随机速度，运动斯塔克效应和多普勒效应也会导致跃迁展宽。这两种效应共同作用，使得跃迁到奇数 $9l$ 态的谱线呈现不对称性，而跃迁到偶数 $9l$ 态的谱线则呈现双峰结构。转换到偶数和奇数 $9l$ 态的线形之间的差异，源于这样一个事实，运动斯塔克能移仅影响奇数 $9l$ 态的跃迁一次，即在频移中起一次作用。然而，运动斯塔克能移两次影响偶数 $9l$ 态的跃迁，一次是在频移中，另一次是在跃迁矩阵元中。虽然这种情况有些奇特，但观察到的跃迁的线形可以很好地分析，可以相当准确地确定在 $l > 2$ 时 $9l$ 态的能量。

18.3　量子亏损和精细结构

氦原子 $n = 10$ 态的量子亏损在表 18.2 中给出。s 态和 p 态的量子亏损来自光学测量，特别是来自 Martin 给出的能量项[26]。而 $l = 8$ 和 9（$10l$ 和 $10m$）态的量子亏损则是根据式 (18.2) 计算的，$2 \leq l \leq 7$ 态的量子亏损是从计算的 $l = 8$ 量子亏损和 Hessels 等[15] 报告的测量间隔获得的。表 18.2 给出的量子亏损不表示测量的可能精度。例如，Hessels 等已经报告了 $n = 10$ 间隔的测量值，其精度为百万分之几[15]。

表 18.2　$n \approx 10$ 氦原子在各能态的量子亏损

$^1S_0$ [a]	0.14
$^3S_1$ [a]	0.30
$^1P_1$ [a]	−0.012
$^3P_1$ [a]	0.063
$^1D_2$ [b]	2.08×10^{-3}
$^3D_2$ [b]	2.82×10^{-3}
f [b]	4.26×10^{-4}
g [b]	1.17×10^{-4}
h [b]	4.29×10^{-5}
i [b]	1.90×10^{-5}
k [c]	7.79×10^{-6}
l [c]	3.68×10^{-6}
m [c]	1.93×10^{-6}

a 见参考文献 [25]；b 见参考文献 [15]；c 见式 (18.11)。

氦原子更值得关注的一个特性在于：$J=l$ 态从低 l 的明确定义的单重态和三重态，演变为在高 l 时单重态和三重态的混合态。对 9d–9g 能级而言，这种演变如图 18.6 所示。态间隔取自 Farley 等的研究[12]。在 9d 态下，交换分裂比自旋–轨道分裂和自旋–自旋分裂大几个数量级，并且 9d 态是良好的单重态和三重态。$^1D_2$ 波函数在 $^3D_2$ 态的振幅约为 10^2，反之亦然[9]。9f 态交换能量的数量级与磁能的数量级相当。虽然 $^1F3$ 态仍然可以从三重态中区分出来，但非对角自旋轨道矩阵元使得 $^3F_3$ 能级的能量降低到 $^3F_4$ 能级的能量以下。相应地，$nf^{1,\,3}F_3$ 态不是良好的单重态和三重态；三重态中的单重态振幅为 0.55，反之亦然[10]。在 9g 态下，交换能量可以忽略不计，只有 $J=3$ 和 $J=5$ 态是很好的三重态。$J=4$ 态是单重态和三重态各占 50% 的混合态。对于 9g 态，图 18.6 中所示的间隔可以使用式（18.4）和式（18.5）在 1 MHz 内计算。然而，对于 9d 和 9f 态，则需要采用更为复杂的方法进行计算。利用多体微扰理论，Chang 和 Poe[27] 计算了 $^1D_2$–$^3D_2$ 和 $^1F_3$–$^3F_3$ 的间隔分别为 6 615 MHz 和 69.09 MHz，与图 18.6 所示的实验结果非常吻合。然而，使用扩展绝热模型，Cok 和 Lundeen[28] 能够将所有六个 9d 和 9f 间隔再现到小于 1 MHz 的范围内。

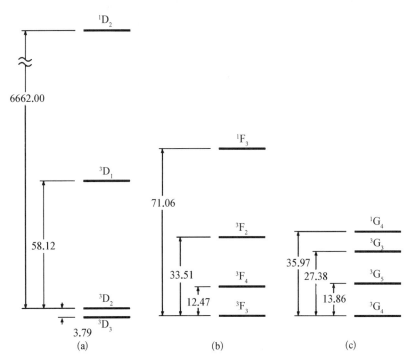

图 18.6　（a）氦原子 9d 态；（b）氦原子 9f 态；（c）氦原子 9g 态的交换能和磁能。在图（a）中，单重态和三重态未按比例显示出来。9d 态是好的单重态和自旋三重态。9f 态近似为单重态和三重态，但是 $^3F_3$ 态能量低于 $^3F_4$ 态。9g 态未显示出单重态–三重态结构。所有间隔的单位为 MHz

参考文献

1. R. J. Drachman，*Phys. Rev. A* **31**，1253（1985）．

2. G. W. F. Drake, *Phys. Rev. Lett.* **65**, 2769(1990).

3. H. A. Bethe and E. E. Salpeter, *Quantum Mechanics of One- and Two-electron Atoms* (Springer, Berlin, 1957).

4. J. E. Mayer and M. G. Mayer, *Phys. Rev.* **43**, 605(1933).

5. C. Deutsch, *Phys. Rev. A* **2**, 43(1970).

6. J. H. van Vleck and N. G. Whitelaw, *Phys. Rev.* **44**, 551(1933).

7. T. A. Miller, R. S. Freund, F. Tsai, T. J. Cook, and B. R. Zegarski, *Phys. Rev. A* **9**, 2474(1974).

8. W. H. Wing and K. B. MacAdam, in *Progress in Atomic Spectroscopy*, eds. W. Hanle and H. Kleinpoppen (Plenum, New York, 1978).

9. K. B. MacAdam and W. H. Wing, *Phys. Rev. A* **12**, 1464(1975).

10. K. B. MacAdam and W. H. Wing, *Phys. Rev. A* **13**, 2163(1976).

11. K. B. MacAdam and W. H. Wing, *Phys. Rev. A* **15**, 678(1977).

12. J. W. Farley, K. B. MacAdam, and W. H. Wing, *Phys. Rev. A* **20**, 1754(1979).

13. D. R. Cok and S. R. Lundeen, *Phys. Rev. A* **23**, 2488(1981).

14. S. L. Palfrey and S. R. Lundeen, *Phys. Rev. Lett.* **53**, 1141(1984).

15. E. A. Hessels, P. W. Arcuni, F. J. Deck, and S. R. Lundeen, *Phys. Rev. A* **46**, 2622(1992).

16. T. G. Eck, L. L. Foldy, and H. Weider, *Phys. Rev. Lett* **10**, 239(1963).

17. T. A. Miller, R. S. Freund, and B. R. Zegarski, *Phys. Rev. A* **11**, 753(1975).

18. H. J. Beyer and K. J. Kollath, *J. Phys. B* **8**, L326(1975).

19. H. J. Beyer and K. J. Kollath, *J. Phys. B* **9**, L185(1976).

20. H. J. Beyer and K. J. Kollath, *J. Phys. B* **10**, L5(1977).

21. H. J. Beyer and K. J. Kollath, *J. Phys. B* **11**, 979(1978).

22. J. Derouard, R. Jost, M. Lombardi, T. A. Miller, and R. S. Freund, *Phys. Rev. A* **14**, 1025(1976).

23. J. Derouard, M. Lombardi, and R. Jost, *J. Phys.* (*Paris*) **41**, 819(1980).

24. R. Panock, M. Rosenbluth, B. Lax, and T. A. Miller, *Phys. Rev. A* **22**, 1050(1980).

25. R. Panock, M. Rosenbluth, B. Lax, and T. A. Miller, *Phys. Rev. A* **22**, 1041(1980).

26. W. C. Martin, *J. Phys. Chem. Ref. Data* **2**, 257(1973).

27. T. N. Chang and R. T. Poe, *Phys. Rev. A* **10**, 1981(1974).

28. D. R. Cok and S. R. Lundeen, *Phys. Rev. A* **19**, 1830(1979).

第 19 章

自电离里德堡态

本章讨论一种很特别的原子态——自电离态。在自电离态中,有两个或更多受激电子合在一起具有足够的能量,使其中的一个电子从原子中逸出。只考虑有两个激发电子的状态,其中一个处于里德堡态[1]。从光谱学的角度来看,自电离态是一种与连续态耦合的态,而从碰撞物理学的角度来看,自电离态是一种长寿命的散射共振。换言之,自电离态的研究位于碰撞物理学和光谱学的交汇点,而常用来描述自电离态的理论,即是以散射理论为基础的量子亏损理论。

19.1 自电离里德堡态的基本概念

第 17 章中给出了无自旋钡原子的图像,这一图像可以很容易地扩展到自电离态。再次使用式(17.1)中给出的哈密顿量,可以将其分解为

$$H = H_0 + H_1 \tag{19.1}$$

其中,

$$H_0 = -\left[\frac{\nabla_1^2}{2} + \frac{\nabla_2^2}{2} + f(r_1) + \frac{1}{r_2}\right] \tag{19.2}$$

且:

$$H_1 = -f(r_2) + \frac{1}{r_2} + \frac{1}{r_{12}} \tag{19.3}$$

其中,r_1 和 r_2 是两个电子相对于 Ba^{2+} 的位置,$r_{12} = |r_1 - r_2|$。在式(19.2)和式(19.3)中,$f(r)$ 是距离 Ba^{2+} 核为 r 处的电子感受到的势能,在 $r \to \infty$ 时,$f(r) \to 2/r$。

只考虑 H_0 的情况下,薛定谔方程具有以下形式:

$$H_0 \Psi(r_1, r_2) = W \Psi(r_1, r_2) \tag{19.4}$$

该薛定谔方程可以分成以下两个方程:

$$-\left[\frac{\nabla_1^2}{2} + f(r_1)\right]\phi(r_1) = W_1\phi(r_1) \tag{19.5a}$$

$$-\left(\frac{\nabla_2^2}{2} + \frac{1}{r_2}\right)\psi(r_2) = W_2\psi(r_2) \tag{19.5b}$$

其中,

$$\Psi(\boldsymbol{r}_1, \boldsymbol{r}_2) = \phi_{n'l'm'}(\boldsymbol{r}_1)\psi_{nlm}(\boldsymbol{r}_2) \tag{19.6a}$$

且有

$$W = W_1 + W_2 \tag{19.6b}$$

其中,ϕ 是 Ba^+ 波函数;Ψ 是类氢波函数。只要外部 nl 电子的内部转折点的半径大于 $Ba^+ n'l'$ 电子的外部转折点,式(19.6a)的波函数就是钡原子的良好零阶表示。

由于两个波函数是独立的,能量不依赖于 m'、m 或 l,可以将 $n'l'nl$ 态相对于 Ba^{2+} 基态的能量写为

$$W_{n'l'nl} = W_{n'l'} - \frac{1}{2n^2} \tag{19.7}$$

从物理意义上理解,式(19.6a)的波函数对应于向 Ba^{2+} 添加一个电子以变成 $Ba^+ n'l'$ 态,然后添加第二个 nl 电子以形成中性 $Ba\ n'l'nl$ 态。在 Ba^+ 的每个态上,都有一个完整的里德堡态和连续态系统。图 19.1 给出了 Ba^+ 的三个最低能级。需要注意的是,收敛于 $Ba^+ 5d$ 态和 $6p$ 态的里德堡态的能量是要高于 $Ba^+ 6s$ 态的。对于有独立电子的哈密顿量 H_0,这些能态只能通过辐射方式衰减,它们不会耦合到高于 $Ba^+ 6s$ 态的简并连续态上。

将 H_1 添加到哈密顿量会引入图 19.1 中箭头所示的耦合过程。首先,它将最低限度存在的双激发态与简并连续态耦合,从而引发自电离过程,这也是其最重要的影响。其次,它会导致收敛于不同 Ba^+ 极限上的束缚态能系之间产生耦合。束缚里德堡能量线系规律的扰动,是收敛于不同极限的几乎简并的能态之间相互作用的结果,而核极化是能量分离的态之间耦合的结果。第 17 章已经简单讨论了这两种现象。能级系列间的相互作用的最有趣的例子,就是自电离里德堡能级间的相互作用了。由于有限的自电离宽度,经常出现这两个相互作用的能级发生彼此重叠,这导致令人惊奇的光谱分布。下一章将详细

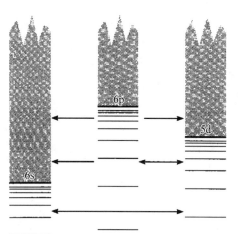

图 19.1 Ba^+ 最低的三个能级:$6s$、$6p$ 和 $5d$(粗实线);通过添加第二个价电子到这些 Ba^+ 能级上获得的中性钡里德堡能级(细实线)和连续态(阴影)。图中水平方向的箭头显示了与不同离子能级相关联的通道间可能的相互作用。与其他束缚态系的相互作用将导致微扰过程,与连续态相互作用会导致自电离

讨论这些态,但本章只关注与简并连续态耦合的孤立自电离态,忽略收敛于不同极限的自电离能级系列间的任何相互作用。最后还有很重要的一点是,H_1 中的四极矩项消除了 $l \geq 1$ 的那些 $n'l'nl$ 态的 l' 简并性,也就是说,由于 l' 相对于 l 的不同方向,不同总角动量的态不再具有相同的能量,但这一点并没有在图 19.1 中展示出来。

对于收敛于 $Ba^+ 6p$ 态的 $Ba\ 6pnl$ 态,自电离速率 $\varGamma$ 通过耦合矩阵元的平方和作为末

态的连续态密度的乘积给出,其具体形式如下[2]:

$$\Gamma = 2\pi \left(\sum_{l'=l\pm1} |\langle 6pnl \mid H_1 \mid 6s\varepsilon l'\rangle|^2 + \sum_{l''=l\pm1} |\langle 6pnl \mid H_1 \mid 5d\varepsilon l''\rangle|^2 \right) \quad (19.8)$$

其中,$6s\varepsilon l'$ 和 $5d\varepsilon l''$ 是与 Ba^+ 的 6s 和 5d 态相关联的连续态。为了准确考虑末态的态密度,式(19.8)需要对 $6s\varepsilon l'$ 和 $5d\varepsilon l''$ 波函数归一化。

自电离速率为 Γ 的 $6pnl$ 态将展宽,其光谱密度由宽度为 Γ 的洛伦兹式来描述,中心能量为 W_0。将式(19.6a)的零阶波函数与宽度为 Γ 的洛伦兹函数的平方根相乘,可获得波函数的一级近似。其具体形式如下:

$$\Psi^1_{6pnl} = \phi_{6p}(\boldsymbol{r}_1)\psi_{nl}(\boldsymbol{r}_2)\sqrt{\frac{\Gamma}{(W-W_0)^2 - (\Gamma/2)^2}} \quad (19.9)$$

假设 l 足够大,把 $f(r_2)$ 近似成 $2/r_2$,那么就有

$$H_1 = \frac{r_1}{r_2^2}P_1(\cos\theta_{12}) + \frac{r_1^2}{r_2^3}P_2(\cos\theta_{12}) + \cdots \quad (19.10)$$

式(19.8)中矩阵元的主导项为偶极项,具体形式为

$$\Gamma = 2\pi \left[\sum_{l'=l\pm1} \left| \left\langle 6pnl \left| \frac{r_1 P_1(\cos\theta_{12})}{r_2^2} \right| 6s\varepsilon l' \right\rangle \right|^2 \right.$$
$$\left. + \sum_{l''=l\pm1} \left| \left\langle 6pnl \left| \frac{r_1 P_1(\cos\theta_{12})}{r_2^2} \right| 5d\varepsilon l'' \right\rangle \right|^2 \right] \quad (19.11)$$

注意,H_1 的四极矩项不能将 $6pnl$ 态耦合到 6s 和 5d 连续态,这里也忽略了将 $6pnl$ 态耦合到 $5d\varepsilon l''$ 连续态的八极子项。

式(19.11)的矩阵元可以分解为角向和径向两部分。采用 Edmonds 的方法,角向部分为两个张量算子的标量积[3]。径向部分包含了 Ba^+ $\langle 6p|r_1|6s\rangle$ 或 $\langle 6p|r_1|5d\rangle$ 径向矩阵元和氢原子的 $\langle nl|1/r_2^2|\varepsilon l'\rangle$ 径向矩阵元。由于一些角向矩阵元总是一阶的,不是一阶的反而更小,且 Ba^+ 径向矩阵元不依赖于 n 或 l,那么所有对量子数 n 和 l 的依赖,都通过径向矩阵元将里德堡 nl 态耦合到连续态。$1/r_2^2$ 的径向矩阵元对 nl 里德堡态波函数和 $\varepsilon l'$ 连续态波函数 r 较小的部分格外敏感,其对量子数 n 显著的依赖特性是通过束缚里德堡态波函数的 $1/n^{3/2}$ 归一化因子引入的。假设 $n \gg l$,矩阵元平方给出的是自电离速率,很自然地发现自电离速率依赖于因子 $1/n^3$,即具有如下所示的形式:

$$\Gamma \propto 1/n^3 \quad (19.12)$$

虽然可以很容易推导出自电离速率是正比于 $1/n^3$ 的,但并不能以同样简单的方式论证自电离速率是如何随着 l 变化的。考虑一个典型矩阵元,$\langle nl|1/r_2^2|\varepsilon(l+1)\rangle$,它依赖于波函数 r 较小的部分。如果 n 保持固定不变,l 从远小于 n 逐渐增大到取值为 $n-1$ 的过程中,那么矩阵元会发生怎样的变化呢?l 的增大首先会导致外部 nl 电子波函数的经典内部转折点 r_i 按照式(19.13)的规律逐渐增大:

$$r_i \approx \frac{l(l+1)}{2} \qquad (19.13)$$

因此,随着 l 的增加,在越来越大的 r_2 位置处发现 nl 束缚态和 $\varepsilon(l+1)$ 连续态波函数。通常,$1/r_2^2$ 的矩阵元也随着 l 的增加而迅速减小。但矩阵元是如何随着 l 而减少的具体方式,这取决于能量 ε,尤其是当 $l \to n$ 时。

在上面描述的例子中,Ba 的 6pnl 态到 Ba$^+$ 的 6s 和 5d 态的自电离是通过偶极耦合的方式进行的。然而,Ba 的 5dnl 态的自电离过程则是通过四极耦合过程进行的,这一四极子耦合的过程通常与偶极子过程强度相当,这与通常从光学跃迁发展而来的直觉是恰恰相反的。回过头来仔细检查式(19.10),可以看出,相邻阶多极子过程的比例因子是 r_1/r_2,这个因子大约是离子半径除以里德堡电子轨道的内部转折点。对于 l 较低的能态,这两个距离量级相当,比例因子大约为 1。而对于光学跃迁来说,与之类似的因子则是 r/λ,其中 λ 是光的波长,在可见光波段,这个比例因子可以达到 10^{-3} 量级,因此电多极子过程的强度自然就不能与偶极子过程相比拟了。

自电离可以看作一个散射过程,也可以通过一个简单的经典物理模型推导出自电离速率对 n 和 l 的依赖关系,得到的结论与前面通过量子力学分析给出的结果一致。引起自电离的基本机制是里德堡电子从激发的 Ba$^+$ 发生超弹性散射,进而产生基态 Ba$^+$ 和更高能的电子。考虑一个电子通过 6p 态 Ba$^+$ 的单次过程。对于一个电子来说,要想能够诱导向 Ba$^+$ 6s 态的跃迁,它必须和离子足够接近,以使其场分量足够强且频率足够高,从而引发 Ba$^+$ 6p→6s 这一跃迁过程。电子与 Ba$^+$ 的距离有多近,以及它通过 Ba$^+$ 的速度有多快,都主要取决于相对于 Ba$^+$ 的电子 l 量子数。增加 l 就会减少电子在 Ba$^+$ 位置上产生的电场强度,并降低电场的频率,从而降低超弹性散射和自电离的可能性。

到目前为止,已经考虑了单个轨道上超弹性散射的概率。为了获得散射速率或自电离速率,我们只需将这个概率乘以轨道频率 $1/n^3$[4]。这样一来,将再次发现 $\Gamma \propto 1/n^3$,并且 Γ 随着 l 的增加而减小。刚才给出的基于散射的描述是一个双通道的描述。当存在许多通道时,这个模型就构成了多通道量子亏损理论的基础[5]。

19.2 实验方法

研究自电离态的经典方法是真空紫外(vacuum ultraviolet,VUV)吸收光谱法,利用灯产生的连续辐射,配合光谱仪进行实验,最近的实验中也会使用同步加速器来提供辐射源[6]。这种方法在原理上非常简单且普遍适用,但它仅限于用来观察单光子跃迁。通常吸收原子的样本是由基态原子构成的。然而,使用激光产生大量处于激发态的原子,并观察它们的吸收,也是可行的方法[7]。Garton 等采用的另一种方法则是在冲击管中把钡原子加热到高温,观察其吸收光谱[8]。除了产生激发态之外,冲击加热还产生离子和电子,这导致了最初观察到的强制自电离现象[8]。

虽然真空紫外吸收光谱法相对简单,但其存在一个固有的特性:双激发自电离态和简并连续态都具有来自基态的非零激发幅值,并且这些幅值之间既可以发生相长干涉,也可以发生相消干涉。通常,如果在自电离态的高能一侧发生相长干涉,那么在低能侧就会发生相消干涉,反之亦然。两个激发幅值之间的干涉项在自电离共振过程中会改变符号,这是因为连续能态在经历共振时会产生 π 相移[2]。由此产生的不对称线形就称为 Beutler‑Fano 线形,我们将在下一章中对其进行更详细的定量分析。此外,需要特别说明的是,虽然自电离态的谱线线形不是对称的,但仍然可以从真空紫外光谱中提取出自电离态的能量和宽度信息。

　　作为一个有代表性的例子,图 19.2 中展示了通过真空紫外吸收光谱获得的钡原子光谱[9]。来自微波激发的氪或氙连续光源通过球面镜聚焦在光谱仪的狭缝上。在镜子和光谱仪之间,光线穿过含钡蒸气的金氏高温炉。金氏炉的主体有一根加热管,中心长度为 120 cm,可加热到 900~1 100℃[10]。在高温炉的中心区域,钡蒸气压为 2~20 Torr,流动的氩蒸气压为 1~10 Torr,氩气的存在将钡蒸气限制在加热区,使其远离球面镜和光谱仪狭缝。

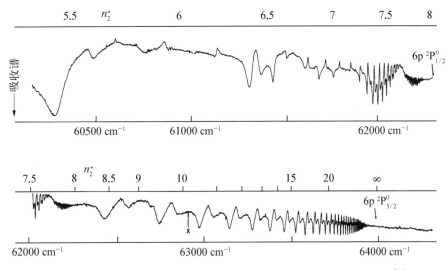

图 19.2　钡原子从基态到 Ba^+ 的 $6p_{1/2}$ 和 $6p_{3/2}$ 极限的真空紫外吸收谱[9]

　　可以从图 19.2 中看出自电离区光谱的几个典型特征。首先,有大量的连续吸收。其次,收敛于 Ba^+ 的 $6p_{1/2}$ 和 $6p_{3/2}$ 极限的自电离里德堡线系都清晰可见。考虑到光谱主要是来自基态 $6s^2\,{}^1S_0$,那么图 19.2 中的自电离态是奇宇称的,如 $6p_j ns_{1/2}$ 和 $6p_j nd_j J=1$ 态。最后,谱线线形非常不对称。每个自电离态并不是在连续吸收谱中附加了一个吸收峰,而更像是一种类似于色散线形的形态。尽管具有色散式的线形,也就是所谓 Beutler‑Fano 线形,但收敛于 $6p_{3/2}$ 极限的里德堡谱线系的规律是显而易见的,并且可以确定收敛于 $6p_{3/2}$ 态极限的自电离态的量子亏损参数和光谱宽度。另外,在 $6p_{1/2}$ 极限以下,存在着收敛于 $6p_{1/2}$ 和 $6p_{3/2}$ 极限的谱线系。由于谱线系间的相互作用,光谱不规则。这种光谱特别难以分析,因为不论是束缚激发态和连续激发态之间的干涉,还是能级系之间的相互作用都会导致特殊的线形,且光谱中存在的这两种效应很难彼此解耦。

　　孤立实激发(isolated core excitation, ICE)方法是一种用激光来研究碱土原子自电离态的方法,是由 Cooke 等首创并用来研究锶的自电离 5pnl 态[11]。这种方法后来也在镁、钙和钡的自电离态研究中得到了应用[12-14]。

对 Ba 6pnd 态的研究可以很好地反映出该方法的中心思想。如图 19.3 所示,使用两束分别调谐到 Ba6s^2 ^{1}S$_0$→6s6p ^{1}P$_1$ 和 6s6p ^{1}P$_1$→6s15d ^{1}D$_2$ 跃迁的脉冲激光器,可以将热原子束中的钡原子激发到寿命很长的束缚态 6snd ^{1}D$_2$。在 4 935 Å 和 4 558 Å 附近,扫描第三束激光的波长跨过 6s15d→6p$_j$15d 跃迁,通过同时监测由自电离 6p$_j$15d 态衰变产生的离子或电子,就可以观察到自电离 6p$_{1/2}$15d 或 6p$_{3/2}$15d 态。

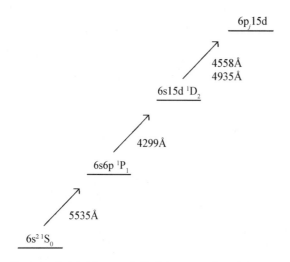

图 19.3 钡原子 6p$_j$15d 态的激发过程。前两束激光激发外层电子,当第三束激光被调节到 4 935 Å 或 4 558 Å,就可以激发内层电子跃迁到 6p$_{1/2}$ 或 6p$_{3/2}$ 态

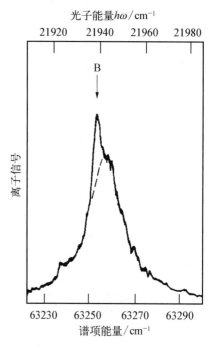

图 19.4 当三束激光圆极化到相同的状态时,第三束激光对于 Ba6s15d ^{1}D$_2$→6p$_{3/2}$15dJ=3 的跃迁的低能量扫描。这个扫描可以反映出6p$_{3/2}$15dJ=3态的位置和宽度。用 B 标注的窄峰是6s6p ^{1}P$_1$→6s10d ^{1}D$_2$ 跃迁。6s15d ^{1}D$_2$ 态的谱项能量为 41 315.5 cm^{-1}[15]

典型光谱示例如图 19.4 所示,这是使用三个具有同向圆偏振的激光器获得从 Ba 6s15d ^{1}D$_2$ 态激发到 Ba 6p$_j$15dJ = 3 态的光谱[15]。根据图 19.4,可以观察到谱线形状大致符合洛伦兹线形,这与式(19.9)的预期相符。谱线的宽度可以直接测量,能态的能量可以通过将共振中心的激光频率与已知的 6s15d ^{1}D$_2$ 态能量相加得到。在大多数情况下,自电离能级的宽度主要是由自电离过程决定的,然而辐射过程同样会对谱线宽度产生一定的影响。对于 Ba 6pnl 里德堡态,辐射展宽主要来源于内层电子从 6p 到 6s 的辐射衰减,其造成的宽度约为 26 MHz[16, 17]。

如图 19.4 所示,观察到的轮廓直接反映了自电离态的光谱特征,正如式(19.9)给出的那样,简并连续能态的激发可以忽略不计,只有双激发态被激发。在 6s15d→6p15d 跃迁中,内层电子经历了 Ba$^+$6s→6p 跃迁,以及 Ba$^+$共振线跃迁,而外层 15d 电子大多数时候则基本上保持不变,仅仅因为 6snd 态和 6pnd 态量子亏损存在差异而对其轨道进行微小的重新调整。这个过程由图 19.5 示出,它显示了 6s^2 态或者更具体来说是处于 6s15d 态

和 6p15d 态中两个价电子的轨道[18]。在从 Ba 6snd 到
6pnd 态的激发过程中,束缚态和自电离 nd 态的量子亏
损相差约 0.1,此时,在光谱中仅会观察到一个强
峰[11, 15]。然而,当自电离能级系的量子亏损与束缚态的
量子亏损相差达到 1/2 时,就可以清楚地观察到从束缚
nl 态到 nl 态和 (n+1)l 态的强烈的跃迁过程[11, 15]。

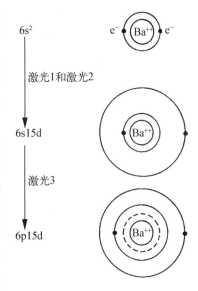

考虑 6s15d 原子吸收可见光达到 6p15d 态,这一过
程存在着两种可能方式,那么连续态的激发可以忽略不
计的原因也就不言自明了。第一种方式是内层电子 6s→
6p 跃迁,而外层电子不发生变化。Ba$^+$ 6s→6p 跃迁的振
子强度为 1[17],分布在 6p15d 态 10 cm^{-1} 的宽度上,产生的
df/dW 在 10^4 量级。一般来说,由于自电离态的宽度,这
种激发的 df/dW 通常正比于 n^3。第二种方式是里德堡电
子被可见光子直接光电离。里德堡电子最有可能出现在
其外部转折点,远离离子实,此处波函数的空间变化也很
慢。与之相反,在 6pnd 态的能量下,连续态波函数在远
离离子实的位置表现出快速的空间变化,波函数的大 r
部分对光电离矩阵元的贡献很小,只有里德堡波函数 r
较小的部分对矩阵元有贡献。因此,考虑核附近的里德

图 19.5　钡原子 6p15d 态的激
发过程示意图。激光 1 和激光 2
将其中一个 6s 态电子激发到
15d 态。激光 3 将余下的一个 6s
态电子激发到 6p,而 15d 态
电子基本不受影响[18]

堡波函数的归一化,6snd 态直接光电离的 df/dW 同样正比于 $1/n^3$。这就意味着,内层和
外层电子吸收单位能量产生的两个振荡强度之比以 n^6 形式变化。对于 15d 态的直接光
电离,df/dW 会正比于 10^{-4},因此两个振荡强度之比就变成 10^8。这样一来,即使是干涉的
交叉项,其数值也比峰值截面要小 10^4 倍。

虽然孤立实激发方法使单个孤立自电离态的分析变得易如反掌,但其真正的优势在
于解决相互作用能级谱系的光谱问题。不同能级系自电离态之间相互作用的一个例子是
Ba $J=1$ 奇宇称态之间的相互作用,两个态分别收敛于 6p$_{1/2}$ 和 6p$_{3/2}$ 极限。在图 19.2 的真
空紫外光谱中,低于 6p$_{1/2}$ 极限的区域会表现出强烈的能系间相互作用,但由于伴随的连
续态激发增加了复杂性,很难将能系间相互作用的影响与激发的束缚态-连续态干涉区分
开来。然而,正如将在下一章中展示的那样,使用孤立实激发方法可以直接检测能系间相
互作用的影响,同时对激发幅度的干扰可以忽略不计[4, 19]。此外,在涉及内层电子的多光
子激发的实验中,这种实验方法也发挥了显著的作用[20-24]。

由于原子处于低密度束流,而不是高压吸收池,因此孤立实激发方法还具有其他的显
著优势。如图 19.1 所示,Ba 6pnl 态的原子可以自电离成高于 Ba$^+$ 的低量子态的简并连续
态。通过分析发射电子的能量和角度分布,就可以确定自电离到 Ba$^+$ 各种可能的末态和
发射电子的分支比。这样的测量比总自电离速率的测量更严格,而用于进行电子能谱测
量的设备并不比总光激发截面测量所需的设备复杂多少。在图 19.6 中,展示了 Sandner
等使用的设备[25],基于这套系统,他们测量了从 Ba 6pns 态出射的电子的能量和角分布。
图 19.6 所示的电子设备是飞行时间光谱仪,在 1 eV 的电子能量下具有 50 meV 的分辨率。

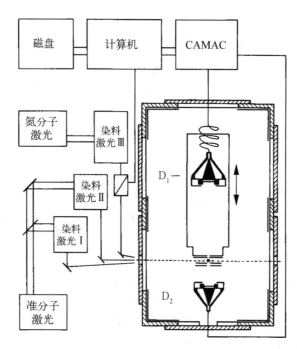

图 19.6 用于测量光激发截面、光电子能量和角分布的装置示意图。原子束从纸面外飞出，D_1 和 D_2 分别是电子和离子探测器[25]

本章已经描述了从 Ba 束缚 6snd 态到自电离 6pnd 态的激发过程,并且研究了通过纯光学方式激发 $l \leqslant 4$ 的 6snl 态也是可能的。此外,也可以利用束缚 6snl 里德堡态的长寿命和大偶极矩特性,以激发任意 l 量子数的束缚 6snl 里德堡态,并观察到它们向自电离 6pnl 态的跃迁。为了产生具有更高 l 量子数的能态,Freeman 和 Kleppner[26] 提出了斯塔克切换技术。紧接着 Cooke 等首先使用这种技术来布居锶原子 5snl,且 l 量子数高达 7。这一过程的基本思想如图 19.7 所示,图中画出了 $n=7$, $m=0$ 的一系列斯塔克能级随静电场

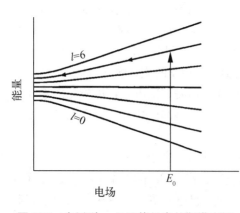

图 19.7 应用到 $n=7$ 里德堡态的斯塔克切换技术的示意图。箭头显示了在场 E_0 下的斯塔克态激光激发过程。这个场绝热地减小到零,从而产生 $l=5$ 的能态。为了清晰起见,图中放大了 l 能态的零场能级劈裂

的变化。为了清楚起见,图中夸大了 l 态在零静电场下的能级劈裂大小。在场强为 E_0 的条件下,可以更好地分辨斯塔克能级。用单束激光激发单个斯塔克态,随后将电场绝热地减小到零,这样一来最初激发的单个斯塔克能级就会演变为单个零场角动量态。图 19.7 中展示了斯塔克态的激光激发过程,当电场关闭时,该激发态绝热演变为 $l=5$ 零场能态,产生的 l 能态取决于激光最初激发的斯塔克能态。

Jones 和 Gallagher 首次将斯塔克切换技术应用于广泛的 l 能态,成功实现了 Ba $11 < n < 13$ 和 $l > 4$ 的 6snl 态[16]。在实验中,他们最初将钡原子从基态 $6s^2\ {}^1S_0$ 态激发到 $6s6p\ {}^1P_1$ 态,然后在 3 kV/cm 的电场中激发到 6snk 斯塔克

态。该场足够强,相邻斯塔克能级相距约 2 cm^{-1},并且每个 6snk 斯塔克能级中有足够的 6snd 成分可以完成激发过程。电场接下来在 2~3 μs 时间内减小到零,这个切换时间是由两个限制条件决定的:一方面,最高 l 态之间的零场间隔为 200 MHz,这决定了切换时间的下限;另一方面,如果电场切换太慢,黑体辐射就会将大量粒子驱动到其他能态,处在 l≈4 的能态就会发生辐射衰变,原子离开相互作用区域[16]。这种技术后来也受到了很多研究者的青睐,例如,Pruvost 等就使用这种方法研究了 Ba 的 6pnl 和 6dnl 的高 l 能态[27],Eichmann 等也用这种技术研究了 Sr 的 n'gnl 的高 l 能态[28]。

此后,Delande 和 Gay 另辟蹊径,提出了一条不同的技术方案[29],Hare 等首先使用了这一方法[30],后来 Roussel 等也采用这种方法产生了 Ba(l=m=n-1)6snl 圆态的原子,这些原子紧接着用于激发到 6pnl 自电离态[31]。原子在强电场中被激发到能量最高的 6snk 斯塔克能态,然后绝热地进入一个只存在中等强度磁场的区域,其方向垂直于电场方向。对于最高能量的斯塔克态,最初在电场中为 m=0 的斯塔克态,随后在磁场中演变为 m=n-1 态。

通过在束缚态向自电离态跃迁的频点附近扫描激光波长,可以实现对自电离速率的测量,这种方法非常适合测量能态线宽比激光线宽要大的自电离态。然而,这种方法对高 l 的自电离态并不适用,此时需要使用 Cooke 等首次采用的耗尽展宽方法[32]。该方法基于两个事实:首先,激光线通常呈现近似的高斯分布,其谱线的两翼比洛伦兹型下降得更快,而自电离态的谱线恰恰具有洛伦兹型分布,因此,在波长距离谱线中心远大于激光线宽的失谐条件下,观察到的信号由失谐激光波长处截面的洛伦兹线尾确定,而不是由激光两翼中的光在截面的最大值处确定,在这种情况下,当激光调谐到远离线中心时,激光的宽度就可以忽略不计了;第二个重要的事实是,由于光学截面如此之大,即使失谐使得截面比峰值截面低两个或三个数量级,也仍然可以观察到强信号。

对于从 6snl 束缚态到 6pnl 自电离态的光学跃迁,光学截面为如下的洛伦兹形式:

$$\sigma_{nl}(\Delta\omega) = \frac{\Omega\Gamma_{nl}}{(\Delta\omega)^2 + (\Gamma_{nl}/2)^2} \tag{19.14}$$

其中,$\Delta\omega$ 是偏离中心的失谐量;Γ_{nl} 是由于自电离和辐射衰减导致的半高全宽;Ω 正比于离子的 6s-6p 偶极矩阵元的平方。如果进一步考虑 6sn'l'→6pn'l' 的跃迁($l'\neq l$, $n'\neq n$),那么在 $\sigma_{nl}(\Delta\omega)$ 的基础上,通过由 $\Gamma_{n'l'}$ 代替 Γ_{nl} 可计算获得截面 $\sigma_{n'l'}(\Delta\omega)$。

如果数量为 N_0 的 6snl 束缚态里德堡原子样本暴露在光子流 Φ 中,那么在 $\sigma_{nl}\Phi \ll 1$ 的条件下,被激发到自电离态的原子数目是

$$N_{nl} = N_0\sigma_{nl}\Phi \tag{19.15}$$

然而,在通常的激光功率下,$\sigma_{nl}\Phi \gg 1$ 的条件更容易达到,此时电离的数目为

$$N_{nl} = N_0[1 - e^{-\sigma_{nl}(\Delta\omega)\Phi}] \tag{19.16}$$

如果激光通量足够高,达到 $\sigma_{nl}(0)\Phi \gg 1$ 条件,那么观测到的信号就会进一步展宽,远超式(19.14)给出的截面宽度。

假设能够直接测量 6snl→6pnl 跃迁的宽度,Γ_l 大于激光线宽,也假设能够用足够大的激光功率,能够同时使 6snl→6pnl 和 6sn'l'→6pn'l' 跃迁展宽到远远超出激光线宽的程

度。在这种情况下,比较两个跃迁过程在信号取到峰值高度一半时的失谐量 $\Delta\omega_{nl}$ 和 $\Delta\omega_{n'l'}$,根据式(19.16)可以看出:

$$\sigma_{nl}(\Delta\omega_{nl})\,\varPhi = \sigma_{n'l'}(\Delta\omega_{n'l'})\,\varPhi = \ln 2 \tag{19.17}$$

等式两边同时除以激光通量 $\varPhi$ 可以得到:

$$\sigma_{nl}(\Delta\omega_{nl}) = \sigma_{n'l'}(\Delta\omega_{n'l'}) \tag{19.18}$$

采用式(19.14)中的截面形式,式(19.18)可以写成:

$$\varGamma_{n'l'} = \varGamma_{nl}\left[\frac{(\Delta\omega_{n'l'})^2 + (\varGamma_{n'l'}/2)^2}{(\Delta\omega_{nl})^2 + (\varGamma_{nl}/2)^2}\right] \tag{19.19}$$

由于失谐必须足够大,才能跟激光线宽相比拟,如果测量的线宽 $\varGamma_{n'l'}$ 小于激光线宽,那么等式(19.19)就可以简化为

$$\varGamma_{n'l'} \approx \frac{\varGamma_{nl}(\Delta\omega_{n'l'})^2}{(\Delta\omega_{nl})^2 + (\varGamma_{nl}/2)^2} \tag{19.20}$$

在这里需要特别指出,$N_{nl}/N_0 = 1/2$ 这一条件,也就是信号等于峰值的一半,并不是唯一的选择。可以选择 $N_{nl}/N_0 = 1/3$ 或者任意其他值,同样有很好的效果,只不过取这些 N_{nl}/N_0 值时,实验上确定 $\Delta\omega$ 更困难一些。

19.3 自电离速率的实验观察

在本章前面的部分中已经证明,在 $n \gg l$ 的前提下,自电离速率(如 Ba 6pnl 态)正比于 $1/n^3$。在图 19.8 中可以清楚地看出这一点,图中画出了观测到的三个 Ba 6p$_j$$nd$,$J = 3$ 能系宽度[33]。分别从 6snd ^{1}D$_2$ 和 ^{3}D$_2$ 束缚态出发,使用孤立的核激发方式获得两个 6p$_{3/2}$$ndJ = 3$ 能系,Mullins 等将这两个能级系列分别标记为 + 和 −[34]。所有三个能级系列的 $1/n^3$ 依赖关系非常明显,6p$_{1/2}$$nd_{5/2}$ 态在 $n^* = 8$ 和 17 条件下的线宽偏差也是如此。在这些 n^* 值下,与近似简并的 6p$_{3/2}$$nd$ 态的相互作用改变了线宽的 $1/n^3$ 依赖关系。事实上,有很多实例展示了自电离速率依赖于 $1/n^3$,但重要的是,这种依赖关系只在 $n \gg l$ 的条件下有效。当 $n \approx l$ 时,l 能系的自电离速率随 n 而增加,在 Ba 的 4fng 能系中可以观察到这种现象,且 4f6g 态比 4f5g 态更广泛存在这种现

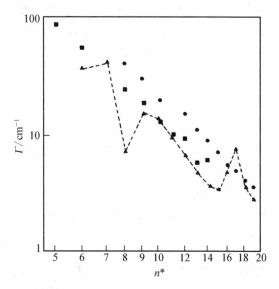

图 19.8 三个 6pnd 能级系列 6p$_{1/2}$$nd_{5/2}$(用实心三角 ▲ 表示)、6p$_{3/2}$$nd^+$(用实心圆点 • 表示)和 6p$_{3/2}$$nd$(用实心方块 ■ 表示)的自电离速率。6p$_{3/2}$$nd^+$ 和 6p$_{3/2}$$nd^-$ 态分别是从 6snd^{1}D$_2$ 和 6snd^{3}D^2 态激发的。在 6p$_{1/2}$$nd_{5/2}$ 能级系列的微扰是相当显著的[33]

象[35]。部分是因为 $n = l + 1$ 时,nl 态波函数在组合库仑离心势的最小值中只有一个波瓣。对于 $n = l + 2$ 时,内部转折点则会明显地移动到半径更小的位置上。例如,5g 能态的内部转折点在 $13.8a_0$,而 6g 能态的内部转折点则在 $12.0a_0$。随着 n 的进一步增加,内部转折点继续向更小的半径移动,但速度很慢,ng 波函数的 $1/n^{3/2}$ 归一化因子的影响也变得更加重要。另一个可能的因素是波函数坍塌。在 La 中,4f 波函数在径向势中坍缩成一个内阱;而在核电荷较小的 Ba 中,4f 电子则恰恰处于坍缩的边缘[36, 37]。这可能是由于 6g 电子存在于半径较小的轨道上,比 5g 电子更有效地屏蔽 4f 电子和核电荷。因此,4f 电子在 4f5g 态比在 4f6g 态更有可能发生坍缩。4f5g 态中 4f 波函数的部分坍缩可能导致 4f5g 态的自电离速率小于 4f6g 态。此前,Connerade 曾指出,可以从外部控制波函数坍缩[38],这些观察结果很可能支持他的观点,但仍然需要进行仔细的计算来验证这一点。

自电离速率也会随着 l 变化而迅速下降,Cooke 等首先通过实验证明了这一点[11]。他们测量了 Sr 5p15l 态在 $l = 2 \sim 7$ 时的自电离速率。$l > 2$ 的态是使用前面描述的斯塔克切换技术制备的。在实验中,他们观察到自电离宽度在 $l = 2$ 时为 15 cm^{-1},在 $l = 5$ 时为 1 cm^{-1},显著减小;$l > 5$ 的测量则受到激光线宽的限制。在 $11 \leqslant n \leqslant 13$ 和 $4 \leqslant l \leqslant n - 1$ 时,Jones 和 Gallagher[16] 使用了斯塔克切换技术[26] 和耗尽展宽技术这两种方法测量了 Ba $6p_{1/2}nl$ 态的宽度,从而测量得到低于激光线宽的衰减率[32]。实验结果清楚地表明自电离速率随 l 快速下降;下降到 $l \approx 9$ 时,自电离速率会降低到低于 Ba$^+$ $6p_{1/2}$ 离子的辐射衰减率,总衰减率主要由辐射衰减率决定,但与 n 和 l 无关。

研究者们已经对 Ba 原子中的许多 6pnl 态的自电离速率进行了测量[4, 16, 19, 27, 34, 39-42],将高 l 态的自电离速率[16] 与低 l 态的自电离速率相结合,无疑是一个引人关注的研究方向。图 19.9 中展示了在 $6p_{1/2}nl$ 态下测量的标度自电离速率 $J = l + 1$ [39]。将测量值与使用 Ba$^+$ 库仑波函数和类氢波函数(即前面概述的方法)计算的值进行比较,结果显示:随着 l 的增加,自电离速率均匀下降。当 $l \geqslant 3$ 时,计算和实验给出的自电离速率一致;而 $l < 3$ 时,两者并不一致。$l < 3$ 计算与实验结果相矛盾并不奇怪,考虑到 $l < 3$ 的态具有显著的核渗透性,那么对于 $l < 3$ 的计算几乎可以肯定是错误的。实验现象中更令人惊讶的一点在于:在 $6p_{1/2}nf$ 态测到自电离速率的最大值,显著高于 $l < 3$ 态的自电离速率,而我们直觉上可能会认为后者才应该取到更大的数值。一个

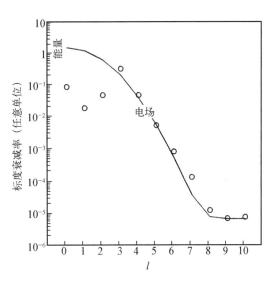

图 19.9 Ba $6p_{1/2}nlJ=l+1$ 态自电离态的标度衰减率 $n^3\Gamma$ 随 l 的变化趋势示意图(原子单位)。对 $l = 0 \sim 4$ 态的测量结果(用空心圆 ○ 表示)显示的是来自很多 n 值能态的平均速率。$l > 4$ 的自电离速率是 $n = 12$ 能态的数据。实线是基于类氢里德堡电子偶极散射,是对来自 6p 态核电子的一个简单的理论计算的结果。需要注意的是,考虑了 l 较低的能态存在核穿透效应,就会发现实际的自电离速率相比用偶极散射模型计算的结果要低。对于 $l > 8$ 的能态,恒定的总衰减率也就是 Ba$^+$ 6p 态的自发辐射率[39]

可能的原因是 $l < 3$ 态都具有明显的原子核穿透性,而 nf 态没有。换句话说,nf 电子波函数的内部转折点与内部 6p 电子波函数的外部转折点大致重合。在这种情况下,两个波函数会在两个电子移动都很缓慢的区域重叠,因此发生强烈的相互作用。

19.4 电子光谱

图 19.10 的能级示意图对钡原子的刻画是更为准确的,如果用图 19.10 代替图 19.1 的能级示意图,就可以得到自电离过程中更丰富的信息。例如,Ba $6p_{3/2}ns_{1/2}J = 1$ 原子可以自电离成高于 $6s_{1/2}$、$5d_j$ 和 $6p_{1/2}$ 电离极限且具有不同 l 量子数的 10 个连续态[25]。在 $6p_{1/2}$ 极限以下,Ba $6p_jns_{1/2}J = 1$ 态则只能电离到 $6s_{1/2}$ 和 $5d_j$ 电离极限以上的 8 个连续态。通过测量从 Ba $6p_jns_{1/2}J = 1$ 态发射的电子的能量和角分布,就可以探测到可能的末态。每个自电离态都有两个物理量格外值得关注,即末态离子态的分支比,以及在向特定离子态发生自电离过程中发射电子的角分布的各向异性参数。当通过电偶极子激发从 Ba 的球对称 $6sns\ {}^1S_0$ 态激发得到 $6p_jns_{1/2}J = 1$ 自电离态时,以任何能量发射的电子的角分布都呈现如下形式[43]:

$$I(\Theta) = I_0\left[1 + \beta P_2(\cos \Theta) \right] \tag{19.21}$$

其中,Θ 是激发激光的 E 矢量与逸出电子的动量矢量之间的夹角;β 是各向异性参数。关于孤立实激发方法的一个有趣之处在于:连续态的激发具有变化的相位,由于该方法中不涉及对连续态的激发,所以 β 参数和分支比在自电离态的形态中是恒定的。

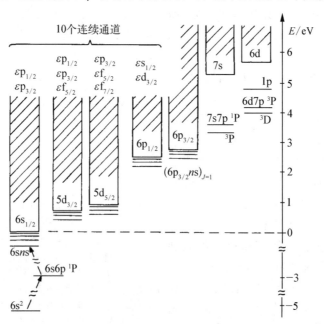

图 19.10 Ba 的 $6p_{3/2}ns_{1/2}J = 1$ 态自电离的能级图。如图所示,能量高于 $6p_{1/2}$ 极限的位置处有 10 个连续通道,低于 $6p_{1/2}$ 极限则只有 8 个连续通道。图中还展示了通过两步激光激发得到的球对称 $6sns\ {}^1S_0$ 能态。从 $6sns$ 态到 $6p_{3/2}ns_{1/2}$ 态的激光激发过程并未在图中展示

动量守恒要求几乎所有的自电离动能都出现在电子中。因此,离子的末态可以由发射电子的能量反映出来。测量发射电子的能量和角分布,就可以得出自电离到可能的离子末态的分支比。

在图 19.11 中展示了在 $\Theta = 0$ 时获得的来自 $6p_{3/2}ns_{1/2}$ 态的电子的飞行光谱随时间的变化,该能态位于 $6p_{1/2}$ 电离极限之上[25]。电子的飞行路径长度为 10 cm,在向 Ba^+ $6s_{1/2}$ 和 $5d_j$ 态自电离过程中发射的电子几乎无法分辨,而如果将飞行路径增加到 45 cm,就可以获得更高的分辨率,此时可以很好地分辨到 $6s_{1/2}$ 和 $5d_j$ 态的自电离过程中产生的电子。从图中可知,向 Ba^+ $5d_{5/2}$ 态的自电离过程相对很弱。如果要将如图 19.11 中的飞行时间光谱转换为分支比,那么就必须在角度 Θ 的所有取值下进行测量并积分,或在魔角 $\Theta = 54.7°$ 处测量。在此魔角条件下,$P_2(\cos\Theta) = 0$。对于驱动 $6sns$ $^1S_0 > 6p_j ns_{1/2}$ $J = 1$ 跃迁的激光来说,通过旋转其偏振就可以测得发射电子的角分布,目前也已经有两个课题组完成了这一测量工作[25, 44, 45]。锶、钙和镁的自电离态的角分布也已经见诸报道[46-48]。

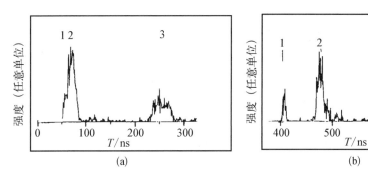

图 19.11　(a) Ba $6p_{3/2}ns$ $J = 1$ 的自电离电子的飞行时间谱。峰 1 代表衰减到 Ba^+ 6s 连续态;峰 2 代表衰减到 Ba^+ $5d_{3/2, 5/2}$ 连续态;峰 3 代表衰减到 $Ba+6p_{1/2}$ 连续态。漂移长度大约为 10 cm。谱线用一个宽度为 14 ns 的快门记录。图(b)与图(a)一样,但是漂移长度大约为 45 cm,用一个 6 ns 的快门宽度进行测试[25]

在图 19.11(b) 中,还有一个值得关注的现象:实验中观察到的电子有相当多都是在向 Ba^+ $6p_{1/2}$ 态的自电离过程中产生的。事实上,40% Ba $6p_{3/2}ns_{1/2}$ 原子会自电离到 Ba^+ 的 $6p_{1/2}$ 态,尽管这是一个四极过程,但这比向着任何其他单离子态的自电离过程占比都多[25],包括通过偶极子过程发生的向 Ba^+ $6s_{1/2}$ 或 $5d_j$ 态的自电离过程。当 $n > 12$ 的 Ba $6p_{3/2}np$ 态因激光泵浦而产生粒子布居时,Ba^+ $6p_{1/2}$ 态会优先布居。Bokor 等已经利用这一性质,应用 Ba^+ $6p_{1/2} \to 5d_{3/2}$ 跃迁制备了 600 nm 波长的激光,应用 Ba^+ $6p_{1/2} \to 6s_{1/2}$ 跃迁制备了 493 nm 波长的激光[49]。

参考文献

1. W. Sandner, *Comm. At. Mol. Phys.* **20**, 171(1987).

2. U. Fano, *Phys. Rev.* **124**, 1866(1961).

3. A. R. Edmonds, *Angular Momentum in Quantum Mechanics*, (Princeton University Press, Princeton, 1960).

4. W. E. Cooke and C. L. Cromer, *Phys. Rev. A* **32**, 2725(1985).

5. M. J. Seaton, *Rep. Prog. Phys.* **46**, 167(1983).

6. J. Berkowitz, *Photoabsorption*, *Photoionization*, *and Photoelectron Spectroscopy* (Academic, Press, New York, 1979).

7. J. L. Caristen, T. J. Mcllrath, and W. H. Parkinson, *J. Phys. B* 8, **38** (1962).

8. W. R. S. Garton, W. H. Parkinson, and E. M. Reeves, *Proc. Phys. Soc. London* **80**, 860(1962).

9. C. M. Brown and M. L. Ginter, *J. Opt. Soc. Am.* **68**, 817(1978).

10. C. M. Brown, R. H. Naber, S. G. Tilford, and M. L. Ginter, *Appl. Opt.* **12**, 1858(1973).

11. W. E. Cooke, T. F. Gallagher, S. A. Edelstein, and R. M. Hill, *Phys. Rev. Lett.* **40**, 178(1978).

12. G. W. Schinn, C. J. Dai, and T. F. Gallagher, *Phys. Rev. A* **43**, 2316(1991).

13. V. Lange, V. Eichmann, and W. Sandner, *J. Phys. B* **22**, L245(1989).

14. L. D. von Woerkem and W. E. Cooke, *Phys. Rev. Lett.* **57**, 1711(1986).

15. N. H. Tran, P. Pillet, R. Kachru, and T. F. Gallagher, *Phys. Rev. A* **29**, 2640(1984).

16. R. R. Jones and T. F. Gallagher, P*hys. Rev. A* **38**, 2946(1988).

17. A. Lindgard and S. E. Nielson, *At. Data Nucl. Data Tables* **19**, 613(1977).

18. T. F. Gallagher, *J. Opt. Soc. Am. B* **4** 794(1987).

19. F. Gounand, T. F. Gallagher, W. Sandner, K. A. Safinya, and R. Kachru, *Phys. Rev. A* **27**, 1925(1983).

20. L. A. Bloomfield, R. R. Freeman, W. E. Cooke, and J. Bokor, *Phys. Rev. Lett.* **53**, 2234(1984).

21. P. Camus, P. Pillet, and J. Boulmer, *J. Phys. B* **18**, L481(1987).

22. N. Morita, T. Suzuki, and K. Sato, *Phys. Rev. A* **38**, 551(1988).

23. U. Eichmann, V. Lange, and W. Sandner, *Phys. Rev. Lett.* **64**, 274(1990).

24. R. R. Jones and T. F. Gallagher, *Phys. Rev. A* **42**, 2655(1990).

25. W. Sandner, U. Eichman, V. Lange, and M. Velkel, *J. Phys. B* **19**, 51(1986).

26. R. R. Freeman and D. Kleppner, *Phys. Rev. A* **14**, 1614(1976).

27. L. Pruvost, P. Camus, J. M. Lecompte, C. R, Mahon, and P. Pillet, *J. Phys. B* **24**, 4723(1991).

28. U. Eichmann, V. Lange, and W. Sandner, *Phys. Rev. Lett.* **68**, 21(1992).

29. D. Delande and J. C. Gay, *Europhys. Lett.* **5**, 303(1988).

30. J. Hare, M. Gross, and P. Goy, *Phys. Rev. Lett.* **61**, 1938(1988).

31. F. Roussel, M. Cheret, L. Chen, T. Bolzinger, G. Spiess, J. Hare, and M. Gross, *Phys. Rev. Lett.* **65**, 3112(1990).

32. W. E. Cooke, S. A. Bhatti, and C. L. Cromer, *Opt. Lett.* **7**, 69(1982).

33. T. F. Gallagher, in *Electronic and Atomic Collisions*, eds D. C. Lorents, W. E. Meyerhof, and J. R. Peterson, (Elsevier, Amsterdam, 1986).

34. O. C. Mullins, Y. Zhu, E. Y. Xu, and T. F. Gallagher, *Phys. Rev. A* **32**, 2234(1985).

35. R. R. Jones, P. Fu, and T. F. Gallagher, *Phys. Rev. A* **44**, 4260(1991).

36. M. G. Mayer, *Phys. Rev.* **60**, 184(1941).

37. D. C. Griffin, K. L. Andrew, and R. D. Cowan, *Phys. Rev.* **177**, 62(1969).

38. J. P. Connerade, *J. Phys. B* **11**, L381(1978).

39. R. R. Jones, C. J. Dai, and T. F. Gallagher, *Phys. Rev. A* **41**, 316(1990).

40. J. G. Story and W. E. Cooke, *Phys. Rev. A* **39**, 5127(1989).

41. X. Wang, J. G. Story, and W. E. Cooke, *Phys. Rev. A* **43**, 3535(1991).

42. B. Carre, P. d'Oliveira, P. R. Foumier, F. Gounand, and M. Aymar, *Phys. Rev. A* **42** (6545) 1990.

43. C. N. Yang, *Phys. Rev.* **74**, 764(1948).

44. W. Sandner, R. Kachru, K. A. Safinya, F. Gounand, W. E. Cooke, and T. F. Gallagher, *Phys. Rev. A*, **27**, 1717(1983).
45. R. Kachru, N. H. Tran, P. Pillet, and T. F. Gallagher, *Phys. Rev. A* **31**, 218(1985).
46. Y. Zhu, E. Y. Xu, and T. F. Gallagher, *Phys. Rev. A* **36**, 3751(1987).
47. V. Lange, U. Eichmann, and W. Sandner, *J. Phys. B* **11**, L245(1989).
48. M. D. Lindsay, L.-T. Cai, G. W. Schinn, C.-J. Dai, and T. F. Gallagher, *Phys. Rev. A* **45**, 231(1992).
49. J. Bokor, R. R. Freeman, and W. E. Cooke, *Phys. Rev. Lett.* **48**, 1242(1982).

第 20 章

量子亏损理论

在上一章中,我们考虑了与简并连续态相耦合的孤立自电离态。虽然使用微扰法足以描述孤立的自电离态,但是很难用其描述存在着相互作用的自电离态系列。如果要描述这种现象,那么一种直接的方法就是使用量子亏损理论(quantum defect theory, QDT),它是由 Seaton 首次提出的一种多通道散射法[1]。

根据基函数的选择,量子亏损理论方程可以采用多种形式,通常来讲有两种常见的形式[2]:一种是基于分离的离子和电子,并且使用反应矩阵或者 R 矩阵[1-7];另一种是基于短距电子-离子散射的简正模[8-10]。在本章中,我们将遵循 Cooke 和 Cromer 所采用的方法,简要介绍量子亏损理论的基本思想[3]。这种方法的优势在于可以体现两种数学形式之间的关系。本章展示的基本概念可以展现自电离态谱的许多微妙特征,但如果希望获得一个更为完整的描述,那么也建议读者去参考原始文献[1]~[10]。

20.1 量子亏损理论

在第 2 章中,我们基于单通道量子亏损理论描述了一个在球形对称基态离子实外的里德堡电子。因为离子实不能与里德堡电子交换能量或者角动量,因此只需要考虑单一跃迁通道。我们也可以看出,单通道量子亏损理论的一个隐含假设,那就是离子的所有激发态在能量上与基态相差甚远,因此可以被忽略。

在除了氢原子之外的任何原子的里德堡态中,当里德堡电子与离子实的距离 r 大于离子实半径 r_c 时,其电势为库仑电势;但是当 $r < r_c$ 时,总的电势则通常比库仑电势更深。更深的电势导致的后果是当一个库仑波通过离子实散射时,相较于通过质子散射,反射波会有 $\pi\mu$ 的相位改变。换言之,在所有 $r > r_c$ 情况下,驻波函数为

$$\Psi = \frac{1}{r}\left[f(W, l, r)\cos(\pi\mu) + g(W, l, r)\sin(\pi\mu)\right] \tag{20.1}$$

其中,f 和 g 分别是库仑波函数的实部和虚部。对于来自质子的散射,波函数的虚部 g 则不存在。正如第 2 章所述,量子亏损理论利用了 μ 近乎是一个能量无关的量。因为当 r_c 较小(约 a_0),电子和离子实在 $r < r_c$ 碰撞时,电子的动能很强(约 10 eV),并且在 小于 1 eV 的能量范围内相位变化 $\pi\mu$ 是常量。

因此,波函数[式(20.1)]还可以表述为

$$\Psi = \frac{\cos(\pi\mu)}{r}\left[f(W, l, r) + \tan(\pi\mu)g(W, l, r)\right] \tag{20.2}$$

它类似于一个散射波函数。

如果离子不仅仅具有单一的球对称态,那么里德堡电子和离子的能量和角动量就不再守恒。此时,必须使用多通道量子亏损理论来解释离子和电子的能量组合,并且,宇称会使原子的能量、角动量和对称性守恒,它们分别由 W、J 和 Π 给出。现在考虑如图 20.1 所示的具有三种不同能量的离子态的情况:它展示了收敛于离子边界的束缚态和其上的连续态。每一组束缚里德堡态和对应的连续态都具有相同的角动量和自旋,并构成一个通道。在图 20.1 中,描绘了三个这样的通道。在一个孤立的原子中,为了使通道相互作用,它们必须具有相同的总角动量和宇称。当里德堡电子远离离子实时 ($r \to \infty$),通道的情况是容易描述的。例如,当 $r \to \infty$ 时,Ba $J=1$ 的奇宇称通道就可以很好地描述为一个特定的 Ba^+ 离子态和一个有明确态的电子的乘积。例如,$6s_{1/2}\varepsilon p_{1/2}$,$6s_{1/2}\varepsilon p_{3/2}$,$5d_{3/2}\varepsilon p_{1/2}$,$5d_{3/2}\varepsilon p_{1/2}$,$56p_{1/2}ns_{1/2}$,$\cdots$ 在每种情况下,相对应的离子、电子和自旋角动量都是由总角动量 J 决定的。这些

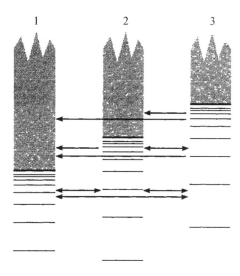

图 20.1 三通道三极限问题示意图。里德堡能级系列从下方收敛于粗实线表示的三个离子能级,而连续态能级则位于这三个离子能级上方。里德堡能级系列之间的相互作用由水平箭头表示,束缚态与连续态的相互作用由单箭头表示,束缚态之间的相互作用由双箭头表示

通道通常称作解离通道或者碰撞通道,我们将用波函数 ϕ_i 来描述它们。在碰撞通道中,可以明确地将总能量划分为离子部分和里德堡电子部分,则有

$$W = W_i + I_i \tag{20.3}$$

其中,W_i 是里德堡电子能量;I_i 是离子实能量。通道会在 $W_i > 0$ 时打开,而在 $W_i < 0$ 时关闭。在这两种状态下,里德堡电子分别处于连续态和束缚态。远离离子实时,描述碰撞通道的波函数 ϕ_i 由式(20.4)给出:

$$\phi_i = \frac{1}{r}\left[\chi_i f(W_i,\ l,\ r)\cos(\pi\nu_i)\ +\chi_i g(W_i,\ l,\ r)\sin(\pi\nu_i)\right] \tag{20.4}$$

其中,χ_i 是由离子实的波函数和包括自旋在内的里德堡电子波函数的角向部分的乘积。在方程(20.4)中,显而易见地,ν_i 指定了规则和非规则库仑方程的占比。同样地,正如方程(20.1)所示,$\pi\nu_i$ 是相对于类氢 f 函数的相移。

虽然在第 2 章中概述了 f 和 g 函数的性质,但还是有必要在这里总结一下他们的性质[8]。f 和 g 分别称为库仑函数的规则和非规则部分,因为当 $r \to 0$ 时,$f \propto r^{l+1}$、$g \propto r^{-l}$。基于函数 g 在 $r=0$ 时的特性,在氢原子中只有 f 波。当 $r \to \infty$ 时,由于 $W_i > 0$,f 和 g 分别是正弦和余弦函数。同时,如果 $W_i > 0$,$\pi\nu_i$ 仅仅表示波函数和类氢的 f 波之间的相位。如果 $W_i < 0$,f 和 g 波都有指数增加和减少的部分。并且正如我们在第 2 章中看到的,只

有满足以下条件：

$$W_i = \frac{-1}{2\nu_i^2} \tag{20.5}$$

才能令方程(20.4)的波函数在 $r \to \infty$ 时消失。只有方程(20.5)的条件被满足，当 $W_i < 0$ 时，波函数才会在 $r \to \infty$ 时按照指数发散。

$r \to \infty$ 时，虽然不同碰撞通道的波函数有很大差异，但是在 r 很小时这些波函数却十分相似，因此可以找到来自离子实的散射的简正模。在能量范围 ΔW 内，我们可以找到一个满足 $R > r_c$ 的半径 R。此时，对于 $r < R$，除了闭通道的归一化因子外，方程(20.4)的波函数是能量无关的。如果我们忽略闭通道在 $r = \infty$ 的边界条件，ν_i 可以取任意值，而不仅仅是 $\nu_i = 1/\sqrt{-2W_i}$。 如果将每个单位能量下的波函数进行连续谱的归一化，那么在 $r_c < r < R$ 的区域内，可以认为所有的 ϕ_i 波函数是能量无关的散射或者连续波。我们的目标是找到来自离子实的散射的简正模。

简正散射模波函数是由入射库仑波函数的线性组合产生的驻波，这些波函数从离子实反射时只产生一个相移。线性组合的成分不受离子实散射的影响。这些简正模通常称为 α 通道，其在 $r_c < r < R$ 区域的波函数为

$$\Psi_\alpha = \frac{1}{r} \left[\sum_i U_{i\alpha} \chi_i f(W_i, l, r) \cos(\pi\mu_\alpha) - \sum_i U_{i\alpha} \chi_i g(W_i, l, r) \sin(\pi\mu_\alpha) \right] \tag{20.6}$$

其中，$\pi\mu_\alpha$ 表示相移，与式(20.1)中的 μ 类似；$U_{i\alpha}$ 是幺正变换。通常来讲，μ_α 称为本征量子亏损。如果比较式(20.1)和式(20.6)，那么可以看出，在前一种情况下，单独入射的类氢波产生了一个有相移的出射波；在后一种情况下，入射的类氢波的线性组合产生了具有相同线性组合的出射波，只是相位稍有移动。当 $r < R$ 时，波函数 ϕ_i 是能量无关的，因此量子亏损 μ_α 也是能量无关的。更一般地来讲，如果波函数是随能量缓变的，那么 μ_α 也具有相同的规律。

由式(20.6)定义的波函数 Ψ_α 的简正模本质上是与 r_c 处边界条件相匹配的特征函数，但是当有任何闭通道存在时，它们将不匹配 $r \to \infty$ 处的边界条件。与之正相反，波函数 Ψ_i 匹配 $r \to \infty$ 处的边界条件，但是不匹配 $r = r_c$ 处的边界条件。一般情况下，波函数 Ψ 在 $r > r_c$ 条件下可以写为波函数 Ψ_i 或 Ψ_α 的线性组合，确切的形式如下：

$$\Psi = \sum_i A_i \phi_i = \sum_\alpha B_\alpha \Psi_\alpha \tag{20.7}$$

用式(20.4)和式(20.6)具体地表示 ϕ_i 和 Ψ_a，并且令系数 $\chi_i f(W_i, l, r)$ 和 $\chi_i g(W_i, l, r)$ 相等，则有

$$A_i \cos(\pi\nu_i) = \sum_\alpha U_{i\alpha} B_\alpha \cos(\pi\mu_\alpha) \tag{20.8a}$$

$$A_i \sin(\pi\nu_i) = - \sum_\alpha U_{i\alpha} B_\alpha \sin(\pi\mu_\alpha) \tag{20.8b}$$

式(20.8a)和式(20.8b)分别乘上 $\sin(\pi\nu_i)$ 和 $\cos(\pi\nu_i)$ 后再互相加减得到：

$$A_i = \sum_a U_{ia} \cos\left[\pi(\nu_i + \mu_a)\right] B_a \tag{20.9a}$$

$$0 = \sum_\alpha U_{i\alpha} \sin \pi\left[(\nu_i + \mu_\alpha)\right] B_\alpha \tag{20.9b}$$

事实上，$U_{i\alpha}$ 是一个酉矩阵，有 $\boldsymbol{U}^{\mathrm{T}} = \boldsymbol{U}^{-1}$，式(20.8a)和式(20.8b)可以写为

$$\sum_i U_{i\alpha} A_i \cos(\pi\nu_i) = B_\alpha \cos(\pi\mu_\alpha) \tag{20.10a}$$

$$\sum_i U_{i\alpha} A_i \sin(\pi\nu_i) = -B_\alpha \sin(\pi\mu_\alpha) \tag{20.10b}$$

式(20.10a)和式(20.10b)分别乘 $\cos(\pi\mu_\alpha)$ 和 $-\sin(\pi\mu_\alpha)$ 后再互相加减得到：

$$\sum_i U_{i\alpha} \cos\left[\pi(\nu_i + \mu_\alpha)\right] A_i = B_\alpha \tag{20.11a}$$

$$\sum_i U_{i\alpha} \sin\left[\pi(\nu_i + \mu_\alpha)\right] A_i = 0 \tag{20.11b}$$

式(20.10a)和式(20.10b)出现在 Fano 的量子亏损理论公式中[8]。而我们将按照 Cooke 和 Cromer 的思路，使用式(20.11a)和式(20.11b)[3]。无论选择哪一组公式，非零解只有在式(20.12)成立时才存在：

$$\det \left| U_{i\alpha} \sin\left[\pi(\nu_i + \mu_\alpha)\right] \right| = 0 \tag{20.12}$$

式(20.12)定义了量子亏损面。对于束缚态，所有的通道都被关闭，对于所有的 i 来讲，$W_i < 0$。同时，由式(20.12)定义的表面的维数是比通道数少一个。例如，对于一个双通道问题，式(20.12)定义了一条直线；而对于三通道问题，它则定义了一个二维表面。从式(20.12)可以很明显地看出，用 $\nu_1 + n$ 替换 ν_1 时(这里 n 是个整数)，矩阵要么保持不变，要么反转整行的符号。在任何一种情况下，式(20.12)在 ν_1 相同的情况下总是成立的。该推论也可以应用于 ν_2，这样一来，式(20.12)定义的量子亏损面就可以通过以 1 为模推广到 ν_i。

此刻，让我们考虑一个如图 20.1 所示的三通道问题。刚才讨论了在所有 i 取值下，$W_i < 0$ 取值的情况，也就是低于最低极限的区域。由式(20.12)定义的量子亏损面是一个嵌在边长为 $\Delta\nu_i = 1$ 的立方体上的二维表面。现在，考虑第一和第二电离极限之间的区域，其中通道 1 是开放的。因为 ϕ_1 是一个连续波，所以在 $r \to \infty$ 的边界条件不能约束 $\pi\nu_1$ 的可能值。然而，因为 r 较小时存在通道间的耦合，只有式(20.12)指定的 $\pi\nu_1$ 值可以同时满足 $r = r_c$ 和 $r \to \infty$ 边界条件。在这种情况下，量子亏损面与低于第一极限的表面是相同的。此时，尽管 $\pi\nu_1$ 只是一个连续态的相移，但有时还是可以写为 $\pi\tau$。

从散射的角度思考这个问题也是很有帮助的。图 20.2 中描述了通道 1、2 和 3 的径向电势。当能量为 W_A 时，在 $r > r_A$ 的情况下，高于第一极限但低于第二极限的波函数完全由通道 1 的波函数 ϕ_1 组成，其中波函数 ϕ_1 由式(20.1)给出。我们可以想象在离子实附近放置一个半径为 r_A 的球形盒子，并且考虑当一个电子从盒子中散射出来后的简正散射

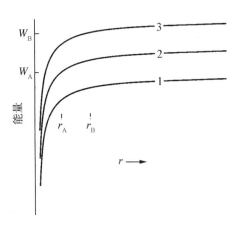

图 20.2 不同能量下三种离子态的径向势能。在能量 W_A 处,对于 $r > r_A$ 的条件下,经典理论只允许通道 1 的存在,也只有 ϕ_1 存在于此区域。在能量 W_B 处,在 $r > r_B$ 的条件下,经典理论允许通道 1 和 2 同时存在,波函数是和能量相关的 ϕ_1 和 ϕ_2 的线性组合

模是什么。只有一个连续态波函数,因此能分辨这些散射模唯一的关键就是它的相移 $\pi\nu_1$。相移依赖于简正模能量与通道 2 和 3 的束缚态能量之间的接近程度,因此对于简正模来讲,相移 $\pi\nu_1$ 将有不同的值。

如果把能量进一步提高到第二极限之上,那么我们则会看到具有两个开放的通道。在图 20.2 中,当能量为 W_B 时,在 $r > r_B$ 的情况下,波函数是由 ϕ_1 和 ϕ_2 的线性组合构成的。此时,如果在离子实附近放置一个半径为 r_B 的球形盒子,我们仍然可以考虑那个问题:当一个电子从盒子中散射出来后,它的简正模是什么?或者说,对于以库仑型波函数的线性组合形式入射的波,在散射最多只是造成相移的情况下,从盒子内部散射时整体会发生什么呢?考虑两个波函数,分别标记为 $\rho = 1$、2,这两个波函数是由 ϕ_1 和 ϕ_2 的线性组合构成的,具体形式由式(20.13)给出:

$$\Psi_\rho = \sum_{i=1,2} A_{i\rho} \chi_i f(W_i, l, r) \cos(\pi\tau_\rho) + \sum_{i=1,2} A_{i\rho} \chi_i g(W_i, l, r) \sin(\pi\tau_\rho)$$

$$(20.13)$$

在式(20.13)中,本征相移 $\pi\tau_\rho$ 和式(20.6)中的 μ_α 扮演了同样的角色。然而,由于通道 3 中束缚态的存在,τ_ρ 的值是依赖于能量的,具体来说,我们所研究的能态,其相移 τ_ρ 取决于能态能量与通道 3 的态之间能量的接近程度。同样的,从半径为 r_B 的盒子散射出的简正模的构成也是依赖于能量的,并且,$A_{i\rho}$ 的值同样高度依赖于能量。

为了求得特征相移 τ_ρ 的值,只需将行列式(20.12)中所有开通道的 $\pi\nu_i$ 替换为 $\pi\tau$,解出式(20.12)的两个可能的 τ 值,记作 τ_ρ,$\rho = 1$、2。如果有 P 个开放通道,则有 P 个 τ_ρ 值。虽然以上的讨论并不太直观,但是正如我们看到的,这个讨论的过程给出了很合理的结果:这些 τ_ρ 的取值导致散射和反应矩阵成为对角矩阵,并且连续态的波函数对应简正散射模。

当 τ 存在多个值时,量子亏损面的维数将会下降。在低于第二极限的区域,我们可以由式(20.12)定义量子亏损面,这时它是一个二维表面;在第二极限之上的区域,对于每一个 ν_3 值,都有两个对应的 τ_ρ 值,此时量子亏损面变为两条线。

最后,如果我们考虑图 20.2 中第三极限之上的能量范围,那么所有三个通道对所有的 r 值都是开放的。在这种情况下,对于离子实,我们可以放置任意一个的 $r > r_c$ 盒子,并且求解来自盒子内部的电子散射的简正模。事实上,我们早已解决了这个问题,这个简正模正是波函数 Ψ_α。由于能量值超过了所有的电离极限,此时我们已经不再需要考虑 $r \to \infty$ 边界条件了,因为这些条件也已经起不了什么作用了。

20.2　量子亏损面的几何解释

在里德堡电子的任一轨道上,电子大部分时间都处在远离原子核的位置,依据波函数 ϕ_i 的系数 A_i, 就可以合理地描述所在位置的波函数。进而,许多属性也会以一种非常直接的方式依赖于 A_i 的值。正如 Cooke 和 Cromer[3] 所展示的那样,量子亏损理论一个特别引人注目的特点就在于 A_i^2 的值,例如,通过观测量子亏损面,我们就可以确定波函数是如何由各个碰撞通道构成的。如果以如下形式定义式(20.12)中矩阵的代数余子式 C_{ia}:

$$C_{ia} = \text{Cofactor} \mid U_{ia}\sin[\pi(\nu_i + \mu_a)] \mid \tag{20.14}$$

则行列式(20.12)可以重写为

$$\sum_\alpha U_{i\alpha}\sin[\pi(\nu_i + \mu_\alpha)]C_{i\alpha} = 0 \tag{20.15a}$$

或者:

$$\sum_i U_{i\alpha}\sin[\pi(\nu_i + \mu_\alpha)]C_{i\alpha} = 0 \tag{20.15b}$$

对比式(20.15a)、式(20.15b)和式(20.10a)、式(20.11a),可以看出:

$$C_{i\alpha} = GA_iB_\alpha \tag{20.16}$$

其中,G 一个常数。

现在考虑如下的函数:

$$f(\nu_1\nu_2\cdots\nu_i) = \det\{U_{ia}\sin[\pi(\nu_i + \mu_a)]\} \tag{20.17}$$

式(20.12)中,相同的行列式被设置为等于 0,以定义允许的 ν_i 值。如果构造梯度 ∇f, 那么就可以找出式(20.12)所定义平面的法线,其组成可以写为如下形式[3]:

$$\begin{aligned}
\frac{\partial f}{\partial \nu_j} &= \frac{\partial}{\partial \nu_j}\det \mid U_{i\alpha}\sin[\pi(\nu_i + \mu_\alpha)] \mid \\
&= \frac{\partial}{\partial \nu_j}\sum_\alpha U_{j\alpha}\sin[\pi(\nu_j + \mu_\alpha)]C_{j\alpha} \\
&= \pi\sum_\alpha U_{j\alpha}\cos[\pi(\nu_j + \mu_\alpha)]GA_iB_\alpha \\
&= \pi GA_j^2
\end{aligned} \tag{20.18}$$

如果这个由式(20.18)定义的梯度用一个垂直于量子亏损面的矢量来表示,那么该矢量在 ν_i 轴上的投影就正比于 A_i^2。在一个双极限问题中,式(20.18)就会简化为如下的简单形式[8]:

$$\frac{A_2^2}{A_1^2} = \frac{-\partial \nu_1}{\partial \nu_2} \tag{20.19}$$

20.3 归一化

我们使用的散射波函数 f 和 g 是按照单位能量归一化的,现在考虑如何在不同能量范围对波函数作归一化。首先,考虑束缚态情形,我们需要一个满足如下条件的束缚态波函数:

$$\int \Psi^* \Psi d^3 r = 1 \qquad (20.20)$$

为此,必须改造波函数 ϕ_i,使其从按单位能量归一化变为按单个能态归一化。例如,在式(20.20)中,可以利用导数 $dW_i/d\nu_i = 1/\nu_i^3$,通过乘以 $1/\nu_i^3$ 因子,将波函数平方 $|\phi_i|^2$ 由按能量归一化转变为按态归一化。这也就意味着,一个归一化到单位能量的束缚态波函数 ϕ_i,其归一化积分应该等于 ν_i^3。由于波函数 $\Psi = \sum A_i \phi_i$ 是由归一化到单位能量的束缚态波函数组成的,其归一化积分 N^2 由式(20.21)给出:

$$N^2 = \sum A_i^2 \nu_i^3 \qquad (20.21)$$

其中,按照比例,较高的 ν_i 态比较低的 ν_i 态拥有更高的权重。Cooke 和 Cromer 就曾指出[3],这个权重来自以下的事实:A_i 的值反映了里德堡电子在态 Ψ 的各波函数 Ψ_i 轨道上的运动所占的比例,因子 ν_i^3 反映了一个有效量子数 ν_i 所对应轨道的持续时间。使用式(20.21)的归一化积分,束缚态波函数的归一化由式(20.22)给出:

$$\Psi = \frac{1}{N} \sum_i A_i \Psi_i \qquad (20.22)$$

其中,波函数 Ψ_i 仍然是按照单位能量归一化的。如果希望根据通常的态归一化的束缚态波函数 Ψ_i^B 来改写式(20.22),并注意两种波函数的关系是 $\Psi_i = \nu_1^{3/2} \Psi_i^B$,那么式(20.21)就会变为

$$\Psi = \frac{1}{N} \sum A_i \nu_i^{3/2} \Psi_i^B \qquad (20.23)$$

如果一个或者多个通道是开通道的,那么波函数就是一个连续态波函数,因为它扩展到 $r = \infty$,并且必须按照单位能量归一化。每一个连续态的波函数 Ψ_i 是分别按照单位能量归一化的,所以我们只需要每一个 ρ 的解满足:

$$\sum_i A_{i\rho}^2 = 1 \qquad (20.24)$$

其中,求和是对所有开通道进行的。

利用式(20.21)和式(20.24)中的归一化关系,以及 A_i 值之间的几何关系,就可以在任何能量下构造适当的归一化波函数。

20.4 能量约束

正如本章前面指出的，$\pi\nu_i$ 实际上是通道 i 的波函数在 $r = \infty$ 处的相位。对于每个束缚态通道，已经引入了 $W_i = 1/2\nu_i^2$ 这一约束条件，它规定了任何能量 W_i 对应的相位 $\pi\nu_i$。如果考虑这样一种情况，在图 20.1 的第一电离极限以下的区域，所有的三个通道都是封闭的，这些能态具有离散的能量和离散的 ν_1、ν_2 和 ν_3 值。然而，由式（20.12）定义的量子亏损面，则是 ν_1、ν_2 和 ν_3 的连续函数。此外，满足式（20.12）的相移值 $\pi\nu_i$ 的数量也比实验观察到的数量多。对式（20.12）所允许的 ν_i 的连续变化产生限制的是如下的能量关系：

$$W = W_i + I_i \tag{20.25}$$

它将所有的闭通道的 ν_i 值联系在一起。当低于图 20.1 的最低电离极限时，式（20.25）的具体形式由式（20.26）给出：

$$W = \frac{-1}{2\nu_1^2} + I_1 = \frac{-1}{2\nu_2^2} + I_2 = \frac{-1}{2\nu_3^2} + I_3 \tag{20.26}$$

一条线及其与由式（20.12）定义的量子亏损面的交叠，就会产生一组与束缚原子态相对应的点。在第一和第二极限之间，只有通道 2 和 3 是封闭的，此时式（20.25）就会变为如下形式：

$$W = \frac{-1}{2\nu_2^2} + I_2 = \frac{-1}{2\nu_3^2} + I_3 \tag{20.27}$$

它定义了一个独立于 ν_1 的表面。这个表面与量子亏损面的交点集则定义了一条线，在这种情况下，所有的 ν_2 和 ν_3 取值都会被囊括在内，但并不是所有的 ν_2 和 ν_3 的组合都会包含在内。而连续态相位可以在任何能量下取任意值，因此所有的 ν_2 和 ν_3 取值都可以被采样。

20.5 量子亏损理论的可选 R 矩阵形式

量子亏损理论一种引人注目的应用，是用来描述自电离态。考虑一个最简单的情形：一系列自电离态简并到一个连续态上，这实际上就是一个双通道量子亏损理论问题。如果我们使用孤立实激发方法来观察自电离态，那么可以用量子亏损 δ 和相对宽度 $n^3\Gamma$ 这两个参数表征自电离态的位置和宽度。这些参数与量子亏损理论的 U_{ia} 和 μ_a 参数之间的关系并不是一目了然的，事实上，这种关系甚至都不是唯一的。在双通道问题中，我们会考虑两个测量参数，但是需要三个参数来完整地表征双通道量子亏损理论，这些参数分别是 μ_1、μ_2 和确定 U_{ia} 的旋转角 θ。连续态的相位在解释孤立实激发实验时是多余信息。如果在我们谈到的两通道问题中，自电离态是通道 2，连续态是通道 1，那么波函数由式（20.28）确定：

$$\Psi = A_1\phi_1 + A_2\phi_2 \tag{20.28}$$

其中，$A_1 = 1$。考虑到 $A_1^2 = 1$，自电离态的谱密度 A_2^2 就可以由式（20.19）中的导数 $\mathrm{d}\nu_1/\delta\nu_2$ 得到。通道 2 的自电离态的位置和宽度，由连续态相位的导数决定，但完全不依赖于连续态的绝对相位。因此，如果使用一组不同的 U_{ia} 和 μ_a 参数，而在每个 ν_2 值处对 $\mathrm{d}\nu_1/\delta\nu_2$ 取相同的值，此时，假如只观察位置和宽度，那么这些参数就已经可以很好地表示自电离态了。

在缺乏连续相位信息的情况下，为了以一种更独特的方式描述自电离态，我们可将量子亏损理论方程重新转换为 R 矩阵形式，这与量子亏损理论的多通道散射理论的发展类似[2]。Mott 和 Massey[11]、Seaton[2]、Fano 和 Rau[12] 等分别讨论了不同形式的散射矩阵之间的关系。

如果用 $\sin(A + B) = \sin A \cos B + \cos A \sin B$ 来重写式（20.12），那么可以得到：

$$\cos(\pi\mu_\alpha) \sum_i \left[U_{i\alpha}\tan(\pi\nu_i) + U_{i\alpha}\tan(\pi\mu_\alpha) \right]\cos(\pi\nu_i)A_i = 0 \tag{20.29}$$

因为 $\cos(\pi\mu_a)$ 与式（20.29）的整个左边部分相乘，可以忽略它，然后把剩下的方程写成一个矩阵方程，也就是如下形式：

$$\left[\bar{\boldsymbol{U}}^{\mathrm{T}}\tan(\rho\nu) + \tan(\rho\mu)\boldsymbol{U}^{\mathrm{T}} \right]\cos(\rho\nu)\boldsymbol{A} = 0 \tag{20.30}$$

其中，$\tan(\pi\nu)$、$\tan(\pi\mu)$ 和 $\cos(\pi\nu)$ 是对角矩阵；A 是一个向量。如果我们按如下形式定义矩阵 R：

$$\boldsymbol{R} = \boldsymbol{U}\tan \boldsymbol{U}^{\mathrm{T}} \tag{20.31}$$

定义向量 a 如下：

$$a_i = \cos(\pi\nu_i)A_i \tag{20.32}$$

那么式（20.30）就可以写为

$$(\boldsymbol{R} + \tan \pi\nu)\boldsymbol{a} = 0 \tag{20.33}$$

R 矩阵，或者称为反应矩阵，是实对称矩阵。如果 i 通道之间没有耦合，则 R 阵的非对角元消失，而对角元由 $\tan(\pi\delta_i)$ 给出，其中 δ_i 是第 i 个通道的量子亏损。对于一阶近似，通道间的耦合由 R 矩阵的非对角元给出。在式（20.33）这一形式下，R 矩阵可以同时描述孤立通道的量子亏损和通道耦合问题。正如 Cooke 和 Cromer 指出的，这是两种截然不同的功能[3]。量子亏损只反映了非类氢库仑波的相移，是一种球形的单通道效应。因此，离子实和里德堡电子的能量、角动量和宇称都是分别独立守恒的。另外，通道间耦合破坏了上述三个量的分别独立守恒。我们如果不采用规则和不规则的波函数 f 和 g，而是以相移库仑波为基函数，那么就可以从 R 矩阵中去除 i 通道的量子亏损。可将式（20.3）的碰撞通道波函数表示为[2~4]

$$\phi_i = \frac{1}{r}\left[\chi_i f'(W_i, l, r)\cos(\pi\nu_i) + \chi_i g'(W_i, l, r) \right] \tag{20.34}$$

其中，f' 和 g' 是经过相移的库仑函数，如下：

$$f'(W_i,\ l,\ r) = f(W_i,\ l,\ r)\cos(\pi\delta_i) - g(W_i,\ l,\ r)\sin(\pi\delta_i) \qquad (20.35a)$$

$$g'(W_i,\ l,\ r) = f(W_i,\ l,\ r)\sin(\pi\delta_i) + g(W_i,\ l,\ r)\cos(\pi\delta_i) \qquad (20.35b)$$

其中，

$$\nu_i' = \nu_i + \delta_i \qquad (20.36)$$

如果我们作如下定义：

$$a_i' = A_i\cos(\pi\nu_{i'}) \qquad (20.37)$$

那么可以从式(20.29)中得到一个和式(20.33)相似的表述：

$$[\boldsymbol{R}' + \tan(\pi\nu_i')]\boldsymbol{a}' = 0 \qquad (20.38)$$

其中，

$$\boldsymbol{R}' = [\cos(\pi\delta) + \boldsymbol{R}\sin(\pi\delta)]^{-1}[R\cos(\pi\delta) - \sin(\pi\delta)] \qquad (20.39)$$

如果没有通道间耦合，那么 $\boldsymbol{R}' = 0$，这就对应于通道 i 具有量子亏损 δ_i，并且 $\nu_i' = 0$ 时出现的现象。一般来讲，$\boldsymbol{R}'$ 矩阵是一个对角元为零的实对称矩阵。

式(20.33)和式(20.38)与式(20.12)十分相似，例如，由式(20.33)和式(20.38)也可以得到量子亏损面，由如下关系确定：

$$\det[\boldsymbol{R} + \tan(\pi\nu)] = 0 \qquad (20.40a)$$

或者：

$$\det[\boldsymbol{R}' + \tan(\pi\nu')] = 0 \qquad (20.40b)$$

$\boldsymbol{R}'$ 矩阵另一个有用的性质在于：我们可以把它写在对应于束缚态通道(闭通道)和连续态通道(开通道)的块矩阵中。具体地说，可以将式(20.33)写成如下形式[3]：

$$\begin{bmatrix} \boldsymbol{R}_{bb} + \tan(\pi\nu_b) & \boldsymbol{R}_{bc} \\ \boldsymbol{R}_{cb} & \boldsymbol{R}_{cc} + \tan(\pi\tau) \end{bmatrix} \begin{matrix} a_b \\ a_c \end{matrix} = 0 \qquad (20.41)$$

式(20.38)可以写成完全相同的形式。在式(20.41)中，我们用 $\pi\tau$ 替换了所有的连续态相位，以反映出我们在寻找满足式(20.40a)的简正反射模。按照 Cooke 和 Cromer 的思路[3]，我们可以将式(20.41)写成独立的束缚态矩阵方程和连续态矩阵方程。具体形式如下：

$$-[\boldsymbol{R} + \tan(\pi\nu)]_{bb}^{-1}\boldsymbol{R}_{bc}\boldsymbol{a}_c = \boldsymbol{a}_b \qquad (20.42a)$$

和

$$[\boldsymbol{R}_{cb}[\boldsymbol{R} + \tan(\pi\nu)]_{bb}^{-1}\boldsymbol{R}_{bc} - \boldsymbol{R}_{cc}]\boldsymbol{a}_c = [\tan(\pi\tau_\rho)]\boldsymbol{a}_c \qquad (20.42b)$$

其中，τ_ρ 是 τ 的一个允许值。从式(20.42b)可以明显看出，本征向量 a_c，即 i 通道满足式 (20.42b)的线性组合，具有一个由式(20.42b)左边给出的对角连续-连续 R 矩阵形式。换句话说，这就是简正散射模。在有开通道的情况下，求解式(20.12)时，可以简单地将所有的开通道中的 $\pi\nu_i$ 替换为 $\pi\tau$。式(20.42b)为这一做法提供了理论依据。

20.6　量子亏损理论的作用

量子亏损理论搭建了一个桥梁，它将一些与能量独立的参数与丰富的光谱数据联系起来。它既是一种有效的数据参数化方法，也是一种比较理论分析结果和实验数据的重要方法。由于所有的参数化方法都是等价的，使用哪一种参数化对于比较理论分析结果和实验观察结果通常是不重要的。另外，如果一组数据要用量子亏损理论参数表示，那么选择能使实验数据以最少自由参数拟合的那组参数就显得尤为重要。例如，对于孤立实激发数据，因为不涉及连续态的绝对相位，所以相移 R 矩阵法是最方便的。

量子亏损理论参数也可以通过重新计算[13]或采用半经验方法[14-18]从理论上推导出来。对后者而言，R 矩阵法就是一个非常成功的例子。例如，当 R 矩阵法应用在锶原子上时，我们可以构造出一个正确地再现了 Sr^+ 能量的球势场，然后用这个径向势求解两个价电子的薛定谔方程。薛定谔方程并不是在整个空间中求解，而是仅在半径为 r_0 的球盒中并使用由试探解波函数构成的截断基函数集求解。计算中，球盒的尺寸大于考虑的 Sr^+ 最高能态波函数的要求。这个限制虽然设定了可以用这种方法处理的态能量上限，但却使求解耦合方程成为一个相当简单的问题。同时，这个设定也保证了球盒边缘的波函数是一个单电子波函数。在对简正散射模的薛定谔方程进行求解后，我们会发现球盒中解的对数导数与散射相移 $\pi\mu_a$ 有关。结果可以表示为相移和连接波函数的矩阵，例如，这个矩阵可能将一个简正模的波函数连接到 LS 耦合基的波函数，或连接到一个可以被 LS 耦合基界定的 R 矩阵。

参考文献

1. M. J. Seaton, *Proc. Phys. Soc. London* **88**, 801(1966).

2. M. J. Seaton, *Rep. Prog. Phys.* **46**, 167(1983).

3. W. E. Cooke and C. L. Cromer, *Phys. Rev. A* **32**, 2725(1985).

4. A. Giusti, *J. Phys. B* **13**, 3867(1980).

5. A. Giusti-Suzor and U. Fano, *J. Phys. B* **17**, 215(1984).

6. K. Ueda, *Phys. Rev. A* **35**, 2484(1987).

7. J. P. Connerade, A. M. Lane, and M. A. Baig, *J. Phys. B* **18**, 3507(1985).

8. U. Fano, *Phys. Rev. A* **2**, 353(1970).

9. K. T. Lu and U. Fano, *Phys. Rev. A* **2**, 81(1970).

10. C. M. Lee and K. T. Lu, *Phys. Rev. A* **8**, 1241(1975).

11. N. F. Mott and H. S. W. Massey, *The Theory of Atomic Collisions* (Oxford University Press, New York, 1965).

12. U. Fano and A. R. P. Rau, *Atomic Collisions and Spectra* (Academic Press, Orlando, 1986).

13. W. R. Johnson, K. T. Cheng, K. N. Huang, and M. LeDourneuf, *Phys. Rev. A* **22**, 989(1980).

14. C. H. Greene and L. Kim, *Phys. Rev. A* **36**, 2706(1987).

15. C. H. Greene, *Phys. Rev. A* **28**, 2209(1983).

16. M. Aymar, E. Lue-Koenig, and S. Watanabe, *J. Phys. B* **20**, 4325(1987).

17. M. Aymar and J. M. Lecompte, *J. Phys. B* **22**, 223(1989).

18. C. H. Greene and Ch. Jungen, in *Advances in Atomic and Molecular Physics*, Vol. 21, eds. D. Bates and B. Bederson (Academic Press, Orlando, 1985).

第 21 章

自电离里德堡态的光谱

量子亏损理论能够以一致的方式描述自电离态能系,并描述它们在光谱中的表现。首先考虑一种简单情况,即单通道自电离态随连续态简并。其中一个值得关注的问题是,使用孤立实激发方法时,自电离态的光谱密度与它们在基态和束缚里德堡态的光谱中表现的关系。考虑两个相互作用的自电离态能系的情况,它们收敛于两个不同的极限,耦合到同一连续态。

首先考虑图 21.1 所示的双通道问题。现在,我们关注的是极限区域 1 以上的区域,即通道 2 的自电离态。然后将考虑极限上和极限下相互作用的相似性。根据式(20.12)或式(20.40),得到的对于第二个极限以下的所有能量的典型的量子亏损面如图 21.2 所示。对于图 21.2,可以用两组参数中的任意一组,从而得到 $\delta_1 = 0.56$,$\delta_2 = 0.53$,$R'_{12} = 0.305$,$R'_{11} = R'_{22} = 0$ 或 $\mu_1 = 0.4$,$\mu_2 = 0.6$,$U_{11} = U_{22} = \cos\theta$,$U_{12} = -U_{21} = \sin\theta$,其中 $\theta = 0.6$ rad [1, 2]。为了符合以往的惯例,图 21.2 中对 ν_i 轴进行倒置。根据碰撞通道,波函数通过式(21.1)给出:

$$\Psi = A_1\phi_1 + A_2\phi_2 \tag{21.1}$$

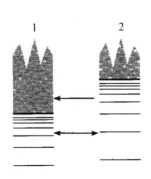

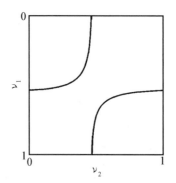

图 21.1 与离子两种状态(电离极限)相关联的两个原子通道,由粗线表示。在第一极限之上和第二极限之下,通道 2 的束缚态自电离成通道 1 的连续态

图 21.2 双通道问题的量子亏损面,图中展示了 ν_1,或者等效的 τ,开通道(通道 1)的相移除以 $-\pi$。为了符合惯例,ν_1 轴是反向的

极限区域 1 和极限区域 2 之间,因为 ϕ_1 是开放的,所以 $A_1^2 = 1$。如果选择 $A_1 = 1$,那么可以很直接地给出以下表达式:

$$A_2^2 = - R_{12}' \sqrt{\frac{1 + \tan^2 \pi \nu_2'}{(R_{12}')^4 + \tan^2 \pi \nu_2'}} \tag{21.2}$$

在任何能量下,发现通道 2 的自电离态的概率由 A_2^2 给出,称其为谱密度。对式(21.2)取平方后,得到:

$$A_2^2 = (R_{12}')^2 \left[\frac{1 + (\tan^2 \pi \nu_2')}{(R_{12}')^4 + (\tan^2 \pi \nu_2')} \right] \tag{21.3}$$

从式(21.3)可以看出几点。首先,A_2^2 对于 ν_2' 是周期性的。其次,最大值 $A_2^2 = 1/(R_{12}')^2$,出现在 $\nu_2' = 0 (\mathrm{mod}\,1)$,最小值 $A_2^2 = (R_{12}')^2$,出现在 $\nu_2' = 0.5 (\mathrm{mod}\,1)$。对于 $|R_{12}'| \ll 1$ 的情况,式(21.3)可以近似为洛伦兹函数,即[1]

$$A_2^2 = (R_{12}')^2 \frac{1}{(R_{12}')^4 + (\pi \nu_2')^2} \tag{21.4}$$

很明显,A_2^2 的半高位置出现在:

$$\nu_2' = \pm \frac{(R_{12}')^2}{\pi} \tag{21.5}$$

因此,半高全宽由 $2(R_{12}')^2/\pi$ 或者根据相应能量的宽度给出[1]:

$$\Gamma = \frac{2 (R_{12}')^2}{\pi \nu_2^3} \tag{21.6}$$

式(21.6)不仅显示了 ν^{-3} 预期的自电离率的比例系数,也展示了根据 δ_1、δ_2 和 R_{12}' 进行参数化的实用性。

回顾一下图 21.2 中量子亏损面的几何解释是很有必要的。正如已经讨论过的,可以绘制图 21.2 中曲线的法线,该法线在 ν_1 轴和 ν_2 轴上的投影给出了 A_2^2 和 A_2^2 的相对值。图 21.2 中法线近似垂直,即主要指向 ν_1 方向,除了在 $\nu_2 = 0.4$ 时它也有一个相当大的水平分量,或者 ν_2 分量。也就是说,只有在 $\nu_2 \approx 0.4$ 时,A_2^2 才有明显的值,这就是通道 2 的自电离态所在的位置。有人可能会问,既然对于两个通道的情况,式(20.19)表明,A_2^2/A_1^2 是直接由 $-\partial \nu_1/\partial \nu_2$ 给出的,那为什么非要引入量子亏损面的法线?原因在于:法线可以推广到三维空间。在任何情况下,可以在图 21.3 中画出 A_2^2,很明显,式(21.3)中包含的所有信息都体现在 A_2^2 曲线中。

通道 2 的自电离态由图 21.3 展示,但请注意,它们在光电离谱中并不一定会呈现出与图 21.3 完全相同的形态。考虑光激发通道 2 的自电离态和通道 1 从一个压缩初始态 g 开始的简并连续态,如基态。由于初始态在空间

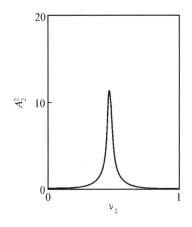

图 21.3　自电离态的谱密度 A_2^2 与 ν_2 的曲线图

上定位于离子实附近,只有靠近离子实的部分里德堡波函数在激发中起主导作用。可以用两种方式写出激发的偶极子矩阵元[1-3]:

$$\langle \Psi_g \mid \mu \mid \Psi \rangle = \sum_\alpha B_\alpha d_\alpha \tag{21.7a}$$

或者:

$$\langle \Psi_g \mid \mu \mid \Psi \rangle = \sum_i A_i d_i \cos[\pi(\nu_i + \phi_i)] \tag{21.7b}$$

在式(21.7)中,d_α 和 d_i 是能量无关的偶极子矩阵元常数,由式(21.8a)定义:

$$d_\alpha = \langle \Psi_g \mid \mu \mid \Psi_\alpha \rangle \tag{21.8a}$$

和

$$d_i \cos[\pi(\nu_i + \phi_i)] = \langle \Psi_g \mid \mu \mid \phi_i \rangle \tag{21.8b}$$

使用 α 通道的一个优势在于:在原点附近,α 通道的相位是能量不变的。此外,通常只有一个 d_α 是非零的情况。例如,如果 α 通道是 LS 耦合的,且初始态 g 是单重态,则三重态 α 通道的 d_α 消失。根据 i 通道写出激发矩阵元,必须考虑到 ν_i 通道的相位随能量的变化。虽然这种激发可以用 i 通道来描述,但大多数情况下,都用 α 通道来描述,因为这样做更简单。无论哪种情况,光电离截面都由式(21.9)给出:

$$\sigma = \frac{4\pi^2\omega^2}{c} |\langle \Psi_g \mid \mu \mid \Psi \rangle|^2 \tag{21.9}$$

作为一个典型的例子,计算 $\langle \Psi_g \mid \mu \mid \Psi \rangle$,假设当 $\alpha = 1$ 时 $d_\alpha = 0$,并且当 $\alpha = 2$ 时 $d_\alpha = 1$。使用式(21.2)计算出 A_2,假设 $A_1 = 1$,使用式(20.11a)可以计算出 B_2(不需要 B_1,因为 $d_{\alpha=1} = 0$)。在图 21.4 中,展示了平方的偶极矩 B_2^2,它显示了自电离态的非对称贝特勒-法诺(Beutler - Fano)线形特征[4]。这些线形通常由 Fano q 参数来表征,它代表连接初始态与离散自电离态和连续态的单位能量矩阵元素的比值。当 $q > 0$ 时,不对称性如图 21.4 所示,当 $q < 0$ 时,不对称性发生了变化;截面上的零点在自电离态的高能量一侧。当 $|q| \gg 1$ 时,连续激发可以忽略,Beutler - Fano 线形变成对称的洛伦兹线形;当 $q = 0$ 时,Beutler - Fano 线形在截面上是对称的洛伦兹线形。当 $|q| \approx 1$ 时,线形最不对称。

如果再次观察图 21.4,可以看到,截面在 $\nu_2 = 0.32$ 时消失,并且线形与自电离态的光谱密度 A_2^2 不匹配。图 21.4 的 Beutler - Fano 线形在 ν_2 中具有周期性,周期为 1,因此基态的光谱由一系列 Beutler - Fano 线形组成。在较高的 ν_2 值时,由于 $\mathrm{d}W/\mathrm{d}\nu_2 = 1/\nu_2^3$,线形在能量上被压缩。图 19.2 显示了 Ba^+ $6p_{1/2}$ 和 $6p_{3/2}$ 极限之间的两个常规 Beutler - Fano 线形系列。在这种情况下,吸收不会消失,因为有不止一个连续态。

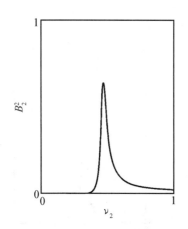

图 21.4 α 通道系数 B_2^2 的平方值。假设 $d_{\alpha=1} = 0$ 时,除 ω 因子外,该值与光电离截面成正比

现在考虑通道 2 的自电离态的孤立实激发。例如,假设能够从钡 6snl 里德堡束缚态开始,驱动跃迁到通道 2 的自电离 6pnl 态。通道 1 是简并连续态,忽略电子的自旋。6s 电子偶极跃迁到 6p 态,外层电子投射到自电离的 nl 态。基于第 19 章中给出的理由,可以忽略连续态的振幅。更具体地,定义:

$$\begin{cases} \phi_1 = 复数 \\ \phi_2 = 6pnl \\ \Psi_b = 6snl_b \end{cases} \quad (21.10)$$

自电离态的波函数 Ψ 由式(21.1)给出。为了计算光电离截面,需要偶极矩阵元 $\langle \Psi_b | \mu | \Psi \rangle = \langle \Psi_b | \mu | A_2\phi_2 \rangle$。可以将 $\langle \Psi_b |$ 和 $| \phi_2 \rangle$ 写成乘积波函数:

$$\langle \Psi_b | = \langle 6s | \langle \nu_b l^B | \langle \Omega_b | \quad (21.11)$$

和

$$| \phi_2 \rangle = | \Omega_2 \rangle | 6p \rangle | \nu_2^B l_b \rangle \quad (21.12)$$

其中,$\langle 6s |$ 和 $| 6p \rangle$ 是离子波函数;$\langle \nu_b l^B |$ 和 $| \nu_2 l \rangle$ 分别是有效量子数 ν_b 和 ν_2 态的径向波函数;$\Omega_b |$ 和 $| \Omega_2$ 是角向波函数。$| \nu_b l^B \rangle$ 中的上标 B 表示它按单位态归一化,而 $| \nu_2 l \rangle$ 是按单位能量归一化。将式(21.12)的表达式代入式(21.11),计算矩阵元的平方,得到:

$$\langle \Psi_b | \mu | \Psi \rangle |^2 = |\langle 6s | \mu | 6p \rangle|^2 \delta_{ll_b} A_2^2 |\langle \nu_b l_b^B | \nu_2 l \rangle|^2 \quad (21.13)$$

其中,$\langle 6s | \mu | 6p \rangle$ 为 Ba$^+$6s→6p 偶极矩;δ_{ll_b} 为 Kronecker 函数。因为 $l_b = l$,只需用 l 代替 l_b。

截面上所有的能量依赖性都来自因子 A_2^2 和 $|\langle \nu_b l^B | \nu_2 l \rangle|^2$。这些分别是通道 2 自电离态的光谱密度,以及有效量子数为 ν_b 和 ν_2 的束缚态和连续态之间的重叠积分。已经看到 A_2^2 简单地由量子亏损面的导数 $-\partial \nu_1/\partial \nu_2$ 给出,并在 ν_2 中以 1 为模重复。重叠积分是由式(21.14)给出的[5]:

$$\langle \nu_b l^B | \nu_2 l \rangle = \frac{\sin[\pi(\nu_b - \nu_2)]2(\nu_b\nu_2)^{1/2}\nu_2^{3/2}}{\pi(\nu_b - \nu_2)(\nu_b + \nu_2)} \quad (21.14)$$

这个表达式对任何 l 态都有效,只要 $l \ll n$。因子 $\nu_2^{3/2}$ 反映了 $| \nu_2 l \rangle$ 是按单位能量归一化的事实。两个束缚态波函数之间的重叠积分 $\langle \nu_b l^B | \nu_2 l^B \rangle$ 没有 $\nu_2^{3/2}$ 因子,并且在 $\nu_2 = \nu_b$ 时等于 1;在 ν_2 不等于整数倍的 ν_b 时等于 0,这是符合预期的。可以把散射截面写成:

$$\sigma = \frac{4\pi^2\omega}{c} A_2^2 |\langle \nu_b d^B | \nu_2 d \rangle|^2 \quad (21.15)$$

在图 21.5 中,画出了 A_2^2 和 $|\langle \nu_b d^B | \nu_2 d \rangle|^2$ 及由此产生的散射截面。在这个情况下,初始态的有效量子数 $\nu_b = 12.35$。此外还画出了通道 2 的位于 $\nu_2 = 0.28$(mod 1)的自电离态。它有一个很小的宽度 $\nu_2^3\Gamma = 0.1$[6]。在这种情况下,重叠积分的中心瓣和 $\nu_2 = 12.28$

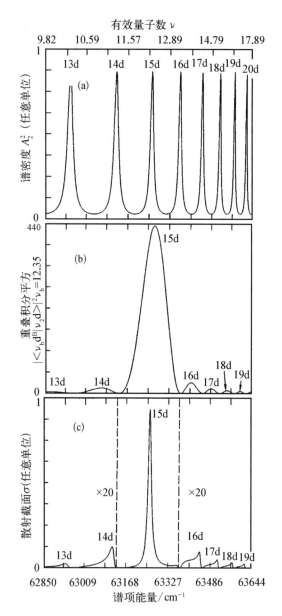

图 21.5 (a) 谱密度；(b) 初始态和最终态之间的重叠积分的平方；(c) 两者的乘积，与光学截面 σ 成正比。所有计算针对从 $6s15d(\nu_b = 12.35)$ 态到 $(6\,p_{3/2}nd)_{J=3}$ 通道的第三次激光激发[6]

处自电离态的峰相重叠。在 $\nu_2 = 12.28$ 时，也有弱得多的次峰，但目前暂时忽略这些次峰，目前的重点是验证可以计算出孤立实激发光谱的基本特征。由于重叠积分的中心瓣的宽度比 A_2^2 大得多，因此截面的宽度实际上等于 A_2^2，正如在第 19 章孤立实激发的讨论中所断言的那样。

现在考虑这样一个有趣的情况：如果相同宽度的自电离态位于 $\nu_2 = 0.85\,(\mathrm{mod}\,1)$ 而不是 $0.25\,(\mathrm{mod}\,1)$，也就是说，如果束缚态和自电离态的量子亏损相差 $1/2$，那么光谱会呈现怎样的形态呢? 在这种情况下,光谱如图 21.6 所示[6]。重叠积分的中心瓣包含了两个自电离态($\nu_2 = \nu_b \pm 1/2$)。因此,在这种情况下,预计在孤立实激发光谱中有两个强峰,并伴有明显的辅助振荡峰($\Delta\nu \neq 0$)。在这种情况下,散射截面的峰值与 A_2^2 的变化很不匹配,因为它们出现在重叠积分的中心瓣的倾斜边。畸变的严重程度取决于自电离态的宽度。最常见的情况是束缚态和自电离态的量子亏损相差不超过 0.2,在这种情况下,重叠积分在 A_2^2 上是常数,孤立实激发光谱准确地反映了 A_2^2 的特征。

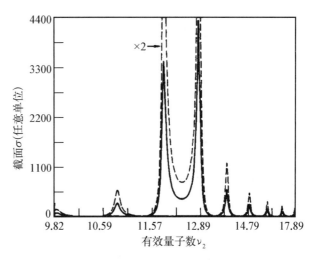

图 21.6　从有效量子数 $\nu_b = 12.35$ 的束缚态到宽度 $\Gamma = 0.11\nu^{-3}$,量子亏损 $\delta_2 = 0.15$ 的自电离里德堡能级系列的截面 σ 计算结果。自电离态出现在 $\nu_2 = 0.85$(mod 1)[6]

21.1　伴随振荡

如果检验式(21.14)和图 21.5,可以明显地看到,除了 $\nu_2 = \nu_b$ 外,当 $\nu_2 = \nu_b$(mod 1)时,散射截面有零点。而且如图 21.5 和图 21.6 所示,这些零点的组合和 A_2^2 的周期性变化导致了所谓的伴随结构,这些结构对 δ_b 和 δ_2 的差异非常敏感。

特别是,如果 δ_b 和 δ_2 几乎相等,那么就很容易看到 $\delta_2 - \delta_b$ 的微小变化。虽然远离 $\nu_2 = \nu_b$ 处的谱线结构很弱,特别是在图 21.5 中,但可以在高激光功率下观察到这种结构,并将其与式(21.13)计算出的光谱进行比较。高功率使光谱中心($\nu_2 = \nu_b$)饱和,考虑到这种饱和效应,离子信号须表示为[7, 8]

$$I = I_0(1 - e^{-\sigma\Phi}) \tag{21.16}$$

其中,Φ 为单位面积光子通量的时间积分。

Tran 等[9]用两束圆偏振激光将钡原子在离子束中激发到 6s15d $^1D_2$ 态。然后,他们在 Ba$^+$ 6s$_{1/2}$→6p$_{3/2}$ 跃迁附近扫描第三个圆偏振激光的波长,并检测了由 6p$_{3/2}$nd $J=3$ 态激发产生的离子。他们观测到的 6s15d $^1D_2$-6p$_{3/2}$nd $J=3$ 光谱如图 21.7 所示。21 850 cm^{-1} 和 22 170 cm^{-1} 处的两个尖峰是双光子共振,可以忽略不计。从 6snd $^1D_2$ 态只激发出一个 6p$_{3/2}$nd $J=3$ 能系,因此从实际应用角度出发,这可以视为一个双通道问题,即一个自电离态能系及简并连续态。只要激发对连续相不敏感,多数连续相的存在是无关紧要的。在图 21.7 中,虚线是由式(21.15)和式(21.16)计算出的。其截面峰值 $\sigma\Phi \approx 100$,实验光谱与理论光谱吻合较好。同样值得关注的是,即使在峰值散射截面上的信号饱和了 100 倍,但零点仍然很明显。

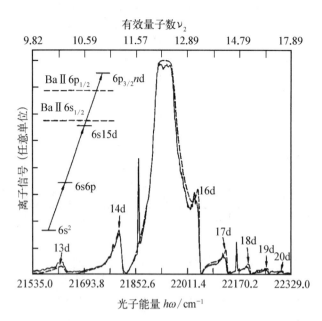

图 21.7 在钡原子中 $6s15d\ ^1D_2-6p_{3/2}nd\ J=3$ 光致激发光谱随第三个激光器频率的变化。这三束激光都是方向相同的圆偏振。虚线是根据式(21.15)和式(21.16)计算出的光谱。能级插图并未按比例缩放[9]

到目前为止,已经考虑了对双通道系统的激发,而实际上,大多数孤立实激发实验都是在碱土金属离子的自电离态收敛于最低 p 态的情况下进行的,如图 21.7 所示。现在想考虑高 n 激发的钡 $6p_jnd$ 态,沿着 $6p_j$ 极限的散射截面。为了描述这个散射截面,需要计算连续态和束缚自电离态的重叠积分。由式(21.14)的 $\langle \nu_b d^B | \nu_2 d \rangle$ 的显式表达式可知,由于正交性,当 $\nu_2 = \nu_b \pmod 1$ 时,积分为零;当 $\nu_2 = \nu_b + 1/2 \pmod 1$ 时,积分为最大值。同样的推理可以推广到连续态。如果相位 $\pi\nu_2$ 使 $\nu_2 = \nu_b$,则重叠积分因相互正交而消失,而如果 $\nu_2 = \nu_b + 1/2 \pmod 1$ 则重叠积分为最大值。事实上,对于任何连续相位 $\pi\nu_2$ 的重叠积分,是束缚态 $\langle \nu_b d^B | \nu_2 d \rangle$ 积分的外推。在图 21.8 中展示了钡 $6s12d\ ^1D_2$ 和 $6s23d\ ^1D_2$ 态到 $6p_{1/2}nd$ 和 $6p_{3/2}nd$ 通道的重叠积分。连续态在相位 $\pi\left(\delta_b \pm \dfrac{1}{2}\right)$ 的重叠积分得以展示,对应给出了重叠积分的最大绝对值。

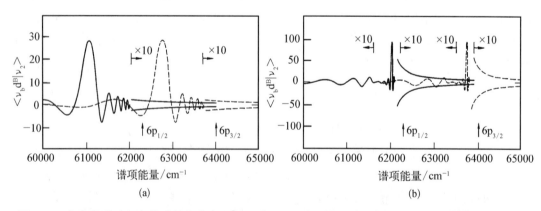

图 21.8 来自以下两个态的重叠积分 $\langle \nu_b d^B | \nu_2 d \rangle$。(a)钡 $6s12d$ 态($\nu_b = 9.36$);(b)$6s23d$ 态($\nu_b = 20.29$)。在图(a)中,如图所示,在 $62\,000\ cm^{-1}$ 和 $63\,800\ cm^{-1}$ 处,$6s12d$ 到 $6p_{1/2}nd$ 通道(用实线——表示)和到 $6p_{3/2}nd$ 通道(用虚线---表示)的积分分别放大了 10 倍。请注意,积分平滑地扩展到 $6p_{1/2}$ 和 $6p_{3/2}$ 极限。此外,也要注意重叠积分约在 $61\,000\ cm^{-1}$ 和 $62\,800\ cm^{-1}$ 处达到峰值,接近 $6p_{1/2}12d$ 和 $6p_{3/2}12d$ 态。因为连续态归一化,最大值为 $(9.36)^{3/2}$,而不是 1。在图(b)中,远离 $62\,000\ cm^{-1}$ 和 $63\,800\ cm^{-1}$ 处的峰值范围内,$6s23d$ 到 $6p_{1/2}$ 通道(——)和 $6p_{3/2}$ 通道(---)的积分能量分别放大了 10 倍。在 $6p_{1/2}$ 和 $6p_{3/2}$ 极限以上的连续态中,绘制了重叠积分的最大正值和负值[6]

Tran 等已经观察到依赖相位的连续激发[6]，Story 和 Cooke 则对此进行了更为清晰的研究[10]。他们将钡 6s19d $^1D_2$ 态激发到 $6p_{1/2}$ 极限区域，并从 Ba^+ 的 $6p_{1/2}$ 激发态观察到荧光，得到的光谱如图 21.9 所示。使用这种技术，不能有效地检测到低于 $6p_{1/2}$ 极限的激发，但能够非常清晰地看到高于 $6p_{1/2}$ 极限的散射截面的变化。

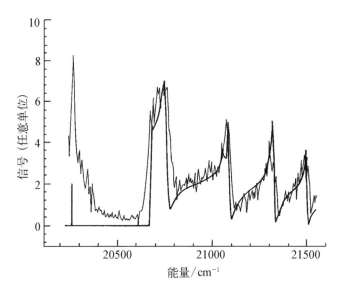

图 21.9　通过检测激发态 Ba^+ $6p_{1/2}$ 离子的荧光，得到了钡 6s19d → 钡 $6p_{1/2}\varepsilon d$ 跃迁的振荡谱。共振对应于钡 $6p_{3/2}$ 态，其量子数范围为 $11 \leqslant n \leqslant 14$[10]

$6p_{3/2}$ 态的强度随 n 的增加而降低，可以明显看出，大部分的激发是由于 $6p_{1/2}$ 态而不是 $6p_{3/2}$ 态。

如图 21.8 所示，在钡中，$6p_{1/2}nd$ 和 $6p_{3/2}nd$ 通道的重叠积分存在重叠，这可能导致激发振幅到 $6p_{1/2}nd$ 和 $6p_{3/2}nd$ 通道的干涉可能性。但是钡 $6p_j$ 态的精细结构分裂足够大，以至于这种干涉并不明显。在 $6p_{1/2}$ 极限以下，由于 $6p_{3/2}$ 的激发振幅存在巨大的能系间相互作用，因此很难看到小的干涉效应。在 $6p_{1/2}$ 极限以上，$6p_{1/2}\varepsilon d$ 连续态的激发振幅与图 21.9 所示的 $6p_{1/2}$ 态的激发几乎相同。锶的情况非常相似。然而，在较轻的碱土原子钙和镁中，双光子激发振幅的干涉效应是非常明显的，必须适当地考虑以再现观测到的光谱[11, 12]。

在孤立实激发散射截面中存在的重叠积分，乍一看不会有什么用处。然而，重叠积分的变化有多种用途。Sandner 等[13]利用重叠积分确定了初始钡 6s24d $^1D_2$ 束缚态的有效量子数为 $1/10^4$。将隐含的结合能和初始里德堡态的谱项能相结合，提供了一种测量电离极限的新方法。重叠积分还提供了一种测量不同态的少量掺和的方法。例如，Kachru 等已经确定在 $6p_{3/2}ns_{1/2}$ 态中混有 2% 的 $6p_{3/2}nd_j$ 态，反之亦然[14]。这种混合程度非常少，通常很难检测到，尤其是在自电离态下。然而，重叠积分的变化使得这种混合可以被清晰地观察到。

21.2　自电离能系相互作用

我们现在想要探讨一个更复杂的情况,即两个自电离态能系之间及与简并连续态之间的相互作用。钡 $6pnl$ 态刚好低于 $Ba^+6p_{1/2}$ 极限,这构成了一个很好的例子。如图 19.2 所示,在从基态开始的真空紫外光谱中,光谱结构出现在刚好低于 $6p_{1/2}$ 极限的区域,这是因为能系收敛于 $6p_{1/2}$ 和 $6p_{3/2}$ 极限。该结构有多少是由能系间的相互作用或 Beutler-Fano 干涉线形贡献的,目前还不清楚。不幸的是,没有纯粹的实验方法来判断。相比之下,孤立实激发方法允许区分激发振幅中的干扰和能系间相互作用的影响。作为第一个例子,考虑钡 $6pnd$ $J=3$ 能系恰好低于 $Ba^+6p_{1/2}$ 极限,如图 21.10 所示的区域。将把这个问题作为三个通道的量子亏损理论问题来处理:

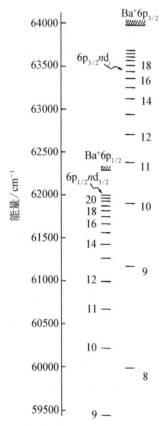

$$\begin{cases} \phi_1 = J = 3, \quad 连续态 \\ \phi_2 = 6p_{1/2}nd_{5/2}, \quad J = 3 \\ \phi_3 = 6p_{3/2}nd_j, \quad J = 3 \end{cases} \quad (21.17)$$

在图 21.10 中,显示 $6pnd$ 态是简并的,只有一个连续态,高于 $6s_{1/2}$ 的极限[15]。通过这种简化的假设,可以仅用三个通道来处理这个问题。重要的是,在记录孤立实激发光谱时,并没有直接激发连续态,只是作为电子的汇聚。因此,连续态没有得到很好的表征这一事实并不影响我们的分析。在 $6p_{1/2}$ 极限以上,钡 $6p_{3/2}nd$ $J=3$ 态可以从 $6snd$ $^1D_2$ 束缚态得到,它们与自电离的连续态线性组合可视为一个双通道问题。而在 $6p_{1/2}$ 极限以下,则必须使用式(21.17)中的三个通道来处理。在 $Ba^+6p_{1/2}$ 极限以下的区域,$J=3$ 波函数由式(21.18)给出:

$$\Psi = A_1\phi_1 + A_2\phi_2 + A_3\phi_3 \quad (21.18)$$

其中,$A_1=1$。关于图 21.10,值得注意的一点是,$6p_{3/2}10d$ 态与 $n\approx20$ 的 $6p_{1/2}nd_{5/2}$ 态简并。如果观察从 $6s20d$ $^1D_2$ 态到 $6p_{1/2}20d_{5/2}$ 态的光谱,那么会发现一条单独的洛伦兹线,正如对孤立实激发所预期的那样。另外,如果观察图 21.11 所示的 $6s10d{\rightarrow}6p_{3/2}10d_j$ 的光谱,那么会发现一个包含有尖锐结构的宽包络[16]。这个结构显然来自 $6p_{1/2}20d_{5/2}$ 态。

乍一看,似乎图 21.11 的观测光谱是一个很明显的 Beutler-Fano 干涉线形系列,其 Fano q 参数在整个谱线上相反。虽然最终的解可以用相同的数学形式表示[1],但是可以简单地考虑激发振幅的大小,就会发现这种结构并不是由振幅干涉引起的。

图 21.10　钡的 $6pnd$ $J=3$ 能级收敛于 $6p_{1/2}$ 和 $6p_{3/2}$ 极限。请注意,$6p_{3/2}10d_j$ 态与 $6p_{1/2}20d_{5/2}$ 态简并。$6p_{3/2}11d_j$ 和更高能级的态位于 $6p_{1/2}$ 极限之上。所有 $6pnd$ 态都位于 $Ba^+6s_{1/2}$ 态以上的连续态内[15]

6s10d 态吸收光子有三种可能的能量结果：跃迁到 $6p_{3/2}10d_j$ 态、$6p_{1/2}20d_{5/2}$ 态和 $6s_{1/2}\varepsilon f$ 态[15]。如果用波函数 Ψ_b 表示 6s10d 的 $^1D_2$ 态，并利用其有效量子数 $\nu_b = 7.3$ 这一事实，可以写出从初始 6s10d $^1D_2$ 态到式（21.17）中三个 i 通道的偶极矩阵元：

$$\begin{cases} \langle \Psi_b \mid \mu \mid \phi_1 \rangle \approx \langle 6s \mid 6s \rangle \langle \nu_b^B \mid \mu \mid \varepsilon f \rangle \\ \langle \Psi_b \mid \mu \mid \phi_2 \rangle = \langle 6s \mid r \mid 6p \rangle \Omega_2 A_2 \langle \nu_b d^B \mid \nu_2 d \rangle \\ \langle \Psi_b \mid \mu \mid \phi_2 \rangle = \langle 6s \mid r \mid 6p \rangle \Omega_3 A_3 \langle \nu_b d^B \mid \nu_3 d \rangle \end{cases} \tag{21.19}$$

其中，$\langle 6s \mid r \mid 6p \rangle$ 为 Ba^+ 径向矩阵元；Ω_2、Ω_3 为角因子，分别表示两个电子的自旋和轨道角动量。

在式（21.19）中，由于 ν_b^B 波函数和 εf 函数在空间上的变化差异极大，连续态激发几乎可以忽略不计。重叠积分 $\langle \nu_b d^B \mid \nu_3 d \rangle$ 是两个 10d 波函数之间的重叠积分，都有 $\nu = 7.3$，当重叠积分 $\langle \nu_b d^B \mid \nu_2 d \rangle$ 是 10d 和 20d 波函数之间的重叠积分时，它和 $\nu_3^{3/2}$ 相等，因此其值远小于通道 3 的重叠积分 $\langle \nu_b d^B \mid \nu_3 d \rangle$。换句话说，只有 $6p_{3/2}10d_j$ 态的振幅具有重要影响，并且以下近似是相当准确的：

$$\begin{cases} \sigma = \dfrac{4\pi^2 \omega}{c} \int \langle \Psi_b \mid \mu \mid \Psi \rangle^2 \\ \sigma = \dfrac{4\pi^2 \omega}{c} \mid \langle \Psi_b \mid \mu \mid A_3 \phi_3 \rangle \mid^2 \\ \sigma = \dfrac{4\pi^2 \omega}{c} \mid \langle 6s \mid er \mid 6p \rangle \mid \Omega_3^2 A_3^2 \mid \langle \nu_b d^B \mid \nu_3 d \rangle \mid^2 \end{cases} \tag{21.20}$$

在方程（21.20）的最后一个表达式中，对于 $\nu_3 \approx \nu_b$，重叠积分的平方近似为常数，等于 ν_3^3，$\langle 6s \mid r \mid 6p \rangle$ 和 Ω_3 也是常数，所以截面与 A_3^2 成正比。可知图 21.11 的结构不受激发振幅干扰的影响，这极大地简化了解释光谱的工作。事实上，既然所有出现在光谱中的信

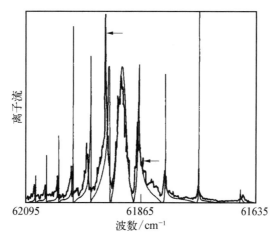

图 21.11　实测的 6s10d $^1D_2$-$6p_{3/2}10d_j$ 孤立实激发光谱由粗线（—）显示。与 $6p_{1/2}nd_{5/2}$ 态相互作用产生的结构清晰可见。三通道量子亏损理论拟合也通过细线（—）展示在图中[16]

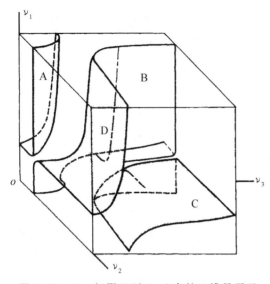

图 21.12 $6p_{1/2}$ 极限以下 $6pnd$ 态的三维量子亏损面。ν_2 和 ν_3 分别是 $6p_{1/2}$ 和 $6p_{3/2}$ 极限的有效量子数；$\pi\nu_1$ 是连续相位。量子亏损面任意点的法向方向表示波函数中 $6p_{1/2}nd_{5/2}$、$6p_{3/2}nd_j$ 及连续态的特征[6]

息都包含在 A_3^2 中，我们就知道这些信息必然能在量子亏损面上找到。

在图 21.12 中，展示了三通道 $6pnd$ $J = 3$ 所对应的量子亏损面[16]。这个面嵌在一个立方体中，对 $6p_{1/2}$ 以下的所有能量都是有效的。如果没有通道间的相互作用，图 21.12 的表面将由三个相交的平面组成，分别为 $\nu_1 = 0.2$，$\nu_2 = 0.2$ 和 $\nu_3 = 0.3$。

通道之间的相互作用导致平面之间出现回避交叉。例如，由于通道 1 和通道 2 之间的耦合作用，$\nu_1 = 0.3$ 和 $\nu_2 = 0.2$ 平面之间出现回避交叉。

就像在二维空间中描述的那样，通过任何一点构造与表面的法线，就可以确定在那一点 A_i^2 的相对值；法线在 i 方向上的投影与 A_i^2 成比例。例如，在字母 C 周围的区域，法线指向 ν_1 方向，所以波函数主要是通道 1 连续态。更准确地说，$A_2 = 1$，$A_2^2 \ll 1$，$A_3^2 \ll 1$。在字母 A 和 B 处的法线指向 ν_2 方向，所以波函数主要是通道 2，即 $A_2 = 1$，$A_2^2 \gg 1$ 和 $A_3^2 \ll A_2^2$。在字母 D 处的法线指向 ν_3 方向，$A_2 = 1$，$A_2^2 \ll 1$，$A_3^2 \gg 1$。换句话说，只要检查图的量子亏损面，就可以直观地确定表面上任何一点的 A_i^2 值。现在需要确定图 21.12 表面的哪些点对应于图 21.11 光谱的能量扫描。量子亏损面上的路径是由能量约束决定的。

$$I_2 - \frac{1}{2\nu_2^2} = I_3 - \frac{1}{2\nu_3^2} \tag{21.21}$$

对于 $Ba^+ 6p_j$ 态，可以得出 $I_3 - I_2 = 1\,690\ \text{cm}^{-1}$，或者以原子单位表示为 7.70×10^{-3} a.u.。将 ν_3 表示为 ν_2 的函数，式(21.21)变为

$$\nu_3 = \sqrt{2(I_3 - I_2) + \frac{1}{\nu_2^2}} \tag{21.22}$$

式(21.22)定义了一个 ϕ 独立的二维曲面。在图 21.13 中，将 ν_3 绘制为 ν_2 的函数，即表面在 $\phi = 0$ 平面上的投影，可以看出 $\nu_2 \to \infty$ 时 $\nu_3 \to 8.058$，在接近 $6p_{1/2}$ 极限时，ν_2 的增长速度明显快于 ν_3。可以画出图 21.13 在 ν_2 和 ν_3 的范围内以 1 为模，ν_2 和 ν_3 的范围对应于图 21.11 的能量扫描。在图 21.11 的能量范围内，ν_2 的变化范围是 12.89~23.33，ν_3 的变化范围是 6.82~7.61，在图 21.14 中，显示了 $\nu_3 (\text{mod } 1)$ 和 $\nu_2 (\text{mod } 1)$ 在这个范围内的变化。在每个分支中，曲线在 $\nu_2 = 1$ 和某些 ν_3 值时到达右边。由式(21.22)定义的曲面和图 21.14 中投影的曲面与图 21.12 的曲面的交点，可以确定与图 21.11 中光谱对应的量子

亏损曲面的路径。曲线上一个较高的分支从 $\nu_2 = 0$ 开始,ν_3 的值保持不变。同样,当 ν_3 为 6.82~7.61、ν_2 为 12.89~23.33 时,沿量子亏损面路径在 $\nu_2\nu_3$ 平面上的投影如图 21.14 所示。在观察光谱图 21.11 的光谱如何根据图 21.12 形成前,先尝试分析一种更简单的情况下,$6s16d\ {}^1D_2 \to 6p_{1/2}16d_{5/2}$ 的孤立实激发跃迁,这种跃迁导致了一个洛伦兹峰出现在 $\nu_2 = 13.3$[16]。由于峰值落在 $\langle \nu_b d^B \mid \nu_2 d \rangle$ 重叠积分的中心,因此散射截面与 A_2^2 成正比,那么在 $\nu_2 = 13.3$ 时应该达到最大值。

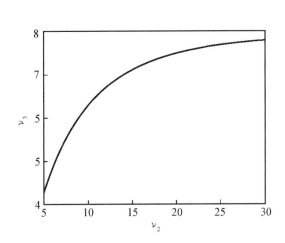

图 21.13　ν_3 与 ν_2 的关系曲线图。$\nu_3 \to 8.058$ 时,$\nu_2 \to \infty$

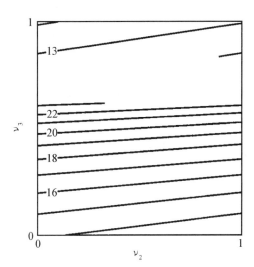

图 21.14　$\nu_3(\mathrm{mod}\ 1)$ 与 $\nu_2(\mathrm{mod}\ 1)$ 在 $6.82 \leqslant \nu_3 < 7.62$ 和 $12.89 < \nu_2 < 23.33$ 范围内的曲线图,对应于图 21.12 的能量扫描

　　观察图 21.14,可以看到 $6p_{1/2}16d_{5/2}$ 态位于 ν_2 的最后一个完整分支 ν_3 曲线上,从 $\nu_3 = 6.85$ 到 $\nu_3 = 6.98$,$\nu_2 = 13$ 到 $\nu_2 = 14$。图 21.14 中曲线的这一分支几乎平行于 ν_2 轴,位于 $\nu_3 \approx 6.9$ 处,量子亏损面法线指向 ν_1 方向,但在 $\nu_2 \approx 13.3$ 处主要指向 ν_2 方向。换句话说,量子亏损面的法线也表明,A_2^2 在 $\nu_2 = 13.3$ 处达到峰值,这是 $6p_{1/2}16d_{5/2}$ 态的位置。法线在 ν_3 轴上的投影是很小的,所以 A_3^2 非常小。

　　现在回到图 21.11 的 $6p_{3/2}10d$ 谱。范围从 $\nu_3 = 6.82$ 扩展到 $\nu_3 = 7.61$,相应的 $\nu_2 = 12.89$~23.33。由图 21.14 可知,$\nu_3 = 6.8$~7.6 的区间对应图 21.14 的曲线 $\nu_1\nu_3$ 的十个分支。相应地,考察 ν_2-ν_3 平面上这些分支上方的量子亏损面。A_3^2 是法线在 ν_3 和 ν_1 方向上的投影之比。从图 21.12 中可以看出,对于 $\nu_3 \approx 7$,ν_3 方向上几乎没有分量。当 ν_3 增加到 7.2 时,法线的 ν_3 分量均匀增加。但当 $\nu_2 \approx 0.2\ (\mathrm{mod}\ 1)$ 时,即在 $6p_{1/2}nd_{5/2}$ 态位置及量子亏损面三个平面相交的位置,此时 ν_3 方向上的法线急剧下降,更倾向于 ν_2 方向上的法线。换句话说,A_3^2 在 ν_3 方向有一个很宽的最大值,并因 $6p_{1/2}nd_{5/2}$ 态而出现空洞。这一描述与图 21.11 的观测谱在定性上一致。在图 21.11 中,细线是利用式 (21.17) 的三个通道计算得到的光谱。具体来说,根据 A_i 的式 (20.16) 和条件 $A_2^2 = 1$ 可以得出 A_3^2。

利用相移 R 矩阵方法,Cooke 和 Cromer[1] 导出了利用图 21.11 的计算谱的代数表达式。在类似于这种情况的问题中,Connerade[17] 将类似于 $6p_{3/2}10d$ 的宽态处理为有限带宽的连续态,其中一系列类似于 $6p_{1/2}nd_{5/2}$ 态发生自电离,Cooke 和 Cromer[1] 的研究表明量子亏损理论表达式可以简化为这种形式。导致图 21.11 计算曲线的三通道处理方法过于简单,无法准确再现实验光谱。首先,由于只有一个连续态,理论谱中有实验谱中不存在的零点。第二,忽略了钡 $6p_{3/2}nd$ $J=3$ 中的一个能系。

虽然这个能系不是从 $6snd\,^1D_2$ 态以可见的方式激发的,但它与 $6p_{1/2}nd_{5/2}$ 态存在轻微耦合,因此在光谱分析中不能忽略。一个更加贴近实际的模型能更好地表达观测到的光谱。一个典型的例子是孤立实激发光谱,从束缚的 $6s12s\,^1S_0$ 态到 $6p_{1/2}$ 极限以下的 $6pns$ $J=1$ 态,该区域包含了 $6p_{3/2}12s_{1/2}$ $J=1$ 态和 $n\approx25$ 的 $6p_{1/2}ns_{1/2}$ 和 $6p_{1/2}nd_{3/2}$ 态。实验光谱如图 21.15 所示[1],这里有两点需要注意:首先,这个光谱对应于图 19.2 中 61 996~62 236 cm^{-1} 的范围,即 Ba$^+$ $6p_{1/2}$ 极限下难以解释的区域。其次,应用式(21.20)中的相关参数,可以看到图 21.15 的光谱它反映了 A_i^2 的 $6p_{3/2}ns_{1/2}$ $J=1$ 通道。在图 21.15 中,还展示了基于六通道量子亏损理论模型计算出的光谱,$6p_{1/2}ns_{1/2}$、$6p_{1/2}nd_{3/2}$ 和 $6p_{3/2}ns_{1/2}$ $J=1$ 的封闭通道和三个连续通道。如图所示,吻合得很好。

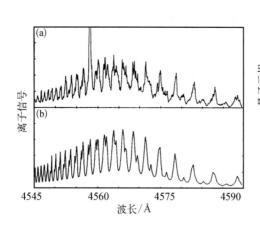

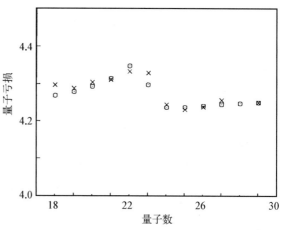

图 21.15 （a）观测到的钡 $6s12s\,^1S_0\to$ $6p_{3/2}12s_{1/2}$ 光谱显示 $6p_{1/2}ns_{1/2}$ 和 $6p_{1/2}nd_{3/2}$ 相互作用产生的结构;（b）利用六通道量子亏损理论模型计算得到的光谱[1]

图 21.16 实验观察到的(用×表示)和计算得到的(用□表示)钡 $6p_{1/2}ns_{1/2}$ 态的量子亏损,这些与 $6p_{3/2}12s_{1/2}$ 简并。注意,量子亏损的变化很小,不同于在相互作用的束缚能系中观察到的情况。计算值所用模型与图 21.15(b)所用模型相同[1]

到目前为止,我们关于相互作用能系的讨论,集中在收敛于较高的 $6p_{3/2}$ 极限的低 ν 态的光谱。然而,$6p_{1/2}$ 能系也有几个有趣的方面。初看起来,$6sns\to6p_{1/2}ns_{1/2}$ 的光谱并不明显,它们是简单的洛伦兹峰。然而,如果回到最初的考虑相互作用的束缚能系,会预期 $6p_{1/2}ns_{1/2}$ 态有显著能量转移。事实上,情况并非如此,如图 21.16 所示,$6p_{1/2}ns_{1/2}$ 态在穿越 $6p_{3/2}12s_{1/2}\Theta$ 态时量子亏损图只有很小的变化。

在一个束缚能系中,这将产生曲线的垂直循环,如图 21.2 所示,而不是图 21.16 中的

曲线形状[1]。图 21.16 中实验数据和
理论数据之间极好的一致性表明,量
子亏损理论可以预测这种现象。正
如 Cooke 和 Cromer 指出的[1],能量位
移的缺乏可以用一种简单的方式来
理解：$6p_{1/2}ns_{1/2}$ 态与 $6p_{3/2}12s_{1/2}$ 态之
间存在二阶的斥力,它分布在能量
上。因此,$6p_{3/2}12s_{1/2}$ 态上方和下方部
分的贡献在符号上是相反的。由此
产生的能量位移相互抵消,导致了
图 21.16 中的平缓色散曲线。

相互作用能系的第二个值得关
注的特点如图 21.17 所示,展示了
$6p_{1/2}ns12$ 态的缩放或约化宽度图,即
$\nu^3\Gamma$。它们在 $6p_{3/2}12s_{1/2}$ 态显示出明显
的差异,由于 $6p_{1/2}ns_{1/2}$ 和 $6p_{3/2}12s_{1/2}$ 态

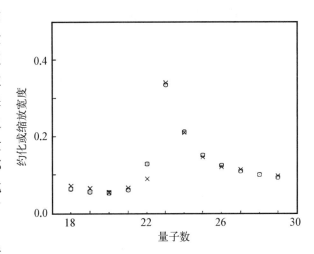

图 21.17　观察到的(用×表示)和计算得到的(用□表示)与 $6p_{3/2}12s_{1/2}$ 态简并的钡 $6p_{1/2}ns_{1/2}$ 态约化或缩放宽度。注意 $n=21$ 处出现的增强现象,这源于两个自电离路径的相长干涉[1]

的耦合,有两个自电离振幅将名义上的 $6p_{1/2}ns_{1/2}$ 态耦合为一个连续态。具体来说：

$$\begin{cases} 6p_{1/2}ns_{1/2} \to J=1 \text{ 连续态} \\ 6p_{1/2}ns_{1/2} \to 6p_{3/2}ns_{1/2} \to J=1 \text{ 连续态} \end{cases} \qquad (21.23)$$

由于耦合是发生在同一个连续态上,它们相互干涉。因此,如果只有一个连续态,在
某些点上就可能有完全的相消干涉,导致自电离率几乎为零。

这一现象首先由 Cooke 和 Cromer 观察到[1],被称为抑制的自电离[18],稳定化[19]和连
续域束缚态[20]。在零场中,不太可能会发生自电离率完全抵消的情况。尽管如此,van
Woerkom 等[21]还是观察到了持续 190 ns 的钡 $5d_{3/2}26d_{5/2}$ $J=0$ 态,这意味着：相对于未受
扰动的 $5d_{3/2}nd_{5/2}$ $J=0$ 能系的期望值,自电离率下降了 5 个数量级。

21.3　实验光谱与 R 矩阵计算结果的比较

在本章中,已经证明了利用量子亏损理论可以解释复杂的光谱。已经探讨了将光谱拟
合到量子亏损理论的例子。现在,在不可能或几乎不可能拟合的情况下,我们希望将 R 矩阵
计算的结果与实验光谱进行比较。用 R 矩阵方法合成的第一个光谱是真空紫外光谱,镁、钙、
锶和钡的合成光谱都已经被计算出来[22-25]。在图 19.2 中,展示了钡的真空紫外光谱。虽然
Ba⁺$6p_{1/2}$ 极限以上的区域是可以解释的,但极限以下的区域显示出明显的能系间相互作用的迹
象,但是这缺少进一步分析,直到 Aymar 的 R 矩阵计算能够几乎完美地重现这一现象[25]。

R 矩阵法在孤立实激发光谱中也得到了很好的应用[12, 26-29],一个令人印象深刻的例
子出现在镁 $3pnd$ $J=3$ 态的光谱中。在镁中,由于 Mg⁺ $3p_{1/2}$ 和 $3p_{3/2}$ 极限如此接近(仅相差
92 cm⁻¹),在 $n=10\sim20$ 的里德堡态下,收敛于这两个极限通道的重叠积分实质上是重叠

的。因此,非零激发的通道收敛于两个极限是常态,而通过适用于锶和钡的方法几乎不可能拟合光谱。然而,**R** 矩阵法非常有效,即使在这种难以处理的情况下。图 21.18 给出了从镁 3s12 $^1D_2$ 态到镁 3pnd $J=3$ 态的光谱。图 21.18 的实验光谱实现过程: 通过两束激光激发粒子束到 3s12d $^1D_2$ 态,然后扫描第三束激光的波长穿过 $3s_{1/2} \rightarrow 3p_j$ 跃迁区域,检测自电离 3pnd 态激发产生的离子。在相同的意义上,当这三种激光器都以相同方向的圆偏振方式工作时,只产生 $J=3$ 终态。从图 21.18 可以看出,我们很难用收敛于 $3p_{1/2}$ 和 $3p_{3/2}$ 极限的态来描述实验光谱。问题的部分原因在于这些态不是特别理想的 jj 耦合态,另一部分原因在于两个离子通道的重叠积分存在重叠,如图 21.18 所示。这些问题同时出现并非巧合。

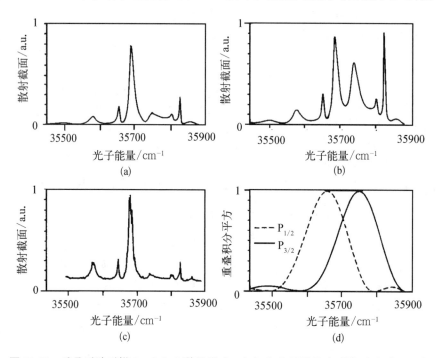

图 21.18 重叠干涉对镁 3pnd $J=3$ 谱的影响。(a) 包含干涉的合成谱;(b) 与(a)相同但只使用直接激发项;(c) 实测谱;(d) 对应的重叠积分平方值[12]

理论光谱是利用 Greene 提出的 **R** 矩阵计算出的[27],分别考虑了激发振幅干涉和不干涉的情况。文献[12] 中使用的 **K** 矩阵与第 20 章定义的 **R** 矩阵定义相同。如果在计算谱时不考虑激发幅值中的干涉,则在 35 700 cm^{-1} 处出现一个杂散特征,在实验光谱中没有出现该特征,所以很容易辨识。当考虑激发幅值中的干涉时,计算得到的光谱与实验得到的光谱几乎一致。事实上,图 21.18 展示出了 **R** 矩阵法可以如此精准地还原镁的孤立实激发光谱,并展示了 **R** 矩阵法可以解释其他方法难以解释的光谱。

图 21.18 中关于镁的问题本质上并不复杂,只涉及两个连续态。另外,在 Sr$^+$ 和 Ba$^+$ 中情况不同,存在低能 d 态,类似的锶 5pnf 和钡 6pnf 态简并了约 10 个连续态。尽管复杂性增加了,但是 **R** 矩阵法仍然展现出了卓越的性能[28, 29]。通过 Lange 等对钡 6sns $^1S_0 \rightarrow 6p_{3/2}20s_{1/2}$ $J=1$ 的孤立实激发光谱的实验观测和 **R** 矩阵法的计算比较,可以充分地说明这一点。如图 21.19 所示,不仅总光致激发截面符合,而且电子的角分布和分支比与它们可能的终态也一致。

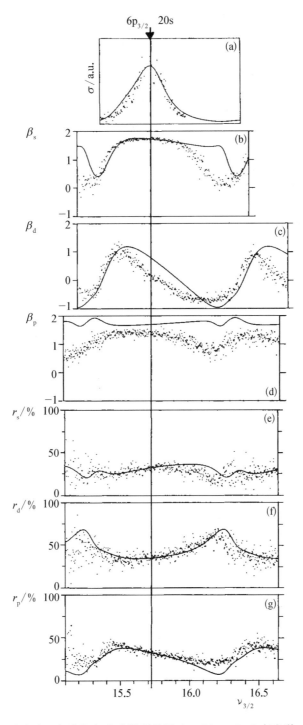

图 21.19　通过孤立实激发方法观测到的钡 $6p_{3/2}20s_{1/2}$ $J = 1$ 态光谱：（a）截面 σ；（b）~（d）在 6s、5d 和 $6p_{1/2}$ 极限以上的连续态上电子发射的各向异性参数 β。（b）$6s_{1/2}$ 极限，β_s；（c）$5d_j$ 极限，β_d；（d）$6p_{1/2}$ 的极限，β_p；（e）~（g）在（e）$6s_{1/2}$ 极限以上的连续态上电子发射的分支比 r；（e）$6s_{1/2}$ 的极限，r_s；（f）5d 极限，r_d；（g）$6p_{1/2}$ 的极限，r_p。垂直线通过光致电离截面上的最大值画出[29]

参考文献

1. W. E. Cooke and C. L. Cromer, *Phys. Rev. A* **32**, 2725(1985).

2. U. Fano, *Phys. Rev. A* **2**, 353(1970).

3. C. J. Dai, S. M. Jaffe, and T. F. Gallagher, *J. Opt. Soc. Am. B* **6**, 1486(1989).

4. U. Fano, *Phys. Rev.* **124**, 1866(1961).

5. S. A. Bhatti, C. L. Cromer, and W. E. Cooke, *Phys. Rev. A* **24**, 161(1981).

6. N. H. Tran, P. Pillet, R. Kachru, and T. F. Gallagher, *Phys. Rev. A* **29**, 2640(1984).

7. W. E. Cooke, S. A. Bhatti, and C. L. Cromer, *Opt. Lett.* **7**, 69(1982).

8. S. A. Bhatti and W. E. Cooke, *Phys. Rev. A* **28**, 756(1983).

9. N. H. Tran, R. Kachru, and T. F. Gallagher, *Phys. Rev. A* **26**, 3016(1982).

10. J. G. Story and W. E. Cooke, *Phys. Rev. A* **39**, 4610(1989).

11. V. Lange, U. Eichmann, and W. Sandner, *J. Phys. B* **22**, L245(1989).

12. C. J. Dai, G. W. Schinn, and T. F. Gallagher, *Phys. Rev. A* **42**, 223(1990).

13. W. Sandner, G. A. Ruff, V. Lange, and U. Eichmann, *Phys. Rev. A* **32**, 3794(1985).

14. R. Kachru, H. B. van Linden van den Heuvell, and T. F. Gallagher, *Phys. Rev. A* **31**, 700(1985).

15. T. F. Gallagher, *J. Opt. Soc. Am. B* **4**, 794(1987).

16. F. Gounand, T. F. Gallagher, W. Sandner, K. A. Safinya, and R. Kachru, *Phys. Rev. A* **27**, 1925(1983).

17. J. P. Connerade, *Proc. Roy. Soc.* (London) **362**, 361(1978).

18. J. Neukammer, H. Rinneberg, G. Jonsson, W. E. Cooke, H. Hieronymus, A. Konig, K. Vietzke, and H. Springer-Bolk, *Phys. Rev. Lett.* **55**, 1979(1985).

19. S. Feneuille, S. Liberman, E. Luc-Koenig, J. Pinard, and A. Taleb, *J. Phys. B* **15**, 1205(1985).

20. H. Friedrich and D. Wintgen, *Phys. Rev. A* **32**, 3231(1985).

21. L. D. van Woerkom, J. G. Story, and W. E. Cooke, *Phys. Rev. A* **34**, 3457(1986).

22. P. F. O'Mahony and C. H. Greene, *Phys. Rev. A* **31**, 250(1985).

23. C. H. Greene and L. Kim, *Phys. Rev. A* **36**, 2706(1987).

24. M. Aymar, *J. Phys. B* **20**, 6507(1987).

25. M Aymar, *J. Phys. B* **23**, 2697(1990).

26. V. Lange, U. Eichmann, and W. Sandner, *J. Phys. B* **22**, L 245(1989).

27. C. H. Greene, private communication.

28. M. Aymar and J. M. Lecompte, *J. Phys. B.* **22**, 223(1989).

29. V. Lange, M. Aymar, U. Eichmann, and W. Sandner, *J. Phys. B.* **24**, 91(1991).

束缚态能系间的相互作用

22.1　微扰里德堡能系

　　束缚态中通道相互作用得到最深入研究的一个表现是里德堡能系规律性的微扰,只要简单地测量原子态的能量,这种扰动便显而易见。通过经典吸收光谱法测量里德堡能级时,尽管由于基态受到光学激发从而对测量产生干扰,但可调谐激光器的出现,使得我们能够研究那些并非通过电偶极跃迁与基态相连的能系。一种已被广泛使用的方法是Armstrong 等使用的方法[1]。如图 22.1 所示,热管烘箱包含压力约为 1 Torr 的钡蒸气。三束脉冲可调谐染料激光穿过烘箱。其中两束激光的频率固定,激发钡原子从基态 $6s^2 {}^1S_0$

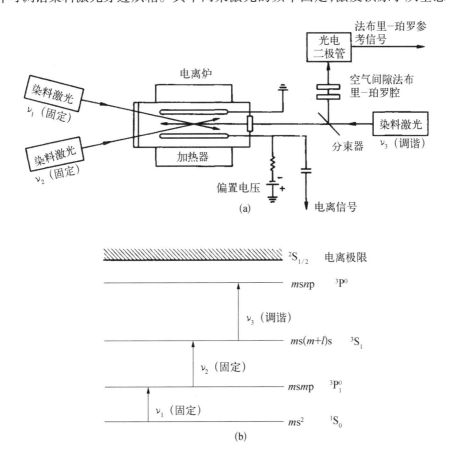

(a)

(b)

图 22.1　(a)原子蒸气腔中的三束激光激发实验装置,装置用电离探测和参考信号标定;(b)碱土金属原子典型的能级相图,展示了易于激发 ${}^3P^0$ 态的电离能系[1]

态跃迁到 $^3P_1$ 态再到 6s7s $^3S_1$ 态。第三束激光则对 6s7s $^3S_1 \rightarrow 6snp$ 的跃迁进行频率扫描。激发到 6snp 态的钡原子通过碰撞电离或通过吸收另一个光子而电离。产生的离子向热管内带负偏压的电极迁移。电极附近有一个空间电荷云,限制了发射电流。当离子漂移到空间电荷区域时,它会局部中和空间电荷,使许多电子离开负电极周围的区域,形成电流脉冲并被检测到[2]。换句话说,这个装置就是一个空间电荷限制的二极管。实验并不局限于上述谐振激发方案;非共振多光子激发已得到了广泛使用。

Camus 等已经使用了一种光电电池,其中在氦和钡的混合中维持辉光放电[3]。在放电过程中,大量量子态布居聚集在亚稳态钡 6s5d ^3D_J 能级中,从这些能级出发,可以直接用两个脉冲染料激光光子而跃迁至里德堡态。处于里德堡态的钡原子比处于低位态的钡原子更容易电离,因此,无论何时在里德堡态形成布居,放电中的电流都会暂时增加,并且可以检测到这种增加。

最后,可以使用一束或多束激光激发原子的热束,如第 3 章所述。一个有趣的变化是 Post 等使用的亚稳态束[4]。来自溢流炉中的钡原子束,用于在烤炉中长度为几毫米的热丝中产生电流。两者之间保持 20 V 电位差,通过原子束产生 400 mA 电流,这种电流主要由电子携带传导。电子激发钡原子,一些原子衰变为亚稳态,在离烤炉下游一段距离的某处仍保持激发态。亚稳态钡 6s5d ^3D_J 很容易通过这种方式进行布居。在下游,钡原子束与来自倍频单模连续染料激光器的光束以 90° 交叉,使得亚稳态钡原子激发为 6snp 和 6snf 里德堡态。里德堡原子从激发区域出来,进入一对场板之间的区域,在其中的里德堡原子受到场电离,产生的离子随后被检测到。

所有这些方法的能量分辨率都受到激光线宽的限制,脉冲激光约为 0.3 cm^{-1},连续激光为 2 MHz。然而,观察到的跃迁强度不能完全可靠地直接应用,因为不清楚所有里德堡态的检测效率是否相同。就碰撞电离而言,态的辐射寿命很重要,因为更长的寿命更有可能形成电离。正如我们将看到的,这些寿命在光谱的扰动附近会有显著变化。如果里德堡态的光电离起作用,则散射截面取决于所研究原子态中里德堡态和微扰特征的波长和数量。

测得的能级不能用带有常数量子亏损的以下形式来表示:

$$W = \frac{-1}{2(n-\delta)^2} \tag{22.1}$$

相反,数据分析需要两个步骤。首先,重要的是要确定涉及通道和电离极限的具体数量。一旦确定了重要极限的具体信息,就可以为每个观察到的能量分配一个相对于每个极限的有效量子数。例如,如果有两个相关的极限,分别为 1 和 2,那么每个观察到的能量都被分配量子数 ν_1 和 ν_2,这些数据可以绘制成如图 22.2 所示(由 Aymar 等绘制)的曲线[5]。对应于 5d$_j$nd$_j$ $J=4$ 能级的观测项能量的有效量子数低于 Ba$^+$ 的 5d 极限[6]。尽管研究的所有能级都高于 Ba$^+$ 6s$_{1/2}$ 极限,但 6sεl 连续态的自电离在分辨率为 0.3 cm^{-1} 时的光谱中不起作用。图 22.2 这一类的图称为 Lu - Fano 图[7],这些点表示量子亏损面和能量约束的交点,利用被观察到的点可以找到产生穿过这些点的量子亏损面的参数。Lu 和 Fano 观察到的一个重要的现象是,从 $\nu_1 = 0$,$\nu_2 = 0$ 到 $I_1 = 1$,$\nu_2 = 1$ 的对角线在 μ_α 的值处与量子亏损面相交,即 $\nu_1 = \nu_2 = \mu_\alpha$。图 22.2 是一个三通道两极限问题的例子。如果存在更多极限，则必须在更多维度上绘制点。然而，如果只有更多通道但极限仍为两个，那么仍然可以使用二维图来表示，只是图中会有更多的分支。图 22.2 在多个方面都是 Lu－Fano 图的一个很好的例子。很明显，$5d_{3/2}nd_{5/2}$ 能系具有 0.65 的量子亏损，而 $5d_{5/2}nd_j$ 能系具有 0.60 和 0.68 的量子亏损，其中没有相互作用，并且能系之间的相互作用导致这些值出现局部偏差。Lu－Fano 图并非总是由水平和垂直线以及局部回避交叉点组成。在对碱土原子的奇宇称态的研究中，Armstrong 等[1] 获得了没有水平或垂直截面的 Lu－Fano 图，这表明收敛于最低极限的整个 $^1P_1$ 态能系包含显著的双激发态混合。

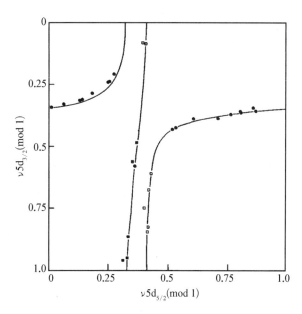

图 22.2 在 $5d_{3/2}$ 极限下钡的 $J=4$ 能级 Lu－Fano 图：$5d_{3/2}nd_{3/2}$（用 ● 表示）、$5d_{5/2}nd_{5/2}$（用 □ 表示）和 $5d_{5/2}nd_{3/2}$（用■表示）[5]

钡 $5d7d^1D_2$ 态与钡 $6snd^{1,3}D_2$ 态的相对较好的局域化相互作用如 Lu－Fano 图（图 22.3[8]）部分所示。5d7d 扰动粒子仅与少数几个态显著混合，且 Lu－Fano 图的一个分支受到显著微扰。然而，如图 22.3 所示，在 5d7d 扰动粒子能量以下具有 $\nu_{6s} \approx 0.3$ 的分支演变为在扰动粒子能量以上具有 $\nu_{6s} \approx 0.2$ 的分支，并且正如我们将看到的，$^1D_2$ 和 $^3D_2$ 态在 $5d7d^1D_2$ 态处交换特征。

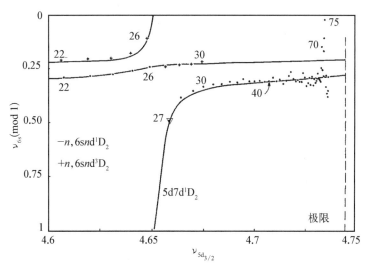

图 22.3 在 $6s22d^3D_2$ 能级上的钡的偶宇称 $J=2$ 高能态的 Lu－Fano 图。整条曲线都是用文献[8]中的量子亏损理论参数计算得到的：观察到的 $6snd^3D_2$ 态（用+表示），观察到的 $6snd^1D_2$ 态（用●表示），观察到的 5d7d 扰动粒子（用▽表示）[8]

22.2　微扰态的性质

Lu-Fano图中显示的能级变化,也反映在原子性质的类似变化中,最明显的变化之一是扰动粒子附近的里德堡态的寿命。微扰态往往是相对紧凑的双激发态,因此与里德堡态相比,它们以短波长跃迁到低位态,因而具有更大的矩阵元素,并且它们的寿命也相应缩短。尽管已经测量了很多微扰态周围区域的辐射寿命[9-12],但我们在这里关注的是微扰 $6snd^{1,3}D_2$ 能系的钡 5d7d 态附近的寿命变化。

寿命的测量有两种方法。第一种是 Aymar 等[10] 和 Gallagher 等采用的方法[11],通过激发路径 $6s^2{}^1S_0 \rightarrow 6s6p^1P_1 - 6snd^{1,3}D_2$,使用两个脉冲激光将热原子束中的钡原子激发到 $6snd$ 里德堡态。通过在激光脉冲之后的不同时间点施加场电离脉冲,以确定作为激发后时间函数的里德堡态的布居。第二种是 Bhatia 等采用的方法[12],使用两个连续激光器,通过相同的路径激发钡原子。第二束 $6s6p\ ^1P_1 - 6snd\ ^{1,3}D_2$ 激光是以高重复率脉冲调制的,在蓝色激光脉冲关闭后记录 $6snd$ - $6s6p$ 荧光的时间衰减。两种方法都给出了相似的结果。例如,参考文献[10]~[12]中报道的 5d7d $^1D_2$ 态的寿命分别为 160 ns、217 ns 和 170 ns。如果绘制衰减率,而不是态的寿命,可以非常直接地看到每个态中存在的 5d7d $^1D_2$ 的特征,并且在图 22.4 中,将衰减率显示为能量项的函数[11]。如图 22.4 所示,大约有 5 个态的衰减率明显高于 $6snd^{1,3}D_2$ 里德堡态衰减率的预期随 n^{-3} 变化的线。请注意,正如图 22.3 中 Lu-Fano 图所预期的那样,扰动粒子低能侧的单重态具有增加的衰减率,且高能侧的三重态具有增加的衰减率。尽管 Aymar 等[10] 对寿命变化进行了更复杂的分析,但一种直接的方法是通过波函数[11] 描述 5d7d 态附近的第 i 个态:

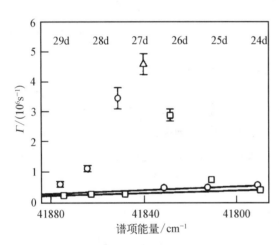

图 22.4　观察到的 $6snd^1D_2$(用 ○ 表示)、$6snd^3D_2$(用 □ 表示)和 $5d7d^1D_2$(用 △ 表示)态的衰减速率。这些线反映了 ν_{6s}^{-3} 对于未受微扰的 $6snd^1D_2$ 和 $6snd^3D_2$ 里德堡能系的预期依赖关系。对于没有误差条的点,说明误差的大小近似等于符号的尺寸[11]

$$\Psi_i = \varepsilon_i^{1/2}\Psi_{5d7d} + (1 - \varepsilon_i)^{1/2}\Psi_{6snd} \tag{22.2}$$

并通过式(22.3)描述辐射衰减率:

$$\Gamma_i = \varepsilon_i\Gamma_{5d7d} + (1 - \varepsilon_i)\Gamma_{6snd} \tag{22.3}$$

在 $24 < n < 29$ 范围内,如果用 Γ_{6snd} 的平均值 $0.35 \times 10^6\ s^{-1}$ 来近似,并利用以下条件:

$$\sum_i \varepsilon_i = 1 \tag{22.4}$$

即在图 22.4 显示的所有态中,存在一个 5d7d 态分布,那么我们可以很容易地求解式(22.3)和式(22.4),以得到纯 5d7d 态的衰减率和 5d7d 态在微扰的 6snd 里德堡态中的比例 ε_i。Aymar 等[10]和 Gallagher 等[11]分别得到了 1.5×10^7 s^{-1}和 1.2×10^7 s^{-1}的纯 5d7d 衰减率。更值得关注的是 ε_i 的值,即每个态的分数微扰特征。表 22.1 中给出了从寿命获得的微扰分数,以及通过对态能量的三通道量子亏损理论分析获得的微扰分数。寿命和量子亏损理论结果相当一致,实验结果可以从图 22.4 的中大致读取,利用式(22.5):

$$\varepsilon_i = 8.3 \times 10^{-8}\ s(\Gamma - 0.45 \times 10^6\ s^{-1}) \tag{22.5}$$

在钡 $6snd^{1,3}D_2$ 能系中,较高的能级被标记为单线态,如图 22.3 和图 22.4 所示。根据量子亏损理论分析[8],图 22.3 所示的 Lu-Fano 图的连续分支上的态,在 5d7d 态以下表现为单重态,而在 5d7d 态以上则表现为三重态,并且包含可忽略的 5d7d 的特征。在断裂分支上的态发生改变,在 5d7d 态上从三重态特征主导转变为单重态主导。这种单重态和三重态特征的分配,在一定程度上由吸收光谱中的线强度证实[13]。然而,在锶[14,15]的类似情况下,这一点得到了明确的证明。Esherick 预测锶 $5snd$ $^{1,3}D_2$ 态的单重态和三重态特征在 $n = 15$ 时互换[14]。Wynne 等[15]随后测量这些态的 g 因子,从而通过实验验证了这一预测。单重态和三重态 g 因子分别为 1 和 7/6,因此 g 因子的准确测量,可以比线强度更可靠地指示单重态和三重态组成,因为 g 因子测量中不受初始态组成的影响。实验是通过在电磁铁的两极之间放置一根热管来完成的,如图 22.1 所示。使用单个线偏振激光器,通过双光子驱动锶 $5s^2\,^1S_0$ 基态跃迁到 $5snd$ 态。在激光偏振垂直于磁场的情况下,每个 $5s^2 \rightarrow 5snd$ 共振被分成三个共振,对应于允许的 $m = 0, \pm 2$ 最终态。在 8.3 kG 的磁场中,测量了能级的相对分裂情况,从而得到了相对 g 因子,根据 $5s12d\,^1D_2$ 态计算的 g 因子值1.003 3,得到图 22.5 所示的绝对值[15]。单独测量场只能进行到 3%,得出 $5s12d^1D_2$ 的 g 因子的绝对值为 1.035(37),与理论计算值一致。无论如何,从图 22.5 可以清楚地看出,单重态和三重态特征的演变如图 22.5 的实线所示,这些实线是基于能量的量子亏损理论分析预测得出的[14]。

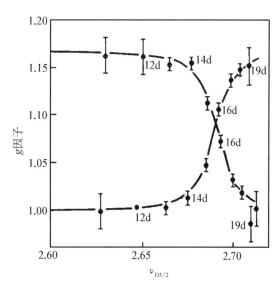

图 22.5　锶的 $5snd$ 态的 g 因子表现为 $\nu_{D3/2}$ 的函数,相对于电离阈值为 60 488.09 cm^{-1} 的 $4d\,^2D_{3/2}$ 有效主量子数测量值。实线是理论预测值,这些点代表 $5snd$ 对应束缚态的实验测量结果[15]

在钡中,束缚里德堡能系的许多扰动粒子都收敛于 Ba^+ 的 $5d_j$ 极限的低能态,并且能被很好地描述为低 n 的 $5dnl$ 态。因此,可以合理地预期它们向自电离 $6pnl$ 态跃迁时具有较大的散射截面,由于 n 值较低,预期截面会相当宽。在 $\lambda \approx 630$ nm 附近,可以发现 Ba^+ $5d \rightarrow 6p$ 跃迁的附近有 $5dnl \rightarrow 6pnl$ 跃迁。与微扰的 $5dnf$ 态相反,钡 $6snl$ 里德堡态不太可能吸收 630 nm 波长的光。通过测量 $\lambda \approx 630$ nm 处的相对光电离截面,在几个 5dnl 扰动粒子附近,Mullins 等[16]测量了束缚钡 6sns 和 6snd 里德堡能系的扰动粒子特性,所测量的钡 6snd ^{1,3}D$_2$ 态的结果在表 22.1 中给出。

表 22.1　通过辐射衰减速率、光电离截面和量子亏损理论光谱分析获得的微扰分数

能　态	微扰分数 ε 数据来源		
	实验辐射衰减率[a]	实验光电离截面[b]	6s$_{1/2}$,5d$_{5/2}$ 极限的三通道量子亏损理论模型[a]
6s25d^{3}D$_2$	0.035	0.04(2)	0.02
6s26d^{3}D$_2$	0.219	0.11(4)	0.13
5d7d^{1}D$_2$	0.365	0.45(6)	0.40
6s27d^{1}D$_2$	0.262	0.25(5)	0.20
6s28d^{1}D$_2$	0.068	0.07(3)	0.05
6s29d^{1}D$_2$	0.028	0.05(2)	0.02

a 见文献[11];b 见文献[16]。

22.3　跨越电离极限的光激发连续性

量子亏损理论最令人称道的特点在于:它清楚地显示了许多属性在跨越电离极限时的连续性。例如,如果有两个耦合的里德堡能系,分别收敛于两个不同的电离极限,那么在第一个极限之下,有效量子数将是 ν_1 和 ν_2。在这两个极限之间,光谱由一系列 Beutler‐Fano 线形组成,对应于收敛于更高极限的里德堡能系,并以 ν_2 而非能量的比例绘制,光谱在 ν_2 中以 1 为模重复。根据量子亏损理论,光谱也在低于第一个极限的 ν_2 中以 1 为模重复。更准确地说,低于第一个极限的光谱是由离散线组成的,因此光谱的包络线会重复。这个概念的一个很好的例子出现在穿越了 Ba$^+$ 5d$_{3/2}$ 极限后的钡 5d$_j nd_j J = 4$ 态的光谱中[17]。这些态显示在图 22.2 的 Lu‐Fano 图中。

图 22.6(a)中展示了从钡 5d6p ^{1}F$_3$ 态到刚好高于 Ba$^+$3d$_{3/2}$ 极限的 5d$_{5/2}$16d$_{3/2,5/2}$ 态的跃迁谱;图 22.6(b)中展示了从相同初始态到刚好低于 Ba$^+$5d$_{3/2}$ 极限的 5d$_{5/2}$16d$_{3/2,5/2}$ 态的光谱。很明显,激发的包络是相同的。我们一直在讨论这些态,就好像它们是束缚态一样,事实上,就此时的目的而言,这种假设是合理的。首先,在 5d$_{3/2}$ 极限以下观察到的线宽等于激光线宽,其次,在 5d$_{3/2}$ 极限以下没有可见的 6sd 连续态的激发。值得注意的是,5d$_j nd_j J = 4$ 能系的三通道量子亏损处理方法,重现了图 22.2 的 Lu‐Fano 图和图 22.6 所示的光谱。使用第 21 章中描述的 α 和 i 通道偶极矩参数化的量子亏损理论模型,重现了实验光谱。

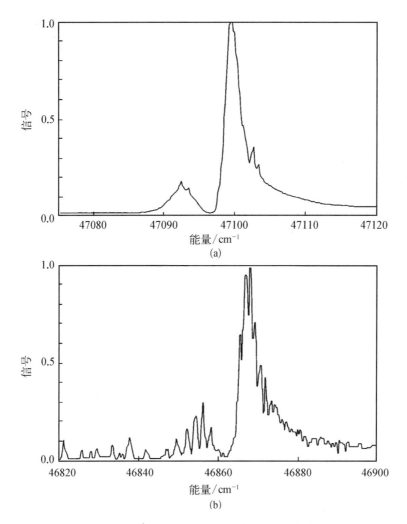

图 22.6　（a）观察到的钡 $5d6p^1F_3$–$5d_{5/2}16d_{3/2,\,5/2}$ 谱。$J=4$ 的态表现为明显的宽的双重态，其位于 47 093 cm^{-1} 和 47 100 cm^{-1} 处。两个弱的 $J=3$ 的特征在 47 102 cm^{-1} 和 47 103 cm^{-1} 处清晰可见。（b）在 $5d_{3/2}$ 极限下从 $5d6p^1F_3$ 到 $5dnd$ $J=4$ 能级的跃迁，由于 $5d_{5/2}14d_{3/2,\,5/2}$ 的许多离散能级，显示了相同的基本振荡强度分布[17]

22.4　强制自电离

在电离极限以上，通道间相互作用会导致自电离，而在电离极限以下，通道间相互作用会导致能系微扰。强制自电离使得可以在相同的态下观察到两种表现，基本思想如图 22.7 所示。在零场中，收敛于更高极限的态刚好低于第一个极限，并会对收敛于第一个极限的里德堡能系产生扰动。如果施加足够的静电场，我们会将较低的电离抑制在微扰态以下，以便其与斯塔克效应诱导的连续态相互作用。在这种情况下，微扰能级表现为自电离共振。这种现象被 Garton 等[18] 称为强制自电离，他们首先在冲击加热钡的光谱中观察到这种现象。之后在静态场[19-22] 和微波场[23] 中以定量方式对这种现象进行了研究。

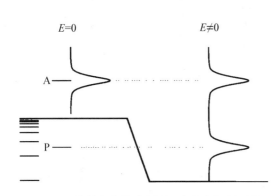

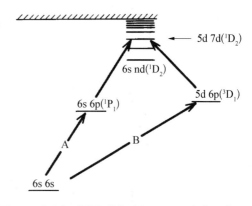

图 22.7 强制电离的示意图。在电离极限下的自电离态 A,并向更高的极限收敛时,表现为自电离共振。在极限下,在零场下扰动粒子 P 与里德堡谱线系的相互作用导致了里德堡态的微扰。施加一个电场 E 会使电离极限低于 P,其表现为强制自电离共振

图 22.8 两个不同的激发路径 A 和 B 用来观察表现为强制自电离共振的钡 5d7d 扰动粒子。路径 A 导致 q 参数几乎为 0,然而路径 B 导致一个较大的 q 参数[21]

在系统性的实验中,Sandner 等[20, 21] 使用两个可调谐染料激光器通过两条光路 A 和 B 中的任何一个将钡光束中的基态原子激发到 5d7d¹D₂ 扰动粒子附近,如图 22.8 所示。在没有电场的情况下,激发到 5d7d 或相邻的 6snd 里德堡态的钡原子被场电离脉冲电离,随后检测到这些离子。如果存在静态场,那么该电场能单独使原子电离。图 22.9 中显示

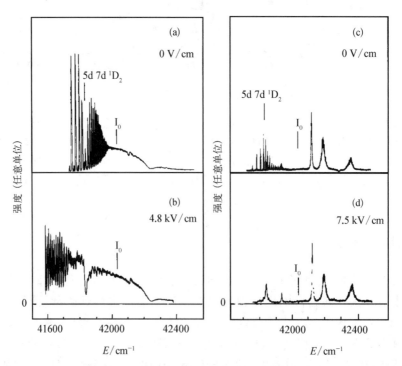

图 22.9 (a)通过图 22.8 中的 A 激发路径在零场下观察到的光吸收谱;(b)与(a)相同,但是在施加一个大的 4.8 kV/cm 的直流电场下观察的结果;(c)在图 22.8 中 B 路径观察到的零场谱;(d)与(c)相同,但是在施加 7.5 kV/cm 电场下观察的结果[21]

了使用路径 A 和 B 的激发光谱,分别对应静态场存在与不存在的情况。首先考虑零场光谱。使用路径 A,通过 6s6p$^1P_1$ 态,5d7d 态没有被激发,我们看到向 41 841 cm^{-1} 附近态的较弱跃迁具有明显的 5d7d 特征。相反,5d6p$^3D_1$ 态通过路径 B,只有那些具有明显 5d7d$^1D_2$ 特征的态被激发。在图 22.9 的 $E\neq0$ 谱中,很显然,对于路径 A,可得到一个 $q\approx0$ 的 Beutler-Fano 线形;而对于路径 B,得到一个 $|q|$ 较大的线形。正如预期的那样,在这两种情况下,场都将 5d7d 态转换为自电离共振。然而,即使是对图 22.9 的粗略检查也可以发现,路径 B 的零场光谱不仅仅是 $E=7.5$ kV/cm 光谱的离散版本,这种线形更宽;这种展宽实际上是施加场电离脉冲时的 500 ns 延迟所带来的实验误差[21]。当考虑到具有明显 5d7d 特征的态约 200 ns 短寿命,可以推断图 22.9 的零场谱回到零的时间延迟,中心线的强度将增大超过 10 倍,零场路径 B 的光谱便呈现出与有静场时 $E=7.5$ kV/cm 的光谱相似的离散化特征[21]。

可以将强制自电离共振与零场量子亏损理论的预测进行比较。观察到的宽度 15.5 cm^{-1} 和量子亏损理论的宽度 15.3 cm^{-1} 非常吻合。但是,能量位置相差 5 cm^{-1}。确切的原因尚不清楚,但可以肯定的是,斯塔克效应诱导的连续态并不是在所有方面都像零场连续态。例如,两束激光偏振平行于场,以激发 $m=0$ 最终态,类似于图 22.9 中所示的强制自电离共振表现,是由于长寿命、蓝移、斯塔克态而呈现出特定的结构。

参考文献

1. J. A. Armstrong, J. J. Wynne, and P. Esherick, *J. Opt. Soc. Am.* **69**, 211(1979).

2. K. H. Kingdon, *Phys. Rev.* **21**, 408(1923).

3. P. Camus, M. Dieulin, and A. El Himdy, *Phys. Rev. A* **26**, 379(1982).

4. B. H. Post, W. Vassen, W. Hogervorst, M. Aymar, and O. Robaux, *J. Phys. B* **18**, 187(1985).

5. M. Aymar, P. Camus, and A. El Himdy, *Physica Scripta* **27**, 183(1983).

6. P. Camus, M. Dieulin, A. El Himdy, and M. Aymar, *Physica Scripta* **27**, 125(1983).

7. K. T. Lu and U. Fano, *Phys. Rev. A* **2**, 81(1970).

8. M. Aymar and O. Robaux, *J. Phys. B* **12**, 531(1979).

9. M. Aymar, P. Grafstrom, C. Levison, H. Lundberg and S. Svanberg, *J. Phys. B* **15**, 877(1982).

10. M. Aymar, R. J. Champeau, C. Delsart, and J.-C. Keller, *J. Phys. B.* **14**, 4489(1981).

11. T. F. Gallagher, W. Sandner, and K. A. Safinya, *Phys. Rev. A* **23**, 2969(1981).

12. K. Bhatia, P. Grafstrom, C. Levison, H. Lundberg, L. Nelsson, and S. Svanberg, *Z. Phys. A* **303**, 1(1981).

13. J. R. Rubbmark, S. A. Borgstrom, and K. Bockasten, *J. Phys. B* **10**, 421(1977).

14. P. Esherick, *Phys. Rev. A* **15**, 1920(1977).

15. J. J. Wynne, J. A. Armstrong, and P. Esherick, *Phys. Rev. Lett.* **39**, 1520(1985).

16. O. C. Mullins, Y. Zhu, and T. F. Gallagher, *Phys. Rev. A* **32**, 243(1985).

17. C. J. Dai, S. M. Jaffe, and T. F. Gallagher, *J. Opt. Soc. Am. B* **6**, 1486(1989).

18. W. R. S. Garton, W. H. Parkinson, and E. M. Reeves, *Proc. Phys. Soc.* **80**, 860(1962).

19. B. E. Cole, J. W. Cooper, and E. B. Salomon, *Phys. Rev. Lett.* **45**, 887(1980).

20. W. Sandner, K. A. Safinya, and T. F. Gallagher, *Phys. Rev. A* **24**, 1647(1981).

21. W. Sandner, K. A. Safinya, and T. F. Gallagher, *Phys. Rev. A* **33**, 1008(1986).

22. T. F. Gallagher, F. Gounand, R. Kachru, N. H. Tran, and P. Pillet, *Phys. Rev. A* **27**, 2485(1983).

23. R. R. Jones and T. F. Gallagher, *Phys. Rev. A* **39**, 4583(1989).

第 23 章

双里德堡态

在此前的章节中,我们所考虑的双电子态的自电离过程,都是基于那些可以由独立电子模型表征的能态。例如,我们讨论存在着自电离过程的钡原子 $6pnd$ 能态时,会认为体系主要处于 $6pnd$ 能态,仅仅混杂有少量的其他能态,这样一来,我们在分析这些体系时,只需要在独立电子模型的基础上考虑少量的相互作用通道,或者使用微扰理论。在以上讨论的所有情况下,体系中的一个电子大多数时间都离原子实很远,此时,除了在原子实周围很小的区域内电势与库仑势有偏差,这个电子大部分时间仍然处于库仑势场中。

与之相反,当原子体系处于高度关联态时,非库仑势不再局限于原子实附近的较小区域内,外层电子在其运动轨道的大部分区域中感受到的也就不再是库仑势场,此时,基于 $nln'l'$ 能态的独立电子模型也就几乎不再适用了。引起这种情况的可能因素主要有两个。第一个也是最明显的原因,内层电子的波函数所处的空间增大到与外层电子接近。如果假定这两个电子的量子数分别表示为 n_il_i 和 n_ol_o,那么,当 n_i 与 n_o 变得接近时,独立电子模型就变得不再适用了,将这种情况称为电子间的径向关联,两个电子轨道的尺寸变得彼此相关。第二,外层电子的存在使得内层电子能态发生了极化,外层电子可以具有长程非库仑势。如果内层电子量子数 n 相同而量子数 l 不同的能态是彼此简并的,那么这种极化就非常容易发生,就算是来自外层电子的非常微弱的电场都有可能将这些不同 l 的能态转化成一系列斯塔克能态,即具有永久偶极矩的能态。感生的偶极矩就会产生各向异性的势能,进而在两个电子的运动过程中形成角向关联,即使外层电子的轨道比内层电子大很多倍。由于 He^+ 是类氢粒子,这种角向关联可能发生于 He 原子的所有双激发态中。另外,当 n_i 接近 n_o 时,径向关联才有可能被发现。下面继续用一个简单的例子讨论径向和角向关联:例如,Sr^+ 是单电荷离子,其 l 量子数较高的能态大多是彼此简并的,在收敛到这些能态的双激发态中就可能观测到角向关联,尽管此时外层电子轨道要比内层电子轨道大出很多;另外,对于收敛到 l 量子数较小能态的双激发态而言,由于存在着较大的量子亏损,只有两个电子之间先建立了径向关联,角向关联才有可能存在,这样一来,如果想要在这些能态中观察到显著的电子关联,仍然需要先满足量子数 n_i 与 n_o 大小接近的条件。

23.1 氦原子的双激发态

早在 20 世纪 20 年代,人们就已经知道了自电离态的存在,然而,直到后来 Madden 和 Codling(美国物理学家)在氦原子中观察到双激发态[1],人们才渐渐开始对这种存在高度关联的能态感兴趣。他们以同步加速器作为辐射源,对路径长度为 83 cm、压强为 0.3 Torr 的氦原子体系展开了研究,并记录下了氦的吸收谱。根据直觉判断,可能会简单地认为实验中能看到分别对应于 2snp 和 2pns 能态的两个谱线系,并且认为它们都应该收敛到 He$^+$ $n=2$ 的极限上去。然而,实验中看到的却是一个很强的谱线系和一个很弱的谱线系,分别称为+线系和-线系[2]。将-线系与+线系进行对比可以发现,除了-线系的谱线强度更弱之外,-线系的能量值也更低,自电离宽度也更窄。

此后,Domke 等不断重复并拓展了实验测量内容[3]。Domke 等也使用同步加速器作为光源,但不同的是,他们并没有对氦原子的吸收谱进行测试,而是选择探测了氦产生的光离子能谱[3]。实验结果如图 23.1 所示,$n=2$ 时,+线系表现为一个很强的光电离峰,具有经典的 Beutler-Fano 线形,叠加在 1sεp 态的光电离信号背景上。相比-线系对应的共振过程,+线系共振过程产生的信号大概要强 100 倍。此外,从图中可以看到,-谱线的峰宽仅仅为+谱线峰宽的 10% 左右。随着光子能量进一步提升,就会发现,收敛到 He$^+$ 较高极限的光谱具有几个非常显著的特征,如图 23.2 所示。第一,在光子能量较高的区域里,光电离谱中只存在+线系。第二,随着离子的量子数 n 不断增大,光电离谱中收敛到这些能态的共振峰会不断减小,在光电离背景的衬托下,这一趋势更是格外显著,当然这个特点并不令人奇怪,毕竟随着 n 的增大,可以成为电离末态的连续能级也会越来越多。换言之,Fano q 参数的大小会随着 n 的增大而减小,同时,q 参数的正负号也会发生变化,但考虑到其物理机制较为复杂,我们就不再此对其进行展开论述了。在图 23.2(c)中,收敛到 He$^+$ 量子数 $n=5$ 和 6 的能级的谱线系存在着彼此重叠的现象,收敛到 $n=6$ 和 7 的能级的谱线系也是如此,这就使得光电离谱中产生了与前面中图 19.2 非常相似的图形。

对于 Madden 和 Codling 实验中观察的收敛到 $n=2$ 的谱线系,Cooper 等最先给出了理论上的解释[2],提出不再使用 2snp 和 2pns 能态作为基函数,而是将其先进行线性组合,得到了如下所示的函数[2]:

$$\Psi_\pm = \frac{1}{\sqrt{2}}\big[u_{2snp} \pm u_{2pns} \big] \tag{23.1}$$

其中,u_{2snp} 是 2s 和 np 能态波函数的乘积。Ψ_+ 和 Ψ_- 态具有明显不同于角动量态的特征。在 Ψ_+ 态中,两个电子的径向振荡是同相的;而在 Ψ_- 态中,两个电子的径向振荡则是反相的。此外,图 23.1 中 $n=2$ 的光电离谱特征也可以用 Ψ_+ 和 Ψ_- 态在原点附近的性质来解释。u_{2snp} 和 u_{2pns} 都是一个 s 波函数和一个 p 波函数的乘积,因此它们的函数形式在原点附近应该是非常相似的;而对于主量子数为 2 和 n 的波函数而言,其归一化因子分别是 $2^{-3/2}$ 和 $n^{-3/2}$,因此 u_{2snp} 和 u_{2pns} 总的归一化因子也几乎是一样的,这就意味着在原点附近,u_{2snp} 和 u_{2pns} 几乎是相等的,因此 Ψ_- 态也就几乎消失不见,-线系对应的能态相对于基态仅仅受到了很弱的激发,相比+线系也有着更低的自电离率,这样,整个物理模型就能够与实验结果相吻合。

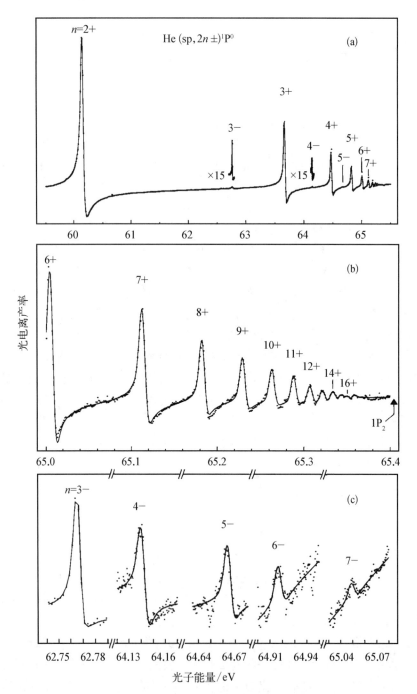

图 23.1 低于 He$^+$ $n=2$ 阈值的双激发氦原子的自电离态。(a) 全谱概况；(b) 能谱中 $n \geqslant 6$ 区域的局部放大；(c) $2n$-能态的局部放大[3]

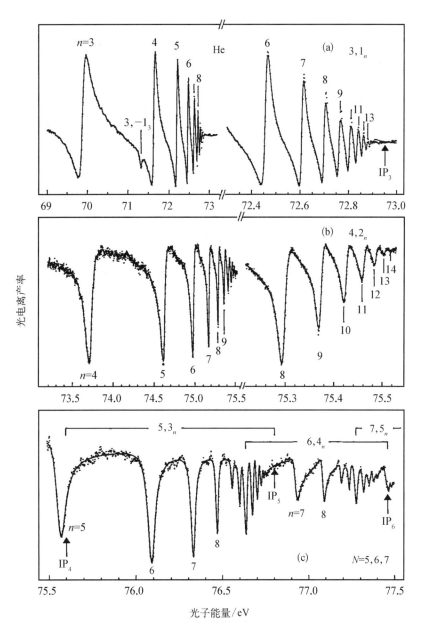

图 23.2　氦原子的自电离态。(a) 低于 He^+ $n = 3$ 阈值的能谱区域；(b) 低于 He^+ $n = 4$ 阈值的能谱区域；(c) 低于 He^+ $n = 5$ 和 6 阈值的能谱区域。图(a)和图(b)右侧是量子数 n 较大的区域内谱线的局部放大。图(c)中 n 取不同值的谱线系存在重叠[3]

23.2 理论描述

Cooper 等的工作[2]无疑开创了双激发里德堡态理论研究的先河。紧接着,在 Madden 和 Codling 实验结果的吸引下,研究者们随即开发出了一系列方法,对氦原子的双激发态能级展开了更为详尽的计算[4-7]。在这些研究工作中,对于 Cooper 等[2]此前忽略的一些问题,如 2pnd 能态的贡献[7]等,后续研究都进行了充分的考虑;尽管如此,Cooper 等此前得出的一些基本结论仍是可靠的,例如,通过这些细致的计算也同样发现了许多类似于斯塔克能态的叠加态的产生[4-7]。

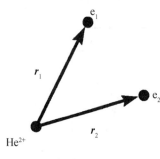

图 23.3 氦原子

尽管后来发展出的很多计算工作都能给出准确的能级位置和宽度,并与实验结果吻合得很好,但是这些工作都并没能针对氦原子光谱给出一个直观易懂的物理模型。为了解决这一问题,Macek 等在超球坐标中对氦原子进行分析,氦原子的两个电子原本各自是由三个坐标来描述的,而在超球坐标下,则可以用单个六坐标的粒子来等效地表示[8,9]。这两个电子原本通常是用其相对于 He^{2+} 原子核的位矢 $\boldsymbol{r}_1$ 和 $\boldsymbol{r}_2$ 来表示的,如图 23.3 所示,而在超球坐标中,这个等效粒子的超半径和超角度由式(23.2)定义:

$$R_h = \sqrt{r_1^2 + r_2^2} \tag{23.2}$$

r_2 和 r_1 的比值定义了超角度 α,即

$$\tan \alpha = r_2 / r_1 \tag{23.3}$$

显然,当 α 取值为 0 和 $\pi/2$ 时,电子 1 和电子 2 分别距离氦原子核无穷远;当 α 取值 $\pi/4$ 时,两个电子到氦原子核的距离相等。按照 Macek[8]和 Fano[9]的方法,我们进一步将波函数 ψ 替换为 Ψ,两者的关系由式(23.4)给出:

$$\Psi(r, \alpha, \hat{\boldsymbol{r}}_1, \hat{\boldsymbol{r}}_2) = \sin \alpha \cos \alpha R_h^{5/2} \psi(R_h, \alpha, \hat{\boldsymbol{r}}_1, \hat{\boldsymbol{r}}_2) \tag{23.4}$$

式(23.4)中的方向矢量 $\hat{\boldsymbol{r}}_i$ 由 $\boldsymbol{r}_i / r_i$ 定义。这种等效替代与氢原子问题中由 $\rho(r)/r$ 替代径向函数 $R(r)$ 的操作颇为相似。利用 Ψ,超球坐标中的薛定谔方程就可以由式(23.5)给出[9]:

$$\left[\frac{\hbar^2}{2m} \left(\frac{-\partial^2}{\partial R_h^2} + \frac{\Lambda^2}{R_h^2} \right) + V(R_h, \alpha, \hat{\boldsymbol{r}}_1, \hat{\boldsymbol{r}}_2) - E \right] \Psi(R_h, \alpha, \hat{\boldsymbol{r}}_1, \hat{\boldsymbol{r}}_2) = 0 \tag{23.5}$$

其中,Λ 是 Smith 定义的总角动量[10],由式(23.6)决定:

$$\Lambda^2 = \frac{-\partial^2}{\partial \alpha^2} - \frac{1}{4} + \frac{l_1^2}{\cos^2\alpha} + \frac{l_2^2}{\sin^2\alpha} \tag{23.6}$$

其中,l_1 和 l_2 表示两个电子的角动量。从式(23.5)和式(23.6)中可以看出,这里的总角动量 Λ^2 的作用与氢原子中 l^2 的作用相似。

在超球坐标下处理氦原子,最关键的优势之处就在于此时可以对势函数 V 进行分解,如式(23.7)所示:

$$V(R_h, \alpha, \hat{r}_1, \hat{r}_2) = \frac{e^2}{R_h} C(\alpha, \hat{r}_1, \hat{r}_2) \tag{23.7}$$

其中,

$$C(\alpha, \hat{r}_1, \hat{r}_2) = \frac{-Z}{\cos\alpha} - \frac{Z}{\sin\alpha} + \frac{1}{\sqrt{1 - \hat{r}_1 \cdot \hat{r}_2 \sin(2\alpha)}} \tag{23.8}$$

利用夹角 $\cos\theta_{12} = \hat{r}_1 \cdot \hat{r}_2$,绘制的折合势能 $C(\alpha, \hat{r}_1, \hat{r}_2)$ 如图 23.4 所示[11]。从图中可以看到,当两个电子与原子核距离相等,即 α 为 45° 时,折合势能非常平坦,几乎不随 θ_{12} 变化(唯一的例外是 θ_{12} 取 0 时)。α 取 0 和 $\pi/2$ 时,折合势能明显降低而形成能谷,此时这两个电子中的一个距离 He^{2+} 原子核非常远,另一个则很近。在图 23.4 中,θ_{12} 取 π,α 取 $\pi/4$ 时,折合势能还存在着一个显著的鞍点。

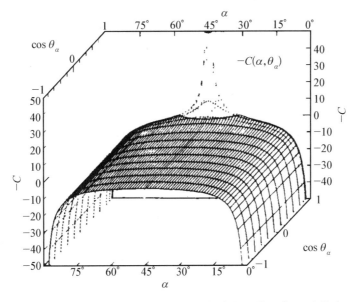

图 23.4 折合势能 $-C(\alpha, \theta_{12})$ 在超球坐标中的三维图像,Z 取值为 1。纵坐标表示等势能面,采用里德堡原子研究中常用的单位 $R_h = 1a_0$ [11]

定义哈密顿算符:

$$H_R = \frac{\hbar^2 \Lambda^2}{2mR} + \frac{e^2 C}{R_h}(\alpha, \hat{r}_1, \hat{r}_2) \tag{23.9}$$

就可以对波函数的本征值进行求解,如式(23.10)所示:

$$H_R \phi_\mu(\alpha, \hat{r}_1, \hat{r}_2) = U_\mu(R_h) \phi_\mu(\alpha, \hat{r}_1, \hat{r}_2) \tag{23.10}$$

其中,在 R_h 恒定的条件下,本征值 $U_\mu(R_h)\phi_\mu$ 就对应于方程的解 ϕ_μ,量子数 μ 则对应着

α、$\hat{r}_1$ 和 $\hat{r}_2$ 这一系列坐标。此外,也可以采用更常见的 Λ^2 的本征函数,处理由于折合势能造成的非对角矩阵元。

对波函数的形式进一步作如下假定:

$$\Psi(R_h, \alpha, \hat{r}_1, \hat{r}_2) = \sum_{\mu} F_{\mu}(R_h)\phi_{\mu}(\alpha, \hat{r}_1, \hat{r}_2) \tag{23.11}$$

式中的波函数 F 类似于双原子分子的振动波函数,此时式(23.5)中的薛定谔方程就可以改写成如下形式:

$$\left[\frac{\hbar^2}{2M}\frac{\partial^2}{\partial R_h^2} + H_R\right]F_{\mu}(R_h)\phi_{\mu}R = WF_{\mu}(R_h)\phi_{\mu}(\alpha, \hat{r}_1, \hat{r}_2) \tag{23.12}$$

如果利用 $V_{\mu}(R_h)\phi_{\mu}$ 替代 $H_R\phi_{\mu}$,考虑 ϕ_{μ} 函数的正交性,最后在绝热近似下忽略 $\partial\phi_{\mu}(\alpha, \hat{r}_1, \hat{r}_2)/\partial R_h$,那么就可以从式(23.12)中移除掉角向的变化,只留下如下所示的径向方程:

$$\left[\frac{\hbar^2}{2M}\frac{\partial^2}{\partial R_h^2} + U_{\mu}(R_h) - W\right]F_{\mu}(R_h) = 0 \tag{23.13}$$

其中,$U_{\mu}(R_h)$ 表示有效径向势能,它与双原子分子中的核间势能曲线有着相同的作用。事实上,这里用到的绝热近似与处理双原子分子时用到的波恩-奥本海默本质上近似相同,只不过在讨论双原子分子时,通常会认为径向方程可以分离的条件是原子核的质量要足够大,但实际上真正关键的条件,其实正是粒子在 α,$\hat{r}_1$ 和 $\hat{r}_2$ 等坐标中的运动随 R_h 的变化足够缓慢,即满足慢变近似条件。

图 23.5 展示了由 Sadegphour 和 Greene 计算的 H$^-$ 的势能曲线,与氢原子的不同之处在于:H$^-$ 的势阱要浅很多[12]。图中的每一条曲线都对应了一套特定的量子数 μ 取值,从图 23.5(a)中可以看到,当 R_h 趋向于无穷大时,一系列势能曲线就会连接到氢原子具有不同量子数 n 的能级;反过来讲,当 R_h 从无穷大逐渐减小时,不同量子数 n 能级的势能曲线则会劈裂成一系列曲线,且 n 越大时,势能曲线劈裂的间隔也就越大。从物理模型上来讲,当 H$^-$ 中的外层电子与氢原子远离时,该电子产生的电场会引起斯塔克效应,造成了这种能级劈裂的表现;同时,当 R_h 较小时,只有最低的能级曲线才会出现势阱,并形成 H$^-$ 的准稳态。图 23.5(a)中的每一条势能曲线 $U_{\mu}(R_h)$ 都能够对应一系列振动解 $F_{\mu}(R_h)$。图 23.5(a)中的各条势阱曲线都在图 23.5(b)中表示了出来,这些能态都是可以从 H$^-$ 基态得到的,计算给出的能量值也和实验结果吻合得很好。

在推导式(23.13)中的径向方程时,假定 $\partial\phi_{\mu}/\partial R_h$ 可以忽略。事实上,忽略掉的这一项作用是耦合不同势能曲线上的各个能态,因此,只有这一项存在,氢原子才能发生自电离过程,H$^-$ 的双激发态才能发生自分离过程。换言之,在绝热近似条件下,虽然可以计算得到相当准确的能量值,但是这种方法却无法给出双激发态的衰减速率信息。

势能曲线存在鞍点这一情况,是由 Rau(美国物理学家)等进一步研究指出的。当两个电子与 He^{2+} 原子核距离相等(α 取 $\pi/4$)时,双激发态的势能曲线就可能出现鞍点,如图 23.4 所示[13]。此时,式(23.7)中的势能 V 可以在 $\theta_{12}=\pi$,$\alpha=\pi/4$ 附近展开并近似保留首项,也就可以写成如下形式[13]:

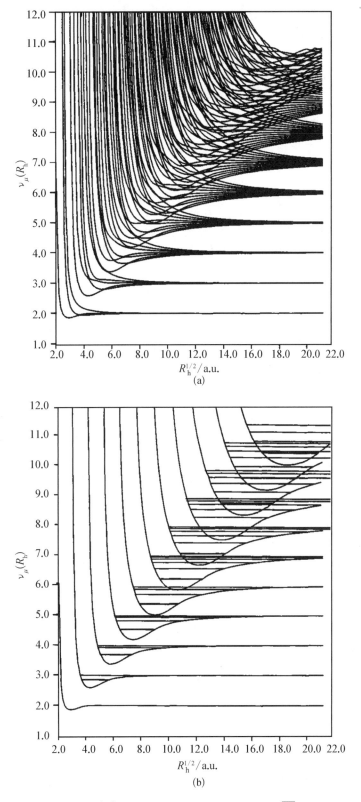

图 23.5 （a）绝热近似下 $^1P^0H^-$ 的势能曲线对有效量子数及 $\sqrt{R_h}$ 的依赖关系。沿着 Wannier 脊线的边缘线，在 $\nu_\mu = 18^{-1/4}\sqrt{R_h}$ 的位置就可以找到最低的+谱线势能曲线；（b）仅保留了每个量子数 n 条件下最低的势能曲线及势阱内的能级位置。作为穿过回避交叉的假想线，在图中可以明显看到 Wannier 脊线[12]

$$V = \frac{- Z_0(Z)}{R_h} \tag{23.14}$$

其中，$Z_0(Z) = 2\sqrt{2}(Z - 1/4)$。在这一条件下，相对双电离极限的能量值由式（23.15）给出：

$$W = \frac{- Z_0^2(Z)}{2(n + 5/2)^2} \tag{23.15}$$

这正是一个非常适合解决六维库仑问题的能量表达式。考虑式（23.14）中忽略掉的高阶项，我们在能量的表达其中进一步引入屏蔽常数 σ 和量子亏损 δ，就可以得到下面的修正形式[13]：

$$W = - \frac{Z_0^2(Z - \sigma)}{2(n + 5/2 - \delta)^2} \tag{23.16}$$

无独有偶，Read 也得到了相似的形式[14]，不止如此，他还总结了双激发里德堡态的能量表达式完善和发展过程中的许多工作[15]。举一个具体的例子，当 σ 取值为 $1/2\sqrt{2}$，δ 取值为 1.67 时，Rau 等给出的式（23.16）可以很好地描述 He⁻ 的 $1s(ns)^2$ 能态，这与 Buckman 等实验观察到的结果[16]就吻合得很好。另外，他们的方法与超球坐标方法得到的结论也存在着一些出入：根据 Read 等的方法，波函数的所有节点都应该出现在 R_h 方向上；但根据超球坐标方法，ns^2 能态是 R_h 势能曲线上对应于不同量子数 μ 的最低能态，在 R_h 方向上则不应该存在任何节点。

在计算双激发态能量这一问题上，超球坐标方法已经取得了很大的成功。当然，这一方法也存在着短板，它并不能清晰地解释 μ 这一内禀的量子数。即使使用 Λ^2 的本征函数来进行计算，情况也未见得能有多少改善，这是因为此时两个电子各自的角动量 l_1 和 l_2 就成为系统的量子数，然而它们却并不是好量子数，观察式（23.1）中的±表示，以及图 23.5 中的斯塔克型能级劈裂，就可以看出这一点。为了解决这个问题，Sinanoglu 和 Herrick 采用了群论的方法来对原子的能态进行分类[17]，并取得了重要进展[18]。群论的方法可谓柳暗花明，毕竟 Park 等最早正是通过群论的方法，将氢原子中的斯塔克能态和角动量能态关联在了一起[19]，才提出了双激发态与斯塔克态有所关联这一概念；后来 Molmer 和 Taulbjerg 通过研究对这一方法作了进一步补充，他们指出，Herrick 所描述的一些能态，本身就可以简单地表示成斯塔克能态乘积的线性组合[20]。

在这些研究基础上，Feagin 和 Briggs 提出了将以上两种不同观点相结合的方法，可以称为分子轨道方法[21, 22]。双激发里德堡态是一个非常特别的三体库仑问题，三个粒子中的两个具有相同的电荷和质量，即 $Z_1 = Z_2$，$m_1 = m_2$，而第三个粒子的电荷 Z_3 和质量 m_3 则与前两者不同。与超球坐标方法类似，分子轨道方法也采用了绝热近似，但选取了完全不同的坐标系。仍然用 $\boldsymbol{r}_1$ 和 $\boldsymbol{r}_2$ 来表示两个电子相对于 He²⁺ 原子核的位置矢量，如图 23.1 所示，此时可以引入的两个矢量：

$$\boldsymbol{R} = \boldsymbol{r}_2 - \boldsymbol{r}_1 \tag{23.17a}$$

$$\boldsymbol{r} = \boldsymbol{r}_1 + \boldsymbol{r}_2 \tag{23.17b}$$

很明显,R 与超球坐标方法中的 R_h 实际上起到了相同的作用。R 的大小代表了两个相同微粒之间的距离,也就是氦原子和 H^- 中两个电子的间距,而 r 则代表了微粒 1 和 2 的质心相对于第三个微粒的距离,这里第三个微粒则分别对应了 He^{2+} 和 H^+ 原子核。这些坐标其实就是通常用来描述 H_2^+ 的坐标。这样一来,这个三体库仑系统的薛定谔方程就可以写成如下形式[22]:

$$\left(\frac{-\nabla_R^2}{2\mu_{12}} - \frac{\nabla_r^2}{2\mu_{12,3}} + \frac{Z_1 Z_2}{R} + \frac{Z_1 Z_3}{r_1} + \frac{Z_2 Z_3}{r_2} \right) \psi(\boldsymbol{r}, \boldsymbol{R}) = W\psi(\boldsymbol{r}, \boldsymbol{R}) \quad (23.18)$$

其中,μ_{12} 代表两个相同微粒的约化质量,即 $m_1 m_2/(m_1 + m_2) = 1/2$;$\mu_{12,3}$ 则代表了两个相同微粒的质心与第三个微粒的约化质量,对于 He^{2+} 原子和 H^- 离子而言,$\mu_{12,3} = (m_1 + m_2)m_3/(m_1 + m_2 + m_3) \approx 1/2$。

在求解过程中,原子的本征函数必须也同时是总角动量,以及角动量在 z 轴方向投影算符的本征函数。为了简化问题,先忽略电子的自旋角动量,那么总角动量 L 及其向空间固定坐标系中 z 轴的投影 M 就应该成为守恒量。此时,空间波函数 $\Psi_{LM}(\boldsymbol{r}, \boldsymbol{R})$ 就可以通过欧拉变换,与粒子固定坐标系中的波函数关联在一起:

$$\Psi_{LM}(\boldsymbol{r}, \boldsymbol{R}) = D_{MK}^L(\psi, \theta, 0) \frac{1}{R} f_{iK}(R) \phi_{iK}^L(\boldsymbol{r}, R) \quad (23.19)$$

其中,ψ、θ 和 $\phi(=0)$ 是将空间中固定的 z 轴旋转到 $\boldsymbol{R}$ 方向所需要的欧拉角。对于总角动量 L 及其分别向空间固定和粒子固定(沿着 $\boldsymbol{R}$ 方向)坐标系的投影 M 和 K 而言,刚性顶波函数 D_{MK}^L 可以同时将它们进行对角化,同时也就描述了原子的整体旋转情况。

$\phi_{iK}(\boldsymbol{r}, R)$ 则表示分子轨道,其角动量在 $\boldsymbol{R}$ 方向的投影就是 K,内量子数则为 i。当两个电子之间的距离 R 固定时,ϕ_{iK} 所描述的就是 He^+ 相对于两个电子质心的运动。$f_{iK}(R)$ 则表征了将两个电子分离的效应,类似于双原子分子中原子核的振动运动。值得一提的是,$D_{MK}^L(\psi, \theta, 0)$ 第三个欧拉角 ϕ 取值为 0,这是因为它与 r 相对于 $\boldsymbol{R}$ 的方位运动总是保持一致。

将式(23.18)中的哈密顿量进行改写:

$$H = \frac{-\nabla_R^2}{2\mu_{12}} + h \quad (23.20)$$

其中,

$$h = \frac{-\nabla_r^2}{2\mu_{12,3}} + \frac{Z_1 Z_2}{R} + \frac{Z_1 Z_3}{r_1} + \frac{Z_2 Z_3}{r_2} \quad (23.21)$$

这就是第三个粒子,即 He^{2+} 或 H^+ 在粒子固定坐标系中运动的哈密顿量。

分子轨道方法最有趣之处在于:算符 h 的本征函数,与最终原子的本征函数相比并没有明显差别,暂且直接给出这一结果,稍后会对其进一步讨论。分子轨道的本征函数 $\phi_{iK}(\boldsymbol{r}, R)$ 满足如下本征值方程:

$$h\phi_{iK}(\boldsymbol{r},\,R) = \varepsilon_{iK}(R)\phi_{iK}(\boldsymbol{r},\,R) \tag{23.22}$$

哈密顿量中的 ∇_R^2 项表示的是两个电子做相对运动的动能,可以分解成径向和角向两部分,如式(23.23)所示:

$$\frac{-\nabla_R^2}{2\mu_{12}} = -\frac{\partial^2/\partial R^2}{2\mu_{12}} + \frac{L_R^2}{2\mu_{12}} \tag{23.23}$$

其中,$\boldsymbol{L}_R = -\mathrm{i}\boldsymbol{R} \times \nabla_R$。

如果首先忽略 $\phi_{iK}(\boldsymbol{r},\,R)$ 能态由 L_R^2 造成的非对角元耦合,其次忽略 ϕ_{iK} 对 R 的导数,那么式(23.15)中的薛定谔方程就可以简化成如下所示的常微分方程:

$$\left[\frac{\partial^2/\partial R^2}{2\mu_{12}} + U_{iK}^L(R) - W\right]f_{iK}(R) = 0 \tag{23.24}$$

其中,

$$U_{iK}^L(R) = \left\langle\phi_{iK}\left|h + \frac{L_R^2}{2\mu_{12}}\right|\phi_{iK}\right\rangle = \varepsilon_{iK}(R) + \left\langle\phi_{iK}\left|\frac{L_R^2}{2\mu_{12}}\right|\phi_{iK}\right\rangle \tag{23.25}$$

如果利用式(23.25)中的势函数形式,那么式(23.24)就能够推导出一系列振动函数。

分子轨道方法一个最重要的特点是式(23.22)中的本征值方程能够在共焦椭圆坐标系中分解[23];另外,这些本征函数与原子本征函数的最终结果非常相似[22],这也是一个值得注意的现象。进一步作如下坐标变换[22]:

$$\lambda = (r_1 + r_2)/R \tag{23.26a}$$

$$\mu = (r_1 - r_2)/R \tag{23.26b}$$

此时,μ 和 λ 的等值面也就是系统相对于电子连接轴的旋转面。式(23.22)中的本征函数可以改写成如下形式:

$$\phi_{iK}(\boldsymbol{r},\,R) = \phi_\lambda(\lambda)\phi_\mu(\mu)\mathrm{e}^{iK\phi} \tag{23.27}$$

表征本征函数的量子数包括 K、n_λ 和 n_μ,其中,后两个量子数给出了本征函数在 λ 和 μ 方向上节点的数目。无论 R 取值如何,这三个量子数总是好量子数,因此它们可以将 R 趋近于 0 和无穷大的情况联系起来。当 R 趋于 0 时,类似于双原子分子中的联合原子极限,问题会简化到球对称的情形,这就和一个氢原子体系别无二致了,此时 $n_\lambda = n - l - 1$,代表了波函数径向方向的节点数目;$n_\mu = l - |m|$,代表了极性节点的数目。实际上,从式(23.26)中就可以很容易地预见到上述极限下的变化。当两个电子逐渐靠近时,λ 的等值面会变成圆形,而 μ 的等值面会沿着径向延伸。当 R 趋于无穷大时,n_λ 和 n_μ 则会直接与抛物量子数 n_1 和 n_2 关联[22]:n_λ 与 n_1 相等;n_μ 为偶数时等于 $2n_2$,为奇数时等于 $2n_2+1$。在一个真实的原子中,R 应该取非零的有限值,因此原子实际的能态会与斯塔克能态相关,正如本节最初对 Cooper 等所用计算方法[2]的讨论,如图 23.5(a)所示。

分子轨道方法的一个有趣的特点在于,原子波函数的节点线会落到 μ 和 λ 的等值面上,目前看来,无论是采用对角化方法或超球坐标方法,还是分子轨道方法,这一规律总是成立的。为了形象地说明这一点,我们参考了 Sadegphour 和 Greene 的实验数据:在 R 取值为 $80a_0$ 的条件下,通过超球坐标方法得到的波函数[2],图 23.6 中示出的就是通过该方法得到的波函数密度图[24]。虽然该图是在超球坐标 θ_{12} 和 α 下绘制出的,但仍然可以观察到 λ 和 μ 的等值线,显然,此时量子数 n_λ 和 n_μ 的取值分别为 6 和 0。Rost 等的研究表明,双激发态波函数的节点线大多数情况下都会落到 λ 和 μ 的等值面上,这说明了 λ 和 μ 的运动几乎总是可分离的[24]。另外,μ 和 R 的运动则通常是彼此耦合的[25]。

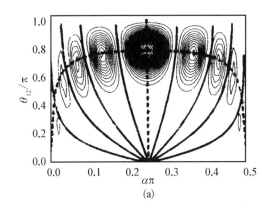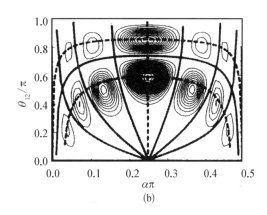

图 23.6　绝热条件下双电子密度等值线[12]。图中加粗节线(实线)和腹线(虚线)分别表示了 λ 和 μ 的等值线。量子数 n_λ 和 n_μ 的取值分别为 (a) 0 和 8;(b) 1 和 6[24]

在探讨超球坐标方法和分子轨道方法的过程中,假设粒子在 R_h 或 R 方向上的运动是非常缓慢的。在 Born - Oppenheimer 近似中,虽然通常认为是因为原子核质量比电子大得多,才导致了这样缓慢的运动,但正如 Feagin 和 Briggs 指出的那样,计算过程中角向和径向运动可以分离,本质上很可能是由粒子间势能的排斥特性引起的[22]。换言之,这些方法之所以能够很好地处理氦原子模型,是因为电子之间的 $1/r_{12}$ 排斥作用。

按照与以上方法相反的思路,Rost 和 Briggs 又采取了一种新的方法,他们将电子-电子相互作用忽略掉,从而产生绝热的势能函数 $U(R)$[26]。根据这种近似方法,得到的哈密顿量由式(23.28)给出:

$$H = \frac{-\nabla_{r_1}^2}{2} - \frac{\nabla_{r_2}^2}{2} - \frac{Z}{r_1} - \frac{Z}{r_2} \tag{23.28}$$

忽略了 $1/r_{12}$ 形式的电子相互作用。

采用的实验波函数具有以下形式:

$$\psi = \psi_n(\boldsymbol{r}_1)\psi_m(\boldsymbol{r}_2) \tag{23.29}$$

单个电子的波函数与 Z 的乘积就等于变分参数 α。式(23.29)中给出的波函数也可以按分子轨道方法写出,就会得到以下形式:

$$\psi = \frac{1}{R}f(R)\phi(\boldsymbol{r},\boldsymbol{R}) \tag{23.30}$$

对应的势能函数可以根据式(23.31)进行计算:

$$U(R) = \left\langle \phi \left| -\nabla_R^2 - \frac{\nabla_r^2}{4} - \frac{Z}{|r - R/2|} - \frac{Z}{|r + R/2|} \right| \phi \right\rangle \quad (23.31)$$

也就是说,在 R 保持不变的坐标范围内进行积分,就可以得到式(23.31)给出的势函数 $U(R)$。$U(R)$ 是依赖于因子 α 的,因此,不论变化 Z 还是 ϕ,都可以改变 α 的数值,从而找到任意态的最小能量。对于式(23.29)中的 ψ_n 和 ψ_m,采用了无节点的 1s 能态作为实验波函数解,进而可以计算得到,当 α 取值为 1.815 时,氦的 $1s^2$ 态能量会取到最小值,此时氦

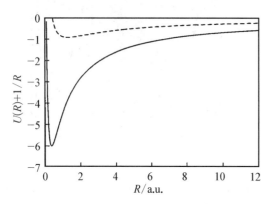

图 23.7 氦原子(实线,α 取值 1.831 5)和 H⁻(虚线,α 取值 0.828)的电子振动势能 $U(R)$ 曲线[26]

原子的势能曲线就如图 23.7 所示。大体上看,势能曲线经过了绝热曲线的回避交叉区域,这就类似于图(23.5)中的情况;对应于不断增强的 R 振动运动,势能曲线也会给出一系列能量值。这些具有偶数个节点的波函数的能量值就对应于氦原子的 ns^2 能态,数值上与其他方法计算得到的能量值也彼此相符。有趣的是,计算结果中波函数所有的节点都在 $f(R)$ 中,这和 Rau 计算得到的结果一致[13],然而使用分子轨道方法或超球坐标方法进行计算,得到的结果中波函数的节点都会出现在其他方向上,而 $f(R)$ 不应该包含任

何节点。虽然不同的计算方法会给出不同的节点特性,但是考虑到波函数总是在 R 较大时才取到最大的幅值,因此在 R 较小的情况下,无论波函数有无节点,或者说无论波函数是否具有振荡特性,体系的能量受到的影响都不会太强;R 较小时,波函数节点无论是否存在,都只是会对原子较小的初态的激发概率产生一些影响。这种情况也和氢原子 nl 能态非常相像,都具有简并性,都有着相同的总节点数,波函数也都最可能在相近的轨道半径处找到。

以上的所有方法,都要在某些坐标系中近似地将粒子的运动进行分离。然而,Richter 和 Wintgen 另辟蹊径,采取了一种全然不同的方法,他们将哈密顿量在当前坐标系中写成其他形式,虽然不能分离变量,但是方程的形式却非常简单[27]。

所有基于量子力学的计算方法都面临着一个固有问题,即在接近双电离极限时系统会有很高的态密度。针对这一问题,Percival[28]、Leopold 和 Percival[29] 都转而尝试用经典手段来寻求能级计算的替代方案,这一思路最近也取得了显著的成效。例如,Ezra 等对总角动量 L 为 0 的氦原子双激发态进行了研究[30]。在这些能态中,电子的运动无一例外地被限制在一个平面内。根据计算得到的稳定的轨道解,两个电子做的应该是"不对称伸缩"运动,如图 23.8 所示。这乍一看似乎是一个相当惊人的结论,两个电子的运动相对于 He²⁺ 原子核而言并不是对称的,彼此的运动也不具镜面对称性。换言之,它们的运动是垂直于 Wannier 脊线的,而不是像通常那样沿着脊线方向。但实际上,这一结论与量子力学方法给出的结果并没有太大实质性的区别:从图 23.8 中很明显可以看出,这种非对称拉伸的经典轨道,其实基本上仍然很准确地落在了量子力学求解出的波函数的波腹位置。

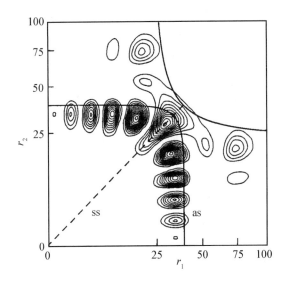

图 23.8　$N=n=6$ 时,壳层内波函数在 $x=0$ 平面内的概率分布 $|\Psi_{Nn}(x,y,z)|^2$。电子共线排布,即 $r_{12}=r_1+r_2$。坐标轴是呈二次型分布的,以便更好地反映出库仑系统中波传播的特性,例如波函数节点的距离呈二次型增长。图中同时展示了沿着 Wannier 脊线分布的基本轨道(实线,用 as 标记)和对称拉伸运动(虚线,用 ss 标记)[30]

23.3　激光激发

除了前面所述用同步加速器激发氦之外,还有一种途径是使用激光对原子进行激发。使用激光激发有两个明显的优势:第一,相比使用同步加速器进行实验,使用激光进行实验,原则上可能实现更高的分辨率;第二,使用激光进行实验时,激发过程的初态可以是非基态的束缚态,这样也可以得到更大范围内的双重激发态。激光激发也存在明显的不足,那就是目前还无法产生波长为 200 Å 的可调控辐射,这也是氦原子实验中所需的实验条件;现实中,使用激光能够获得的波长下限大约为 2 000 Å,对应的光子能量为 6 eV,而碱土原子由于双电离的极限较低,这一波长限制反而使其更具吸引力。例如,钡原子的双电离极限仅仅比第一极限要高出 10 eV,因此,钡原子只需要吸收两个波长为 2 500 Å 的光子就可以从里德堡束缚态跃迁到双激发里德堡态,这一方法在技术上具有很高的可行性。

在具体的实验中,首先可以通过一台或两台染料激光器输出脉冲光,将一束热碱土原子激发到里德堡束缚态上。里德堡束缚态通常会有很高的量子数 n,有时也有很高的量子数 l。接下来有两种方法可以进一步将束缚里德堡原子激发到较高的双激发态上去。第一种方法是双光子孤立实激发,例如,将钡原子从 $6snd$ 能态激发到 $9dnd$ 能态就可以使用这一方法。在实际操作中,我们只需要使用光子能量为跃迁能量一半的激光器就可以实现[31]。由于其非常简便,这种方法相当具有吸引力;然而,里德堡束缚态仅吸收单个光子时,就会发生光电离过程,导致原子跃迁到 $6p\varepsilon d$ 能态附近的连续能级,这也是一个明显的弊端。特别是双光子吸收过程中,作为中间态的虚能级偏离单光子共振条件很远,使得双光子激发实验需要相对较高的光功率,这样一来,单光子电离造成的干扰就非常显著,变成了不可忽视的问题。

另一种替代方案是使用不同频率的激光器进行双光子激发,例如,这个方法已经被用来将钡原子从 $6snd$ 能态激发到 $7snd$ 能态上[32]。此时只考虑第一束激光,那么在钡原子从 $6snd$ 向 $6pnd$ 的跃迁过程中重叠积分为零,不易造成单光子电离,同时,作为中间态的虚能级和真实的中间态偏差不大,激光功率不需要特别大就可以实现激发,这很好地弥补了双光子孤立实激发的弊端。然而,这种方法也存在着两个主要的问题:第一,需要两束具有不同频率的激光才能实现激发;第二,虚能级的位置相比第一电离极限仅仅高出了 2.5 eV,这实在是太低了。

除了双光子激发,还有一种获得双激发态的办法,就是进行连续的一系列单光子孤立实激发。例如,钡原子就可以通过这种方式,先从 $6snd$ 态激发到 $6pnd$ 态,最后被激发到 $6dnd$ 态。Eichmann 等[33] 使用了四台染料激光器,将钡原子从 $6sn_od$ 态开始激发,先后经 $6pn_od$ 态、$6dn_od$ 态、$6fn_od$ 态激发到了较高的 n_ign_od 能态。以上四步都是很强的单光子跃迁过程,使用脉冲能量为 100 μJ 的激光器就可以很容易地实现。这个方法也有两个弊端:第一是使用了太多激光器,系统的复杂度大大地提高了;第二是每一步的中间自电离态都会发生衰变,这不仅减弱了来自双激发末态的信号,还增大了离子信号背景噪声。

显而易见的是,无论使用哪一种方法激发产生双激发自电离态,过程中都会产生许多与双激发末态毫无关系的离子和电子,因此,在研究像钡的 $7snd$ 和 $6dnd$ 这些较低的能态时,虽然简单地对电离过程进行探测就可以,但对较高的双激发末态而言,这种检测方法则远远无法满足要求,必须采用只对末态 $n_il_in_ol_o$ 敏感的探测手段。由于 $n_il_in_ol_o$ 能态会出现变为离子基态的自电离过程,并发射出高能电子,自然而然地,可以考虑只对这种高能电子进行探测。例如,在钡原子从 $6snd$ 能态变为 $6dnd$ 能态的双光子激发过程中,自电离发射出的电子能量约为 4.6 eV,而那些来自单光子电离过程的发射电子的能量最高也仅能达到 2.3 eV。这里需要特别指出,以上方法之所以能够奏效,其前提条件是双激发态向离子连续基态的自电离过程具有适当的分支比。如果双激发态收敛到离子的较高能态,那么自电离过程实际上也更有可能在这些较高的能态之间发生,而变为离子基态的自电离过程分支比则较小,产生的高能电子较少,难以探测,因此,这种方法目前仅仅被用来探测能量相对较低的双激发态。

如前所述,钡原子激发得到的 $n_il_in_ol_o$ 双激发里德堡态很容易发生自电离过程,形成 Ba^+ n_il_i 激发态,这两个能态的能量值非常接近,下面将要介绍的两种选择性探测 $n_il_in_ol_o$ 能态的技术就是基于这一原理。通常而言,用来激发钡原子 $n_il_in_ol_o$ 态的其中一束激光,还能使 Ba^+ 的 n_il_i 态发生光电离,产生 Ba^{2+}。Ba^{2+} 产生的信号很容易从较强的 Ba^+ 信号中分离开来,从而帮助判断钡原子 $n_il_in_ol_o$ 态是否已经真正形成。这种方法需要假定双激发态会发生自电离过程,同时还不会因发射电子而失去过多能量。需要注意,这种方法使用的激光,其光子能量必须足够高,保证能够电离双激发末态产生的 Ba^+;但光子能量也必须足够低,以保证不会使激发过程中产生的其他离子也发生电离。

对于一个离子而言,当它产生了收敛于里德堡态的双激发态时,随后发生的自电离过程往往会形成一个离子里德堡态,这个离子里德堡态很容易被微波[34]或脉冲场[33, 35]电离,为了保证场电离充分发挥作用,上升时间需要达到 1 μs 左右。由于这些方法都只对离子的里德堡态敏感,因此它们为能量较高的双激发态探测提供了一种良好的手段。

23.4　电子关联的实验观测

针对电子关联进行实验研究的策略,是先研究原子中收敛到较低离子态的自电离态,可以按照独立电子模型对这些能态进行理解;之后再研究原子中收敛于较高离子态的双电子激发态,在演化的全过程中去寻找电子运动的关联性。

迄今为止,大多数的实验都是在特定的一部分双电子激发态上进行的,这些双电子激发态都收敛于离子具有较低角动量的孤立能级上。通常而言,双光子孤立实激发谱就是一种表征原子光谱的有效手段,通过双电子激发自电离态的谱密度和重叠积分的乘积,就可以对光谱特性进行表征。例如,Camus 等对钡原子 6s19d 向 9dn'd 跃迁的光谱进行了实验观察[31],如图 23.9 所示。光谱中主要出现了四个峰,分别对应于主量子数 n 取 20 和 21时,Ba$^+$ 离子 6s$_{1/2}$ 向 9d$_{3/2}$ 轨道,6s$_{1/2}$ 向 9d$_{5/2}$ 轨道跃迁的过程,实验中观察到的峰也很好地验证了通过计算得到的光谱结果。

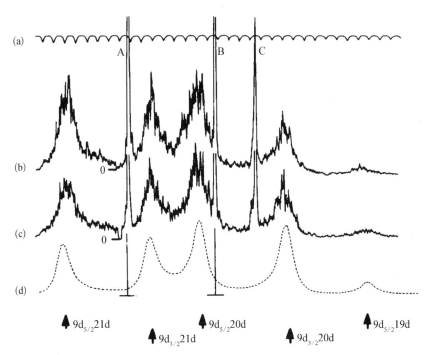

图 23.9　中性钡原子由 6s19d 向 9dn'd 跃迁的光谱,其中(a)用于定标 F－P 腔干涉条纹;(b)圆偏振光条件;(c)线偏振光条件;(d)计算结果。图中的共振峰 A、B 和 C 分别对应于离子的 6s$_{1/2}$ 向 9d$_{5/2}$,6s$_{1/2}$ 向 9d$_{3/2}$ 和 5d 向 10g 的跃迁过程[31]

尽管光谱可以理解为双光子孤立实激发谱,这与独立电子模型相比,实验得出的 $n_il_in_ol_o$ 态的光谱结果并没有非常显著的偏差,但是实验中还是看到,这些能态的量子亏损和自电离宽度对 n_i 的依赖特性值得关注。在 Bloomfield 等的实验中,他们观测到 n_isn_os

和 $n_i s n_o d$ 态的量子亏损都会随着 n_i 线性增加,如图 23.10 所示[36]。如此巨大的量子亏损几乎总是由于核隧穿而造成的,所以如果针对一个外层 $n_o s$ 或 $n_o d$ 轨道上的电子进行数值上的估算,就会发现它的隧穿能量也是随着 n_i 的增大而增大的,就和实验上量子亏损的变化规律相吻合,如图 23.10 所示[36]。

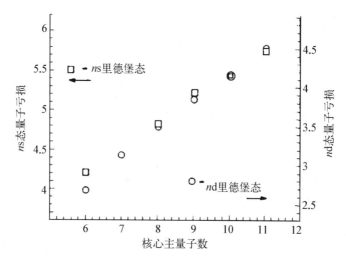

图 23.10 钡原子 $msns$ 态和 $msnd$ 态量子亏损与核主量子数的关系[36]

不仅 $n_i s n_o s$ 态和 $n_i s n_o d$ 态的量子亏损会发生变化,其自电离宽度也会改变。图 23.11 中给出了 $n_i s n_o s$ 和 $n_i s n_o d$ 这两个能态的标度宽度 $n_o^3 \Gamma$ [36]:$n_i s n_o d$ 能态的标度宽度随着 n_i 急剧增大,如果假定自电离速率主要来源于离子相邻能态的偶极自电离,那么这一变化规律就很合理了。当外层的 $n_o d$ 轨道电子总是保持在内层的 $n_i s$ 轨道电子外侧时,自电离速率 Γ 就可以由式(23.32)给出:

$$\Gamma \approx 2\pi |\langle n_i s | \mu | n_1 p \rangle|^2 |\langle n_0 d | 1/r^3 | \varepsilon f \rangle|^2 \qquad (23.32)$$

自电离速率对 n_i 的依赖特性主要是由偶极矩 $\langle n_i s | \mu | n_1 p \rangle$ 决定的,偶极矩大致正比于 n_i^2,因此 Γ 就正比于 n_i^4,所以图 23.11 中 $n_o^3 \Gamma$ 随着 n_i 增大而迅速增大也就不奇怪了。增大内层电子的轨道并不会显著影响自电离速率,这是因为 $n_i s$ 增大的同时也导致电子分布密度降低;但如果内层电子所处的 $n_i s$ 轨道变得足够大,甚至大到外层电子的轨道都经过了内层电子轨道的大部分时,核隧穿对自电离速率的影响会显著增大。原子实穿透就会对自电离速率造成很重要的影响。

定义电子关联的标准之一是波函数已经不能很好地由 $n_i l_i n_o l_o$ 表示出,而需要用式(23.1)中的 Ψ_+ 态和 Ψ_- 态,或者用 $n_i l_i n_o l_o$ 态的其他线性组合来表示。除了收敛到离子态两个精细结构能级的一系列组态混合之外,实验中还发现了许多类似的例子,例如,任一收敛到第一极限以下较高极限处的原子微扰能级通常就满足这个标准,像钡的 5d7d 态就是很好的例子;在更高的激发态中也观察到了类似现象。Morita 和 Suzuki 等就在钙的 4s7s 态向 7d7s 态的跃迁过程中观察到了与 $5gnl$ 态相互作用而产生的光谱结构[37]。无独有偶,Jones 等也在钡原子由总量子数 $J=2$ 的 $5d_{3/2}5g$ 态向总量子数 $J=3$ 的 $4f_{5/2}7g$ 态的跃

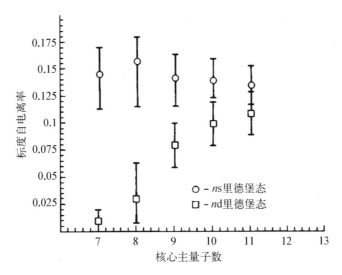

图 23.11　钡原子 $msns$ 态和 $msnd$ 态自电离速率与原子实主量子数的关系。随着原子实尺寸增大，nd 态的自电离宽度也增大，而 ns 态的自电离速率变化则并不显著[36]

迁过程中观察到了类似的结构，这则是由于简并的 $6d_{5/2}nf$ 和 $6d_{5/2}nh$ 态造成的[38]。在所有这些过程中，两个电子之间都发生了明显的角动量交换，就像式(23.1)中刻画的那样；然而，在这种条件下，里德堡电子大多数时候都与离子核距离非常远，这里的势场仍然可以看作一个纯粹的库仑势。从这个层面上看，这些能态上的电子关联程度并不算很高。

当收敛到 Ba^+ 较高孤立能态的一系列能态受到激发时，我们可能会从实验中观察到电子关联的明确证据。关于这一点，Camus 等的工作[34]就给出了一个很好的例子，他们观察了钡原子从 $6sn_op$ 束缚态向 n_isn_op 态和 n_idn_op 态跃迁过程中的双光子光谱。图 23.12 示出了从钡的 $6s45p$ 能态向 Ba^+ 主量子数 $n=30$ 附近的双重激发态跃迁过程的双光子谱，该过程中内层电子从 $28s$ 跃迁到了 $35s$ 轨道。接下来分析光谱中具有不同 n_i 能态的特性。当 $n_i < 28$ 时，从 $6s45p$ 态向 n_id45p 和 n_isn_op 态的跃迁，正好也就对应于双光子孤立实激发能谱中的跃迁，其意图和目的与图 23.9 是一样的。在图 23.12 中，$27d45p$ 和 $29s45p$ 的共振峰之间明显存在着若干微弱的共振峰，这应该对应于 $28pn_ol$ 和 $25fn_ol$ 能态。随着 n_i 增大，这些 p 与 f 轨道的共振峰会变得越来越显著，例如，$31pn_ol$ 态的共振峰已经几乎与 $30d45p$ 能态的共振峰高度相近了。在刚刚高于 $30pn_ol$ 和 $31pn_ol$ 能态的能量位置，还有一个明显的非零信号，当能量进一步增大到 $33pn_ol$ 能态时，我们会看到光谱已经基本上是连续的了，这也就是说，任何波长都能够激发产生双电子激发态。必须说明的是，当能量上升到 $32d45p$ 能态时，外层电子就已经不是一个纯粹的 45p 了，但为了简单起见，仍然使用这样的记号来进行讨论。Camus 等的发现有两个重要意义：第一，光谱中出现了 n_ipn_ol 和 n_ifn_ol 共振峰；第二，当内层电子的量子数 n_i 增大时，共振峰的重心渐渐偏离了离子跃迁频率，这一点在图 23.12 中并不明显，我们稍后也会围绕这一点作更深入的讨论。除了 Camus 等的研究之外，Eichmann 等[33]，以及 Jones 和 Gallagher[35]也在实验中发现了与图 23.12 类似的结果，因此这些特征应该是比较具有代表性的。

为了对实验结果进行解释，Camus 等提出了一个物理模型[34]，这个模型有时也称为冻结行星模型。从定性的角度来看，离核较远的外部电子运动相对较慢，会在内部电子处产生 $1/r_o^2$ 的准静电场，从而造成了 Ba^+ 的斯塔克效应。正是这个电场的存在才使得向 $n_i p n_o l$ 和 $n_i f n_o l$ 能态的跃迁成为可能，我们也就能在图 23.12 的光谱中清楚看到 $n_i p n_o l$ 和 $n_i f n_o l$ 共振峰的存在；进一步，也是这个电场的存在造成了离子能量的改变。参照 Born – Oppenheimer 的方法，Camus 等也计算了离子能量的改变量，并与实际观测结果进行了对比。计算中，他们假定外层电子都被"冻结"在与核距离为 r_o 的位置处，这样就可以计算出 Ba^+ 的能量 $W_i(r_o)$ 及波函数的形式。另外，如果以外层电子为参考，那么就可以将能量值 $W_o(r_o)$ 加到正常屏蔽的库仑势上。计算结果表明，外层电子波函数的相位会因此发生

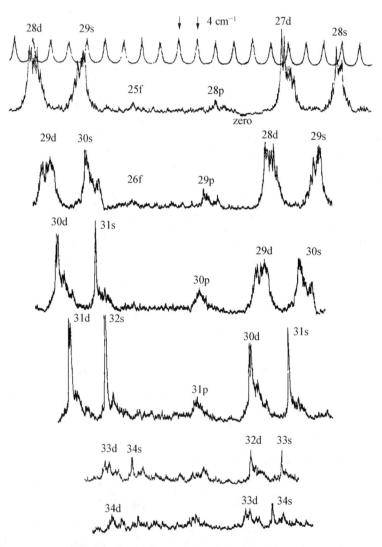

图 23.12 钡原子由 6s45p 能态向 $nln'l'$ 跃迁过程的双光子吸收谱。由于原子(钡)共振和离子(Ba^+)共振之间的一致性，较窄的共振谱线对应于 Ba^+ 的离子共振。随着光子能量的增加，吸收光谱逐渐演变成连续谱[34]

依赖于 $r_{\rm o}$ 的改变。通过这一方法,就可以得到无外层电子的离子跃迁频率与在实验中观察到的共振峰重心之间的差值。

在忽略掉恒定项和缓变项后,双光子孤立实激发的跃迁截面可以由式(23.33)给出:

$$\sigma \propto A^2(\nu)\langle \nu_{\rm b} l^{\rm B} \mid \nu l \rangle^2 \tag{23.33}$$

其中,$\nu_{\rm b}$ 表示外层电子处于跃迁前的束缚态时所具有的有效量子数。Camus 等在实验中发现共振峰的宽度很大[34],如图 23.12 所示,这说明外层电子跃迁过程的末态不止一个,必须有一系列跃迁末态,才能造成如此宽的共振峰。在这种情况下,式(23.33)中的 A^2 必须是一个常数,跃迁截面仅由重叠积分的平方决定。式(23.33)中的重叠积分以离子跃迁频率为中心,因此,通过找到共振峰重心,就可以确定带有外层电子的 Ba^+ 的跃迁频率;不携带外层电子时,Ba^+ 将具有不同的跃迁频率,这两个跃迁频率的差值就可以与前面计算方法给出的结果进行直接对比。从图 23.13 中可以看出,计算结果和实验测量给出的跃迁频率差值具有很好的一致性。

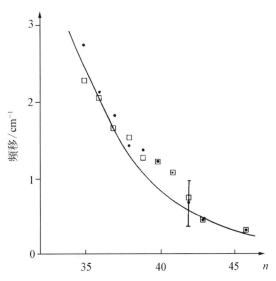

图 23.13　双里德堡共振跃迁产生的光谱结构中,共振峰重心相对于无外层电子的离子跃迁频率的差值与主量子数 n 的关系。其中 n 取值范围为 39~47 和 50。图中,□ 和 ● 分别对应 $6snp$ 向 $26dn'p$ 和 $27sn'p$ 跃迁的情形,实线代表理论计算结果。对于 $6snp$ 能态,平均的量子亏损为 4.1[34]

冻结行星模型在形式上非常简单,而在物理内涵上也很形象。更重要的是,这一模型与 Cooper 等最初提出的基于 Ψ_+ 和 Ψ_- 态的处理方法[2] 显然也有着紧密的联系,这也是冻结行星模型最显而易见也是最令人信服的佐证之一。为了检查这一方法给出的光谱结果的可靠性,Eichmann 等巧妙地将外层电子替换成静电场[33]。在实验中,他们使用六台染料激光器将钡原子先激发到 $6s78d$ 束缚态,随后先后经过 $6s78d$、$6p78d$、$6d78d$ 和 $6f78d$ 这一系列中间态,将钡原子激发到了 $n_{\rm i} > 30$ 的 $n_{\rm i} l_{\rm i} 78d$ 末态,最终通过末态的自电离过程得到 Ba^+。图 23.14 是他们在实验中得到的光谱。通过扫描最后一束激光的波数,就可以驱动并控制 $6f78d$ 态向 $n_{\rm i} l_{\rm i} 78d$ 态的跃迁过程,如图 23.14(a)所示。在以 $n_{\rm i}d$ 和 $n_{\rm i}g$ 态为末态的离子跃迁位置处,实验中观察到了很强的背景峰,这主要是由全过程中发生的钡离子激发造成的。钡原子还可能在最初的两束激光作用下发生光电离,这样一来,钡原子就不会经过 $6s78d$ 能态,随后可以进一步激发钡原子得到 Ba^+ 的 nd 和 ng 里德堡态,对应的光谱如图 23.14(c)所示。进一步施加强度为 60 V/cm 的电场,得到的光谱如图 23.14(d)所示,这个电场就与外层 $78d$ 轨道上电子的 $\langle r \rangle^{-2}$ 相对应。图 23.14(c)和图 23.14(d)中的光谱应该分别对应于图 23.14(a)中的离子背景信号和双电子激发信号,将两者归一化后相叠加,就可以得到如图 23.14(b)所示的光谱结果。归一化的过程中,可以有效地调整

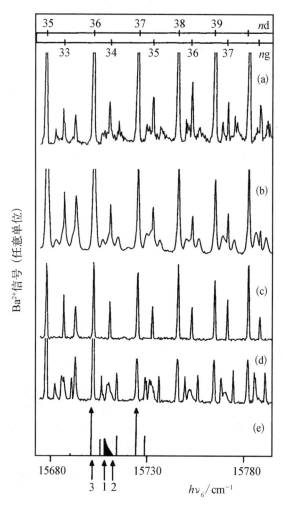

图 23.14 （a）钡原子 $nl78d$ 能态的六激光吸收谱：Ba^{2+} 信号与光子 $h\nu_6$ 能量的关系。$h\nu_6$ 是驱动最后一步由 $6f_{5/2}$ 态向 $nd78d$ 态和 $ng78d$ 态跃迁的激光光子能量。（b）是由（c）和（d）归一化叠加合成得到的六激光吸收谱，包括对图（d）中光谱人为施加的自电离展宽。（c）Ba^+ 的 nd 和 ng 离子态六激光激发得到的光谱成分，对应于（a）中的纯离子光谱成分（33g 和 36d 之间额外的吸收峰是通过 $8p_{3/2}$ 能态的偶然激发和光电离产生的）。（d）Ba^+ 的 nd 和 ng 离子态在 60 V/cm 外场条件下重复光谱（c）激发得到的光谱成分，对应于（a）中类行星式的光谱成分。（e）在 $n=34$ 条件下理论计算得到的与（d）等效的光谱[33]

图 23.14（b）中离子背景信号的数值。另外，通过计算给出的 60 V/cm 电场中 Ba^+ 的光谱，如图 23.14（e）所示，在此条件下，34g 能态消失不见，取而代之的是 $n=34$ 的斯塔克复合谱线，该谱线在长波极限下被激发的概率较高，而在短波极限下激发的概率较低。

将图 23.14（a）与图 23.14（b）进行对比，可以看到实际测到的光谱与离子光谱归一化合成的结果吻合得很好，这也验证了冻结行星模型的可靠性。除此之外，这个实验与其他的双里德堡态实验还有着多方面的差异。第一，与 Camus 等[34] 以及 Jones 和 Gallagher 的实验[35] 相比，在 Eichmann 等的实验中，n_i/n_o 这一比值要小得多，这就使得外层电子起到的作用相当显著。从原理上分析,这是因为 Ba^+ 的 ng 能态与具有更高 l 量子数的能态简并,因此来自外层电子的非常小的电场就能够将这些不同 l 的能态转换成一系列斯塔克能态。这一点与氦原子的情形颇为相似,这也同样是双电子角向关联的一个典型实例。在图 23.14(e) 给出的光谱计算结果中,Eichmann 等还注意到斯塔克能态中几乎没有 nd 能态的特征,这意味着在仅激发了 $n_i d78d$ 能态的情况下,图 23.14(a) 中显著的角关联并不会被观测到,这一结论与其他实验的结果是一致的。

冻结行星模型给出的结果还与 Richter 和 Wintgen 的经典计算一致[39]:计算结果给出了一个双电子都位于原子同侧的经典稳态,此时两个电子表现出显著的角向关联,尽管此时两个电子的轨道半径相差非常悬殊。

值得一提的是,两个价电子之间存在关联时,会有一个反复出现的特点,那就是从 l 能态向斯塔克能态的转换。Eichmann 等研究了双电子激发的锶原子能态[40],锶的两个电子均满足 $l > 2$,因此它的内层和外层电子都处于量子亏损很小的易极化类氢能态上。具体而言,Eichmann 等通过斯塔克开关法产生了锶原子 $5sn_o l_o$ 束缚态,n_o 和 l_o 的取值分别约为 20 和 9。这些能态先后被激发到 $5pn_o l_o$ 和 $5dn_o l_o$ 能态,最终到达末态 $n_i fn_o l_o$。但 $n_i fn_o l_o$ 仅仅是一个名义上的末态,它会迅速衰变到 Sr^+ 的激发态,并进一步发生光电离产生 Sr^{2+}。在最后一步从 $5dn_o l_o$ 向 $n_i fn_o l_o$ 态的激发过程中,扫描激光波长就可以探测到 Sr^{2+} 的光谱。

实验过程中,他们观察到两个清晰的特征,都可以佐证双电子激发态的斯塔克能态特性,或者说偶极子结构:其一为量子亏损的特点,其二为重叠积分的特点。首先讨论量子亏损,他们观察到有多个里德堡谱线系都会收敛到受激的 Sr^+ 能态。例如,从 $5dn_o l_o(n_o = 17, l_o = 9)$ 能态中,他们观察到一系列量子亏损为 0.7(对 1 取余)的能态收敛到 Sr^+ 的 6g 能态上。虽说仅仅是观察到这样一个谱线系收敛到能态极限就能够表明电子关联的存在,但这个实验中最值得关注的却是量子亏损的存在。显然,除非锶的外层电子所处的并非是一个纯粹的库仑型势场,否则,对于锶原子 $l = 9$ 的库仑态来说,要想具有 0.70 的量子亏损是非常不可能的。基于这一点,Watanabe 和 Greene 假定外层电子是处于式(23.34) 给出的势场中的:

$$V(r_o) = -\frac{1}{r_o} + \frac{\tilde{l}_o(\tilde{l}_o + 1)}{2r_o^2} + \frac{\tilde{\alpha}}{r_o^4} \tag{23.34}$$

其中,$\tilde{l}_o$ 和 $\tilde{\alpha}$ 均依赖于 r_o,并且在 r_o 趋向于无穷大时,$\tilde{l}_o$ 和 $\tilde{\alpha}$ 分别等于外层电子的轨道角动量 l_o 和离子的极化度 α。基于这种势场模型,他们计算得到的量子亏损为 6.68,这和实验结果非常吻合,不过,我们也并不能排除这种吻合可能存在一定的偶然性。

其次,我们讨论外层电子偶极本质的第二个主要特征,也就是重叠积分在系统向着末态的孤立实激发跃迁过程中表现出的特点。对于两个有效量子数分别为 ν_1 和 ν_2 的库仑态而言,它们之间跃迁的重叠积分应该形如 $\sin(\nu_1 - \nu_2)/(\nu_1 - \nu_2)$;然而,具有偶极子本质的能态并不遵循这一规律。图 23.15 给出了锶原子从 $5dn_o l$ 向 $7fn_o' l'$ 态跃迁过程的实验结果,在激光功率较高的条件下,实验中观察到的光谱相对于 Sr^+ 5d 向 7f 能态的跃迁并不是对称的,它在低频一侧具有更高的光谱密度。如果假定外层电子处在库仑势场

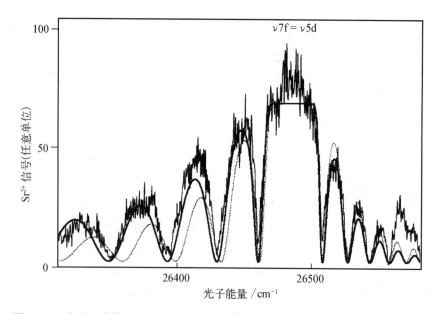

图 23.15 实验和计算得到的重叠积分平方 $|\langle\nu_{5d}|\nu_{7f}\rangle|^2$ 对引起跃迁的激光光子能量的依赖关系。跃迁初态为 $l>9$ 的 5d20l 态,末态为 7fnl 态。实验测到的是激光功率较高条件下的光谱(噪声显著的曲线),显示出一定的饱和特性。平滑实线是基于式(23.34)中的势函数计算得到的末态波函数重叠积分的平方,这个势函数中就包含了激发引起的偶极子。计算还可以得到 Sr$^+$ 的 7f 态的极化度 α 为 $5\times10^5a_0^3$。平滑点线是基于库仑势[即式(23.34)中极化度 α 取 0 的情形]计算得到的末态重叠积分平方。相比库仑势,基于末态的感应偶极势计算得到的重叠积分,其侧峰具有两个显著特征:相位偏移,高度不对称[40]

内,那么得到的结论与实验结果会彼此冲突;但如果假定外层电子在末态中处在式(23.34)给出的势场内,那么由此得到的重叠积分就会与实验结果很好地吻合。

参考文献

1. R. P. Madden and K. Codling, *Phys. Rev. Lett.* **10**, 516(1963).

2. J. W. Cooper, U. Fano, and F. Prats, *Phys. Rev. Lett.* **10**, 518(1963).

3. M. Domke, C. Xue, A. Puschmann, T. Mandel, E. Hudson, D. A. Shirley, G. Kaindl, C. H. Greene, H. R. Sadeghpour, and H. Peterson, *Phys. Rev. Lett.* **66**, 1306(1991).

4. P. G. Burke and D. D. McVicar, *Proc. Phys. Soc.* **86**, 989(1965).

5. P. L. Altick and E. N. Moore, *Phys. Rev. Lett.* **15**, 100(1965).

6. T. F. O'Malley and S. Geltman, *Phys. Rev.* **137**, A 1344(1965).

7. L. Lipsky and A. Russek, *Phys. Rev.* **142**, 59(1966).

8. J. M. Macek, *J. Phys.* B**1**, 831(1968).

9. U. Fano, *Rep. Prog. Phys.* **46**, 97(1983).

10. F. T. Smith, *Phys. Rev.* **118**, 1058(1960).

11. C. D. Lin, *Phys. Rev.* A**10**, 1986(1974).

12. H. R. Sadeghpour and C. H. Greene, *Phys. Rev. Lett.* **65**, 313(1990).

13. A. R. P. Rau, *J. Phys. B* **16**, L699(1983).

14. F. H. Read, *J. Phys. B* **10**, 449(1977).

15. F. H. Read, *J. Phys. B* **23**, 951(1990).

16. S. J. Buckman, P. Hammond, F. H. Read, and G. C. King, *J. Phys. B* **16**, 4219(1983).

17. O. Sinanoglu and D. R. Herrick, *J. Chem. Phys.* **62**, 886(1975); **65**, 850 (E) (1976).

18. D. R. Herrick, *Adv. Chem. Phys.* **52**, 1(1988).

19. D. A. Park, *Z. Phys.* **159**, 155(1960).

20. K. Molmer and K. Taulbjerg, *J. Phys. B* **21**, 1739(1988).

21. J. M. Feagin and J. S. Briggs, *Phys. Rev. Lett.* **57**, 984(1986).

22. J. M. Feagin and J. S. Briggs, *Phys. Rev. A* **37**, 4599(1988).

23. D. R. Bates and R. G. H. Reid, in *Advances in Atomic and Molecular Physics*, Vol. 4, eds. D. R. Bates and J. Estermann (Academic Press, New York, 1968).

24. J. M. Rost, J. S. Briggs, and J. M. Feagin, *Phys. Rev. Lett.* **66**, 1642(1991).

25. J. M. Rost, R. Gersbacher, K. Richter, J. S. Briggs, and D. Wintgen, *J. Phys. B* **24**, 2455(1991).

26. J. M. Rost and J. S. Briggs, *J. Phys. B* **21**, L233(1988).

27. K. Richter and D. Wintgen, *J. Phys. B* **24**, L565(1991).

28. I. C. Percival, *Proc. Roy. Soc. London* A **353**, 189(1967).

29. J. G. Leopold and I. C. Percival, *J. Phys. B* **13**, 1037(1980).

30. G. S. Ezra, K. Richter, G. Tanner, and D. Wintgen, *J. Phys. B* **24**, L413(1991).

31. P. Camus, P. Pillet, and J. Boulmer, *J. Phys. B* **18**, L481(1985).

32. T. F. Gallagher, R. Kachru, N. H. Tran, and H. B. van Linden van den Heuvell, *Phys. Rev. Lett.* **51**, 1753(1983).

33. U. Eichmann, V. Lange, and W. Sandner, *Phys. Rev. Lett.* **64**, 274(1990).

34. P. Camus, T. F. Gallagher, J.-M. Lecompte, P. Pillet, L. Pruvost, and J. Boulmer, *Phys. Rev. Lett.* **62**, 2365(1989).

35. R. R. Jones and T. F. Gallagher, *Phys. Rev. A* **42**, 2655(1990).

36. L. A. Bloomfield, R. R. Freeman, W. E. Cooke, and J. Bokor, *Phys. Rev. Lett.* **53**, 2234(1984).

37. N. Morita and T. Suzuki, *J. Phys. B* **21**, L439(1988).

38. R. R. Jones, P. Fu, and T. F. Gallagher, *Phys. Rev. A* **44**, 4260(1991).

39. K. Richter and D. Wintgen, *Phys. Rev. Lett.* **65**, 1965(1990).

40. U. Eichmann, V. Lange, and W. Sandner, *Phys. Rev. Lett.* **68**, 21(1992).

索 引

爱因斯坦系数　34

Beutler-Fano 线形　108,299,324,330,344
巴尔默谱线系公式　1
闭通道　312,317
边带态　136
标度能谱　108,123
波包计算　120
波函数　61,64,66
玻恩-奥本海默近似　354
玻尔近似　154
玻尔原子　3

场电离　36,69,160,258,279
超辐射　54
超球坐标系　352
冲量近似　158
重叠积分　325,328
磁场中的经典稳定轨道　120

缔合电离　182
电场的影响　164
电荷交换　24,27,212
电偶极跃迁　339
电子能谱　301
电子碰撞　25
电子损失　210
电子吸附　177
冻结行星模型　366
多普勒频移　31

二价电子原子　272,295

反交叉光谱　290
非氢原子　77
费米模式　6,193
费米位移　197
分子共振能量转移　173,176
分子轨道　356
弗洛凯理论　249
辐射复合　6
辐射碰撞　236
辐射寿命　34,38,159,162,258

g 因子　343
共振里德堡-里德堡能量转移　220
共振能量转移　152,175
孤立实激发　299,325,328,361
光电离　29
光激发　28,35,96
光谱密度　325
光谱学　194,255,292,295,322,339
光学定理　158,192
光学激发　6,258,259,339
光致电离　51,259
光子占有数　44
归一化　17
归一化波函数　17,67,297

耗尽展宽　303,305
回避交叉　72,77

碱金属自展宽 201
碱性稀有气体原子 195
交流斯塔克能移 47,134,139,241,288
角动量态 349
经典轨迹蒙特卡洛技术 210,217
精细结构改变的碰撞 166
径向相移 15,17,37,313
绝热 89
绝热场电离 92

开通道 313,322
空间电荷限制的二极管 340
库仑函数 13,14,311
库仑相移 13
快速原子束 27

Landau‐Zener 公式 89,114,129
Lu‐Fano 图 341
l 磁场混合 114
l 混合碰撞 161
拉姆齐干涉条纹 226
勒让德多项式 63
离子实隧穿 262
里德堡常量 1
里德堡公式 2
里德堡展宽 202
量子亏损 2,9,15,54,59,310
量子亏损面 313,323,332,340
量子拍频光谱 265
龙格‐楞次矢量 116

m 改变碰撞 163
蒙特卡洛计算 210,214,215
末态 6,163
末态分布 213

能级交叉光谱学 267

偶极‐偶极相互作用 151

潘宁电离 185
抛物量子数 60
抛物线量子数 68
抛物线态 63
抛物线坐标 59
碰撞电离 175
平均振子强度 33
谱项能量 256

其他线极化微波原子 128,138
强制自电离 298
球谐函数 12,13,273
曲线交叉模型 171

R 矩阵 310,317,334,335

散射长度 163,192
散射截面 29,35
射电复合线 6
斯塔克切换 302
速度依赖性 206
速率 297,323
隧穿 70

WKB 近似值 17,66,100,118
微波多光子跃迁实验 131
微波光谱 258
微波光谱学 256,278,288
维格纳(Wigner)3J 符号 63

旋转跃迁 174
选择性场电离(见场电离) 242

英格利‐斯特勒(Inglis‐Teller)极限 62
荧光 24,39,171,257
原子 161

原子单位　12

圆极化微波　147

跃迁速率的抑制和增强　51

振子强度　33,97

转换率　91

缀饰态　242

准朗道共振　117

自电离　77,294

自旋-轨道相互作用　92,113,287

自旋-自旋相互作用　287